H. Läuter · R. Pincus

Mathematisch-statistische Datenanalyse

Mathematische Lehrbücher und Monographien
Herausgegeben von der Akademie der Wissenschaften der DDR
Karl-Weierstraß-Institut für Mathematik

II. Abteilung
Mathematische Monographien
Band 73

Mathematisch-statistische Datenanalyse

von H. Läuter und R. Pincus

Mathematisch-statistische Datenanalyse

von Henning Läuter und Richard Pincus

Mit 70 Abbildungen und 9 Tabellen

Akademie-Verlag Berlin
1989

Autoren:

Prof. Dr. sc. nat. HENNING LÄUTER
Dr. rer. nat. RICHARD PINCUS

Karl-Weierstraß-Institut für Mathematik
der Akademie der Wissenschaften der DDR
Berlin

ISBN 3-05-500407-8
ISSN 0076-5430

Erschienen im Akademie-Verlag Berlin, Leipziger Str. 3—4, Berlin, DDR-1086

Lizenznummer: 202 · 100/400/88
Printed in the German Democratic Republic
Gesamtherstellung: VEB Druckhaus „Maxim Gorki“, Altenburg, DDR-7400
Lektor: Dr. Reinhard Höppner
LSV 1085
Bestellnummer: 763 751 9 (9074)

07800

Vorwort

Das vorliegende Buch entstand aus Vorlesungen und Forschungsarbeiten zur statistischen Datenanalyse. Einige Erfahrungen mit praktischen Anwendungen statistischer Methoden bei realen Daten aus der Produktion, aus medizinischen Einrichtungen und Forschungsinstituten beeinflußten die Auswahl und Gliederung des Stoffes. In der Darstellung wurde versucht, ein ausgewogenes Verhältnis von ‚bestätigenden' (confirmativen) und ‚erkundenden' (explorativen) Aspekten statistischer Verfahren sichtbar zu machen. Wegen der Breite des unter den Begriff Datenanalyse fallenden Gebietes konnte nur eine begrenzte Auswahl getroffen werden, beispielsweise mußten zahlreiche nichtparametrische Verfahren unberücksichtigt bleiben.

Das Buch wendet sich an Studenten mit Grundkenntnissen in theoretischer Statistik und an Statistiker, Mathematiker und Praktiker die auf dem Gebiet der Datenanalyse tätig sind. Es soll helfen, für konkrete Aufgaben eine geeignete Auswertemethode zu finden.

Trotz zahlreicher Bezüge innerhalb des Buches sind die einzelnen Kapitel unabhängig lesbar.

Die Autoren danken ihren Kollegen der Statistik-Abteilungen aus dem Karl-Weierstraß-Institut für Mathematik der AdW der DDR und der Sektion Mathematik der Humboldt-Universität Berlin für zahlreiche kritische Hinweise beim Durchlesen des Manuskripts oder beim Vortragen des Stoffes in Seminaren, ebenso Frau Draegert, die mit viel Sorgfalt das Manuskript schrieb und bei technischen Arbeiten half. Herrn Dr. Höppner vom Akademie-Verlag sei für sein verständnisvolles Entgegenkommen und seine gründliche Mitarbeit herzlich gedankt.

Inhalt

Einführung

Es gibt kaum ein Gebiet, auf dem in den letzten Jahren nicht eine ständig wachsende Menge von Daten erfaßt wurde. Das wurde einerseits möglich aufgrund der Durchdringung aller Bereiche durch die elektronische Datenverarbeitung, andererseits auch gefördert durch die Erkenntnis, daß in diesen Daten viele wesentliche Aussagen über die untersuchten Prozesse verborgen sind. Die Aufgabe der Datenanalyse ist die Erstellung möglichst einfacher aber aussagekräftiger Angaben über Strukturen und Zusammenhänge in einer vorliegenden Datenmenge. Diese Angaben können numerische Größen, wie etwa Mittelwert und Spannweite bzw. Streuung, Korrelationskoeffizienten u. ä. sein, oder auch Annahme bzw. Ablehnung vorgegebener Hypothesen, oder Einteilungen der Daten in verschiedene Klassen und Unterklassen; sie können aber auch in leicht überschaubaren Grafiken bestehen. Dabei sollten die Verfahren der Datenanalyse Arbeitshypothesen, die oftmals spekulativ aus wenigen vorherigen Beobachtungen gebildet werden, bestätigen bzw. verwerfen, oder uns befähigen, neue vorläufige Hypothesen über die den Daten zugrundeliegenden Zusammenhänge zu formulieren.

In der (mathematisch-)statistischen Datenanalyse werden die Daten als Realisierungen eines zugrundegelegten stochastischen Prozesses aufgefaßt. Dies ermöglicht eine Objektivierung der getroffenen Aussagen durch Angaben ihrer Irrtumswahrscheinlichkeiten, Vertrauensbereiche o. ä. In der letzten Zeit fanden viele neue Methoden Eingang in das Repertoire der angewandten Statistik, genannt seien hier nur Kernschätzungen, Resampling-Methoden oder einige grafische Verfahren.

Das vorliegende Buch soll einen Überblick über wichtige — klassische und moderne — Analyseverfahren geben. Jedes dieser Verfahren macht gewisse Zusammenhänge sichtbar, verdeckt jedoch, bedingt durch die in ihm vorgenommene Verdichtung der im allgemeinen kaum überschaubaren Datenmenge, naturgemäß andere Erscheinungen. Dadurch ergibt sich die Notwendigkeit, die Möglichkeiten und Grenzen der einzelnen Verfahren deutlich zu machen. Deshalb wurde auch der zur Beschreibung dieser statistischen Eigenschaften nötige mathematische Hintergrund in die Darstellung mit aufgenommen.

Im ersten Kapitel werden Prinzipien der statistischen Datenanalyse diskutiert. Wir beginnen mit der Diskussion von Methoden, die als vorläufige Datenanalysemethoden bezeichnet werden können. Es sind dies Verfahren, die eine gewisse Einsicht in eine Datenmenge geben können. Bei der Nutzung dieser Verfahren kann Erfolg oder auch — ohne daß man sagen könnte, daß diese Verfahren schlecht sind — Mißerfolg eintreten. Der Schlüssel zum Erfolg liegt hierbei in einer geeigneten Wahl von

Normierungen oder Wichtungen, sowie einer ideenreichen Interpretation. Hier geben wir Hilfsmittel für vorläufige Datenanalysen an, insbesondere werden empirische Verteilungsparameter diskutiert, Methoden der Clusteranalyse untersucht, sowie Darstellungsformen multivariater Datenmengen betrachtet.

Nach der Einführung grundlegender Begriffe wie z. B. dem des Modells, der Likelihoodfunktion, der suffizienten und vollständigen Statistiken, werden Schlußweisen in statistischen Modellen aufgelistet. Hier findet man Bemerkungen zum Testen von Hypothesen, zu Mehrentscheidungsverfahren, zur Punktschätzung und zu Konfidenzintervallen. Die gebräuchlichsten Entscheidungsprinzipien werden anschließend diskutiert. Die Erzeugung von Teilstichproben aus einer gegebenen Stichprobe (Resampling) wird hier kurz beschrieben, worauf in den späteren Kapiteln 3, 4 und 5 zurückgegriffen wird.

Das zweite Kapitel stellt vorwiegend die Varianzanalyse in Klassifikationsmodellen dar. Dieses von Fisher begründete Verfahren nimmt aufgrund seiner universellen Einsatzfähigkeit in den verschiedenartigsten Bereichen der Industrie, Landwirtschaft und Medizin nach wie vor einen führenden Platz ein, speziell als einer der ersten Schritte bei der statistischen Modellierung und Gewinnung von Arbeitshypothesen.

Lineare Regressionsmodelle mit singulären Versuchsplänen und Restriktionen bilden die Grundlage für die Untersuchung der Klassifikationsmodelle.

Die Kleinste-Quadrate-Schätzung der Regressionskoeffizienten, auch in zentrierten oder durch lineare Restriktionen beschränkten Modellen, bzw. die entsprechenden Schätzungen für schätzbare Funktionen und einige ihrer Eigenschaften, simultane Konfidenzbereiche und Tests zum Prüfen von Hypothesen werden in Abschnitt 2.1.1 abgeleitet.

Der Abschnitt 2.1.2 enthält die Analyse in balancierten und unbalancierten kreuz-, hierarchisch und gemischt klassifizierten Modellen.

Neben der Angabe der Schätzungen und Varianzanalysetafeln wird, vorwiegend an Beispielen, der Interpretation der erhaltenen Ergebnisse spezielle Aufmerksamkeit geschenkt. Die enge Beziehung zwischen Regressions- und Klassifikationsmodellen macht es möglich, auch in unbalancierten Fällen, sogar bei fehlenden Beobachtungen in einigen Zellen, Schätzungen und Aussagen über statistische Signifikanz bestimmter Effekte zu erhalten. Der Unterschied zwischen den tatsächlich interessierenden ‚physikalischen‘ Effekten und den formalen des gebildeten Modells, die Abhängigkeit der letzteren von den Reparametrisierungsbedingungen, den Wechselwirkungen und unter Umständen auch von den Besetzungszahlen wird durch einige markante Beispiele belegt.

Erkenntnisse über den wechselseitigen Einfluß mehrerer Merkmale führen immer öfter zu der Forderung, verschiedene Merkmale nicht mehr getrennt voneinander zu analysieren, sondern simultan zu untersuchen, d. h. multivariate Analyse zu betreiben. Im Abschnitt 2.1.3 werden die Ergebnisse aus den univariaten für die multivariaten Klassifikationsmodelle erweitert, und darüber hinaus Methoden, die keine Entsprechung im univariaten haben, wie die Merkmalsauswahl, behandelt.

Abschnitt 2.1.4 gibt einen Abriß der multiplen Verfahren des Mittelwertvergleichs, wie den multiplen t-Test, die Tests von Scheffé, Tukey, Dunnett, Newman-Keuls und den Bonferri-Test, und eine kurze, durch Beispiele illustrierte Einschätzung ihrer Nachteile oder Vorzüge.

Von großer praktischer Bedeutung sind neben den Modellen mit festen Effekten auch die in Abschnitt 2.2 betrachteten mit zufälligen Effekten.

Zum einen legen es die tatsächlichen Gegebenheiten eines Prozesses oft nahe, diesen durch ein solches Modell darzustellen. Zum anderen ist die formale Berechnung von Varianzkomponenten durch ihren relativ geringen numerischen Aufwand auch in Modellen mit festen Effekten eine brauchbare ‚Schnell-Methode' zur Einschätzung der Effekte einiger Faktoren. Vorwiegend werden die ANOVA-Schätzungen oder Henderson-Schätzungen behandelt, aber auch Bezüge zu den lokal optimalen MINQUE-Schätzungen hergestellt.

Die im Univariaten dargestellten Ergebnisse werden auch wieder auf multivariate Modelle übertragen.

Im dritten Kapitel untersuchen wir Verfahren, die zur Diskrimination von Modellen und Klassifikation von Beobachtungen genutzt werden können. Zunächst werden im Abschnitt 3.1 klassische Verfahren aufgeführt, die entsprechend gewisser Optimalitätskriterien gewählt werden. Hierzu zählen Verfahren mit maximaler Korrektklassifikationswahrscheinlichkeit, wobei Kosten für Fehlklassifikationen mit einbezogen werden. Da im allgemeinen diese Verfahren von unbekannten Parametern abhängen, werden alternativ dazu Maximum-Likelihood-Verfahren und Substitutionsregeln aufgeführt, wobei letztere dadurch entstehen, daß in Verfahren die unbekannten Parameter oder unbekannten Dichten durch Schätzungen ersetzt werden. Anschließend diskutieren wir die Möglichkeiten zur Kombination gegebener Diskriminationsregeln, wobei eine logische Verknüpfung und auch konvexe Kombinationen betrachtet werden. Dabei zeigen wir an prinzipiellen Beispielen, daß in vielen Situationen auf gegebene Klassifikationsverfahren zurückgegriffen werden kann. Während dieser Abschnitt 3.1 derart aufgelegt ist, daß die erwähnten Verfahren kurz beschrieben werden und er so mehr als Gebrauchskatalog dienen kann, wird in 3.2 eine mathematische Charakterisierung angestrebt. So untersuchen wir asymptotisch sichere Verfahren, Klassifikationsverfahren mit monotoner Güte, unverfälschte Klassifikationsverfahren und Verfahren mit Minimax-Eigenschaften. Im Abschnitt 3.3 geben wir verschiedene Verfahren zur Schätzung der Fehlerquote eines Diskriminanzverfahrens an, wobei insbesondere Verteilungen mit endlichem Träger und der Fall unendlicher Stichproben untersucht werden. Die für endliche Verteilungen optimalen Schätzungen werden für beliebige Verteilungen untersucht. Diese Schätzungen bringen wir in Verbindung zu verallgemeinerten U-Statistiken und können so auf deren asymptotische Effizienz im Sinne eines Minimax-Risikos verweisen. Nachdem das Problem der Merkmalsauswahl untersucht wurde, wobei wir auf Ergebnisse von H. Ahrens und J. Läuter zurückgreifen, werden in Abschnitt 3.4 Diskriminanzanalysen als Bestandteil der statistischen Datenanalyse diskutiert. Hier geht es vor allem um die geeignete Nutzung der Verfahren, d. h. insbesondere um das Aufstellen eines richtigen Ansatzes, die gute heuristische Interpretation der Ergebnisse und die Beschreibung der vielfältigen Möglichkeiten des Einsatzes dieser Methoden. Schließlich diskutieren wir Beziehungen zwischen der Diskriminanzanalyse, der Regression und anderen Gruppierungsverfahren.

In Kapitel 4 geht es um die Schätzung in statistischen Modellen, wobei hier parametrische und auch nichtparametrische Modelle untersucht werden. Zunächst untersuchen wir in Abschnitt 4.2 das gegensätzliche Verhalten von Verzerrung und Varianz bei Schätzungen und kommen zu dem Schluß, daß bei Zugrundelegung des mittleren quadratischen Abstandes die Kontrolle der einzelnen Bestandteile Verzerrung und Varianz unbedingt notwendig ist. Aus der Cramér-Rao-Ungleichung in Abschnitt 4.3

werden in Abschnitt 4.4 Bedingungen abgeleitet, unter denen eine beste erwartungstreue Schätzung verbesserungsfähig ist.

In Abschnitt 4.5 werden Ergebnisse zur Schätzung nichtlinearer Parameter in linearen Modellen hergeleitet. Hier geben wir ein Schätzverfahren an, das in einer Klasse von zu schätzenden Funktionalen gleichmäßig bessere Schätzungen liefert als die Kleinste-Quadrate-Schätzungen oder Maximum-Likelihood-Schätzungen. An Beispielen diskutieren wir die Tragfähigkeit dieser Schätzmethode. Schließlich untersuchen wir in Abschnitt 4.6 die Schätzung linearer Parameter in eingeschränkten linearen Modellen. Hier betrachten wir Ridge-Schätzungen und eingeschränkte Kleinste-Quadrate-Schätzungen und vergleichen deren Güte miteinander. Wir kommen dann insbesondere zu Charakterisierungsgrößen für Schätzungen, die von besonderem Interesse bei beschränktem Parameterraum sind.

Im fünften Kapitel behandeln wir Regressionsmodelle. Hier diskutieren wir in Abschnitt 5.1 die Auswahl von Parametrisierungen, die für verschiedene Aufgabenstellungen und die Interpretation von Interesse sind. Insbesondere betrachten wir die Auswirkungen der Orthogonalität von Basisfunktionen und die Modellierung unter Berücksichtigung der lokalen und globalen Anpassung. Da die linearen Regressionsmodelle mit den Methoden der Kapitel 2 und 4 zu behandeln sind, gehen wir in Abschnitt 5.2 nur auf nichtlineare Modelle genauer ein. Speziell untersuchen wir die Schätzung von Parametern in Wachstums- und periodischen Modellen und studieren das Verhalten der Buys-Ballot-Schätzung für versteckte Perioden in Verlaufskurven. Gerade diese Modellklassen treten in praktischen Problemen sehr häufig auf, so daß eine spezielle Untersuchung dieser Modelle gerechtfertigt ist. Andererseits haben diese Ergebnisse auch einen gewissen Beispielcharakter, denn es wird gezeigt, daß für spezielle nichtlineare Modelle auch spezielle Schätzverfahren notwendig sind. Allgemeine Prinzipien, wie z. B. Kleinste-Quadrate-Kriterien sind i. allg. nicht mehr tragfähig genug.

In Kapitel 6 untersuchen wir die Approximation für Verlaufskurven. Hier betrachten wir in Abschnitt 6.1 die Klasse der Glättungsfunktionen, die in allgemeinem Zusammenhang definiert und für die Eigenschaften von speziellen Glättern nachgewiesen werden. Von besonderem Interesse sind hier die Spline-Funktionen und Anpassungen, die nach dem Kriterium des mittleren quadratischen Abstands gewonnen werden. Von den angeführten Glättern interessieren uns Eigenschaften wie Konsistenz und Effizienz. Dabei interessieren wir uns für Effizienzeigenschaften bez. parametrischer Modelle, bestimmen optimale lineare Glätter und untersuchen die Güte nichtlinearer Glätter. Schließlich werden in Abschnitt 6.3 Methoden der nichtparametrischen Regression diskutiert. Dabei betrachten wir insbesondere das Regressogramm und allgemeinere Kernschätzungen.

In Kapitel 7 gehen wir auf spezielle Probleme der Versuchsplanung bei Regressionsmodellen ein. Uns interessieren dabei auch zweistufige Versuchspläne für derartige Aufgaben, in denen die Güte eines Verfahrens von unbekannten Parametern abhängt. Das tritt z. B. bei der Diskriminierung zwischen Modellen auf.

Die Gültigkeit zahlreicher statistischer Verfahren ist stark von den zugrundegelegten Annahmen über die Verteilung der beobachteten zufälligen Größen abhängig. In Kapitel 8 werden einige Methoden beschrieben, die es erlauben, diese Verteilungsannahmen zu bestätigen oder abzulehnen, bzw. einige untypische Ausreißer zu identifizieren.

In einem Anhang werden verschiedene Hilfsmittel bereitgestellt, die zur Herleitung der Ergebnisse in den Kapiteln benötigt werden. Das betrifft insbesondere die Matrizenalgebra und Verteilungen.

Im allgemeinen wurden von uns mathematische Bezeichnungen gewählt, die mit den üblicherweise benutzten Symbolen übereinstimmen. So bezeichnen $\boldsymbol{a}, \boldsymbol{x}, \ldots$ Spaltenvektoren, $\boldsymbol{a}', \boldsymbol{x}', \ldots$ Zeilenvektoren und $\boldsymbol{A}, \boldsymbol{X}, \ldots$ Matrizen. Wenn es nicht zu Mißverständnissen führt, wählen wir dieselben Bezeichnungen für zufällige Variable und deren Beobachtungen. Das erleichtert einerseits die Darstellung und andererseits das Lesen. Die formulierten Resultate und Aussagen werden an Beispielen demonstriert, die aus realen Aufgaben stammen. Dabei wurden von uns die Daten derart transformiert, daß zwar die Datenstruktur erhalten bleibt, aber auf die realen Meßwerte nicht geschlossen werden kann.

1. Grundprinzipien der statistischen Datenanalyse

Die Datenanalyse stellt sich die Aufgabe, vorliegende Datenmengen zu untersuchen und möglichst aussagekräftige Angaben über innere Strukturen abzuleiten. Dabei geht es im weitesten Sinne um eine *Ordnung* und sinnvolle *Verdichtung* der Daten derart, daß verdeckte Zusammenhänge sichtbar gemacht werden. Die Methoden der Datenanalyse sind äußerst vielfältig und benutzen sehr unterschiedliche Ideen. Einige Methoden stützen sich auf empirisch begründete Vorgehensweisen, andere sind an gewisse Voraussetzungen und Modelle gebunden. Die meisten Verfahren haben ihre Vorzüge, so daß keine dieser Methoden von vornherein verworfen werden kann. In Abschnitt 1.1 stellen wir einige Verfahren zusammen, die als erste Schritte bei Datenanalysen gegangen werden sollten. Durch diese Methoden ist es möglich, grundlegende Informationen über die Daten zu erlangen. In den späteren Abschnitten beschreiben wir einige weitere Prinzipien, die uns befähigen, Analysemethoden zu vergleichen und einzuschätzen.

1.1. Vorläufige Datenanalyse

Grundlage für jede Datenanalyse sind beobachtete Größen, die häufig als zufällige Variable interpretiert werden können. Mit Hilfe von Auswerteverfahren sollen innere Strukturen und Zusammenhänge aufgefunden werden. Die Ziele der Untersuchungen sind mehr oder weniger gut im voraus bekannt. Auf jeden Fall ist meist noch nichts gesagt über die geeignete Methodik, wie diese Ziele erreicht werden können. Die Auswahl der Analysemethode richtet sich nach der globalen Zielstellung, nach dem Gültigkeitsbereich und der Empfindlichkeit der jeweiligen Methode. Die Empfindlichkeit kann z. B. derart beschaffen sein, daß ein vorhandenes Verfahren empfindlich gegenüber Ausreißern reagiert, ein anderes hingegen relativ robust ist. So wird man sich dafür interessieren, ob Ausreißer vorliegen oder nicht. Weiter sind die einzelnen Verfahren nur für gewisse Verteilungstypen verhältnismäßig effizient, und wenn diese in bestimmter Weise verletzt werden, ist von der Anwendung dieser Verfahren abzuraten. Es ist z. B. von Interesse, ob die Verteilungen der beobachteten Variablen eingipflig oder mehrgipflig sind, denn die Auswahl der Verfahren ist wesentlich von solchen Eigenschaften abhängig. So hat man sich zu Beginn einer umfangreichen Analyse von Datenmaterial zweckmäßigerweise einen Überblick zu verschaffen, welche groben Verhältnisse in den Daten vorliegen. Dazu wird versucht, das Beobachtungsmaterial darzustellen, und zwar derart, daß man erste Vorstellungen über die Daten erhält. Das kann man in einer *vorläufigen Datenanalyse* tun, wo meist eine gekonnte grafische Darstellung sehr hilfreich ist. Einige Aspekte einer solchen vorläufigen Datenanalyse wollen wir im folgenden diskutieren.

1.1.1. Eindimensionale Darstellung von Daten

Gehen wir davon aus, daß an n Individuen jeweils k Merkmale gemessen werden. Dabei können die Individuen z. B. Personen, Tiere oder technische Produkte, biologische oder chemische Materialien und Merkmale charakteristische Größen dieser Personen, Tiere usw. sein. Wir haben dann eine Liste der Daten

$$\begin{matrix} y_{11}, \ldots, y_{1k} \\ \vdots \\ y_{n1}, \ldots, y_{nk}, \end{matrix} \tag{1}$$

so daß die i-te Zeile die Kenngrößen für das i-te Individuum enthält. Bei großem n ist diese Datenliste sehr unübersichtlich und muß erst aufgearbeitet werden, um erste Aussagen ableiten zu können. Zu den ersten Aussagen zählen wir

— *Lage* der Beobachtungen
— *Streuung* der Beobachtungen
— *Verteilung* der Beobachtungen.

Das wird anfangs für jedes der k Merkmale einzeln gemacht, d. h. für jede Spalte gesondert. So wollen wir nun aufzeigen, welche anfänglichen Analysen für jede dieser k Spalten durchgeführt werden. Wollen wir das für die t-te Spalte machen, so bezeichnen wir der übersichtlichen Darstellung wegen

$$\begin{pmatrix} y_{1t} \\ \vdots \\ y_{nt} \end{pmatrix} = \begin{pmatrix} z_1 \\ \vdots \\ z_n \end{pmatrix}.$$

Wir finden zunächst den minimalen bzw. maximalen Wert

$$\underline{z} = \min_i z_i, \qquad \bar{z} = \max_i z_i.$$

Das Intervall $[\underline{z}, \bar{z}]$ heißt *Variationsbereich* der Beobachtungsreihe, der Wert $\bar{z} - \underline{z}$ heißt *Spannweite*. Zur Charakterisierung der Beobachtungen zerlegen wir $[\underline{z}, \bar{z}]$ in l Teilintervalle, wofür wir eine Folge $a_0, a_1, \ldots, a_l$ mit $a_i < a_{i+1}$, $i = 0, \ldots, l-1$, und $a_0 = 0$, $a_l = \bar{z} - \underline{z}$ wählen und betrachten die Intervalle

$$[\underline{z}, \underline{z} + a_1), \ldots, [\underline{z} + a_{l-2}, \underline{z} + a_{l-1}), [\underline{z} + a_{l-1}, \bar{z}],$$

die wir mit $\mathcal{J}_1, \ldots, \mathcal{J}_l$ bezeichnen. Dann berechnen wir die Werte

$$b_s = \frac{m_s}{n} \cdot \frac{1}{a_s - a_{s-1}} \tag{2}$$

für

$$m_s = \#\{z_j : z_j \in \mathcal{J}_s, 1 \leq j \leq n\}. \tag{3}$$

und erhalten ein *Säulendiagramm*, indem b_s über $\mathcal{J}_s$ abgetragen wird (vgl. Abb. 1.1.1). Hierbei hängt die Form des Säulendiagramms von der Wahl der Intervalle ab. Bezeichnen wir mit ϱ die Funktion

$$\varrho(x) = \begin{cases} b_1 & \text{für} \quad x \in \mathcal{J}_1 \\ \vdots & \\ b_l & \text{für} \quad x \in \mathcal{J}_l, \\ 0 & \text{sonst} \end{cases}$$

so finden wir $\int\limits_{-\infty}^{\infty} \varrho(x)\,dx = 1$. Die Funktion

$$R(z) = \int\limits_{\underline{z}}^{z} \varrho(x)\,dx \tag{4}$$

hat einen engen Zusammenhang zur *empirischen Verteilungsfunktion*

$$H(z) = \frac{1}{n}\ \#\{z_j : z_j < z,\ 1 \leqq j \leqq n\}\,. \tag{5}$$

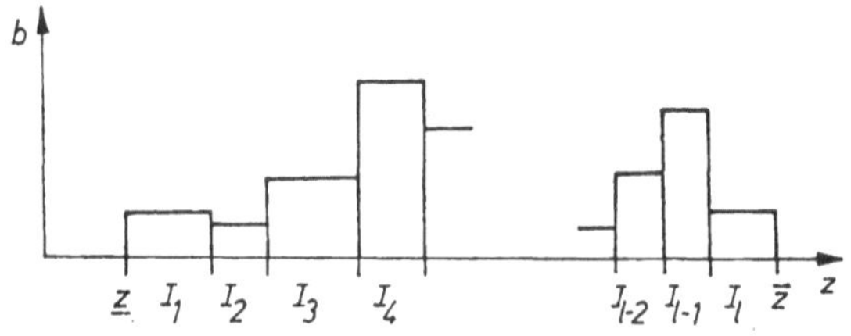

Abb. 1.1.1. Säulendiagramm

Beispiel 1.1.1. Psychische Krankheiten entstehen durch Veränderungen der Funktion des Zentralnervensystems (ZNS). Für einzelne Krankheiten, z. B. Morbus Alzheimer (Klasse 1), Morbus Pick (Klasse 2) und senile Demenz (Klasse 3) sollen morphologische Abweichungen am ZNS im Vergleich zu psychisch gesunden (50—60 Jahre alt: Klasse 4, 61—103 Jahre alt: Klasse 5) nachgewiesen werden. Grundlage bilden die Zellen der Ammonshornformation, welche eine Bedeutung bei der Bewältigung komplexer Lern- und Gedächtnisleistungen hat. Bei verstorbenen Patienten wurden in dieser Formation die Zellarten Nervenzelle N, Astrozyt A, Oligodendrozyt O, Mikroglia M, Glia G ausgezählt und deren Quotienten gebildet. Wir erhielten dabei die Werte der Tabelle 1.1.1, wobei die Patienten 1 bis 20 zur Klasse 1, die Patienten 21 bis 39 zur Klasse 2, 40 bis 58 zur Klasse 3, 59 bis 78 zur Klasse 4 und 79 bis 98 zur Klasse 5 gehören.

Für jedes der 5 Merkmale wird ein Säulendiagramm berechnet (Abb. 1.1.2 bis 1.1.6). Für die Merkmale 1 und 5 werden die Funktionen R und H angegeben (Abb. 1.1.7 und 1.1.8).

Bei der Wahl der Intervalle treten als Spezialfall Intervalle der gleichen Länge auf, nämlich der Länge $(\bar{z} - \underline{z})/l$. In diesem Fall sind auch andere Darstellungen als das Säulendiagramm üblich, z. B. sog. *Strichlisten* (vgl. Abb. 1.1.9).

Die Werte m_s/n heißen die *relativen Klassenhäufigkeiten*, die Werte m_s sind die *Klassenhäufigkeiten*.

Aus den empirischen Dichten oder den Säulendiagrammen erhält man als erste Ergebnisse Eindrücke über die Verteilung der $z_1, \ldots, z_n$. Dabei hat man zu beurteilen,

Tabelle 1.1.1. Daten zum Beispiel 1.1.1

Pat.	A/N	O/N	M/N	G/N	A/O	Pat.	A/N	O/N	M/N	G/N	A/O
1	2.04	0.29	0.15	2.84	7.21	50	2.40	0.84	0.17	3.37	2.88
2	1.70	0.23	0.14	2.07	7.74	51	2.12	0.62	0.14	2.80	3.47
3	1.95	0.31	0.13	2.38	6.63	52	2.39	0.70	0.16	3.17	3.34
4	2.24	0.32	0.15	2.71	7.32	53	2.58	0.74	0.18	3.53	3.52
5	2.35	0.32	0.13	2.81	7.53	54	2.26	0.76	0.17	3.19	3.03
6	2.57	0.36	0.14	3.03	7.33	55	2.53	0.68	0.16	3.37	3.84
7	2.28	0.31	0.13	2.71	7.45	56	2.51	0.74	0.16	3.41	3.46
8	2.56	0.41	0.13	3.11	6.41	57	2.47	0.73	0.18	3.39	3.54
9	2.27	0.32	0.13	2.72	7.79	58	2.32	0.69	0.15	3.18	3.42
10	2.77	0.46	0.16	3.38	6.37	59	1.87	0.88	0.17	2.91	2.14
11	4.69	0.70	0.28	5.68	7.12	60	2.02	0.85	0.21	3.06	2.41
12	3.93	0.46	0.26	4.70	9.03	61	2.03	0.92	0.19	3.14	2.23
13	4.72	0.65	0.27	5.66	7.43	62	1.92	0.99	0.17	3.05	2.00
14	4.74	0.77	0.28	5.69	6.29	63	1.99	0.93	0.19	3.10	2.18
15	4.21	0.74	0.24	4.79	5.85	64	2.12	1.00	0.19	3.31	2.14
16	4.95	0.85	0.26	6.06	5.91	65	2.11	1.03	0.22	3.36	2.07
17	4.75	0.86	0.26	5.88	5.74	66	2.14	1.00	0.21	3.35	2.18
18	5.37	1.04	0.30	6.68	5.25	67	1.97	0.94	0.17	3.07	2.13
19	4.92	0.93	0.26	6.12	5.44	68	2.11	0.97	0.18	3.26	2.30
20	5.95	1.17	0.32	7.44	5.23	69	2.17	1.13	0.21	3.39	1.92
21	1.15	2.57	0.24	4.00	0.45	70	2.84	1.48	0.29	4.63	1.96
22	1.30	2.12	0.21	3.60	0.62	71	2.32	1.30	0.26	3.88	1.82
23	1.22	1.86	0.18	3.26	0.67	72	2.36	1.27	0.22	3.79	2.00
24	1.21	2.54	0.27	3.81	0.43	73	2.31	1.29	0.25	3.41	1.80
25	1.39	2.80	0.32	4.51	0.50	74	2.30	1.17	0.25	3.73	1.98
26	1.28	2.65	0.12	3.95	0.49	75	2.20	1.25	0.27	3.71	1.79
27	1.35	2.83	0.15	4.32	0.48	76	2.80	1.28	0.26	4.37	2.21
28	1.27	2.81	0.13	3.99	0.49	77	2.30	1.17	0.22	3.67	1.97
29	1.20	1.94	0.15	3.29	0.64	78	2.36	1.19	0.23	3.80	2.03
30	2.05	2.38	0.31	4.72	0.87	79	2.36	0.85	0.17	3.38	2.83
31	2.01	2.05	0.24	4.31	0.98	80	2.37	0.78	0.18	3.33	3.10
32	1.42	1.65	0.22	3.32	0.86	81	2.27	0.80	0.17	3.26	2.95
33	1.47	1.87	0.25	3.45	0.85	82	2.29	0.78	0.17	3.22	2.96
34	1.86	2.25	0.17	4.29	0.83	83	2.28	0.75	0.17	3.20	3.07
35	1.85	2.44	0.20	4.49	0.77	84	2.49	0.87	0.19	3.53	2.91
36	1.43	1.88	0.16	3.46	0.77	85	2.53	0.83	0.17	3.52	3.06
37	1.80	2.40	0.19	4.39	0.75	86	2.73	0.83	0.20	3.76	3.34
38	1.37	1.89	0.15	3.43	0.72	87	2.53	0.79	0.17	3.47	3.20
39	1.48	1.74	0.21	3.42	0.86	88	2.63	0.83	0.18	3.65	3.22
40	1.14	0.45	0.15	1.74	2.59	89	2.16	1.32	0.21	3.70	1.65
41	1.22	0.58	0.15	1.96	2.14	90	2.43	1.17	0.23	3.84	2.08
42	1.49	0.55	0.13	2.18	2.76	91	2.51	1.30	0.24	4.07	1.97
43	1.23	0.53	0.13	1.87	2.34	92	3.03	1.42	0.28	4.71	2.13
44	1.38	0.64	0.14	2.16	2.19	93	2.20	1.10	0.22	3.53	2.02
45	1.48	0.60	0.14	2.22	2.52	94	2.86	1.35	0.28	4.44	2.10
46	1.35	0.62	0.15	2.12	2.26	95	2.53	1.16	0.25	3.94	2.27
47	1.26	0.53	0.14	1.92	2.45	96	2.94	1.39	0.28	4.63	2.15
48	1.43	0.57	0.14	2.11	2.60	97	2.55	1.23	0.26	4.06	2.14
49	2.26	0.79	0.20	3.25	2.93	98	2.71	1.27	0.27	4.24	2.21

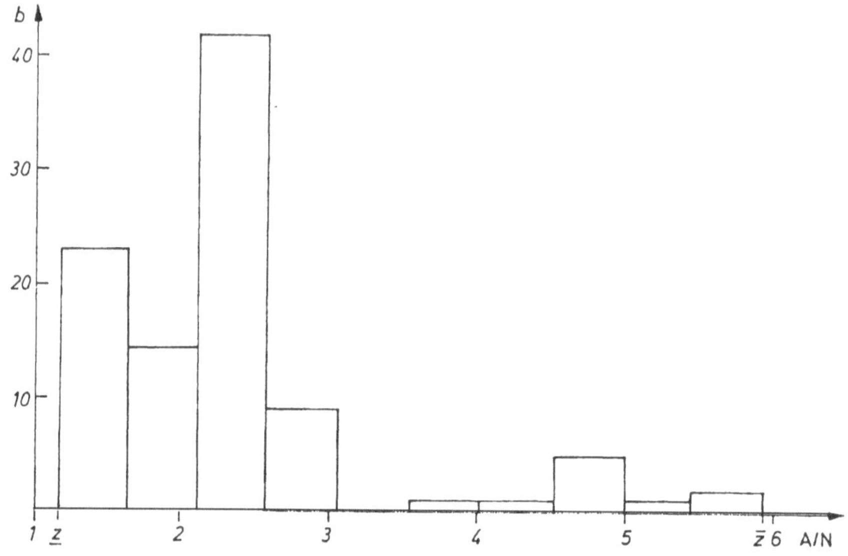

Abb. 1.1.2. Säulendiagramm A/N

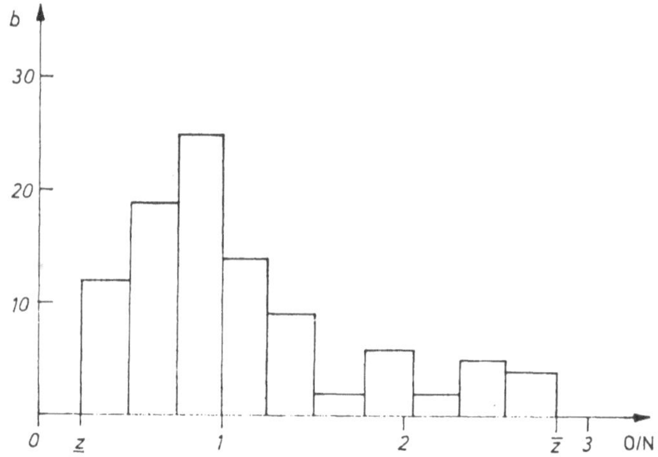

Abb. 1.1.3. Säulendiagramm O/N

ob eine Annahme über die *Eingipfligkeit* oder *Symmetrie* der Verteilung sinnvoll ist. Dabei heißt eine Verteilung eingipflig, wenn eine Dichte existiert, die genau ein Maximum hat. Symmetrisch heißt die Verteilung, falls die Dichte symmetrisch bez. eines Punktes, des Symmetriepunktes, ist. Ein Beispiel für eine eingipflige symmetrische Verteilung ist durch die Gaußsche Glockenkurve gegeben, die häufig als Approximation von Verteilungen verwendet wird. Die Auswertung des Säulendiagramms betrifft den gesamten Werteverlauf, der durch die Größen $b_1, \ldots, b_s$ gegeben ist. Noch grobere

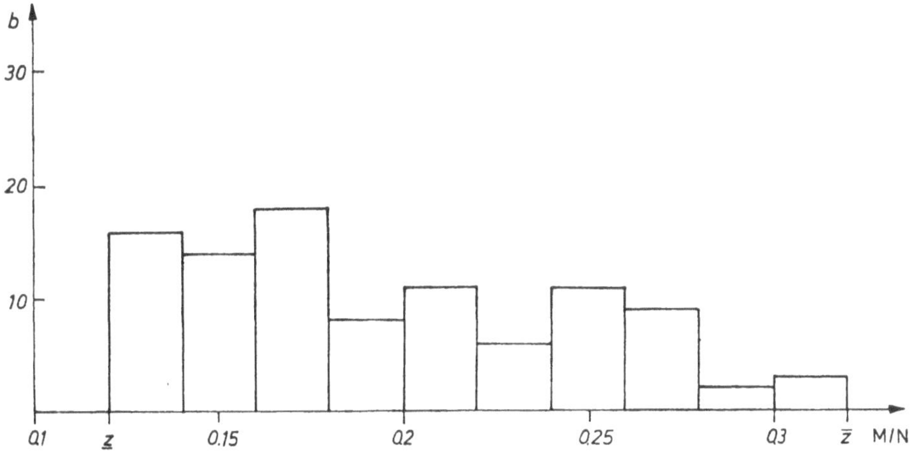

Abb. 1.1.4. Säulendiagramm M/N

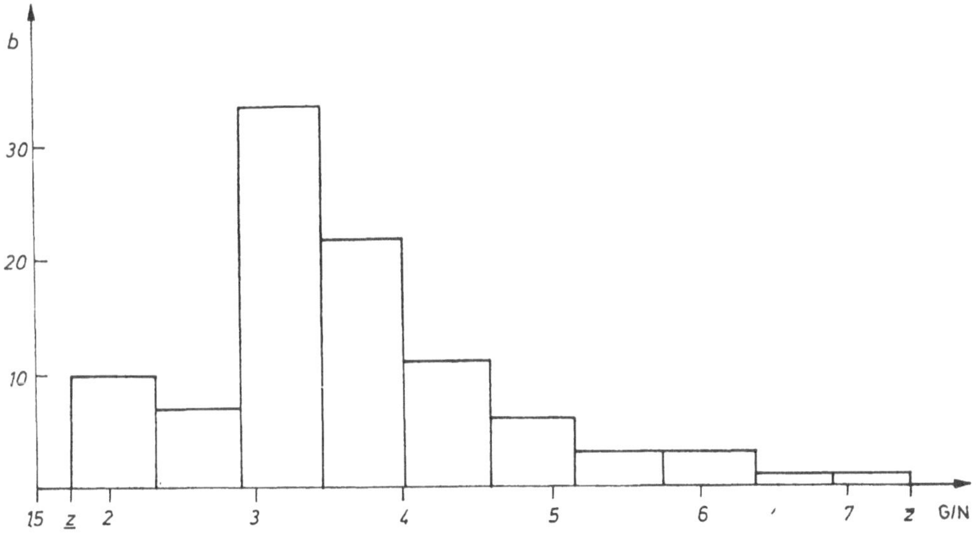

Abb. 1.1.5. Säulendiagramm G/N

Aussagen über die Verteilung kann man durch ausgewählte Maßzahlen der empirischen Verteilung geben, wobei diese gewonnenen Maßzahlen häufig eine große Anschaulichkeit haben. So ist z. B. das *arithmetische Mittel*

$$z_0 = \frac{1}{n} \sum_{i=1}^{n} z_i \tag{6}$$

eine Kenngröße der Verteilung. Offenbar gilt hierbei

$$z_0 = \int x H(\mathrm{d}x) . \tag{7}$$

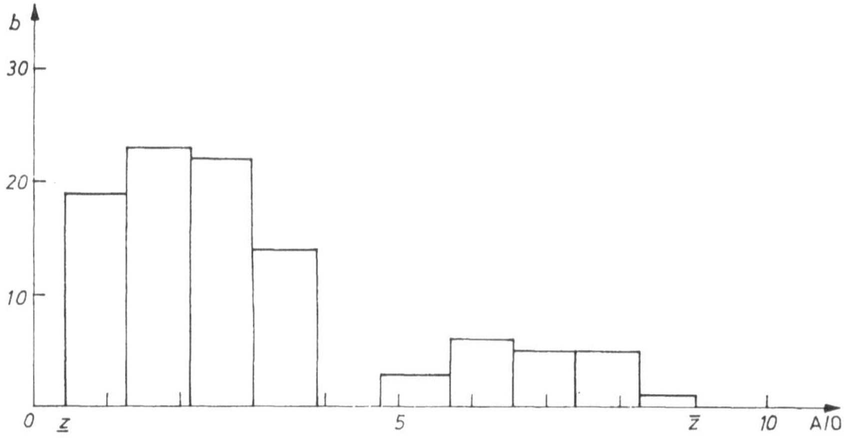

Abb. 1.1.6. Säulendiagramm A/O

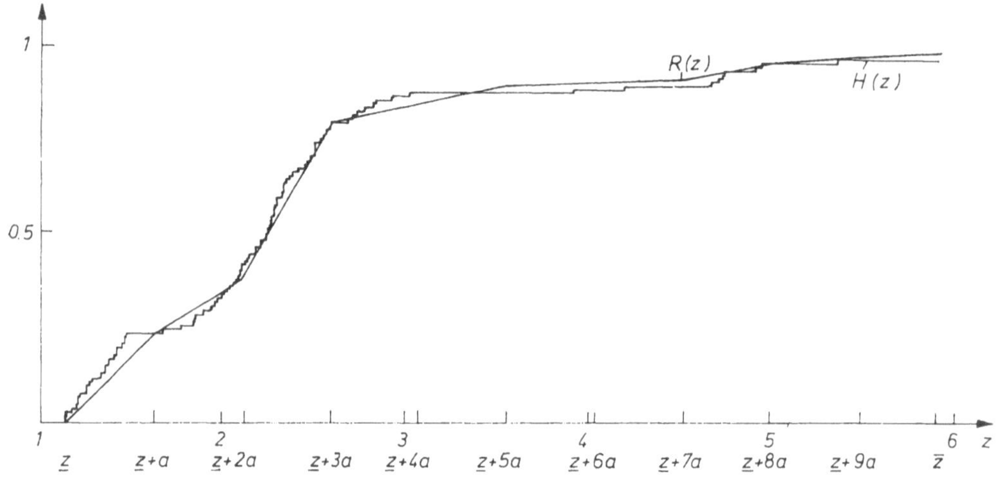

Abb. 1.1.7. $R(z)$ und $H(z)$ für A/N

Stützt man sich nicht auf die Urdaten, sondern auf die mit Hilfe der Intervalle $\mathcal{J}_1, \ldots, \mathcal{J}_l$ verdichteten Daten, so ist

$$\begin{aligned}\tilde{z} &= \int xR(\mathrm{d}x) \\ &= \sum_{s=1}^{l} b_s(a_s - a_{s-1}) \left[\underline{z} + \frac{a_s + a_{s-1}}{2}\right] \\ &= \frac{1}{n} \sum_{s=1}^{l} m_s \left[\underline{z} + \frac{a_{s-1} + a_s}{2}\right] \qquad (8)\end{aligned}$$

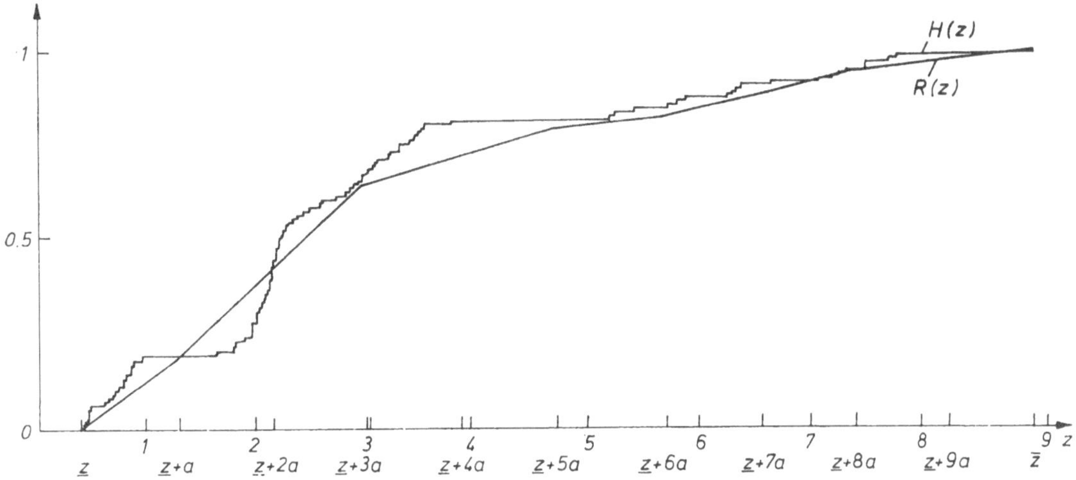

Abb. 1.1.8. $R(z)$ und $H(z)$ für A/O

I_s		m_s	m_s/n	$\sum_{i=1}^{s} m_i/n$
I_1	///	3	.0306	.0306
I_2	///// ///// //	13	.1326	.1632
I_3	///// //	7	.0714	.2347
I_4	//	2	.0204	.2551
I_5	///// //	7	.0714	.3265
I_6	///// ///// ////	14	.1428	.4694
I_7	///// ///// ///// /////	20	.2041	.6735
I_8	///// ///// ///	13	.1326	.8061
I_9	/////	5	.0510	.8571
I_{10}	///	3	.0306	.8877
I_{11}	/	1	.0102	.8979
I_{12}		0	0	.8979
I_{13}		0	0	.8979
I_{14}		0	0	.8979
I_{15}	/	1	.0102	.9082
I_{16}		0	0	.9082
I_{17}	/	1	.0102	.9184
I_{18}		0	0	.9184
I_{19}	////	4	.0408	.9592
I_{20}	//	2	.0204	.9796
I_{21}		0	0	0
I_{22}	/	1	.0102	.9898
I_{23}		0	0	.9898
I_{24}		0	0	.9898
I_{25}	/	1	.0102	1.00

Abb. 1.1.9. Strichliste für A/N aus Tabelle 1.1.1

ein Mittelwert, der aus dem Säulendiagramm herrührt. Bei großem n ist $\bar{z}$ häufig viel leichter berechenbar als z_0, wobei $\bar{z}$ sehr gut den Wert $\dot{z}_0$ approximiert. Für eine große Klasse von Verteilungen hat der *Median* oder *Zentralwert* einen ähnlichen Stellenwert wie das arithmetische Mittel. Dabei heißt z Zentralwert von $z_1, \ldots, z_n$, falls

$$\#\{z_i \leqq z\colon\ i = 1, \ldots, n\} = \#\{z_i \geqq z\colon\ i = 1, \ldots, n\}, \tag{9}$$

so daß also gleich viele Werte kleiner bzw. größer als z sind. Ist z nicht eindeutig durch die obige Gleichung bestimmt, so wählt man den Zentralwert als denjenigen, der die Mitte des Intervalls aller Lösungen von (9) ist. Anders ausgedrückt, ordnen wir $z_1, \ldots, z_n$ der Größe nach und bezeichnen diese Folge durch

$$z_{[1]}, \ldots, z_{[n]}$$

mit

$$z_{[1]} \leqq z_{[2]} \leqq \ldots \leqq z_{[n]}, \text{ so ist}$$

$$z = \begin{cases} z_{\left[\frac{n+1}{2}\right]} & \text{falls } n \text{ ungerade,} \\ \frac{1}{2}\left(z_{\left[\frac{n}{2}\right]} + z_{\left[\frac{n+2}{2}\right]}\right) & \text{falls } n \text{ gerade.} \end{cases}$$

Informativ ist auch der *Modalwert* der empirischen Verteilung, nämlich das Intervall $\mathcal{J}_s$, für das der Wert b_s maximal ist. Weitere einfache charakteristische Werte der Folge $z_1, \ldots, z_n$ sind die Quantile. Dabei heißt q_α *(empirisches) α-Quantil,* wenn αn Beobachtungen der Folge $z_1, \ldots, z_n$ im Intervall $(-\infty, q_\alpha)$ liegen. Zu gegebenem k nutzt man die Quantile $\tilde{q}_1, \ldots, \tilde{q}_{k-1}$ mit $\tilde{q}_j = q_{\left[\frac{n}{k}\right]\frac{j}{n}}$, so daß in jedem der Intervalle

$$(-\infty, \tilde{q}_1), [\tilde{q}_1, \tilde{q}_2), \ldots, [\tilde{q}_{k-2}, \tilde{q}_{k-1})$$

$[n/k]$ Beobachtungen liegen. Für gerades n und $k = 2$ stimmt Quantil $\tilde{q}_1$ mit dem Zentralwert überein. Für $k = 4$ und $k = 10$ werden die $\tilde{q}_j$, $j = 1, \ldots, k - 1$, als *Quartile* bzw. *Dezile* bezeichnet. Nutzen wir für gegebene Beobachtungen die Quartile zur Beschreibung der Daten, so ist die *Box-Darstellung* sehr übersichtlich (vgl. Abb. 1.1.10).

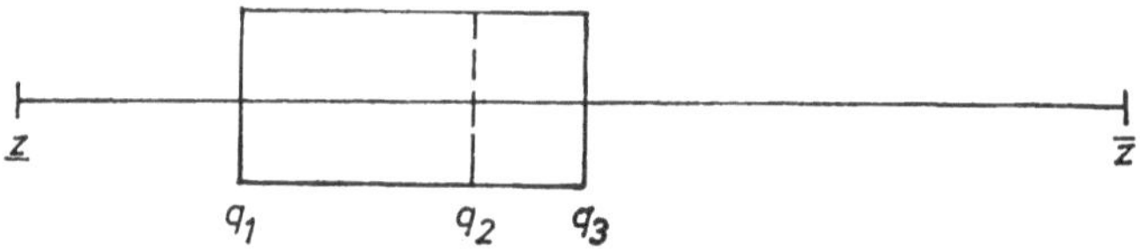

Abb. 1.1.10. Box-Darstellung

Hier sieht man deutlich die Variationsbreite der Daten, erkennt, wo die Hälfte der Daten konzentriert ist, und an der Lage des Zentralwertes liest man z. B. eine Symmetrie oder Nichtsymmetrie ab. Für die Daten A/N aus Tabelle 1.1.1 erhalten wir speziell $\underline{z} = 1.14$, $\bar{z} = 5.95$, $q_1 = 1.8$, $q_2 = 2.27$, $q_3 = 2.53$, so daß sich das in Abb. 1.1.11 angegebene Bild der Box-Darstellung ergibt.

Neben den Lageparametern wie Mittelwert, Zentralwert oder Modalwert sind *Streu-*

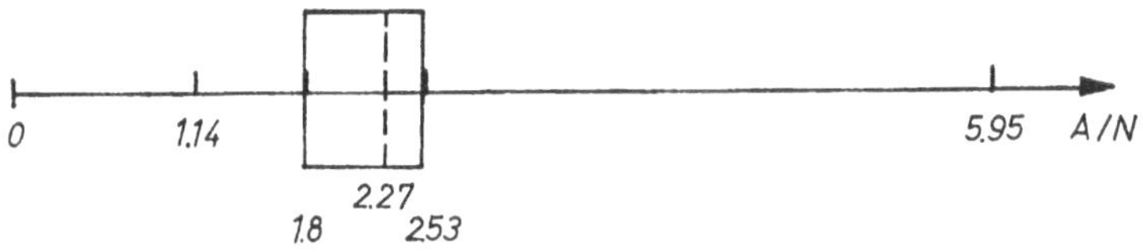

Abb. 1.1.11. Box-Darstellung für A/N aus Tabelle 1.1.1

ungsparameter für die Beurteilung von Beobachtungsfolgen von Interesse. Die oben diskutierten Quantile beinhalten schon Informationen über die Variabilität der Beobachtungen. So liefert die Spannweite eine Angabe über die Streuung. Auch aus den Quartilen q_3 und q_1 könnte man $q_3 - q_1$ als Streuungsmaß definieren, denn die Hälfte aller Beobachtungen liegt in einem Intervall dieser Länge. Eine andere Maßzahl für die Streuung ist die *Varianz*

$$s^2 = \frac{1}{n-1} \sum_{i=1}^{n} (z_i - z_0)^2$$

oder die *Standardabweichung* s. Nutzen wir nicht die Urdaten, sondern nur die verdichteten Daten in der Form, daß wir die Intervallzugehörigkeit zu $\mathcal{J}_1, \ldots, \mathcal{J}_l$ beachten, so erhalten wir als Streuungsmaß

$$\tilde{s}^2 = \int (x - \tilde{z})^2 \, R(\mathrm{d}x) . \tag{10}$$

Dann errechnen wir

$$\tilde{s}^2 = \frac{1}{3} \sum_{s=1}^{l} b_s[(\underline{z} + a_s)^3 - (\underline{z} + a_{s-1})^3] - \tilde{z}^2$$

$$= \sum_{s=1}^{l} b_s \left[\underline{z}^2 a_s + \underline{z} a_s^2 + \frac{1}{3} a_s^3 - \underline{z}^2 a_{s-1} - \underline{z} a_{s-1}^2 - \frac{1}{3} a_{s-1}^3 \right] - \tilde{z}^2 . \tag{11}$$

Aus den grafischen Darstellungen der Funktionen R bzw. H kann man viel erkennen, insbesondere auch Vermutungen über die Abweichungen von der Symmetrie oder über den Grad der Steilheit der Verteilung formulieren. Hierzu gibt es eine Vielzahl von Maßzahlen, insbesondere die *Schiefe* und den *Exzeß*, die aus den ersten drei bzw. vier zentralen Momenten der Beobachtungen berechnet werden. Hier heißt $m_i = \int (x - z_0)^i \, H(\mathrm{d}x)$ das *i-te zentrale Moment*, so daß

$$m_i = \frac{1}{n} \sum_{i=1}^{n} (z_i - z_0)^i \tag{12}$$

gilt. Dann ist der Wert

$$\frac{m_3}{m_2^{3/2}} \tag{13}$$

die Schiefe, der Wert

$$\frac{m_4}{m_2^2} - 3 \tag{14}$$

der Exzeß der empirischen Verteilung. Für symmetrische Verteilungen ist die Schiefe gleich 0. Der Exzeß charakterisiert die Steilheit der Verteilung, wobei positive Werte des Exzesses eine „größere“ Steilheit als die der Normalverteilung und negative Werte eine „kleinere“ Steilheit als die der Normalverteilung ausdrücken.

Bei Vorliegen einer Datenmenge der Form (1) werden diese hier beschriebenen Analysen für jede der k Spalten durchgeführt. Aus diesen eindimensionalen Charakterisierungen erhalten wir Anhaltspunkte für das Aussehen der Verteilungen, zumindest für die eindimensionalen Randverteilungen.

1.1.2. Gruppierung von mehrdimensionalen Daten

Das Auffinden von Beobachtungsvektoren in einer Menge, die einander in gewissem Sinne ähnlich sind, sich aber deutlich von anderen Beobachtungsvektoren dieser Menge unterscheiden, ist ein Grundanliegen statistischer Analysen. Man strebt danach, eine gegebene Menge von mehrdimensionalen Daten in geeigneter Weise derart in Gruppen zu zerlegen, daß innerhalb der Gruppen eine *Homogenität* oder *Gleichheit* vorhanden ist, aber zwischen den Gruppen ein wohldefinierter Unterschied zu sehen ist. Es gibt zahlreiche Arbeiten zu *Clusterverfahren* und *Ähnlichkeiten*, wobei die Anfänge zu diesem Gebiet in biologischen Anwendungen und der Biometrie zu verzeichnen sind (Blackwelder (1966), Cormack (1971), Good (1965), Goodman/Kruskal (1959), Jardine/Sibson (1971) und Sokal/Sneath (1963)). Sehr umfassende Darstellungen der Entwicklungen in der Clusteranalyse findet man bei Steinhausen/Langer (1977) und Hartigan (1975).

1.1.2.1. Charakterisierung von Clusterverfahren

Die Clusteranalyseverfahren unterscheiden sich in wichtigen Merkmalen. Eine grobe Systematisierung ist gegeben durch *hierarchische* oder *nichthierarchische* Verfahren. Dabei entstehen bei hierarchischen Verfahren Folgen von Gruppierungen und diese Gruppierungen sind darstellbar als eine *Hierarchie von Clustern*. Die Aufspaltung von Gruppen ereignet sich bei gewissen Werten der Kriteriumsfunktion, die als *Distanzniveaus* bezeichnet werden. Diese entstehende Hierarchie wird häufig in der Form eines *Dendrogramms* geliefert. Bei nichthierarchischen Verfahren haben die verschiedenen Gruppierungen zu unterschiedlichen Distanzniveaus keine direkte Verbindung. Weiter kann man die Clusteranalyseverfahren nach ihrem Charakter des *Gruppierungsprozesses* unterscheiden. So können Verfahren aufbauend oder abbauend sein. Die *aufbauenden* (*agglomerativen*) Verfahren beginnen mit vielen Clustern, im Extremfall ist jede Beobachtung ein Cluster, und man findet gemäß einem Kriterium eine geeignete Zusammenfassung dieser Anfangscluster. Bei den *abbauenden* (*divisiven*) Verfahren startet man mit wenigen großen Clustern, z. B. dem einen Cluster, der alle Beobachtungen enthält, und zerlegt dieses große Cluster in kleinere. Eine Beurteilung erfolgt in jedem Fall durch ein Distanzmaß, das dem Problem angemessen erscheint. Dabei ist es vernünftig, daß ein Distanzmaß den Abstand der k-dimensionalen Beobachtungen voneinander bewertet und gleichzeitig auch Abstände verschiedener Gruppen mit einbezieht. Wir nehmen an, daß eine Abstandsfunktion d in $\mathbb{R}^k$ definiert ist, so daß für beliebige Punkte $\boldsymbol{y}, \boldsymbol{z} \in \mathbb{R}^k$ ein

Abstand $d(\boldsymbol{y}, \boldsymbol{z})$ gegeben ist. Außerdem gehen wir davon aus, daß n Beobachtungen $\boldsymbol{y}_1, \ldots, \boldsymbol{y}_n$ vorliegen, die sinnvoll in Gruppen eingeteilt werden sollen.

Eine Gruppierung der Beobachtungen kann durch eine disjunkte Zerlegung $\mathcal{S}_1, \ldots, \mathcal{S}_r$ der Beobachtungsmenge beschrieben werden. Es ist unser Ziel, solche Gruppierung $\boldsymbol{G}$ mit $\boldsymbol{G} = (\mathcal{S}_1, \ldots, \mathcal{S}_r)$ zu finden, für die der Abstand der Beobachtungen aus der gleichen Menge $\mathcal{S}_i$ klein ist, hingegen die Beobachtungen aus verschiedenen $\mathcal{S}_i$, $\mathcal{S}_j$ $i \neq j$ weit voneinander getrennt sind. Bei den untersuchten Distanzmaßen nehmen diejenigen, in denen ein Varianzkriterium zugrunde gelegt wird, eine exponierte Stellung ein.

1.1.2.2. Minimaldistanzverfahren

Es gelte für die Auswahl der Beobachtungen in $\mathcal{S}_p$

$$n_p = \#\{\boldsymbol{y}_i : \boldsymbol{y}_i \in \mathcal{S}_p, 1 \leqq i \leqq n\} \tag{15}$$

und sei

$$\bar{\boldsymbol{y}}_p = \frac{1}{n_p} \sum_{\boldsymbol{y}_i \in \mathcal{S}_p} \boldsymbol{y}_i \tag{16}$$

der Mittelwert der Beobachtungen aus $\mathcal{S}_p$. Wir betrachten einen über die Gruppen gemittelten Kleinste-Quadrate-Abstand als Distanzmaß für $\boldsymbol{G}_p$:

$$D^2(\boldsymbol{G}) = \sum_{p=1}^{r} \sum_{\boldsymbol{y}_i \in \mathcal{S}_p} |\boldsymbol{y}_i - \bar{\boldsymbol{y}}_p|^2_{\boldsymbol{W}_p} \tag{17}$$

für $|\boldsymbol{z}|^2_{\boldsymbol{W}_p} = \boldsymbol{z}'\boldsymbol{W}_p\boldsymbol{z}$.

Haben wir dann eine Gruppierung $\boldsymbol{G}^* = (\mathcal{S}_1^*, \ldots, \mathcal{S}_r^*)$ gefunden, für die

$$D(\boldsymbol{G}^*) = \min_{\boldsymbol{G}} D(\boldsymbol{G})$$

gilt, so ist $\boldsymbol{G}^*$ derart beschaffen, daß im Mittel die Beobachtungen aus $\mathcal{S}_p^*$ eine minimale Gruppenvarianz haben.

Betrachten wir den Spezialfall $\boldsymbol{W}_p = \boldsymbol{W}$, $p = 1, \ldots, r$, so erhalten wir

$$\boldsymbol{W}^{1/2}\left[\sum_{i=1}^{n} (\boldsymbol{y}_i - \bar{\boldsymbol{y}})(\boldsymbol{y}_i - \bar{\boldsymbol{y}})'\right]\boldsymbol{W}^{1/2} = \boldsymbol{W}^{1/2}\left[\sum_{p=1}^{r} \sum_{\boldsymbol{y}_i \in \mathcal{S}_p} (\boldsymbol{y}_i - \bar{\boldsymbol{y}}_p)(\boldsymbol{y}_i - \bar{\boldsymbol{y}}_p)'\right]\boldsymbol{W}^{1/2}$$

$$+ \boldsymbol{W}^{1/2}\left[\sum_{p=1}^{r} n_p(\boldsymbol{y}_p - \bar{\boldsymbol{y}})(\boldsymbol{y}_p - \bar{\boldsymbol{y}})'\right]\boldsymbol{W}^{1/2} \tag{18}$$

und, da die linke Seite unabhängig von irgendeiner Gruppierung ist, folgt aus dem Fakt, daß $\boldsymbol{G}^*$ das $D(\boldsymbol{G})$ minimiert gleichzeitig, daß dieses $\boldsymbol{G}^*$ die Spur des zweiten Summanden auf der rechten Seite maximiert. So minimiert $\boldsymbol{G}^*$ gleichzeitig $D(\boldsymbol{G})$ und maximiert

$$\operatorname{sp} \boldsymbol{W}^{1/2} \sum_{p=1}^{r} n_p(\boldsymbol{y}_p - \bar{\boldsymbol{y}})(\boldsymbol{y}_p - \bar{\boldsymbol{y}})' \boldsymbol{W}^{1/2} = \sum_{p=1}^{r} n_p |\bar{\boldsymbol{y}}_p - \bar{\boldsymbol{y}}|^2_{\boldsymbol{W}}, \tag{19}$$

und dieser Wert charakterisiert gerade den Abstand der Gruppen zueinander.

1.1.2.3. Berechnung optimaler Cluster

Es bleiben verschiedene Fragen offen, insbesondere die Berechnung eines minimalen $\boldsymbol{G}^*$ und die geeignete Wahl der Matrizen $\boldsymbol{W}_p$ bzw. $\boldsymbol{W}$. Das Finden einer optimalen Gruppierung wird wegen des rechentechnischen Aufwands in den meisten Fällen iterativ erfolgen, wobei man oft schon damit zufrieden sein muß, wenn man ein lokales Optimum erreicht. Eine große Klasse von Gruppierungsalgorithmen hat ein *Austauschprinzip* zur Grundlage. Dabei ist man bestrebt, schrittweise eine Verbesserung einer Anfangsgruppierung zu erreichen.

Dazu verschiebt man eine Beobachtung aus einer Gruppe in eine andere und kontrolliert die Veränderung des Distanzmaßes. Genauer gesagt, starten wir mit einer Gruppierung $\boldsymbol{G} = (\mathcal{S}_1, \ldots, \mathcal{S}_r)$ und $D(\boldsymbol{G})$ sei deren Distanzmaß. Wir prüfen, ob ein Gruppenwechsel einer Beobachtung den Wert für D verkleinert. Wir erhalten bei dieser Prozedur $n(r-1)$ Gruppierungen, denn jede Beobachtung gehört zunächst zu einer der Gruppen und wird dann in die restlichen $r-1$ Gruppen eingeordnet. Dies wird mit jeder Beobachtung gemacht. Diese Gruppierungen bezeichnen wir mit $\boldsymbol{G}_1, \ldots, \boldsymbol{G}_{n(r-1)}$ und nun wählen wir dasjenige $\boldsymbol{G}_j$, für das

$$D(\boldsymbol{G}_j) = \min_{1 \leqq i \leqq n(r-1)} D(\boldsymbol{G}_i)$$

gilt. Damit haben wir wiederum eine Gruppierung erhalten und für die neue Gruppierung wiederholen wir diese Vorgehensweise. Wir beenden die Berechnung von Gruppierungen, wenn sich auf diese Weise keine Verkleinerung des Distanzmaßes ergibt. Nehmen wir als Beispiel das Distanzmaß $D(\boldsymbol{G})$ mit

$$D^2(\boldsymbol{G}) = \sum_{p=1}^{r} \sum_{\boldsymbol{y}_i \in \mathcal{S}_p} |\boldsymbol{y}_i - \bar{\boldsymbol{y}}_p|^2. \tag{20}$$

Sei nun $\boldsymbol{y}_s \in \mathcal{S}_p$ und ordnen wir es nach $\mathcal{S}_q$ ein, so ist der neue Mittelwert der Beobachtungen aus $\mathcal{S}_{p,\text{neu}}$ gegeben durch

$$\bar{\boldsymbol{y}}_{p,\text{neu}} = \frac{1}{n_p - 1} (n_p \bar{\boldsymbol{y}}_p - \boldsymbol{y}_s)$$

und der aus $\mathcal{S}_{q,\text{neu}}$

$$\bar{\boldsymbol{y}}_{q,\text{neu}} = \frac{1}{n_q + 1} (n_q \bar{\boldsymbol{y}}_q + \boldsymbol{y}_s).$$

Bezeichnen wir die so entstandene Gruppierung mit $\boldsymbol{G}_{s,p,q}$, so gilt

$$D^2(\boldsymbol{G}_{s,p,q}) = D^2(\boldsymbol{G}) - \sum_{\boldsymbol{y}_i \in \mathcal{S}_p} |\boldsymbol{y}_i - \bar{\boldsymbol{y}}_p|^2 - \sum_{\boldsymbol{y}_i \in \mathcal{S}_q} |\boldsymbol{y}_i - \bar{\boldsymbol{y}}_q|^2 + \sum_{\boldsymbol{y}_i \in \mathcal{S}_{p,\text{neu}}} |\boldsymbol{y}_i - \bar{\boldsymbol{y}}_{p,\text{neu}}|^2 + \sum_{\boldsymbol{y}_i \in \mathcal{S}_{q,\text{neu}}} |\boldsymbol{y}_i - \bar{\boldsymbol{y}}_{q,\text{neu}}|^2. \tag{21}$$

Wegen

$$\sum_{\boldsymbol{y}_i \in \mathcal{S}_p} |\boldsymbol{y}_i - \bar{\boldsymbol{y}}_p|^2 - \sum_{\boldsymbol{y}_i \in \mathcal{S}_{p,\text{neu}}} |\boldsymbol{y}_i - \bar{\boldsymbol{y}}_{p,\text{neu}}|^2 = \frac{n_p}{n_p - 1} |\boldsymbol{y}_s - \bar{\boldsymbol{y}}_p|^2 \tag{22}$$

und

$$\sum_{\boldsymbol{y}_i \in \mathcal{S}_q} |\boldsymbol{y}_i - \bar{\boldsymbol{y}}_q|^2 - \sum_{\boldsymbol{y}_i \in \mathcal{S}_{q,\text{neu}}} |\boldsymbol{y}_i - \bar{\boldsymbol{y}}_{q,\text{neu}}|^2 = -\frac{n_q}{n_q + 1} |\boldsymbol{y}_s - \bar{\boldsymbol{y}}_q|^2 \tag{23}$$

gilt also

$$D^2(\boldsymbol{G}) - D^2(\boldsymbol{G}_{s,p,q}) = \frac{n_p}{n_p - 1} |\boldsymbol{y}_s - \bar{\boldsymbol{y}}_p|^2 - \frac{n_q}{n_q + 1} |\boldsymbol{y}_s - \bar{\boldsymbol{y}}_q|^2 . \tag{24}$$

Das berechnen wir für jedes s und alle $q \neq p$, wobei $\boldsymbol{y}_s \in \mathcal{S}_p$ ist. Wir wählen dann jenen Austausch, für den

$$\frac{n_p}{n_p - 1} |\boldsymbol{y}_s - \bar{\boldsymbol{y}}_p|^2 - \frac{n_q}{n_q + 1} |\boldsymbol{y}_s - \bar{\boldsymbol{y}}_q|^2$$

maximal wird. Wenn dann schließlich alle diese Differenzen kleiner oder gleich Null sind, so betrachten wir die erhaltene Gruppierung als optimal. Das hier beschriebene Verfahren ist in der Literatur als *Austauschverfahren* bekannt und wurde von Rubin (1967) diskutiert. Einen etwas anderen Zugang wählen die *Minimaldistanzverfahren*. Von Forgy (1965) wurde folgendes Vorgehen vorgeschlagen. Zu einer Ausgangsgruppierung $\boldsymbol{G} = (\mathcal{S}_1, \ldots, \mathcal{S}_r)$ berechnen wir $\bar{\boldsymbol{y}}_1, \ldots, \bar{\boldsymbol{y}}_r$. Dann berechnen wir für jedes s und alle j die Werte $|\boldsymbol{y}_s - \bar{\boldsymbol{y}}_j|^2$ und bilden die Gruppierung $\boldsymbol{G}_1 = (\mathcal{S}_1^1, \ldots, \mathcal{S}_r^1)$ derart, daß

$$\mathcal{S}_1^1 = \left\{\boldsymbol{y}_s \colon |\boldsymbol{y}_s - \bar{\boldsymbol{y}}_1|^2 = \min_j |\boldsymbol{y}_s - \bar{\boldsymbol{y}}_j|^2\right\} \tag{25}$$

$$\mathcal{S}_t^1 = \left\{\boldsymbol{y}_s \colon |\boldsymbol{y}_s - \bar{\boldsymbol{y}}_t|^2 = \min_j |\boldsymbol{y}_s - \bar{\boldsymbol{y}}_j|^2\right\} \setminus (\mathcal{S}_1^1 \cup \ldots \cup \mathcal{S}_{t-1}^1), \quad t = 2, \ldots, r-1,$$

$$\mathcal{S}_r^1 = \{\boldsymbol{y}_1, \ldots, \boldsymbol{y}_n\} \setminus (\mathcal{S}_1^1 \cup \ldots \cup \mathcal{S}_{r-1}^1).$$

Auf diese Weise ordnen wir die Beobachtungen in jene Gruppe ein, zu dessen Mittelwert sie einen minimalen Abstand haben. Sollte der minimale Abstand einer Beobachtung zu zwei Mittelwerten angenommen werden, so ordnen wir die Beobachtung in die Gruppe mit dem kleineren Index ein. Die so erhaltene Gruppierung wählen wir nun als neue Ausgangsgruppierung, berechnen die Mittelwerte und bilden $\boldsymbol{G}_2$. So fahren wir fort, bis bei einem Schritt keine neue Gruppierung entsteht. Wir betrachten zu diesem Verfahren das Distanzmaß $D(\boldsymbol{G})$ aus (20)

$$D^2(\boldsymbol{G}) = \sum_{p=1}^{r} \sum_{\boldsymbol{y}_i \in \mathcal{S}_p} |\boldsymbol{y}_i - \bar{\boldsymbol{y}}_p|^2 \geqq \sum_{p=1}^{r} \sum_{\boldsymbol{y}_i \in \mathcal{S}_p} \min_j |\boldsymbol{y}_i - \bar{\boldsymbol{y}}_j|^2$$

$$= \sum_{p=1}^{r} \sum_{\boldsymbol{y}_i \in \mathcal{S}_p^1} |\boldsymbol{y}_i - \bar{\boldsymbol{y}}_p|^2 \geqq D^2(\boldsymbol{G}_1) . \tag{26}$$

Damit führt auch dieses Verfahren zu einer Verbesserung im Sinne des Varianzkriteriums. Eng verbunden mit dem eben beschriebenen Verfahren ist der *r-means-Algorithmus* von MacQueen (1967). Wir beginnen mit einer Ausgangsgruppierung und berechnen $\bar{\boldsymbol{y}}_1, \ldots, \bar{\boldsymbol{y}}_r$. Wir berechnen für alle s und j die Werte $|\boldsymbol{y}_s - \bar{\boldsymbol{y}}_j|^2$ und suchen ein t, l derart, daß $\boldsymbol{y}_t \notin \mathcal{S}_l$ und $|\boldsymbol{y}_t - \bar{\boldsymbol{y}}_l|^2 = \min_j |\boldsymbol{y}_t - \bar{\boldsymbol{y}}_j|^2$. Dann verschieben wir $\boldsymbol{y}_t$ in die l-te Gruppe und berechnen die Mittelwerte der so entstandenen Gruppen neu und fahren so fort, bis dann kein derartiges Paar t, l zu finden ist.

Aus der Fülle der in der Literatur angebotenen Algorithmen haben wir hier drei Möglichkeiten angegeben, nach denen eine Gruppierung von Daten erreicht werden kann. Welcher dieser Algorithmen zu den besseren Ergebnissen bei speziellen Daten führt, ist nicht möglich zu sagen. Es gibt einige asymptotische Ergebnisse über den r-means-Algorithmus (MacQueen (1967)), aber für endliche Stichprobenumfänge ist zu wenig über diese Verfahrensklasse bekannt. Im allgemeinen hängen die erhaltenen optimalen Gruppierungen von den Anfangsgruppierungen und von der Reihenfolge der Beobachtungen ab. Es ist aber unbestritten, daß die Clusteranalysen wichtige *Orientierungshilfen* liefern. Die Abhängigkeit der optimalen Gruppierungen vom gewählten Distanzmaß ist selbstverständlich und unterstreicht noch einmal, möglichst alle Kenntnis über gewünschte Bewichtungen einfließen zu lassen. Wir kommen auf diesen Fakt unten noch einmal zurück.

Beispiel 1.1.2. Wir betrachten die Daten aus Tabelle 1.1.1 und geben zunächst vor, daß 5 Cluster gebildet werden sollen. Die in Beispiel 1.1.1 angegebene Gruppierung wählen wir als Ausgangsgruppierung und erhalten mit dem Minimaldistanzverfahren (25) eine Zuordnung der Patienten zu den folgenden Clustern:

Cluster 1: 70 bis 78, 89 bis 98
Cluster 2: 49 bis 69, 79 bis 88
Cluster 3: 1 bis 10, 40 bis 48
Cluster 4: 21 bis 39
Cluster 5: 11 bis 20

Die erhaltene Gruppierung sei $\boldsymbol{G}^*$, wir berechnen $D(\boldsymbol{G}^*)$. Um zu verdeutlichen, ob auch eine Vereinigung verschiedener Cluster ohne wesentliche Vergrößerung des Distanzmaßes möglich ist, ist es günstig, ein Dendrogramm anzugeben (Abb. 1.1.12).

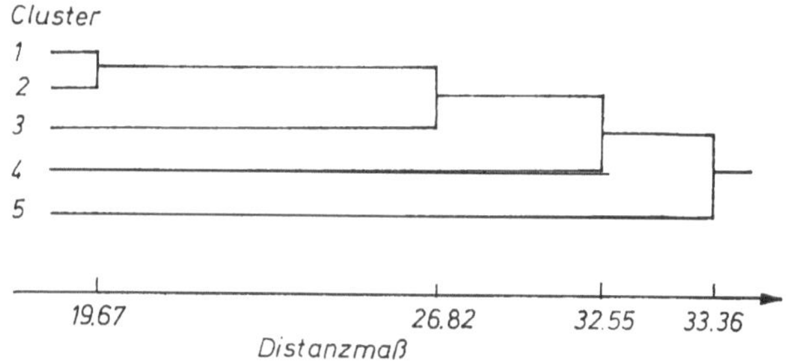

Abb. 1.1.12. Dendrogramm

Aus diesem Dendogramm erkennt man, wann eine Vereinigung dieser Cluster 1 bis 5 mit welchen Konsequenzen erfolgt. So hat das Distanzmaß bei fünf Clustern das Maß 19.67, bei vier Clustern hingegen 26.82 usw. Das bedeutet z. B., daß eine Vereinigung der Cluster 1 und 2 zu einer relativ starken Vergrößerung des Distanzmaßes führt.

1.1.3. Darstellungen mit orthogonalen Funktionen

Betrachten wir n Beobachtungen k-dimensionaler Größen, die wir mit $\boldsymbol{y}_1, \ldots, \boldsymbol{y}_n$ bezeichnen, und es sei $\boldsymbol{y}_i = (y_{i1}, \ldots, y_{ik})'$. Dann gibt es neben den Gruppierungsmethoden, die wir im Abschnitt 1.1.2 betrachteten, Darstellungsmethoden, die gewisse unterschiedliche Strukturen in den Daten deutlich werden lassen. Man versucht dabei, jeder Beobachtung eine Funktion zuzuordnen und zwar derart, daß diese Funktionsdarstellungen Aussagen über Ähnlichkeit bzw. Unterschiedlichkeit ermöglichen. Es seien über einer Teilmenge $\mathcal{T}$ eines gewählten Intervalls $[a, b]$ die k Funktionen $a_1(t), \ldots, a_k(t)$ gegeben, und wir treffen die Zuordnung

$$\boldsymbol{y}_i \to \boldsymbol{y}_i'\boldsymbol{a}(t) = \sum_{j=1}^{k} y_{ij}a_j(t) = f_i(t), \qquad t \in \mathcal{T}. \tag{27}$$

Dabei hängt $f_i(t)$ linear von $\boldsymbol{y}_i$ ab, was für die Berechnung statistischer Maßzahlen, wie z. B. Erwartungswert oder Varianz, wichtig ist. Die Wahl des Funktionensystems ist hierbei von Bedeutung.

1.1.3.1. Stückweise lineare Funktionen

Wir wählen ein orthogonales Funktionensystem $\{a_i^*(t)\}$, in dem $a_i^*(t)\, a_j^*(t) = 0$ für $i \neq j$ und alle $t \in \mathcal{T}$ gilt. Sei $\mathcal{T} = [1, k]$,

$$a_j^*(t) = \begin{cases} 1 & \text{für} \quad t = j \\ 0 & \text{sonst}. \end{cases}$$

Die Funktion $f_i^*(t) = \sum_{j=1}^{k} y_{ij}a_j^*(t)$ nimmt für $t = j$ den Wert y_{ij}, $j = 1, \ldots, k$, an, in den anderen t-Werten den Wert 0. Verschiedentlich benutzt man das mit den Funktionen $a_1^*, \ldots, a_k^*$ zusammenhängende (nicht mehr orthogonale) System

$$a_1(t) = \begin{cases} 2 - t & \text{für} \quad 1 \leqq t \leqq 2, \\ 0 & \text{sonst}, \end{cases} \qquad a_k(t) = \begin{cases} t - k + 1 & \text{für} \quad k - 1 \leqq t \leqq k, \\ 0 & \text{sonst}, \end{cases}$$

$$a_j(t) = \begin{cases} t - j + 1 & \text{für} \quad j - 1 \leqq t \leqq j, \\ j + 1 - t & \text{für} \quad j \leqq t \leqq j + 1, \\ 0 & \text{sonst}, \end{cases} \qquad 2 \leqq j \leqq k - 1. \tag{28}$$

Damit gilt (bis auf die verschwindenden Werte der $a_j(t)$) die in Abb. 1.1.13 angegebene Darstellung. Für $j \leqq t \leqq j + 1$ ist $f_i(t) = (t - j)\, y_{i,j+1} + (j + 1 - t)\, y_{ij}$, und die Darstellung für $f_i(t)$ ist dann wie in Abb. 1.1.14 angegeben eine stückweise lineare Funktion.

Als Beispiel betrachten wir die $f_i(t)$ für $1 \leqq i \leqq 3$ für die ersten 3 Beobachtungsvektoren aus Tabelle 1.1.1 (vgl. Abb. 1.1.15). Hier erkennen wir, daß eine unterschiedliche Normierung der einzelnen Merkmale für die Darstellung günstig sein kann. So

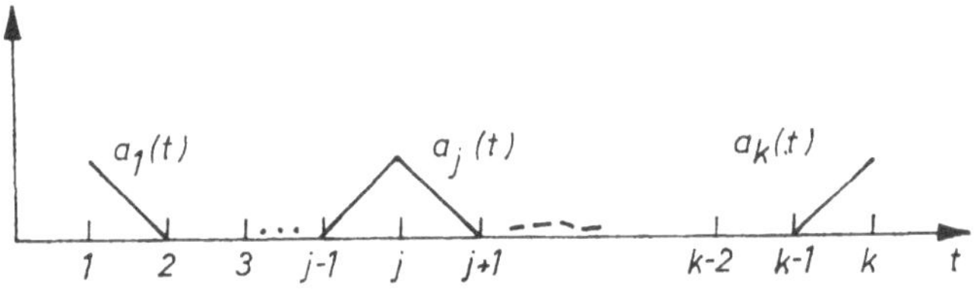

Abb. 1.1.13. Stückweise lineare Funktionen mit beschränktem Träger

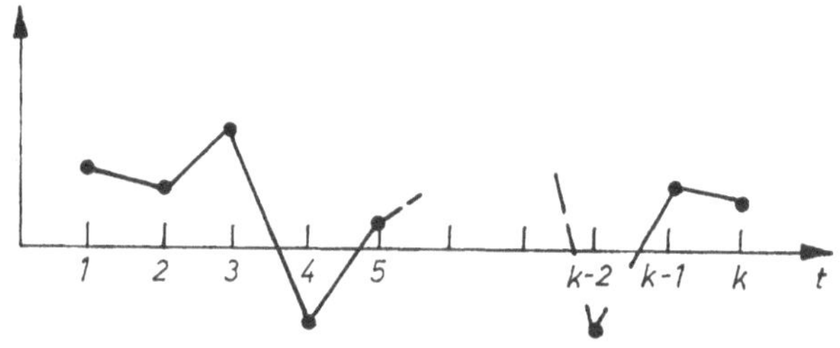

Abb. 1.1.14. Darstellung der $f_i(t)$ aus (27)

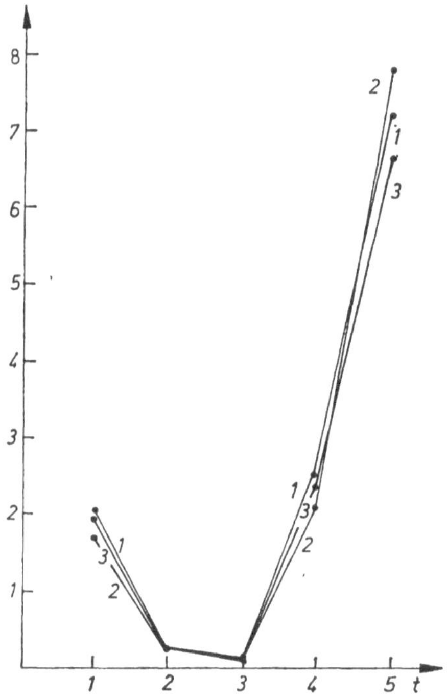

Abb. 1.1.15. Darstellung für Daten aus Tabelle 1.1.1

könnte man, wenn wir $v_j = \max_i y_{ij}$ setzen, die Funktionen $\tilde{f}_i(t) = \sum_{j=1}^{k} y_{ij} \frac{1}{v_j} a_j(t)$ darstellen.

Die hier benutzten Funktionen sind zwar eine naheliegende Methode zur Darstellung multivariater Daten, bringen aber nicht genügend Information über die Daten hervor, da Kombinationen bzw. Relationen zwischen den Komponenten jedes Vektors nur sehr beschränkt sichtbar gemacht werden. Das wird verstärkt erreicht, wenn jedes $a_i(t)$ in keinem Teilintervall der Menge $\mathcal{T}$ identisch verschwindet. Ebenso ist die Forderung, daß die k Funktionen $a_1(t), \ldots, a_k(t)$ *orthogonal* über $[a, b]$ sind, in diesem Zusammenhang eine plausible Voraussetzung. Diese Forderung wird von dem folgenden Funktionensystem erfüllt, das von ANDREWS (1972) vorgeschlagen wurde.

1.1.3.2. Trigonometrisches Funktionensystem

Wir wählen $\mathcal{T} = [-\pi, \pi]$,

$$\boldsymbol{a}(t) = \big(a_1(t), a_2(t), \ldots\big)' = \left(\frac{1}{\sqrt{\pi}}, \frac{1}{\sqrt{\pi}} \sin t, \frac{1}{\sqrt{\pi}} \cos t, \frac{1}{\sqrt{\pi}} \sin 2t, \frac{1}{\sqrt{\pi}} \cos 2t, \ldots\right)'. \tag{29}$$

Mit diesen $a_j(t)$ berechnen wir $f_1(t), \ldots, f_n(t)$ und zeichnen $f_1(t), \ldots, f_n(t)$ in eine Grafik ein. Bezeichnen wir $|\boldsymbol{a}(t)|^2 = \sum_{i=1}^{k} a_i^2(t)$, so ist der Wert $f_i(t_0)$ das Skalarprodukt von $\boldsymbol{a}(t_0)$ und der Projektion der Beobachtung $\boldsymbol{y}_i$ auf den eindimensionalen Raum, der von $\boldsymbol{a}(t_0)$ aufgespannt wird. Andrews bemerkte einige Eigenschaften dieser grafischen Veranschaulichung. Da $\boldsymbol{y}_i'\boldsymbol{a}(t)$ linear abhängt von $\boldsymbol{y}_i$, gilt $\bar{\boldsymbol{y}}'\boldsymbol{a}(t) = \frac{1}{n} \sum_{i=1}^{n} f_i(t)$, so daß die Mittelwertskurve zum Mittelwert $\bar{\boldsymbol{y}}$ gehört. Mehr noch, es gilt

$$\int \big(f_i(t) - f_l(t)\big)^2 \,\mathrm{d}t = \int \{(\boldsymbol{y}_i' - \boldsymbol{y}_l')\, \boldsymbol{a}(t)\}^2 \,\mathrm{d}t = (\boldsymbol{y}_i - \boldsymbol{y}_l)' \,(\boldsymbol{y}_i - \boldsymbol{y}_l) = |\boldsymbol{y}_i - \boldsymbol{y}_l|^2,$$

so daß der L_2-Abstand zwischen den f_i, f_l gleich dem euklidischen Abstand zwischen den entsprechenden Beobachtungen im k-dimensionalen Raum ist. Wir wollen noch bemerken, daß die Reihenfolge der $a_i(t)$ wesentlich in die Darstellung eingeht. So ist es manchmal günstig, auch die gewählte Kurvendarstellung für unt erschiedliche Reihenfolgen der $a_1(t), \ldots, a_k(t)$ zu untersuchen. Für das Funktionensystem (29) und die Daten der Patienten 1 bis 5 und 21 bis 25 aus Tabelle 1.1.1 erhalten wir die Darstellung der Abb. 1.1.16. Die numerischen Werte sind in der Tabelle 1.1.2 zu finden.

Hier erkennen wir, daß die Kurven der Patienten 1 bis 5 nahe beieinander liegen, ebenso die der Patienten 21 bis 25. Weiter erkennt man, daß die Kurven der Patienten 1 bis 5 einen großen Abstand von denen der Patienten 21 bis 25 in den Punkten $t = -0.14$

Tabelle 1.1.2. Werte $f_i(t)$ für das in Abb. 1.1.16 dargestellte Beispiel

t ↓ i →	1	2	3	4	5	21	22	23	24	25
−3.14	8.5	8.43	7.67	8.76	7.54	−0.8	−0.18	0.09	−1.06	−1.31
−2.64	7.68	7.3	7.3	7.47	7.43	1.42	1.8	1.85	1.06	1.3
−2.14	1.21	0.68	1.67	0.53	1.94	1.14	1.4	1.37	0.9	1.2
−1.64	−4.7	−5.1	−3.85	−5.47	−3.63	−1.46	−1.07	−0.96	−1.4	−1.49
−1.14	−4.26	−4.38	−3.82	−4.63	−3.7	−3.51	−2.88	−2.63	−3.14	−3.56
−0.64	2.65	2.65	2.19	2.72	2.34	−2.17	−1.56	−1.39	−1.68	−1.9
−0.14	10.1	9.91	9.07	10.23	9.46	2.47	2.67	2.47	2.87	3.38
0.46	10.85	10.27	10.27	10.48	10.97	7.89	7.36	6.65	8.04	9.38
0.96	4.03	3.3	4.39	3.2	5.09	8.24	7.42	6.62	8.28	9.59
1.36	−2.21	−2.81	−1.32	−3.12	−0.85	5.41	4.73	4.15	5.44	6.21
1.86	−5.28	−5.52	−4.49	−5.81	−4.43	0.38	0.26	0.16	0.45	0.29
2.26	−2.44	−2.41	−2.24	−2.49	−2.44	−2.4	−2.05	−1.81	−2.36	−3.0
2.36	−1.17	−1.1	−1.15	−1.11	−1.39	−2.74	−2.29	−2.0	−2.72	−3.41
2.86	5.89	5.95	5.17	6.23	4.92	−2.2	−1.53	−1.17	−2.35	−2.9
3.05	7.93	7.91	7.1	8.23	6.94	−1.25	−0.6	−0.3	−1.48	−1.82

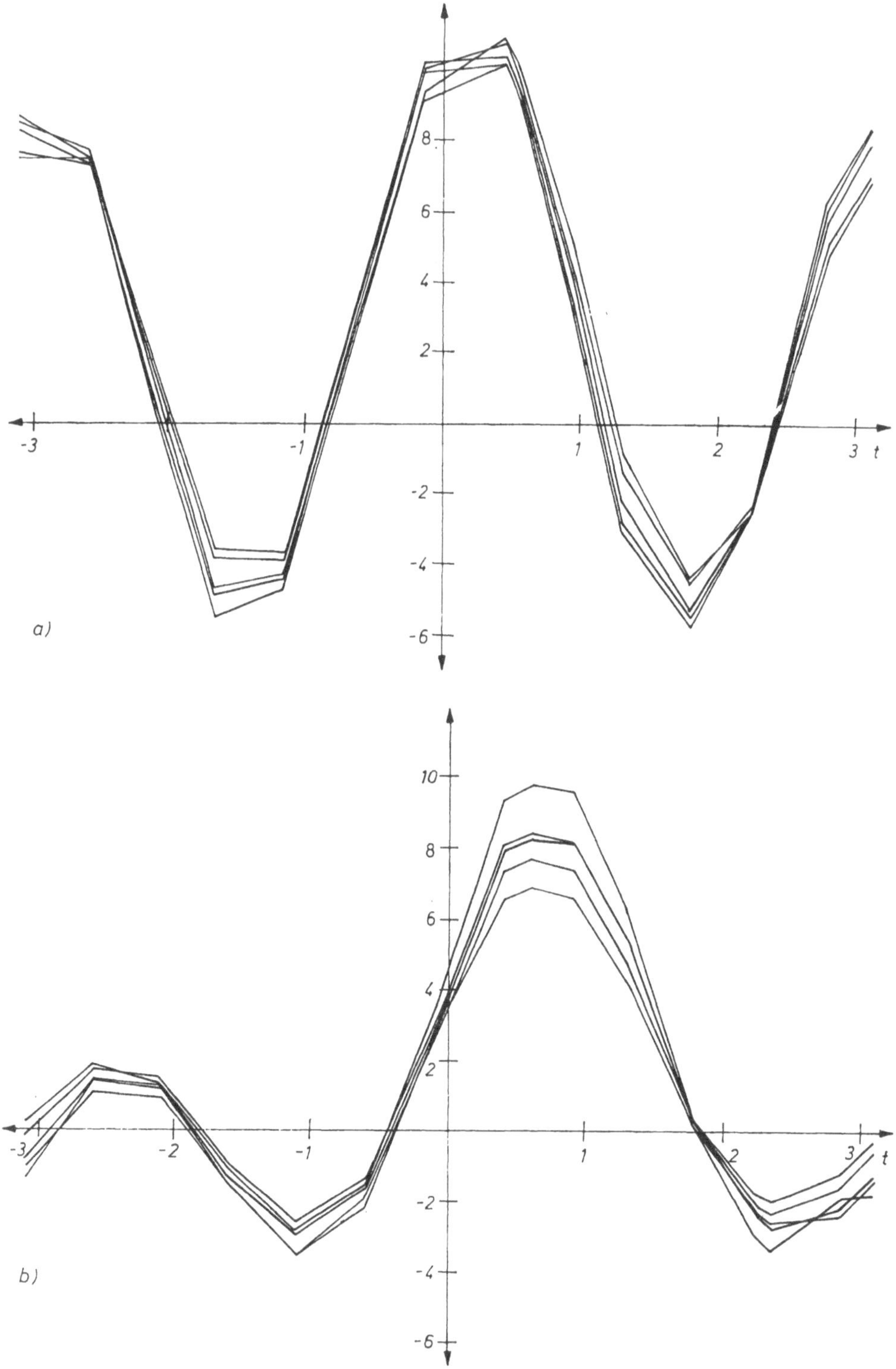

Abb. 1.1.16. Darstellung für Daten aus Tabelle 1.1.1 mit trigonometrischen Funktionen,
a) Patienten 1–5; b) Patienten 21–25

und $t = 0.96$ haben. Hingegen haben für $t = 2.26$ alle Kurven einen annähernd gleichen Wert. Für $t = 0.46$ hat die Kurve der Patienten 25 einen Wert, der den Werten der Patienten 1 bis 5 näher liegt als denen der Patienten 21 bis 24. Diese unterschiedlichen Abstände haben ihren Ursprung in den unterschiedlichen Bewichtungen, denn es gilt, wenn wir die i-te Zeile in der Tabelle 1.1.1 mit $\boldsymbol{y}_i'$ bezeichnen,

$$f_i(t) = \boldsymbol{y}_i'\boldsymbol{a}(t).$$

Wählen wir als Bewichtung $\boldsymbol{W}$ die Matrix

$$\boldsymbol{W} = \boldsymbol{W}_{2.26} = \boldsymbol{a}(2.26)\,\boldsymbol{a}(2.26)',$$

so ist $|\boldsymbol{y}_i - \boldsymbol{y}_j|_{\boldsymbol{W}}$ für alle $i, j = 1, \ldots, 5, 21, \ldots, 25$ nahe 0. Hingegen sind für $\boldsymbol{W} = \boldsymbol{W}_{0.96} = \boldsymbol{a}(0.96)\,\boldsymbol{a}(0.96)'$ die Werte $|\boldsymbol{y}_i - \boldsymbol{y}_j|_{\boldsymbol{W}}$ groß für $i = 1, \ldots, 5$, $j = 21, \ldots, 25$ und klein für $i, j = 1, \ldots, 5$ oder $i, j = 21, \ldots, 25$. Das gleiche gilt für $\boldsymbol{W} = \boldsymbol{W}_{-0.14} = \boldsymbol{a}(-0.14) \times \boldsymbol{a}(-0.14)'$. Wie wir bemerkten, sind für $\boldsymbol{W} = \boldsymbol{W}_{0.46} = \boldsymbol{a}(0.46)\,\boldsymbol{a}(0.46)'$ die Werte $|\boldsymbol{y}_i - \boldsymbol{y}_{25}|_{\boldsymbol{W}}$, $i = 1, \ldots, 5$, relativ klein, sonst aber $|\boldsymbol{y}_i - \boldsymbol{y}_j|_{\boldsymbol{W}}$ groß für $i = 1, \ldots, 5$; $j = 21, \ldots, 24$.

An dieser Diskussion erkennen wir, daß die Ergebnisse einer Clusteranalyse wesentlich beeinflußt werden durch die Wahl der Bewichtungsmatrizen $\boldsymbol{W}$. Es entstehen dabei völlig unterschiedliche Gruppierungen, für die eine sinnvolle Interpretation manchmal schwer zu finden ist.

1.1.4. Transformation der Daten

Die Clusteranalyse und die Darstellung von Daten mit orthogonalen Funktionen beinhalten wesentlich die Transformation der Komponenten der Beobachtungsvektoren. Das wurde bei der Clusteranalyse durch die Wahl der Gewichtsmatrix $\boldsymbol{W}$ verdeutlicht. Im Abschnitt 1.1.3. wurden unterschiedliche Bewichtungen durch die benutzten Funktionensysteme erreicht.

Man kann sicherlich davon ausgehen, daß die wichtigste Methodik der statistischen Datenanalyse die Wahl geeigneter Transformationen der Beobachtungen ist, denn jede Statistik ist eine derartige Transformation. Entsprechend vorgegebenen Prinzipien werden „optimale" Statistiken gewählt. So können Statistiken suffizient oder vollständig in Verteilungsfamilien sein oder eine beste Schätzfunktion bzw. einen besten Test definieren (siehe 1.4 bis 1.6). Auch für anfängliche Datenanalysen sind Transformationen der Komponenten der Beobachtungsvektoren gebräuchlich, führen häufig zu guten grafischen Darstellungen und geben dadurch Hinweise über Zusammenhänge zwischen den Komponenten der Beobachtungsvektoren oder über Strukturen in den Daten. Insbesondere logarithmische Skalen oder Potenzen der Originalwerte benutzt man bei derartigen Darstellungen.

Offenbar werden durch solche Transformationen die Originalzusammenhänge verzerrt. Dies wird in der Abb. 1.1.17 verdeutlicht, in der das Bild eines in der x-y-Ebene dargestellten Schweines nach solchen Transformationen aufgezeichnet ist.

Ist manchmal die Wahl und die Anwendung einer Transformation etwas willkürlich, so gibt es doch unter definierten Bedingungen anerkannte Prinzipien für die Bestimmung von optimalen Transformationen oder Statistiken. Allgemein wird dieses Problem in Abschnitt 1.6. diskutiert, in den folgenden Kapiteln werden für ausgewählte Aufgabenstellungen geeignete Transformationen bestimmt.

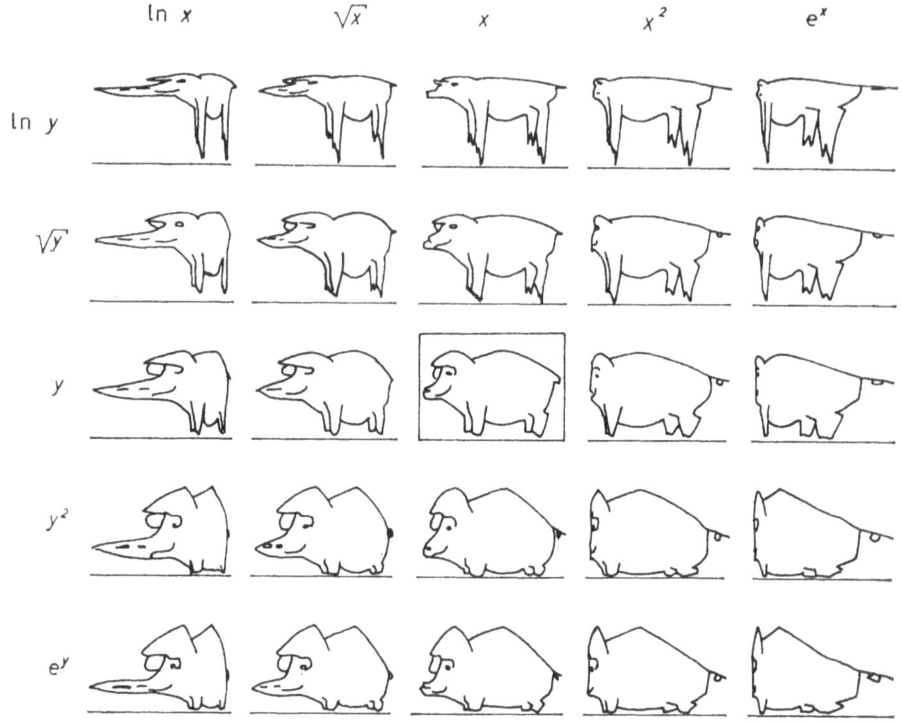

Abb. 1.1.17. Transformation eines Schweins
(aus: Münchener Mediz. Wochenschr. **124** (1982) S. 15)

1.2. Statistische Modelle

Die Grundlage jeder mathematisch-statistischen Analyse von Beobachtungsdaten stellt ein Modell dar. Dieses sollte einerseits so allgemein sein, daß die zu untersuchenden Zusammenhänge im Modell erfaßt werden, andererseits darf das Modell nicht zu allgemein sein, damit die erfaßten Zusammenhänge nicht verwischt und nur ungenau widerspiegelt werden. Hinzu kommt, daß es möglich sein muß, durch eine mathematische Behandlung die geforderte Analyse in dem Modell durchzuführen.

Als *Modell* für eine zufällige Variable $\boldsymbol{y}$ bezeichnen wir eine Familie $\mathscr{P}$ von Wahrscheinlichkeitsverteilungen. Dabei gehen wir im allgemeinen davon aus, daß nur Elemente $\mathsf{P} \in \mathscr{P}$ als Verteilung von $\boldsymbol{y}$ in Frage kommen, d. h., $\mathscr{P}$ ist ein *adäquates* Modell. Es kann aber auch der Fall eintreten, daß die Verteilung von $\boldsymbol{y}$ nicht zu $\mathscr{P}$ gehört. Wir sprechen dann von *inadäquaten* Modellen. Einige Klassen von Modellen haben sich aus verschiedenen Gründen ausgezeichnet. Hierzu zählen z. B. die *Regressionsmodelle*, die häufig in der Form

$$\boldsymbol{y} = \boldsymbol{A}(\boldsymbol{\beta}) + \boldsymbol{\epsilon}, \qquad \boldsymbol{\beta} \in \mathscr{B} \subseteq \mathbb{R}^k, \qquad \mathsf{Cov}\,\boldsymbol{\epsilon} = \boldsymbol{W} \in \mathscr{W}$$

geschrieben werden, wobei $\mathsf{E}\boldsymbol{\epsilon} = \mathbf{0}$ gilt. Genauer könnte man sagen, daß $\mathcal{P}$ ein Modell für $\boldsymbol{y}$ ist, wenn

$$\mathcal{P} = \{\mathsf{P} : \mathsf{E}_\mathsf{P}\boldsymbol{y} = \boldsymbol{A}(\boldsymbol{\beta}), \mathsf{Cov}_\mathsf{P}\, \boldsymbol{y} = \boldsymbol{W}; \boldsymbol{\beta} \in \mathcal{B}, \boldsymbol{W} \in \mathcal{W}\}$$

gilt.

Die Zielstellungen der Analysen in solchen Modellen können nun sehr unterschiedlich sein. Zum einen ist es möglich, daß wir aufgrund der Beobachtung von $\boldsymbol{y}$ das wahre $\mathsf{P}_0 \in \mathcal{P}$ für $\boldsymbol{y}$ finden wollen. Dann sind wir vorrangig an Vergleichen der verschiedenen Verteilungen aus P interessiert.

Andererseits können wir auch das Ziel verfolgen, in parametrisierten Verteilungsfamilien spezielle Aussagen über den „wahren" Parameter θ_0 herzuleiten. Dann sind wir an Vergleichen verschiedener θ-Werte aus Θ interessiert. Oftmals benötigen wir für diese verschiedenen Fälle unterschiedliche Methoden und Verfahren, von denen einige im folgenden diskutiert werden.

Viele Aussagen über die Güte statistischer Verfahren sind für adäquate Modelle bekannt. Auch für inadäquate Modelle lassen sich Güteaussagen herleiten. Dabei handelt es sich meist um inadäquate Teilmodelle eines umfassenderen adäquaten Modells. Diese inadäquaten Modelle werden deshalb öfters gewählt, weil in „kleineren" Modellen die „Streuung" z. B. von Schätzungen geringer ist. Man muß dafür die Konsequenzen der Inadäquatheit verfolgen.

Ein Regressionsmodell heißt *linear* (in $\boldsymbol{\beta}$), falls $\boldsymbol{A}(\boldsymbol{\beta})$ linear von $\boldsymbol{\beta}$ abhängt und $\mathcal{B}$ ein linearer Teilraum von $\mathbb{R}^k$ ist. Alle anderen Modelle heißen *nichtlinear* (in $\boldsymbol{\beta}$).

Beispiel 1.2.1. Normales lineares Modell. Das Modell

$$\mathcal{P} = \{\mathrm{N}(\boldsymbol{X\beta}, \boldsymbol{W}) \mid \boldsymbol{\beta} \in \mathbb{R}^k, \boldsymbol{W} \in \mathcal{W}\}$$

für eine $n \times k$-Matrix $\boldsymbol{X}$ heißt *normales lineares* Regressionsmodell, das wir auch in der Form

$$\boldsymbol{y} = \boldsymbol{X\beta} + \boldsymbol{\epsilon}, \qquad \boldsymbol{\epsilon} \sim \mathrm{N}(0, \boldsymbol{W}), \qquad \boldsymbol{\beta} \in \mathbb{R}^k, \qquad \boldsymbol{W} \in \mathcal{W},$$

schreiben können. Wenn nun $\boldsymbol{y} \sim \mathrm{N}(\boldsymbol{a}, \boldsymbol{W}_0)$, so ist $\mathcal{P}$ genau dann adäquat für $\boldsymbol{y}$, falls $\boldsymbol{a} \in \mathcal{R}(\mathbf{X})$ und $\boldsymbol{W}_0 \in \mathcal{W}$ ist.

Beispiel 1.2.2. Wir betrachten $\boldsymbol{X} = \mathbf{1} = (1, \ldots, 1)' \in \mathbb{R}^n$ und die Modelle

$$\mathcal{P}_1 = \{\mathrm{N}(\mathbf{1}\beta, \boldsymbol{W}) \mid \beta \in \mathbb{R}^1, \boldsymbol{W} \in \mathcal{W}\},$$

$$\mathcal{P}_2 = \{\mathrm{N}(\mathbf{1} \ln \mu, \boldsymbol{W}) \mid \mu \in \mathbb{R}^+, \boldsymbol{W} \in \mathcal{W}\}.$$

Dann gilt offenbar $\mathcal{P}_1 = \mathcal{P}_2$, so daß die Familien von Verteilungen übereinstimmen, jedoch ist $\mathcal{P}_1$ ein normales lineares Modell und $\mathcal{P}_2$ ein normales nichtlineares Modell.

Beispiel 1.2.3. Schwingungsmodell. Betrachtet werden Variable

$$y_i = \sin \frac{i}{\tau} + \varepsilon_i, \qquad i = 1, 2, \ldots,$$

mit unkorrelierten identisch verteilten Fehlern ε_i. Der Parameter τ bestimmt die Periode der Regressionskurve. Dieses Modell ist das einfachste *Schwingungsmodell*, es ist ein nichtlineares Regressionsmodell.

Beispiel 1.2.4. Wachstumskurven. $y_1, \ldots, y_n$ seien unkorrelierte Variable, für die zu Beobachtungspunkten $x_1, \ldots, x_n$ mit $x_i \in \mathbb{R}^+$ der Zusammenhang

$$y_i = \beta_0 \frac{x_i^{\beta_1}}{\beta_2 + x_i^{\beta_1}} + \varepsilon_i, \qquad i = 1, \ldots, n,$$

gelte. Die ε_i seien identisch verteilte Variable mit $\mathsf{E}\, \varepsilon_i = 0$. Es sei $\beta_0, \beta_1, \beta_2 \geqq 0$.

Die Regressionsfunktion $f(x, \beta) = \beta_0 \dfrac{x^{\beta_1}}{\beta_2 + x^{\beta_1}}$ hat den typischen Verlauf von *Wachstumskurven.*

Wie schon erwähnt, ist es oft üblich, in parametrischen Verteilungsfamilien Aussagen über den Parameter θ oder allgemeiner über eine Funktion $f(\theta)$ des Parameters zu treffen. Dies ist im allgemeinen nur sinnvoll, wenn diese Funktion identifizierbar ist. Dabei heißt eine Funktion $f(\theta)$ (im gegebenen Modell) *identifizierbar*, wenn aus $f(\theta) \neq f(\theta^*)$ auch $\mathsf{P}_\theta \neq \mathsf{P}_{\theta^*}$ folgt.

1.3. Likelihoodfunktionen

Es existieren verschiedene Prinzipien, die zur Ableitung und Begründung von statistischen Verfahren benutzt werden können. Einige weit verbreitete Methoden gründen sich auf die Likelihoodfunktion.

Wir betrachten eine zufällige Variable $\boldsymbol{y}$ mit einer unbekannten Verteilung $\mathsf{P}_0 \in \mathcal{P}$. Alle Verteilungen $\mathsf{P} \in \mathcal{P}$ mögen Dichten p (bez. eines σ-endlichen Maßes μ) besitzen. Jede dieser Dichten bestimmt die Wahrscheinlichkeit für (meßbare) Mengen des Stichprobenraumes. Wir haben auf Grund einer Beobachtung der Variablen $\boldsymbol{y}$ eine Aussage über P_0 zu treffen. Dazu definieren wir die *Likelihoodfunktion*

$$L(p; \boldsymbol{y}) = p(\boldsymbol{y})$$

für jede Dichte p einer Verteilung $\mathsf{P} \in \mathcal{P}$, bzw. die durch eine monotone Transformation entstehende logarithmierte Funktion

$$l(p; \boldsymbol{y}) = \ln L(p; \boldsymbol{y}).$$

Je größer $L(p; \boldsymbol{y})$, um so größer ist die Wahrscheinlichkeit (oder Wahrscheinlichkeitsdichte) im Punkte $\boldsymbol{y}$.

Häufig ist $\mathcal{P}$ als parametrische Familie gegeben. Dann gilt

$$\mathcal{P} = \{\mathsf{P}_{\boldsymbol{\theta}} : \boldsymbol{\theta} \in \Theta \subseteq \mathbb{R}^k\}$$

und $\mathsf{P}_{\boldsymbol{\theta}}$ ist vollständig bekannt, falls $\boldsymbol{\theta}$ bekannt ist. In diesem Falle ist $p(\boldsymbol{y}) = p_{\boldsymbol{\theta}}(\boldsymbol{y})$, und wir bezeichnen dann

$$L_{\boldsymbol{y}}(\boldsymbol{\theta}) = L(p_{\boldsymbol{\theta}}; \boldsymbol{y}), \qquad l_{\boldsymbol{y}}(\boldsymbol{\theta}) = l(p_{\boldsymbol{\theta}}; \boldsymbol{y}).$$

Falls $y_1, \ldots, y_n$ unabhängige Variable sind, und p_j die Dichte von y_j bezeichnet, so gilt

$$L(p; \boldsymbol{y}) = \prod_{j=1}^{n} p_j(y_j)$$

und für die *log-Likelihoodfunktion* die Darstellung

$$l(p; \boldsymbol{y}) = \sum_{j=1}^{n} \ln p_j(y_j) = \sum_{j=1}^{n} l_j(y_j).$$

Beispiel 1.3.1. Seien $y_1, \ldots, y_n$ unabhängige, *doppelt exponentiell* verteilte Variable mit der gemeinsamen Dichte

$$p_{a,\theta}(\boldsymbol{y}) = \left(\frac{a}{2}\right)^n \mathrm{e}^{-a \sum_{j=1}^{n} |y_j - \theta|}, \qquad a > 0.$$

Damit ist die log-Likelihoodfunktion gegeben durch

$$l_y(a, \theta) = n \ln \left(\frac{a}{2}\right) - a \sum_{j=1}^{n} |y_j - \theta|.$$

Beispiel 1.3.2. Normales lineares Modell. Wir nehmen an, daß

$$\boldsymbol{y} \sim \mathrm{N}(\boldsymbol{X\beta}, \sigma^2 \boldsymbol{\Sigma}),$$

wobei $\boldsymbol{\beta} \in \mathbb{R}^k$, $\sigma^2 \in \mathbb{R}^+$, $\boldsymbol{X}$ eine bekannte $n \times k$-Matrix und $\boldsymbol{\Sigma}$ eine bekannte positiv definite $n \times n$-Matrix ist. Im allgemeinen sind $\boldsymbol{\beta}$ und σ^2 die unbekannten Parameter. Dann gilt für die Dichte von $\boldsymbol{y}$

$$p_{\boldsymbol{\beta},\sigma^2}(y) = (2\pi\sigma^2)^{-n/2} |\boldsymbol{\Sigma}|^{-1/2} \exp\left(-\frac{1}{2\sigma^2} (\boldsymbol{y} - \boldsymbol{X\beta})' \boldsymbol{\Sigma}^{-1}(\boldsymbol{y} - \boldsymbol{X\beta})\right).$$

Bezeichnen wir mit $\hat{\boldsymbol{\beta}}$ eine Lösung der Gleichung

$$\boldsymbol{X}' \boldsymbol{\Sigma}^{-1} \boldsymbol{X} \hat{\boldsymbol{\beta}} = \boldsymbol{X}' \boldsymbol{\Sigma}^{-1} \boldsymbol{y} \quad \text{und} \quad S^2 = (\boldsymbol{y} - \boldsymbol{X}\hat{\boldsymbol{\beta}})' \boldsymbol{\Sigma}^{-1}(\boldsymbol{y} - \boldsymbol{X}\hat{\boldsymbol{\beta}}),$$

so erhalten wir

$$(\boldsymbol{y} - \boldsymbol{X\beta})' \boldsymbol{\Sigma}^{-1}(\boldsymbol{y} - \boldsymbol{X\beta}) = S^2 + (\hat{\boldsymbol{\beta}} - \boldsymbol{\beta})' \boldsymbol{X}' \boldsymbol{\Sigma}^{-1} \boldsymbol{X}(\hat{\boldsymbol{\beta}} - \boldsymbol{\beta})$$

und deshalb

$$L_{\boldsymbol{y}}(\boldsymbol{\beta}, \sigma^2) = p_{\boldsymbol{\beta},\sigma^2}(\boldsymbol{y}) = (2\pi\sigma^2)^{-n/2} |\boldsymbol{\Sigma}|^{-1/2} \exp\left(-\frac{1}{2\sigma^2} S^2\right) \exp\left(-\frac{1}{2\sigma^2} (\hat{\boldsymbol{\beta}} - \boldsymbol{\beta})' \boldsymbol{X}' \boldsymbol{\Sigma}^{-1} \boldsymbol{X}(\hat{\boldsymbol{\beta}} - \boldsymbol{\beta})\right).$$

Wir sehen, daß die Likelihoodfunktion von $\boldsymbol{y}$ nur über $\hat{\boldsymbol{\beta}}$ und S^2 abhängt.

Beispiel 1.3.3. Binomialverteilung. Sind in einer Urne n_w weiße und n_s schwarze Kugeln, so ist $\theta = n_w/(n_w + n_s)$ die Wahrscheinlichkeit dafür, beim zufälligen Ziehen eine weiße Kugel herauszunehmen. Soll bei unbekannten Werten n_w, n_s aufgrund von m Ziehungen von Kugeln dieser Urne der Parameter θ geschätzt werden, so wird die Schätzung von der Art der Stichprobennahme abhängen. Wählen wir eine *Stichprobenerhebung mit Zurücklegen*, d. h., nach dem Ziehen einer Kugel registrieren wir die Farbe und legen diese Kugel wieder in die Urne zurück, bevor wir die nächste Kugel ziehen. Dadurch wird erreicht, daß bei jedem Ziehen einer Kugel, die Wahrscheinlichkeit für das Entnehmen einer weißen Kugel dieselbe ist. Erheben wir die Stichprobe vom Umfang m hingegen *ohne Zurücklegen*, so sind nach dem Ziehen der ersten Kugel nur noch $n_s + n_w - 1$ Kugeln in der Urne und von der ersten Kugel hängt es ab, ob $n_w - 1$ oder $n_s - 1$ Kugeln in der Urne sind. So verringert sich durch die Kugelentnahme auch die Wahrscheinlichkeit für das Ziehen einer weißen bzw. einer schwarzen Kugel. Eine mathematische Beschreibung der Stichprobenerhebung mit Zurücklegen führt zur Binomialverteilung. Wir betrachten n unabhängige binäre Beobachtungen. Wir setzen voraus, daß y_i nur die Werte 0 oder 1 annehmen kann, und zwar wird die 1 mit der Wahrscheinlichkeit θ angenommen. Es sind also $y_1, \ldots, y_n$ stochastisch unabhängige *binomialverteilte* zufällige Variable mit der gemeinsamen Dichte

$$L_{\boldsymbol{y}}(\theta) = p_\theta(\boldsymbol{y}) = \theta^{\sum_i y_i} (1 - \theta)^{n - \sum_i y_i} \quad \text{für} \quad \theta \in (0, 1), \qquad 0 \leqq \sum_i y_i \leqq n.$$

Beispiel 1.3.4. Viele Verteilungsdichten, z. B. die der Normalverteilung, Gammaverteilung oder auch der Binomial- oder Poisson-Verteilung lassen sich nach einigen elementaren Umformungen mit $\boldsymbol{\zeta}(\boldsymbol{\theta}) = (\zeta_1(\boldsymbol{\theta}), \ldots, \zeta_k(\boldsymbol{\theta}))'$, $\boldsymbol{t}(\boldsymbol{y}) = (T_1(\boldsymbol{y}), \ldots, T_k(\boldsymbol{y}))'$ in der Gestalt

$$p_{\boldsymbol{\theta}}(\boldsymbol{y}) = C(\boldsymbol{\theta})\, h(\boldsymbol{y}) \exp\left(\boldsymbol{\zeta}'(\boldsymbol{\theta})\, \boldsymbol{t}(\boldsymbol{y})\right), \qquad C(\boldsymbol{\theta}) > 0$$

schreiben. Hierbei sind $\zeta_1(\boldsymbol{\theta}), \ldots, \zeta_k(\boldsymbol{\theta})$ genau wie $T_1(\boldsymbol{y}), \ldots, T_k(\boldsymbol{y})$ linear unabhängige Funktionen. Dann gilt

$$l_{\boldsymbol{y}}(\boldsymbol{\theta}) = \ln C(\boldsymbol{\theta}) + \ln h(\boldsymbol{y}) + \boldsymbol{\zeta}'(\boldsymbol{\theta})\, \boldsymbol{t}(\boldsymbol{y}).$$

Wenn $\mathsf{P}_{\boldsymbol{\theta}}$ die Dichte $p_{\boldsymbol{\theta}}$ besitzt, so heißt $\mathcal{P} = \{\mathsf{P}_{\boldsymbol{\theta}} \colon \boldsymbol{\theta} \in \Theta\}$ *k-parametrige Exponentialfamilie.*

1.4. Suffiziente Statistiken

Beispiel 1.4.1. Wir betrachten wieder wie im Beispiel 1.3.3 n unabhängige binomialverteilte Variable $y_1, \ldots, y_n$. Zu gegebenem $z = \sum_i y_i$ existieren $\binom{n}{z}$ verschiedene Realisierungen von $\boldsymbol{y} = (y_1, \ldots, y_n)'$, jede mit der gleichen Wahrscheinlichkeit $\theta^z(1-\theta)^{n-z}$. Die Variable z besitzt folglich die Dichte

$$p_\theta(z) = \binom{n}{z} \theta^z (1-\theta)^{n-z}.$$

Mit Hilfe der Variablen z konstruieren wir nun eine zufällige Variable $\boldsymbol{Y}^* = (Y_1^*, \ldots, Y_n^*)'$ in der folgenden Weise: $\boldsymbol{Y}^*(z)$ nehme jeden der $\binom{n}{z}$ verschiedenen Werte $\boldsymbol{y}^* = (y_1^*, \ldots, y_n^*)'$, für den $\sum_i y_i^* = z$ ist, mit der Wahrscheinlichkeit $1 \Big/ \binom{n}{z}$ an. Die so konstruierte Variable hat die Dichte

$$p_\theta(\boldsymbol{y}^*) = \theta^{\sum_i y_i^*} (1-\theta)^{n - \sum_i y_i^*},$$

d. h. die gleiche Verteilung wie $\boldsymbol{y}$.

Ohne θ kennen zu müssen, ist die Variable Z, die eine Funktion von $\boldsymbol{y}$ ist, suffizient (ausreichend, erschöpfend) für die Erzeugung einer Variablen mit der gleichen Verteilung wie $\boldsymbol{y}$.

In Verallgemeinerung dieses Beispiels heißt eine Statistik $\boldsymbol{t}(\boldsymbol{y})$ *suffizient* für eine Verteilungsfamilie $\mathcal{P}$, wenn die bedingten Wahrscheinlichkeiten

$$\mathsf{P}(\boldsymbol{y} \mid \boldsymbol{t}(\boldsymbol{y}) = \boldsymbol{t}_0)$$

unabhängig von $\mathsf{P} \in \mathcal{P}$ sind.

Für dominierte Wahrscheinlichkeitsfamilien, für die also Dichten existieren, läßt sich ein notwendiges und hinreichendes Kriterium dafür angeben, wann eine Statistik $\boldsymbol{t}(\boldsymbol{y})$ suffizient ist. Dieses Kriterium der *Faktorisierung* der Dichten geht auf NEYMAN zurück.

Faktorisationssatz: *Es sei $p_{\boldsymbol{\theta}}(\boldsymbol{y})$ eine Dichte von $\mathsf{P}_{\boldsymbol{\theta}} \in \mathcal{P}$ bez. eines σ-endlichen Maßes μ. Die Statistik $\boldsymbol{t}(\boldsymbol{y})$ ist genau dann suffizient, wenn nichtnegative meßbare Funktionen $g_{\boldsymbol{\theta}}(\boldsymbol{t}(\boldsymbol{y}))$ und $h(\boldsymbol{y})$ derart existieren, daß*

$$p_{\boldsymbol{\theta}}(\boldsymbol{y}) = g_{\boldsymbol{\theta}}(\boldsymbol{t}(\boldsymbol{y}))\, h(\boldsymbol{y}) \tag{30}$$

gilt.

Wir geben nun weitere Beispiele für suffiziente Statistiken.

Beispiel 1.4.2. k-parametrige Exponentialfamilie. Wir betrachten wie im Beispiel 1.3.4 eine k-parametrige Exponentialfamilie $\mathcal{P}$. Dann gilt die Darstellung

$$p_{\boldsymbol{\theta}}(\boldsymbol{y}) = C(\boldsymbol{\theta})\, h(\boldsymbol{y}) \exp\left(\boldsymbol{\zeta}'(\boldsymbol{\theta})\, \boldsymbol{t}(\boldsymbol{y})\right).$$

Somit ist $p_{\boldsymbol{\theta}}$ faktorisierbar und $\boldsymbol{t}(\boldsymbol{y})$ ist eine suffiziente Statistik.

Beispiel 1.4.3. Ordnungsstatistik. Es seien $y_1, \ldots, y_n$ identisch verteilte unabhängige Zufallsvariable, die eine Dichte q_θ besitzen sollen. Wir bezeichnen mit $\boldsymbol{y}_{[\,]} = (y_{[1]}, \ldots, y_{[n]})'$ die *Ordnungsstatistik* von $\boldsymbol{y}$, wobei

$$y_{[1]} \leqq y_{[2]} \leqq \cdots \leqq y_{[n]}$$

gelten soll. Dann ist ihre Dichte

$$p_\theta(\boldsymbol{y}) = \prod_{j=1}^{n} q_\theta(y_i) = \begin{cases} n! \prod_{j=1}^{n} q_\theta(y_j), & \text{falls} \quad y_1 \leqq \ldots \leqq y_n, \\ 0 & \text{sonst} \end{cases}$$

und daher gilt (30) wiederum mit

$$h(\boldsymbol{y}) = \begin{cases} 1, & \text{falls} \quad y_1 \leqq \ldots \leqq y_n, \\ 0 & \text{sonst.} \end{cases}$$

Beispiel 1.4.4. Normales lineares Modell. In Beispiel 1.3.2 sahen wir

$$p_{\boldsymbol{\beta},\sigma^2}(\boldsymbol{y}) = (2\pi\sigma^2)^{-n/2}\, |\boldsymbol{\Sigma}|^{-1/2} \exp\left(\frac{-1}{2\sigma^2}\, s^2\right) \exp\left(-\frac{1}{2\sigma^2}\, (\hat{\boldsymbol{\beta}} - \boldsymbol{\beta})'\, \boldsymbol{X}'\, \boldsymbol{\Sigma}^{-1} \boldsymbol{X}(\hat{\boldsymbol{\beta}} - \boldsymbol{\beta})\right)$$

und somit ist $(\hat{\boldsymbol{\beta}}, s^2)$ eine suffiziente Statistik.

Die suffizienten Statistiken spielen in statistischen Problemen eine zentrale Rolle. Offenbar sind die suffizienten Statistiken nicht eindeutig bestimmt. So ist im Beispiel 1.4.1 auch $t(\boldsymbol{y}) = \boldsymbol{y}$ suffizient. Daher interessiert man sich dafür, ob eine „minimale“ suffiziente Statistik existiert. Dabei heißt eine Statistik $\boldsymbol{t}^*(\boldsymbol{y})$ *minimalsuffizient* für $\mathcal{P}$, falls zu jeder suffizienten Statistik $\boldsymbol{t}(\boldsymbol{y})$ eine Funktion $\boldsymbol{s}$ derart existiert, daß

$$\boldsymbol{t}^*(\boldsymbol{y}) = \boldsymbol{s}\big(\boldsymbol{t}(\boldsymbol{y})\big)$$

gilt. Damit hat eine minimalsuffiziente Statistik in gewissem Sinne eine kleinste Dimension, zumindest nimmt sie unter den suffizienten Statistiken die „geringste“ Zahl von Funktionswerten an. Für die meisten in diesem Buch betrachteten Familien von Wahrscheinlichkeitsverteilungen existiert eine minimalsuffiziente Statistik (vgl. WITTING/NÖLLE (1970)).

Jedoch kann in einigen Problemen auch der Fall eintreten, daß eine minimalsuffiziente Statistik dieselbe Dimension wie $\boldsymbol{y}$ hat, so daß also eine minimalsuffiziente Statistik $\boldsymbol{t}^*$ keine Reduktion der Dimension mit sich bringt. Wenn dann aber eine Statistik mit viel kleinerer Dimension existiert, die für hinreichend große n „fast“ suffizient ist, so würde man mit dieser Statistik $\boldsymbol{t}$ arbeiten, da die Eigenschaften der statistischen Verfahren, die auf $\boldsymbol{t}$ beruhen, asymptotisch mit den Verfahren, die auf der minimalsuffizienten Statistik basieren, übereinstimmen.

1.5. Vollständige Statistiken

Die praktische Bedeutung der suffizienten Statistiken beruht auf der Möglichkeit, optimale statistische Entscheidungsfunktionen herzuleiten. Will man z. B. erwartungstreue Schätzungen mit minimaler Varianz konstruieren, so ist es, wie in Abschnitt 1.6.1 ausgeführt wird, ausreichend, die Schätzung als Funktion einer suffizienten Statistik zu definieren. Um hinreichende Bedingungen angeben zu können, unter denen eine erwartungstreue Schätzung minimale Varianz hat, ist die Vollständigkeit einer Statistik ein nützliches Hilfsmittel. Für eine Klasse von Wahrscheinlichkeitsverteilungen heißt eine Statistik $\boldsymbol{t}$ *vollständig* für $\mathcal{P}$, falls

$$\mathsf{E}_{\mathsf{P}}\boldsymbol{s}(\boldsymbol{t}) = 0, \qquad \mathsf{P} \in \mathcal{P}$$

nur für die Funktion $\mathbf{s}(\boldsymbol{\tau}) = 0$, mit Ausnahme von Nullmengen, erfüllt sein kann. Wir wollen jetzt nicht einen Nachweis für die Vollständigkeit gewisser Statistiken bringen. Vielmehr beschränken wir uns auf die Nutzung eines recht allgemeinen Satzes, der die Vollständigkeit einer Statistik bei Exponentialfamilien beinhaltet.

Satz: *Es habe $\boldsymbol{y}$ eine Verteilung $\mathsf{P}_{\boldsymbol{\theta}}$, wobei $\mathsf{P}_{\boldsymbol{\theta}}$ ein Element einer k-parametrigen Exponentialfamilie in $\boldsymbol{\zeta}(\boldsymbol{\theta})$ und $\boldsymbol{t}(\boldsymbol{y})$ ist (vgl. Beispiel 1.3.4). Dann hat $\mathsf{P}_{\boldsymbol{\theta}}$ eine Dichte der Gestalt*

$$p_{\boldsymbol{\theta}}(\boldsymbol{y}) = C(\boldsymbol{\theta})\, h(\boldsymbol{y}) \exp\big(\boldsymbol{\zeta}'(\boldsymbol{\theta})\, \boldsymbol{t}(\boldsymbol{y})\big), \qquad C(\boldsymbol{\theta}) > 0.$$

Wenn $\{\boldsymbol{\zeta}(\boldsymbol{\theta}) : \boldsymbol{\theta} \in \Theta\}$ ein nichtentartetes k-dimensionales Intervall enthält, so ist $\boldsymbol{t}(\boldsymbol{y})$ vollständig für $\boldsymbol{\zeta}(\boldsymbol{\theta})$.

Beispiel 1.5.1. Im normalen linearen Modell (vgl. Beispiel 1.4.4) galt für die Dichte von $\boldsymbol{y}$ die Darstellung

$$\begin{aligned} p_{\boldsymbol{\beta},\sigma^2}(\boldsymbol{y}) &= (2\pi\sigma^2)^{-n/2}\, |\boldsymbol{\Sigma}|^{-1/2} \exp\left\{\frac{-1}{2\sigma^2}\, s^2 - \frac{1}{2\sigma^2}\, (\hat{\boldsymbol{\beta}} - \boldsymbol{\beta})'\, \boldsymbol{X}'\, \boldsymbol{\Sigma}^{-1} \boldsymbol{X} (\hat{\boldsymbol{\beta}} - \boldsymbol{\beta})\right\} \\ &= (2\pi\sigma^2)^{-n/2}\, |\boldsymbol{\Sigma}|^{-1/2} \exp\left(-\frac{1}{2\sigma^2}\, \hat{\boldsymbol{\beta}}'\boldsymbol{X}'\, \boldsymbol{\Sigma}^{-1}\boldsymbol{X}\hat{\boldsymbol{\beta}}\right) \exp\left(-\frac{1}{2\sigma^2}\, \boldsymbol{\beta}'\, \boldsymbol{X}'\, \boldsymbol{\Sigma}^{-1}\boldsymbol{X}\boldsymbol{\beta}\right) \\ &\quad \times \exp\left(\frac{1}{\sigma^2}\, \boldsymbol{\beta}'\boldsymbol{X}'\boldsymbol{\Sigma}^{-1}\boldsymbol{X}\hat{\boldsymbol{\beta}}\right) \exp\left(-\frac{1}{2\sigma^2}\, s^2\right), \end{aligned}$$

und folglich hat $p_{\boldsymbol{\beta},\sigma^2}$ die Gestalt, wie sie in dem obigen Satz vorausgesetzt wird. Da außerdem $\boldsymbol{\beta}$ und σ^2 unabhängig voneinander nichtentartete Intervalle durchlaufen, ist nach vorstehendem Satz die Statistik $(\hat{\boldsymbol{\beta}}, s^2)$ vollständig.

1.6. Schlußweisen in statistischen Modellen

Nehmen wir zunächst an, daß eine zufällige Variable $\boldsymbol{y}$ und ein adäquates Modell $\mathscr{P}$ für $\boldsymbol{y}$ gegeben sind. Wir wollen aufgrund der Beobachtung von $\boldsymbol{y}$ Aussagen über die Verteilung P von $\boldsymbol{y}$ treffen. Damit haben diese Aussagen ebenso wie $\boldsymbol{y}$ selbst zufälligen Charakter.

Statistische Analysen und ihre Eigenschaften hängen von allen Parametern des Modells ab. Dazu gehören die Versuchspunkte und ebenso die Verteilungen der Beobachtungen an den Beobachtungspunkten. Damit wird die Effizienz der Analysen insbesondere durch die Versuchsplanung beeinflußt und kann dadurch möglicherweise erhöht werden.

1.6.1. Statistische Entscheidungsprobleme

Wir gehen im folgenden davon aus, daß eine Zufallsgröße $\boldsymbol{y}$ beobachtet wird, deren Werte in einer Menge $\mathscr{Y}$ liegen. Weiter sei Δ eine Menge von *Entscheidungen* (meist Aussagen über P). Als Entscheidungsfunktion wird eine Zuordnungsvorschrift bezeichnet, die jeder möglichen Realisierung $\boldsymbol{y} \in \mathscr{Y}$ eine Entscheidung aus Δ zuordnet.

Um die statistischen Eigenschaften der durch eine Entscheidungsfunktion d bestimmten Variablen $d(\boldsymbol{y})$ ermitteln zu können, ist es im allgemeinen nötig, die Existenz einer σ-Algebra $\mathfrak{D}$ auf Δ und die Meßbarkeit der Entscheidungsfunktion zu fordern.

Da in den folgenden Abschnitten meist von euklidischen bzw. endlichen Räumen die Rede ist, werden die entsprechenden Borel-Mengen bzw. die Potenzmengen als

σ-Algebra nicht extra erwähnt, und die Meßbarkeit betrachteter Entscheidungsfunktionen wird stillschweigend vorausgesetzt.

Man kann den Entscheidungsraum Δ und damit die Menge der Entscheidungsfunktionen erweitern, indem Δ durch Δ^*, die Menge aller Wahrscheinlichkeitsmaße auf Δ, ersetzt wird. Die Elemente aus Δ^* werden als *randomisierte Entscheidungen*, und die entsprechenden Zuordnungsvorschriften von $\mathcal{Y}$ in Δ^* als *randomisierte Entscheidungsfunktionen* bezeichnet.

Die Zulassung solcher randomisierter Entscheidungsfunktionen erweist sich aus verschiedenen Gründen als sinnvoll. Zum einen ermöglicht die Randomisierung öfters eine Verbesserung der Verfahren, und zum anderen sind randomisierte Entscheidungen manchmal dem realen Problem durchaus angemessen.

Es gibt eine Vielzahl statistischer Entscheidungsprobleme, die in konkreten Situationen zu lösen sind. Auf einige solcher Problemklassen gehen wir in diesem Abschnitt kurz ein, die späteren Kapitel enthalten genauere Aussagen dazu. Es wird sich ergeben, daß die suffizienten und vollständigen Statistiken eine zentrale Rolle spielen. Insbesondere zeigt sich, daß man sich bei der Suche nach optimalen Entscheidungsfunktionen auf Funktionen der suffizienten Statistiken beschränken kann. Ist nämlich $d(\boldsymbol{y})$ eine Entscheidungsfunktion und $\boldsymbol{t}(\boldsymbol{y})$ eine suffiziente Statistik, dann hat die randomisierte Funktion

$$d^*(\boldsymbol{\tau}) = \mathsf{P}(d(\boldsymbol{y}) \mid \boldsymbol{t}(\boldsymbol{y}) = \boldsymbol{\tau})$$

stets die gleiche Verteilung — und damit dieselben statistischen Eigenschaften — wie $d(\boldsymbol{y})$.

1.6.1.1. Testen von Hypothesen

Bei gegebenem Modell $\mathcal{P} = \{\mathsf{P}_{\boldsymbol{\theta}} : \boldsymbol{\theta} \in \Theta\}$ habe man aus theoretischen oder empirischen Gründen die Vorstellung, daß $\boldsymbol{y}$ eine Verteilung $\mathsf{P}_{\boldsymbol{\theta}}$, $\boldsymbol{\theta}$ aus einer Teilmenge Θ_{H} von Θ, besitzt, d. h., man formuliert die *Hypothese*

$$\mathrm{H} : \boldsymbol{y} \sim \mathsf{P}_{\boldsymbol{\theta}} \quad \text{für ein } \boldsymbol{\theta} \in \Theta_{\mathrm{H}}.$$

In dieser Situation ist eine Entscheidung zwischen der Hypothese und der *Alternative*

$$\mathrm{K} : \boldsymbol{y} \sim \mathsf{P}_{\boldsymbol{\theta}} \quad \text{für ein } \boldsymbol{\theta} \in \Theta_{\mathrm{K}} = \Theta \setminus \Theta_{\mathrm{H}}$$

zu fällen. Etwas kürzer wird das *Testproblem* meist als

$$\mathrm{H} : \boldsymbol{\theta} \in \Theta_{\mathrm{H}} \quad \text{gegen} \quad \mathrm{K} : \boldsymbol{\theta} \in \Theta_{\mathrm{K}},$$

oder in dazu äquivalenter Form beschrieben.

Der Entscheidungsraum besteht hier aus den beiden Entscheidungen d_{H} für H bzw. d_{K} für K.

Eine (nichtrandomisierte) Entscheidungsfunktion, d. h. ein Test, kann eindeutig mit Hilfe einer geeignet gewählten Menge $\mathcal{S}$, dem *Ablehnungsgebiet* oder *kritischem Bereich* durch

$$d(\boldsymbol{y}) = \begin{cases} d_{\mathrm{K}} & \text{für } \boldsymbol{y} \in \mathcal{S}, \\ d_{\mathrm{H}} & \text{sonst}, \end{cases}$$

definiert werden. Eine getroffene Entscheidung kann aus zwei Gründen fehlerhaft sein. Wir sprechen vom *Fehler 1. Art*, wenn die Entscheidung d_{K} getroffen wurde, obwohl H richtig war. Der *Fehler 2. Art* besteht in der Entscheidung für d_H, wenn K richtig ist. Mit Hilfe der sogenannten *Gütefunktion*

$$\beta(\boldsymbol{\theta}) = \mathsf{P}_{\boldsymbol{\theta}}(d(\boldsymbol{y}) = d_K)$$

läßt sich die *Irrtumswahrscheinlichkeit 1. Art*, d. h. die Wahrscheinlichkeit, einen Fehler 1. Art zu begehen, als $\beta(\boldsymbol{\theta})$, $\boldsymbol{\theta} \in \Theta_H$, schreiben.

Entsprechend ist die *Irrtumswahrscheinlichkeit 2. Art* $1 - \beta(\boldsymbol{\theta})$, $\boldsymbol{\theta} \in \Theta_K$.

Im allgemeinen betrachtet man nur Tests, deren Irrtumswahrscheinlichkeit 1. Art durch ein vorgegebenes α, $0 < \alpha < 1$, beschränkt wird, d. h. Tests, die das *Signifikanzniveau* α einhalten. Für diese *α-Tests*, wie sie üblicherweise genannt werden, gilt also

$$\beta(\boldsymbol{\theta}) \leqq \alpha, \qquad \boldsymbol{\theta} \in \Theta_H.$$

Eine randomisierte Entscheidung ist, da der Entscheidungsraum nur aus zwei Elementen besteht, eindeutig durch einen reellen Wert φ bestimmt, $0 \leqq \varphi \leqq 1$, wenn φ vereinbarungsgemäß die Wahrscheinlichkeit von d_K beschreibt. Ein randomisierter Test ist demzufolge durch eine meßbare Funktion $\varphi(\boldsymbol{y})$, $0 \leqq \varphi(\boldsymbol{y}) \leqq 1$, gegeben. Die *Gütefunktion des Tests* ist dann

$$\beta(\boldsymbol{\theta}) = \mathsf{E}_{\boldsymbol{\theta}}\varphi(\boldsymbol{y}),$$

und α-Tests sind durch die Bedingung

$$\mathsf{E}_{\boldsymbol{\theta}}\varphi(\boldsymbol{y}) \leqq \alpha, \qquad \boldsymbol{\theta} \in \Theta_H,$$

charakterisiert.

Für kleinere Werte von α, üblich sind Werte von 0.05 oder 0.01 und kleiner, ist die Entscheidung d_K, wenn sie bei Gebrauch eines α-Tests fällt, insofern statistisch gesichert, daß sie bei Richtigkeit der Hypothese nur relativ selten fallen würde.

Unter allen α-Tests möchte man sich natürlich für einen solchen entscheiden, der eine möglichst geringe Irrtumswahrscheinlichkeit 2. Art besitzt, oder gleichbedeutend, dessen Gütefunktion $\beta(\boldsymbol{\theta})$, $\boldsymbol{\theta} \in \Theta_K$, möglichst groß wird. Wenn dies, wie es oft der Fall ist, nicht simultan für alle $\boldsymbol{\theta} \in \Theta_K$ geht, ist es sinnvoll, nur solche α-Tests in Betracht zu ziehen, deren Irrtumswahrscheinlichkeit 2. Art einen bestimmten Wert, nämlich $1 - \alpha$, nicht überschreitet. Solche Tests, d. h. α-Tests $\varphi(\boldsymbol{y})$, für die

$$\mathsf{E}_{\boldsymbol{\theta}}\varphi(\boldsymbol{y}) \geqq \alpha, \qquad \boldsymbol{\theta} \in \Theta_K$$

gilt, heißen *unverfälschte* Tests.

Die Wahl optimaler Tests hängt im allgemeinen stark von der Gestalt der Hypothese und der Alternative ab. Ausführlich ist die Testtheorie von LEHMANN (1987) dargestellt.

Die Abhängigkeit der Tests von H und K wollen wir an den beiden folgenden Beispielen demonstrieren.

Beispiel 1.6.1. $y_1, \ldots, y_n$ seien stochastisch unabhängige $N(a, \sigma_0^2)$-verteilte Zufallsvariable, und $\sigma_0^2 > 0$ sei bekannt. Wir beobachten $\boldsymbol{y} = (y_1, \ldots, y_n)'$, und wir wollen zwischen $H: a \leqq a_0$ und $K: a > a_0$ für ein gegebenes a_0 entscheiden, wobei eine Irrtumswahrscheinlichkeit α für den Fehler 1. Art zugelassen wird. Heuristisch ist einzusehen, daß

$$t(\boldsymbol{y}) = \frac{\sqrt{n}}{\sigma_0}(\bar{y} - a_0)$$

mit $\bar{y} = \frac{1}{n} \sum_{i=1}^{n} y_i$ als Prüfgröße geeignet ist, da

$$t(\boldsymbol{y}) \sim \mathrm{N}\left(\sqrt{n}\,\frac{a - a_0}{\sigma_0}, 1\right)$$

und deshalb unter H (vgl. Tafel I im Anhang)

$$\mathsf{P}_a(t(\boldsymbol{y}) > c) = 1 - \Phi\left(c - \sqrt{n}\,\frac{a - a_0}{\sigma_0}\right) \leqq 1 - \Phi(c) \tag{31}$$

gilt. Wenn also $c = \mathrm{c}_\alpha$ derart gewählt wird, daß

$$\Phi(\mathrm{c}_\alpha) = 1 - \alpha,$$

so ist der Test, der sich für K bei

$$t(\boldsymbol{y}) > \mathrm{c}_\alpha$$

entscheidet, ein α-Test.

In diesem Beispiel betrachten wir die Alternative, daß der Parameter a größer als ein fester Wert ist. Derartige Testprobleme heißen *einseitig*. Ist andererseits ein Testproblem der Form

$$\mathrm{H}: \theta = \theta_0$$

gegen

$$\mathrm{K}: \theta \neq \theta_0$$

gegeben, so sprechen wir von einem *zweiseitigen* Testproblem.

Aus (31) wird ersichtlich, daß für Werte von a, die kleiner als a_0 sind, die Gütefunktion kleiner als α ist, d. h., der obige Test ist für das zweiseitige Testproblem nicht unverfälscht.

Beispiel 1.6.2. $y_1, \ldots, y_n$ seien wie in Beispiel 1.6.1, und es soll bei einer Irrtumswahrscheinlichkeit 1. Art α entschieden werden, ob $\mathrm{H}: a = a_0$ oder $\mathrm{K}: a \neq a_0$ gilt. Hier haben wir die Differenz $|a - a_0|$ zu untersuchen und daher liegt es nahe, die Teststatistik

$$|t(\boldsymbol{y})| = \frac{\sqrt{n}}{\sigma_0}\,|\bar{y} - a_0|$$

zu wählen. Entscheiden wir uns dann für K, falls

$$|t(\boldsymbol{y})| > \mathrm{c}_{\alpha/2}$$

für das $\alpha/2$-Fraktil $\mathrm{c}_{\alpha/2}$ der $\mathrm{N}(0,1)$-Verteilung, so haben wir unter H, d. h. $a = a_0$, die Beziehung

$$\mathsf{P}_{a_0}(|t(\boldsymbol{y})| > \mathrm{c}_{\alpha/2}) = 2\mathsf{P}_{a_0}(t(\boldsymbol{y}) > \mathrm{c}_{\alpha/2}) = \alpha,$$

so daß der gegebene Test tatsächlich ein α-Test ist.

Für $a \neq a_0$ haben wir

$$\mathsf{P}_a(|t(\boldsymbol{y})| > \mathrm{c}_{\alpha/2}) = \Phi\left(-\mathrm{c}_{\alpha/2} - \frac{a - a_0}{\sigma_0}\right) + 1 - \Phi\left(\mathrm{c}_{\alpha/2} - \frac{a - a_0}{\sigma_0}\right) > \alpha,$$

damit ist dieser Test unverfälscht.

Wir sehen hieran, daß die speziell formulierten Hypothesen bzw. Alternativen einen entscheidenden Einfluß auf den zu wählenden Test haben. Die Aufgabe der Testtheorie besteht nun darin, zu gegebenen Verteilungsklassen und formulierten

Hypothesen in gewissem Sinn optimale Tests, d. h. optimale kritische Bereiche zu finden. Das ist in vielen Fällen möglich (zumindest optimal in Teilmengen aller Tests), aber es zeigt sich auch, daß in wichtigen Fällen eine optimale Wahl nicht erreicht werden kann.

Empirisches Signifikanzniveau

Im Beispiel 1.6.1 wurde ein α-Test konstruiert, nach dem die Hypothese genau dann abgelehnt wird, wenn $t(y) > c_\alpha$ ist. Im allgemeinen ist man aber im Falle der Ablehnung auch an Informationen darüber interessiert, wie ‚weit' $t(y)$ über der Signifikanzschwelle c_α lag, bzw. wie weit darunter, wenn die Hypothese nicht abgelehnt wurde.

Eine aussagekräftige Größe stellt für diesen Zweck das *empirische* (oder auch *beobachtete*) *Signifikanzniveau*

$$\hat{\alpha} = \hat{\alpha}(t(y)) = 1 - \int_{-\infty}^{t(y)} \mathrm{d}\mathsf{P}_{\boldsymbol{\theta}_0}$$

dar.

Ein α-Test kann nun auch dadurch definiert werden, daß die Hypothese genau dann abgelehnt wird, wenn $\hat{\alpha}(t(y)) < \alpha$ ist.

1.6.1.2. Mehrentscheidungsverfahren

Hat man aufgrund einer Beobachtung $\boldsymbol{y}$, für die ein Modell $\mathcal{P} = \{\mathsf{P}_{\boldsymbol{\theta}} : \boldsymbol{\theta} \in \Theta\}$ gegeben ist, eine von k einander ausschließenden Aussagen über die Verteilung von $\boldsymbol{y}$ zu fällen, so sprechen wir von einem *Mehrentscheidungsproblem*. Entsprechend sei Θ in k disjunkte Teilmengen $\Theta_1, \ldots, \Theta_k$ zerlegt, und man hat zwischen den Hypothesen

$$\mathrm{H}_i : \boldsymbol{\theta} \in \Theta_i, \qquad i = 1, \ldots, k,$$

zu entscheiden. Offenbar nimmt dann die Entscheidungsfunktion $d(\boldsymbol{y})$ die Werte $d_1, \ldots, d_k$ an, wobei d_i die Entscheidung für H_i bezeichnet. Derartige Probleme treten in praktischen Problemen sehr häufig auf, so z. B. in der Diskriminanzanalyse, bei der zwischen k Klassen von Verteilungen diskriminiert wird. Auf einige theoretische Probleme gehen wir in Abschnitt 3 ein. Bei dieser Formulierung wollen wir nicht den einzelnen Parameterwert $\boldsymbol{\theta} \in \Theta$ bestimmen, sondern haben eine gröbere Entscheidung zu fällen, nämlich nur eine der k erwähnten Entscheidungen.

Hierbei gibt es offensichtlich zwei Grenzfälle. Der eine ist der Fall $k = 2$, der dem klassischen Testproblem entspricht. Ist andererseits $k > 2$, so könnte man dieses Mehrentscheidungsproblem auch als Mengenschätzproblem bezeichnen, da wir Mengen in Θ als Werte erkennen. Ist nun k beliebig groß und sind dann die Mengen Θ_i hinreichend klein, so nähern wir uns damit dem Fall der Punktschätzung.

1.6.1.3. Multiple Tests

Eine etwas andere Problemstellung als in den beiden vorangegangenen Abschnitten entsteht, wenn sich die k gegebenen Hypothesen nicht ausschließen, sondern einen gemeinsamen Durchschnitt, die *Nullhypothese*, besitzen. Oft lassen sich zu einem Testproblem H gegen K k sogenannte Teilhypothesen finden, so daß die Hypothese H gerade als Durchschnitt dieser k Teilhypothesen darstellbar ist. Beispiele dazu finden sich im Abschnitt 2.4.

In einem solchen Problem ist es passend, Entscheidungen der Art zuzulassen, daß ein Teil der Hypothesen, sagen wir $H_{i_1}, \ldots, H_{i_m}$, angenommen wird, während gleichzeitig die restlichen $k - m$ Hypothesen abgelehnt werden. Der Entscheidungsraum besteht also aus den 2^k solcher möglichen Entscheidungen. Eine Entscheidungsfunktion mit Werten in diesem Raum heißt *multipler Test.*

Ein multipler Test besitzt das Signifikanzniveau α, wenn unter der Nullhypothese die Wahrscheinlichkeit, eine andere Entscheidung zu treffen als die, alle Teilhypothesen anzunehmen, durch α beschränkt ist. Wir sagen, daß der Test das *multiple Signifikanzniveau* α besitzt, wenn er das Signifikanzniveau simultan für beliebige — aus den Teilhypothesen gebildete — Hypothesen einhält, siehe dazu Abschnitt 2.4.

Ausführliche Darstellungen zum Gebiet der multiplen Tests finden sich beispielsweise in MILLER (1966).

1.6.1.4. Punktschätzungen

Es sei $\mathcal{P} = \{\mathsf{P}_{\boldsymbol{\theta}} : \boldsymbol{\theta} \in \Theta\}$ ein Modell für eine Variable $\boldsymbol{y}$. Wir wollen $\boldsymbol{\theta}$ bzw. eine Funktion $\boldsymbol{\gamma}(\boldsymbol{\theta})$ mit Werten in $\boldsymbol{\Gamma}$ aufgrund einer Beobachtung von $\boldsymbol{y}$ bestimmen. Dabei ist es sinnvoll, nur solche Funktionen $\boldsymbol{\gamma}$ zu untersuchen, die identifizierbar sind. Wir betrachten Entscheidungsfunktionen, die über dem Stichprobenraum definiert sind und als Werte Punkte in $\boldsymbol{\Gamma}$ haben. Eine derartige Funktion heißt *Punktschätzfunktion.* Haben Schätzfunktionen eine stetige Verteilung, wird ein einzelner Punkt mit der Wahrscheinlichkeit 0 angenommen. Also kommt mit Wahrscheinlichkeit 1 nicht der richtige Wert $\boldsymbol{\gamma}$ als Schätzwert heraus. Um eine Schätzfunktion bewerten zu können, werden Maßzahlen verwendet, die Aussagen über die Variabilität der Schätzfunktion machen. Dazu zählen die Verzerrung, die Varianz und andere Momente. Diese werden in den Abschnitten 2 und 4 diskutiert.

1.6.1.5. Konfidenzintervalle

Im vorigen Abschnitt haben wir zu gegebenem Modell $\mathcal{P} = \{\mathsf{P}_{\boldsymbol{\theta}} : \boldsymbol{\theta} \in \Theta\}$ die Punktschätzung diskutiert. Eine andere Methode zur Parameteridentifikation stellen die *Konfidenzintervalle* dar. Hier sind die Entscheidungen nicht einzelne Punkte, sondern Teilmengen des Parameterraumes, häufig Intervalle, Würfel oder Ellipsoide. Das Problem besteht in der Angabe einer Funktion $\mathcal{C}$, für deren Werte

$$\mathcal{C}(\boldsymbol{y}) \subseteq \Theta$$

gilt und für die $\mathcal{C}(\boldsymbol{y})$ den wahren Parameter mit einer vorgegebenen Mindestwahrscheinlichkeit $1 - \alpha$ enthält. Während bei Punktschätzungen die getroffene Entscheidung — zumindest bei stetigen Verteilungen — mit Wahrscheinlichkeit 0 mit dem wahren Parameter übereinstimmt, ist dies bei Konfidenzintervallen nicht mehr der Fall. Wir nennen $\mathcal{C}(\boldsymbol{y})$ ein *Konfidenzintervall zum Niveau* $1 - \alpha$ (*Bereichsschätzung*) zu vorgegebenem α, wenn

$$\mathsf{P}_{\boldsymbol{\theta}}\big(\mathcal{C}(\boldsymbol{y}) \ni \boldsymbol{\theta}\big) \geqq 1 - \alpha \quad \text{für alle } \boldsymbol{\theta} \in \Theta \tag{32}$$

gilt. Kann man zu jedem $\boldsymbol{\theta} \in \Theta$ eine Menge $\mathcal{K}_{\boldsymbol{\theta}}$ angeben, von der man aus der Problemstellung her sagen kann, daß dies die Menge der „falschen“ Parameter ist, so könnte man versuchen, unter den Konfidenzintervallen zum Niveau $1 - \alpha$ ein solches zu bestimmen, für das

$$\mathsf{P}_{\boldsymbol{\theta}}(\mathscr{C}(\boldsymbol{y}) \ni \boldsymbol{\theta}') \qquad \boldsymbol{\theta}' \in \mathcal{K}_{\boldsymbol{\theta}}, \qquad \boldsymbol{\theta} \in \Theta,$$

minimal wird. Manchmal ist die Forderung der Unverfälschtheit des Konfidenzintervalls sinnvoll, wobei man ein $\mathscr{C}(\boldsymbol{y})$ *unverfälscht* nennt, wenn (32) gilt und

$$\mathsf{P}_{\boldsymbol{\theta}}(\mathscr{C}(\boldsymbol{y}) \ni \boldsymbol{\theta}') \leqq 1 - \alpha \quad \text{für alle } \boldsymbol{\theta}' \in \mathcal{K}_{\boldsymbol{\theta}}, \qquad \boldsymbol{\theta} \in \Theta$$

erfüllt ist. Wir bemerken hier, daß bei Konfidenzintervallen weitgehend die gleichen Bezeichnungen wie bei Tests üblich sind. Leicht kann man aus Konfidenzintervallen Tests ableiten. Eine Hypothese $\mathrm{H} : \boldsymbol{\theta} = \boldsymbol{\theta}_0$ wird genau dann angenommen, wenn $\boldsymbol{\theta}_0$ vom Konfidenzintervall überdeckt wird, d. h. $\varphi(\boldsymbol{y}) = 0$ dann und nur dann, wenn $\mathscr{C}(\boldsymbol{y}) \ni \boldsymbol{\theta}_0$.

Beispiel 1.6.3. $y_1, \ldots, y_n$ seien wie in Beispiel 1.6.1. Dann gilt $\bar{y} \sim \mathrm{N}\left(a, \frac{1}{n}\sigma_0^2\right)$ und folglich

$$\mathsf{P}_a\left(|\bar{y} - a| \leqq \frac{c_{\alpha/2}\sigma_0}{\sqrt{n}}\right) = 1 - \alpha$$

und daher

$$\mathsf{P}_a\left(\bar{y} - \frac{\sigma_0}{\sqrt{n}} c_{\alpha/2} \leqq a \leqq \bar{y} + \frac{\sigma_0}{\sqrt{n}} c_{\alpha/2}\right) = 1 - \alpha,$$

so daß

$$\mathscr{C}(\boldsymbol{y}) = \left\{a : \bar{y} - \frac{\sigma_0}{\sqrt{n}} c_{\alpha/2} \leqq a \leqq \bar{y} + \frac{\sigma_0}{\sqrt{n}} c_{\alpha/2}\right\}$$

ein Konfidenzintervall zum Niveau $1 - \alpha$ ist. Eine verkürzte Schreibweise für $\mathscr{C}(\boldsymbol{y})$ ist $\bar{y} \pm \frac{\sigma_0}{\sqrt{n}} c_{\alpha/2}$.

1.6.2. Entscheidungsprinzipien

Nehmen wir an, daß $\mathscr{P} = \{\mathsf{P}_{\boldsymbol{\theta}} : \boldsymbol{\theta} \in \Theta\}$ ein parametrisches Modell für $\boldsymbol{y}$ ist. Der wahre Parameter sei $\boldsymbol{\theta}_0 \in \Theta$, d. h., $\mathsf{P}_{\boldsymbol{\theta}_0}$ ist die Verteilung für $\boldsymbol{y}$. Es sollen dann Aussagen über $\boldsymbol{\theta}_0$ gefunden werden. Diese gewünschten Analysen können sich als Lösung eines Testproblems, eines Mehrentscheidungsproblems, als Punktschätzung oder Konfidenzintervall ergeben. Dazu gibt es einige Entscheidungsprinzipien, nach denen Lösungen konstruiert werden können. Häufig kann man von diesen Lösungen auch gewisse Optimalitätseigenschaften beweisen. Darauf gehen wir im nächsten Abschnitt ein.

Zunächst können die Voraussetzungen über $\boldsymbol{\theta}_0$ sehr verschieden sein. So haben wir den Fall zu betrachten, in dem über $\boldsymbol{\theta}_0 \in \Theta$ nichts zusätzlich bekannt ist, so daß wir also jeden der Werte in Θ als gleich möglich anzunehmen haben. Somit haben wir Schlüsse über $\boldsymbol{\theta}_0$ zu ziehen, wobei diese nach Möglichkeit gleichmäßig gut für alle $\boldsymbol{\theta} \in \Theta$ sein sollten. Andererseits könnte der Fall vorliegen, daß $\boldsymbol{\theta}_0$ ein Wert einer zufälligen Variablen mit der Verteilung Q ist. Die Kenntnis über diese *A-priori-Verteilung*

Q kann aus früheren Erfahrungen herrühren. Dann wird es die Aufgabe sein, aus der Beobachtung von $\boldsymbol{y}$ eine Aussage über die Realisierung der Variablen mit der Verteilung Q herzuleiten. Zur Lösung der gestellten Probleme sind unterschiedliche Methoden notwendig. Dabei ist das klassische Vorgehen verknüpft mit der zuerst geschilderten Voraussetzung, daß $\boldsymbol{\theta}_0$ ein fester Parameter ist. Ist eine Verteilung Q gegeben, von der $\boldsymbol{\theta}_0$ eine Realisierung ist, wird eine Bayessche Vorgehensweise diskutiert.

1.6.2.1. Maximum-Likelihood-Prinzip

Es sei $\mathcal{P}$ ein Modell für $\boldsymbol{y}$, und es sei $\mathcal{P}$ durch ein σ-endliches Maß μ dominiert. Mit p bezeichnen wir eine μ-Dichte von $\mathsf{P} \in \mathcal{P}$ und entsprechend Abschnitt 1.3 mit $L(p; \boldsymbol{y})$ die Likelihoodfunktion. Haben wir dann $\boldsymbol{y}$ beobachtet, so ist es naheliegend, die plausibelste Verteilung aus $\mathcal{P}$ zu dieser Beobachtung zu bestimmen. Diese Verteilung wird Maximum-Likelihood-Schätzung genannt.

Genauer, jede Dichte $\hat{p}$, die Lösung von

$$L(\hat{p}; \boldsymbol{y}) = \max \left\{ L(p; \boldsymbol{y}) : p = \frac{\mathrm{dP}}{\mathrm{d}\mu}, \mathsf{P} \in \mathcal{P} \right\}$$

ist, heißt *Maximum-Likelihood-Schätzung*. Natürlich hängt $\hat{p}$ von $\boldsymbol{y}$ ab. Im Falle einer parametrischen Verteilungsfamilie $\mathcal{P} = \{\mathsf{P}_{\boldsymbol{\theta}} : \boldsymbol{\theta} \in \Theta\}$ heißt konsequenterweise ein $\hat{\boldsymbol{\theta}} \in \mathbb{R}^s$ Maximum-Likelihood-Schätzung, falls

$$L_{\boldsymbol{y}}(\hat{\boldsymbol{\theta}}) = \max \{L_{\boldsymbol{y}}(\boldsymbol{\theta}) : \boldsymbol{\theta} \in \Theta\} \tag{33}$$

gilt, wobei hier $L_{\boldsymbol{y}}(\boldsymbol{\theta})$ wie in Abschnitt 1.3 benutzt wird.

Beispiel 1.6.4. Es seien y_i, $i = 1, \ldots, n$, unabhängige, doppelt exponentiell verteilte Variable. Die log-Likelihoodfunktion ist

$$l_{\boldsymbol{y}}(\theta) = n \ln \left(\frac{a}{2}\right) - a \sum_{j=1}^{n} |y_j - \theta| .$$

Folglich ist die Maximum-Likelihood-Schätzung $\hat{\theta}$ bestimmt durch

$$\min_{\theta} \sum_{j=1}^{n} |y_j - \theta| = \sum_{j=1}^{n} |y_j - \hat{\theta}| .$$

Die Lösung ist gegeben durch den Median von $y_1, \ldots, y_n$, d. h.

$$\hat{\theta} = \operatorname{med} \{y_1, \ldots, y_n\} .$$

Beispiel 1.6.5. Unter $\boldsymbol{y} \sim \mathrm{N}(\boldsymbol{X\beta}, \sigma^2\boldsymbol{\Sigma})$ gilt für die log-Likelihoodfunktion

$$l_{\boldsymbol{y}}(\boldsymbol{\beta}, \sigma^2) = -\frac{1}{2} \ln ((2\pi)^n |\boldsymbol{\Sigma}|) - \frac{n}{2} \ln \sigma - \frac{1}{2\sigma^2} s^2 - \frac{1}{2\sigma^2} (\hat{\boldsymbol{\beta}} - \boldsymbol{\beta})' \boldsymbol{X}' \boldsymbol{\Sigma}^{-1} \boldsymbol{X} (\hat{\boldsymbol{\beta}} - \boldsymbol{\beta}) . \tag{34}$$

Folglich sind $\hat{\boldsymbol{\beta}}$ und $\hat{\sigma}^2 = \frac{1}{n} s^2$ die Maximum-Likelihood-Schätzungen für $\boldsymbol{\beta}$ bzw. σ^2.

Beispiel 1.6.6. Es sei $\mathcal{P} = \{\mathsf{P}_{\boldsymbol{\theta}} : \boldsymbol{\theta} \in \Theta\}$ ein Modell für $\boldsymbol{y}$. Es soll entschieden werden, welche der Hypothesen

$$\mathrm{H}_i : \boldsymbol{\theta} \in \Theta_i , \qquad i = 1, \ldots, k ,$$

für $\boldsymbol{y}$ zutrifft. Die Dichte von $\mathsf{P}_{\boldsymbol{\theta}}$ bezeichnen wir mit $p_{\boldsymbol{\theta}}$. Die Likelihoodfunktion ist gegeben durch

$$L_{\boldsymbol{y}}(\boldsymbol{\theta}) = p_{\boldsymbol{\theta}}(\boldsymbol{y}) ,$$

und der plausibelste Wert für $\hat{\boldsymbol{\theta}}$ ist dann $\hat{\boldsymbol{\theta}} \in \Theta$ mit

$$\sup_{\Theta} L_{\boldsymbol{y}}(\boldsymbol{\theta}) = L_{\boldsymbol{y}}(\hat{\boldsymbol{\theta}}),$$

falls $\hat{\boldsymbol{\theta}} = \hat{\boldsymbol{\theta}}(\boldsymbol{y})$ existiert, was wir im folgenden annehmen. Die Entscheidungsfunktion

$$d(\boldsymbol{y}) = \begin{cases} d_1, & \text{falls} \quad \hat{\boldsymbol{\theta}}(\boldsymbol{y}) \in \Theta_1, \\ \vdots & \quad \vdots \\ d_k, & \text{falls} \quad \hat{\boldsymbol{\theta}}(\boldsymbol{y}) \in \Theta_k, \end{cases}$$

liefert dann eine Lösung für das gestellte Problem. Diese Lösung heißt Maximum-Likelihood-Schätzung für Θ_i, $i = 1, \ldots, k$.

In diesen Beispielen ist die Berechnung der Maximum-Likelihood-Schätzung sehr einfach. Jedoch erweist es sich in vielen Problemen, daß die Berechnung der Maximum-Likelihood-Schätzung nicht explizit möglich ist. Wir definieren für parametrische Familien die Schätzung $\hat{\boldsymbol{\theta}}$ als einen solchen Wert in Θ, für den die Likelihoodfunktion maximal ist. Können wir überdies annehmen, daß diese Maximum-Likelihood-Schätzung kein Randpunkt von Θ ist und falls $l_{\boldsymbol{y}}(\boldsymbol{\theta})$ differenzierbar nach $\boldsymbol{\theta}$ ist, so muß $\hat{\boldsymbol{\theta}}$ eine Lösung der *Likelihood-Gleichungen* sein, die bei $\boldsymbol{\theta} = (\boldsymbol{\theta}_1, \ldots, \boldsymbol{\theta}_s)'$ durch

$$\frac{\partial}{\partial \theta_i} l_{\boldsymbol{y}}(\boldsymbol{\theta}) = 0, \qquad i = 1, \ldots, s, \tag{35}$$

gegeben sind. Oft müssen diese Gleichungen numerisch gelöst werden. Eine Standardmethode hierfür ist gegeben durch das Newton-Verfahren oder Abarten davon (siehe Abschnitt 5.2.4).

Eine andere Möglichkeit zur approximativen Bestimmung einer Maximum-Likelihood-Schätzung ist die Abänderung der Likelihoodfunktion in geeigneter Weise, daß einerseits die Lösung dieser approximierten Likelihoodgleichung bestimmt werden kann und andererseits die approximierte Lösung mit der Lösung der exakten Gleichung einen definierten Zusammenhang hat. Im folgenden Beispiel wird eine solche Situation betrachtet.

Beispiel 1.6.7. Autoregressives Modell. Wir betrachten ein autoregressives Modell der Ordnung p:

$$\sum_{k=0}^{p} \beta_k y(t-k) = \varepsilon(t), \qquad t = 1, \ldots, T,$$

und es gelte $\beta_0 = 1$. Weiter sei $\mathsf{E}\varepsilon(t) = 0$, $\mathsf{E}\varepsilon^2(t) = \sigma^2$ und $\varepsilon(1), \ldots, \varepsilon(T)$ seien unabhängig und identisch verteilt. Weiter sollen die Nullstellen des charakteristischen Polynoms $g(z) = 1 + \sum_{s=1}^{p} \beta_s z^s$ außerhalb des Einheitskreises liegen. Wenn dann vorausgesetzt wird, daß $\boldsymbol{y} = (y(1), \ldots, y(T))'$ normalverteilt ist, so ist die Dichtefunktion für $\boldsymbol{y}$ gegeben in der Form

$$p(\boldsymbol{y}|\boldsymbol{\beta}, \sigma^2) = (2\pi\sigma^2)^{-T/2} |\boldsymbol{V}_T(\boldsymbol{\beta})|^{-1/2} \exp\left(\frac{-1}{2\sigma^2} \boldsymbol{y}' \boldsymbol{V}_T(\boldsymbol{\beta})^{-1} \boldsymbol{y}\right)$$

für $\boldsymbol{\beta} = (\beta_1, \ldots, \beta_p)'$ und $\boldsymbol{V}_T(\boldsymbol{\beta}) = \frac{1}{\sigma^2} \mathsf{E}\boldsymbol{y}\boldsymbol{y}'$. Zur Berechnung der Maximum-Likelihood-Schätzungen benutzen wir die log-Likelihoodfunktion

$$L(\boldsymbol{\beta}, \sigma^2; \boldsymbol{y}) = -\frac{T}{2} \ln 2\pi - \frac{T}{2} \ln \sigma^2 - \frac{1}{2} \ln |\boldsymbol{V}_T(\boldsymbol{\beta})| - \frac{1}{2\sigma^2} \boldsymbol{y}' \boldsymbol{V}_T(\boldsymbol{\beta})^{-1} \boldsymbol{y}. \tag{36}$$

Da $V_T(\boldsymbol{\beta})$ und $V_T(\boldsymbol{\beta})^{-1}$ in komplizierter Weise nichtlinear von $\boldsymbol{\beta}$ abhängen, ist die Maximum-Likelihood-Schätzung nicht explizit darstellbar. Um zu verfügbaren Schätzungen für $\boldsymbol{\beta}$ und σ^2 zu kommen, nutzen wir Approximationen, wie sie von Whittle (1951) eingeführt wurden. Wir ersetzen $|V_T(\boldsymbol{\beta})|$ durch 1 und $V_T(\boldsymbol{\beta})^{-1}$ durch die $T \times T$-Matrix $\boldsymbol{\Gamma} = (\gamma_{ij})$ mit

$$\gamma_{rs} = \frac{\sigma^2}{2\pi T} \sum_{t=0}^{T-1} e^{i(r-s)\nu_t} f(\nu_t)^{-1}, \tag{37}$$

$$\nu_t = \frac{2\pi}{T} t, \qquad f(\lambda) = \frac{\sigma^2}{2\pi} \frac{1}{|g(e^{i\lambda})|^2} \tag{38}$$

und erhalten

$$\boldsymbol{y}' \boldsymbol{V}_T(\beta)^{-1} \boldsymbol{y} \approx 2\pi \sum_{t=0}^{T-1} I(\nu_t) \, |g(e^{i\nu_t})|^2, \tag{39}$$

wobei

$$I(\nu_t) = \frac{1}{2\pi T} \sum_{r=1}^{T} \sum_{s=1}^{T} y(t) \, e^{i(r-s)\nu_t} \, y(s) \tag{40}$$

das sogenannte *Periodogramm* ist. Damit wird in (36) die Funktion L approximiert durch

$$\tilde{L}(\boldsymbol{\beta}, \sigma^2; \boldsymbol{y}) = -\frac{T}{2} \ln (2\pi) - \frac{T}{2} \ln \sigma^2 - \frac{2\pi}{2\sigma^2} \sum_{t=0}^{T-1} I(\nu_t) \, |g(e^{i\nu_t})|^2. \tag{41}$$

Nun maximieren wir $\tilde{L}$ bez. $\boldsymbol{\beta}$, σ^2 und erhalten als Lösungen

$$\hat{\boldsymbol{\beta}} = -\boldsymbol{B}^{-1}\boldsymbol{b} \tag{42}$$

mit

$$\boldsymbol{B} = (b(m-k))_{m,k=1,\ldots,p}, \qquad \boldsymbol{b} = (b(1), \ldots, b(p))', \tag{43}$$

$$b(m) = \frac{1}{T} \sum_{t=0}^{T-1} I(\nu_t) \cos m\nu_t, \tag{44}$$

$$\hat{\sigma}^2 = \frac{2\pi}{T} \sum_{t=0}^{T-1} I(\nu_t) = 2\pi(b(0) - \boldsymbol{b}'\boldsymbol{B}^{-1}\boldsymbol{b}). \tag{45}$$

Die asymptotischen Eigenschaften dieser Schätzungen wurden von verschiedenen Autoren untersucht. Wir erwähnen hier die Ergebnisse von Walker (1962, 1964), Hannan (1970), Shaman (1975, 1976) und H. Läuter/Miethe (1979). In diesen Arbeiten werden neben den autoregressiven Modellen die allgemeineren *autoregressiven* Modelle mit *gleitendem Mittel* (ARMA-Modelle) betrachtet. Insbesondere gilt für die hier angegebenen approximativen Schätzungen, daß deren asymptotische Verteilung mit der asymptotischen Verteilung der exakten Maximum-Likelihood-Schätzung übereinstimmt.

1.6.2.2. Kleinste-Quadrate-Methode

Zur Bestimmung der Maximum-Likelihood-Schätzung benötigt man die funktionelle Gestalt der Dichten. Sind diese Dichten nicht verfügbar, so ist es häufig möglich, die Kleinste-Quadrate-Methode anzuwenden. Es sei $\boldsymbol{f}$ eine Funktion von Θ in den in $\mathbb{R}^n$. Es soll ein $\hat{\boldsymbol{\theta}} \in \Theta$ bestimmt werden, für das

$$\min_{\boldsymbol{\theta} \in \Theta} |\boldsymbol{y} - \boldsymbol{f}(\boldsymbol{\theta})|_{\boldsymbol{Z}}^2 = |\boldsymbol{y} - \boldsymbol{f}(\hat{\boldsymbol{\theta}})|_{\boldsymbol{Z}}^2$$

gilt. Ein solches $\hat{\boldsymbol{\theta}}$ wird als *Kleinste-Quadrate-Schätzung* für $\boldsymbol{\theta}$ bezeichnet. Wir legen hier einen quadratischen Abstand mit einer Gewichtsmatrix $\boldsymbol{Z}$ zugrunde, wobei $\boldsymbol{Z}$

positiv semidefinit ist und

$$|\boldsymbol{y} - \boldsymbol{f}(\boldsymbol{\theta})|_{\boldsymbol{Z}}^2 = (\boldsymbol{y} - \boldsymbol{f}(\boldsymbol{\theta}))' \boldsymbol{Z}(\boldsymbol{y} - \boldsymbol{f}(\boldsymbol{\theta})) = \sum_{i,j=1}^{n} z_{ij}(y_i - f_i(\boldsymbol{\theta}))(y_j - f_j(\boldsymbol{\theta}))$$

gilt. Ist speziell $\boldsymbol{z}$ eine Diagonalmatrix mit den Diagonalelementen $z_1, \ldots, z_n$, so haben wir als Kriterium eine gewichtete Summe von Quadraten:

$$|\boldsymbol{y} - \boldsymbol{f}(\boldsymbol{\theta})|_{\boldsymbol{z}}^2 = \sum_{i=1}^{n} z_i(y_i - f_i(\boldsymbol{\theta}))^2 .$$

Diese Schätzmethode wird häufig dann angewendet, wenn eine Aussage über das erste Moment von $\boldsymbol{y}$ gemacht werden soll und zugleich keine sichtbare Information über die mögliche Verteilung von $\boldsymbol{y}$ gegeben ist. Insbesondere bei Regressionsmodellen und Approximationen von Kurven, die in den späteren Abschnitten behandelt werden, ist die Kleinste-Quadrate-Näherung eine plausible und hilfreiche Methode.

Beispiel 1.6.8. Es sei $\boldsymbol{y}$ eine Variable mit

$$\mathsf{E}\boldsymbol{y} = \boldsymbol{X\beta},\ \mathsf{Cov}\ \boldsymbol{y} = \sigma^2\boldsymbol{\Lambda},\ \boldsymbol{\beta} \in \mathbb{R}^k,\ \sigma^2 \in \mathbb{R}^+,$$

für eine bekannte $n \times k$-Matrix $\boldsymbol{X}$ und eine $n \times n$-Matrix $\boldsymbol{\Lambda}$. Wählen wir $\boldsymbol{Z} = \boldsymbol{I}$ und $\boldsymbol{f}(\boldsymbol{\theta}) = \boldsymbol{X\beta}$, so haben wir $\hat{\boldsymbol{\beta}}$ mit

$$|\boldsymbol{y} - \boldsymbol{X}\hat{\boldsymbol{\beta}}|^2 = \min_{\boldsymbol{\beta} \in \mathbb{R}^k} |\boldsymbol{y} - \boldsymbol{X\beta}|^2$$

zu bestimmen. Dabei erhalten wir, wie in Abschnitt 2.1.1 gezeigt wird,

$$\hat{\boldsymbol{\beta}} = (\boldsymbol{X}'\boldsymbol{X})^{-}\boldsymbol{X}'\boldsymbol{y} .$$

Für $\boldsymbol{Z} = \boldsymbol{\Lambda}^{-1}$ erhalten wir als Kleinste-Quadrate-Schätzung $\hat{\boldsymbol{\beta}}$ die Form

$$\hat{\boldsymbol{\beta}} = (\boldsymbol{X}'\boldsymbol{\Lambda}^{-1}\boldsymbol{X})^{-1}\boldsymbol{X}'\boldsymbol{\Lambda}^{-1}\boldsymbol{y},$$

so daß hierbei als Lösung die in Beispiel 1.6.5 erhaltene Maximum-Likelihood-Schätzung gefunden wurde.

Die Berechnung der Kleinste-Quadrate-Schätzung erfolgt über die Lösung der Normalgleichungen. Nehmen wir an, daß $\boldsymbol{f}(\boldsymbol{\theta})$ differenzierbar ist und daß die Kleinste-Quadrate-Schätzung $\hat{\boldsymbol{\theta}}$ ein innerer Punkt von Θ ist, so ist $\hat{\boldsymbol{\theta}}$ eine Lösung der *Normalgleichungen*

$$\frac{\mathrm{d}}{\mathrm{d}\boldsymbol{\theta}} |\boldsymbol{y} - \boldsymbol{f}(\boldsymbol{\theta})|_{\boldsymbol{Z}}^2 = 0 .$$

Das ist äquivalent zu

$$\sum_{i,j=1}^{n} z_{ij} g_{ik}(\boldsymbol{\theta})\, f_j(\boldsymbol{\theta}) = \sum_{i,j=1}^{n} z_{ij} g_{ik}(\boldsymbol{\theta})\, y_{ij}, \qquad k = 1, \ldots, s,$$

mit $\frac{\partial}{\partial \theta_k} f_i(\boldsymbol{\theta}) = g_{ik}(\boldsymbol{\theta})$. Für nichtlineare Funktionen $f_j(\boldsymbol{\theta})$ sind diese Normalgleichungen i. allg. nur iterativ lösbar. Für lineare Funktionen $f_j(\boldsymbol{\theta})$ hingegen haben wir eine explizite Darstellung für $\hat{\boldsymbol{\theta}}$.

1.6.2.3. Bayessches Prinzip

In den Abschnitten 1.6.2.1 und 1.6.2.2 hatten wir versucht, Inferenzprinzipien zu beschreiben, die eine Häufigkeitsinterpretation zuließen, d. h., sie gründeten sich auf wiederholte Beobachtungen einer Zufallsgröße. Beim *Bayesschen Prinzip* werden Schlüsse über Parameter auf der Grundlage des Modells, der Beobachtungen und einer A-priori-Verteilung Q über den Parameter gezogen. Die Kenntnis einer solchen Verteilung Q ist der wesentliche Unterschied zu den vorhergehenden Situationen. Dabei drückt Q eine gewisse (subjektive oder objektive) Kenntnis über die Lage des zu bestimmenden Parameters aus. Wir bezeichnen die Dichten von $\mathsf{P}_{\boldsymbol{\theta}}$ und Q durch $p_{\boldsymbol{\theta}}$ bzw. q (bez. der Maße μ bzw. μ^*). Dann wählen wir die Bezeichnung $p_{\boldsymbol{\theta}}(\boldsymbol{y}) = p(\boldsymbol{y} \mid \boldsymbol{\theta})$ und betrachten $\mathsf{P}_{\boldsymbol{\theta}}$ als die bedingte Verteilung von $\boldsymbol{y}$ bei gegebenem $\boldsymbol{\theta}$. Die gemeinsame Dichte von $\boldsymbol{y}$ und $\boldsymbol{\theta}$ ist darstellbar durch $p(\boldsymbol{y}, \boldsymbol{\theta}) = q(\boldsymbol{\theta})\, p(\boldsymbol{y} \mid \boldsymbol{\theta})$. Nach dem Satz von Bayes gilt dann für die bedingte Dichte von $\boldsymbol{\theta}$ bei gegebenem $\boldsymbol{y}$

$$p(\boldsymbol{\theta} \mid \boldsymbol{y}) = q(\boldsymbol{\theta})\, p(\boldsymbol{y} \mid \boldsymbol{\theta})\, [p(\boldsymbol{y})]^{-1}$$

mit

$$p(\boldsymbol{y}) = \int_{\Theta} q(\boldsymbol{\theta})\, p(\boldsymbol{y} \mid \boldsymbol{\theta})\, \mu^*(\mathrm{d}\boldsymbol{\theta}).$$

Diese bedingte Verteilung mit der Dichte $p(\boldsymbol{\theta} \mid \boldsymbol{y})$ über Θ kann nun interpretiert werden als jene Verteilung, die unsere Kenntnis über die verschiedenen Parameter $\boldsymbol{\theta}$ nach der Beobachtung $\boldsymbol{y}$ beschreibt, und so wird $p(\boldsymbol{\theta} \mid \boldsymbol{y})$ die A-posteriori-Dichte von $\boldsymbol{\theta}$ bezeichnet.

Diese A-posteriori-Verteilung wird nun zur Grundlage der Bayesschen Inferenz über $\boldsymbol{\theta}$ gelegt. Das ist deshalb sinnvoll, weil die Beobachtung unsere anfängliche Kenntnis, die durch Q beschrieben wird, verändert und diese Veränderung führt zur A-posteriori-Verteilung. Wenn man also akzeptiert, daß eine A-priori-Verteilung gegeben ist, dann ist diese Vorgehensweise ein geeignetes Inferenzprinzip.

Beispiel 1.6.9. Es seien $y_1, \ldots, y_n$ stochastisch unabhängige binomialverteilte Variable, die nur die Werte 0 oder 1 annehmen. Setzen wir $z = \sum_{i=1}^{n} y_i$, so gilt

$$\mathsf{P}(z = r \mid \theta) = \binom{n}{r} \theta^r (1 - \theta)^{n-r}, \qquad 0 \leqq \theta \leqq 1.$$

Nehmen wir an, daß die A-priori-Verteilung beschrieben wird durch die Gleichverteilung über $[0, 1]$, d. h. $q(\theta) = 1$, $0 \leqq \theta \leqq 1$. Dann ist die A-posteriori-Dichte proportional zu $q(\theta)\, p(r \mid \theta)$, es gilt

$$p(\theta \mid r) = \frac{\theta^r (1 - \theta)^{n-r}}{\mathrm{B}(r + 1, n - r + 1)}.$$

Diese A-posteriori-Dichte erreicht ihr Maximum für $\theta = \frac{r}{n}$, so daß $\frac{r}{n}$ der plausibelste Wert für θ nach Beobachtung des Wertes r ist.

Offenbar stimmt bei einer Gleichverteilung Q über Θ der A-posteriori plausibelste Schätzwert mit der Maximum-Likelihood-Schätzung überein. Neben dem A-posteriori plausibelsten Schätzwert ist es auch üblich, und oft auch günstiger, den Erwartungswert der A-posteriori-Verteilung als Schätzwert für θ zu nehmen.

Beispiel 1.6.10. Es seien $y_1, \ldots, y_n$ unabhängige identisch verteilte Variable mit $y_i \sim N(\theta, \sigma^2)$, wobei σ^2 bekannt sei. Wird für θ als A-priori-Verteilung $N(a, \tau^2)$ angenommen, dann zeige man, daß die A-posteriori-Verteilung gegeben ist durch $N(a_n, \tau_n^2)$ mit

$$a_n = \left(\frac{n}{\sigma^2} + \frac{1}{\tau^2}\right)^{-1} \left(\frac{n\bar{y}}{\sigma^2} + \frac{a}{\tau^2}\right), \qquad \tau_n^{-2} = n\sigma^{-2} + \tau^{-2}.$$

In allen drei behandelten Prinzipien, dem Maximum-Likelihood-Prinzip, dem Kleinste-Quadrate-Prinzip und dem Bayesschen Prinzip, werden *Bewertungen* für einzelne Parameter berechnet. Beim Maximum-Likelihood-Prinzip wurde die Bewertung durch die Likelihood-Funktion $L_{\boldsymbol{y}}(\boldsymbol{\theta})$ bzw. die log-Likelihoodfunktion $l_{\boldsymbol{y}}(\boldsymbol{\theta})$ gegeben. Beim Bayesschen Prinzip wurde die Bewertung durch die A-posteriori-Verteilung gegeben, deren Dichte bis auf eine Konstante durch

$$q(\boldsymbol{\theta})\, l_{\boldsymbol{y}}(\boldsymbol{\theta})$$

bestimmt ist. Beim Kleinste-Quadrate-Prinzip ist eine Bewertung durch

$$\|\boldsymbol{y} - \boldsymbol{f}(\boldsymbol{\theta})\|_{\boldsymbol{Z}}^2$$

gegeben. Da wir die wahre Verteilung von $\boldsymbol{y}$ nicht kennen, haben wir auf der Grundlage der Beobachtung $\boldsymbol{y}$ einen Schluß über $\boldsymbol{\theta}$ und damit über die gesuchte Verteilung zu ziehen. Damit haben wir also die Möglichkeit, Entscheidungen mit diesen Bewertungen herzuleiten.

1.6.3. Optimale statistische Entscheidungsfunktionen

Während wir im vorigen Abschnitt Entscheidungsprinzipien diskutiert haben, die zu Bewertungen der einzelnen Parameter $\boldsymbol{\theta}$ führten, geht es hier um die Bewertung der Entscheidungsfunktionen, die im Spezialfall auch durch die Anwendung der vorigen Prinzipien konstruiert werden können.

Zu den im Abschnitt 1.6.2 besprochenen Entscheidungsproblemen existieren meist mehrere Entscheidungsfunktionen. Eine wichtige Aufgabe der Mathematischen Statistik ist die Beschreibung der Güte und des Gültigkeitsbereiches von gegebenen Verfahren. Darüber hinaus soll sie unter bestimmten Bedingungen in einer gegebenen Klasse beste Verfahren finden. Das schließt ein, das betrachtete Modell zu beschreiben und ebenso ein Gütemaß für die in Frage kommenden Entscheidungsfunktionen zu definieren.

Grundlage für die Bewertung einer Entscheidungsfunktion d ist der *Verlust.* Eine auf $\Theta \times \Delta$ definierte nichtnegative reelle Funktion $\mathfrak{L}$ heißt *Verlustfunktion.* $\mathfrak{L}(\boldsymbol{\theta}, d(\boldsymbol{y}))$ drückt den Verlust aus, den man erleidet, wenn man die Entscheidung $d(\boldsymbol{y})$ fällt und $\boldsymbol{\theta}$ der richtige Parameter ist. Dabei ist die Wahl der Verlustfunktion vom speziellen Problem abhängig. Meist ist es sinnvoll, daß $\mathfrak{L}(\boldsymbol{\theta}, d(\boldsymbol{y}))$ in $|d(\boldsymbol{y}) - \gamma(\boldsymbol{\theta})|$ für eine Funktion γ wächst. Über die Wachstumsgeschwindigkeit ist noch nichts gesagt, wobei die Konsequenzen, die aus einem bestimmten Ansatz herrühren, für die Festlegung der Entscheidungsfunktion wesentlich sein können. Betrachten wir z. B. das Problem der Schätzung eines Parameters $\gamma(\boldsymbol{\theta})$, so können wir eine quadratische Verlustfunktion

$$\mathfrak{L}(\boldsymbol{\theta}, d(\boldsymbol{y})) = \left(d(\boldsymbol{y}) - \gamma(\boldsymbol{\theta})\right)^2$$

oder auch eine Verlustfunktion

$$\mathfrak{L}(\boldsymbol{\theta}, d(\boldsymbol{y})) = |d(\boldsymbol{y}) - \gamma(\boldsymbol{\theta})|$$

wählen, die qualitativ gleiches Verhalten haben, jedoch i. allg. zu völlig unterschiedlichen optimalen Schätzungen führen.

Bei Testproblemen nutzt man häufig die Neyman-Pearsonsche Verlustfunktion

$$\mathfrak{L}(\boldsymbol{\theta}, d_{\mathrm{H}}) = \begin{cases} 0, & \boldsymbol{\theta} \in \Theta_{\mathrm{H}}, \\ L_0, & \boldsymbol{\theta} \in \Theta_{\mathrm{K}}, \end{cases} \qquad \mathfrak{L}(\boldsymbol{\theta}, d_{\mathrm{K}}) = \begin{cases} L_1, & \boldsymbol{\theta} \in \Theta_{\mathrm{H}}, \\ 0, & \boldsymbol{\theta} \in \Theta_{\mathrm{K}}. \end{cases}$$

Man geht davon aus, daß eine unterschiedliche Bewichtung für die Parameter in Θ_{H} bzw. Θ_{K} nicht erfolgt. Entsprechend wird man beim Mehrentscheidungsproblem eine Verlustfunktion wählen, die auf Θ_i, $i = 1, \ldots, k$, konstant ist. Um nun eine Bewertung der Entscheidungsfunktion d und nicht nur der einzelnen Entscheidung $d(\boldsymbol{y})$ zu erhalten, definieren wir zu gegebener Verlustfunktion $\mathfrak{L}$ den unter $\mathsf{P}_{\boldsymbol{\theta}}$ erwarteten Verlust als das Risiko R bei gegebenen $\boldsymbol{\theta}$ und d, d. h.

$$R(\boldsymbol{\theta}, d) = \mathsf{E}_{\boldsymbol{\theta}} \mathfrak{L}(\boldsymbol{\theta}, d(\boldsymbol{y})) = \int \mathfrak{L}(\boldsymbol{\theta}, d(\boldsymbol{y}))\, \mathsf{P}_{\boldsymbol{\theta}}(\mathrm{d}\boldsymbol{y}).$$

Damit wird also jeder Entscheidungsfunktion eine Funktion von $\boldsymbol{\theta}$ zugeordnet, die eine Auskunft über die Güte der Entscheidungsfunktion liefert. Wir sind daran interessiert, ein solches d^* zu finden, für das $R(\boldsymbol{\theta}, d^*)$ möglichst klein ist. Diese *Risikofunktion* wird nun zur Grundlage der Bestimmung optimaler Entscheidungsfunktionen genommen. Zunächst können wir mit R auch verschiedene Entscheidungsfunktionen d_1, d_2 vergleichen. So heißt d_1 *besser* als d_2, falls

$$R(\boldsymbol{\theta}, d_1) \leqq R(\boldsymbol{\theta}, d_2) \qquad \text{für alle } \boldsymbol{\theta} \in \Theta$$

und

$$R(\bar{\boldsymbol{\theta}}, d_1) < R(\bar{\boldsymbol{\theta}}, d_2) \qquad \text{für ein } \bar{\boldsymbol{\theta}} \in \Theta$$

gilt. Damit können wir auch versuchen, eine beste Entscheidungsfunktion zu definieren. Da aber sehr häufig Entscheidungsfunktionen $d_{\boldsymbol{\theta}}$ existieren, für die $R(\boldsymbol{\theta}, d_{\boldsymbol{\theta}}) = 0$ gilt, jedoch $R(\tilde{\boldsymbol{\theta}}, d_{\boldsymbol{\theta}})$ in $\tilde{\boldsymbol{\theta}} \in \Theta$ beliebig groß werden kann und außerdem $d_{\boldsymbol{\theta}}$ von der Problemstellung her keinen Sinn hat, wird man dazu geführt, nicht die Menge $\mathcal{D}$ aller Entscheidungsfunktionen, sondern nur sinnvolle Teilmengen zuzulassen. Beispielsweise ist für die Schätzung von $\boldsymbol{\theta} \in \Theta$ die Entscheidungsfunktion

$$d(\boldsymbol{y}) = \tilde{\boldsymbol{\theta}}, \ \tilde{\boldsymbol{\theta}} \text{ fest},$$

eine unsinnige Schätzung, für die zwar $R(\tilde{\boldsymbol{\theta}}, \tilde{\boldsymbol{\theta}}) = 0$ ist, jedoch i. allg. $R(\boldsymbol{\theta}, \tilde{\boldsymbol{\theta}})$ beliebig wächst. Dieses d enthält überhaupt keine Information aus der jeweiligen Beobachtung. Die Auswahl bestimmter Teilmengen in $\mathcal{D}$ wird sowohl vom fachspezifischen Hintergrund wie auch von der mathematischen Behandelbarkeit beeinflußt.

Für eine Klasse $\tilde{\mathcal{D}} \subseteq \mathcal{D}$ heißt $d^* \in \tilde{\mathcal{D}}$ *beste* Entscheidungsfunktion, falls

$$R(\boldsymbol{\theta}, d^*) \leqq R(\boldsymbol{\theta}, d) \quad \text{für alle} \quad \boldsymbol{\theta} \in \Theta, \quad d \in \tilde{\mathcal{D}}$$

gilt. Wenn nun eine solche beste Entscheidungsfunktion d^* nicht existiert, so wird man versuchen, wenigstens eine Entscheidungsfunktion in $\tilde{\mathcal{D}}$ zu bestimmen, die nicht durch eine andere für alle $\boldsymbol{\theta}$ verbessert wird. Das führt uns zu den zulässigen Entscheidungsfunktionen. $\tilde{d} \in \tilde{\mathfrak{D}}$ heißt *zulässig* in $\tilde{\mathfrak{D}}$, falls kein $d \in \tilde{\mathfrak{D}}$ derart existiert, daß d besser als $\tilde{d}$ ist. Alle anderen Entscheidungsfunktionen in $\tilde{\mathfrak{D}}$ heißen nicht zulässig. Es ist also anzustreben, sich bei der Suche optimaler Entscheidungen von vornherein nur auf zulässige Entscheidungsfunktionen einzuschränken, zumindest, wenn wir die definierte Risikofunktion zugrunde legen.

Auf der Grundlage der Risikofunktion bestehen mehrere Möglichkeiten für die Festlegung eines Gütemaßes für Entscheidungsfunktionen. Die meist benutzten beruhen auf dem Minimax- und dem Bayes-Risiko, die wir im folgenden beschreiben wollen. Interpretieren wir die gegebenen Verteilungen als die Strategien der Natur und die Entscheidungsfunktionen als die des Statistikers, so könnte man als Ziel verfolgen, den größten Verlust, den die „Naturstrategien" bei gegebenen $d \in \mathfrak{D}$ verursachen können, zu minimieren. So bezeichnen wir $d^* \in \tilde{\mathfrak{D}}$ als Minimaxlösung in $\tilde{\mathfrak{D}}$, falls

$$\max_{\boldsymbol{\theta} \in \Theta} R(\boldsymbol{\theta}, d^*) = \min_{d \in \tilde{\mathfrak{D}}} \max_{\boldsymbol{\theta} \in \Theta} R(\boldsymbol{\theta}, d)$$

gilt. Wenn das Minimax-Risiko dem zu lösenden Problem angemessen ist, kann dieses Kriterium zur Wahl einer Entscheidungsfunktion genutzt werden. Manchmal ist es aber auch günstig, nicht $R(\boldsymbol{\theta}, d)$ allein, sondern eine sog. Regretfunktion H in dieses Kriterium einzubeziehen und ein $d^* \in \tilde{\mathfrak{D}}$ eine *Minimax-Regret*-Lösung in $\tilde{\mathfrak{D}}$ zu nennen, falls

$$\max_{\boldsymbol{\theta} \in \Theta} [R(\boldsymbol{\theta}, d^*) - H(\boldsymbol{\theta})] = \min_{d \in \tilde{\mathfrak{D}}} \max_{\boldsymbol{\theta} \in \Theta} [R(\boldsymbol{\theta}, d) - H(\boldsymbol{\theta})]$$

erfüllt ist. Das ist besonders dann gebräuchlich, wenn $R(\boldsymbol{\theta}, d)$ bei festem d stark variiert. Als H wählt man häufig das minimale Risiko in $\tilde{\mathfrak{D}}$ bei gegebenem $\boldsymbol{\theta}$:

$$H(\boldsymbol{\theta}) = \min_{d \in \tilde{\mathfrak{D}}} R(\boldsymbol{\theta}, d).$$

Minimax-Strategien sind sowohl bei Test- als auch bei Schätzproblemen von Interesse und werden insbesondere dann genutzt, wenn über die Lage von $\boldsymbol{\theta} \in \Theta$ keine Information vorliegt. Hat man hingegen einen gewissen Hinweis über die mögliche Lage des $\boldsymbol{\theta}$ in Θ und kann man diese Information durch eine A-priori-Verteilung Q beschreiben, so ist das Funktional

$$\tilde{R}(\mathsf{Q}, d) = \int R(\boldsymbol{\theta}, d)\, \mathsf{Q}(\mathrm{d}\boldsymbol{\theta})$$

ein gemitteltes Risiko, wobei das Risiko an den Stellen $\boldsymbol{\theta}$ stärker bewichtet wird, an denen mit höherer Wahrscheinlichkeit der Parameter liegen wird. Eine Entscheidungsfunktion d^*, die $\tilde{R}(\mathsf{Q}, d)$ minimiert, heißt *Bayessche Lösung* (bez. Q).

Es existiert häufig ein enger Zusammenhang zwischen den Minimax- und den Bayesschen Lösungen zu speziellen A-priori-Verteilungen Q^*. Definiert man nämlich eine ungünstigste A-priori-Verteilung Q^* als Lösung von

$$\sup_{\mathsf{Q}} \inf_{d \in \tilde{\mathfrak{D}}} \tilde{R}(\mathsf{Q}, d) = \inf_{d \in \tilde{\mathfrak{D}}} \int R(\boldsymbol{\theta}, d)\, \mathsf{Q}^*(\mathrm{d}\boldsymbol{\theta}),$$

so ist häufig eine *Minimax*-Lösung mit einer *Bayesschen* Lösung bez. Q^* identisch. Dieser Zusammenhang kann zur Berechnung der Minimax-Lösung genutzt werden.

1.7. Resampling-Methoden

Eine statistische Analyse gründet sich auf Beobachtungen zufälliger Variabler $\boldsymbol{y}_1, \ldots, \boldsymbol{y}_n$. Diese enthalten Informationen über die wirklich vorliegende Verteilung von $\boldsymbol{y}_1, \ldots, \boldsymbol{y}_n$ und somit auch über die Verteilung eines gewählten statistischen Verfahrens. Eine einfache und wirksame Methode, diese Verteilung oder zumindest einige ihrer Kenngrößen zu schätzen, beruht auf der Erzeugung von *Teilstichproben*. Das Erzeugen von Teilstichproben aus einer gegebenen Stichprobe wird als *Resampling* bezeichnet.

Von Interesse wird für uns sein, welche Information wir aus den so gewonnenen neuen Stichproben ziehen können. Zunächst beschreiben wir die zu erzeugenden Stichproben in einem etwas allgemeineren Fall.

Die Indizes $1, \ldots, n$ seien in k Gruppen eingeteilt. Dabei nehmen wir an, daß zu der i-ten Gruppe n_i Elemente gehören. Entsprechend ihrer Zugehörigkeit zu den k Gruppen ersetzen wir die Indizes durch die Paare

$$(1, 1), (1, 2), \ldots, (1, n_1), (2, 1), \ldots, (k, n_k),$$

wobei $n_1 + \ldots + n_k = n$ ist.

Mit V bezeichnen wir die Menge dieser n Paare. In passender Weise wird auch die Stichprobe umgeordnet und umbenannt in

$$\boldsymbol{y}_{11}, \boldsymbol{y}_{12}, \ldots, \boldsymbol{y}_{1n_1}, \boldsymbol{y}_{21}, \ldots, \boldsymbol{y}_{kn_k}.$$

Jede Erzeugung einer Teilmenge aus V induziert auch eine Auswahl aus $\boldsymbol{y}_{11}, \ldots, \boldsymbol{y}_{kn_k}$. Diese Teilmengen können nach den verschiedensten Regeln mit oder ohne Zurücklegen gebildet werden.

Methode I: Wir ziehen aus V Stichproben vom Umfang $n - 1$ ohne Zurücklegen. Dann sind diese Stichproben beschrieben durch

$$V \setminus \{(i, j)\}, \qquad 1 \leqq j \leqq n_i, \qquad 1 \leqq i \leqq k.$$

Davon gibt es insgesamt n verschiedene Mengen. Diese Methode ist in der Literatur in Verbindung mit der *Jackknife-Methode* bekannt.

Methode II: Wir ziehen verschiedene Stichproben vom Stichprobenumfang $n - k$ ohne Zurücklegen, wobei unabhängig voneinander in jeder der k Gruppen das obige Jackknife-Prinzip angewendet wird. Dann sind diese Stichproben beschrieben durch

$$V \setminus \{(1, i_1), (2, i_2), \ldots, (k, i_k)\}, \qquad 1 \leqq i_j \leqq n_j, \qquad 1 \leqq j \leqq k.$$

Davon gibt es insgesamt $s = \prod_{j=1}^{k} n_j$ verschiedene Mengen.

Methode III: Wir ziehen verschiedene Stichproben aus V derart, daß genau m_j (nicht notwendig verschiedene) Elemente aus $\{(j, 1), \ldots, (j, n_j)\}$, $j = 1, \ldots, k$, gezogen werden. Dies wird i. allg. mit Zurücklegen erfolgen. Insgesamt gibt es, wenn wir Zurücklegen zulassen, $s = {n_1}^{m_1} \ldots {n_k}^{m_k}$ verschiedene solche Stichproben. Diese Erzeugung von Stichproben findet man in der Literatur z. B. unter dem Stichwort *Bootstrap-Methode*.

Das waren einige Beispiele für Resampling-Methoden. Allgemein können wir diese Methoden auch auffassen als das Stichprobenziehen unter geeigneten Nebenbedingungen der empirischen Verteilung der Beobachtungen $y_{11}, \ldots, y_{kn_k}$. Wenn diese empirische Verteilung mit der exakten Verteilung übereinstimmt (das gilt natürlich nur in Sonderfällen), so erlauben die *Resampling-Methoden*, die Variabilitäten in der vorliegenden Verteilung zu studieren.

Betrachten wir den Sonderfall, daß die $y_{i1}, \ldots, y_{in_i}$ identisch verteilt sind mit der Verteilung F_i, so ist die Verteilung der gegebenen Stichprobe $y_{11}, \ldots, y_{kn_k}$ eine Mischung der $\mathsf{F}_1, \ldots, \mathsf{F}_k$. Wenn bei großem Stichprobenumfang die empirischen Verteilungen schon gut die exakten Verteilungen approximieren, so hat man die Vorstellung, daß dann alle Eigenschaften der exakten Verteilung hinreichend gut widergespiegelt werden.

Die Resampling-Methoden können in vielen Problemen sehr erfolgreich eingesetzt werden. Insbesondere bei *nichtlinearen Schätzproblemen* liefert die Berücksichtigung derartig erzeugter Stichproben zusätzliche Informationen, die zur Konstruktion von Schätzungen benutzt werden können. Besonders hilfreich sind solche Methoden, wenn man Stabilitätsaussagen für ein Modell erhalten will, und auch, wenn man eine *Ausreißererkennung* bzw. *-elimination* anstrebt.

Beispiel 1.7.1. Aus einer Stichprobe der N(0, 1)-Verteilung vom Umfang 50 wurden 5 Stichproben vom Umfang 50 gemäß Methode III gezogen und daraus die in Abb. 1.7.1 dargestellten geglätteten Histogramme erhalten. Die erste Dichte gehört zur anfangs gegebenen Stichprobe.

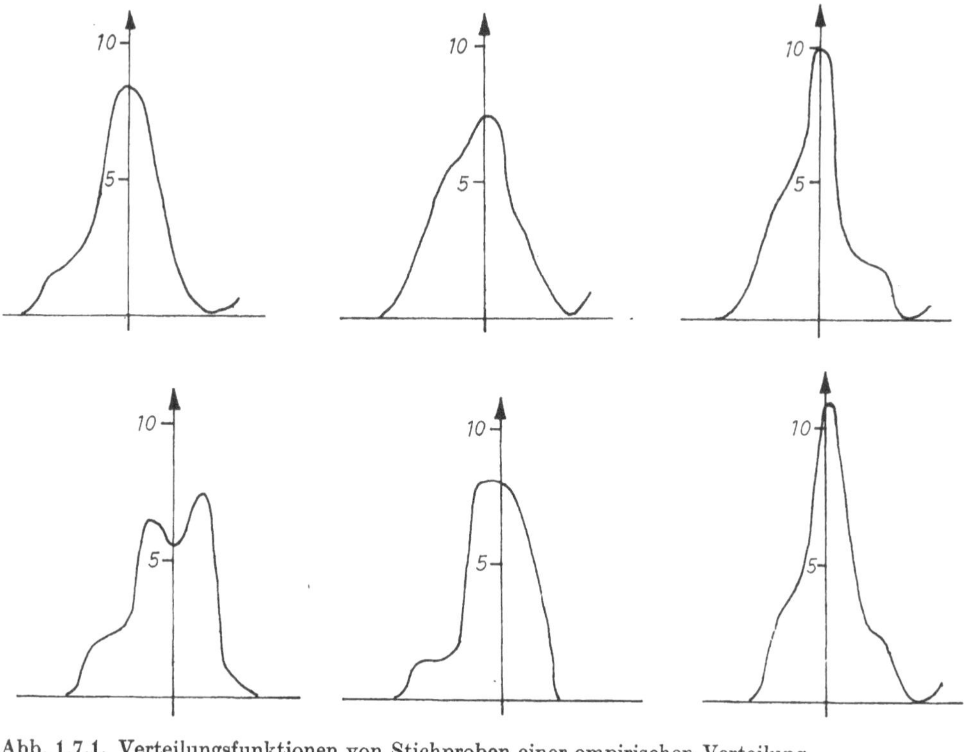

Abb. 1.7.1. Verteilungsfunktionen von Stichproben einer empirischen Verteilung

2. Varianzanalyse

Die Untersuchung der Wirkung einiger Einflußgrößen auf eine oder mehrere gemessene Zielgrößen gehört zu den zentralen Aufgaben der statistischen Datenanalyse.

Hat man noch keine gesicherte Vorstellung vom Typ einer Funktion, die den Zusammenhang dieser Variablen beschreibt, oder sind die Einflußgrößen nicht quantitativ meßbar, sondern nur qualitativ beschreibbar, so bieten sich Klassifikationsmodelle zur Beschreibung derartiger Situationen an.

Die außergewöhnliche praktische Bedeutung der Methoden der Varianzanalyse, die in diesen Klassifikationsmodellen Verwendung finden, rechtfertigt sicherlich ihre Darstellung, auch wenn hierzu bereits eine umfangreiche Literatur vorhanden ist. Es seien hier nur Fisher (1925), Kempthorne (1952), Scheffé (1959), Searle (1971) oder Ahrens (1968), Nollau (1975), Rasch (1976), erwähnt.

Darüber hinaus existieren selbst für unbalancierte Modelle Programme zum Schätzen und Testen von Parametern, die ‚automatisch' Werte liefern und Entscheidungen treffen. Es zeigt sich jedoch, daß durch unkritische Nutzung solcher Programme oder Algorithmen in vielen Fällen Fehlinterpretationen möglich sind. Die Diskussion solcher Fälle, die durch willkürliche Reparametrisierungen oder Außerachtlassen von Wechselwirkungen entstehen, wird anhand von praktischen Beispielen in diesem Kapitel geführt.

2.1. Mittelwertvergleiche

Seien

$$\begin{array}{l} y_{11}, y_{12}, \ldots, y_{1n}, \\ y_{21}, y_{22}, \ldots, y_{2n}, \\ \vdots \\ y_{K1}, y_{K2}, \ldots, y_{Kn}, \end{array}$$

K Stichproben vom Umfang n aus möglicherweise verschiedenen Grundgesamtheiten. Solche Modelle treten mit einigen Modifikationen in zahllosen Bereichen der Industrie, Landwirtschaft und Medizin auf, wenn verschiedene Behandlungen, d. h. verschiedene Bearbeitungsmethoden oder Therapien, anhand von Messungen, die durch Experimente gewonnen wurden, verglichen werden.

Von Interesse ist üblicherweise die Frage, ob die den verschiedenen Behandlungen entsprechenden Beobachtungen in den K „Blocks" den gleichen oder verschiedenen Verteilungen unterliegen, d. h. ob die Verschiedenheit der Behandlungen sich auch in den gemessenen Parametern niederschlägt.

Beispiel 2.1.1. Herstellung von Graphitformteilen. Für Messungen des elektrischen Widerstandes von Graphitformteilen liegen acht Stichproben vom Umfang vier vor. Die Stichproben entsprechen verschiedenen Tiegelhöhen bzw. Endtemperaturen des Graphitierungsprozesses (siehe Tab. 2.1.1).

Tabelle 2.1.1. Einzelmessungen des elektrischen Widerstandes

i	Einzelwerte $y_{i\nu}$				Mittelwert $y_{i.}$
1	64.8	63.2	61.7	65.2	63.725
2	65.7	63.1	62.8	66.3	64.475
3	63.9	62.5	59.9	64.9	62.800
4	65.2	63.2	62.1	65.9	64.100
5	60.2	58.9	56.3	60.6	59.000
6	64.5	62.9	60.1	66.0	63.375
7	61.9	60.5	59.2	60.4	60.500
8	62.5	62.1	60.1	62.6	61.825

Aus Tabelle 2.1.1 geht hervor, daß die acht Mittelwerte nicht identisch sind. Aufgrund ihres Zufallcharakters belegt dies aber noch nicht, daß auch die ihnen unterstellten Behandlungseffekte verschieden sind. Näheren Aufschluß kann man sich durch den Vergleich der Variation der Mittelwerte $y_{i.}$, oft als *Variation* zwischen *den Gruppen* bezeichnet, mit der *Variation* innerhalb *der Gruppen* erhoffen.

Die Identität

$$\sum_i \sum_\nu (y_{i\nu} - y_{..})^2 = \sum_i n(y_{i.} - y_{..})^2 + \sum_i \sum_\nu (y_{i\nu} - y_{i.})^2 \tag{1}$$

mit

$$y_{i.} = \frac{1}{n} \sum_\nu y_{i\nu}, \qquad y_{..} = \frac{1}{Kn} \sum_i \sum_\nu y_{i\nu} = \frac{1}{K} \sum_i y_{i.},$$

führte Fisher (1925) zur einfachen und übersichtlichen Tafel der *Varianzanalyse* (siehe Tab. 2.1.2). In der Tat ist (1) nichts anderes als die Zerlegung der Gesamtvarianz in zwei Varianzen.

Tabelle 2.1.2. Varianzanalyse-Tafel

Variationsursache	Freiheitsgrade	Größe
Zwischen den Gruppen	$K-1$	$SQ_B = \sum_i n(y_{i.} - y_{..})^2$
Innerhalb der Gruppen	$K(n-1)$	$SQ_R = \sum_i \sum_\nu (y_{i\nu} - y_{i.})^2$
Gesamt	$Kn-1$	$SQ_G = \sum_i \sum_\nu (y_{i\nu} - y_{..})^2$

Im angeführten Beispiel erhalten wir $SQ_B = 102.07$, $SQ_R = 78.79$ und somit $F = \frac{1}{7} SQ_B / \frac{1}{24} SQ_R = 4.44$. Ein Vergleich mit dem 1%-Signifikanzpunkt der $F_{7,24}$-Verteilung, 3.50, zeigt *statistisch* signifikante Unterschiede zwischen den Mittelwerten der acht Stichproben. (Das empirische Signifikanzniveau beträgt hier $\hat{\alpha} = 0.0027$.) In den Abschnitten 2.1.1 und 2.1.2 wird darauf eingegangen, unter welchen Annahmen es berechtigt ist, diesen Quotienten, berechnet aus den verdichteten Werten der Tabelle 2.1.2, zu benutzen, und die einzelnen Mittelwerte zu vernachlässigen.

Wenden wir uns wieder dem Beispiel 2.1.1 zu. Was dort mit dem Ausdruck „... verschiedene Tiegelhöhen bzw. Endtemperaturen" umschrieben wurde, waren genaugenommen zwei Tiegelhöhen und vier verschiedene Endtemperaturen. In diesem Kontext werden neue Fragestellungen und Vergleiche interessant, z. B. haben die verschiedenen Temperaturen einen Effekt, oder gibt es durch die Tiegelhöhe hervorgerufene Unterschiede?

Diese und komplexere Modelle, auch Fälle in denen unterschiedlich viele Beobachtungen pro Einstellung gemacht wurden, die sogenannten unbalancierten oder nichtorthogonalen Pläne, lassen sich als spezielle Fälle des allgemeinen linearen Regressionsmodells auffassen.

2.1.1. Das lineare Regressionsmodell

Die Variable y sei mit K Einflußgrößen $x_1, \ldots, x_K$ in der folgenden Weise verbunden

$$y = x_1\beta_1 + \ldots + x_K\beta_K + \varepsilon .$$

Die *Regressionskoeffizienten* $\beta_1, \ldots, \beta_K$ sind unbekannt, die zufällige Variable ε, oft als *Fehler* oder *Störung* bezeichnet, besitzt den Erwartungswert Null und die unbekannte Varianz σ^2, darüber hinaus wird die Verteilung des Fehlers als nicht von den Einstellgrößen und Regressionskoeffizienten abhängig vorausgesetzt. Liegen für N gegebene K-Tupel von Einstellgrößen Beobachtungen von y vor, schreiben wir

$$y_t = x_{t1}\beta_1 + \ldots + x_{tK}\beta_K + \varepsilon_t , \qquad t = 1, \ldots, N ,$$

oder in Matrizenschreibweise

$$\boldsymbol{y} = \boldsymbol{X}\boldsymbol{\beta} + \boldsymbol{\epsilon} . \tag{2}$$

Hierbei sind

- $\boldsymbol{y}$ — der $N \times 1$-Vektor der Beobachtungen,
- $\boldsymbol{X}$ — die bekannte $N \times K$-Matrix der Einstellgrößen, auch als *Versuchsplanmatrix* bezeichnet,
- $\boldsymbol{\beta}$ — der unbekannte $K \times 1$-Vektor der Regressionskoeffizienten,
- $\boldsymbol{\epsilon}$ — der nichtbeobachtbare $N \times 1$-Fehlervektor.

Wir setzen voraus

$$\mathsf{E}\boldsymbol{\epsilon} = 0 . \qquad \mathsf{Cov}\,\boldsymbol{\epsilon} = \sigma^2 \boldsymbol{I}_N . \tag{3}$$

In den Abschnitten 2.1.1.6 und 2.1.1.7 wird zunächst noch angenommen, daß die Fehler normalverteilt sind. Im allgemeinen werden weder für $\boldsymbol{X}$ noch für die in den folgenden Abschnitten auftauchenden linearen Funktionen $\boldsymbol{F}$, Restriktionen $\boldsymbol{R}$ bzw. Hypothesen $\boldsymbol{H}$ Annahmen über den Rang gemacht, wenn dies nicht ausdrücklich anders vermerkt wird.

Die Begriffe Erwartungswert und Kovarianz, $\mathsf{E}(\cdot)$ bzw. $\mathsf{Cov}(\cdot)$, werden stets im Sinne „bei festem $\boldsymbol{X}$" gebraucht. Aussagen über die „totale" Verteilung bei zufälligem $\boldsymbol{X}$ findet man z. B. bei RASCH (1976).

2.1.1.1. Die Kleinste-Quadrate-Schätzung

Die Aufgabe besteht in der Schätzung der unbekannten Regressionskoeffizienten. Auf GAUSS (1809) geht die Methode zurück, als Schätzung $\hat{\boldsymbol{\beta}} = (\hat{\beta}_1, \ldots, \hat{\beta}_K)'$ der Koeffizienten diejenigen Werte zu nehmen, für welche die Summe der *Abweichungsquadrate*

$$\sum_{t=1}^{N} (y_t - x_{t1}\beta_1 - \ldots - x_{tK}\beta_K)^2$$

oder äquivalent $(\boldsymbol{y} - \boldsymbol{X}\boldsymbol{\beta})'(\boldsymbol{y} - \boldsymbol{X}\boldsymbol{\beta})$ *minimal* wird.

Durch Differenzieren erhalten wir

$$\frac{\partial}{\partial \boldsymbol{\beta}} (\boldsymbol{y} - \boldsymbol{X}\boldsymbol{\beta})'(\boldsymbol{y} - \boldsymbol{X}\boldsymbol{\beta}) = 2(\boldsymbol{X}'\boldsymbol{X}\boldsymbol{\beta} - \boldsymbol{X}'\boldsymbol{y}) \tag{4}$$

und

$$\frac{\partial^2}{\partial \boldsymbol{\beta}\partial \boldsymbol{\beta}'} (\boldsymbol{y} - \boldsymbol{X}\boldsymbol{\beta})'(\boldsymbol{y} - \boldsymbol{X}\boldsymbol{\beta}) = 2\boldsymbol{X}'\boldsymbol{X} \geqq 0\,.$$

Ein Vektor $\hat{\boldsymbol{\beta}}$, der die *Normalgleichung*

$$\boldsymbol{X}'\boldsymbol{X}\hat{\boldsymbol{\beta}} = \boldsymbol{X}'\boldsymbol{y} \tag{5}$$

erfüllt, d. h. in dem die erste Ableitung (4) gleich Null wird, ist eine Lösung des Minimierungsproblems.

Wenn $\boldsymbol{X}$, und damit $\boldsymbol{X}'\boldsymbol{X}$, den Rang K hat, ist

$$\hat{\boldsymbol{\beta}} = (\boldsymbol{X}'\boldsymbol{X})^{-1}\boldsymbol{X}'\boldsymbol{y} \tag{6}$$

die einzige Lösung. Ist der Rang von $\boldsymbol{X}$ bzw. $\boldsymbol{X}'\boldsymbol{X}$ kleiner als K, dann existiert keine eindeutige Lösung des Normalgleichungssystems, sondern

$$\hat{\boldsymbol{\beta}} = (\boldsymbol{X}'\boldsymbol{X})^{-}\boldsymbol{X}'\boldsymbol{y} \tag{7}$$

ist für jede g-Inverse $(\boldsymbol{X}'\boldsymbol{X})^{-}$ eine Lösung von (5) (siehe A. 1.2). Wenn $(\boldsymbol{X}'\boldsymbol{X})^{-1}$ existiert, so ist $\hat{\boldsymbol{\beta}}$ eine erwartungstreue Schätzung von $\boldsymbol{\beta}$, mit der Kovarianz $\sigma^2(\boldsymbol{X}'\boldsymbol{X})^{-1}$,

$$\mathsf{E}\hat{\boldsymbol{\beta}} = \boldsymbol{\beta}\,, \qquad \mathsf{Cov}\,\hat{\boldsymbol{\beta}} = \sigma^2(\boldsymbol{X}'\boldsymbol{X})^{-1}\,.$$

Das ist unmittelbar aus

$$\mathsf{E}\hat{\boldsymbol{\beta}} = \mathsf{E}(\boldsymbol{X}'\boldsymbol{X})^{-1}\boldsymbol{X}'\boldsymbol{y} = \mathsf{E}(\boldsymbol{X}'\boldsymbol{X})^{-1}\boldsymbol{X}'(\boldsymbol{X}\boldsymbol{\beta} + \boldsymbol{\epsilon}) = \mathsf{E}\big(\boldsymbol{\beta} + (\boldsymbol{X}'\boldsymbol{X})^{-1}\boldsymbol{X}'\boldsymbol{\epsilon}\big) = \boldsymbol{\beta}$$

und

$$\mathsf{Cov}\,\hat{\boldsymbol{\beta}} = \mathsf{Cov}\,(\boldsymbol{X}'\boldsymbol{X})^{-1}\boldsymbol{X}'\boldsymbol{y} = \mathsf{E}(\boldsymbol{X}'\boldsymbol{X})^{-1}\boldsymbol{X}'\boldsymbol{\epsilon}\boldsymbol{\epsilon}'\boldsymbol{X}(\boldsymbol{X}'\boldsymbol{X})^{-1} = \sigma^2(\boldsymbol{X}'\boldsymbol{X})^{-1}$$

zu sehen.

2.1.1.2. Zentrierte Daten

Aus Gründen der Anschaulichkeit, zur Erleichterung grafischer Darstellungen oder auch wegen der rechentechnischen Stabilität betrachtet man oftmals nicht direkt die numerischen Werte der Einstellgrößen und Variablen, sondern ihre Abweichungen von den jeweiligen Mittelwerten, die *zentrierten* Daten. Wir nehmen im folgenden an, daß y_t auch von einer unbekannten Konstanten β_1 abhängt, d. h.

$$y_t = \beta_1 + x_{t2}\beta_2 + \dots + x_{tK}\beta_K + \varepsilon_t, \qquad t = 1, \dots, N.$$

Durch Einführung der Scheinvariablen $x_{t1} \equiv 1$ fällt dieses Modell in die Klasse der linearen Regressionsmodelle (2). Bezeichnen wir mit $x_{.2}, \dots, x_{.K}$ die Spaltenmittel

$$x_{.2} = \frac{1}{N} \sum_{t=1}^{N} x_{t2}, \dots, x_{.K} = \frac{1}{N} \sum_{t=1}^{N} x_{tK},$$

so ergibt eine einfache Umformung

$$y_t = (\beta_1 + x_{.2}\beta_2 + \dots + x_{.K}\beta_K) + (x_{t2} - x_{.2})\,\beta_2 + \dots + (x_{tK} - x_{.K})\,\beta_K + \varepsilon_t.$$

Schreiben wir den Versuchsplan für dieses Modell als $(\mathbf{1}_N : \boldsymbol{X}_*)$, wobei

$$\boldsymbol{X}_* = \begin{pmatrix} x_{12} - x_{.2} & \dots & x_{1K} - x_{.K} \\ \vdots & & \vdots \\ x_{N2} - x_{.2} & \dots & x_{NK} - x_{.K} \end{pmatrix}, \ \mathbf{1}_N = (1, 1, \dots, 1)' \in \mathbb{R}^N$$

ist, und berücksichtigen $\mathbf{1}_N'\boldsymbol{X}_* = \mathbf{0}$, so ergibt sich laut (7) als Kleinste-Quadrate-Schätzung für $\beta_1{}^* = \beta_1 + x_{.2}\beta_2 + \dots + x_{.K}\beta_K, \beta_2, \dots, \beta_K$,

$$\hat{\boldsymbol{\beta}}^* = \begin{pmatrix} N & 0 \\ & \\ 0 & \boldsymbol{X}_*'\boldsymbol{X}_* \end{pmatrix}^- \begin{pmatrix} \mathbf{1}_N' \\ \\ \boldsymbol{X}_*' \end{pmatrix} \boldsymbol{y},$$

somit

$$\hat{\beta}_1{}^* = y_.,$$
$$\hat{\boldsymbol{\beta}}_2{}^* = (\boldsymbol{X}_*'\boldsymbol{X}_*)^- \boldsymbol{X}_*'\boldsymbol{y}.$$

Wegen der Identität der beiden Darstellungen des Regressionsmodells haben wir

$$\begin{aligned} \hat{\beta}_1{}^* &= \hat{\beta}_1 + x_{.2}\hat{\beta}_2 + \dots + x_{.K}\hat{\beta}_K, \\ \hat{\beta}_2{}^* &= \hat{\beta}_2, \\ &\vdots \\ \hat{\beta}_K{}^* &= \hat{\beta}_K, \end{aligned} \tag{8}$$

und die Summe der Abweichungsquadrate ist bei beiden identisch.

Schließlich bemerken wir noch, daß, wieder wegen $\boldsymbol{X}_*'\mathbf{1}_N = \mathbf{0}$, $\hat{\boldsymbol{\beta}}_2{}^*$ auch als

$$\hat{\boldsymbol{\beta}}_2{}^* = (\boldsymbol{X}_*'\boldsymbol{X}_*)^- \boldsymbol{X}_*'(\boldsymbol{y} - \mathbf{1}_N y_.)$$

geschrieben werden kann, mit anderen Worten, $\hat{\boldsymbol{\beta}}_2{}^*$ und damit $\hat{\boldsymbol{\beta}}_2 = (\hat{\beta}_2, \dots, \hat{\beta}_K)'$ fällt mit der Kleinste-Quadrate-Schätzung für $\beta_2, \dots, \beta_K$ in dem zentrierten Modell

$$y_t - y_. = (x_{t2} - x_{.2})\,\beta_2 + \dots + (x_{tK} - x_{.K})\,\beta_K + \varepsilon_t, \qquad t = 1, \dots, N,$$

zusammen.

Die minimale Summe der Abweichungsquadrate im zentrierten Modell ist die gleiche wie im ursprünglichen Modell.

Oft werden in dem Bestreben, die verschieden dimensionierten Größen vergleichbar zu machen, die zentrierten Daten noch mit Hilfe der formalen Standardabweichungen spaltenweise normiert, d. h., man bildet mit

$$s_y^2 = \frac{1}{N-1} \sum_{t=1}^{N} (y_t - y_.)^2, \ldots, s_K^2 = \frac{1}{N-1} \sum_{t=1}^{N} (x_{tK} - x_{.K})^2$$

die *normierten* Daten $\frac{1}{s_y} (y_t - y_.)$, $\frac{1}{s_2} (x_{t2} - x_{.2})$ usw. Wegen

$$\frac{1}{s_y} (y_t - y_.) = \frac{1}{s_2} (x_{t2} - x_{.2}) \frac{s_2}{s_y} \beta_2 + \ldots + \frac{1}{s_K} (x_{tK} - x_{.K}) \frac{s_K}{s_y} \beta_K + \frac{1}{s_y} \varepsilon_t$$

ergibt sich sofort, daß die Kleinste-Quadrate-Schätzungen in diesem normierten Modell, sagen wir $\tilde{\beta}_2, \ldots, \tilde{\beta}_K$, sich als

$$\tilde{\beta}_i = \frac{s_i}{s_y} \hat{\beta}_i, \qquad i = 2, \ldots, K,$$

darstellen lassen. Ist $\tilde{Q}$ die sich im normierten Modell ergebende minimale Summe der Abweichungsquadrate, so wird $B = 1 - \tilde{Q}/(N-1)$ als *Bestimmtheitsmaß* bezeichnet.

2.1.1.3. Schätzbare Funktionen

Oft sind es nicht direkt die Koeffizienten von $\boldsymbol{\beta}$, die geschätzt werden sollen, sondern einige interessierende Linearkombinationen, z. B. Differenzen oder Summen der Koeffizienten. Wir schreiben diese Funktionen der Parameter als $\boldsymbol{F\beta}$, wobei $\boldsymbol{F}$ eine $m \times K$-Matrix bezeichnet. Es erhebt sich die Frage, wann eine solche m-dimensionale Funktion erwartungstreu schätzbar ist, und auf welche Weise sie zu schätzen sei.

Eine Parameterfunktion $\boldsymbol{F\beta}$ heißt im linearen Regressionsmodell *schätzbar*, wenn eine $N \times m$-Matrix $\boldsymbol{L}$ derart existiert, daß $\mathsf{E}\boldsymbol{L'y} = \boldsymbol{F\beta}$ für alle $\boldsymbol{\beta}$ gilt. Wegen

$$\mathsf{E}\boldsymbol{L'y} = \mathsf{E}\boldsymbol{L'}(\boldsymbol{X\beta} + \boldsymbol{\epsilon}) = \boldsymbol{L'X\beta}$$

ergibt sich sofort, daß $\boldsymbol{F\beta}$ genau dann schätzbar ist, wenn ein $\boldsymbol{L}$ so existiert, daß

$$\boldsymbol{L'X} = \boldsymbol{F}. \tag{9}$$

Für eine schätzbare Funktion $\boldsymbol{F\beta}$ liegt die Verwendung von $\boldsymbol{F\hat{\beta}}$ als Schätzung nahe, wobei $\hat{\boldsymbol{\beta}}$ eine Kleinste-Quadrate-Schätzung $(\boldsymbol{X'X})^- \boldsymbol{X'y}$ von $\boldsymbol{\beta}$ war.

Tatsächlich ist — trotz der Vieldeutigkeit der g-Inversen $(\boldsymbol{X'X})^-$, und damit der Vieldeutigkeit von $\hat{\boldsymbol{\beta}}$, falls $\boldsymbol{X}$ nicht den Rang K hat — $\boldsymbol{F\hat{\beta}}$ eindeutig, denn es ist

$$\boldsymbol{F\hat{\beta}} = \boldsymbol{F}(\boldsymbol{X'X})^- \boldsymbol{X'y}.$$

Wegen (9) ist $\boldsymbol{F}(\boldsymbol{X'X})^- \boldsymbol{X'}$ eindeutig bestimmt (siehe A. 1.4). Außerdem ist $\boldsymbol{F\hat{\beta}}$ eine erwartungstreue Schätzung von $\boldsymbol{F\beta}$, mit der Kovarianz $\sigma^2\boldsymbol{F}(\boldsymbol{X'X})^- \boldsymbol{F'}$,

$$\mathsf{E}\boldsymbol{F\hat{\beta}} = \boldsymbol{F\beta}, \qquad \mathsf{Cov}\, \boldsymbol{F\hat{\beta}} = \sigma^2\boldsymbol{F}(\boldsymbol{X'X})^- \boldsymbol{F'}. \tag{10}$$

Das ergibt sich aus

$$\mathsf{E}\boldsymbol{F}\hat{\boldsymbol{\beta}} = \mathsf{E}\boldsymbol{F}(\boldsymbol{X}'\boldsymbol{X})^- \boldsymbol{X}'(\boldsymbol{X}\boldsymbol{\beta} + \boldsymbol{\epsilon}) = \boldsymbol{F}(\boldsymbol{X}'\boldsymbol{X})^- \boldsymbol{X}'\boldsymbol{X}\boldsymbol{\beta} = \boldsymbol{F}\boldsymbol{\beta} \text{ (siehe A. 1.4)},$$

$$\begin{aligned}\operatorname{Cov} \boldsymbol{F}\hat{\boldsymbol{\beta}} &= \operatorname{Cov} \boldsymbol{F}(\boldsymbol{X}'\boldsymbol{X})^- \boldsymbol{X}'\boldsymbol{y} = \mathsf{E}\boldsymbol{F}(\boldsymbol{X}'\boldsymbol{X})^- \boldsymbol{X}'\boldsymbol{\epsilon}\boldsymbol{\epsilon}'\boldsymbol{X}(\boldsymbol{X}'\boldsymbol{X})^- \boldsymbol{F}' \\ &= \sigma^2\boldsymbol{F}(\boldsymbol{X}'\boldsymbol{X})^- \boldsymbol{X}'\boldsymbol{X}(\boldsymbol{X}'\boldsymbol{X})^- \boldsymbol{F}' = \sigma^2\boldsymbol{F}(\boldsymbol{X}'\boldsymbol{X})^- \boldsymbol{F}'.\end{aligned}$$

Unabhängig von der Wahl der g-Inversen $(\boldsymbol{X}'\boldsymbol{X})^-$ ist der letzte Ausdruck natürlich wieder eindeutig bestimmt.

Daß die Wahl der Schätzung $\boldsymbol{F}\hat{\boldsymbol{\beta}}$ sogar optimal ist, belegt der folgende Satz.

Satz von Gauß-Markow. *Gegeben sei eine schätzbare Funktion* $\boldsymbol{F\beta}$. *Dann hat jede erwartungstreue lineare Schätzung* $\boldsymbol{L}'\boldsymbol{y}$ *von* $\boldsymbol{F\beta}$ *eine größere Kovarianzmatrix als* $\boldsymbol{F}\hat{\boldsymbol{\beta}}$, *d. h.*

$$\operatorname{Cov} \boldsymbol{L}'\boldsymbol{y} \geqq \operatorname{Cov} \boldsymbol{F}\hat{\boldsymbol{\beta}}.$$

Beweis: $\boldsymbol{L}'\boldsymbol{y}$ ist nur erwartungstreu, wenn $\boldsymbol{L}'\boldsymbol{X} = \boldsymbol{F}$ ist. Dann aber ist

$$\operatorname{Cov} \boldsymbol{L}'\boldsymbol{y} = \mathsf{E}\boldsymbol{L}'\boldsymbol{\epsilon}\boldsymbol{\epsilon}'\boldsymbol{L} = \sigma^2\boldsymbol{L}'\boldsymbol{L}.$$

Schreiben wir

$$\boldsymbol{L}' = \boldsymbol{F}(\boldsymbol{X}'\boldsymbol{X})^- \boldsymbol{X}' + [\boldsymbol{L}' - \boldsymbol{F}(\boldsymbol{X}'\boldsymbol{X})^- \boldsymbol{X}'],$$

so erhalten wir

$$\begin{aligned}\sigma^2\boldsymbol{L}'\boldsymbol{L} &= \sigma^2\big(\boldsymbol{F}(\boldsymbol{X}'\boldsymbol{X})^- \boldsymbol{X}' + [\boldsymbol{L}' - \boldsymbol{F}(\boldsymbol{X}'\boldsymbol{X})^- \boldsymbol{X}']\big) \\ &\quad \times \big(\boldsymbol{F}(\boldsymbol{X}'\boldsymbol{X})^- \boldsymbol{X}' + [\boldsymbol{L}' - \boldsymbol{F}(\boldsymbol{X}'\boldsymbol{X})^- \boldsymbol{X}']\big)'.\end{aligned}$$

Unter Berücksichtigung von

$$\boldsymbol{F}(\boldsymbol{X}'\boldsymbol{X})^- \boldsymbol{X}'\boldsymbol{X}(\boldsymbol{X}'\boldsymbol{X})^- \boldsymbol{F}' = \boldsymbol{F}(\boldsymbol{X}'\boldsymbol{X})^- \boldsymbol{F}'$$

und

$$\boldsymbol{L}'\boldsymbol{X}(\boldsymbol{X}'\boldsymbol{X})^- \boldsymbol{X}' = \boldsymbol{F}(\boldsymbol{X}'\boldsymbol{X})^- \boldsymbol{X}'$$

erhalten wir

$$\sigma^2\boldsymbol{L}'\boldsymbol{L} = \sigma^2\boldsymbol{F}(\boldsymbol{X}'\boldsymbol{X})^- \boldsymbol{F}' + \sigma^2\big(\boldsymbol{L}' - \boldsymbol{F}(\boldsymbol{X}'\boldsymbol{X})^- \boldsymbol{X}'\big)\big(\boldsymbol{L}' - \boldsymbol{F}(\boldsymbol{X}'\boldsymbol{X})^- \boldsymbol{X}'\big)',$$

d. h. $\operatorname{Cov} \boldsymbol{L}'\boldsymbol{y} \geqq \sigma^2\boldsymbol{F}(\boldsymbol{X}'\boldsymbol{X})^- \boldsymbol{F}'$, wobei die Gleichheit nur für

$$\boldsymbol{L}'\boldsymbol{y} = \boldsymbol{F}(\boldsymbol{X}'\boldsymbol{X})^- \boldsymbol{X}'\boldsymbol{y} = \boldsymbol{F}\hat{\boldsymbol{\beta}} \text{ gilt.}$$

Wenn $\boldsymbol{X}$ den Rang K hat, so ist (9) stets erfüllbar, d. h., alle Funktionen $\boldsymbol{F\beta}$ sind schätzbar. Speziell für $\boldsymbol{F} = \boldsymbol{I}_K$ ergibt sich wieder, daß $\boldsymbol{\beta}$ schätzbar ist.

Eine einfache Folgerung aus (9) ist, daß die N Komponenten von $\boldsymbol{X\beta}$ schätzbar sind und $\boldsymbol{y} = \boldsymbol{X}\hat{\boldsymbol{\beta}}$ eindeutig ist. Alle schätzbaren linearen Funktionen sind als Linearkombination dieser Mittelwerte darstellbar.

2.1.1.4. Lineare Restriktionen

Bisher wurde stillschweigend angenommen, daß die Komponenten des unbekannten Vektors $\boldsymbol{\beta}$ beliebige Werte annehmen können. In vielen Modellen sind die Komponenten jedoch funktionell verbunden. Wir betrachten den Fall, daß diese funktionellen Zusammenhänge durch ein lineares Gleichungssystem

$$\boldsymbol{R\beta} = \boldsymbol{r} \tag{11}$$

gegeben sind. Hier sind $\boldsymbol{R}$ eine bekannte $r \times K$-Matrix und $\boldsymbol{r}$ ein bekannter $r \times 1$-Vektor. Es wird vorausgesetzt, daß das Gleichungssystem (11) lösbar ist. Bezeichnet $\boldsymbol{D}$ eine Matrix, die den Nullraum von $\boldsymbol{R}$ aufspannt, und $\boldsymbol{\beta}_0$ eine spezielle Lösung von (11), so lassen sich alle Lösungen von (11) in der Form

$$\boldsymbol{\beta} = \boldsymbol{\beta}_0 + \boldsymbol{D\alpha}, \ \boldsymbol{\alpha} \in \mathbb{R}^r \tag{12}$$

darstellen.

Eine Parameterfunktion $\boldsymbol{F\beta}$ heißt im linearen Regressionsmodell *unter der Restriktion* $\boldsymbol{R\beta} = \boldsymbol{r}$ *schätzbar*, wenn eine $N \times m$-Matrix $\boldsymbol{L}$ und ein $m \times 1$-Vektor $\boldsymbol{l}$ derart existieren, daß $\mathsf{E}(\boldsymbol{L}'\boldsymbol{y} + \boldsymbol{l}) = \boldsymbol{F\beta}$ für alle $\boldsymbol{\beta}$, die $\boldsymbol{R\beta} = \boldsymbol{r}$ erfüllen, gilt. Es ist $\mathsf{E}(\boldsymbol{L}'\boldsymbol{y} + \boldsymbol{l}) = \boldsymbol{L}'(\boldsymbol{X}(\boldsymbol{\beta}_0 + \boldsymbol{D\alpha})) + \boldsymbol{l} = (\boldsymbol{l} + \boldsymbol{L}'\boldsymbol{X}\boldsymbol{\beta}_0) + \boldsymbol{L}'\boldsymbol{XD\alpha}$. Da dieser Erwartungswert für schätzbare Funktionen mit $\boldsymbol{F\beta} = \boldsymbol{F\beta}_0 + \boldsymbol{FD\alpha}$ zusammenfallen soll, ergibt sich, daß $\boldsymbol{F\beta}$ genau dann schätzbar ist, wenn ein $\boldsymbol{L}$ existiert mit

$$\boldsymbol{L}'\boldsymbol{XD} = \boldsymbol{FD}. \tag{13}$$

Aus der äquivalenten Gleichung $(\boldsymbol{L}'\boldsymbol{X} - \boldsymbol{F})\,\boldsymbol{D} = \boldsymbol{0}$ ersieht man sofort, daß die Schätzbarkeit nicht von der Wahl eines speziellen $\boldsymbol{D}$ mit $\mathcal{R}(\boldsymbol{D}) \in \mathcal{N}(\boldsymbol{R})$ abhängt.

Schreiben wir das lineare Regressionsmodell unter Benutzung von (12) in der Form

$$\boldsymbol{y} - \boldsymbol{X\beta}_0 = \boldsymbol{XD\alpha} + \boldsymbol{\varepsilon},$$

so erhalten wir analog zu (5) eine Kleinste-Quadrate-Schätzung $\hat{\boldsymbol{\alpha}}$ als Lösung der Gleichung

$$\boldsymbol{D}'\boldsymbol{X}'\boldsymbol{XD}\hat{\boldsymbol{\alpha}} = \boldsymbol{D}'\boldsymbol{X}'(\boldsymbol{y} - \boldsymbol{X\beta}_0),$$

also

$$\hat{\boldsymbol{\alpha}} = (\boldsymbol{D}'\boldsymbol{XXD})^- \, \boldsymbol{D}'\boldsymbol{X}'(\boldsymbol{y} - \boldsymbol{X\beta}_0),$$

so daß wir als Kleinste-Quadrate-Schätzung für $\boldsymbol{\beta}$

$$\hat{\boldsymbol{\beta}}_R = \boldsymbol{\beta}_0 + \boldsymbol{D}\hat{\boldsymbol{\alpha}} = \boldsymbol{\beta}_0 + \boldsymbol{D}(\boldsymbol{D}'\boldsymbol{X}'\boldsymbol{XD})^- \, \boldsymbol{D}'\boldsymbol{X}'(\boldsymbol{y} - \boldsymbol{X\beta}_0)$$

erhalten.

Wir indizieren hier $\hat{\boldsymbol{\beta}}_R$ zur Unterscheidung von der Kleinste-Quadrate-Schätzung $\hat{\boldsymbol{\beta}}$, die ohne Restriktionen gewonnen wurde. Wenn $\boldsymbol{F\beta}$ schätzbar unter der Restriktion $\boldsymbol{R\beta} = \boldsymbol{r}$ ist, bemerken wir, daß

$$\boldsymbol{F}\hat{\boldsymbol{\beta}}_R = \boldsymbol{F\beta}_0 + \boldsymbol{FD}(\boldsymbol{D}'\boldsymbol{X}'\boldsymbol{XD})^- \, \boldsymbol{D}'\boldsymbol{X}'(\boldsymbol{y} - \boldsymbol{X\beta}_0) \tag{14}$$

unabhängig von der Wahl der g-Inversen, aber auch unabhängig von der speziellen Wahl von $\boldsymbol{D}$ und $\boldsymbol{\beta}_0$ ist (siehe A. 1.4). Die Schätzung (14) ist unter $\boldsymbol{R\beta} = \boldsymbol{r}$ erwartungstreu,

$$\mathsf{E}\boldsymbol{F}\hat{\boldsymbol{\beta}}_R = \boldsymbol{F\beta}_0 + \boldsymbol{FD}(\boldsymbol{D}'\boldsymbol{X}'\boldsymbol{XD})^- \, \boldsymbol{D}'\boldsymbol{X}'\boldsymbol{XD\alpha} = \boldsymbol{F\beta}_0 + \boldsymbol{FD\alpha} = \boldsymbol{F\beta}, \tag{15}$$

und hat die Kovarianz

$$\mathsf{Cov}\,\boldsymbol{F}\hat{\boldsymbol{\beta}}_R = \sigma^2\boldsymbol{FD}(\boldsymbol{D}'\boldsymbol{X}'\boldsymbol{XD})^- \, \boldsymbol{D}'\boldsymbol{F}'. \tag{16}$$

Genau wie im vorigen Abschnitt (Satz von Gauß-Markow) läßt sich zeigen, daß $\boldsymbol{F}\hat{\boldsymbol{\beta}}_{\boldsymbol{R}}$ die kleinste Kovarianzmatrix unter allen unter $\boldsymbol{R\beta} = \boldsymbol{r}$ erwartungstreuen linearen Schätzungen der Gestalt $\boldsymbol{L'y} + \boldsymbol{l}$ besitzt. Setzen wir $\boldsymbol{FD} = \boldsymbol{L'XD}$ und $\boldsymbol{D} = \boldsymbol{I} - \boldsymbol{R}'(\boldsymbol{RR}')^- \boldsymbol{R}$, kann die Kovarianz (16) auch in der Gestalt

$$\sigma^2 \boldsymbol{L'X}\big(\boldsymbol{I} - \boldsymbol{R}'(\boldsymbol{RR}')^- \boldsymbol{R}\big)\big[\big(\boldsymbol{I} - \boldsymbol{R}'(\boldsymbol{RR}')^- \boldsymbol{R}\big)\boldsymbol{X'X}\big(\boldsymbol{I} - \boldsymbol{R}'(\boldsymbol{RR}')^- \boldsymbol{R}\big)\big]^-$$
$$\times \big(\boldsymbol{I} - \boldsymbol{R}'(\boldsymbol{RR}')^- \boldsymbol{R}\big)\boldsymbol{X'L},$$

oder einfacher $\sigma^2\boldsymbol{L'PL}$ geschrieben werden.

Hier steht $\boldsymbol{P}$ für die Projektionsmatrix $\boldsymbol{P}_{\mathcal{R}[\boldsymbol{X}(\boldsymbol{I}-\boldsymbol{R}'(\boldsymbol{RR}')^-\boldsymbol{R})]}$. Diese ist offensichtlich monoton fallend in $\mathcal{R}(\boldsymbol{R}')$, d. h. je mehr lineare Restriktionen vorliegen, desto geringer wird die Kovarianz der Schätzung $\boldsymbol{F}\hat{\boldsymbol{\beta}}_{\boldsymbol{R}}$.

Für zwei Spezialfälle kann der Ausdruck (14) für $\boldsymbol{F}\hat{\boldsymbol{\beta}}_{\boldsymbol{R}}$ auf einfache Weise umgeformt werden:

Versuchspläne von vollem Rang

Wir setzen voraus, daß $\boldsymbol{X}$ den vollen Rang K hat, so daß $(\boldsymbol{X'X})^{-1}$ existiert. Offensichtlich existiert dann für alle linearen Funktionen $\boldsymbol{F\beta}$ ein $\boldsymbol{L}$, das (13) erfüllt. Speziell ist $\boldsymbol{\beta}$ selbst schätzbar.

Wählen wir als Matrix, die den Nullraum von $\boldsymbol{R}$ aufspannt

$$\boldsymbol{D} = (\boldsymbol{X'X})^{-1/2}\big(\boldsymbol{I} - (\boldsymbol{X'X})^{-1/2}\boldsymbol{R}'\big(\boldsymbol{R}(\boldsymbol{X'X})^{-1}\boldsymbol{R}'\big)^- \boldsymbol{R}(\boldsymbol{X'X})^{-1/2}\big),$$

so hat (14) mit $\boldsymbol{F} = \boldsymbol{I}_K$ die Gestalt

$$\hat{\boldsymbol{\beta}}_{\boldsymbol{R}} = \boldsymbol{\beta}_0 + (\boldsymbol{X'X})^{-1/2}\big[\boldsymbol{I} - (\boldsymbol{X'X})^{-1/2}\boldsymbol{R}'\big(\boldsymbol{R}(\boldsymbol{X'X})^{-1}\boldsymbol{R}'\big)^- \boldsymbol{R}(\boldsymbol{X'X})^{-1/2}\big](\boldsymbol{X'X})^{-1/2}(\boldsymbol{y} - \boldsymbol{X\beta}_0)$$
$$= (\boldsymbol{X'X})^{-1}\boldsymbol{X'y} - (\boldsymbol{X'X})^{-1}\boldsymbol{R}'\big(\boldsymbol{R}(\boldsymbol{X'X})^{-1}\boldsymbol{R}'\big)^-[\boldsymbol{R}(\boldsymbol{X'X})^{-1}\boldsymbol{X'y} - \boldsymbol{R\beta}_0]$$

und kann schließlich dargestellt werden als

$$\hat{\boldsymbol{\beta}}_{\boldsymbol{R}} = \hat{\boldsymbol{\beta}} - (\boldsymbol{X'X})^{-1}\boldsymbol{R}'\big(\boldsymbol{R}(\boldsymbol{X'X})^{-1}\boldsymbol{R}'\big)^-[\boldsymbol{R}\hat{\boldsymbol{\beta}} - \boldsymbol{r}].$$

Die Kovarianzmatrix hat die Gestalt

$$\operatorname{Cov}\hat{\boldsymbol{\beta}}_{\boldsymbol{R}} = \sigma^2(\boldsymbol{X'X})^{-1/2}\big[\boldsymbol{I} - (\boldsymbol{X'X})^{-1/2}\boldsymbol{R}'\big(\boldsymbol{R}(\boldsymbol{X'X})^{-1}\boldsymbol{R}'\big)^- \boldsymbol{R}(\boldsymbol{X'X})^{-1/2}\big](\boldsymbol{X'X})^{-1/2}$$

und ist offensichtlich für $\boldsymbol{R} \neq \boldsymbol{0}$ kleiner als $\sigma^2(\boldsymbol{X'X})^{-1}$, die Kovarianz von $\hat{\boldsymbol{\beta}}$.

Reparametrisierungen

Hier setzen wir $\operatorname{rg}\boldsymbol{X} = K - s$, $\operatorname{rg}\boldsymbol{R} = s$ und $\operatorname{rg}(\boldsymbol{X}' : \boldsymbol{R}') = K$ voraus. Mit anderen Worten, die Restriktionen betreffen genau den Raum der nichtschätzbaren linearen Funktionen. In diesem Fall heißen die Gleichungen (1) auch *Reparametrisierungsbedingungen*. Außerdem sei $\boldsymbol{r} = \boldsymbol{0}$. Jetzt wählen wir (siehe A. 1.6)

$$\boldsymbol{D} = (\boldsymbol{X'X} + \boldsymbol{R'R})^{-1}\boldsymbol{X'X\beta}_0 = \boldsymbol{0}.$$

Offensichtlich ist (13) wieder für alle $\boldsymbol{F}$ erfüllt, d. h., $\boldsymbol{\beta}$ ist unter $\boldsymbol{R\beta} = \boldsymbol{0}$ schätzbar, (14) wird zu

$$\hat{\boldsymbol{\beta}}_{\boldsymbol{R}} = (\boldsymbol{X'X} + \boldsymbol{R'R})^{-1}\boldsymbol{X'X}[\boldsymbol{X'X}(\boldsymbol{X'X} + \boldsymbol{R'R})^{-1}\boldsymbol{X'X}(\boldsymbol{X'X} + \boldsymbol{R'R})^{-1}\boldsymbol{X'X}]^-$$
$$\times \boldsymbol{X'X}(\boldsymbol{X'X} + \boldsymbol{R'R})^{-1}\boldsymbol{X'y},$$

und wir erhalten (siehe A. 1.6)

$$\hat{\boldsymbol{\beta}}_R = (\boldsymbol{X}'\boldsymbol{X} + \boldsymbol{R}'\boldsymbol{R})^{-1} \boldsymbol{X}'\boldsymbol{y}.$$

2.1.1.5. Schätzung der Varianz

Der Vektor der *Residuen*

$$\hat{\boldsymbol{\epsilon}} = \boldsymbol{y} - \boldsymbol{X}\hat{\boldsymbol{\beta}}$$

ist unabhängig von Mehrdeutigkeiten der Kleinste-Quadrate-Schätzung $\hat{\boldsymbol{\beta}}$ eindeutig bestimmt.
Schreiben wir

$$\hat{\boldsymbol{\epsilon}} = \boldsymbol{y} - \boldsymbol{X}(\boldsymbol{X}'\boldsymbol{X})^- \boldsymbol{X}'\boldsymbol{y} = \left(\boldsymbol{I}_N - \boldsymbol{X}(\boldsymbol{X}'\boldsymbol{X})^- \boldsymbol{X}'\right) \boldsymbol{y},$$

so ist

$$\hat{\boldsymbol{\epsilon}}'\hat{\boldsymbol{\epsilon}} = \boldsymbol{y}'\left(\boldsymbol{I}_N - \boldsymbol{X}(\boldsymbol{X}'\boldsymbol{X})^- \boldsymbol{X}'\right) \boldsymbol{y} \tag{17}$$

und

$$\begin{aligned} \mathsf{E}\hat{\boldsymbol{\epsilon}}'\hat{\boldsymbol{\epsilon}} &= \mathsf{E}(\boldsymbol{X}\boldsymbol{\beta} + \boldsymbol{\epsilon})' \left(\boldsymbol{I}_N - \boldsymbol{X}(\boldsymbol{X}'\boldsymbol{X})^- \boldsymbol{X}'\right) (\boldsymbol{X}\boldsymbol{\beta} + \boldsymbol{\epsilon}) \\ &= \mathsf{E}\boldsymbol{\epsilon}'\left(\boldsymbol{I}_N - \boldsymbol{X}(\boldsymbol{X}'\boldsymbol{X})^- \boldsymbol{X}'\right) \boldsymbol{\epsilon} = \mathsf{E}\,\mathrm{sp}\left(\boldsymbol{I}_N - \boldsymbol{X}(\boldsymbol{X}'\boldsymbol{X})^- \boldsymbol{X}'\right) \boldsymbol{\epsilon}\boldsymbol{\epsilon}' \\ &= \sigma^2\,\mathrm{sp}\left(\boldsymbol{I}_N - \boldsymbol{X}(\boldsymbol{X}'\boldsymbol{X})^- \boldsymbol{X}'\right). \end{aligned}$$

Außerdem gilt $\mathrm{sp}\left(\boldsymbol{I}_N - \boldsymbol{X}(\boldsymbol{X}'\boldsymbol{X})^- \boldsymbol{X}'\right) = N - q$, wobei q den Rang von $\boldsymbol{X}$ bezeichnet (siehe A. 1.5), so daß

$$s^2 = \frac{1}{N - q} (\boldsymbol{y} - \boldsymbol{X}\hat{\boldsymbol{\beta}})' (\boldsymbol{y} - \boldsymbol{X}\hat{\boldsymbol{\beta}})$$

eine erwartungstreue Schätzung von σ^2 ist. Liegen lineare Restriktionen vor (vgl. Abschnitt 2.1.1.4), so ist analog

$$s_R^2 = \frac{1}{N - q_R} (\boldsymbol{y} - \boldsymbol{X}\hat{\boldsymbol{\beta}}_R)' (\boldsymbol{y} - \boldsymbol{X}\hat{\boldsymbol{\beta}}_R)$$

erwartungstreu, q_R bezeichnet hier rg $\boldsymbol{XD}$.

2.1.1.6. Hypothesentests

Wir betrachten jetzt das lineare Regressionsmodell

$$\boldsymbol{y} = \boldsymbol{X}\boldsymbol{\beta} + \boldsymbol{\epsilon}$$

mit *normalverteiltem* Fehler

$$\boldsymbol{\epsilon} \sim \mathrm{N}_N(0, \sigma^2\boldsymbol{I}).$$

Zu prüfen sei die *lineare Hypothese*

$$\mathrm{H} : \boldsymbol{H}\boldsymbol{\beta} = \boldsymbol{h}. \tag{18}$$

Hier ist $\boldsymbol{H}$ eine $m \times K$-Matrix, und es wird vorausgesetzt, daß das Gleichungssystem (18) lösbar ist.

Eine Hypothese $\boldsymbol{H\beta} = \boldsymbol{h}$ heißt *testbar* im obigen linearen Regressionsmodell, wenn $\boldsymbol{H\beta}$ schätzbar ist.

Die auf den ersten Blick etwas willkürlich erscheinende Gleichsetzung von Testbarkeit und Schätzbarkeit wird plausibel, wenn man sich vergegenwärtigt, daß für eine nicht schätzbare Funktion $\boldsymbol{H\beta}$ stets zwei Vektoren $\boldsymbol{\beta}_1$ und $\boldsymbol{\beta}_2$ derart existieren, daß $\boldsymbol{H\beta}_1 = \boldsymbol{h}$ und $\boldsymbol{H\beta}_2 \neq \boldsymbol{h}$, aber $\boldsymbol{X\beta}_1 = \boldsymbol{X\beta}_2$, d. h., $\boldsymbol{H\beta}$ ist nicht identifizierbar (siehe Abschnitt 1.2).

Da für eine testbare Hypothese $\boldsymbol{H\hat{\beta}} = \boldsymbol{H}(\boldsymbol{X'X})^- \boldsymbol{X'y}$ eine Normalverteilung

$$\boldsymbol{H\hat{\beta}} \sim \mathrm{N}_m\left(\boldsymbol{H\beta}, \sigma^2 \boldsymbol{H}(\boldsymbol{X'X})^- \boldsymbol{H'}\right)$$

besitzt (vgl. (10) und A. 2.2), hat

$$\frac{1}{\sigma^2} S_{\mathrm{H}}{}^2 = \frac{1}{\sigma^2} (\boldsymbol{H\hat{\beta}} - \boldsymbol{h})' [\boldsymbol{H}(\boldsymbol{X'X})^- \boldsymbol{H'}]^- (\boldsymbol{H\hat{\beta}} - \boldsymbol{h}) \tag{19}$$

eine χ^2-Verteilung mit h Freiheitsgraden, $h = \operatorname{rg} \boldsymbol{H}$, und dem *Nichtzentralitätsparameter*

$$\psi^2 = \frac{1}{\sigma^2} (\boldsymbol{H\beta} - \boldsymbol{h})' \left(\boldsymbol{H}(\boldsymbol{X'X})^- \boldsymbol{H'}\right)^- (\boldsymbol{H\beta} - \boldsymbol{h}),$$

(siehe A. 2.4). Unter Voraussetzung der Hypothese ist $\psi^2 = 0$.

Eine alternative Darstellung von (19) ist

$$\begin{aligned} S_{\mathrm{H}}{}^2 &= (\boldsymbol{X\hat{\beta}} - \boldsymbol{X\hat{\beta}}_{\mathrm{H}})' (\boldsymbol{X\hat{\beta}} - \boldsymbol{X\hat{\beta}}_{\mathrm{H}}) \\ &= (\boldsymbol{y} - \boldsymbol{X\hat{\beta}}_{\mathrm{H}})' (\boldsymbol{y} - \boldsymbol{X\hat{\beta}}_{\mathrm{H}}) - (\boldsymbol{y} - \boldsymbol{X\hat{\beta}})' (\boldsymbol{y} - \boldsymbol{X\hat{\beta}}), \end{aligned} \tag{20}$$

wobei $\boldsymbol{\hat{\beta}}_{\mathrm{H}}$ in (14) definiert war.

Bezeichnen wir $\boldsymbol{\hat{\varepsilon}'\hat{\varepsilon}}$ mit $S_{\mathrm{E}}{}^2$ (vgl. (17)) so besitzt wegen der Idempotenz von $\boldsymbol{I} - \boldsymbol{X}(\boldsymbol{X'X})^- \boldsymbol{X'}$ und wegen $\boldsymbol{\beta' X'}\left(\boldsymbol{I} - \boldsymbol{X}(\boldsymbol{X'X})^- \boldsymbol{X'}\right) \boldsymbol{X\beta} = 0$, $\frac{1}{\sigma^2} S_{\mathrm{E}}{}^2$ eine zentrale χ^2-Verteilung mit $N - q$ Freiheitsgraden, $q = \operatorname{rg} \boldsymbol{X}$. Da $\left(\boldsymbol{I} - \boldsymbol{X}(\boldsymbol{X'X})^- \boldsymbol{X'}\right) \left(\boldsymbol{H}(\boldsymbol{X'X})^- \boldsymbol{X'}\right)' = \boldsymbol{0}$ ist, sind $S_{\mathrm{H}}{}^2$ und $S_{\mathrm{E}}{}^2$ unabhängig verteilt (siehe A. 2.3), so daß

$$F = \frac{N - q}{h} \frac{S_{\mathrm{H}}{}^2}{S_{\mathrm{E}}{}^2}$$

eine F-Verteilung mit h und $N - q$ Freiheitsgraden, und dem Nichtzentralitätsparameter ψ^2 besitzt. Hierbei sind $h = \operatorname{rg} \boldsymbol{H}$ und $q = \operatorname{rg} \boldsymbol{X}$. Ein α-Test der Hypothese $\boldsymbol{H\beta} = \boldsymbol{h}$ ist also durch den kritischen Bereich

$$F > \mathrm{F}_{h,N-q;\alpha}$$

gegeben, wobei $\mathrm{F}_{h,N-q;\alpha}$ den α-Signifikanzpunkt der $\mathrm{F}_{h,N-q}$-Verteilung bezeichnet.

Wie im Abschnitt 2.1.1.4 seien *lineare Restriktionen* $\boldsymbol{R\beta} = \boldsymbol{r}$ gegeben. Da es nicht sinnvoll erscheint, gegebene Restriktionen zu testen, wollen wir voraussetzen, daß $\boldsymbol{H}$ und $\boldsymbol{R}$ *disjunkt* sind, d. h.

$$\operatorname{rg} (\boldsymbol{R'} \vdots \boldsymbol{H'}) = \operatorname{rg} \boldsymbol{R} + \operatorname{rg} \boldsymbol{H}.$$

Ist $\boldsymbol{H\beta}$ unter der Restriktion $\boldsymbol{R\beta} = \boldsymbol{r}$ schätzbar, d. h. auch testbar, so setzen wir jetzt (vgl. (19))

$$S_H{}^2 = (\boldsymbol{H}\hat{\boldsymbol{\beta}}_{\boldsymbol{R}} - \boldsymbol{h})' [\boldsymbol{HD}(\boldsymbol{D'X'XD})^- \boldsymbol{D'H'}]^- (\boldsymbol{H}\hat{\boldsymbol{\beta}}_{\boldsymbol{R}} - \boldsymbol{h})$$

und

$$S_E{}^2 = (\boldsymbol{y} - \boldsymbol{X}\hat{\boldsymbol{\beta}}_{\boldsymbol{R}})' (\boldsymbol{y} - \boldsymbol{X}\hat{\boldsymbol{\beta}}_{\boldsymbol{R}}).$$

Ganz analog wie oben sehen wir, daß nun

$$F = \frac{N - q_R}{h} \frac{S_H{}^2}{S_E{}^2}$$

eine F-Verteilung mit den Freiheitsgraden $h = \operatorname{rg} \boldsymbol{H}$ $(= \operatorname{rg} \boldsymbol{HD})$ und $N - q_{\boldsymbol{R}}$ besitzt, wobei $q_{\boldsymbol{R}} = \operatorname{rg} \boldsymbol{XD}$ ist.

Eine andere Form der Modellannahme $\mathsf{E}\boldsymbol{y} = \boldsymbol{X\beta}$ besteht, mit $\mathsf{E}\boldsymbol{y} = \boldsymbol{\mu}$, in der Darstellung $\boldsymbol{\mu} \in \mathcal{R}(\boldsymbol{X})$.

In zahlreichen praktischen Beispielen (siehe z. B. Abschnitt 2.1.2.5.) lautet die zu prüfende Hypothese, daß $\boldsymbol{\mu}$ in einem gegebenen linearen Unterraum von $\mathcal{R}(\boldsymbol{X})$ liegt, d. h.

$$\boldsymbol{\mu} \in \mathcal{R}(\boldsymbol{XG}) \tag{21}$$

für eine geeignet gewählte Matrix $\boldsymbol{G}$. Die Hypothese (21) ist äquivalent zu

$$[\boldsymbol{X}(\boldsymbol{X'X})^- \boldsymbol{X'} - \boldsymbol{XG}(\boldsymbol{G'X'XG})^- \boldsymbol{G'X'}] \boldsymbol{X\beta} = 0,$$

und somit offensichtlich stets testbar. Umgekehrt ist auch jede testbare Hypothese $\boldsymbol{H\beta} = \boldsymbol{0}$ in der Form (21) beschreibbar. In diesem Fall sind

$$\boldsymbol{X}\hat{\boldsymbol{\beta}} - \boldsymbol{X}\hat{\boldsymbol{\beta}}_H = [\boldsymbol{X}(\boldsymbol{X'X})^- \boldsymbol{X'} - \boldsymbol{XD}(\boldsymbol{D'X'XD})^- \boldsymbol{D'X'}] \boldsymbol{y}$$

und

$$\boldsymbol{X}\hat{\boldsymbol{\beta}}_H = \boldsymbol{XD}(\boldsymbol{D'X'XD})^- \boldsymbol{D'X'y}$$

unabhängig verteilt (siehe A. 2.3).

Testbare Teilhypothesen

Ist in einem linearen Regressionsmodell $\boldsymbol{y} = \boldsymbol{X\beta} + \boldsymbol{\epsilon}$ die Hypothese $\boldsymbol{H\beta} = \boldsymbol{h}$ nicht testbar, so kann es sinnvoll sein, testbare Teilhypothesen der Art $\boldsymbol{H}_1\boldsymbol{\beta} = \boldsymbol{h}_1$ zu prüfen. Hier entsteht $\boldsymbol{H}_1$ durch Bildung von Linearkombinationen der Zeilen von $\boldsymbol{H}$, d. h. $\boldsymbol{H}_1 = \boldsymbol{A'H}$ und entsprechend $\boldsymbol{h}_1 = \boldsymbol{A'h}$ bei geeignet gewähltem $\boldsymbol{A}$.

Eine testbare Teilhypothese der Form $\boldsymbol{H}_0\boldsymbol{\beta} = \boldsymbol{h}_0$ heißt *maximal*, wenn für jede andere testbare Teilhypothese $\boldsymbol{H}_1 = \boldsymbol{A}_1{}'\boldsymbol{H}_0$ gilt.

Offensichtlich ergibt jede Matrix $\boldsymbol{H}_0$, deren Zeilen den Unterraum $\mathcal{R}(\boldsymbol{X'}) \cap \mathcal{R}(\boldsymbol{H'})$ aufspannen, eine maximale testbare Teilhypothese. Der Rang von $\boldsymbol{H}_0$ beträgt dann

$$\operatorname{rg} \boldsymbol{H}_0 = \operatorname{rg} \boldsymbol{H} + \operatorname{rg} \boldsymbol{X} - \operatorname{rg} (\boldsymbol{X'} : \boldsymbol{H'}).$$

Eine Möglichkeit der Wahl von $\boldsymbol{H}_0$ besteht in

$$\boldsymbol{H}_0 = \boldsymbol{I} - \boldsymbol{Z'}(\boldsymbol{ZZ'})^- \boldsymbol{Z},$$

wobei

$$\boldsymbol{Z} = \begin{pmatrix} \boldsymbol{I}_K - \boldsymbol{X}'(\boldsymbol{X}\boldsymbol{X}')^- \boldsymbol{X} \\ \\ \boldsymbol{I}_K - \boldsymbol{H}'(\boldsymbol{H}\boldsymbol{H}')^- \boldsymbol{H} \end{pmatrix}$$

ist.

In konkreten Fällen ist es aber vorzuziehen, $\boldsymbol{H}_0$ so zu bestimmen, daß die Zeilen, und damit die durch sie bestimmten Linearkombinationen der Koeffizienten β_i, inhaltlich interpretierbar sind.

2.1.1.7. Konfidenzbereiche

Die Normalverteilung des Fehlervektors $\boldsymbol{\epsilon}$ vorausgesetzt, wurde im vorigen Abschnitt gezeigt, daß für schätzbare m-dimensionale Funktionen $\boldsymbol{F\beta}$ mit Wahrscheinlichkeit $1 - \alpha$

$$\frac{1}{h}\,\frac{1}{s^2}\,(\boldsymbol{F}\hat{\boldsymbol{\beta}} - \boldsymbol{F\beta})'\left(\boldsymbol{F}(\boldsymbol{X}'\boldsymbol{X})^- \boldsymbol{F}'\right)^- (\boldsymbol{F}\hat{\boldsymbol{\beta}} - \boldsymbol{F\beta}) < \mathrm{F}_{h,N-q;\alpha}, \tag{22}$$

gilt. Dabei sind $h = \operatorname{rg} \boldsymbol{F}$, $s^2 = S_{\mathrm{E}}{}^2/(N - q)$.

Definieren wir eine Menge $\mathcal{K}(\boldsymbol{\beta})$ durch

$$\mathcal{K}(\boldsymbol{\beta}) = \left\{ \boldsymbol{z} \in \mathcal{R}(\boldsymbol{F}) : \frac{1}{h}\,\frac{1}{s^2}\,(\boldsymbol{F}\hat{\boldsymbol{\beta}} - \boldsymbol{z})'\left(\boldsymbol{F}(\boldsymbol{X}'\boldsymbol{X})^- \boldsymbol{F}'\right)^- (\boldsymbol{F}\hat{\boldsymbol{\beta}} - \boldsymbol{z}) < \mathrm{F}_{h,N-q;\alpha} \right\}, \tag{23}$$

so folgt aus (22) unmittelbar

$$\mathsf{P}\left(\boldsymbol{F\beta} \in \mathcal{K}(\hat{\boldsymbol{\beta}})\right) = 1 - \alpha,$$

mit anderen Worten, das eventuell entartete Ellipsoid $\mathscr{E}(\hat{\boldsymbol{\beta}})$ mit dem Mittelpunkt $\boldsymbol{F}\hat{\boldsymbol{\beta}}$ ist ein *Konfidenzbereich* für $\boldsymbol{F\beta}$ und besitzt die *Überdeckungswahrscheinlichkeit* $1 - \alpha$.

Ist speziell $\boldsymbol{F}$ ein $1 \times K$-Zeilenvektor, sagen wir $\boldsymbol{f}_0{}'$, so wird wegen $h = 1$ und $\mathrm{F}_{1,N-q;\alpha} = \mathrm{t}^2_{N-q;\alpha/2}$ das Ellipsoid (23) zu einem Intervall mit den Grenzen

$$\boldsymbol{f}_0{}'\hat{\boldsymbol{\beta}} \pm s\mathrm{t}_{N-q;\alpha/2}\left(\boldsymbol{f}_0{}'(\boldsymbol{X}'\boldsymbol{X})^- \boldsymbol{f}_0\right)^{1/2}. \tag{24}$$

Noch eine weitere Folgerung läßt sich aus (22) ableiten. Für jedes $\boldsymbol{F\beta} \in \mathscr{E}(\hat{\boldsymbol{\beta}}) = \mathscr{E}$ und jedes $\boldsymbol{c} \in \mathbb{R}^m$ gilt

$$\inf_{\boldsymbol{F\beta}\in\mathscr{E}} \boldsymbol{c}'\boldsymbol{F\beta} \leqq \boldsymbol{c}'\boldsymbol{F\beta} \leqq \sup_{\boldsymbol{F\beta}\in\mathscr{E}} \boldsymbol{c}'\boldsymbol{F\beta}.$$

Da

$$\sup_{\boldsymbol{F\beta}\in\mathscr{E}} \boldsymbol{c}'\boldsymbol{F\beta} = \boldsymbol{c}'\boldsymbol{F} + \left[\left(\boldsymbol{c}'\boldsymbol{F}(\boldsymbol{X}'\boldsymbol{X})^- \boldsymbol{F}'\boldsymbol{c}\right) h\mathrm{F}_{h,N-q;\alpha}\, s^2\right]^{1/2}$$

und

$$\inf_{\boldsymbol{F\beta}\in\mathscr{E}} \boldsymbol{c}'\boldsymbol{F\beta} = \boldsymbol{c}'\boldsymbol{F} - \left[\left(\boldsymbol{c}'\boldsymbol{F}(\boldsymbol{X}'\boldsymbol{X})^- \boldsymbol{F}'\boldsymbol{c}\right) h\mathrm{F}_{h,N-q;\alpha}\, s^2\right]^{1/2}$$

gilt, erhalten wir aus (23) als Konfidenzintervall für $\boldsymbol{c}'\boldsymbol{F\beta}$

$$\boldsymbol{c}'\boldsymbol{F}\hat{\boldsymbol{\beta}} \pm s\left[\left(\boldsymbol{c}'\boldsymbol{F}(\boldsymbol{X}'\boldsymbol{X})^- \boldsymbol{F}'\boldsymbol{c}\right) h\mathrm{F}_{h,N-q;\alpha}\right]^{1/2}. \tag{25}$$

Setzt man $c'F = f_0'$ so ergibt der Vergleich mit (24), da stets $hF_{h,N-q;\alpha} > t^2_{N-q;\alpha/2}$, daß durch (25) ein größeres Konfidenzintervall festgelegt ist. Dafür aber gilt es nicht nur für ein c bzw. f_0, sondern simultan, d. h., gleichzeitig für alle c bzw. alle $f \in \mathcal{R}(F')$. Ist speziell F so beschaffen, daß es den Raum aller schätzbaren Funktionen aufspannt, d. h. $h = \text{rg}\, F = \text{rg}\, X = q$, so ergibt sich, daß durch

$$f'\hat{\beta} \pm s[qF_{q,N-q;\alpha}(f'(X'X)^- f)]^{1/2} \tag{26}$$

simultane Konfidenzbereiche für alle schätzbaren Funktionen $f'\beta$ gegeben sind. Wir erhalten somit

$$P\Big(f'\hat{\beta} - s[qF_{q,N-q;\alpha}(f'(X'X)^- f)]^{1/2} \leqq f'\beta \leqq f'\hat{\beta} + s[qF_{q,N-q;\alpha}(f'(X'X)^- f)]^{1/2}$$
$$\text{für alle schätzbaren } f\Big) = 1 - \alpha.$$

Beispiel 2.1.2. Konfidenzbereiche für Regressionsgeraden. In einem Gleichgewichts-Radioimmunoassay kann der Zusammenhang zwischen der gebundenen Radioaktivität B/B_0 und der Ligand-Konzentration C durch

$$\ln \frac{B/B_0}{1 - B/B_0} = \alpha - \gamma \ln C + \varepsilon$$

beschrieben werden, siehe RODBARD u. a. (1968). Die zu einigen Standards C beobachteten Werte sind (mit $y = \ln \dfrac{B/B_0}{1 - B/B_0}$, $x = \ln C$):

y	2.92	2.87	2.34	1.79	1.68	.98	.81	.66	.14
x	−1.39	−1.04	−0.69	−0.35	0	.35	.69	1.04	1.39

Durch Einführung einer Scheinvariablen $x_{t1} \equiv 1$, $t = 1, \ldots, 9$, erhalten wir ein lineares Regressionsmodell mit

$$X'X = \begin{pmatrix} 9 & 0 \\ 0 & 7.22 \end{pmatrix} \quad \text{und entsprechend (6) } \hat{\beta} = \begin{pmatrix} \hat{\alpha} \\ -\hat{\gamma} \end{pmatrix} = \begin{pmatrix} 1.58 \\ 1.04 \end{pmatrix} \text{ sowie } s = 0.157.$$

In Abbildung 2.1.1 sind die simultanen 99%-Konfidenzgrenzen, für die schätzbaren Funktionen $\alpha - \gamma x$, d. h. für die Regressionsgerade skizziert, (vgl. (26) mit $f = (1, x)'$). Mit einer Wahrscheinlichkeit von 0.99 liegt somit die wahre Regressionsgerade innerhalb des von den zwei Hyperbelästen begrenzten Gebiets.

In $x_* = 1.5$ ist zum Vergleich auch das Konfidenzintervall für $\alpha - \gamma x_*$ eingezeichnet, vgl. (24), $|t|_{7;.01} = 3.50$ und $F_{2,7;0.01} = 9.55$.

Wir bemerkten schon im Abschnitt 2.1.1.6, daß bei normalverteiltem Fehler die Größe $(N - q)\,\dfrac{s^2}{2}$ eine χ^2-Verteilung mit $N - q$ Freiheitsgraden besitzt, so daß

$$P\left(\chi^2_{N-q;1-\alpha/2} \leqq (N - q)\,\frac{s^2}{\sigma^2} \leqq \chi^2_{N-q;\alpha/2}\right) = 1 - \alpha.$$

Das ist gleichbedeutend mit

$$P\left((N - q)\,\frac{s^2}{\chi^2_{N-q;\alpha/2}} \leqq \sigma^2 \leqq (N - q)\,\frac{s^2}{\chi^2_{N-q;1-\alpha/2}}\right) = 1 - \alpha.$$

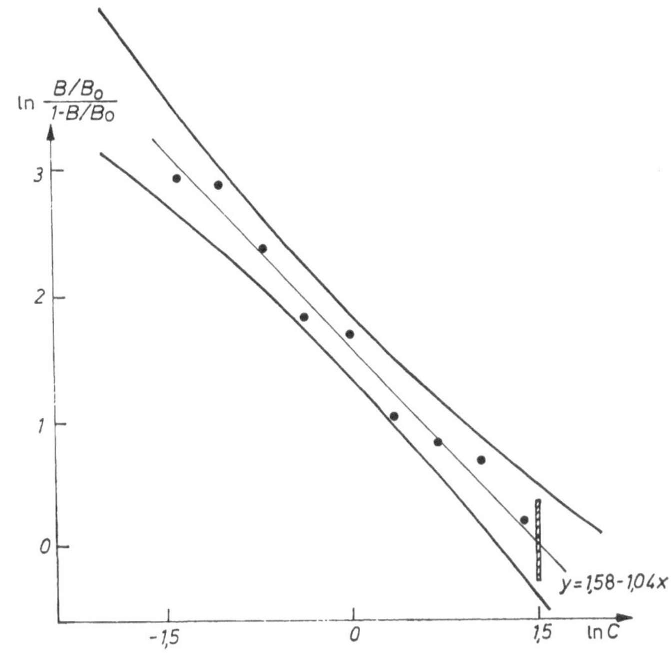

Abb. 2.1.1. Konfidenzgrenzen zum Beispiel 2.1.2

Somit wird durch das Intervall mit den Grenzen

$$(N-q)\frac{s^2}{\chi^2_{N-q;\alpha/2}} \quad \text{und} \quad (N-q)\frac{s^2}{\chi^2_{N-q;1-\alpha/2}} \tag{27}$$

ein $(1-\alpha)$-Konfidenzbereich für σ^2 gegeben.

2.1.1.8. Optimalität der Verfahren

Neben ihrer Anschaulichkeit als beste lineare Näherung an eine Punktmenge im Sinne des quadratischen Abstands besitzt die Kleinste-Quadrate-Schätzung $\hat{\boldsymbol{\beta}}$ auch bestimmte entscheidungstheoretisch optimale Eigenschaften. Der Satz von Gauß-Markow im Abschnitt 2.1.1.3 besagte, daß $\hat{\boldsymbol{\beta}}$ die kleinste Kovarianzmatrix unter allen linearen erwartungstreuen Schätzungen besitzt. Unter Annahme der Normalverteilung des Fehlervektors $\boldsymbol{\epsilon}$ stellt $(\hat{\boldsymbol{\beta}}, s^2)$ eine *suffiziente* und *vollständige* Statistik dar (siehe Abschnitte 1.4 und 1.5), so daß $\hat{\boldsymbol{\beta}}$ und s^2 die besten erwartungstreuen Schätzungen für $\boldsymbol{\beta}$ bzw. σ^2 sind. Beim Vorliegen von Restriktionen sind es $(\hat{\boldsymbol{\beta}}_R, s_R^2)$, die vollständig und suffizient sind, und die auf ihnen beruhenden Schätzungen, Tests und Konfidenzintervalle sind besser als die auf $\hat{\boldsymbol{\beta}}$ und s^2 basierenden (siehe Humak (1977)).

In einer eingeschränkten Klasse von *invarianten* Tests ist auch der F-Test (21) optimal. Diese Invarianz ist jedoch nicht immer sinnvoll interpretierbar. Ähnliches gilt für die entsprechenden Konfidenzbereiche (23). Ausführlicher wird dies im Abschnitt 2.1.4 besprochen.

Das Konfidenzintervall (27) für σ^2 ist entscheidungstheoretisch nicht optimal. Dafür entschädigt im allgemeinen seine einfache Konstruktion.

2.1.2. Klassifikationsmodelle

Wenden wir uns wieder dem Beispiel 2.1.1 zu. Dort gingen wir von der Annahme aus, daß der Mittelwert der beobachteten Variablen von der Einstellung der zwei Faktoren abhängt, genauer gesagt, $y_{ij\nu}$ hängt von der i-ten Stufe des Faktors „Tiegelhöhe“ und der j-ten Stufe des Faktors „Endtemperatur“ ab. Allgemein können wir schreiben

$$y_{ij\nu} = f_{ij} + \varepsilon_{ij\nu}, \qquad \nu = 1, \ldots, n; \qquad i = 1, \ldots, I; \qquad j = 1, \ldots, J.$$

Die Fehler $\varepsilon_{ij\nu}$ werden stets als identisch und unabhängig voneinander verteilt angenommen, $\mathsf{E}\varepsilon_{ij\nu} = 0$, $\mathsf{E}\varepsilon_{ij\nu}^2 = \sigma^2$. Ohne Rücksicht auf die Definition der $f_{..}$, $f_{i.}$ und $f_{.j}$ gilt stets die folgende Identität

$$f_{ij} \equiv f_{..} + (f_{i.} - f_{..}) + (f_{.j} - f_{..}) + (f_{ij} - f_{i.} - f_{.j} + f_{..}).$$

Daher kann das obige Modell auch in der Form

$$y_{ij\nu} = f_{..} + (f_{i.} - f_{..}) + (f_{.j} - f_{..}) + (f_{ij} - f_{i.} - f_{.j} - f_{..}) + \varepsilon_{ij\nu}, \tag{28}$$

$$i = 1, \ldots, I; \qquad j = 1, \ldots, J; \qquad \nu = 1, \ldots, n,$$

geschrieben werden. Gewöhnlich bezeichnet man $\mu = f_{..}$ als *Gesamtmittel*,

$$\alpha_i = f_{i.} - f_{..}, \qquad i = 1, \ldots, I,$$

und

$$\beta_j = f_{.j} - f_{..}, \qquad j = 1, \ldots, J,$$

als *(Haupt-)Effekte* der entsprechenden Faktoren, sowie

$$\gamma_{ij} = f_{ij} - f_{i.} - f_{.j} - f_{..}, \qquad i = 1, \ldots, I, \qquad j = 1, \ldots, J,$$

als *Effekte 2. Ordnung* oder *Wechselwirkungen*. Anstelle von γ_{ij} ist auch die Bezeichnung $(\alpha\beta)_{ij}$ üblich. Ist nichts anderes vereinbart, wird „standardmäßig“

$$f_{..} = \frac{1}{IJ} \sum_i \sum_j f_{ij},$$

$$f_{i.} = \frac{1}{J} \sum_j f_{ij}, \qquad i = 1, \ldots, I, \tag{29}$$

$$f_{.j} = \frac{1}{I} \sum_i f_{ij}, \qquad j = 1, \ldots, J,$$

gesetzt.

2.1.2.1. Kreuzklassifikation

Entsprechend den eben festgelegten Bezeichnungen schreiben wir (28) als

$$y_{ij\nu} = \mu + \alpha_i + \beta_j + \gamma_{ij} + \varepsilon_{ij\nu}, \quad \nu = 1, \ldots, n; \quad i = 1, \ldots, I; \quad j = 1, \ldots, J. \tag{30}$$

Ein Modell in dieser Form wird als *vollständige balancierte 2-faktorielle Kreuzklassifikation* bezeichnet.

Wegen der möglichen Vielfalt der Definition von $f_{..}$, $f_{i.}$ und $f_{.j}$ in (28) sind auch die μ, α_i, β_j und γ_{ij} durch (30) noch nicht eindeutig festgelegt. Die zusätzlichen Restriktionen oder *Reparametrisierungsbedingungen*

$$\begin{aligned} &\sum_i \alpha_i = 0, \qquad \sum_j \beta_j = 0, \\ &\sum_j \gamma_{ij} = 0, \qquad i = 1, \ldots, I, \\ &\sum_i \gamma_{ij} = 0, \qquad j = 1, \ldots, J, \end{aligned} \tag{31}$$

sind äquivalent zu (29) und bestimmen die Parameter in (30) daher eindeutig.

Schätzungen

Führen wir die Bezeichnungen

$$y_{ij.} = \frac{1}{n} \sum_\nu y_{ij\nu}, \qquad i = 1, \ldots, I; \qquad j = 1, \ldots, J,$$

$$y_{i..} = \frac{1}{nJ} \sum_j \sum_\nu y_{ij\nu}, \qquad i = 1, \ldots, I,$$

$$y_{.j.} = \frac{1}{nI} \sum_i \sum_\nu y_{ij\nu}, \qquad j = 1, \ldots, J,$$

$$y_{...} = \frac{1}{nIJ} \sum_i \sum_j \sum_\nu y_{ij\nu},$$

ein. Eine zu (28) analoge Zerlegung ergibt

$$y_{ij\nu} = y_{...} + (y_{i..} - y_{...}) + (y_{.j.} - y_{...}) + (y_{ij.} - y_{i..} - y_{.j.} + y_{...}) + (y_{ij\nu} - y_{ij.}).$$

Dadurch werden die folgenden Schätzungen für die Parameter in (30) suggeriert:

$$\begin{aligned} &\hat{\mu} = y_{...}, \\ &\hat{\alpha}_i = y_{i..} - y_{...}, \qquad i = 1, \ldots, I, \\ &\hat{\beta}_j = y_{.j.} - y_{...}, \qquad j = 1, \ldots, J, \\ &\hat{\gamma}_{ij} = y_{ij.} - y_{i..} - y_{.j.} + y_{...}, \qquad i = 1, \ldots, I, \qquad j = 1, \ldots, J. \end{aligned} \tag{32}$$

Diese Schätzungen sind erwartungstreu, wie man beispielsweise aus

$$\mathsf{E}\hat{\alpha}_i = \mathsf{E}(y_{i..} - y_{...}) = \frac{1}{J} \sum_j \mathsf{E} y_{ij.} - \frac{1}{IJ} \sum_i \sum_j \mathsf{E} y_{ij.}$$

$$= \frac{1}{J} \sum_j (\mu + \alpha_i + \beta_j + \gamma_{ij}) - \frac{1}{IJ} \sum_i \sum_j (\mu + \alpha_i + \beta_j + \mu_{ij}) = \alpha_i$$

unter Benutzung von (31) sieht. Sie erfüllen auch nach Definition der $y_{i..}$, $y_{.j.}$ und $y_{...}$ die Reparametrisierungsbedingungen (31), d. h. $\sum_i \hat{\alpha}_i = 0$ usw.

Wegen

$$\hat{\mu} + \hat{\alpha}_i + \hat{\beta}_j + \hat{\gamma}_{ij} \equiv y_{ij.}, \qquad i = 1, \dots, I; \qquad j = 1, \dots, J,$$

und

$$\sum_\nu (y_{ij\nu} - y_{ij.})^2 = \min_{\zeta_{ij}} \sum_\nu (y_{ij\nu} - \zeta_{ij})^2$$

stellen die $\hat{\mu}$, $\hat{\alpha}_i$, $\hat{\beta}_j$, $\hat{\gamma}_{ij}$ Kleinste-Quadrate-Schätzungen dar, d. h. sie minimieren die Summe der Abweichungsquadrate

$$\sum_i \sum_j \sum_\nu (y_{ij\nu} - \mu - \alpha_i - \beta_j - \gamma_{ij})^2$$

(vgl. Abschnitt 2.1.1.1).

Im Abschnitt 2.1.2.4 wird der Zusammenhang zwischen dem linearen Regressionsmodell und den Klassifikationsmodellen näher betrachtet. Es gilt

$$\mathsf{E} \sum_\nu (y_{ij\nu} - y_{ij.})^2 = \mathsf{E} \sum_\nu (\varepsilon_{ij\nu} - \varepsilon_{ij.})^2$$

$$= \sum_\nu \mathsf{E}\varepsilon_{ij\nu}^2 - n\mathsf{E}\varepsilon_{ij.}^2 = n\sigma^2 - \sigma^2 = (n-1)\,\sigma^2.$$

Daher ist für $n > 1$

$$s^2 = \frac{1}{IJ(n-1)} \sum_i \sum_j \sum_\nu (y_{ij\nu} - y_{ij.})^2$$

eine erwartungstreue Schätzung von σ^2.

Zerlegung der Varianz

Aus der Darstellung

$$y_{ij\nu} = y_{...} + (y_{i..} - y_{...}) + (y_{.j.} - y_{...}) + (y_{ij.} - y_{i..} - y_{.j.} + y_{...}) + (y_{ij\nu} - y_{ij.})$$

erhält man sofort die Zerlegung der Varianz

$$\sum_i \sum_j \sum_\nu (y_{ij\nu} - y_{...})^2 = nJ \sum_i (y_{i..} - y_{...})^2 + nI \sum_j (y_{.j.} - y_{...})^2 + n \sum_i \sum_j (y_{ij.} - y_{i..} - y_{.j.} + y_{...})^2 + \sum_i \sum_j \sum_\nu (y_{ij\nu} - y_{ij.})^2.$$

Es sei hier ausdrücklich vermerkt, daß diese Zerlegung stark darauf beruht, daß für alle Stufen der Faktoren die gleiche Anzahl n von Beobachtungen vorliegt.

Es ist in der Literatur üblich, den ersten Faktor kurz mit A, den zweiten mit B und die Wechselwirkungen mit AB zu bezeichnen, und die entsprechenden Summen der Quadrate durch

$$\mathrm{SQ_A} = nJ \sum_i (y_{i..} - y_{...})^2,$$

$$\mathrm{SQ_B} = nI \sum_j (y_{.j.} - y_{...})^2,$$

$$\mathrm{SQ_{AB}} = n \sum_i \sum_j (y_{ij.} - y_{i..} - y_{.j.} + y_{...})^2$$

abzukürzen. Für die Summe der Quadrate der Residuen wird

$$\mathrm{SQ_R} = \sum_i \sum_j \sum_\nu (y_{ij\nu} - y_{ij.})^2$$

geschrieben.

Seien nun die Fehler $\varepsilon_{ij\nu}$, $i = 1, \ldots, I$; $j = 1, \ldots, J$; $\nu = 1, \ldots, n$, normalverteilt. Wir können mit

$$\boldsymbol{y}_\mathrm{A} = \sqrt{nJ}\,(y_{1..}, \ldots, y_{I..})'$$

und

$$\boldsymbol{P}_\mathrm{A} = \boldsymbol{I}_I - \boldsymbol{1}_I\boldsymbol{1}_I'$$

die Summe der Quadrate auch als

$$\mathrm{SQ_A} = \boldsymbol{y}_\mathrm{A}'\boldsymbol{P}_\mathrm{A}\boldsymbol{y}_\mathrm{A}$$

schreiben. Da $\boldsymbol{P}_\mathrm{A}$ idempotent und vom Rang $I - 1$ ist, und

$$\boldsymbol{y}_\mathrm{A} \sim \mathrm{N}_I(\boldsymbol{\mu}_\mathrm{A}, \sigma^2\boldsymbol{I}),$$

$$\boldsymbol{\mu}_\mathrm{A} = \sqrt{nJ}\,(\alpha_1, \ldots, \alpha_I)'$$

gilt, hat $\mathrm{SQ_A}/\sigma^2$ eine χ^2-Verteilung mit $I - 1$ Freiheitsgraden und dem Nichtzentralitätsparameter

$$\psi_\mathrm{A}^2 = nJ \sum_i \alpha_i^2/\sigma^2$$

(siehe A. 2.4). Analoge Aussagen lassen sich auch für die anderen Quadratsummen ableiten und sind in Tabelle 2.1.3 dargestellt.

Durch Ausmultiplizieren kann man sich davon überzeugen, daß die Kovarianzen von $(y_{i..} - y_{...})$ und $(y_{.j.} - y_{...})$ oder $(y_{ij.} - y_{i..} - y_{.j.} + y_{...})$ usw. Null sind. Daraus folgt, daß die entsprechenden Vektoren bzw. die quadratischen Formen $\mathrm{SQ_A}$, $\mathrm{SQ_B}$, $\mathrm{SQ_{AB}}$ und $\mathrm{SQ_R}$ in Tabelle 2.1.3 unabhängig verteilt sind (siehe A. 2.3). Somit besitzen die Quotienten $\mathrm{SQ_A}/\mathrm{SQ_R}$, $\mathrm{SQ_B}/\mathrm{SQ_R}$ und $\mathrm{SQ_{AB}}/\mathrm{SQ_R}$ — normiert mit den entsprechenden Freiheitsgraden — jeweils eine F-Verteilung.

Tabelle 2.1.3. Varianztafel für die zweifache Kreuzklassifikation

Variationsursache	SQ	Freiheitsgrade	Nicht-zentralität von SQ/σ^2
Faktor A	$SQ_A = nJ \sum_i (y_{i..} - y_{...})^2$	$I-1$	$nJ \sum_i \alpha_i^2/\sigma^2$
Faktor B	$SQ_B = nI \sum_j (y_{.j.} - y_{...})^2$	$J-1$	$nI \sum_j \beta_j^2/\sigma^2$
Wechselwirkung AB	$SQ_{AB} = n \sum_i \sum_j (y_{ij.} - y_{i..} - y_{.j.} + y_{...})^2$	$(I-1)(J-1)$	$n \sum_i \sum_j \gamma_{ij}^2/\sigma^2$
Rest	$SQ_R = \sum_i \sum_j \sum_\nu (y_{ij\nu} - y_{ij.})^2$	$(n-1)IJ$	0
Gesamt	$SQ_G = \sum_i \sum_j \sum_\nu (y_{ij\nu} - y_{...})^2$	$nIJ-1$	

Beispiel 2.1.3. In Tabelle 2.1.4 sind die aus dem Beispiel 2.1.1 stammenden Daten entsprechend ihrer Zugehörigkeit zu den Stufen der einzelnen Faktoren angeordnet.

Tabelle 2.1.4. Versuchsdaten aus Beispiel 2.1.1

		Faktor B							
		1. Stufe		2. Stufe		3. Stufe		4. Stufe	
Faktor A	1. Stufe	64.8	63.2	65.7	63.1	63.9	62.5	65.2	63.2
		61.7	65.2	62.8	66.3	59.9	64.9	62.1	65.9
	2. Stufe	60.2	58.9	64.5	62.9	61.9	60.5	62.5	62.1
		56.3	60.6	60.1	66.0	59.2	60.1	60.1	62.6

Die Varianzanalyse-Tafel zu diesen Werten ist in Tabelle 2.1.5 festgehalten.

Tabelle 2.1.5. Varianzanalyse zum Beispiel 2.1.3

Variationsursache	SQ	Freiheitsgrade	F-Wert
Faktor A	54.08	1	16.473
Faktor B	34.07	3	3.459
Wechselwirkung AB	13.92	3	1.413
Rest	78.79	24	
Gesamt	180.86	31	

Zum Prüfen der Hypothese

$$H: \alpha_1 = \alpha_2 = 0$$

bilden wir die F-Statistik

$$\frac{24}{1} \frac{SQ_A}{SQ_R} = 16.473.$$

Diese ist größer als der entsprechende 5%-Signifikanzpunkt 4.26 (siehe Tafel IV). Wir können somit bei diesem Signifikanzniveau die Hypothese, daß die Effekte des ersten Faktors verschwinden, ablehnen. (Empirisches Signifikanzniveau $\hat{\alpha} = 0.00045$.)

Für den zweiten Faktor erhalten wir 24 $SQ_B/3\ SQ_R = 3.459$. Da $F_{3.24;0.05} = 3.01$ ist, lehnen wir auch die Hypothese der Gleichheit der Effekte $\beta_1, \ldots, \beta_4$ ab. (Empirisches Signifikanzniveau $\hat{\alpha} = 0.032$.) Schließlich ist 24 $SQ_{AB}/3\ SQ_R = 1.41$, d. h. $\hat{\alpha} = 0.26$, und somit sind die Wechselwirkungen nicht signifikant von Null verschieden.

Klassifikation ohne Wechselwirkung

Das 2-faktorielle Modell (30) stellt nicht in jeder Situation, in der zwei Einflußfaktoren kombiniert werden, die einzig sinnvolle Beschreibung der Zusammenhänge dar.

Es sei aus sachlogischen oder anderen Gründen bekannt, daß der Unterschied, den zwei verschiedene Stufen des Faktors A bei der gleichen Stufe j des Faktors B bewirken, unabhängig von j ist, genauer sei

$$f_{ij} - f_{i'j} = f_{ij'} - f_{i'j'}, \qquad i, i' = 1, \ldots, I, \qquad j, j' = 1, \ldots, J. \tag{33}$$

Summation über i' und j' ergibt

$$f_{ij} - f_{i.} - f_{.j} + f_{..} = 0, \qquad i = 1, \ldots, I; \qquad j = 1, \ldots, J,$$

d. h., es sind keine Wechselwirkungen vorhanden.

Entsprechend ergibt sich aus (28) anstelle von (30) die Schreibweise

$$y_{ij\nu} = \mu + \alpha_i + \beta_j + \varepsilon_{ij\nu}, \qquad \nu = 1, \ldots, n; \qquad i = 1, \ldots, I; \qquad j = 1, \ldots, J;$$
$$\sum_i \alpha_i = \sum_j \beta_j = 0.$$

Alle obigen Ausführungen zum Modell mit Wechselwirkungen lassen sich entsprechend auf dieses Modell übertragen. Wir bemerken, daß in Tabelle 2.1.3 jetzt SQ_{AB} zentral χ^2-verteilt ist, so daß bei der Bildung von Teststatistiken anstelle von SQ_R die Größe $SQ_R + SQ_{AB}$ mit entsprechend mehr Freiheitsgraden treten kann.

Während bisher die Bedingung $n > 1$ für die Existenz eines von Null verschiedenen SQ_R und damit für die Konstruktion der F-Tests notwendig war, ergeben sich jetzt auch für $n = 1$ sinnvolle Resultate, vorausgesetzt $I, J > 1$.

K-faktorielle Klassifikation

Ganz analoge Überlegungen wie im 2-faktoriellen Modell können getroffen werden, wenn man es mit der kombinierten Wirkung von K Faktoren zu tun hat. Für $K = 3$ beispielsweise erhält man

$$y_{ijl\nu} = \mu + \alpha_i + \beta_j + \gamma_l + (\alpha\beta)_{ij} + (\alpha\gamma)_{il} + (\beta\gamma)_{jl} + (\alpha\beta\gamma)_{ijl} + \varepsilon_{ijl\nu}$$
$$i = 1, \ldots, I; \qquad j = 1, \ldots, J; \qquad l = 1, \ldots, L; \qquad \nu = 1, \ldots, n,$$

mit den Reparametrisierungsbedingungen

$$\sum_i \alpha_i = \sum_j \beta_j = \sum_l \gamma_l = 0,$$
$$\sum_j (\alpha\beta)_{ij} = 0, \qquad i = 1, \ldots, I,$$
$$\sum_i (\alpha\beta)_{ij} = 0, \qquad j = 1, \ldots, J,$$
$$\vdots$$
$$\sum_i (\alpha\beta\gamma)_{ijl} = 0, \qquad j = 1, \ldots, J; \qquad l = 1, \ldots, L.$$

Diese Reparametrisierungsbedingungen sind äquivalent zu

$$\mu = f_{...}$$

$$\alpha_i = f_{i..} - f_{...}$$

$$\vdots$$

$$(\alpha\beta\gamma)_{ijl} = f_{ijl} - f_{ij.} - f_{i.l} - f_{.jl} + f_{i..} + f_{.j.} + f_{..l} - f_{...}$$

und

$$f_{ij.} = \frac{1}{L} \sum_l f_{ijl}, \qquad i = 1, \ldots, I; \quad j = 1, \ldots, J,$$

$$f_{i..} = \frac{1}{JL} \sum_j \sum_l f_{ijl}, \qquad i = 1, \ldots, I,$$

$$f_{...} = \frac{1}{IJL} \sum_i \sum_j \sum_l f_{ijl}.$$

Schreibt man $(\alpha\beta\gamma)_{ijl}$ in der Form

$$(\alpha\beta\gamma)_{ijl} = f_{ijl} - (\alpha\beta)_{ij} - (\alpha\gamma)_{il} - (\beta\gamma)_{jl} - \alpha_i - \beta_j - \gamma_l - \mu,$$

so wird vielleicht die Bedeutung der Effekte 3. Ordnung klarer. Die Zerlegung der Varianz in unabhängige Summen von Quadraten kann bei der balancierten K-faktoriellen Kreuzklassifikation in ähnlicher Weise, wie sie für die 2fache Klassifikation angegeben wurde, durchgeführt werden. In Tabelle 2.1.6 ist sie für $K = 3$ angegeben.

Genau wie im Falle der 2fachen Klassifikation kann auch für allgemeines K vorgegangen werden, wenn man Modelle betrachtet, in denen Effekte bestimmter Ordnungen nicht vorhanden sind.

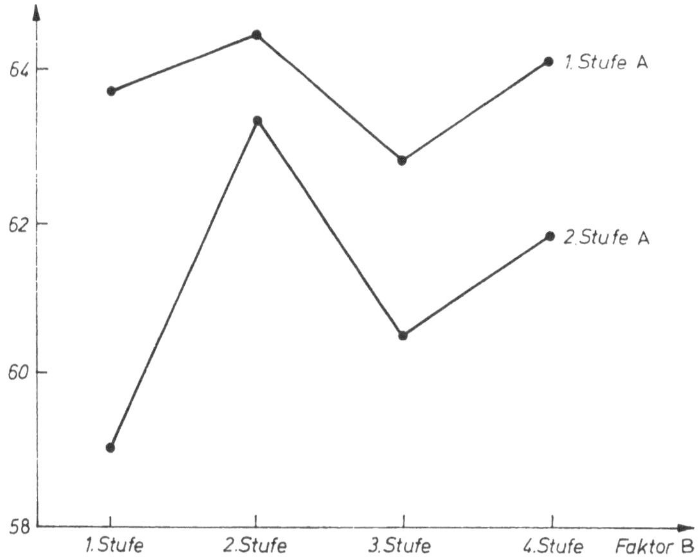

Abb. 2.1.2. Grafische Darstellung der Mittelwerte aus Beispiel 2.1.3

Tabelle 2.1.6. Varianztafel für die 3-fache Kreuzklassifikation

Variationsursache	SQ	Freiheitsgrade	Nichtzentralität von SQ/σ^2
Faktor A	$SQ_A = nJL \sum_i (y_{i...} - y_{....})^2$	$I - 1$	$nJL \sum_i \alpha_i^2/\sigma^2$
Faktor B	$SQ_B = nIL \sum_j (y_{.j..} - y_{....})^2$	$J - 1$	$nIL \sum_j \beta_j^2/\sigma^2$
Faktor C	$SQ_C = nIJ \sum_l (y_{..l.} - y_{....})^2$	$L - 1$	$nIJ \sum_l \gamma_l^2/\sigma^2$
Wechselwirkung AB	$SQ_{AB} = nL \sum_i \sum_j (y_{ij..} - y_{i...} - y_{.j..} + y_{....})^2$	$(I - 1)(J - 1)$	$nL \sum_i \sum_j (\alpha\beta)^2_{ij}/\sigma^2$
Wechselwirkung AC	$SQ_{AC} = nJ \sum_i \sum_l (y_{i.l.} - y_{i...} - y_{..l.} + y_{....})^2$	$(I - 1)(L - 1)$	$nJ \sum_i \sum_l (\alpha\gamma)^2_{il}/\sigma^2$
Wechselwirkung BC	$SQ_{BC} = nI \sum_j \sum_l (y_{.jl.} - y_{.j..} - y_{..l.} + y_{....})^2$	$(J - 1)(L - 1)$	$nI \sum_j \sum_l (\beta\gamma)^2_{jl}/\sigma^2$
Wechselwirkung ABC	$SQ_{ABC} = n \sum_i \sum_j \sum_l (y_{ijl.} - y_{ij..} - y_{i.l.} - y_{.jl.} + y_{i...} + y_{.j..} + y_{..l.} - y_{....})^2$	$(I - 1)(J - 1)(L - 1)$	$n \sum_i \sum_j \sum_l (\alpha\beta\gamma)^2_{ijl}/\sigma^2$
Rest	$SQ_R = \sum_i \sum_j \sum_l \sum_\nu (y_{ijl\nu} - y_{ijl.})^2$	$(n - 1) IJL$	0
Gesamt	$SQ_G = \sum_i \sum_j \sum_l \sum_\nu (y_{ijl\nu} - y_{....})^2$	$IJL - 1$	

Interpretation der Effekte

Eine einfache grafische Methode zur Beurteilung möglicher Wechselwirkungen in 2-faktoriellen Modellen ist durch I Polygonzüge gegeben, welche die Mittelwerte $y_{i1.}, \ldots, y_{iJ.}$ verbinden, $i = 1, \ldots, I$ siehe Abb. 2.1.2.

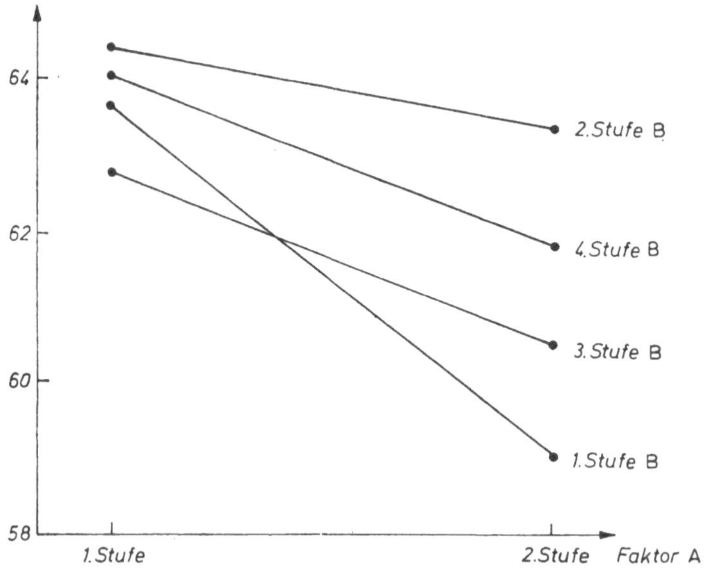

Abb. 2.1.3. Grafische Darstellung der Mittelwerte aus Beispiel 2.1.3

Ungefähre Parallelität der Kurven deutet auf geringe oder verschwindende Wechselwirkungen hin, siehe (33). Vertauscht man die Rolle von Faktor A und Faktor B, erhält man Abbildung 2.1.3. Ob eine optisch erkennbare Abweichung von der Parallelität statistisch signifikant ist, kann durch den F-Test der Varianzanalyse, $(n - 1)\, IJ\, SQ_{AB}/ (I - 1)(J - 1)\, SQ_R$, ermittelt werden.

Für den Fall der Ablehnung der entsprechenden Null-Hypothesen kann eine Betrachtung der Grafiken mitunter wesentliche Hinweise auf die Struktur dieser Wechselwirkungen und damit auf die Art des Einflusses der verschiedenen Stufen geben.

Tabelle 2.1.7. Mittlere Ausbeuten von Bauelementen

		Faktor B				
		1. Stufe	2. Stufe	3. Stufe	4. Stufe	5. Stufe
Faktor A	1. Stufe	39.8	46.2	49.5	45.1	40.3
	2. Stufe	44.5	48.4	54.0	49.5	47.6
	3. Stufe	51.2	53.6	58.4	51.8	5.2
	$n = 6,$	$s^2 = 2.17$				

Beispiel 2.1.4. In Tabelle 2.1.7 sind für einen technologischen Teilschritt die mittleren Ausbeutewerte bei der Herstellung elektronischer Bauelemente unter verschiedenen Einstellungen der Temperatur (Faktor A) und der Zeit (Faktor B) festgehalten.

Die Varianzanalyse ergibt

$$
\begin{array}{lllll}
\hat{\mu} = 45.67, & \hat{\alpha}_1 = -1.49, & \hat{\alpha}_2 = 3.13, & \hat{\alpha}_3 = -1.64, & SQ_A = 440.21 \\
\hat{\beta}_1 = -0.51, & \hat{\beta}_2 = 3.73, & \hat{\beta}_3 = 8.29, & \hat{\beta}_4 = 3.13, & \hat{\beta}_5 = -14.64, \quad SQ_B = 5526.52 \\
\hat{\gamma}_{11} = -3.87, & \hat{\gamma}_{12} = -1.71, & \hat{\gamma}_{13} = -2.97, & \hat{\gamma}_{14} = -2.21, & \hat{\gamma}_{15} = 10.76, \\
\hat{\gamma}_{21} = -3.79, & \hat{\gamma}_{22} = -4.13, & \hat{\gamma}_{23} = -3.09, & \hat{\gamma}_{24} = -2.43, & \hat{\gamma}_{25} = 13.44, \\
\hat{\gamma}_{31} = 7.66, & \hat{\gamma}_{32} = 5.84, & \hat{\gamma}_{33} = 6.06, & \hat{\gamma}_{34} = 4.64, & \hat{\gamma}_{35} = -24.20, \quad SQ_{AB} = 6669.76
\end{array}
$$

$$SQ_R = 15(6-1)\,s^2 = 162.75.$$

Die Interpretation von beispielsweise $\hat{\gamma}_{25} = 13.44$ als große Wechselwirkung zwischen der 2. Stufe von Faktor A und der 5. Stufe von B ist offensichtlich unsinnig, genauso die Wertung der $\hat{\alpha}_i$ als ‚Effekte der i-ten Stufe des Faktors A'. Eine Erklärung bringt Abbildung 2.1.4.

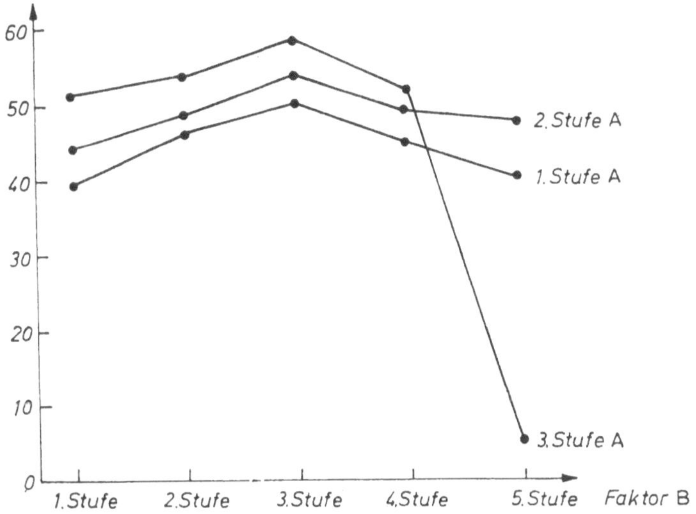

Abb. 2.1.4. Grafische Darstellung der Ausbeuten aus Tabelle 2.1.7

Hier wird deutlich, daß im wesentlichen nur von einer Wechselwirkung der 5. Stufe von B und der 3. Stufe von A die Rede sein kann, die zum unerwünschten Abdriften der Parameter und damit zur Senkung der Ausbeute führt; wohlgemerkt, Wechselwirkung im physikalischen Sinne und nicht in der formalen durch $\gamma_{ij} = f_{ij} - f_{i.} - f_{.j} + f_{..}$ und (29) gegebenen Definition im Kreuzklassifikationsmodell.

Ein weiteres Beispiel veranschaulicht ebenfalls, wie vorsichtig man bei der Interpretation der Effekte α_i als Wirkung der entsprechenden Stufen sein muß.

Beispiel 2.1.5. In Tabelle 2.1.8 sind bei gegebener Basislösung die Auswirkungen von verschiedenen Tensidkonzentrationen, nämlich 0.0, 0.2, 0.3, 0.5 und 0.7 g/l SBA C_{14} bei unterschiedlichen Temperaturen (30, 40, 60 und 80 °C) auf das Waschvermögen W von Waschlösungen für Baumwollgewebe dargestellt.

In Abbildung 2.1.5 ist der Versuch unternommen worden, die *Wirkungsfläche* die durch die beiden variierenden Einflußgrößen erzeugt wird darzustellen.

Solche oder ähnliche Darstellungen sind besonders dann informativ, wenn wie im vorliegenden Fall die Stufen eines Faktors nicht irgendwie „verschieden“ sind, sondern sich nur quantitativ unterscheiden, so daß auch Interpolationen oder sogar Extrapolationen sinnvoll erscheinen.

Tabelle 2.1.8. Waschvermögen unter verschiedenen Temperaturen und Konzentrationen

	Tensidkonzentration g/l				
	0.0	0.2	0.3	0.5	0.7
Temperatur °C 30	19.00	20.67	20.50	17.5	17.5
40	22.08	23.25	26.25	26.83	25.5
60	29.75	34.41	34.16	33.75	33.3
80	20.00	34.50	36.08	38.08	37.0

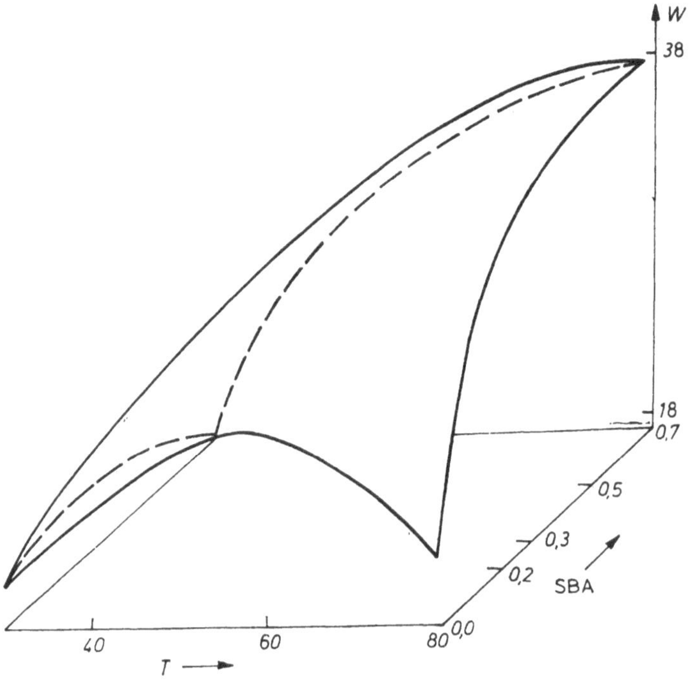

Abb. 2.1.5. Wirkungsfläche des Waschvermögens

Die Schätzungen $\hat{\alpha}_3 = 5.57$ und $\hat{\alpha}_4 = 5.62$ können offensichtlich nicht so verstanden werden, daß 60 °C warmes Wasser soviel Waschvermögen wie 80 °C warmes hat. Die nahezu gleichen Schätzungen sind maßgeblich durch die Hereinnahme der 0.0-Konzentration in den Versuchsplan beeinflußt und gelten auch nur für die dem Versuch zugrundegelegte Basislösung.

2.1.2.2. Hierarchische Klassifikation

Zur Analyse der Gewichtszunahme durch zwei verschiedene Fütterungstechnologien mögen von acht Ställen mit gleich vielen Versuchstieren je vier eine dieser Technologien verwenden. Wir können, in dem wir die zu jeder Technologie gehörenden Ställe jeweils von eins bis vier numerieren, wieder

$$y_{ij\nu} = f_{ij} + \varepsilon_{ij\nu}$$

als Modell ansetzen und, ausgehend von der in (28) gegebenen Zerlegung

$$f_{ij} \equiv f_{..} + (f_{i.} - f_{..}) + (f_{.j} - f_{..}) + (f_{ij} - f_i - f_{.j} + f_{..}),$$

die Schätzungen und Varianzzerlegungen im Kreuzklassifikations-Modell anwenden.

Dieses Vorgehen ist aber wenig befriedigend, da z. B. $f_{.1} - f_{..}$, der „Effekt des 1. Stalls" keinen sinnvoll interpretierbaren oder interessierenden Parameter darstellt.

Dieser oder einer ähnlichen Problemstellung, in der eine Stufe des zweiten Faktors nicht mit allen, sondern nur mit einer Stufe des ersten Faktors kombiniert werden kann, ist die Zerlegung

$$f_{ij} \equiv f_{..} + (f_{i.} - f_{..}) + (f_{ij} - f_{i.})$$

und entsprechend

$$\begin{gathered} y_{ij\nu} = f_{..} + (f_{i.} - f_{..}) + (f_{ij} - f_{i.}) + \varepsilon_{ij\nu}, \\ \nu = 1, \ldots, n; \qquad i = 1, \ldots, I; \qquad j = 1, \ldots, J, \end{gathered} \tag{34}$$

besser angepaßt.
Es ist üblich, mit $\mu = f_{..}$ das Gesamtmittel, mit

$$\alpha_i = f_{i.} - f_{..}, \qquad i = 1, \ldots, I,$$

den Effekt der i-ten Stufe des erstenFaktors und mit

$$\beta_{ij} = f_{ij} - f_{i.}, \qquad i = 1, \ldots, I; \qquad j = 1, \ldots, J,$$

den Effekt der j-ten Stufe des zweiten Faktors innerhalb der i-ten Stufe des ersten Faktors zu bezeichnen, so daß (34) in der Form

$$y_{ij\nu} = \mu + \alpha_i + \beta_{ij} + \varepsilon_{ij\nu}, \quad \nu = 1, \ldots, n; \quad i = 1, \ldots, I; \quad j = 1, \ldots, J, \tag{35}$$

geschrieben werden kann.

Wie bei der Kreuzklassifikation sind, solange die $f_{..}$ und $f_{i.}$ nicht festgelegt werden μ, α_i und β_{ij} auch nicht eindeutig bestimmt.

Eindeutigkeit wird erreicht durch die Reparametrisierungsbedingungen

$$\sum_i \alpha_i = 0, \qquad \sum_j \beta_{ij} = 0, \qquad i = 1, \ldots, I, \tag{36}$$

Diese sind äquivalent zu

$$f_{i.} = \frac{1}{J} \sum_j f_{ij}, \qquad i = 1, \ldots, I,$$

$$f_{..} = \frac{1}{I} \sum_i f_{i.}.$$

Ein Modell (35), (36) heißt *balanciertes, zweifach hierarchisches Klassifikationsmodell*

Schätzungen

Ähnlich wie im vorigen Abschnitt sind

$$\begin{aligned}\hat{\mu} &= y_{\dots} \\ \hat{\alpha}_i &= y_{i..} - y_{\dots}, \qquad i = 1, \dots, I, \\ \hat{\beta}_{ij} &= y_{ij.} - y_{i..}, \qquad i = 1, \dots, I; \qquad j = 1, \dots, J,\end{aligned} \tag{37}$$

und

$$s^2 = \frac{1}{(n-1)\,IJ} \sum_i \sum_j \sum_\nu (y_{ij\nu} - y_{ij.})^2$$

erwartungstreue Schätzungen der entsprechenden Parameter, erfüllen die Reparametrisierungsgleichungen (36) und ergeben sich auch als Kleinste-Quadrate-Schätzungen für die Summe der Abweichungsquadrate

$$\sum_i \sum_j \sum_\nu (y_{ij\nu} - \mu - \alpha_i - \beta_{ij})^2 .$$

Zerlegung der Varianz

Die Darstellung

$$y_{ij\nu} \equiv y_{\dots} + (y_{i..} - y_{\dots}) + (y_{ij.} - y_{i..}) + (y_{ij\nu} - y_{ij.})$$

führt analog Tabelle 2.1.3 zur Varianzanalyse-Tafel (Tab. 2.1.9). Hier haben wir unter Annahme normalverteilter Fehler unabhängig χ^2-verteilte Quadratsummen.

Tabelle 2.1.9. Varianztafel für die balancierte zweifach hierarchische Klassifikation.

Variationsursache	SQ	Freiheitsgrade	Nichtzentralität von SQ/σ^2
Faktor A	$SQ_A = nJ \sum_i (y_{i..} - y_{\dots})^2$	$I - 1$	$nJ \sum_i \alpha_i^2/\sigma^2$
Faktor B in A	$SQ_B = \sum_i \sum_j (y_{ij.} - y_{i..})^2$	$I(J-1)$	$n \sum_i \sum_j \beta_{ij}^2/\sigma^2$
Rest	$SQ_R = \sum_i \sum_j \sum_\nu (y_{ij\nu} - y_{ij.})^2$	$(n-1)\,IJ$	0
Gesamt	$SQ_G = \sum_i \sum_j \sum_\nu (y_{ij\nu} - y_{\dots})^2$	$nIJ - 1$	

Um deutlicher zu machen, daß der zweite Faktor B dem Faktor A hierarchisch untergeordnet ist, sind anstelle SQ_B auch die Bezeichnungsweisen $SQ_{B:A}$ oder $SQ_{B<A}$ üblich.

K-fach hierarchische Klassifikation

Die Verallgemeinerung eines balancierten hierarchischen Modells auf K einander hierarchisch untergeordnete Faktoren ist

$$\begin{aligned}&y_{ij\dots l\nu} = \mu + \alpha_i + \beta_{ij} + \dots + \delta_{ij\dots l} + \varepsilon_{ij\dots l\nu}, \\ &\nu = 1, \dots, n, \qquad i = 1, \dots, I; \qquad \dots; \qquad l = 1, \dots, L,\end{aligned}$$

mit den Reparametrisierungsbedingungen

$$\sum_i \alpha_i = 0$$

$$\sum_j \beta_{ij} = 0, \qquad i = 1, \ldots, I,$$

$$\vdots$$

$$\sum_l \delta_{ij\ldots l} = 0, \qquad i = 1, \ldots, I; \qquad j = 1, \ldots, J, \ldots .$$

Die entsprechenden Schätzungen und die Zerlegung der Varianz ergeben sich völlig analog zu (37) bzw. Tabelle 2.1.9.

2.1.2.3. Gemischte Klassifikationstypen

In dem zu Beginn des Abschnitts 2.1.2.2 aufgeführten Beispiel mögen die Versuchstiere neben Fütterungsregime und Stall noch nach einem weiteren Merkmal, dem Geschlecht, klassifiziert sein. Für diese Situation der dreifachen Klassifikation, die weder eine hierarchische noch eine Kreuzklassifikation darstellt, ist die folgende Zerlegung der Mittelwerte

$$\begin{aligned} f_{ijl} \equiv f_{\ldots} &+ (f_{i..} - f_{\ldots}) + (f_{ij.} - f_{i..}) + (f_{..l} - f_{\ldots}) \\ &+ (f_{i.l} - f_{i..} - f_{i.l} + f_{\ldots}) + (f_{ijl} - f_{ij.} - f_{i.l} + f_{i..}) \end{aligned} \tag{38}$$

sinnvoll und interpretierbar. Bei passender Definition der entsprechenden Parameter bzw. Reparametrisierungsbedingungen können wir

$$\begin{aligned} &y_{ijl\nu} = \mu + \alpha_i + \beta_{ij} + \gamma_l + (\alpha\gamma)_{il} + (\beta\gamma)_{ijl} + \varepsilon_{ijl\nu} \\ &i = 1, \ldots, I; \quad j = 1, \ldots, J; \quad l = 1, \ldots, L; \quad \nu = 1, \ldots, n, \end{aligned} \tag{39}$$

schreiben (siehe Rasch (1971)). Die dazugehörige Varianzanalyse ist in Tabelle 2.1.10 beschrieben.

Welches gemischte Modell man bei gegebenen Faktoren ansetzt, hängt von den konkreten Umständen und der praktischen Situation ab.

Tabelle 2.1.10. Varianztafel für die gemischte Klassifikation (39).

Variationsursache	SQ	Freiheitsgrade	Nichtzentralität von SQ/σ^2
Faktor A	$nJL \sum_i (y_{i\ldots} - y_{\ldots.})^2$	$I - 1$	$nJL \sum_i \alpha_i^2/\sigma^2$
Faktor B in A	$nL \sum_i \sum_j (y_{ij..} - y_{i\ldots})^2$	$I(J-1)$	$nL \sum_i \sum_j \beta_{ij}^2/\sigma^2$
Faktor C	$nIJ \sum_l (y_{..l.} - y_{\ldots.})^2$	$L - 1$	$nIJ \sum_l \gamma_l^2/\sigma^2$
Wechselwirkung AC	$nJ \sum_i \sum_l (y_{i.l.} - y_{i\ldots} - y_{..l.} + y_{\ldots.})^2$	$(I-1)(L-1)$	$nJ \sum_i \sum_l (\alpha\gamma)_{il}^2/\sigma^2$
Wechselwirkung BC in A	$n \sum_i \sum_j \sum_l (y_{ijl.} - y_{ij..} - y_{i.l.} + y_{i\ldots})^2$	$I(J-1)(L-1)$	$n \sum_i \sum_j \sum_l (\beta\gamma)_{ijl}^2/\sigma^2$
Rest	$\sum_i \sum_j \sum_l \sum_\nu (y_{ijl\nu} - y_{ijl.})^2$	$(n-1)IJL$	0
Gesamt	$\sum_i \sum_j \sum_l \sum_\nu (y_{ijl\nu} - y_{\ldots.})^2$	$nIJL - 1$	

Ausgehend von inhaltlichen Überlegungen kommt man über Zerlegungen wie in (38) oder (39) in balancierten Modellen ohne größere Schwierigkeiten zu den entsprechenden Schätzungen und Varianzanalysen. Es sei noch erwähnt, daß beispielsweise für drei Faktoren eine Kreuzklassifikation oft durch $A \times B \times C$ symbolisiert wird, eine hierarchische durch $C < B < A$ und das in (39) gegebene Modell durch $(B < A) \times C$. Die entsprechenden Erweiterungen sind naheliegend.

2.1.2.4. Klassifikation und lineare Regressionsmodelle

Betrachtet man das 2-faktorielle Modell (30)

$$y_{ij\nu} = \mu + \alpha_i + \beta_j + \gamma_{ij} + \varepsilon_{ij\nu},$$

so ist leicht zu sehen, daß es formal auch in der Gestalt

$$y_{ij\nu} = 1\mu + x_1\alpha_1 + \dots + x_I\alpha_I + z_1\beta_1 + \dots + z_J\beta_J + t_{11}\gamma_{11} + \dots + t_{IJ}\gamma_{IJ} + \varepsilon_{ij\nu} \tag{40}$$

darstellbar ist, wobei

$$x_{i'} = \begin{cases} 1, & \text{wenn } i' = i, \\ 0 & \text{sonst}, \end{cases}$$

$$z_{j'} = \begin{cases} 1, & \text{wenn } j' = j, \\ 0 & \text{sonst}, \end{cases}$$

$$t_{i'j'} = \begin{cases} 1, & \text{wenn } i' = i, \quad j' = j, \\ 0 & \text{sonst}. \end{cases}$$

Fassen wir die „lexikografisch" geordneten Beobachtungen $y_{111}, \dots, y_{11n}, y_{121}, \dots, y_{IJn}$ zu einem Vektor $\boldsymbol{y}$ zusammen, entsprechend die Fehler zum Vektor $\boldsymbol{\varepsilon}$ und die Parameter $(\mu, \alpha_1, \dots, \beta_1, \dots, \gamma_{11}, \dots, \gamma_{IJ})'$ zum Parametervektor $\boldsymbol{\beta}$, so können wir das Klassifikationsmodell (30) in der Form

$$\boldsymbol{y} = \boldsymbol{X\beta} + \boldsymbol{\varepsilon}$$

schreiben. Dabei hat die nur aus Nullen und Einsen (*Dummy-Variable*) bestehende $nJI \times (1 + I + J + IJ)$-Matrix $\boldsymbol{X}$, der *Versuchsplan*, die Gestalt

$$\begin{bmatrix}
1_n & 1_n0_n \dots 0_n & 1_n0_n \dots 0_n & 1_n0_n & & \dots 0_n \\
\cdot & \cdot\ \ \cdot\ \ \ \cdot & 0_n\cdot\ \ \ \cdot & 0_n1_n & & \\
\cdot & \cdot\ \ \cdot\ \ \ \cdot\ \cdot & \cdot\ \ \ \cdot & & & \\
\cdot & \cdot\ \ \cdot\ \ \ \cdot & \cdot\ \ \ \cdot & & & \\
 & & \cdot\ \ \ \cdot\ 0_n & & & \\
1_n & 1_n0_n \dots 0_n & 0_n \dots 0_n1_n & & & \\
\vdots & \vdots & \vdots & & & \\
1_n & 0_n \dots 0_n1_n & 1_n0_n \dots 0_n & & & \\
\cdot & \cdot\ \ \ \cdot\ \ \cdot & 0_n\cdot\ \ \ \cdot & & & \\
\cdot & \cdot\ \ \ \cdot\ \ \cdot & \cdot\ \ \ \cdot & & & \\
\cdot & \cdot\ \ \ \cdot\ \ \cdot & \cdot\ \ \ \cdot & & & \\
 & & \cdot\ \ \ \cdot\ 0_n & & & 1_n0_n \\
1_n & \underbrace{0_n \dots 0_n1_n}_{I} & \underbrace{0_n \dots 0_n1_n}_{J} & \underbrace{0_n \qquad\qquad\qquad}_{IJ} & & \dots 0_n1_n
\end{bmatrix} \tag{41}$$

Da in (40) die Summe der x_i sowie die Summe der z_j stets Eins, und

$$\sum_j t_{ij} = 1, \qquad i = 1, \ldots, I,$$
$$\sum_i t_{ij} = 1, \qquad j = 1, \ldots, J,$$

ist, hat $\boldsymbol{X}$ keinen vollen Rang, es gilt $\operatorname{rg} \boldsymbol{X} = IJ$. Somit ist die Kleinste-Quadrate-Schätzung für $\boldsymbol{\beta}$ nicht eindeutig (vgl. (7)). Eine Lösung von $(\boldsymbol{X}'\boldsymbol{X})\,\boldsymbol{\beta} = \boldsymbol{X}'\boldsymbol{y}$ ist beispielsweise

$$\hat{\boldsymbol{\beta}} = (y_{\ldots}, y_{1..} - y_{\ldots}, \ldots, y_{.1.} - y_{\ldots}, \ldots, y_{IJ.} - y_{I..} - y_{.J.} + y_{\ldots})' . \tag{42}$$

Eine andere Lösung wäre

$$\hat{\boldsymbol{\beta}} = (0, 0, \ldots, 0, \ldots, y_{11.}, y_{12.}, \ldots, y_{IJ.})' .$$

Diese ergibt sich aus (7), wenn wir

$$(\boldsymbol{X}'\boldsymbol{X})^- = \begin{pmatrix} 0 & 0 \\ 0 & \frac{1}{n} \boldsymbol{I}_{IJ} \end{pmatrix}$$

wählen (siehe Anhang A. 1.7).

Schätzbare Funktionen

Trotz der Vieldeutigkeit der Kleinste-Quadrate-Schätzung sind zahlreiche lineare Funktionen der Parameter eindeutig schätzbar. Dazu gehören beispielsweise

$$\alpha_1 - \alpha_. + \gamma_{1.} - \gamma_{..}, \ldots, \alpha_I - \alpha_. + \gamma_{I.} - \gamma_{..},$$

wobei $\alpha_. = \frac{1}{I} \sum_i \alpha_i$, $\gamma_{1.} = \frac{1}{I} \sum_j \gamma_{1j}$ usw., und alle aus diesen gebildeten Linearkombinationen, die sogenannten *Kontraste*. Die Schätzbarkeit ergibt sich aus den Ausführungen in Abschnitt 2.1.1.3, indem wir hier für $\boldsymbol{F}$ die Matrix

$$\begin{bmatrix} 0 & \frac{I-1}{I} & \frac{-1}{I} & \cdots & \frac{-1}{I} & 0 \ldots 0 & \frac{I-1}{IJ} & \cdots & \frac{I-1}{IJ} & \frac{-1}{IJ} & \cdots & \frac{-1}{IJ} \\ 0 & \frac{-1}{I} & \frac{I-1}{I} & \cdots & \frac{-1}{I} & 0 \ldots 0 & \frac{-1}{IJ} & \cdots & \frac{-1}{IJ} & \frac{I-1}{IJ} & \cdots & \frac{-1}{IJ} \\ \vdots \\ 0 & \frac{-1}{I} & \frac{-1}{I} & \cdots & \frac{I-1}{I} & 0 \ldots 0 & \frac{-1}{IJ} & \cdots & \frac{-1}{IJ} & \frac{-1}{IJ} & \cdots & \frac{I-1}{IJ} \end{bmatrix} \tag{43}$$

wählen und sehen, daß die Bedingung (9) erfüllt ist.

Bildet man wie in Abschnitt 2.1.1.3 $\boldsymbol{F}\hat{\boldsymbol{\beta}}$, d. h. $\boldsymbol{F}(\boldsymbol{X}'\boldsymbol{X})^- \boldsymbol{X}'\boldsymbol{y}$, wobei $\boldsymbol{X}$ und $\boldsymbol{F}$ in (41) bzw. (43) gegeben sind, so erhält man schließlich $(y_{1..} - y_{\ldots}, \ldots, y_{I..} - y_{\ldots})$ als eindeutige Kleinste-Quadrate-Schätzung für $(\alpha_1 - \alpha_. + \gamma_{1.} - \gamma_{..}, \ldots, \alpha_I - \alpha_. + \gamma_{I.} - \gamma_{..})$. Entsprechende Aussagen ergeben sich auch bei Ersetzung von α durch β. Dagegen sind z. B. die Funktionen $\sum_i \alpha_i$, $\sum_j \beta_j$ usw. nicht schätzbar.

Die IJ linearen Funktionen

$$\mu + \alpha_i + \beta_j + \gamma_{ij}$$

sind schätzbar und bilden eine Basis aller schätzbaren linearen Funktionen, d. h., eine lineare Funktion der Parameter ist genau dann schätzbar, wenn sie eine Linearkombination dieser Funktionen ist. Die Größen $\gamma_{ij} - \gamma_{i.} - \gamma_{.j} + \gamma_{..}$ sind daher schätzbar.

Testbare Hypothesen

In Abschnitt 2.1.1.6 sahen wir, daß schätzbare Funktionen auch testbar sind. Hypothesen der Gestalt

$$\alpha_1 - \alpha_. + \gamma_{1.} - \gamma_{..} = \ldots = \alpha_I - \alpha_. + \gamma_{I.} - \gamma_{..} = 0$$

oder äquivalent

$$\alpha_1 + \gamma_{1.} = \ldots = \alpha_I + \gamma_{I.}$$

sind demzufolge testbar. Wir bilden entsprechend (19) den „Zähler" der F-Statistik

$$S_{\mathrm{H}}^2 = \hat{\boldsymbol{\beta}}'\boldsymbol{F}'[\boldsymbol{F}(\boldsymbol{X}'\boldsymbol{X})^- \boldsymbol{F}']^- \boldsymbol{F}\hat{\boldsymbol{\beta}}.$$

Mit $\boldsymbol{F}$ wie in (43) bemerken wir, daß $nJ\left(\boldsymbol{I}_I - \frac{1}{I}\, \mathbf{1}_I\mathbf{1}_I'\right)$ eine g-Inverse von $\boldsymbol{F}(\boldsymbol{X}'\boldsymbol{X})^- \boldsymbol{F}'$ ist und erhalten

$$S_{\mathrm{H}}^2 = nJ \sum_i (y_{i..} - y_{...})^2,$$

d. h., S_{H}^2 fällt mit SQ_{A} zusammen (vgl. Tabelle 2.1.3). Die gleichen Überlegungen können für den anderen Faktor angestellt werden.

Reparametrisierungen

Um die Parameter im linearen Modell (40) eindeutig schätzbar und interpretierbar zu machen, werden für die nichtschätzbaren Funktionen Reparametrisierungsbedingungen gesetzt, im 2-faktoriellen Modell üblicherweise

$$\sum_i \alpha_i = \sum_j \beta_j = 0,$$
$$\sum_j \gamma_{ij} = 0, \qquad i = 1, \ldots, I,$$
$$\sum_i \gamma_{ij} = 0, \qquad j = 1, \ldots, J$$

(vgl. (31)).

Schreiben wir diese Bedingungen in der Form $\boldsymbol{R\beta} = \mathbf{0}$, wobei hier

$$\boldsymbol{R} = \left[\begin{array}{cccccccc|cccccccccc}
0 & 1 & \ldots & 1 & 0 & . & \ldots & 0 & & & & & \mathbf{0} & & & & & \\
0 & . & \ldots & 0 & 1 & 1 & \ldots & 1 & & & & & & & & & & \\
 & & & & & & & & 1 & 1 & \ldots & 1 & 0 & \ldots & \ldots & \ldots & \ldots & 0 \\
 & & & & & & & & & & \ddots & & & & & & & \\
 & & & & & & & & & & & & & & \ddots & & & \\
 & & & & & & & & 0 & . & \ldots & . & . & . & 1 & 1 & \ldots & 1 \\
 & & & & & & & & 1 & 0 & \ldots & 0 & 1 & 0 & 1 & 0 & \ldots & 0 \\
 & & & & \mathbf{0} & & & & 0 & \ddots & & & \ddots & & \ddots & & & \\
 & & & & & & & & \vdots & & & \ddots & & \ddots & & & & \ddots \\
 & & & & & & & & 0 & . & \ldots & 1 & 0 & . & 1 & 0 & \ldots & 1
\end{array}\right]
\begin{array}{l} \\ \\ \left.\begin{array}{l}\\ \\ \\ \\ \end{array}\right\} I \\ \left.\begin{array}{l}\\ \\ \\ \\ \end{array}\right\} J \end{array}$$

gilt, überzeugt man sich leicht, daß rg $\boldsymbol{R} = I + J + 1$ und rg $(\boldsymbol{X}' : \boldsymbol{R}') = IJ + I + J + 1$ ist. Somit sind die im zweiten Spezialfall in Abschnitt 2.1.1.4. gemachten Voraussetzungen erfüllt. Die unter der linearen Restriktion eindeutige Kleinste-Quadrate-Schätzung kann aus

$$\hat{\boldsymbol{\beta}}_R = (\boldsymbol{X}'\boldsymbol{X} + \boldsymbol{R}'\boldsymbol{R})^{-1}\,\boldsymbol{X}'\boldsymbol{y} \tag{44}$$

gewonnen werden, und fällt mit (42) zusammen. Alle linearen Funktionen der Parameter, speziell die α_i, β_j und γ_{ij} sind unter $\boldsymbol{R\beta} = \boldsymbol{0}$ schätzbar. Die oben betrachtete Hypothese ist jetzt äquivalent zu

$$\alpha_1 = \alpha_2 = \ldots = \alpha_I \quad (= 0).$$

Konfidenzbereiche

Ein $(1 - \alpha)$-Konfidenzintervall zu einer schätzbaren Funktion, z. B. $\alpha_1 - \alpha_. + \gamma_{1.} - \gamma_{..}$, ist durch (24) gegeben. Dafür erhalten wir mit $\boldsymbol{f}_0 = \left(0, 1 - \frac{1}{I}, -\frac{1}{I}, \ldots, -\frac{1}{IJ}\right)$, (siehe (43)),

$$(y_{1..} - y_{...}) \pm s t_{(n-1)IJ;\alpha/2} \left(\frac{I-1}{nIJ}\right)^{1/2},$$

wobei $s^2 = \mathrm{SQ_R}/(n-1)\,IJ$ ist.

Simultane Konfidenzbereiche für alle $\alpha_i - \alpha_. + \gamma_{i.} - \gamma_{..}$ sind entsprechend (25) durch

$$(y_{i..} - y_{...}) \pm s \left[\frac{(I-1)^2}{nIJ}\,\mathrm{F}_{I-1,(n-1)IJ;\alpha}\right]^{1/2}, \qquad i = 1, \ldots, I,$$

gegeben. Simultane Konfidenzbereiche für alle $\alpha_i - \alpha_. + \gamma_{i.} - \gamma_{..}$ und $\beta_j - \beta_. + \gamma_{.j} - \gamma_{..}$ erhalten wir aus

$$(y_{i..} - y_{...}) \pm s \left[\frac{I-1}{nIJ}\,(I + J - 1)\,\mathrm{F}_{I+J-1,(n-1)IJ;\alpha}\right]^{1/2}, \qquad i = 1, \ldots, I,$$

$$(y_{.j.} - y_{...}) \pm s \left[\frac{J-1}{nIJ}\,(I + J - 1)\,\mathrm{F}_{I+J-1,(n-1)IJ;\alpha}\right]^{1/2}, \qquad j = 1, \ldots, J,$$

und schließlich simultane Konfidenzbereiche für alle $\alpha_i - \alpha_. + \gamma_{i.} - \gamma_{..}$, $\beta_j - \beta_. + \gamma_{ij} - \gamma_{..}$, $\gamma_{ij} - \gamma_{i.} - \gamma_{.j} + \gamma_{..}$ und $\mu + \alpha_. + \beta_. + \gamma_{..}$ durch

$$(y_{i..} - y_{...}) \pm s \left[\frac{I-1}{n}\,\mathrm{F}_{IJ,(n-1)IJ;\alpha}\right]^{1/2}, \qquad i = 1, \ldots, I,$$

$$(y_{.j.} - y_{...}) \pm s \left[\frac{J-1}{n}\,\mathrm{F}_{IJ,(n-1)IJ;\alpha}\right]^{1/2}, \qquad j = 1, \ldots, J,$$

$$(y_{ij.} - y_{i..} - y_{.j.} + y_{...}) \pm s \left[\frac{(I-1)(J-1)}{n}\,\mathrm{F}_{IJ,(n-1)IJ;\alpha}\right]^{1/2}, \qquad i = 1, \ldots, I, \; j = 1, \ldots, J,$$

$$y_{...} \pm s \left[\frac{1}{n}\,\mathrm{F}_{IJ,(n-1)IJ;\alpha}\right]^{1/2}.$$

Unter den obenstehenden Reparametrisierungsbedingungen ergeben die letzten Bereiche simultane Konfidenzintervalle für alle α_i, β_j, γ_{ij} und μ.

Orthogonalität

Wir zerlegen die Matrix (41) in

$$\boldsymbol{X} = (\boldsymbol{X}_{\mathrm{M}} : \boldsymbol{X}_{\mathrm{A}} : \boldsymbol{X}_{\mathrm{B}} : \boldsymbol{X}_{\mathrm{AB}}).$$

Dabei haben die einzelnen Blöcke entsprechend 1, I, J und IJ Spalten. Bezeichnen wir nun mit

$$\mathcal{R}_{\mathrm{A}} = \left\{\boldsymbol{X}_{\mathrm{A}}\boldsymbol{\alpha} : \sum_i \alpha_i = 0\right\}$$

den „durch die Effekte des Faktors A aufgespannten" Raum und entsprechend $\mathcal{R}_{\mathrm{B}}$, $\mathcal{R}_{\mathrm{AB}}$ und $\mathcal{R}_{\mathrm{M}}$, so ist unschwer nachzuprüfen, daß diese vier linearen Unterräume zueinander orthogonal sind. Diese Orthogonalität in balancierten Modellen ist letztlich die Ursache für die einfache Gestalt der Varianzanalyse und die Unabhängigkeit der einzelnen Quadratsummen. Es ist leicht zu sehen, wie die in diesem Abschnitt für die 2-faktorielle Kreuzklassifikation getroffenen Aussagen auf die hierarchischen und mehrfaktoriellen Klassifikationen übertragen werden können.

2.1.2.5. Unbalancierte Versuchspläne

Die in den vorigen Abschnitten betrachteten Beispiele, bei denen in jeder Zelle, d. h. für jede Kombination der Stufen, gleich viele Beobachtungen vorliegen, sind eher die Ausnahme als die Regel. Schon bei geplanten balancierten Modellen können durch Mißgeschick Ausfälle in etlichen Zellen entstehen, ganz zu schweigen von den Fällen, in denen aus Kosten-, Kapazitäts- oder Zeitgründen unterschiedlich viele Wiederholungen gemacht werden oder in denen man auf passive Versuchserhebungen angewiesen ist. Ebenso sind in hierarchischen Modellen nicht immer gleich viele Stufen eines ‚nachgeordneten' Faktors gegeben, Bezirke haben unterschiedlich viele Kreise, Tiere unterschiedlich viele Nachkommen usw.

Anstelle der Anzahl der Wiederholungen n treten bei 2-faktoriellen Versuchen die Besetzungszahlen n_{ij}, wobei $n_{ij} = 0$ für den Fall fehlender Beobachtungen steht. Die Bezeichnungen $n_{i.}$, $n_{.j}$ und $n_{..}$ stehen für

$$n_{i.} = \sum_j n_{ij}, \qquad n_{.j} = \sum_i n_{ij} \quad \text{und} \quad n_{..} = \sum_i \sum_j n_{ij}.$$

Es fällt nicht schwer, beispielsweise die Zerlegung (28) oder (30) für ungleiche Besetzungszahlen aufzuschreiben,

$$y_{ij\nu} = f_{..} + (f_{i.} - f_{..}) + (f_{.j} - f_{..}) + (f_{ij} - f_{i.} - f_{.j} + f_{..}) + \varepsilon_{ij\nu}$$

oder (45)

$$y_{ij\nu} = \mu + \alpha_i + \beta_j + \gamma_{ij} + \varepsilon_{ij\nu}, \qquad \nu = 1, \ldots, n_{ij}.$$

Für mehrfaktorielle und hierarchische Modelle werden analoge Ausdrücke gebildet.

Lineare Modelle

Die gleiche Vorgehensweise wie im Abschnitt 2.1.2.4 erlaubt es, die vorhandenen Beobachtungen $y_{ij\nu}$ so anzuordnen, daß sie einem linearen Modell $\boldsymbol{y} = \boldsymbol{X\beta} + \boldsymbol{\varepsilon}$ entsprechen. Der Versuchsplan $\boldsymbol{X}$ hat dabei eine zu (41) ähnliche Form, die Anzahl und Lage der Einsen wird dabei von den n_{ij}, $n_{i.}$ und $n_{.j}$ bzw. $n_{..}$ bestimmt. Der Parametervektor $\boldsymbol{\beta}$ und entsprechend die Spaltenanzahl von $\boldsymbol{X}$ können im Vergleich zum balancierten Fall um die Komponenten γ_{ij}, für die $n_{ij} = 0$ ist, bzw. um die α_i oder β_j für die $n_{i.} = 0$ oder $n_{.j} = 0$ ist, gekürzt werden.

Aus Symmetriegründen ist es jedoch oft vorteilhaft, formal die volle Dimension zu belassen und statt dessen die linearen Restriktionen $\gamma_{ij} = 0$, falls $n_{ij} = 0$, oder $\alpha_i = 0$ falls $n_{i.} = 0$ usw. zu benutzen.

Die für die Analyse in Regressionsmodellen wesentliche Matrix $\boldsymbol{X}'\boldsymbol{X}$ (vgl. Abschnitt 2.1.1) kann dann rechentechnisch günstig in der Form

$$\boldsymbol{X}'\boldsymbol{X} = \sum_{i,j} n_{ij}\boldsymbol{x}_{ij}\boldsymbol{x}'_{ij}$$

berechnet werden, wobei für die zweifache Kreuzklassifikation

$$\boldsymbol{x}_{ij} = (1, \underbrace{0 \ldots 1 \ldots 0}_{I}, \underbrace{0 \ldots 1 \ldots 0}_{J}, \underbrace{0 \ldots 1 \ldots 0}_{IJ})'$$

entsprechend (40) gebildet wird.

Reparametrisierungen und Schätzungen

Wie auch im balancierten Fall hat die Versuchsplanmatrix $\boldsymbol{X}$ nicht den vollen Spaltenrang, so daß die Komponenten von $\boldsymbol{\beta}$, d. h. die μ, α_i, β_j und γ_{ij} nicht schätzbar sind. Im Gegensatz zu balancierten Plänen bieten sich in unbalancierten Modellen mehrere Arten von Reparametrisierungsbedingungen an, die letztlich verschiedenen Definitionen der $f_{i.}$ usw. in (45) entsprechen.

Eine weit verbreitete Bedingung ist für die 2-faktorielle Kreuzklassifikation

$$\begin{aligned} &\sum_i n_{i.}\alpha_i = \sum_j n_{.j}\beta_j = 0, \\ &\sum_j n_{ij}\gamma_{ij} = 0, \qquad i = 1, \ldots, I, \\ &\sum_i n_{ij}\gamma_{ij} = 0, \qquad j = 1, \ldots, J. \end{aligned} \tag{46}$$

Eine andere Reparametrisierung, die im allgemeinen zu besser interpretierbaren Parametern führt, wird durch

$$\begin{aligned} &\sum_i \alpha_i = \sum_j \beta_j = 0, \\ &\sum_j \gamma_{ij} = 0, \qquad i = 1, \ldots, I, \\ &\sum_i \gamma_{ij} = 0, \qquad j = 1, \ldots, J, \end{aligned} \tag{47}$$

bestimmt. Beim Vorliegen vollständiger Klassifikationsmodelle, d. h. $n_{ij} > 0$ für alle i, j, ist (47) äquivalent zu

$$f_{i.} = \frac{1}{J} \sum_j f_{ij}, \qquad f_{.j} = \frac{1}{I} \sum_i f_{ij}, \qquad f_{..} = \frac{1}{IJ} \sum_i \sum_j f_{ij}.$$

Sind alle $n_{ij} = n$, fallen beide genannten Reparametrisierungsarten zusammen. Schreiben wir die Restriktionen (46) oder (47) als ein Gleichungssystem

$$\boldsymbol{R\beta} = \boldsymbol{0},$$

so ist rg $\boldsymbol{R} = I + J + 1$, wenn der Versuchsplan zusammenhängend ist. Ein Plan heißt *nicht zusammenhängend*, wenn $\{1, \ldots, I\}$ und $\{1, \ldots, J\}$ jeweils in zwei disjunkte Indexmengen zerlegt werden können, sagen wir $\mathcal{I}_1$ und $\mathcal{I}_2$, bzw. $\mathcal{J}_1$ und $\mathcal{J}_2$, und

$$n_{i_1 j_2} = n_{i_2 j_1} = 0$$

für alle $i_1 \in \mathcal{I}_1$, $i_2 \in \mathcal{I}_2$, $j_1 \in \mathcal{J}_1$ und $j_2 \in \mathcal{J}_2$ gilt. Andernfalls heißt er *zusammenhängend.*

Fügen wir in $\boldsymbol{R}$ gegebenenfalls noch die oben erwähnten Gleichungen $\gamma_{ij} = 0$ für $n_{ij} = 0$, $\alpha_i = 0$ für $n_{i.} = 0$ usw. ein, so ist $\boldsymbol{X'X} + \boldsymbol{R'R}$ wieder regulär, so daß die Kleinste-Quadrate-Schätzung die Form

$$\hat{\boldsymbol{\beta}}_{\boldsymbol{R}} = (\boldsymbol{X'X} + \boldsymbol{R'R})^{-1}\,\boldsymbol{X'y}$$

hat (siehe (44) oder (7)). Die Wahl verschiedener Reparametrisierungsbedingungen führt dabei zu verschiedenen Schätzwerten.

Tabelle 2.1.11

		Temperatur °C	
		380°	450°
Konzentration	0.05	1.05 ($n_{11} = 97$)	1.75 ($n_{12} = 21$)
	0.10	1.95 ($n_{21} = 18$)	7.10 ($n_{22} = 99$)
	0.20	3.05 ($n_{31} = 102$)	7.75 ($n_{32} = 20$)

$s^2 = 0.034$

Beispiel 2.1.6. Anhand der in Tabelle 2.1.11 zusammengefaßten Beobachtungs-Mittelwerte wird deutlich, daß diese bei jeweils höherer Temperatur oder steigender Konzentration größer werden. Bei Zugrundelegung der Reparametrisierung (47) spiegelt sich dies auch in den Schätzungen der Haupteffekte

$$\hat{\alpha}_1 = -2.38,\ \hat{\alpha}_2 = 0.75,\ \hat{\alpha}_3 = 1.63,\ \hat{\beta}_1 = -1.76,\ \hat{\beta}_2 = 1.76$$

wider. Geht man jedoch von der Reparametrisierung (46) aus, erhält man

$$\tilde{\alpha}_1 = -1.85,\ \tilde{\alpha}_2 = 0.99,\ \tilde{\alpha}_3 = 0.84,\ \tilde{\beta}_1 = -1.35,\ \tilde{\beta}_2 = 2.09,$$

d. h. $\tilde{\alpha}_2 > \tilde{\alpha}_3$. Eine sinnvolle Interpretation dieser Relation fällt schwer, da sie mehr aus der unbalancierten Belegung als aus den Beobachtungen resultiert. Die Mittelwerte würden sich wegen der geringen Streuung kaum ändern, wenn überall nur 18 Beobachtungen vorlägen.

Ähnliche Beispiele kann man für mehrfaktorielle und hierarchische Klassifikationen konstruieren.

Zerlegung der Varianz und Hypothesentests

Bezeichnen wir wieder im 2-faktoriellen Kreuzklassifikationsmodell

$$y_{ij.} = \frac{1}{n_{ij}} \sum_{\nu} y_{ij\nu}, \qquad i = 1, \ldots, I, \qquad j = 1, \ldots, J,$$

$$y_{i..} = \frac{1}{n_{i.}} \sum_{j} n_{ij} y_{ij.}, \qquad i = 1, \ldots, I,$$

$$y_{.j.} = \frac{1}{n_{.j}} \sum_{i} n_{ij} y_{ij.}, \qquad j = 1, \ldots, J,$$

$$y_{...} = \frac{1}{n_{..}} \sum_{i} \sum_{j} n_{ij} y_{ij.},$$

so können wir zwar die in balancierten Modellen definierten Summen der Quadrate SQ_A, SQ_B, SQ_{AB} und SQ_R formal auf den unbalancierten Fall übertragen, z. B.

$$SQ_A = \sum_{i} n_{i.}(y_{i..} - y_{...})^2$$

usw. Die SQ_A und SQ_B sind jedoch i. allg., Normalverteilung der Fehler vorausgesetzt, nicht unabhängig verteilt, auch ergibt $SQ_A + SQ_B + SQ_{AB} + SQ_R$ nicht die Gesamtstreuung SQ_G.

Eine Ausnahme stellen die sogenannten *partiell balancierten* oder auch *proportionalen* Pläne dar, für die

$$n_{ij} = \frac{n_{i.} n_{.j}}{n_{..}}, \qquad i = 1, \ldots, I; \qquad j = 1, \ldots, J,$$

ist. In diesem Fall entspricht die Reparametrisierung (46), d. h. $\sum_{i} n_{i.}\alpha_i = 0$ der Festlegung $f_{i.} = \frac{1}{n_{i.}} \sum_{j} n_{ij} f_{ij}$ usw. in (45).

Zerlegen wir ähnlich wie am Ende von Abschnitt 2.1.2.4 $\boldsymbol{X}$ in $\boldsymbol{X}_M$, $\boldsymbol{X}_A$, $\boldsymbol{X}_B$ und $\boldsymbol{X}_{AB}$ und bezeichnen jetzt z. B.

$$\mathcal{R}_A = \{\boldsymbol{X}_A \boldsymbol{\alpha} : \sum_{i} n_{i.}\alpha_i = 0\},$$

so sind $\mathcal{R}_A$ und die entsprechenden $\mathcal{R}_B$, $\mathcal{R}_{AB}$ und $\mathcal{R}_M$ alle zueinander orthogonal.

Die Varianzanalyse für partiell balancierte Pläne ist in Tabelle 2.1.12 dargestellt.

Tabelle 2.1.12. Varianztafel für partiell balancierte zweifache Kreuzklassifikationen

Variations-ursache	SQ	Freiheitsgrade	Nichtzentralität von SQ/σ^2
Faktor A	$SQ_A = \sum_{i} n_{i.}(y_{i..} - y_{...})^2$	$I - 1$	$\sum_{i} n_{i.}\alpha_i^2/\sigma^2$
Faktor B	$SQ_B = \sum_{j} n_{.j}(y_{.j.} - y_{...})^2$	$J - 1$	$\sum_{j} n_{.j}\beta_j^2/\sigma^2$
Wechsel-wirkung AB	$SQ_{AB} = \sum_{i} \sum_{j} n_{ij}(y_{ij.} - y_{i..} - y_{.j.} + y_{...})^2$	$(I - 1)(J - 1)$	$\sum_{i} \sum_{j} n_{ij}\gamma_{ij}^2/\sigma^2$
Rest	$SQ_R = \sum_{i} \sum_{j} \sum_{\nu} (y_{ij\nu} - y_{ij.})^2$	$n_{..} - IJ$	0
Gesamt	$SQ_G = \sum_{i} \sum_{j} \sum_{\nu} (y_{ij\nu} - y_{...})^2$	$n_{..} - 1$	

Es scheint ein Vorteil der Reparametrisierung (46) zu sein, in partiell balancierten Plänen beispielsweise zum Prüfen der Hypothese

$$\alpha_1 = \alpha_2 = \ldots \alpha_I = 0$$

die einfach zu bildende F-Statistik $\frac{n_{..} - IJ}{I-1} \frac{SQ_A}{SQ_R}$ benutzen zu können. Das wird jedoch dadurch in Frage gestellt, daß diese Hypothese bei der in Tabelle 2.1.12 zugrunde gelegten Reparametrisierung der Hypothese

$$\frac{1}{n_{1.}} \sum_j n_{1j} f_{1j} = \ldots = \frac{1}{n_{I.}} \sum_j n_{Ij} f_{Ij}$$

äquivalent ist, d. h., sie hängt nicht nur von den eigentlich interessierenden Erwartungswerten f_{ij}, sondern auch von den Besetzungszahlen ab.

Eine universell anwendbare Zerlegung der Varianz in unabhängig verteilte Quadratsummen für beliebige unbalancierte Pläne wird in Abhängigkeit von den zu testenden Hypothesen durch die in Abschnitt 2.1.1.6. behandelten Tests in linearen Regressionsmodellen nahegelegt.

Es bezeichne im Modell (45), $H_{A|B,AB}$ symbolisch die Hypothese

$$\alpha_1 = \alpha_2 = \ldots = \alpha_I = 0$$

und $SQ_{A|B,AB}$ die durch (20) gegebene Quadratsumme

$$SQ_{A|B,AB} = \sum_i \sum_j \sum_\nu (y_{ij\nu} - \hat{\mu}^{(H_{A|B,AB})} - \hat{\beta}_j^{(H_{A|B,AB})} - \hat{\gamma}_{ij}^{(H_{A|B,AB})})^2 - \sum_i \sum_j \sum_\nu (y_{ij\nu} - \hat{\mu} - \hat{\alpha}_i - \hat{\beta}_j - \hat{\gamma}_{ij})^2. \quad (48)$$

Hierbei seien $\hat{\mu}$, $\hat{\alpha}_i$, $\hat{\beta}_j$, $\hat{\gamma}_{ij}$ Kleinste-Quadrate-Schätzungen im Modell (45), und $\hat{\mu}^{(H_{A|B,AB})}$, $\hat{\beta}_j^{(H_{A|B,AB})}$, $\hat{\gamma}_{ij}^{(H_{A|B,AB})}$ Kleinste-Quadrate-Schätzungen unter der Restriktion $H_{A|B,AB}$ bei gegebenen Reparametrisierungsbedingungen. Weiter bezeichne z. B. $H_{AB|B}$ die Hypothese

$$\gamma_{11} = \ldots = \gamma_{IJ} = 0$$

im Modell (45) unter der Restriktion $H_{A|B,AB}$. Die entsprechende Quadratsumme

$$SQ_{AB|B} = \sum_i \sum_j \sum_\nu (y_{ij\nu} - \hat{\mu}^{(H_{AB|B})} - \hat{\beta}_j^{(H_{AB|B})})^2 - \sum_i \sum_j \sum_\nu (y_{ij\nu} - \hat{\mu}^{(H_{A|B,AB})} - \hat{\beta}_j^{(H_{A|B,AB})} - \hat{\gamma}_{ij}^{(H_{A|B,AB})})^2$$

ist nach Abschnitt 2.1.1.6 unabhängig von $SQ_{A|B,AB}$ und bis auf den Faktor σ^{-2} χ^2-verteilt. Schließlich sei

$$SQ_B = \sum_i \sum_j \sum_\nu (y_{ij\nu} - \hat{\mu}^{(H_B)})^2 - \sum_i \sum_j \sum_\nu (y_{ij\nu} - \hat{\mu}^{(H_{AB|B})} - \hat{\beta}_j^{(H_{AB|B})})^2,$$

wobei $\hat{\mu}^{(H_B)} = y_{...}$ ist und

$$SQ_G = SQ_B + SQ_{AB|B} + SQ_{A|AB,B} + SQ_R.$$

$SQ_{AB|B}$ kann bei schrittweiser Regression als Verringerung der Summe der Abweichungsquadrate durch Hereinnahme des Faktors AB nach dem Faktor B gedeutet werden.

Genauer gesagt beschreibt es die Verringerung von $\hat{\boldsymbol{\epsilon}}'\hat{\boldsymbol{\epsilon}}$ im Modell

$$\boldsymbol{y} = \boldsymbol{X}_{\mathrm{M}}\mu + \boldsymbol{X}_{\mathrm{B}}\boldsymbol{\beta} + \boldsymbol{X}_{\mathrm{AB}}\boldsymbol{\gamma} + \boldsymbol{\epsilon}$$

im Vergleich zum Modell

$$\boldsymbol{y} = \boldsymbol{X}_{\mathrm{M}}\mu + \boldsymbol{X}_{\mathrm{B}}\boldsymbol{\beta} + \boldsymbol{\epsilon},$$

entsprechende Reparametrisierungsbedingungen jeweils vorausgesetzt. Eine alternative Darstellung von $SQ_{AB|B}$ ist wegen (20),

$$SQ_{AB|B} = \sum_i \sum_j n_{ij}(\hat{y}_{ij}^{(H_{A|A,AB})} - \hat{y}_{ij}^{(H_{AB|B})})^2,$$

wobei

$$\hat{y}_{ij}^{(H)} = \hat{\mu}^{(H)} + \hat{\alpha}_i^{(H)} + \hat{\beta}_j^{(H)} + \hat{\gamma}_{ij}^{(H)}$$

gesetzt ist. Analoges gilt für die anderen Quadratsummen.

Die Reihenfolge der Einbeziehung der Faktoren oder Wechselwirkungen in die Hypothesen ist nicht vorgegeben, so kann die Gesamtvarianz auch in

$$SQ_G = SQ_A + SQ_{AB|A} + SQ_{B|AB,A} + SQ_R \tag{49}$$

zerlegt werden. Im balancierten Modell fällt wegen der Orthogonalität der durch die Effekte aufgespannten Räume (siehe Abschnitt 2.1.2.4) $SQ_{B|AB,A}$ mit SQ_B zusammen. Gleiches gilt für die anderen Quadratsummen. Die Varianzanalyse ist also eindeutig. In allgemeinen unbalancierten Modellen ergeben sich jedoch in Abhängigkeit von der Reihenfolge verschiedene Varianzanalysen. Zusätzlich werden die einzelnen Quadratsummen und ihre Verteilungen noch durch die Reparametrisierungsbedingungen beeinflußt. So ist die Nichtzentralität von $SQ_{A|AB,B}$ unter der Reparametrisierung (46) gerade dann Null, wenn

$$f_{i.} = \frac{1}{n_{i.}} \sum_j n_{ij} f_{.j}, \qquad i = 1, \ldots, I,$$

mit

$$f_{i.} = \frac{1}{n_{i.}} \sum_j n_{ij} f_{ij} \quad \text{und} \quad f_{.j} = \frac{1}{n_{.j}} \sum_i n_{ij} f_{ij}$$

gilt (siehe HOCKING u. a. (1978)).

Tabelle 2.1.13. Varianztafel für die unbalancierte zweifache Kreuzklassifikation

Variationsursache	SQ	Freiheitsgrade
Wechselwirkung AB nach A und B	$SQ_{AB\|A,B} = \sum_i \sum_j n_{ij}(y_{ij.} - \hat{y}_{ij}^{(H_{AB\|A,B})})^2$	$(I - J)_* - I_* - J_* + 1$
Faktor A nach B	$SQ_{A\|B} = \sum_i \sum_j n_{ij}(\hat{y}_{ij}^{(H_{AB\|A,B})} - y_{.j.})^2$	$I_* - 1$
Faktor B	$SQ_B = \sum_j n_{.j}(y_{.j.} - y_{...})^2$	$J_* - 1$
Rest	$SQ_R = \sum_i \sum_j \sum_\nu (y_{ij\nu} - y_{ij.})^2$	$n_{..} - (IJ)_*$
Gesamt	$SQ_G = \sum_i \sum_j \sum_\nu (y_{ij\nu} - y_{...})^2$	$n_{..} - 1$

Eine von Reparametrisierungen unabhängige Varianzanalyse ist in Tabelle 2.1.13 angegeben.

Bei der Darstellung in Tabelle 2.1.13 wurde ausgenutzt, daß $\hat{\vartheta}_{ij} = y_{ij.}$, $\hat{\mu}^{(B)} + \hat{\beta}_j^{(B)} = y_{.j.}$ und auch $\hat{\vartheta}_{ij}^{(H_{AB|A,B})}$ unabhängig von zugrunde gelegten Reparametrisierungen sind (siehe die Bemerkung am Ende von Abschnitt 2.1.1.3).

$(IJ)_*$ bezeichnet die Anzahl der Zellen mit $n_{ij} > 0$, I_* und J_* entsprechend die Anzahl der $n_{i.} > 0$ bzw. $n_{.j} > 0$.

Die F-Statistiken

$$\frac{n_{..} - (IJ)_*}{(IJ)_* - I_* - J_* + 1} \frac{SQ_{AB|A,B}}{SQ_R} \quad \text{oder} \quad \frac{n_{..} - (IJ)_*}{(IJ)_* - J_*} \frac{SQ_{AB|A,B} + SQ_{A|B}}{SQ_R}$$

prüfen die interpretierbaren Hypothesen „Keine Wechselwirkungen zwischen den Faktoren" bzw. „Kein Einfluß der verschiedenen Stufen des Faktors A (nach B)", und schließlich prüft

$$\frac{n_{..} - (IJ)_*}{(IJ)_* - 1} \frac{SQ_{AB|A,B} + SQ_{B|A} + SQ_B}{SQ_R} = \frac{n_{..} - (IJ)_*}{(IJ)_* - 1} \frac{SQ_G - SQ_R}{SQ_R}$$

die Hypothese „Kein Einfluß der verschiedenen Stufen von A und B". In den Parametern ausgedrückt lauten die Hypothesen

$$\gamma_{11} = \ldots = \gamma_{IJ} = 0,$$

$$\alpha_1 = \ldots = \alpha_I = 0, \qquad \gamma_{11} = \ldots = \gamma_{IJ} = 0$$

und

$$\alpha_1 = \ldots = \alpha_I = 0, \qquad \beta_1 = \ldots = \beta_J = 0, \qquad \gamma_{11} = \ldots = \gamma_{IJ} = 0.$$

In den meisten Fällen scheint es geraten, sich auf solche Hypothesen zu beschränken.

Eine Vertauschung der Rolle von A und B in Tabelle 2.1.13 ist ebenfalls möglich.

Bei stark unbalancierten Plänen kann es vorkommen, daß $(SQ_{AB|A,B} + SQ_{A|B})/SQ_R$ klein ist, und SQ_B/SQ_R signifikant groß, gleichzeitig aber $(SQ_{AB|A,B} + SQ_{B|A})/SQ_R$ klein, und SQ_A/SQ_R groß ist. In solchen Fällen ist statistisch lediglich gesichert, daß einer der Faktoren, eventuell beide, Einfluß auf die Beobachtungen hat. Weitergehende Schlüsse sind ohne Hinzuziehung weiterer Versuche oder anderer zusätzlicher Informationen nicht möglich.

2.1.3. Multivariate Modelle

In den vergangenen Abschnitten stellten die Beobachtungen jeweils Messungen eines bestimmten Merkmals dar, welches von einigen Einflußgrößen, d. h. in Klassifikationsmodellen von den Stufen der einzelnen Faktoren, abhängig war.

Oftmals ist der Zustand eines Objektes jedoch nicht hinreichend genau durch nur ein Merkmal beschreibbar, sondern lediglich durch Messungen mehrerer verschiedener Merkmale, beispielsweise elektrischer Widerstände, gemessen an verschiedenen Punkten eines Körpers, oder Schwellspannungen, Grenzfrequenzen u. ä.

Die wechselseitige Abhängigkeit der verschiedenen Merkmale führt zu der Forderung, diese Situation in die Analyse einzubeziehen, anstatt die einzelnen Merkmale isoliert voneinander zu untersuchen. Die Techniken für diese multivariate Analyse werden im Abschnitt 2.1.3.1 beschrieben. Bei der Untersuchung realer Daten führen die multivariaten Methoden wegen der Berücksichtigung der Korrelationen häufig zu Ergebnissen und Schlußfolgerungen, die den univariaten Verfahren nicht zu entnehmen waren.

Andererseits können für die Unterscheidung mehrerer Stufen oder Stichproben unwesentliche Merkmale bei der multivariaten Analyse auch vorhandene Differenzen in anderen Merkmalen verwischen. Spezielle Verfahren der Merkmalsauswahl dienen dazu, diese irrelevanten Merkmale auszusondern und somit die Trennschärfe der multivariaten Verfahren zu erhöhen.

2.1.3.1. Mehrdimensionale Klassifikationsmodelle

Wir betrachten hier aus Gründen der leichteren Darstellung nur das zweifach kreuzklassifizierte Modell. Ganz analog zum univariaten Fall wird ein Klassifikationsmodell durch

$$\boldsymbol{y}_{ij\nu} = \boldsymbol{\mu} + \boldsymbol{\alpha}_i + \boldsymbol{\beta}_j + \boldsymbol{\gamma}_{ij} + \boldsymbol{\epsilon}_{ij\nu}, \qquad \nu = 1, \ldots, n;\ i = 1, \ldots, I;\ j = 1, \ldots, J, \tag{50}$$

dargestellt. Im Unterschied zu (30) sind hier $\boldsymbol{y}_{ij\nu}$, $\boldsymbol{\mu}$, $\boldsymbol{\alpha}_i$, ..., $\boldsymbol{\gamma}_{ij}$ und $\boldsymbol{\epsilon}_{ij\nu}$ p-dimensionale Vektoren. Die Reparametrisierungsbedingungen

$$\sum_i \boldsymbol{\alpha}_i = \mathbf{0}, \qquad \sum_j \boldsymbol{\beta}_j = \mathbf{0},$$

$$\sum_j \boldsymbol{\gamma}_{ij} = \mathbf{0}, \qquad i = 1, \ldots, I,$$

$$\sum_i \boldsymbol{\gamma}_{ij} = \mathbf{0}, \qquad j = 1, \ldots, J,$$

und die Annahme

$$\mathsf{E}\boldsymbol{\epsilon}_{ij\nu} = \mathbf{0}, \qquad \mathsf{Cov}\, \boldsymbol{\epsilon}_{ij\nu} = \boldsymbol{\Sigma}, \qquad \boldsymbol{\Sigma} \text{ positiv definit}, \tag{51}$$

bewirken, daß jede der p Komponenten von $\boldsymbol{y}$ einem univariaten Kreuzklassifikationsmodell entspricht. Die Abhängigkeit der Beobachtungen dieser p Modelle voneinander wird durch (51) beschrieben. Nicht nur jede einzelne Komponente, auch jede Linearkombination $c_1 y^{(1)} + \ldots + c_p y^{(p)}$ derselben genügt einer univariaten Kreuzklassifikation, wie man aus

$$y_{\mathbf{c};ij\nu} = \mu_{\mathbf{c}} + \alpha_{\mathbf{c};i} + \beta_{\mathbf{c};j} + \gamma_{\mathbf{c};ij} + \varepsilon_{\mathbf{c};ij\nu} \tag{52}$$

sieht. Dabei ist $y_{\mathbf{c};ij\nu} = \mathbf{c}'\boldsymbol{y}_{ij\nu}$, $\mu_{\mathbf{c}} = \mathbf{c}'\boldsymbol{\mu}$, ..., $\varepsilon_{\mathbf{c};ij\nu} = \mathbf{c}'\boldsymbol{\epsilon}_{ij\nu}$.

Schätzung der Effekte

Berücksichtigen wir, daß in dem durch Linearkombination gewonnenen Modell (52)

$$y_{\mathbf{c};ij.} = \mathbf{c}'\boldsymbol{y}_{ij.}, \qquad y_{\mathbf{c};i..} = \mathbf{c}'\boldsymbol{y}_{i..}, \qquad y_{\mathbf{c};.j.} = \mathbf{c}'\boldsymbol{y}_{.j.} \quad \text{und} \quad y_{\mathbf{c};...} = \mathbf{c}'\boldsymbol{y}_{...},$$

gilt, ist zu erkennen, daß die Kleinste-Quadrate-Schätzung für $\mu_{\mathbf{c}}$ nämlich $\hat{\mu}_{\mathbf{c}} = y_{\mathbf{c};...}$ (siehe (32)), die Gestalt $\mathbf{c}'\boldsymbol{y}_{...}$ hat. Ähnlich ist

$$\hat{\alpha}_{\mathbf{c};i} = y_{\mathbf{c};i..} - y_{\mathbf{c};...} = \mathbf{c}'(\boldsymbol{y}_{i..} - \boldsymbol{y}_{...}), \qquad \hat{\beta}_{\mathbf{c};j} = y_{\mathbf{c};.j.} - y_{\mathbf{c};...} = \mathbf{c}'(\boldsymbol{y}_{.j.} - \boldsymbol{y}_{...})$$

und

$$\hat{\gamma}_{c;ij} = y_{c;ij.} - y_{c;i..} - y_{c;.j.} + \gamma_{c;...} = \boldsymbol{c}'(\boldsymbol{y}_{iNj.} - \boldsymbol{y}_{i..} - \boldsymbol{y}_{.j.} + \boldsymbol{y}_{...}).$$

Setzen wir nun

$$\begin{aligned} \hat{\boldsymbol{\mu}} &= \boldsymbol{y}_{...} \\ \hat{\boldsymbol{\alpha}}_i &= \boldsymbol{y}_{i..} - \boldsymbol{y}_{...}, \qquad i = 1, \ldots, I, \\ \hat{\boldsymbol{\beta}}_j &= \boldsymbol{y}_{.j.} - \boldsymbol{y}_{...}, \qquad j = 1, \ldots, J, \\ \hat{\boldsymbol{\gamma}}_{ij} &= \boldsymbol{y}_{ij.} - \boldsymbol{y}_{i..} - \boldsymbol{y}_{.j.} + \boldsymbol{y}_{...}, \qquad i = 1, \ldots, I, \qquad j = 1, \ldots, J. \end{aligned} \tag{53}$$

Aufgrund der obigen Darlegungen ist $\boldsymbol{c}'\hat{\boldsymbol{\mu}}$ stets eine erwartungstreue Schätzung für $\boldsymbol{c}'\boldsymbol{\mu}$. Da die einzelnen Komponenten spezielle Linearkombinationen darstellen, sind somit alle Komponenten von $\hat{\boldsymbol{\mu}}$, d. h. der gesamte Vektor $\hat{\boldsymbol{\mu}}$, erwartungstreu. Genauso sind die $\hat{\boldsymbol{\alpha}}_i$, $\hat{\boldsymbol{\beta}}_j$ und $\hat{\boldsymbol{\gamma}}_{ij}$ erwartungstreue Schätzungen der Parameter in (50).

Aus dem Satz von Gauß-Markow folgt darüber hinaus, daß die Schätzungen (53) optimal in dem Sinne sind, daß jede Linearkombination $\boldsymbol{c}'\hat{\boldsymbol{\mu}}$ oder $\boldsymbol{c}'\hat{\boldsymbol{\alpha}}_i$ usw. die beste lineare Schätzung für $\boldsymbol{c}'\boldsymbol{\mu}$ bzw. $\boldsymbol{c}'\boldsymbol{\alpha}_i$ bei beliebigem $\boldsymbol{\Sigma}$ ist.

Mit genau den gleichen Überlegungen läßt sich zeigen, daß sich auch in allen anderen multivariaten Klassifikationsmodellen, in hierarchischen, gemischten, höherfaktoriellen, sogar unbalancierten Fällen, die Schätzungen für die p-dimensionalen Effekte durch die Zusammenfassung der für die einzelnen Komponenten entstandenen Schätzungen in den p univariaten Modellen bilden lassen.

Es gilt also

$$\begin{aligned} \hat{\boldsymbol{\mu}} &= (\hat{\mu}^{(1)}, \ldots, \hat{\mu}^{(p)})' \\ \hat{\boldsymbol{\alpha}}_i &= (\hat{\alpha}_i^{(1)}, \ldots, \hat{\alpha}_i^{(p)})', \qquad i = 1, \ldots, I, \end{aligned}$$

usw., oder anders gesagt, in den Schätzungen im eindimensionalen Modell werden die $y_{ij\nu}$, $y_{ij.}$ usw. formal durch die Vektoren $\boldsymbol{y}_{ij\nu}$, $\boldsymbol{y}_{ij.}$ ersetzt.

Schätzung der Kovarianz

Die Linearkombinationen $\boldsymbol{c}'\boldsymbol{y}_{ij\nu} = y_{c;ij\nu}$ haben die Varianz $\sigma_c^2 = \boldsymbol{c}'\boldsymbol{\Sigma}\boldsymbol{c}$. Eine erwartungstreue Schätzung von σ_c^2 im Modell (52) ist

$$\hat{\sigma}_c^2 = \frac{1}{IJ(n-1)} \sum_i \sum_j \sum_\nu (y_{c;ij\nu} - y_{c;ij.})^2$$

(siehe Abschnitt 2.1.1.5). Schreiben wir $\hat{\sigma}_c^2$ als

$$\boldsymbol{c}' \left[\frac{1}{IJ(n-1)} \sum_i \sum_j \sum_\nu (\boldsymbol{y}_{ij\nu} - \boldsymbol{y}_{ij.})(\boldsymbol{y}_{ij\nu} - \boldsymbol{y}_{ij.})'\right] \boldsymbol{c},$$

und die $p \times p$-Matrix in den eckigen Klammern in Anlehnung an die Bezeichnungsweise im eindimensionalen als $\frac{1}{IJ(n-1)}\, \mathrm{SQ_R}$, dann ist also $\boldsymbol{c}' \left(\frac{1}{IJ(n-1)}\, \mathrm{SQ_R}\right) \boldsymbol{c}$ eine erwartungstreue Schätzung für $\boldsymbol{c}'\, \boldsymbol{\Sigma}\boldsymbol{c}$.

Speziell für die Einheitsvektoren $\boldsymbol{e}_s$ und $\boldsymbol{e}_t$ folgt dann, daß

$$\left(\frac{1}{IJ(n-1)}\,\mathrm{SQ_R}\right)_{st} = \frac{1}{4}\left\{(\boldsymbol{e}_s+\boldsymbol{e}_t)'\,\frac{1}{IJ(n-1)}\,\mathrm{SQ_R}\,(\boldsymbol{e}_s+\boldsymbol{e}_t) - (\boldsymbol{e}_s-\boldsymbol{e}_t)'\,\frac{1}{IJ(n-1)}\,\mathrm{SQ_R}\,(\boldsymbol{e}_s-\boldsymbol{e}_t)\right\}$$

eine erwartungstreue Schätzung für $\sigma_{st} = (\boldsymbol{\Sigma})_{st}$ darstellt, $s, t = 1, \ldots, p$. Mit anderen Worten, $\frac{1}{IJ(n-1)}\,\mathrm{SQ_R}$ ist eine erwartungstreue Schätzung für $\boldsymbol{\Sigma}$.

Die gleiche Argumentation ist offensichtlich für alle Arten von Klassifikationsmodellen gültig, die Schätzung für $\boldsymbol{\Sigma}$ kann aus der univariaten Schätzung für σ^2 gewonnen werden, indem formal $y_{ij\nu}^2$, $(y_{ij\nu} - y_{ij.})^2$ usw. durch $\boldsymbol{y}_{ij\nu}\boldsymbol{y}'_{ij\nu}$, $(\boldsymbol{y}_{ij\nu} - \boldsymbol{y}_{ij.})(\boldsymbol{y}_{ij\nu} - \boldsymbol{y}_{ij.})'$ ersetzt werden.

Zerlegung der Varianz und Testen von Hypothesen

Hat man für jede Linearkombination eine univariate Zerlegung der Gesamtvarianz, bedeutet dies

$$\boldsymbol{c}'(\mathrm{SQ_G})\,\boldsymbol{c} = \boldsymbol{c}'(\mathrm{SQ_A})\,\boldsymbol{c} + \ldots + \boldsymbol{c}'(\mathrm{SQ_R})\,\boldsymbol{c},$$

für alle $\boldsymbol{c}$. Daraus wiederum folgt sofort

$$\mathrm{SQ_G} = \mathrm{SQ_A} + \ldots + \mathrm{SQ_R},$$

d. h., auch die multivariate Zerlegung der Varianz ist aus der univariaten abzuleiten, indem man wieder Vektoren anstelle der eindimensionalen Beobachtungen einsetzt.

Nehmen wir an, daß die Fehler $\boldsymbol{\epsilon}_{ij\nu}$ normalverteilt sind, d. h.

$$\boldsymbol{\epsilon}_{ij\nu} \sim \mathrm{N}_p(0, \boldsymbol{\Sigma}),$$

dann sind die $\boldsymbol{c}'(\mathrm{SQ_A})\,\boldsymbol{c}, \ldots, \boldsymbol{c}'(\mathrm{SQ_R})\,\boldsymbol{c}$ unabhängig und (bis auf den Faktor $\boldsymbol{c}'\boldsymbol{\Sigma}\boldsymbol{c}$) χ^2-verteilt (siehe Abschnitt 2.1.2.). Demzufolge sind die $\mathrm{SQ_A}, \ldots, \mathrm{SQ_R}$ ebenfalls unabhängig und Wishartverteilt (siehe A. 2.8). Für die zweifache Kreuzklassifikation ist die Varianztafel in Tabelle 2.1.14 angegeben.

Tabelle 2.1.14. Varianztafel für die multivariate zweifache Kreuzklassifikation

Variationsursache	SQ	Freiheitsgrade	Nichtzentralität von SQ
Faktor A	$\mathrm{SQ_A} = nJ\sum_i(\boldsymbol{y}_{i..}-\boldsymbol{y}_{...})(\boldsymbol{y}_{i..}-\boldsymbol{y}_{...})'$	$I-1$	$nJ\sum_i \boldsymbol{\alpha}_i\boldsymbol{\alpha}_i'$
Faktor B	$\mathrm{SQ_B} = nI\sum_j(\boldsymbol{y}_{.j.}-\boldsymbol{y}_{...})(\boldsymbol{y}_{.j.}-\boldsymbol{y}_{...})'$	$J-1$	$nI\sum_j \boldsymbol{\beta}_j\boldsymbol{\beta}_j'$
Wechselwirkung AB	$\mathrm{SQ_{AB}} = n\sum_i\sum_j(\boldsymbol{y}_{ij.}-\boldsymbol{y}_{i..}-\boldsymbol{y}_{.j.}+\boldsymbol{y}_{...}) \times (\boldsymbol{y}_{ij.}-\boldsymbol{y}_{i..}-\boldsymbol{y}_{.j.}+\boldsymbol{y}_{...})'$	$(I-1)(J-1)$	$n\sum_i\sum_j \boldsymbol{\gamma}_{ij}\boldsymbol{\gamma}_{ij}'$
Rest	$\mathrm{SQ_R} = \sum_i\sum_j\sum_\nu(\boldsymbol{y}_{ij\nu}-\boldsymbol{y}_{ij.})(\boldsymbol{y}_{ij\nu}-\boldsymbol{y}_{ij.})'$	$(n-1)IJ$	$\boldsymbol{0}$
Gesamt	$\mathrm{SQ_G} = \sum_i\sum_j\sum_\nu(\boldsymbol{y}_{ij\nu}-\boldsymbol{y}_{...})(\boldsymbol{y}_{ij\nu}-\boldsymbol{y}_{...})'$	$nIJ-1$	

Für die Verallgemeinerung des F-Quotienten, beispielsweise SQ_A/SQ_R, auf matrixwertige Argumente sind verschiedene Testfunktionen gebräuchlich. Dies sind vorwiegend

$\Lambda = |\mathbf{SQ}_A + \mathbf{SQ}_R| \,/\, |\mathbf{SQ}_R|$, die *Likelihood-Quotienten-Statistik,*

$T_0^2 = \mathrm{sp}\,[\mathbf{SQ}_A(\mathbf{SQ}_R)^{-1}]$, die *Hotelling-Lawley-Statistik,*

$V = \mathrm{sp}\,[\mathbf{SQ}_A(\mathbf{SQ}_A + \mathbf{SQ}_R)^{-1}]$, die *Barlett-Pillai-Statistik* und

$L = \lambda_{\max}[(\mathbf{SQ}_R)^{-1/2}\,\mathbf{SQ}_A(\mathbf{SQ}_R)^{-1/2}]$, *Roy's maximale Wurzel.*

Für $p = 1$ sind alle nur verschiedene Darstellungen des F-Tests. Signifikanzpunkte zu diesen Tests sind in Abhängigkeit von der Dimension p und den Freiheitsgraden q_A und q_R von $\mathbf{SQ}_A$ bzw. $\mathbf{SQ}_R$ den Tabellen in Heck (1960), Kres (1975), Morrison (1967), Pearson/Hartley (1972) oder Pillai (1960) zu entnehmen.

Für $p = 2$ ist

$$\frac{q_R - 1}{q_A}\,(\Lambda^{1/2} - 1) \sim F_{2q_A,2(q_R-1)},$$

und für $q_A = 2$

$$\frac{q_R - p + 1}{p}\,(\Lambda^{1/2} - 1) \sim F_{2p,2(q_R-p+1)}.$$

Eine Näherung kann bei größeren Werten von q_R durch

$$\frac{\alpha\beta - \gamma}{pq_A}\,(\Lambda^{1/\beta} - 1) \approx F_{pq_A,\alpha\beta-\gamma}$$

mit

$$\alpha = q_R + q_A - \frac{q_A + p + 1}{2}, \quad \beta = \left(\frac{p^2q_A^2 - 4}{p^2 + q_A^2 - 5}\right)^{1/2}, \quad \gamma = \frac{pq_A - 2}{2}$$

gefunden werden (Rao (1951)). Auch die Hotelling-Lawley-Statistik kann durch eine F-Verteilung genähert werden, und zwar

$$q_R T_0 \approx kF_{f_1,f_2},$$

(Pillai/Young (1971)).
Dabei sind

$$f_1 = 2(a + 1), \qquad f_2 = 2(b - a - 1), \qquad k = c\,\frac{a + 1}{b - a - 1}$$

und a, b und c Funktionen der ersten drei Momente von $q_R T_0$, nämlich

$$a = \frac{2\mu_1^3\mu_2 + 3\mu_1^2\mu_3 - 6\mu_1\mu_2^2 - \mu_2\mu_3}{\mu_2\mu_3 + 4\mu_1\mu_2^2 - \mu_1^2\mu_3},$$

$$b = \frac{(a + 1)\,(a + 3) - \mu_1^2/\mu_2}{a + 1 - \mu_1^2/\mu_2},$$

$$c = \frac{\mu_1(b - a - 2)}{a + 1}.$$

Simultane Konfidenzintervalle

Ähnlich wie im univariaten (siehe Abschnitt 2.1.2.4) können auch multivariate Klassifikationsmodelle als lineare Regressionsmodelle geschrieben werden,

$$\boldsymbol{Y} = \boldsymbol{X}\mathbf{B} + \mathrm{E}. \tag{54}$$

Hierbei sind die Zeilen von $\boldsymbol{Y}$ aus den Vektoren $\boldsymbol{y}'_{ij\nu}$, die Zeilen von E aus den $\boldsymbol{\epsilon}'_{ij\nu}$ und die Zeilen von $\mathbf{B}$ aus den $\boldsymbol{\mu}'$, $\boldsymbol{\alpha}_1'$, ... gebildet. Die Versuchsplanmatrix $\boldsymbol{X}$ ist die gleiche wie im univariaten Fall. Genau wie am Anfang dieses Abschnitts für Klassifikationsmodelle schon ausgeführt, können auch allgemeine multivariate Regressionsmodelle durch Bildung von Linearkombination wieder zu univariaten Modellen reduziert werden,

$$\boldsymbol{y}_c = \boldsymbol{X}\boldsymbol{\beta}_c + \boldsymbol{\epsilon}_c,$$

wobei $\boldsymbol{y}_c = \boldsymbol{Y}\boldsymbol{c}$, $\boldsymbol{\beta}_c = \mathbf{B}\boldsymbol{c}$ und $\boldsymbol{\epsilon}_c = \mathbf{E}\boldsymbol{c}$ sind. Demzufolge sind für schätzbare Funktionen $\boldsymbol{F}$

$$\boldsymbol{F}\hat{\boldsymbol{\beta}}_c = \boldsymbol{F}(\boldsymbol{X}'\boldsymbol{X})^- \boldsymbol{X}'\boldsymbol{Y}\boldsymbol{c}$$

und

$$\frac{1}{N - \operatorname{rg} \boldsymbol{X}}\, \boldsymbol{c}'\boldsymbol{Y}'\big(\boldsymbol{I} - \boldsymbol{X}(\boldsymbol{X}'\boldsymbol{X})^- \boldsymbol{X}'\big)\, \boldsymbol{Y}\boldsymbol{c}$$

erwartungstreue Schätzungen für $\boldsymbol{F}\mathbf{B}\boldsymbol{c}$ und $\boldsymbol{c}'\boldsymbol{\Sigma}\boldsymbol{c}$, (siehe Abschnitt 2.1.1.1 und Abschnitt 2.1.1.5).

Setzen wir jetzt normalverteilte Fehler $\boldsymbol{\epsilon}_{ij\nu}$ voraus, d. h.

$$\boldsymbol{\epsilon}_{ij\nu} \sim \mathrm{N}_p(0, \boldsymbol{\Sigma}).$$

Dann sind

$$(\boldsymbol{F}\hat{\boldsymbol{\beta}}_c - \boldsymbol{F}\boldsymbol{\beta}_c)'\, [\boldsymbol{F}(\boldsymbol{X}'\boldsymbol{X})^- \boldsymbol{F}']'\, (\boldsymbol{F}\hat{\boldsymbol{\beta}}_c - \boldsymbol{F}\boldsymbol{\beta}_c),$$

oder mit $\hat{\mathbf{B}} = (\boldsymbol{X}'\boldsymbol{X})^- \boldsymbol{X}'\boldsymbol{Y}$ anders geschrieben,

$$\boldsymbol{c}'(\boldsymbol{F}\mathbf{B} - \boldsymbol{F}\hat{\mathbf{B}})'\, [\boldsymbol{F}(\boldsymbol{X}'\boldsymbol{X})^- \boldsymbol{F}']'\, (\boldsymbol{F}\hat{\mathbf{B}} - \boldsymbol{F}\mathbf{B})\, \boldsymbol{c}$$

und

$$\boldsymbol{c}'\boldsymbol{Y}'[\boldsymbol{I} - \boldsymbol{X}(\boldsymbol{X}'\boldsymbol{X})^- \boldsymbol{X}']\, \boldsymbol{Y}\boldsymbol{c}$$

unabhängig und bis auf den Faktor $\sigma_c^2 = \boldsymbol{c}'\boldsymbol{\Sigma}\boldsymbol{c}$ χ^2-verteilt mit den Freiheitsgraden $f_1 = \operatorname{rg} \boldsymbol{F}$ bzw. $f_2 = N - \operatorname{rg} \boldsymbol{X}$. Daraus folgt (siehe A. 2.8.), daß die Matrizen

$$\boldsymbol{Q} = (\boldsymbol{F}\hat{\mathbf{B}} - \boldsymbol{F}\mathbf{B})'\, [\boldsymbol{F}(\boldsymbol{X}'\boldsymbol{X})^- \boldsymbol{F}']'\, (\boldsymbol{F}\hat{\mathbf{B}} - \boldsymbol{F}\mathbf{B})$$

und

$$\boldsymbol{S} = \boldsymbol{Y}'\big(\boldsymbol{I} - \boldsymbol{X}(\boldsymbol{X}'\boldsymbol{X})^- \boldsymbol{X}'\big)\, \boldsymbol{Y}$$

unabhängig wishartverteilt $\mathrm{W}_p(f_i, \boldsymbol{\Sigma})$, $i = 1, 2$, sind. Betrachten wir nun die Variable $\lambda_{\max} = \lambda_{\max}(\boldsymbol{S}^{-1/2}\boldsymbol{Q}\boldsymbol{S}^{-1/2})$. Bezeichnet r_α $(= \mathrm{r}_{p,f_1,f_2;\alpha})$ ihren α-Signifikanzpunkt, so ist

$$\mathsf{P}\big(\lambda_{\max}(\boldsymbol{S}^{-1/2}\boldsymbol{Q}\boldsymbol{S}^{-1/2}) \leqq \mathrm{r}_\alpha\big) = 1 - \alpha.$$

Da $\lambda_{\max}$ auch als

$$\max_{c \in \mathbb{R}^p} \frac{c'Qc}{c'Sc}$$

geschrieben werden kann, ist

$$\mathsf{P}\Big((F\hat{\mathbf{B}}c - F\mathbf{B}c)' \big(F(X'X)^- F'\big)^- (F\hat{\mathbf{B}}c - F\mathbf{B}c) \leqq \mathrm{r}_\alpha c'Sc \quad \text{für alle } c \in \mathbb{R}^p\Big)$$
$$= 1 - \alpha .$$

Daraus folgt (vgl. Abschnitt 2.1.1.7), daß

$$f'\hat{\mathbf{B}}c \pm [(c'Sc)\, f'(X'X)^- f \mathrm{r}_{p,f_1,f_2;\alpha}]^{1/2} \tag{55}$$

ein simultanes $(1 - \alpha)$-Konfidenzintervall für $f'\mathbf{B}c$, für alle $c \in \mathbb{R}^p$ und alle $f \in \mathcal{R}(F')$ darstellt.

Angewendet auf die balancierte zweifache Kreuzklassifikation ergeben sich unter den Reparametrisierungsbedingungen (51) daraus die simultanen Konfidenzintervalle (vgl. Abschnitt 2.1.2.4)

$$\alpha_i^{(l)} \pm \left[s_{ll} \frac{I-1}{nIJ} \mathrm{r}_{p,I-1,(n-1)IJ;\alpha} \right]^{1/2}$$

für $\alpha_i^{(l)}$, die l-te Komponente von $\boldsymbol{\alpha}_i$, $i = 1, \ldots, I$; $l = 1, \ldots, p$, s_{ll} ist dabei das l-te Hauptdiagonalelement von S.

Fehlende Beobachtungen

Bei sämtlichen Ausführungen in diesem Abschnitt wurde davon Gebrauch gemacht, daß durch die Bildung beliebiger Linearkombinationen der p Komponenten des Merkmalsvektors gleichartige univariate lineare Modelle entstehen, unterschieden lediglich durch verschiedene Parameter.

Häufig kommt es jedoch vor, daß Meßwerte einzelner Komponenten unbrauchbar sind oder überhaupt nicht vorliegen. In diesem Fall lassen sich keine Linearkombinationen mit diesen Werten bilden, und die gesamte Argumentation wird hinfällig. Es verbietet sich, in solchen Situationen den gesamten Beobachtungsvektor aus der Datenmenge zu streichen, da i. allg. bei hochdimensionalen Modellen in vielen Beobachtungen die eine oder andere Komponente fehlt und daher zu viel Information verloren gehen würde.

Eine praktisch brauchbare Methode, die zumindest die Möglichkeit bietet, die einfachen dem univariaten Fall entsprechenden formalen Ausdrücke für Schätzungen und Teststatistiken weiter zu verwenden, besteht in der Einsetzung von „Schätzungen" für die fehlenden Werte. Die statistischen Eigenschaften der Verfahren hängen aber von der Qualität der verwendeten „Schätzungen" ab.

Eine ziemlich universelle Methode besteht darin, die fehlenden Werte durch irgendwelche Startwerte zu ersetzen und dann die Parameter des Modells zu schätzen. Anschließend werden bei Zugrundelegung dieser Parameter die bedingten Erwartungswerte der fehlenden Komponenten unter den beobachteten berechnet und diese anstelle der fehlenden Werte eingesetzt. Dann berechnet man die Parameter neu, erhält wieder neue bedingte Erwartungswerte, setzt diese wieder ein usw.

Beispiel 2.1.7. Multivariate Einfachklassifikation. In Tabelle 2.1.15 sind acht Beobachtungspaare einer zweidimensionalen $N_2(\boldsymbol{\mu}, \boldsymbol{\Sigma})$-verteilten Zufallsgröße festgehalten. Ein * symbolisiert eine „fehlende Beobachtung".

Tabelle 2.1.15. Wertesätze mit fehlenden Beobachtungen

Beobachtung Nr.	1. Komponente	2. Komponente
1	0.31	0.59
2	0.92	0.89
3	2.05	1.41
4	1.48	*
5	2.18	2.42
6	1.12	1.67
7	*	2.02
8	3.10	2.78

Ersetzen wir die fehlenden Werte willkürlich durch Null, so erhalten wir als erste Parameterschätzung

$$\hat{\boldsymbol{\mu}}^{(1)} = \bar{\boldsymbol{x}} = \begin{pmatrix} 1.40 \\ 1.47 \end{pmatrix},$$

$$\hat{\boldsymbol{\Sigma}}^{(1)} = \boldsymbol{S} = \begin{pmatrix} 1.05 & 0.46 \\ 0.46 & 0.89 \end{pmatrix}.$$

Für den bedingten Erwartungswert gilt (siehe A. 2.6)

$$\mathsf{E}(x_2 \mid x_1) = \mu_2 + \sigma_{21}\sigma_{11}^{-1}(x_1 - \mu_1).$$

Das Einsetzen der Schätzungen anstelle der Parameter ergibt für die zweite Komponente der vierten Beobachtung

$$\mathsf{E}(x_2 \mid x_1) = 1.47 + \frac{0.46}{1.05}(1.48 - 1.40) = 1.51,$$

und analog für die siebente Beobachtung

$$\mathsf{E}(x_1 \mid x_2) = 1.40 + \frac{0.46}{0.89}(2.02 - 1.47) = 1.68.$$

Mit diesen Werten anstelle der fehlenden Beobachtungen erhalten wir

$$\hat{\boldsymbol{\mu}}^{(2)} = \bar{\boldsymbol{x}} = \begin{pmatrix} 1.61 \\ 1.66 \end{pmatrix},$$

$$\hat{\boldsymbol{\Sigma}}^{(2)} = \boldsymbol{S} = \begin{pmatrix} 0.73 & 0.56 \\ 0.56 & 0.54 \end{pmatrix},$$

und

$$\mathsf{E}(x_2 \mid x_1) = 1.66 + \frac{0.56}{0.73}(1.48 - 1.61) = 1.56,$$

$$\mathsf{E}(x_1 \mid x_2) = 1.61 + \frac{0.56}{0.54}(2.02 - 1.66) = 1.98,$$

als neue Werte für die fehlenden Beobachtungen. Dadurch ergeben sich wiederum $\hat{\boldsymbol{\mu}}^{(3)}$ und $\hat{\boldsymbol{\Sigma}}^{(3)}$ usw.

Einige Eigenschaften dieser iterativen Prozeduren, wie Konvergenz und deren Unabhängigkeit vom Startwert, sind von Dempster u. a. (1977) beschrieben.

2.1.3.2. Merkmalsauswahl

Die simultane Betrachtung mehrerer Merkmale führt häufig zu völlig anderen Schlüssen als die isolierte Betrachtung der einzelnen Komponenten des Merkmalsvektors.

Beispiel 2.1.8. In Abbildung 2.1.6 sind die Beobachtungen von zweidimensionalen Variablen aus zwei normalverteilten Stichproben mit gleicher Kovarianzmatrix dargestellt. Für diese multivariate Einfachklassifikation ergeben sich

$$\boldsymbol{y}_{1.} = \begin{pmatrix} 5.30 \\ 4.89 \end{pmatrix}, \quad \boldsymbol{y}_{2.} = \begin{pmatrix} 4.90 \\ 4.95 \end{pmatrix}, \quad n_1 = 18, \quad n_2 = 20,$$

$$\boldsymbol{S} = \boldsymbol{SQ}_{\mathrm{R}} = \sum_{i=1}^{2} \sum_{j=1}^{n_i} (\boldsymbol{y}_{ij} - \boldsymbol{y}_{i.})(\boldsymbol{y}_{ij} - \boldsymbol{y}_{i.})' = \begin{pmatrix} 125.28 & 71.28 \\ 71.28 & 43.92 \end{pmatrix},$$

$$\boldsymbol{Q} = \boldsymbol{SQ}_{\mathrm{A}} = \sum_{i=1}^{2} n_i(\boldsymbol{y}_{i.} - \boldsymbol{y}_{..})(\boldsymbol{y}_{i.} - \boldsymbol{y}_{..})' = \frac{n_1 n_2}{n_1 + n_2} (\boldsymbol{y}_{1.} - \boldsymbol{y}_{2.})(\boldsymbol{y}_{1.} - \boldsymbol{y}_{2.})'$$

$$= \begin{pmatrix} 1.516 & -0.227 \\ -0.227 & 0.034 \end{pmatrix}.$$

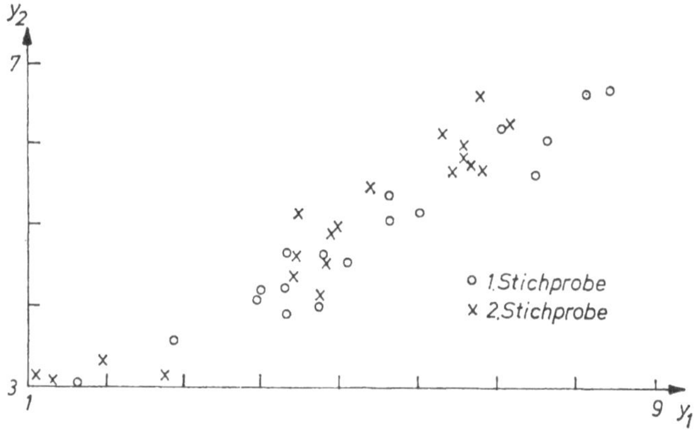

Abb. 2.1.6. Streudiagramm der Stichproben aus Beispiel 2.1.8

Die univariaten F-Statistiken ergeben für die erste Komponente $F = 0.436$, und für die zweite $F = 0.028$. Beide sind geringer als die 5%-Signifikanzpunkte der $F_{1,36}$-Verteilung und würden daher keine Unterschiede in den beiden Stichproben signalisieren. (Empirische Signifikanzwerte $\hat{\alpha} = 0.513$, bzw. $\hat{\alpha} = 0.868$.)

Die Anwendung multivariater Tests führt zu völlig anderen Aussagen.

Für den speziellen Fall, daß nur zwei Stichprobenmittel zu vergleichen sind, ist der Rang von $\boldsymbol{Q}$ Eins, so daß nur eine von Null verschiedene Wurzel von $\boldsymbol{S}^{-1/2}\boldsymbol{Q}\boldsymbol{S}^{-1/2}$ existiert, und diese mit

$$\frac{n_1 n_2}{n_1 + n_2} (\boldsymbol{y}_{1.} - \boldsymbol{y}_{2.})' \boldsymbol{S}^{-1} (\boldsymbol{y}_{1.} - \boldsymbol{y}_{2.})$$

zusammenfällt. Da alle im vorigen Abschnitt betrachteten Tests monoton von dieser Wurzel abhängen, sind sie einander äquivalent, und wir können uns auf die Betrachtung des obigen

Ausdruckes, oder besser auf die F-verteilte Variable (siehe A. 2.10),

$$T^2 = \frac{n_1 + n_2 - p - 1}{p} \frac{n_1 n_2}{n_1 + n_2} (\boldsymbol{y}_{1.} - \boldsymbol{y}_{2.})' S^{-1}(\boldsymbol{y}_{1.} - \boldsymbol{y}_{2.}), \tag{56}$$

beschränken. T^2 ist auch als Hotelling-Statistik bekannt.

Der erhaltene Wert von 4.29 liegt deutlich über dem 5%-Signifikanzpunkt der F-Verteilung mit $p = 2$ und $n_1 + n_2 - p - 1 = 35$ Freiheitsgraden (Empirisches Signifikanzniveau $\hat{\alpha} = 0.0216$).

Der Nichtzentralitätsparameter $\frac{n_1 n_2}{n_1 + n_2} \boldsymbol{\Delta}'\boldsymbol{\Sigma}^{-1}\boldsymbol{\Delta}$ der F-Variablen (56), mit $\boldsymbol{\Delta} = \boldsymbol{\mu}_1 - \boldsymbol{\mu}_2$, kann auch für allgemeines $p \geqq 2$ als

$$\frac{n_1 n_2}{n_1 + n_2} (\boldsymbol{\Delta}_1', \boldsymbol{\Delta}_2') \begin{pmatrix} \boldsymbol{I} & -\boldsymbol{\Sigma}_{11}^{-1}\boldsymbol{\Sigma}_{12} \\ 0 & \boldsymbol{I} \end{pmatrix} \left[\begin{pmatrix} \boldsymbol{I} & 0 \\ -\boldsymbol{\Sigma}_{21}\boldsymbol{\Sigma}_{11}^{-1} & \boldsymbol{I} \end{pmatrix} \begin{pmatrix} \boldsymbol{\Sigma}_{11} & \boldsymbol{\Sigma}_{12} \\ \boldsymbol{\Sigma}_{21} & \boldsymbol{\Sigma}_{22} \end{pmatrix} \begin{pmatrix} \boldsymbol{I} & -\boldsymbol{\Sigma}_{11}^{-1}\boldsymbol{\Sigma}_{12} \\ 0 & \boldsymbol{I} \end{pmatrix} \right]^{-1}$$

$$\times \begin{pmatrix} \boldsymbol{I} & 0 \\ -\boldsymbol{\Sigma}_{21}\boldsymbol{\Sigma}_{11}^{-1} & \boldsymbol{I} \end{pmatrix} \begin{pmatrix} \boldsymbol{\Delta}_1 \\ \boldsymbol{\Delta}_2 \end{pmatrix}$$

$$= \frac{n_1 n_2}{n_1 + n_2} \boldsymbol{\Delta}_1'\boldsymbol{\Sigma}_{11}^{-1}\boldsymbol{\Delta}_1 + \frac{n_1 n_2}{n_1 + n_2} (\boldsymbol{\Delta}_2 - \boldsymbol{\Sigma}_{21}\boldsymbol{\Sigma}_{11}^{-1}\boldsymbol{\Delta}_1)' (\boldsymbol{\Sigma}_{22} - \boldsymbol{\Sigma}_{21}\boldsymbol{\Sigma}_{11}^{-1}\boldsymbol{\Sigma}_{12})^{-1}$$

$$\times (\boldsymbol{\Delta}_2 - \boldsymbol{\Sigma}_{21}\boldsymbol{\Sigma}_{11}^{-1}\boldsymbol{\Delta}_1) \tag{57}$$

geschrieben werden, und ist daher mindestens so groß wie $\frac{n_1 n_2}{n_1 + n_2} \boldsymbol{\Delta}_1'\boldsymbol{\Sigma}_{11}^{-1}\boldsymbol{\Delta}_1$, der Nichtzentralitätsparameter der T^2-Statistik, die nur den ersten Teil der Merkmalsvektoren berücksichtigt.

Aus (57) wird auch ersichtlich, wieso die Einbeziehung der zweiten Komponente zu einer starken Erhöhung des Nichtzentralitätsparameters von T^2 führen kann, auch wenn $\boldsymbol{\Delta}_2$, die Differenz der entsprechenden Mittelwertskomponenten, klein oder sogar Null ist. Eine analoge Zerlegung wie für den Nichtzentralitätsparameter erhält man auch für die T^2-Statistik selbst,

$$T^2 = \frac{n_1 + n_2 - p - 1}{p} \frac{n_1 n_2}{n_1 + n_2} \boldsymbol{z}_1' \boldsymbol{S}_{11}^{-1} \boldsymbol{z}_1 + \frac{n_1 + n_2 - p - 1}{p} \frac{n_1 n_2}{n_1 + n_2}$$

$$\times (\boldsymbol{z}_2 - \boldsymbol{S}_{21}\boldsymbol{S}_{11}^{-1}\boldsymbol{z}_1)' (\boldsymbol{S}_{22} - \boldsymbol{S}_{21}\boldsymbol{S}_{11}^{-1}\boldsymbol{S}_{12})^{-1} (\boldsymbol{z}_2 - \boldsymbol{S}_{21}\boldsymbol{S}_{11}^{-1}\boldsymbol{z}_1) \tag{58}$$

mit $\boldsymbol{z} = (\boldsymbol{z}_1', \boldsymbol{z}_2')' = (\boldsymbol{y}_{1.} - \boldsymbol{y}_{2.})$.

Aus (57) und (58) ist klar zu sehen, daß die Nichtzentralität bei Einbeziehung von mehr Merkmalen nur zunehmen, zumindest aber nicht abnehmen kann. Auch der Wert der T^2-Teststatistik wird mit Sicherheit vergrößert. Das bedeutet aber noch nicht, daß die Trennschärfe des Tests größer wird. Schließlich verändert sich auch mit der Dimension p der α-Signifikanzpunkt der F-Verteilung.

DasGupta/Perlman (1974) zeigten, daß, wenn der Nichtzentralitätsparameter konstant bleibt oder nur geringfügig wächst, die Trennschärfe des T^2-Tests mit wachsender Anzahl von Merkmalen geringer wird. Es wird daher in solchen Fällen vorteilhaft sein, auf die Einbeziehung des zweiten Teils des Merkmalsvektors in die statistische Analyse zu verzichten.

Als Maß für die „Unverzichtbarkeit" des zweiten Teilvektors kann der zweite Summand in (58), oder besser

$$\frac{n_1 + n_2 - p - 1}{p_2} \frac{n_1 n_2}{n_1 + n_2} \frac{(z_2 - S_{21}S_{11}^{-1}z_1)' (S_{22} - S_{21}S_{11}^{-1}S_{12})^{-1} (z_2 - S_{21}S_{11}^{-1}z_1)}{1 + z_1'S_{11}^{-1}z_1} \tag{59}$$

dienen.

Bei festen S_{11} und z_1 hat $\frac{n_1 n_2}{n_1 + n_2} (z_2 - S_{21}S_{11}^{-1}z_1)$ eine Normalverteilung $N_{p_2}(\mu_2 - \Sigma_{21}\Sigma_{11}^{-1}\mu_1, (1 + z_1'S_{11}^{-1}z_1)\Sigma_{22.1})$ (siehe A. 2.6. und A. 2.9.). Somit gilt für

$$x = \frac{n_1 n_2}{n_1 + n_3} (z_2 - S_{21}S_{11}^{-1}z_1)/(1 + z_1'S_{11}^{-1}z_1)^{1/2},$$

daß

$$x \mid (S_{11}, z_1) \sim N_{p_2}(0, \Sigma_{22.1}),$$

wenn $\mu_2 - \Sigma_{21}\Sigma_{11}\mu_1 = 0$. Daher ist x unabhängig von (S_{11}, z_1) verteilt. Da auch $S_{22.1} = S_{22} - S_{21}S_{11}^{-1}S_{12}$ unabhängig von (S_{11}, z_1), und von x eine $W(n_1 + n_2 - p_1 - 2, \Sigma_{22.1})$-Verteilung besitzt (siehe A. 2.9.), ist unter Berücksichtigung von A. 2.5. und A. 2.10. $\frac{n_1 + n_2 - p - 1}{p_2} x'S_{22.1}^{-1}x$ F-verteilt mit p_2 und $n_1 + n_2 - p - 1$ Freiheitsgraden. Der letzte Ausdruck ist mit (59) identisch.

Merkmalsauswahl bei k Stichproben

Bezeichnen wir mit Z die $p \times k$-Matrix

$$Z = \left(n_1^{1/2}(y_{1.} - y_{..}) \mid \cdots \mid n_k^{1/2}(y_{k.} - y_{..})\right)$$

und

$$S = \sum_i \sum_\nu (y_{i\nu} - y_{i.})(y_{i\nu} - y_{i.})',$$

erhält man ganz analog zum obigen Resultat

$$(Z_2 - S_{21}S_{11}^{-1}Z_1)(I_k + Z_1'S_{11}^{-1}Z_1)^{-1}(Z_2 - S_{21}S_{11}^{-1}Z_1)' \sim W_{p_2}(k - 1, \Sigma_{22.1}),$$

wenn $M_2 - \Sigma_{21}\Sigma_{11}^{-1}M_1 = 0$ ist. Hierbei ist

$$Z = \begin{pmatrix} Z_1 \\ Z_2 \end{pmatrix} \quad \text{und} \quad M_i = EZ_i,\ i = 1, 2.$$

Diese Wishart-Verteilung ist unabhängig von $S_{22.1} = S_{22} - S_{21}S_{11}^{-1}S_{12}$, so daß beispielsweise

$$T_{2.1}^2 = \operatorname{sp}\left[(Z_2 - S_{21}S_{11}^{-1}Z_1)(I_k + Z_1'S_{11}^{-1}Z_1)^{-1}(Z_2 - S_{21}S_{11}^{-1}Z_1)' S_{22.1}^{-1}\right]$$

oder

$$\Lambda_{2.1} = \frac{|(Z_2 - S_{21}S_{11}^{-1}Z_1)(I_k + Z_1'S_{11}Z_1)^{-1}(Z_2 - S_{21}S_{11}^{-1}Z_1)' + S_{22.1}|}{|S_{22.1}|}$$

als Maß für die Unverzichtbarkeit des zweiten Merkmalsvektors dienen können. Die entsprechenden Dimensionen bzw. Freiheitsgrade sind p_2, $k - 1$ und $n - k - p_1$.

Betrachten wir die Λ-Statistik für die Hypothese der Gleichheit der k Mittelwerte

$$\Lambda = \frac{|\boldsymbol{S} + \boldsymbol{Z}\boldsymbol{Z}'|}{|\boldsymbol{S}|},$$

kann diese wegen $|\boldsymbol{S}| = |\boldsymbol{S}_{11}|\,|\boldsymbol{S}_{22.1}|$ und

$$|\boldsymbol{S} + \boldsymbol{Z}\boldsymbol{Z}'| = \begin{vmatrix} \boldsymbol{I} & 0 \\ -\boldsymbol{S}_{21}\boldsymbol{S}_{11}^{-1} & \boldsymbol{I} \end{vmatrix} |\boldsymbol{S} + \boldsymbol{Z}\boldsymbol{Z}'| \begin{vmatrix} \boldsymbol{I} & -\boldsymbol{S}_{11}^{-1}\boldsymbol{S}_{12} \\ 0 & \boldsymbol{I} \end{vmatrix}$$

$$= \begin{vmatrix} \boldsymbol{S}_{11} + \boldsymbol{Z}_1\boldsymbol{Z}_1' & \boldsymbol{Z}_1(\boldsymbol{Z}_2 - \boldsymbol{S}_{21}\boldsymbol{S}_{11}^{-1}\boldsymbol{Z}_1)' \\ (\boldsymbol{Z}_2 - \boldsymbol{S}_{21}\boldsymbol{S}_{11}^{-1}\boldsymbol{Z}_1)\boldsymbol{Z}_1' & \boldsymbol{S}_{22.1} + (\boldsymbol{Z}_2 - \boldsymbol{S}_{21}\boldsymbol{S}_{11}^{-1}\boldsymbol{Z}_1)(\boldsymbol{Z}_2 - \boldsymbol{S}_{21}\boldsymbol{S}_{11}^{-1}\boldsymbol{Z}_1)' \end{vmatrix}$$

zu

$$\Lambda = \frac{|\boldsymbol{S}_{11} + \boldsymbol{Z}_1\boldsymbol{Z}_1'|}{|\boldsymbol{S}_{11}|} \frac{|\boldsymbol{S}_{22.1} + (\boldsymbol{Z}_2 - \boldsymbol{S}_{21}\boldsymbol{S}_{11}^{-1}\boldsymbol{Z}_1)(\boldsymbol{I}_k + \boldsymbol{Z}_1'\boldsymbol{S}_{11}^{-1}\boldsymbol{Z}_1)^{-1}(\boldsymbol{Z}_2 - \boldsymbol{S}_{21}\boldsymbol{S}_{11}^{-1}\boldsymbol{Z}_1)'|}{|\boldsymbol{S}_{22.1}|}.$$

umgeformt werden, d. h. in das Produkt zweier unter $\mathbf{M}_2 - \boldsymbol{\Sigma}_{21}\boldsymbol{\Sigma}_{11}^{-1}\mathbf{M}_1 = \mathbf{0}$ unabhängiger Λ-Statistiken

$$\Lambda = \Lambda_1\Lambda_{2.1}$$

mit den Parametern p_1, $k-1$, $n-k$ bzw. p_2, $k-1$ und $n-k-p_1$.

2.1.4. Multiple Mittelwertvergleiche

Betrachten wir wieder, wie eingangs des Kapitels 2.1. K normalverteilte Stichproben

$$\begin{array}{l} y_{11}, y_{12}, \ldots, y_{1n} \\ \vdots \\ y_{K1}, y_{K2}, \ldots, y_{Kn} \end{array}$$

mit gleichen Varianzen σ^2. Ist speziell $K = 2$, das sogenannte Zwei-Stichproben-Problem, so führt der F-Test auch im allgemeineren Fall ungleicher Stichprobenumfänge zur Ablehnung der Hypothese der Gleichheit der Mittelwerte μ_1 und μ_2, wenn

$$F = \frac{n_1 n_2}{n_1 + n_2} \frac{(y_{1.} - y_{2.})^2}{s^2} > \mathrm{F}_{1, n_1+n_2-2;\alpha}$$

oder äquivalent, wenn

$$|y_{1.} - y_{2.}| > \sqrt{\frac{n_1 + n_2}{n_1 n_2}}\, s\, |\mathrm{t}|_{n_1+n_2-2;\alpha}, \tag{60}$$

(vgl. Abschnitte 2.1.1.6. und 2.1.2.1.). Eine Interpretation der Ergebnisse für den Fall der Ablehnung der Hypothese ist einfach: die beiden Mittelwerte sind eben verschieden.

Für $K \geqq 3$ jedoch ist der F-Statistik

$$F = \frac{1}{K-1} \sum_i n_i (y_{i.} - y_{..})^2 / s^2$$

im Falle der Ablehnung nicht unmittelbar zu entnehmen, welche Mittelwertdifferenzen als verschieden anzusehen sind, und welche nicht. Verfahren zur Prüfung von zusammengesetzten Hypothesen, die im Falle der Ablehnung differenzierte Aussagen darüber machen, welche Teilhypothesen abzulehnen sind, heißen *multiple Tests* (siehe auch Abschnitt 1.5.1.2.).

2.1.4.1. Der multiple t-Test

Die älteste und einfachste Methode zur Ermittlung signifikanter Mittelwertdifferenzen stellt die Anwendung des t-Tests (60) für alle Paare $y_{i.}$ und $y_{j.}$ dar, d. h. μ_i und μ_j werden als verschieden angesehen, wenn

$$|y_{i.} - y_{j.}| > \sqrt{\frac{n_i + n_j}{n_i n_j}}\, s\, |\mathrm{t}|_{N-K;\alpha}, \qquad i, j = 1, \ldots, K,$$

ist. Hierbei ist s^2 die aus den K Gruppen gewonnene Schätzung der Varianz.

Die Irrtumswahrscheinlichkeit 1. Art, oft auch *versuchsbezogenes Risiko* genannt, ist die Wahrscheinlichkeit, mindestens eines der Paare $\mu_i, \mu_j, i, j = 1, \ldots, K$, als signifikant verschieden einzuordnen, obwohl die Hypothese $\mu_1 = \ldots = \mu_K$ gilt. Es zeigt sich, daß diese Irrtumswahrscheinlichkeit nicht durch α, das *vergleichsbezogene Risiko*, beschränkt ist. Bei $\alpha = 0.05$ beispielsweise erreicht sie in Abhängigkeit von den Stichprobenumfängen für $K = 3$, 4 oder 5 Werte bis zu 0.12, 0.20, 0.30 und wächst mit größerem K noch weiter. Angewendet auf die Mittelwerte im Beispiel 2.1.1 sind die Differenzen

$$y_{5.} - y_{8.},\ y_{5.} - y_{3.},\ y_{5.} - y_{6.},\ y_{5.} - y_{1.},\ y_{5.} - y_{4.},\ y_{5.} - y_{2.},\ y_{7.} - y_{6.},$$

$$y_{7.} - y_{1.},\ y_{7.} - y_{4.},\ y_{7.} - y_{2.} \text{ und } y_{8.} - y_{2.}$$

größer als die „Grenzdifferenz" (vgl. Tafel III)

$$\mathrm{T}_{24;0.05} = \sqrt{\frac{2}{n}}\, s\, |\mathrm{t}|_{24;0.05} = 2.64.$$

Die Wahrscheinlichkeit, daß sich unter den auf diese Weise als signifikant ausgewählten Differenzen fälschlicherweise einige befinden, die aus gleichen Verteilungen stammen, ist jedoch sehr hoch. Daher muß diese Auswahl als nicht zuverlässig gelten.

2.1.4.2. Der Scheffé-Test

Aus den Ergebnissen von Abschnitt 2.1.1.7 (siehe (25)) folgt sofort, daß simultane Konfidenzintervalle zum Niveau $1 - \alpha$ für alle linearen Kontraste, d. h. alle Linearkombinationen $\sum_i l_i \mu_i$ mit $\sum_i l_i = 0$, durch

$$\sum_i l_i y_{i.} \pm s \left[\left(\sum_i \frac{l_i^2}{n_i}\right) (K - 1)\, \mathrm{F}_{K-1, N-K;\alpha}\right]^{1/2}, \qquad N = n_1 + \ldots + n_K, \tag{61}$$

gegeben sind.

Da mit Wahrscheinlichkeit $1 - \alpha$ alle linearen Kontraste in den Intervallen (61) enthalten sind, speziell also die Mittelwertdifferenzen $\mu_i - \mu_j$ in

$$y_{i.} - y_{j.} \pm s \left[\frac{n_i + n_j}{n_i n_j} (K - 1)\, \mathrm{F}_{K-1, N-K; \alpha}\right]^{1/2}, \tag{62}$$

und die Mittelwertdifferenzen nur eine Teilmenge aller linearen Kontraste bilden, ist die Wahrscheinlichkeit, daß alle $K(K-1)/2$ Mittelwertdifferenzen $\mu_i - \mu_j$ in (62) liegen, $i, j = 1, \ldots, K$, $i \neq j$, größer als $1 - \alpha$.

Wird nun jede Teilhypothese

$$\mathrm{H}_{ij} : \mu_i = \mu_j$$

genau dann abgelehnt, wenn die Null nicht im Intervall (62) enthalten ist, oder gleichbedeutend, wenn

$$|y_{i.} - y_{j.}| > s \sqrt{\frac{1}{n_i} + \frac{1}{n_j}}\, [(K - 1)\, \mathrm{F}_{K-1, N-K; \alpha}]^{1/2} \tag{63}$$

gilt, ergibt sich aus den Eigenschaften der Konfidenzintervalle unmittelbar, daß sich nur mit einer Wahrscheinlichkeit kleiner als α unter allen von diesem Test als signifikant ausgewählten Paaren μ_i und μ_j irrtümlich eines befindet, dessen Differenz Null ist.

2.1.4.3. Der Tukey-Test

Die mit Hilfe des F-Tests konstruierten simultanen Konfidenzintervalle (62) für die Mittelwertdifferenzen sind konservativ, d. h., die Wahrscheinlichkeit, daß alle Differenzen von den gebildeten Intervallen überdeckt werden, ist größer als $1 - \alpha$. Es bietet sich daher an, die in (62) benutzte Größe $[(K - 1)\, \mathrm{F}_{K-1, N-K; \alpha}]^{1/2}$ durch einen kleineren noch von K und den n_i abhängigen Wert c_α zu ersetzen, so daß das Konfidenzniveau $1 - \alpha$ genau eingehalten wird und ferner die Konfidenzintervalle verkleinert werden.

Für gleiche Beobachtungsumfänge $n_1 = n_2 = \ldots = n_K = n$ berechnete Tukey (1953) die Werte $q_{K, \nu_0; \alpha} = \sqrt{2}\, c_\alpha$, $\nu_0 = N - K$, (siehe Tafel V). Da in diesem Fall

$$\sqrt{n}\, \frac{|y_{i.} - y_{j.} - (\mu_i - \mu_j)|}{s} \leqq q_{K, \nu_0; \alpha}, \qquad i, j = 1, \ldots, K,$$

genau dann erfüllt ist, wenn

$$\max_{i,j} \sqrt{n}\, \frac{|(y_{i.} - \mu_i) - (y_{j.} - \mu_j)|}{s} \leqq q_{K, \nu_0; \alpha}$$

gilt, ist $q_{K, \nu_0; \alpha}$ der α-Signifikanzpunkt einer Zufallsgröße, die man sich als durch s normierte Spannweite von K unabhängigen N(0, 1)-Variablen vorstellen kann.

Daher wird der multiple Test, der die Teilhypothesen $\mu_i = \mu_j$ ablehnt, falls die Konfidenzintervalle

$$y_{i.} - y_{j.} \pm \frac{s}{\sqrt{n}}\, q_{K, \nu_0; \alpha}$$

die Null nicht enthalten, bzw. falls

$$\sqrt{n}\,\frac{|y_{i.} - y_{j.}|}{s} > q_{K,\nu_0;\alpha}$$

ist, oft als Methode der *studentisierten Spannweite* bezeichnet.

Beispiel 2.1.9. Wählen wir aus den Stichprobenmitteln in Beispiel 2.1.1 signifikant verschiedene Paare mit Hilfe des Scheffé-Tests oder des Tukey-Tests aus, indem wir die Differenzen $y_{i.} - y_{j.}$ mit den ‚Grenzdifferenzen' $s\sqrt{\frac{2}{n}}\,[(K-1)\,F_{K-1,n-K;\alpha}]^{1/2}$ bzw. $s\sqrt{\frac{1}{n}}\,q_{K,N-K;\alpha}$ vergleichen, ergibt sich das in Tabelle 2.1.16 festgehaltene Bild.

Tabelle 2.1.16. Multiple Tests zu den Daten aus Beispiel 2.1.1

Test	Signifikanz-niveau	Grenzdifferenz	Signifikante Differenzen
Tukey	0.05	4.24	$\lvert y_{5.} - y_{6.}\rvert$, $\lvert y_{5.} - y_{1.}\rvert$, $\lvert y_{5.} - y_{4.}\rvert$, $\lvert y_{5.} - y_{2.}\rvert$
Scheffé	0.05	5.27	$\lvert y_{5.} - y_{2.}\rvert$
Tukey	0.01	5.14	$\lvert y_{5.} - y_{2.}\rvert$
Scheffé	0.01	6.34	—

Die Tatsache, daß der Scheffé-Test beim Niveau $\alpha = 0.01$ keine signifikante Mittelwertdifferenz ausweist, steht nur scheinbar im Widerspruch zu der Tatsache, daß der F-Test die Nullhypothese auch bei diesem Signifikanzniveau ablehnt (vgl. Beispiel 2.1.1). Andere lineare Kontraste, wie z. B. $\mu_1 + \mu_2 + \mu_4 - (\mu_5 + \mu_7 + \mu_8)$, werden bei $\alpha = 0.01$ als signifikant von Null verschieden erkannt.

Wenn die Stichprobenumfänge nicht alle identisch sind, gilt der Tukey-Test approximativ, wenn in den Konfidenzintervallen $\sqrt{n}$ durch $1\Big/\sqrt{\frac{1}{2}\left(\frac{1}{n_i} + \frac{1}{n_j}\right)}$ ersetzt wird (Kramer (1956)).

2.1.4.4. Der Dunnett-Test

In vielen Situationen sind die K Stichproben nicht gleichberechtigt, sondern eine von ihnen — ohne Beschränkung der Allgemeinheit sei es die erste — repräsentiert ein anerkanntes und erprobtes Standardverfahren, die anderen stellen mögliche Abänderungen dar. Hier sind vorwiegend die Teilhypothesen

$$H_t : \mu_1 = \mu_t, \qquad t = 2, \ldots, K,$$

von Interesse.

Simultane Konfidenzintervalle für die $K - 1$ Mittelwertdifferenzen $\mu_1 - \mu_2, \ldots, \mu_1 - \mu_K$ wurden von Dunnett (1955, 1964), für gleiche Beobachtungsumfänge angegeben. Sie haben die Gestalt

$$y_{1.} - y_{t.} \pm \sqrt{\frac{2}{n}}\, s\, d_{K-1,\nu_0;\alpha}.$$

Der entsprechende Test lehnt alle Teilhypothesen H_t ab, für die

$$\sqrt{\frac{n}{2}}\,\frac{|y_{1.} - y_{t.}|}{s} > d_{K-1,\nu_0;\alpha},$$

bzw. $|y_{1.} - y_{t.}|$ größer als die *Grenzdifferenz* $D_{K-1,\nu_0;\alpha} = d_{K-1,\nu_0;\alpha}\, s \sqrt{\frac{2}{n}}$ ist. Weil

$$\sqrt{\frac{n}{2}}\,\frac{|(y_{1.} - y_{t.}) - (\mu_1 - \mu_t)|}{s} > d_\alpha, \qquad t = 2, \ldots, K$$

genau dann gilt, wenn

$$\max_{t=2,\ldots,K} \sqrt{\frac{n}{2}}\,\frac{|(y_{1.} - \mu_1) - (y_{t.} - \mu_t)|}{s} > d_\alpha,$$

ist $d_{K-1,\nu_0;\alpha}$ der α-Signifikanzpunkt des studentisierten maximalen Abstands $\frac{1}{\sqrt{2}} \times |x_1 - x_t|/s$, $t = 2, \ldots, K$, wobei die $x_1, \ldots, x_K$ K unabhängige N(0, 1)-Variable darstellen. In Tafel VI findet man einige dieser Werte tabelliert.

Hat man, wie es praktisch oft vorkommt, für den „Standard" mehr Beobachtungen n' als für die Vergleichsstichproben, werden die Grenzdifferenzen durch

$$D'_{K-1,\nu_0;\alpha} = d'_{K-1,\nu_0;\alpha}\, s \sqrt{\frac{1}{n'} + \frac{1}{n}}$$

ersetzt, wobei

$$d'_{K-1,\nu_0;\alpha} = \left[1 + \frac{w_{K-1,\nu_0;\alpha}}{100}\left(1 - \frac{n}{n'}\right)\right] d_{K-1,\nu_0;\alpha}$$

ist. Die Werte für $w_{K-1,\nu_0;\alpha}$ sind in Tafel VI mit aufgeführt.

2.1.4.5. Der Newman-Keuls-Test

Beim Vorhandensein einiger signifikanter Differenzen in den Mittelwerten neigt der Tukey-Test dazu, andere kleinere, aber noch gut „sichtbare" Differenzen zu vernachlässigen.

Im Beispiel 2.1.9 wären $y_{5.}$ und $y_{3.}$ bei $\alpha = 0.05$ signifikant verschieden, wenn wir den Tukey-Test auf vier Stichproben — die dritte, fünfte, siebente und achte — angewendet, s^2 allerdings aus allen acht gebildet hätten. Ähnlich kann man mit allen Gruppen von sieben, sechs, ..., zwei zusammenhängend nebeneinander liegenden Stichprobenmitteln verfahren.

Wie beim multiplen t-Test in Abschnitt 2.1.4.1. führt eine solche Kombination von Tests jedoch zu einem unkontrollierten versuchsbezogenen Risiko.

Newman (1939) und Keuls (1952) modifizierten dieses Verfahren derart, daß eine vorgegebene Irrtumswahrscheinlichkeit α eingehalten wird. Der Newman-Keuls-Test lehnt eine Teilhypothese

$$H_{ij} : \mu_i = \mu_j$$

genau dann ab, wenn für sämtliche Gruppen von Stichprobenmitteln, die $y_{i.}$ und $y_{j.}$ enthalten, der Tukey-Test zur Ablehnung der Gleichheit aller Erwartungswerte in den jeweiligen Gruppen führt. Die Signifikanzgrenzen q_α für die studentisierte Spannweite innerhalb der einzelnen Gruppen werden natürlich durch die Anzahl der jeweils betrachteten Mittelwerte bestimmt.

Beispiel 2.1.10. Wir betrachten wieder den Datensatz aus Beispiel 2.1.1. Um die Gültigkeit einer Teilhypothese $\mu_i = \mu_j$ zu prüfen, braucht nicht für alle Gruppen, die die i-te und j-te Stichprobe enthalten, der Tukey-Test berechnet zu werden, sondern es reicht aus, die der Größe nach zusammenhängenden Gruppen zu betrachten.

Die Differenzen zwischen den geordneten Stichprobenmitteln sind in Tabelle 2.1.17 festgehalten. Die Differenz zwischen zwei benachbarten Mitteln, d. h. die in der Hauptdiagonalen stehenden Werte, werden mit der Grenzdifferenz $R_{2;\alpha} = \sqrt{\frac{1}{n}}\, s q_{2,\nu_0;\alpha}$ verglichen, die Differenzen in der ersten Nebendiagonale mit $R_{3;\alpha}$ usw. Alle Werte, die größer als die ihnen entsprechende Grenzdifferenz sind, erscheinen in Tabelle 2.1.17 halbfett gedruckt.

Nach dem Newman-Keuls-Test ist nun eine Mittelwertdifferenz signifikant, wenn sie selbst und alle „rechts und höher" von ihr gelegenen „halbfett" sind.

Im ausgewählten Beispiel sind es bei $\alpha = 0.05$ die Differenzen $|y_{5.} - y_{3.}|$, $|y_{5.} - y_{6.}|$, $|y_{5.} - y_{1.}|$, $|y_{5.} - y_{4.}|$ und $|y_{5.} - y_{2.}|$. Im Vergleich zum Tukey-Test wurde also zusätzlich die Differenz $|y_{5.} - y_{3.}|$ signifikant.

Tabelle 2.1.17. Der Newman-Keuls-Test zum Beispiel 2.1.1

	$y_{7.}$ 60.50	$y_{8.}$ 61.83	$y_{3.}$ 62.80	$y_{6.}$ 63.38	$y_{1.}$ 63.73	$y_{4.}$ 64.10	$y_{2.}$ 64.48
$y_{5.} = 59.00$	1.50	2.83	**3.80**	**4.38**	**4.73**	**5.10**	**5.48** $> R_{8;0.05} = 4.24$
$y_{7.} = 60.50$		1.33	2.30	2.88	3.23	3.60	$3.98 < R_{7;0.05} = 4.12$
$y_{8.} = 61.83$			0.97	1.55	1.90	2.27	$2.65 < R_{6;0.05} = 3.96$
$y_{3.} = 62.80$				0.58	0.93	1.30	$1.68 < R_{5;0.05} = 3.78$
$y_{6.} = 63.38$					0.35	0.72	$1.10 < R_{4;0.05} = 3.54$
$y_{1.} = 63.73$						0.37	$0.75 < R_{3;0.05} = 3.20$
$y_{4.} = 64.10$							$0.38 < R_{2;0.05} = 2.64$

Da speziell die Gruppe aller K Mittelwerte jedes $y_{i.}$ und $y_{j.}$ umfaßt, kann der Newman-Keuls-Test Teilhypothesen nur ablehnen, wenn der Tukey-Test die Nullhypothese $\mu_1 = \ldots = \mu_K$ verworfen hat. Somit hält der Newman-Keuls-Test das vorgegebene versuchsbezogene Risiko α ein und ist sogar aufgrund der Tatsache, daß die Signifikanzgrenzen q_α bei geringerer Anzahl der einbezogenen Stichproben ebenfalls kleiner werden, trennschärfer als der Tukey-Test, d. h., bei Inhomogenität der K Erwartungswerte werden mehr Teilhypothesen abgelehnt. Während aber beim Tukey-Test die Wahrscheinlichkeit, ein Paar μ_i, μ_j irrtümlich als verschieden auszuwählen, obwohl $\mu_i = \mu_j$ ist, stets durch α beschränkt ist, besitzt der Newman-Keuls-Test diese Eigenschaft nur, wenn alle $\mu_1, \ldots, \mu_K$ gleich sind. Ansonsten hängt diese Irrtumswahrscheinlichkeit von der unbekannten Konstellation der Parameter $\mu_1, \ldots, \mu_K$ und σ^2 ab und kann Werte bis zu $\frac{K}{2}\alpha$ erreichen.

2.1.4.6. Bonferroni-Tests

Eine extrem einfache Methode der Konstruktion multipler Tests geht auf FISHER (1935) zurück. Wir betrachten eine aus K Teilhypothesen $H_1, \ldots, H_k$ zusammengesetzte Nullhypothese und nehmen an, daß zu jeder Teilhypothese H_i eine geeignete Teststatistik t_i existiert, deren Verteilung unter H_i gegeben ist.

Mit $c_{i;\alpha/K}$ wird dann ihr $\frac{\alpha}{K}$ -Signifikanzpunkt bezeichnet, d. h. der kleinste Wert, für den

$$P_{H_i}(t_i > c_{i;\alpha/K}) \leqq \frac{\alpha}{K}$$

ist. Aufgrund der bekannten Bonferroni-Ungleichung

$$P(\mathcal{A}_1 \cup \ldots \cup \mathcal{A}_k) \leqq P(\mathcal{A}_1) + \ldots + P(\mathcal{A}_k)$$

erhalten wir, wenn wir $\mathcal{A}_i = \{t_i > c_{i;\alpha/K}\}$ setzen,

$$P_{H_1,\ldots,H_K}(t_i \geqq c_{i;\alpha/K} \quad \text{für mindestens ein } i) \leqq K\,\frac{\alpha}{K} = \alpha. \tag{64}$$

Lehnen wir H_i genau dann ab, wenn $t_i > c_{i;\alpha/K}$, so hält dieser multiple Bonferroni-Test wegen (64) das Signifikanzniveau α unter der Nullhypothese ein. Darüber hinaus gilt für jede Kombination $H_{i_1}, \ldots, H_{i_m}$, daß

$$P_{H_{i_1},\ldots,H_{i_m}}(t_{i_j} > c_{i_j;\alpha/K} \quad \text{für mindestens ein } i_j,\ j = 1, \ldots, m) \leqq m\,\frac{\alpha}{K} < \alpha \tag{65}$$

ist, d. h., die Wahrscheinlichkeit, aus einer beliebigen Gruppe von gültigen Teilhypothesen eine oder mehrere irrtümlich abzulehnen, ist durch α beschränkt.

Die Ungleichungen (64) und (65) gelten ohne Rücksicht auf gegenseitige Abhängigkeiten der Teststatistiken $t_1, \ldots, t_k$. Der Preis für die dadurch erreichte Einfachheit der Testkonstruktion ist aber i. allg. eine relativ geringe Trennschärfe. Für $K = 10$ beispielsweise, und $\alpha = 0.05$ wird $c_{\alpha/K}$ zum 0.005-Signifikanzpunkt, ein Wert, der auch unter der Alternative, wenn sie nicht extrem von der Hypothese abweicht, nicht oft überschritten wird.

Eine Verbesserung des Bonferroni-Tests, die die Trennschärfe erhöht, wurde von HOLM (1979) entwickelt. Das Annahmegebiet der Nullhypothese wird dabei unverändert belassen, das Ablehnungsgebiet jedoch anders aufgeteilt.

Die Vorgehensweise kann wie folgt beschrieben werden

- Im ersten Schritt wird diejenige Teilhypothese H_{j_1} abgelehnt, für die $t_{j_1} > c_{j_1;\alpha/K}$ ist. (Gibt es mehrere, so wird die mit dem größten t-Wert genommen).
- Unter den verbleibenden $k - 1$ Teilhypothesen wird diejenige abgelehnt, für die $t_{j_2} > c_{j_2;\alpha/(K-1)}$ ist,
- dann die, für die $t_{j_3} > c_{j_3;\alpha/(K-2)}$ usw.

Sobald im r-ten Schritt kein $t_{j_r} > c_{j_r;\alpha/(K-r+1)}$ existiert, wird das Testverfahren abgebrochen und alle verbleibenden Teilhypothesen, d. h., alle außer $H_{j_1}, \ldots, H_{j_{r-1}}$, werden angenommen.

Aus der Konstruktion ist sofort ersichtlich, daß für eine beliebige Gruppe $H_{i_1}, \ldots, H_{i_m}$ von Teilhypothesen

$$\mathsf{P}_{H_{i_1},\ldots,H_{i_m}} (\text{mindestens ein } H_{i_j} \text{ wird abgelehnt}, j = 1, \ldots, m)$$

$$\leqq \sum_{j=1}^{m} \mathsf{P}_{H_{i_1},\ldots,H_{i_m}} (t_{i_j} > c_{i_j;\alpha/m}) \leqq m \frac{\alpha}{m} = \alpha \tag{66}$$

gilt.

Der Bonferroni-Holm-Test lehnt die einzelnen Teilhypothesen häufiger ab als der ursprüngliche Bonferroni-Test. Er ist also trennschärfer, da nicht mehr generell mit $c_{i;\alpha/K}$ sondern mit $c_{i;\alpha/(K-1)}$, $c_{i;\alpha/(K-2)}$ usw. verglichen wird. Er hält, wie aus (66) zu sehen ist, das multiple Signifikanzniveau α ein.

2.2. Varianzkomponenten

In den im Abschnitt 2.1. betrachteten Klassifikationsmodellen stellen die $\alpha_i, \beta_i, \ldots,$ $i = 1, \ldots, I$, $j = 1, \ldots, J$, feste Effekte dar, die von den Stufen der entsprechenden Faktoren bestimmt werden. Speziell die mögliche Reproduzierbarkeit des Versuches mit den gleichen Stufen bewirkt ein Interesse an Schätzungen der α_i, β_j und der anderen Effekte und Wechselwirkungen.

Oft sind die Stufen einiger Faktoren jedoch nicht wiederholbar, bzw. es besteht kein unmittelbares Interesse an der Schätzung lediglich der in dem Versuch berücksichtigten Stufen.

Bezeichnen beispielsweise in einem kreuzklassifizierten Versuch mit n Wiederholungen $\alpha_1, \ldots, \alpha_I$ die Effekte verschiedener Behandlungen und $\beta_1, \ldots, \beta_J$ sowie $(\alpha\beta)_{11}, \ldots, (\alpha\beta)_{IJ}$ die den J Versuchstieren zuzuschreibenden Effekte und Wechselwirkungen, so ist neben den Schätzungen der Effekte α_i vorwiegend die Variation der β_j und $(\alpha\beta)_{ij}$ von Interesse, als Ausdruck des durchschnittlichen Anteiles der individuell bedingten Effekte und Wechselwirkungen an der Gesamtvarianz der Beobachtungen, und zwar nicht nur für die in den Versuch einbezogene Gruppe von Versuchstieren, sondern für die Gesamtheit, aus der diese Gruppe zufällig ausgewählt wurde.

Eine geeignete Beschreibung dieser Situation wird durch ein Modell

$$\begin{gathered} y_{ij\nu} = \mu + \alpha_i + b_j + (ab)_{ij} + \varepsilon_{ij\nu}, \\ i = 1, \ldots, I; \quad j = 1, \ldots, J; \quad \nu = 1, \ldots, n \end{gathered} \tag{67}$$

gegeben.

Die Benutzung der lateinischen Symbole b, (ab) anstelle von β, $(\alpha\beta)$ wie in (30) soll verdeutlichen, daß es sich um zufällige Effekte handelt.

Wir setzen dabei

$$\begin{aligned} &\mathsf{E} b_j = 0, \quad \mathsf{Cov}\, b_j = \sigma_b^2, \quad j = 1, \ldots, J, \\ &\mathsf{E}(ab)_{ij} = 0, \quad \mathsf{Cov}\, (ab)_{ij} = \sigma_{ab}^2, \quad i = 1, \ldots, I; \quad j = 1, \ldots, J \end{aligned} \tag{68}$$

und die Unabhängigkeit — zumindest Unkorreliertheit — aller b_j und $(ab)_{ij}$ voraus.

Weiterhin seien

$$\mathsf{E}\varepsilon_{ij\nu} = 0, \qquad \mathsf{Cov}\,\varepsilon_{ij\nu} = \sigma^2$$

und die $\varepsilon_{ij\nu}$ miteinander und mit den b_j, $(ab)_{ij}$ unkorreliert.

Die Modellbeschreibung (67) ist ohne Schwierigkeiten auf unbalancierte Modelle zu erweitern. Ähnliche Konstellationen sind auch für mehrfaktorielle kreuz- und hierarchisch klassifizierte Modelle anzutreffen. Eine einheitliche Beschreibung ist möglich, wenn wir, ganz analog wie im Abschnitt 2.1.2.4, alle Beobachtungen zu einem N-dimensionalen Vektor $\boldsymbol{y}$, alle festen Effekte und Wechselwirkungen zu einem Vektor $\boldsymbol{\beta}$ und die zufälligen Effekte zu r Vektoren $\boldsymbol{b}_1, \ldots, \boldsymbol{b}_r$ zusammenfassen.

Mit Hilfe geeignet gewählter, aus Nullen und Einsen bestehender Matrizen $\boldsymbol{X}_0$, $\boldsymbol{X}_1, \ldots, \boldsymbol{X}_r$ (siehe Abschnitt 2.1.2.4) erhalten wir ein Regressionsmodell

$$\boldsymbol{y} = \boldsymbol{X}_0\boldsymbol{\beta} + \boldsymbol{X}_1\boldsymbol{b}_1 + \ldots + \boldsymbol{X}_r\boldsymbol{b}_r + \boldsymbol{\varepsilon}. \tag{69}$$

Die Anzahl r und die Dimensionen der $\boldsymbol{X}_0, \boldsymbol{X}_1, \ldots, \boldsymbol{X}_r$ sowie der $\boldsymbol{b}_1, \ldots, \boldsymbol{b}_r$ werden durch die Anzahl der festen bzw. zufälligen Effekte, der Stufen und der Wiederholungen bestimmt. In (67) im obigen Beispiel wären $\boldsymbol{\beta} = (\mu, \alpha_1, \ldots, \alpha_I)'$, $\boldsymbol{b}_1 = (b_1, \ldots, b_J)'$ und $\boldsymbol{b}_2 = \left((ab)_{11}, \ldots, (ab)_{IJ}\right)'$. Die Annahmen über die Verteilung der zufälligen Effekte ergeben

$$\mathsf{E}\boldsymbol{b}_t = 0, \qquad \mathsf{Cov}\,\boldsymbol{b}_t = \sigma_t^2\boldsymbol{I}_{d_t}, \qquad t = 1, \ldots, r, \tag{70}$$

und

$$\mathsf{Cov}\,(\boldsymbol{b}_s, \boldsymbol{b}_t) = 0, \qquad s \neq t.$$

Aus (69) und (70) erhalten wir sofort

$$\mathsf{Cov}\,\boldsymbol{y} = \sigma_1^2\boldsymbol{X}_1\boldsymbol{X}_1' + \ldots + \sigma_r^2\boldsymbol{X}_r\boldsymbol{X}_r' + \sigma^2\boldsymbol{I}, \tag{71}$$

die Zerlegung der Kovarianzmatrix mittels der *Varianzkomponenten* $\sigma_1^2, \ldots, \sigma_r^2$ und σ^2.

Modelle der Art (69) werden üblicherweise als *gemischte* (*Varianzanalyse-*) *Modelle* bezeichnet. Für den speziellen Fall, daß abgesehen vom Mittelwert kein fester Effekt existiert, d. h., $\boldsymbol{X}_0$ ist der nur aus Einsen bestehende Vektor $\boldsymbol{1}_N$, ist die Bezeichnung *Modell mit zufälligen Effekten* gebräuchlich.

In Anlehnung an Eisenharts (1947) Bezeichnungen wird dieses Modell auch als Modell II der Varianzanalyse bezeichnet. Falls $r = 0$ ist, d. h., es existieren keine zufälligen Effekte, stellt (69) das feste lineare Regressionsmodell, das Modell I, dar.

2.2.1. ANOVA-Schätzungen

Die älteste und trotz des Auftauchens alternativer Verfahren wie Maximum-Likelihood-Schätzungen oder MINQUE (siehe Abschnitt 2.2.2) nach wie vor verbreitetste Methode der Schätzung der Varianzkomponenten stellt die der *Varianzanalyse* (ANalysis Of VAriance) dar, auch oft als *Henderson-Schätzungen* bezeichnet.

Diese beruhen auf der Wahl von $r + 1$ quadratischen Formen $q_t(\boldsymbol{y})$, $t = 1, \ldots, r + 1$, deren Erwartungswert jeweils eine lineare Funktion der $\sigma_1^2, \ldots, \sigma_r^2$ und σ^2 ist.

Bezeichnet $\boldsymbol{q}(\boldsymbol{y})$ den aus den quadratischen Formen $\left(q_1(\boldsymbol{y}), \ldots, q_{r+1}(\boldsymbol{y})\right)'$ gebildeten

Vektor, $\boldsymbol{\sigma}$ den Parametervektor $(\sigma_1^2, \ldots, \sigma_r^2, \sigma^2)'$ und ist für eine nichtsinguläre Matrix $\boldsymbol{A}$

$$\mathsf{E}\boldsymbol{q}(\boldsymbol{y}) = \boldsymbol{A}\boldsymbol{\sigma},$$

dann ist

$$\boldsymbol{A}^{-1}\mathsf{E}\boldsymbol{q}(\boldsymbol{y}) = \mathsf{E}[\boldsymbol{A}^{-1}\boldsymbol{q}(\boldsymbol{y})] = \boldsymbol{\sigma},$$

d. h., die Lösung $\hat{\boldsymbol{\sigma}}$ des Gleichungssystems

$$\boldsymbol{q}(\boldsymbol{y}) = \boldsymbol{A}\boldsymbol{\sigma} \tag{72}$$

ergibt eine erwartungstreue Schätzung für den Vektor der Varianzkomponenten $\sigma_1^2, \ldots, \sigma_r^2, \sigma^2$. Die Abschnitte 2.2.1.1 und 2.2.1.2 sind der Wahl der quadratischen Funktionen und der Bestimmung der daraus resultierenden Gestalt der Matrix $\boldsymbol{A}$ gewidmet.

2.2.1.1. Modelle mit zufälligen Effekten

Im Modell

$$\boldsymbol{y} = \mathbf{1}_N\mu + \boldsymbol{X}_1\boldsymbol{b}_1 + \ldots + \boldsymbol{X}_r\boldsymbol{b}_r + \boldsymbol{\epsilon} \tag{73}$$

hat eine quadratische Form $\boldsymbol{y}'\boldsymbol{Q}\boldsymbol{y}$ den Erwartungswert

$$\begin{aligned}\mathsf{E}\boldsymbol{y}'\boldsymbol{Q}\boldsymbol{y} &= \operatorname{sp} \mathsf{E}[\boldsymbol{y}\boldsymbol{y}'\boldsymbol{Q}] \\ &= \mu^2 \operatorname{sp}(\mathbf{1}_N\mathbf{1}_N'\boldsymbol{Q}) + \sum_{t=1}^{r} \sigma_t^2 \operatorname{sp}(\boldsymbol{X}_t\boldsymbol{X}_t'\boldsymbol{Q}]) + \sigma^2 \operatorname{sp} \boldsymbol{Q},\end{aligned}$$

d. h., der Erwartungswert ist stets linear in μ^2, $\sigma_1^2, \ldots, \sigma_r^2$, σ^2. Dies suggeriert die Möglichkeit der Wahl von $r + 2$ verschiedenen quadratischen Formen, mit deren Hilfe ein lineares Gleichungssystem mit $r + 2$ Variablen aufgestellt wird. Der Teilvektor $(\hat{\sigma}_1^2, \ldots, \hat{\sigma}_r^2, \hat{\sigma}^2)$ des Lösungsvektors ergibt dann entsprechend den obigen Ausführungen eine erwartungstreue Schätzung für $\sigma_1^2, \ldots, \sigma_r^2$ und σ^2. Es bezeichnet SS_t die in dem linearen Regressionsmodell

$$\boldsymbol{y} = \boldsymbol{X}_t\boldsymbol{b}_t + \boldsymbol{\epsilon} \tag{74}$$

gebildete Quadratsumme $\hat{\boldsymbol{b}}_t'\boldsymbol{X}_t'\boldsymbol{X}_t\hat{\boldsymbol{b}}_t$, wobei $\hat{\boldsymbol{b}}_t = (\boldsymbol{X}_t'\boldsymbol{X}_t)^{-1} \boldsymbol{X}_t'\boldsymbol{y}$ ist, d. h., es gilt

$$\mathrm{SS}_t = \boldsymbol{y}'\boldsymbol{X}_t(\boldsymbol{X}_t'\boldsymbol{X}_t)^{-1} \boldsymbol{X}_t'\boldsymbol{y}, \qquad t = 1, \ldots, r. \tag{75}$$

Diese Quadratsumme entsteht in der Varianzanalyse, wenn formal im Modell (74) $\boldsymbol{b}_t$ als fester Parametervektor angesehen und die Hypothese $\mathrm{H}_t : \boldsymbol{b}_t = \mathbf{0}$ getestet wird. SS_t besitzt eine Darstellung als Reduktion der Summe der Quadrate (siehe (20)).

$$\mathrm{SS}_t = \boldsymbol{y}'\boldsymbol{y} - (\boldsymbol{y} - \boldsymbol{X}_t\hat{\boldsymbol{b}}_t)' (\boldsymbol{y} - \boldsymbol{X}_t\hat{\boldsymbol{b}}_t). \tag{76}$$

Fügen wir den r Quadratsummen SS_t, $t = 1, \ldots, r$, noch die beiden SS_0 und SS_{r+1} hinzu, die entstehen wenn wir $\boldsymbol{X}_0 = \mathbf{1}_N$ und $\boldsymbol{X}_{r+1} = \boldsymbol{I}_N$ setzen, so erhalten wir die $r + 2$ quadratischen Formen, die die ANOVA-Schätzungen bestimmen. Die Matrix $\boldsymbol{A}$ aus (72) hat dann die Gestalt

$$A = (a_{ij}) = \left(\mathrm{sp}\left[X_j'X_i(X_i'X_i)^{-1}X_i'X_j\right]\right), \qquad i, j = 0, \ldots, r+1. \tag{77}$$

A ist nicht singulär, sofern die Matrizen X_jX_j', $j = 0, 1, \ldots, r+1$, linear unabhängig sind.

Hierarchische Klassifikation

In hierarchischen Modellen mit zufälligen Effekten nehmen die quadratischen Formen (75) und die Matrix A in (77) eine einfache Gestalt an. Aus Gründen der einfacheren Bezeichnungsweise betrachten wir im folgenden nur die Dreifach-Klassifikation. Die allgemeine Gestalt für beliebige hierarchische Modelle ergibt sich daraus in offensichtlicher Weise. Für das Modell

$$\begin{aligned} &y_{ijl\nu} = \mu + a_i + b_{ij} + c_{ijl} + \varepsilon_{ijl\nu}, \\ &i = 1, \ldots, I; \quad j = 1, \ldots, J_i; \quad l = 1, \ldots, L_{ij}; \quad \nu = 1, \ldots, n_{ijl}, \end{aligned} \tag{78}$$

sind, wie man sich durch Darstellung des Modells (78) als lineares Regressionsmodell (73) überzeugt,

$$\mathrm{SS}_0 = n_{\ldots}y_{\ldots}^2, \qquad \mathrm{SS}_1 = \sum_i n_{i..}y_{i\ldots}^2, \qquad \mathrm{SS}_2 = \sum_i \sum_j n_{ij.}y_{ij..}^2,$$

$$\mathrm{SS}_3 = \sum_i \sum_j \sum_l n_{ijl}y_{ijl.}^2, \qquad \mathrm{SS}_4 = \sum_i \sum_j \sum_l \sum_\nu y_{ijl\nu}^2$$

und

$$A = \begin{pmatrix} n_{\ldots} & \sum_i n_{i..}^2/n_{\ldots} & \sum_{i,j} n_{ij.}^2/n_{\ldots} & \sum_{i,j,l} n_{ijl}^2/n_{\ldots} & 1 \\ n_{\ldots} & n_{\ldots} & \sum_{i,j} n_{ij.}^2/n_{i..} & \sum_{i,j,l} n_{ijl}^2/n_{.i.} & \sum_i 1 \\ n_{\ldots} & n_{\ldots} & n_{\ldots} & \sum_{i,j,l} n_{ijl}^2/n_{ij.} & \sum_{i,j} 1 \\ n_{\ldots} & n_{\ldots} & n_{\ldots} & n_{\ldots} & \sum_{i,j,l} 1 \\ n_{\ldots} & n_{\ldots} & n_{\ldots} & n_{\ldots} & n_{\ldots} \end{pmatrix}. \tag{79}$$

Die letzten Komponenten des Lösungsvektors für das Gleichungssystem

$$\begin{pmatrix} n_{\ldots}y_{\ldots}^2 \\ \sum_i n_{ij.}y_{i\ldots}^2 \\ \sum_{i,j} n_{ij.}y_{ij..}^2 \\ \sum_{i,j,l} n_{ijl}y_{ijl.}^2 \\ \sum_{i,j,l,\nu} y_{ijl\nu}^2 \end{pmatrix} = A \begin{pmatrix} \mu^2 \\ \sigma_1^2 \\ \sigma_2^2 \\ \sigma_3^2 \\ \sigma^2 \end{pmatrix} \tag{80}$$

liefern die ANOVA-Schätzungen $\hat{\sigma}_1^2$, $\hat{\sigma}_2^2$, $\hat{\sigma}_3^2$ und $\hat{\sigma}^2$. Man findet in der Literatur die quadratischen Formen für diese ANOVA-Schätzungen meist in etwas modifizierter

Form, nämlich

$$SS_1' = \sum_i n_{i..} y_{i...}^2 - n_{...} y_{....}^2,$$

$$\vdots$$

$$SS_4' = \sum_i \sum_j \sum_l \sum_\nu y_{ijl\nu}^2 - \sum_i \sum_j \sum_l n_{ijl} y_{ijl.}^2.$$

Subtrahiert man entsprechend in (79) bzw. (80) die vierte Zeile von der fünften, die dritte von der vierten usw., so ist ersichtlich, daß das Gleichungssystem eine Dreiecksgestalt erhält und daher die erste Zeile irrelevant für die Lösungen $\hat{\sigma}_1^2, \ldots, \hat{\sigma}^2$ wird, so daß in dieser Form nur ein $r+1$-dimensionales, in diesem Fall vierdimensionales, System zu lösen ist.

Die Ergebnisse beider Varianten sind identisch. Das Gleichungssystem ist stets eindeutig lösbar, falls nicht $I = 1$, oder $J_i = 1$ für alle i, oder $L_{ij} = 1$ für alle i, j oder $n_{ijl} = 1$ für alle i, j, l ist, d. h. solange das hierarchische Modell nicht zu einem Modell mit weniger Faktoren entartet.

Kreuzklassifikation

Auch hier beschränken wir uns der besseren Übersichtlichkeit wegen auf dreifaktorielle Modelle, d. h.

$$\begin{aligned} y_{ijl\nu} &= \mu + a_i + b_j + c_l + (ab)_{ij} + (ac)_{il} + (bc)_{jl} + (abc)_{ijl} + \varepsilon_{ijl\nu}, \\ i &= 1, \ldots, I; \quad j = 1, \ldots, J; \quad l = 1, \ldots, L; \quad \nu = 1, \ldots, n_{ijl}. \end{aligned} \tag{81}$$

Die quadratischen Formen (75), die wir jetzt besser mit SS_μ, SS_a usw. anstelle SS_0, $SS_1, \ldots$ bezeichnen, besitzen die Gestalt

$$\begin{aligned} SS_\mu &= n_{...} y_{....}^2, \\ SS_a &= \sum_i n_{i..} y_{i...}^2, \\ SS_b &= \sum_j n_{.j.} y_{.j..}^2, \\ &\vdots \\ SS_{abc} &= \sum_{i,j,l} n_{ijl} y_{ijl.}^2, \\ SS_\varepsilon &= \sum_{i,j,l,\nu} y_{ijl\nu}^2, \end{aligned} \tag{82}$$

und die Koeffizienten des dazugehörigen Gleichungssystems sind Tabelle 2.2.1 zu entnehmen.

Die Summationen in Tabelle 2.2.1 werden über alle Indizes vorgenommen, die nach den Summenzeichen auftreten. In der letzten Spalte wird dazu formal $1 \equiv n_{ijl\nu}$ gesetzt, d. h. über i, j, l und ν summiert.

Einige Koeffizienten in Tabelle 2.2.1 lassen sich natürlich vereinfachen, so ist z. B. $\sum_i \frac{n_{i..}^2}{n_{i..}} = n_{...}$ und $\sum_{i,j,l,\nu} \frac{1}{n_{i..}} = I$. Zur Verdeutlichung des Bildungsgesetzes wurde aber die etwas umständlichere Schreibweise gewählt. Sollte eines der $n_{i..}$, $n_{ij.}$ usw. Null sein, ist in Tabelle 2.2.1 der Ausdruck $\frac{0}{0}$ als Null zu definieren. Wie bei der hierarchischen,

Tabelle 2.2.1. Koeffizientenmatrix für die ANOVA-Schätzungen in der dreifaktoriellen Kreuzklassifikation

$n_{...}$	$\sum \frac{n_{i..}^2}{n_{..}}$	$\sum \frac{n_{.j.}^2}{n_{...}}$	$\sum \frac{n_{..l}^2}{n_{...}}$	$\sum \frac{n_{ij.}^2}{n_{...}}$	$\sum \frac{n_{i.l}^2}{n_{...}}$	$\sum \frac{n_{.jl}^2}{n_{...}}$	$\sum \frac{n_{ijl}^2}{n_{...}}$	$\sum \frac{1}{n_{...}}$
$n_{...}$	$\sum \frac{n_{i..}^2}{n_{i..}}$	$\sum \frac{n_{ij.}^2}{n_{i..}}$	$\sum \frac{n_{i.l}^2}{n_{i..}}$	$\sum \frac{n_{ij.}^2}{n_{i..}}$	$\sum \frac{n_{i.l}^2}{n_{i..}}$	$\sum \frac{n_{ijl}^2}{n_{i..}}$	$\sum \frac{n_{ijl}^2}{n_{i..}}$	$\sum \frac{1}{n_{i..}}$
$n_{...}$	$\sum \frac{n_{ij.}^2}{n_{.j.}}$	$\sum \frac{n_{.j.}^2}{n_{.j.}}$	$\sum \frac{n_{.jl}^2}{n_{.j.}}$	$\sum \frac{n_{ij.}^2}{n_{.j.}}$	$\sum \frac{n_{ijl}^2}{n_{.j.}}$	$\sum \frac{n_{.jl}^2}{n_{.j.}}$	$\sum \frac{n_{ijl}^2}{n_{.j.}}$	$\sum \frac{1}{n_{.j.}}$
$n_{...}$	$\sum \frac{n_{i.l}^2}{n_{..l}}$	$\sum \frac{n_{.jl}^2}{n_{..l}}$	$\sum \frac{n_{..l}^2}{n_{..l}}$	$\sum \frac{n_{ijl}^2}{n_{..l}}$	$\sum \frac{n_{i.l}^2}{n_{..l}}$	$\sum \frac{n_{.jl}^2}{n_{..l}}$	$\sum \frac{n_{ijl}^2}{n_{..l}}$	$\sum \frac{1}{n_{..l}}$
$n_{...}$	$\sum \frac{n_{ij.}^2}{n_{ij.}}$	$\sum \frac{n_{ij.}^2}{n_{ij.}}$	$\sum \frac{n_{ijl}^2}{n_{ij.}}$	$\sum \frac{n_{ij.}^2}{n_{ij.}}$	$\sum \frac{n_{ijl}^2}{n_{ij.}}$	$\sum \frac{n_{ijl}^2}{n_{ij.}}$	$\sum \frac{n_{ijl}^2}{n_{ij.}}$	$\sum \frac{1}{n_{ij.}}$
$n_{...}$	$\sum \frac{n_{i.l}^2}{n_{i.l}}$	$\sum \frac{n_{ijl}^2}{n_{i.l}}$	$\sum \frac{n_{i.l}^2}{n_{i.l}}$	$\sum \frac{n_{ijl}^2}{n_{i.l}}$	$\sum \frac{n_{i.l}^2}{n_{i.l}}$	$\sum \frac{n_{ijl}^2}{n_{i.l}}$	$\sum \frac{n_{ijl}^2}{n_{i.l}}$	$\sum \frac{1}{n_{i.l}}$
$n_{...}$	$\sum \frac{n_{ijl}^2}{n_{.jl}}$	$\sum \frac{n_{.jl}^2}{n_{.jl}}$	$\sum \frac{n_{.jl}^2}{n_{.jl}}$	$\sum \frac{n_{ijl}^2}{n_{.jl}}$	$\sum \frac{n_{ijl}^2}{n_{.jl}}$	$\sum \frac{n_{.jl}^2}{n_{.jl}}$	$\sum \frac{n_{ijl}^2}{n_{.jl}}$	$\sum \frac{1}{n_{.jl}}$
$n_{...}$	$\sum \frac{n_{ijl}^2}{n_{ijl}}$	$\sum \frac{n_{ijl}^2}{n_{.jl}}$	$\sum \frac{n_{ijl}^2}{n_{ijl}}$	$\sum \frac{n_{ijl}^2}{n_{ijl}}$	$\sum \frac{n_{ijl}^2}{n_{ijl}}$	$\sum \frac{n_{ijl}^2}{n_{ijl}}$	$\sum \frac{n_{ijl}^2}{n_{ijl}}$	$\sum \frac{1}{n_{ijl}}$
$n_{...}$	$n_{...}$	$n_{...}$	$n_{...}$	$n_{...}$	$n_{...}$	$n_{...}$	$n_{...}$	$n_{...}$

so findet man auch für die Kreuzklassifikation die benutzten quadratischen Formen in der Literatur öfter in modifizierter, letztlich aber äquivalenter Gestalt als

$$\mathrm{SS_a}' = \sum_i n_{i..} y_{i...}^2 - n_{...} y_{....}^2,$$

$$\vdots$$

$$\mathrm{SS}'_{\mathrm{ab}} = \sum_{i,j} n_{ij.} y_{ij..}^2 - \sum_i n_{i..} y_{i....}^2 - \sum_j n_{.j.} y_{.j..}^2 + n_{...} y_{....}^2$$

usw. Die Matrix in Tabelle 2.2.1 ist regulär, solange mindestens ein $n_{ijl} > 1$ ist, und nicht eine Wechselwirkung oder ein Faktor praktisch einem anderen hierarchisch untergeordnet ist. Dieser Fall würde beispielsweise eintreten, wenn $n_{ij.} = 0$ für alle $i = j$ wäre.

Die Vielfalt von Klassifikationsmodellen, in denen einige Faktoren hierarchisch geordnet und andere kreuzklassifiziert sind, läßt es unsinnig erscheinen, eine allgemeine Form für die Koeffizientenmatrix $\boldsymbol{A}$ wie in (79) oder Tabelle 2.2.1 zu erstellen. Für konkrete Fälle jedoch ist es i. allg. ziemlich einfach, entsprechend (77) die Gestalt der Koeffizienten a_{ij} anzugeben oder, meist noch einfacher, Algorithmen zu entwickeln, die für gegebene Beobachtungsumfänge die Koeffizientenmatrix ergeben. Die ANOVA-Schätzungen für Modelle mit reduzierter Parameteranzahl, beispielsweise könnte aus sachlogischen Erwägungen im Modell (81) eine Wechselwirkung des ersten Faktors mit den anderen ausgeschlossen sein, erhält man unmittelbar durch Reduktion des ursprünglichen Gleichungssystems. In diesem Beispiel würde die Reduktion durch Streichung der entsprechenden Quadratsummen $\mathrm{SS_{ab}}$, $\mathrm{SS_{ac}}$ und $\mathrm{SS_{abc}}$, sowie der fünften, sechsten und achten Zeile und Spalte der Matrix in Tabelle 2.2.1 erfolgen.

2.2.1.2. Gemischte Modelle

Der Versuch, die Vorgehensweise in zufälligen Modellen auch in Modellen mit festen und zufälligen Effekten

$$\boldsymbol{y} = \boldsymbol{X}_0\boldsymbol{\beta} + \boldsymbol{X}_1\boldsymbol{b}_1 + \ldots + \boldsymbol{X}_r\boldsymbol{b}_r + \boldsymbol{\epsilon} \tag{83}$$

zu kopieren, schlägt fehl. Es ist

$$\mathsf{E}\boldsymbol{y}'\boldsymbol{Q}\boldsymbol{y} = \boldsymbol{\beta}'\boldsymbol{X}_0'\boldsymbol{Q}\boldsymbol{X}_0\boldsymbol{\beta} + \sum_{t=1}^{r} \sigma_t{}^2 \operatorname{sp}[\boldsymbol{X}_t\boldsymbol{X}_t'\boldsymbol{Q}] + \sigma^2 \operatorname{sp} \boldsymbol{Q},$$

und, wenn wir SS_t, $t = 0, \ldots, r + 1$, wie in (75) oder (76) definieren, ergibt sich für den Erwartungswert des Vektors $\boldsymbol{q}(\boldsymbol{y})$ der quadratischen Formen

$$\mathsf{E}\boldsymbol{q}(\boldsymbol{y}) = \boldsymbol{A}\boldsymbol{x} + \boldsymbol{\nu}. \tag{84}$$

Hierbei hat $\boldsymbol{A}$ die Gestalt (77), $\boldsymbol{x}$ ist der aus den Parametern gebildete Vektor

$$\boldsymbol{x} = \left(\frac{\boldsymbol{\beta}'\boldsymbol{X}_0'\boldsymbol{X}_0\boldsymbol{\beta}}{\operatorname{sp}[\boldsymbol{X}_0'\boldsymbol{X}_0]}, \sigma_1{}^2, \ldots, \sigma_r{}^2, \sigma^2\right)',$$

und

$$\nu_i = \boldsymbol{\beta}'\boldsymbol{X}_0'\boldsymbol{X}_i(\boldsymbol{X}_i'\boldsymbol{X}_i)^- \boldsymbol{X}_i'\boldsymbol{X}_0\boldsymbol{\beta} - \operatorname{sp}[\boldsymbol{X}_0'\boldsymbol{X}_i(\boldsymbol{X}_i'\boldsymbol{X}_i)^- \boldsymbol{X}_i'\boldsymbol{X}_0]\frac{\boldsymbol{\beta}'\boldsymbol{X}_0'\boldsymbol{X}_0\boldsymbol{\beta}}{\operatorname{sp}[\boldsymbol{X}_0'\boldsymbol{X}_0]}, \quad i = 0, \ldots, r + 1. \tag{85}$$

Abgesehen von einigen speziellen Fällen, wie z. B. dem, daß der Bildraum von $\boldsymbol{X}_0$ in dem aller $\boldsymbol{X}_i$, $i = 1, \ldots, r$, enthalten ist, d. h.

$$\mathcal{R}(\boldsymbol{X}_0) \subset \mathcal{R}(\boldsymbol{X}_t), \qquad t = 1, \ldots, r,$$

sind die Komponenten $\nu_1, \ldots, \nu_{r+1}$ des Vektors $\boldsymbol{\nu}$ in (84) von Null verschieden. Offensichtlich ergibt dann $\boldsymbol{A}^{-1}\boldsymbol{q}$ keine erwartungstreue Schätzung für die Varianzkomponenten.

Die Verzerrung $\boldsymbol{A}^{-1}\boldsymbol{\nu}$ hängt von den unbekannten Parametern $\boldsymbol{\beta}$ ab.

Die naheliegendste Möglichkeit, das Modell (83) zu einem Modell mit nur zufälligen Effekten zu reduzieren, besteht in der Transformation

$$\boldsymbol{y}^* = \boldsymbol{y} - \boldsymbol{X}_0\hat{\boldsymbol{\beta}}$$

oder äquivalent

$$\boldsymbol{y}^* = (\boldsymbol{I} - \boldsymbol{P}_0)\,\boldsymbol{y},$$

wobei $\boldsymbol{P}_0 = \boldsymbol{X}_0(\boldsymbol{X}_0'\boldsymbol{X}_0)^- \boldsymbol{X}_0'$ die Projektion auf den Bildraum von $\boldsymbol{X}_0$ darstellt (siehe A. 1.5). Dies ergibt das Modell

$$\boldsymbol{y}^* = (\boldsymbol{I} - \boldsymbol{P}_0)\,\boldsymbol{X}_1\boldsymbol{b}_1 + \ldots + (\boldsymbol{I} - \boldsymbol{P}_0)\,\boldsymbol{X}_r\boldsymbol{b}_r + (\boldsymbol{I} - \boldsymbol{P}_0)\,\boldsymbol{\epsilon} \tag{86}$$

für die transformierten Beobachtungen. Hier kann die ANOVA-Schätzung für zufällige Modelle, noch vereinfacht durch die Tatsache, daß in (86) kein Mittelwert μ erscheint, angewendet werden. Wir erhalten dann aus (75) und (77), indem $\boldsymbol{y}$ durch $(\boldsymbol{I} - \boldsymbol{P}_0)\,\boldsymbol{y}$

und $\boldsymbol{X}_t$ durch $(\boldsymbol{I}-\boldsymbol{P}_0)\,\boldsymbol{X}_t$ ersetzt wird,

$$\mathrm{SS}_t = \boldsymbol{y}'(\boldsymbol{I}-\boldsymbol{P}_0)\,\boldsymbol{X}_t[\boldsymbol{X}_t'(\boldsymbol{I}-\boldsymbol{P}_0)\,\boldsymbol{X}_t]^-\,\boldsymbol{X}_t'(\boldsymbol{I}-\boldsymbol{P}_0)\,\boldsymbol{y}, \qquad t=1,\ldots,r+1, \tag{87}$$

und

$$\boldsymbol{A} = (a_{ij}) = (\mathrm{sp}\,\{\boldsymbol{X}_j'(\boldsymbol{I}-\boldsymbol{P}_0)\,\boldsymbol{X}_i[\boldsymbol{X}_i'(\boldsymbol{I}-\boldsymbol{P}_0)\,\boldsymbol{X}_i]^-\,\boldsymbol{X}_i'(\boldsymbol{I}-\boldsymbol{P}_0)\,\boldsymbol{X}_j\}),$$
$$i, j = 1,\ldots,r+1. \tag{88}$$

Bezeichnet $\boldsymbol{q}$ wieder den aus den Werten der quadratischen Formen (87) gebildeten Vektor, ergeben sich die ANOVA-Schätzungen für die Varianzkomponenten im gemischten Modell (83) als Komponenten der Lösung $\hat{\boldsymbol{\sigma}}$ des Gleichungssystems

$$\boldsymbol{q} = \boldsymbol{A}\hat{\boldsymbol{\sigma}}.$$

Abgesehen von balancierten Klassifikationsmodellen sind die SQ_t und $\boldsymbol{A}$ kaum explizit anzugeben. Algorithmen zu ihrer Berechnung für konkrete Modelle sind aufgrund der einfachen Struktur der $\boldsymbol{X}_t$ jedoch oft einfach zu erstellen.

Beispiel 2.2.1. Für das balancierte gemischte Modell (67) ergibt sich

$$y^*_{ij\nu} = y_{ij\nu} - y_{i..}, \qquad i=1,\ldots,I; \qquad j=1,\ldots,J; \qquad \nu=1,\ldots,n,$$

und somit

$$\mathrm{SS_b} = nI \sum_j (y_{.j.} - y_{...})^2,$$
$$\mathrm{SS_{ab}} = n \sum_{i,j} (y_{ij.} - y_{i..})^2,$$
$$\mathrm{SS}_\varepsilon = \sum_{i,j,\nu} (y_{ij\nu} - y_{i..})^2.$$

Die 3×3-Matrix der Koeffizienten lautet entsprechend (88)

$$\begin{pmatrix} nI(J-1) & n(J-1) & J-1 \\ nI(J-1) & nI(J-1) & I(J-1) \\ nI(J-1) & nI(J-1) & nI(J-1) \end{pmatrix},$$

so daß nach wenigen Umformungen

$$\hat\sigma^2 = (\mathrm{SS}_\varepsilon - \mathrm{SS_{ab}})/IJ(n-1),$$
$$n\hat\sigma^2_{\mathrm{ab}} + \hat\sigma^2 = (\mathrm{SS_{ab}} - \mathrm{SS_b})/(I-1)\,(J-1),$$
$$nI\hat\sigma_{\mathrm{b}}{}^2 + n\hat\sigma^2_{\mathrm{ab}} + \hat\sigma^2 = \mathrm{SS_b}/(J-1)$$

gilt.

2.2.2. MINQUE-Schätzungen

Die ANOVA-Schätzungen der einzelnen Varianzkomponenten in zufälligen oder gemischten Modellen

$$\boldsymbol{y} = \boldsymbol{X}_0\boldsymbol{\beta} + \boldsymbol{X}_1\boldsymbol{b}_1 + \ldots + \boldsymbol{X}_r\boldsymbol{b}_r + \boldsymbol{\varepsilon}$$

sind spezielle Fälle einer allgemeineren Klasse von erwartungstreuen Schätzungen der Form $\boldsymbol{y}'\boldsymbol{MQMy}$. Hierbei stellt $\boldsymbol{M}$ die orthogonale Projektion

$$\boldsymbol{M} = \boldsymbol{I} - \boldsymbol{P}_0 = \boldsymbol{I} - \boldsymbol{X}_0(\boldsymbol{X}_0'\boldsymbol{X}_0)^-\,\boldsymbol{X}_0'$$

auf den zu $\boldsymbol{X}_0$ orthogonalen Unterraum dar. Der Gebrauch dieser Matrix $\boldsymbol{M}$ sichert die Invarianz der Schätzung gegen Veränderungen der festen Effekte $\boldsymbol{\beta}$. Um eine Varianzkomponente, oder noch allgemeiner, eine Linearkombination

$$\sum_{t=1}^{r+1} f_t \sigma_t^2 = \boldsymbol{f}'\boldsymbol{\sigma}$$

erwartungstreu zu schätzen, muß die Matrix $\boldsymbol{Q}$ bestimmte Bedingungen erfüllen. Ohne Beschränkung der Allgemeinheit kann $\boldsymbol{Q}$ als symmetrisch angenommen werden, da ansonsten die symmetrische Matrix $\frac{1}{2}(\boldsymbol{Q} + \boldsymbol{Q}')$ die gleiche Schätzung liefert. Wegen

$$\mathsf{E}\boldsymbol{y}'\boldsymbol{MQMy} = \sum_{t=1}^{r+1} \operatorname{sp}(\boldsymbol{MQM}\,\boldsymbol{V}_t)\,\sigma_t^2, \qquad \boldsymbol{V}_t = \boldsymbol{X}_t\boldsymbol{X}_t',$$

erhält man sofort als notwendige und hinreichende Bedingung für die Erwartungstreue

$$\operatorname{sp}(\boldsymbol{MQM}\,\boldsymbol{V}_t) = f_t, \qquad t = 1, \ldots, r+1,$$

oder äquivalent

$$\operatorname{sp}(\boldsymbol{MQM}\,\boldsymbol{MV}_t\boldsymbol{M}) = f_t, \qquad t = 1, \ldots, r+1. \tag{91}$$

Für die Varianz einer solchen Schätzung ergibt sich unter der Annahme, daß der Fehler und die zufälligen Effekte normalverteilt sind, der Ausdruck

$$\mathsf{Cov}\,\boldsymbol{y}'\boldsymbol{MQMy} = 2\operatorname{sp}(\boldsymbol{MQMV}_\sigma\,\boldsymbol{MQMV}_\sigma), \tag{92}$$

mit $\boldsymbol{V}_\sigma = \sigma_1^2\boldsymbol{V}_1 + \ldots + \sigma_r^2\boldsymbol{V}_r + \sigma^2\boldsymbol{I}$.

Die ANOVA-Schätzungen hatten ihre Begründung lediglich über die Erwartungstreue abgeleitet. Es ist daher naheliegend, eine optimale Lösung für $\boldsymbol{Q}$ zu suchen, die (91) erfüllt und (92) für alle oder wenigstens einen Wert von $\boldsymbol{\sigma} = \boldsymbol{\sigma}_0$ minimiert.

Minimum-Varianz-Schätzung

Betrachten wir vorerst den einfachen Fall

$$\sigma_{01}^2 = \ldots = \sigma_{0r}^2 = 0, \qquad \sigma_0^2 = 1.$$

Dadurch reduziert sich der Ausdruck (92) zu $2\operatorname{sp}(\boldsymbol{MQM}\,\boldsymbol{MQM})$, und wir können, indem wir für beliebige symmetrische Matrizen $\boldsymbol{U}$ und $\boldsymbol{V}$ die Größe $\operatorname{sp}(\boldsymbol{UV})$ als Skalarprodukt $\langle \boldsymbol{U}, \boldsymbol{V}\rangle$, und entsprechend $\operatorname{sp}(\boldsymbol{UU})$ als Quadrat einer Norm $\|\boldsymbol{U}\|$ schreiben, die Suche nach einem optimalen Wert für $\boldsymbol{MQM}$ als quadratisches Optimierungsproblem

$$\|\boldsymbol{MQM}\|^2 \to \min_{\boldsymbol{Q}}$$

unter den linearen Restriktionen

$$\langle \boldsymbol{MQM}, \boldsymbol{MV}_t\boldsymbol{M}\rangle = f_t, \qquad t = 1, \ldots, r+1,$$

darstellen. Dieses besitzt die einfache Lösung

$$\boldsymbol{MQM} = \sum_{t=1}^{r+1} \lambda_t \boldsymbol{MV}_t\boldsymbol{M}, \tag{93}$$

wobei die λ_t, $t = 1, \ldots, r + 1$, sich aus

$$\boldsymbol{A\lambda} = \boldsymbol{f} \tag{94}$$

mit

$$\boldsymbol{A} = (\langle \boldsymbol{MV}_i\boldsymbol{M}, \boldsymbol{MV}_j\boldsymbol{M}\rangle) = (\mathrm{sp}\,(\boldsymbol{V}_i\boldsymbol{MV}_j\boldsymbol{M})) \tag{95}$$

ergeben. Eine Lösung $\boldsymbol{\lambda}$ von (94) existiert genau dann, wenn (91) erfüllbar ist. Das heißt, $\boldsymbol{f}'\boldsymbol{\sigma}$ ist schätzbar genau dann, wenn $\boldsymbol{f} \in \mathcal{R}(\boldsymbol{A})$. In diesem Fall ist $\boldsymbol{\lambda} = \boldsymbol{A}^-\boldsymbol{f}$. Die optimale Lösung $\boldsymbol{MQM}$ in (93) ist für schätzbare Funktionen stets eindeutig bestimmt, auch wenn in (94) bei singulärem $\boldsymbol{A}$, d. h. bei linearer Abhängigkeit der $\boldsymbol{MV}_t\boldsymbol{M}$, $t = 1, \ldots, r + 1$, $\boldsymbol{\lambda}$, nicht eindeutig zu sein braucht.

Sind für zwei schätzbare Funktionen $\boldsymbol{f}_1'\boldsymbol{\sigma}$ und $\boldsymbol{f}_2'\boldsymbol{\sigma}$ die entsprechenden optimalen Schätzungen $\boldsymbol{y}'\boldsymbol{MQ}_1\boldsymbol{My}$ bzw. $\boldsymbol{y}'\boldsymbol{MQ}_2\boldsymbol{My}$, so ist

$$c_1\boldsymbol{y}'\boldsymbol{MQ}_1\boldsymbol{My} + c_2\boldsymbol{y}'\boldsymbol{MQ}_2\boldsymbol{My}$$

eine optimale Schätzung für $c_1\boldsymbol{f}_1'\boldsymbol{\sigma} + c_2\boldsymbol{f}_2'\boldsymbol{\sigma}$. Dies ist unmittelbar aus

$$\boldsymbol{A}(c_1\boldsymbol{\lambda}_1 + c_2\boldsymbol{\lambda}_2) = c_1\boldsymbol{f}_1 + c_2\boldsymbol{f}_2$$

zu ersehen, wobei $\boldsymbol{A\lambda}_1 = \boldsymbol{f}_1$ und $\boldsymbol{A\lambda}_2 = \boldsymbol{f}_2$ war. Als einfache Folgerung ergibt sich, daß $(\boldsymbol{y}'\boldsymbol{MQ}_1\boldsymbol{My}, \boldsymbol{y}'\boldsymbol{MQ}_2\boldsymbol{My})$ die kleinste Kovarianzmatrix unter allen erwartungstreuen und invarianten quadratischen Schätzungen für $(\boldsymbol{f}_1'\boldsymbol{\sigma}, \boldsymbol{f}_2'\boldsymbol{\sigma})$ besitzt, natürlich immer noch unter der Voraussetzung, daß

$$\sigma_{01}^2 = \ldots = \sigma_{0r}^2 = 0, \qquad \sigma_0^2 = 1$$

gilt.

Bezeichnen wir mit $q_1^*(\boldsymbol{y}), \ldots, q_{r+1}^*(\boldsymbol{y})$ die quadratischen Formen

$$q_t^*(\boldsymbol{y}) = \boldsymbol{y}'\boldsymbol{MV}_t\boldsymbol{My}, \qquad t = 1, \ldots, r + 1,$$

und mit $\boldsymbol{q}^*$ den aus ihnen gebildeten Vektor, dann besitzt die Minimum-Varianz-Schätzung für $\boldsymbol{f}'\boldsymbol{\sigma}$ entsprechend (93) die Gestalt $\boldsymbol{\lambda}'\boldsymbol{q}^*$. Dies kann wegen der Bedingung $\boldsymbol{A\lambda} = \boldsymbol{f}$ zu $\boldsymbol{f}'\boldsymbol{A}^-\boldsymbol{q}^*$ umgeformt werden.

Führen wir nun noch die Abkürzung $\hat{\boldsymbol{\sigma}}$ für $\boldsymbol{A}^-\boldsymbol{q}^*$ ein, d. h., $\hat{\boldsymbol{\sigma}}$ ist eine Lösung von

$$\boldsymbol{A\sigma} = \boldsymbol{q}^*,$$

dann hat $\boldsymbol{f}'\hat{\boldsymbol{\sigma}}$ die kleinste Varianz unter allen invarianten, quadratischen und erwartungstreuen Schätzungen für $\boldsymbol{f}'\boldsymbol{\sigma}$. Da dies simultan für alle schätzbaren Funktionen $\boldsymbol{f}$ gilt, ist der Vektor $\hat{\boldsymbol{\sigma}}$ selbst eine in diesem Sinn optimale Schätzung von $\boldsymbol{\sigma}$.

Seien jetzt $\sigma_{01}^2, \ldots, \sigma_{0r}^2$ und σ_0^2 beliebige ‚A-priori-Werte', aber so, daß die *Wichtungsmatrix*

$$\boldsymbol{V}_0 = \sigma_{01}^2\boldsymbol{V}_1 + \ldots + \sigma_r{}^2\boldsymbol{V}_r + \sigma_0{}^2\boldsymbol{I}$$

regulär ist. Durch Multiplikation mit $\boldsymbol{V}_0^{-1/2}$ erhalten wir das Modell

$$\boldsymbol{V}_0^{-1/2}\boldsymbol{y} = \boldsymbol{V}_0^{-1/2}\boldsymbol{X}_0\boldsymbol{\beta} + \boldsymbol{V}_0^{-1/2}\boldsymbol{X}_1\boldsymbol{b}_1 + \ldots + \boldsymbol{V}_0^{-1/2}\boldsymbol{X}_r\boldsymbol{b}_r + \boldsymbol{V}_0^{-1/2}\boldsymbol{\epsilon}.$$

Eine erwartungstreue und invariante quadratische Schätzung hat die Form $\boldsymbol{y}'\boldsymbol{V}_0^{-1/2}\boldsymbol{M}_0 \times \boldsymbol{QM}_0\boldsymbol{V}_0^{-1/2}\boldsymbol{y}$, wobei

$$\boldsymbol{M}_0 = \boldsymbol{I} - \boldsymbol{V}_0^{-1/2}\boldsymbol{X}_0(\boldsymbol{X}_0'\boldsymbol{V}_0^{-1}\boldsymbol{X}_0)^- \boldsymbol{X}_0'\boldsymbol{V}_0^{-1/2}$$

gesetzt ist.

In genau der gleichen Weise wie oben finden wir eine optimale Schätzung für $\boldsymbol{f}'\boldsymbol{\sigma}$ mittels

$$\boldsymbol{M}_0\boldsymbol{Q}\boldsymbol{M}_0 = \sum_{t=1}^{r+1} \lambda_t \boldsymbol{M}_0\boldsymbol{V}_0^{-1/2}\boldsymbol{V}_t\boldsymbol{V}_0^{-1/2}\boldsymbol{M}_0 . \tag{96}$$

Hierbei sind $\lambda_1, \ldots, \lambda_{r-1}$ wieder Lösungen eines Gleichungssystems

$$\boldsymbol{A}\boldsymbol{\lambda} = \boldsymbol{f}, \tag{97}$$

und $\boldsymbol{A}$ hat jetzt die Gestalt

$$\begin{aligned}\boldsymbol{A} &= \left(\mathrm{sp}\,(\boldsymbol{M}_0\boldsymbol{V}_0^{-1/2}\boldsymbol{V}_i\boldsymbol{V}_0^{-1/2}\boldsymbol{M}_0\boldsymbol{V}_0^{-1/2}\boldsymbol{V}_j\boldsymbol{V}_0^{-1/2})\right) \\ &= \left(\mathrm{sp}\left(\boldsymbol{V}_0^{-1} - \boldsymbol{V}_0^{-1}\boldsymbol{X}_0(\boldsymbol{X}_0'\boldsymbol{V}_0^{-1}\boldsymbol{X}_0)^- \boldsymbol{X}_0\boldsymbol{V}_0^{-1}\right) \boldsymbol{V}_i\left(\boldsymbol{V}_0^{-1}\right.\right. \\ &\quad \left.\left. - \boldsymbol{V}_0^{-1}\boldsymbol{X}_0(\boldsymbol{X}_0'\boldsymbol{V}_0^{-1}\boldsymbol{X}_0)^-\boldsymbol{X}_0\boldsymbol{V}_0^{-1}\right) \boldsymbol{V}_j\right).\end{aligned} \tag{98}$$

Setzen wir entsprechend

$$q_t(\boldsymbol{y}) = \boldsymbol{y}'\boldsymbol{V}_0^{-1/2}\boldsymbol{M}_0\boldsymbol{V}_0^{-1/2}\boldsymbol{V}_t\boldsymbol{V}_0^{-1/2}\boldsymbol{M}_0\boldsymbol{V}_0^{-1/2}\boldsymbol{y}, \qquad t = 1, \ldots, r+1,$$

so können die optimalen Schätzungen für alle schätzbaren $\boldsymbol{f}'\boldsymbol{\sigma}$ wieder durch $\boldsymbol{f}'\hat{\boldsymbol{\sigma}}$ dargestellt werden, wobei

$$\hat{\boldsymbol{\sigma}} = \boldsymbol{A}^-\boldsymbol{q}$$

ist.

Diese Form der lokal optimalen Schätzung, wie sie von Rao (1971) und Seely (1970) gefunden wurde, hatte Rao (1970) für $\boldsymbol{V}_0 = \boldsymbol{I}$ bereits heuristisch motiviert, ohne Annahme der Normalverteilung, als MINQUE (MInimum Norm Quadratic Unbiased Estimator) eingeführt.

Wir bemerken an dieser Stelle, daß die durch (93) bis (95) bestimmte Schätzung für $\boldsymbol{f}'\boldsymbol{\sigma}$ formal mit $\boldsymbol{f}'\tilde{\boldsymbol{\sigma}}$ zusammenfällt. Hierbei sind die Komponenten $\tilde{\sigma}_1^2, \ldots, \tilde{\sigma}_{r+1}^2$ von $\tilde{\boldsymbol{\sigma}}$ Lösungen des Minimierungsproblems

$$\left\|\boldsymbol{M}\boldsymbol{y}\boldsymbol{y}'\boldsymbol{M} - \sum_{i=1}^{r+1} \sigma_i^2 \boldsymbol{M}\boldsymbol{V}_i\boldsymbol{M}\right\|^2 \to \min_{\sigma \in \mathbb{R}^{r+1}}$$

d. h. „Kleinste-Quadrate-Schätzungen".

Berechnung der MINQUE

Während die Berechnung der ANOVA-Schätzungen in zufälligen Modellen neben elementaren Summen- und Produktbildungen lediglich die Invertierung einer $(r+1)$-dimensionalen Matrix $\boldsymbol{A}$ erforderte, macht die MINQUE-Methode zusätzlich die Berechnung von $\boldsymbol{V}_0^{-1}$ und $\boldsymbol{V}_0^{-1/2}$ nötig.

Auch wenn es praktisch möglich und sogar einfach ist, die Dimension von $\boldsymbol{V}_0$ wesentlich zu reduzieren, indem man von den Einzelbeobachtungen zu den Zellmitteln übergeht, ist in vielen Fällen die Zahl der Zellen, und damit die Dimension der zu invertierenden Matrizen so groß, daß Speicher-, Rechenzeit- und Genauigkeitsprobleme auftreten können. Für hierarchische Modelle kann eine andere Darstellung als (96) bis (98) für die MINQUE-Schätzung gefunden werden, die den numerischen Aufwand wesentlich reduziert. Ein einfaches Beispiel soll dies demonstrieren.

Beispiel 2.2.1. Wir betrachten ein zufälliges Modell der Einfachklassifikation

$$y_{i\nu} = \mu + a_i + \varepsilon_{i\nu}, \qquad i = 1, \ldots, I; \qquad \nu = 1, \ldots, n_i.$$

Die Varianz der Effekte a_i wird mit σ_1^2 und die der Fehler $\varepsilon_{i\nu}$ mit σ^2 bezeichnet. Durch eine orthogonale Transformation können wir erreichen, daß die ersten Komponenten des transformierten Modells gerade $n_1 y_{1.}, \ldots, n_I y_{I.}$ sind. Für dieses transformierte Modell gilt

$$\boldsymbol{X}_0 = (\sqrt{n_1}, \ldots, \sqrt{n_I}, 0, \ldots, 0)',$$

$$\boldsymbol{V}_1 = \begin{pmatrix} n_1 & & & & \\ & \ddots & & 0 & \\ & & n_I & & \\ 0 & & & 0 & \\ & & & & \ddots \\ & & & & & 0 \end{pmatrix}, \qquad \boldsymbol{V}_2 = \boldsymbol{I}_N, \qquad N = n_1 + \ldots + n_I.$$

Es ist

$$\boldsymbol{V}_0^{-1/2}\boldsymbol{X}_0 = \left(\left(\frac{n_1}{n_1\sigma_{01}^2 + \sigma_0^2}\right)^{1/2}, \ldots, \left(\frac{n_I}{n_I\sigma_{01}^2 + \sigma_0^2}\right)^{1/2}, 0, \ldots, 0\right)'$$

$$= \frac{1}{\sigma_0}\left(\left(\frac{n_1}{n_1\Delta + 1}\right)^{1/2}, \ldots, \left(\frac{n_I}{n_I\Delta + 1}\right)^{1/2}, 0, \ldots, 0\right)',$$

und

$$\boldsymbol{V}_0^{-1/2}\boldsymbol{y} = \frac{1}{\sigma_0}\left(\left(\frac{n_1}{n_1\Delta + 1}\right)^{1/2} y_{1.}, \ldots, \left(\frac{n_I}{n_I\Delta + 1}\right)^{1/2} y_{I.}, \ldots\right)',$$

wobei $\Delta = \sigma_{01}^2/\sigma_0^2$.

Damit läßt sich schließlich die MINQUE entsprechend (96) bis (98) in der Gestalt

$$\lambda_1 \sum_{i=1}^{I} \left(\frac{n_i}{n_i\Delta + 1}\right)^2 (y_{i.} - \bar{y}_\Delta)^2 + \lambda_2 \left[\sum_{i=1}^{I} \left(\frac{n_i}{n_i\Delta + 1}\right)^2 (y_{i.} - \bar{y}_\Delta)^2 + S^2\right]$$

schreiben. Hierbei sind

$$\bar{y}_\Delta = \sum_{i=1}^{I} \frac{n_i}{n_i\Delta + 1}\, y_{i.} \Big/ \left(\sum_{i=1}^{I} \frac{n_i}{n_i\Delta + 1}\right)$$

ein speziell gewichtetes „Gesamtmittel", und

$$S^2 = \sum_{i=1}^{I} \sum_{\nu=1}^{n_i} (y_{i\nu} - y_{i.})^2.$$

Die zur Bestimmung der λ_1 und λ_2 notwendige 2×2-Matrix $\boldsymbol{A}$ hat die Koeffizienten

$$a_{11} = \sum_i \frac{n_i^2}{(n_i\Delta + 1)^2} + \frac{\left[\sum_i n_i^2/(n_i\Delta + 1)^2\right]^2}{\left[\sum_i n_i/(n_i\Delta + 1)\right]^2} - \frac{2\sum_i n_i^3/(n_i\Delta + 1)^3}{\sum_i n_i/(n_i\Delta + 1)},$$

$$a_{12} = a_{21} = \sum_i \frac{n_i}{(n_i\Delta + 1)^2} + \frac{\left[\sum_i n_i^2/(n_i\Delta + 1)^2\right]\left[\sum_i n_i/(n_i\Delta + 1)^2\right]}{\left[\sum_i n_i/(n_i\Delta + 1)\right]^2} - 2\,\frac{\sum_i n_i/(n_i\Delta + 1)^3}{\sum_i n_i/(n_i\Delta + 1)},$$

$$a_{22} = \sum_i \frac{1}{(n_i\Delta + 1)^2} + (N - I) + \frac{\left[\sum_i n_i/(n_i\Delta + 1)^2\right]^2}{\left[\sum_i n_i/(n_i\Delta + 1)\right]^2} - 2\,\frac{\sum_i n_i/(n_i\Delta + 1)^3}{\sum_i n_i/(n_i\Delta + 1)}.$$

„Matrixfreie" Formeln dieser Art werden für beliebige hierarchische Modelle, in denen nicht nur das allgemeine Mittel, sondern auch die ersten Stufen feste Effekte darstellen können, im Programm AMP (Hermann/Kleffe/Seifert (1986)) benutzt.

Aus dem obigen Beispiel ist zu sehen, daß die MINQUE-Schätzung i. allg. von Δ, dem Quotienten σ_{01}^2/σ_0^2 abhängt. Im balancierten Fall jedoch, d. h. wenn $n_1 = \ldots = n_I$, ist $\bar{y}_\Delta = y_{\cdot\cdot}$. Nach einigen Umformungen wird dann ersichtlich, daß die MINQUE-Schätzung von Δ, und damit von $\boldsymbol{\sigma}_0$, unabhängig ist, und mit der ANOVA-Schätzung zusammenfällt. Unabhängigkeit der lokal optimalen Schätzung von $\boldsymbol{\sigma}_0$ heißt, daß in diesem Fall die ANOVA- bzw. MINQUE-Schätzungen gleichmäßig beste unter den quadratischen, invarianten und erwartungstreuen Schätzungen der Varianzkomponenten sind. Gleiche Aussagen lassen sich auch für zahlreiche balancierte Modelle der Mehrfachklassifikation machen (vgl. Seely (1970)).

Iterative Anwendungen

Hat man in unbalancierten Modellen keine, oder nur ungenaue Vorstellungen von der Größe der Varianzkomponenten, kann die Wahl eines $\boldsymbol{\sigma}_0$ und damit einer in $\boldsymbol{\sigma}_0$ optimalen MINQUE-Schätzung zu einem ungünstigen Verhalten der Varianz dieser Schätzung beim tatsächlichen Wert von $\boldsymbol{\sigma}$ führen, wenn dieser stark von $\boldsymbol{\sigma}_0$ abweicht.

Eine naheliegende Vorgehensweise besteht darin, die unter Zugrundelegung von $\boldsymbol{\sigma}_0$ gewonnene Schätzung, sagen wir $\hat{\boldsymbol{\sigma}}^{(1)}$ zu ermitteln und dann anstelle von $\boldsymbol{\sigma}_0$ zu gebrauchen. Dies ergibt eine nächste Schätzung $\hat{\boldsymbol{\sigma}}^{(2)}$, die wiederum $\boldsymbol{\sigma}_0$ ersetzt usw.

Patterson/Thompson (1974) wiesen nach, daß ein Fixpunkt dieses Verfahrens die unter der Normalverteilungsannahme gewonnene „modifizierte" Maximum-Likelihood-Schätzung ist. Modifiziert in dem Sinne, daß nur invariante Statistiken betrachtet werden, und die Maximierung der Likelihood-Funktion (siehe Abschnitt 1.6.2.1) formal auch über negative Werte der σ_t^2, $t = 1, \ldots, r + 1$, erfolgt.

Modifikationen von MINQUE

In der Literatur finden sich noch zahlreiche weitere Methoden zur Bestimmung quadratischer Schätzungen von Varianzkomponenten. So kann in den Betrachtungen dieses Abschnitts die Menge der $\boldsymbol{MQM}$, die die invarianten quadratischen Schätzungen $\boldsymbol{y}'\boldsymbol{MQMy}$ bestimmen, durch die größere Menge aller Matrizen der Form $\boldsymbol{Q} - \boldsymbol{P}_0\boldsymbol{QP}_0$, mit $\boldsymbol{P}_0 = \boldsymbol{X}_0(\boldsymbol{X}_0'\boldsymbol{X}_0)^- \boldsymbol{X}_0'$, ersetzt werden und eine lokal optimale erwartungstreue Schätzung in dieser Klasse konstruiert werden.

Eine weitere sinnvolle Veränderung besteht darin, nach einer Bayesschen Lösung zu suchen, d. h. nach einer Matrix $\boldsymbol{Q}$, die für gegebene $\boldsymbol{\sigma}_1, \ldots, \boldsymbol{\sigma}_q$ und „Gewichte" $\pi_1, \ldots, \pi_q$ die mittlere Varianz

$$\sum_{j=1}^{q} \pi_j \operatorname{sp} (\boldsymbol{MQMV}_{\sigma_j} \boldsymbol{MQMV}_{\sigma_j})$$

minimiert.

Hier kann die Invarianzforderung ebenfalls abgeschwächt werden, und schließlich ist es auch möglich, auf die Erwartungstreue zu verzichten.

Eine ausführliche Einführung und Übersicht zum Gebiet der MINQUE und verwandter Schätzungen liegt in Rao/Kleffe (1988) vor.

2.2.3. Negative Varianzkomponenten

2.2.3.1. Negative Schätzungen

Gemäß ihrer Definition (siehe Abschnitt 2.2.1) sind Varianzkomponenten nichtnegative Größen.

Es liegt jedoch in der Natur der quadratischen erwartungstreuen Schätzungen, ob ANOVA oder MINQUE, daß die Lösungen eines linearen Gleichungssystems der Art (72) auch negative Komponenten besitzen können, und somit negative Werte als Schätzungen für einzelne Varianzkomponenten vorliegen.

Entgegen weitverbreiteten Vorurteilen tritt dieser Fall nicht nur in unbalancierten Modellen auf, sondern, wie auch das weiter unten stehende einfache Beispiel 2.2.2 zeigt, ebenso in balancierten Versuchsplänen. Es gibt in solchen Situationen verschiedene Wege, diesen „unmöglichen" Sachverhalt zu interpretieren (siehe auch SEARLE (1971)).

Die einfachste Möglichkeit besteht darin, die Dinge so zu belassen, wie sie sind, und negative Varianzkomponentenschätzungen zu akzeptieren. Dieser Weg kann in den wenigen Fällen empfohlen werden, in denen man nur an speziellen Linearkombinationen $\boldsymbol{f}'\boldsymbol{\sigma}$ interessiert ist, vorausgesetzt für diese ist der Wert von $\boldsymbol{f}'\hat{\boldsymbol{\sigma}}$ interpretierbar.

Fast ebenso einfach ist es, negative Schätzungen Null zu setzen, d. h. die entsprechenden zufälligen Effekte als nicht existent oder zumindest verschwindend gering anzusehen. Dies entspricht genaugenommen einer Reduktion des Modells, und es bietet sich an, die übrigen Parameter in diesem Modell neu zu bestimmen (siehe Abschnitt 2.2.1.1). Diese Vorgehensweise ist vor allem dann gerechtfertigt, wenn ein „hierarchisch untergeordneter" Effekt eine verhältnismäßig große Varianzkomponente besitzt. Im Beispiel 2.2.2 würde der große Wert von $\hat{\sigma}^2_{ab}$ den negativen Wert für $\hat{\sigma}_a{}^2$ erklären können.

Findet sich keine solche plausible Erklärung für das Auftreten negativer Schätzungen, müssen diese als Hinweis auf einen falschen Modellansatz verstanden werden. Eine negative Korrelation anstatt der angenommenen Unabhängigkeit zwischen den a_i und $(ab)_{ij}$ beispielsweise würde sich durch das Auftreten negativer Varianzkomponentenschätzungen bemerkbar machen.

Weitere, aber nicht immer praktikable Möglichkeiten bestehen in der Wahl einer anderen Schätzmethode oder auch in der Erhebung zusätzlicher Daten.

2.2.3.2. Fest oder zufällig?

Es wurde schon zu Beginn des Abschnitts 2.2 darauf verwiesen, daß die Einteilung in feste und zufällige Effekte auch stark vom Ziel der Versuchsauswertung abhängig sein kann, in begrenztem Sinne also willkürlich ist. Erlaubt ist hier, was interpretierbar bleibt und inhaltlich vertretbar ist.

Darüber hinaus bietet sich die formale Anwendung der Varianzkomponenten-Schätzungen auch in festen Modellen als relativ unaufwendige Methode an, eine erste Näherung für die Größen $\sum (\alpha_i - \alpha_{..})^2$ usw., und damit eventuelle Hinweise für eine Modellreduktion zu erhalten. In einer unbalancierten festen dreifaktoriellen Kreuzklassifikation mit je vier Stufen der einzelnen Faktoren beispielsweise wären bis zu $(4 + 1)^3 = 125$-dimensionale Gleichungssysteme zu lösen, während die formale Berechnung der Varianzkomponenten — bei aller Begrenztheit ihrer Aussagekraft — nur die

Lösung von sieben- oder achtdimensionalen Gleichungen erfordert. Schließlich ist es auch sinnvoll, die in festen Modellen berechneten Quadratsummen der Effekte, normiert durch die Anzahl der Freiheitsgrade, mit den entsprechenden „Varianzkomponenten"-Schätzungen zu vergleichen, und bei offensichtlich differierenden Ergebnissen eine genauere Untersuchung der Ursachen einzuleiten.

Beispiel 2.2.2. Im Abschnitt 2.1.2.1 ergab die Varianzanalyse im Beispiel 2.1.4 für die Quadratsummen die Werte

$$\frac{1}{f_A} \sum_i \hat{\alpha}_i^2 = 7.34,$$

$$\frac{1}{f_B} \sum_j \hat{\beta}_j^2 = 76.72,$$

$$\frac{1}{f_{AB}} \sum_{i,j} \hat{\gamma}_{ij}^2 = 138.95.$$

Die formale Anwendung der ANOVA-Schätzung für Varianzkomponenten in zufälligen Modellen auf die gleichen Daten (vgl. Tabelle 2.1.7), führt zum Gleichungssystem

$$\begin{pmatrix} 90 & 30 & 18 & 6 & 1 \\ 90 & 90 & 18 & 18 & 3 \\ 90 & 30 & 90 & 30 & 5 \\ 90 & 90 & 90 & 90 & 15 \\ 90 & 90 & 90 & 90 & 90 \end{pmatrix} \begin{pmatrix} \mu^2 \\ \sigma_a^2 \\ \sigma_b^2 \\ \sigma_{ab}^2 \\ \sigma^2 \end{pmatrix} = \begin{pmatrix} 187744.8 \\ 188185.0 \\ 193271.3 \\ 200381.3 \\ 200544.0 \end{pmatrix},$$

(siehe Abschnitt 2.2.1.1). Die Lösung für $\hat{\sigma}_a^2$, $\hat{\sigma}_b^2$ und $\hat{\sigma}_{ab}^2$ lautet

$$\hat{\sigma}_a^2 = -20.45, \qquad \hat{\sigma}_b^2 = 30.44, \qquad \hat{\sigma}_{ab}^2 = 138.59.$$

Die zu den obigen Quadratsummen differierenden Werte sind ein Hinweis, daß das Korsett der Reparametrisierungsbedingungen der „festen" Varianzanalyse selbst in balancierten Plänen für die vorliegenden Daten möglicherweise keine sinnvolle Interpretation der Effekte zuläßt.

2.2.4. Multivariate Varianzkomponenten

Liegen in einem Varianzkomponentenmodell nicht nur Beobachtungen eines Merkmals, sondern mehrerer, möglicherweise korrelierter Merkmale vor, bietet sich natürlich in Erweiterung von (69) ein multivariates Modell

$$\boldsymbol{Y} = \boldsymbol{X}_0\mathbf{B} + \boldsymbol{X}_1\boldsymbol{B}_1 + \ldots + \boldsymbol{X}_r\boldsymbol{B}_r + \mathbf{E}$$

an. Hier haben die $\boldsymbol{X}_t$, $t = 0, \ldots, r$, dieselbe, sich aus dem Versuchsaufbau ergebende Gestalt wie im univariaten Fall, $\boldsymbol{Y}$ ist die $N \times p$-Matrix der Beobachtungen, $\mathbf{B}$ eine Matrix unbekannter fester Parameter, die $\boldsymbol{B}_t$, $t = 1, \ldots, r$, und $\mathbf{E}$ stellen zufällige Matrizen dar, deren Zeilen unabhängige p-dimensionale Variable mit dem Erwartungswert Null und Kovarianzen $\boldsymbol{\Sigma}_1, \ldots, \boldsymbol{\Sigma}_r$ bzw. $\boldsymbol{\Sigma}$ sind.

Analog dem univariaten Fall werden diese Kovarianzmatrizen als multivariate Varianzkomponenten bezeichnet. Genau wie beim Vorgehen im Abschnitt 2.1.3.1 können wir das multivariate Modell durch Bildung von Linearkombinationen der Merkmale wieder zu einem univariaten reduzieren,

$$\boldsymbol{y}_c = \boldsymbol{X}\boldsymbol{\beta}_c + \boldsymbol{X}_1\boldsymbol{b}_{c,1} + \ldots + \boldsymbol{X}_r\boldsymbol{b}_{c,r} + \boldsymbol{\epsilon}_c.$$

Die zufälligen Effekte in diesem Modell haben die Varianzkomponenten

$$\sigma^2_{\mathbf{c},t} = \mathbf{c}' \mathbf{\Sigma}_t \mathbf{c}, \qquad t = 1, \ldots, r.$$

Sei nun für beliebiges $\mathbf{c}$ die quadratische Form $\mathbf{y}_c' \mathbf{Q} \mathbf{y}_c$ eine erwartungstreue Schätzung für die Varianzkomponente $\sigma^2_{\mathbf{c},i}$. Es ist also

$$\mathsf{E}(\mathbf{y}_c' \mathbf{Q} \mathbf{y}_c) = \sigma^2_{\mathbf{c},i},$$

d. h.

$$\mathsf{E}(\mathbf{c}'\mathbf{Y}'\mathbf{Q}\mathbf{Y}\mathbf{c}) = \mathbf{c}'(\mathsf{E}\mathbf{Y}'\mathbf{Q}\mathbf{Y})\,\mathbf{c} = \mathbf{c}'\mathbf{\Sigma}_i\mathbf{c},$$

mit anderen Worten, $\mathbf{Y}'\mathbf{Q}\mathbf{Y}$ ergibt eine erwartungstreue Schätzung für die multivariate Varianzkomponente $\mathbf{\Sigma}_i$.

2.2.4.1. ANOVA-Schätzungen

Die ANOVA-Schätzungen für die univariaten Varianzkomponenten konnten in der Form

$$\hat{\sigma}_i^2 = \sum_{t=1}^{r+1} a^{it} \mathrm{SS}_t, \qquad i = 1, \ldots, r+1,$$

geschrieben werden. Hierbei sind a^{it} die Koeffizienten der (verallgemeinerten) Inversen von $\mathbf{A}$ aus (77) bzw. (88).

Aus der oben gezeigten Übertragung der Erwartungstreue auf multivariate Modelle folgt unmittelbar, daß

$$\hat{\mathbf{\Sigma}}_i = \sum_{t=1}^{r+1} a^{it} \mathrm{SS}_t, \qquad i = 1, \ldots, r+1,$$

erwartungstreue Schätzungen für die multivariaten Varianzkomponenten darstellen.

Die $\mathbf{SS}_t$ sind die multivariaten „Quadratsummen" der Form $\sum_j n_{.j}\mathbf{y}_{.j.}\mathbf{y}'_{.j.}$ usw., allgemein

$$\mathbf{SS}_t = \mathbf{Y}'\mathbf{X}_t(\mathbf{X}_t'\mathbf{X}_t)^- \mathbf{X}_t'\mathbf{Y}, \qquad t = 1, \ldots, r,$$

(siehe (75)).

2.2.4.2. MINQUE-Schätzungen

Seien A-priori-Werte der Form

$$\mathbf{\Sigma}_{01} = \sigma^2_{01}\mathbf{I}_p, \ldots, \mathbf{\Sigma}_{0r} = \sigma^2_{0r}\mathbf{I}_p, \qquad \mathbf{\Sigma}_0 = \sigma_0{}^2\mathbf{I}_p$$

gegeben. Anstelle $\mathbf{I}_p$ könnte auch eine andere positiv definite $p \times p$-Matrix stehen. Alle Reduktionen durch Linearkombinationen führen zu univariaten Modellen

$$\mathbf{Y}_\mathbf{c} = \mathbf{X}\boldsymbol{\beta}_\mathbf{c} + \mathbf{X}_1\mathbf{b}_{\mathbf{c},1} + \ldots + \mathbf{X}_r\mathbf{b}_{\mathbf{c},r} + \boldsymbol{\epsilon}_\mathbf{c}$$

mit — abgesehen von einem Faktor $\|\mathbf{c}\|^2$ — der gleichen *Wichtungsmatrix*

$$\mathbf{V}_0 = \sigma^2_{01}\mathbf{X}_1\mathbf{X}_1' + \ldots + \sigma^2_{0r}\mathbf{X}_r\mathbf{X}_r' + \sigma_0{}^2\mathbf{I}.$$

Damit beruhen auch alle MINQUE-Schätzungen für beispielsweise $\sigma^2_{c,i} = \boldsymbol{c}'\boldsymbol{\Sigma}_i\boldsymbol{c}$ auf den gleichen quadratischen Formen der Art $\boldsymbol{y}_c'\boldsymbol{V}_0^{-1/2}\boldsymbol{M}_0\boldsymbol{Q}_i\boldsymbol{M}_0\boldsymbol{V}_0^{-1/2}\boldsymbol{y}_c$ (siehe (96) bis (98)). Dabei ist $\boldsymbol{V}_0^{-1/2}\boldsymbol{M}_0\boldsymbol{Q}_i\boldsymbol{M}_0\boldsymbol{V}_0^{-1/2}$ unabhängig von $\boldsymbol{c}$, so daß

$$\hat{\boldsymbol{\Sigma}}_i = \boldsymbol{Y}'\boldsymbol{V}_0^{-1/2}\boldsymbol{M}_0\boldsymbol{Q}_i\boldsymbol{M}_0\boldsymbol{V}_0^{-1/2}\boldsymbol{Y}$$

die multivariate MINQUE-Schätzung für die Varianzkomponente $\boldsymbol{\Sigma}_i$ definiert.

Bei Normalverteilungsannahmen ist diese Schätzung für die oben aufgeführten A-priori-Werte lokal optimal unter den quadratischen und erwartungstreuen Schätzungen. Für beliebige A-priori-Werte $\boldsymbol{\Sigma}_{01}, \ldots, \boldsymbol{\Sigma}_{0r}$, $\boldsymbol{\Sigma}_0$ ist die Wichtungsmatrix in den durch Linearkombinationen gewonnenen univariaten Modellen von der Gestalt

$$\boldsymbol{V}_0 = (\boldsymbol{c}'\boldsymbol{\Sigma}_{01}\boldsymbol{c})\,\boldsymbol{X}_1\boldsymbol{X}_1' + \ldots + (\boldsymbol{c}'\boldsymbol{\Sigma}_{0r}\boldsymbol{c})\,\boldsymbol{X}_r\boldsymbol{X}_r' + (\boldsymbol{c}'\,\boldsymbol{\Sigma}_0\boldsymbol{c})\,\boldsymbol{I}.$$

Somit ist sie von $\boldsymbol{c}$ abhängig, und es existiert, von einigen balancierten Plänen abgesehen, keine multivariate Schätzung der Art $\boldsymbol{Y}'\boldsymbol{Q}\boldsymbol{Y}$, die eine MINQUE-Schätzung für $\boldsymbol{c}'\boldsymbol{\Sigma}_i\boldsymbol{c}$ durch $\boldsymbol{c}'\boldsymbol{Y}'\boldsymbol{Q}\boldsymbol{Y}\boldsymbol{c}$ für alle $\boldsymbol{c}$ liefern würde.

Es ist aber möglich, das multivariate Modell umzuformen, indem die p Spalten von $\boldsymbol{Y}$ zu einem pN-dimensionalen Vektor angeordnet werden. Wir erhalten

$$\begin{pmatrix} \boldsymbol{y}_1 \\ \vdots \\ \boldsymbol{y}_p \end{pmatrix} = \begin{pmatrix} \boldsymbol{X}_0 & & 0 \\ & \ddots & \\ 0 & & \boldsymbol{X}_0 \end{pmatrix} \begin{pmatrix} \boldsymbol{\beta}_1 \\ \vdots \\ \boldsymbol{\beta}_p \end{pmatrix} + \begin{pmatrix} \boldsymbol{X}_1 & & 0 \\ & \ddots & \\ 0 & & \boldsymbol{X}_1 \end{pmatrix} \begin{pmatrix} \boldsymbol{b}_1^{(1)} \\ \\ \boldsymbol{b}_p^{(1)} \end{pmatrix} + \ldots + \begin{pmatrix} \boldsymbol{X}_r & & 0 \\ & \ddots & \\ 0 & & \boldsymbol{X}_r \end{pmatrix} \begin{pmatrix} \boldsymbol{b}_1^{(r)} \\ \vdots \\ \boldsymbol{b}_p^{(r)} \end{pmatrix} + \begin{pmatrix} \boldsymbol{\epsilon}_1 \\ \vdots \\ \boldsymbol{\epsilon}_p \end{pmatrix}.$$

Hierbei sind $\boldsymbol{y}_1, \ldots, \boldsymbol{y}_p$ die Spalten von $\boldsymbol{Y}$, $\boldsymbol{b}_1^{(t)}, \ldots, \boldsymbol{b}_p^{(t)}$ die Spalten von $\boldsymbol{B}_t$, $t = 1, \ldots, r$, und schließlich $\boldsymbol{\epsilon}_1, \ldots, \boldsymbol{\epsilon}_p$ die Spaltenvektoren von E.

Die Kovarianzmatrix des pN-dimensionalen Beobachtungsvektors $\boldsymbol{y}$ ist

$$\boldsymbol{\Sigma}_1 \otimes \boldsymbol{X}_1\boldsymbol{X}_1' + \ldots + \boldsymbol{\Sigma}_r \otimes \boldsymbol{X}_r\boldsymbol{X}_r' + \boldsymbol{\Sigma} \otimes \boldsymbol{I}_N,$$

oder anders geschrieben

$$\sigma_{11}^{(1)} \begin{pmatrix} \boldsymbol{X}_1\boldsymbol{X}_1' & 0 & 0 \\ 0 & 0 & 0 \\ 0 & 0 & 0 \end{pmatrix} + \sigma_{12}^{(1)} \begin{pmatrix} 0 & \boldsymbol{X}_1\boldsymbol{X}_1' & 0 \\ \boldsymbol{X}_1\boldsymbol{X}_1' & 0 & 0 \\ 0 & 0 & 0 \end{pmatrix} + \ldots + \sigma_{pp}^{(1)} \begin{pmatrix} 0 & 0 & 0 \\ 0 & 0 & 0 \\ 0 & 0 & \boldsymbol{X}_1\boldsymbol{X}_1' \end{pmatrix}$$

$$+ \ldots + \sigma_{pp} \begin{pmatrix} 0 & 0 & 0 \\ 0 & 0 & 0 \\ 0 & 0 & \boldsymbol{I}_N \end{pmatrix}. \qquad (99)$$

Indem die in (99) auftretenden Matrizen die Rolle der $\boldsymbol{V}_t$, $t = 1, \ldots, (r + 1)\,\dfrac{p(p+1)}{2}$, übernehmen, die $\sigma_{ij}^{(l)}$ bzw. σ_{ij}, die der „Varianzkomponenten“, und schließlich $\boldsymbol{I}_p \otimes \boldsymbol{X}_0$ die Matrix $\boldsymbol{X}_0$ ersetzt, können die Ergebnisse aus Abschnitt 2.2.2 direkt für die Schätzung von $\sigma_{ij}^{(l)}$ bzw. σ_{ij}, d. h. für die Schätzung von $\boldsymbol{\Sigma}_1, \ldots, \boldsymbol{\Sigma}_r$ und $\boldsymbol{\Sigma}$ benutzt werden.

Der numerische Aufwand wächst zwar, kann aber für wichtige Modelle der Varianzanalyse, wie z. B. hierarchische Klassifikation (vgl. Beispiel 2.2.2), in Grenzen gehalten werden (siehe auch Rao/Kleffe (1988)).

3. Diskrimination und Klassifikation

Im vorhergehenden Kapitel untersuchten wir statistische Entscheidungsprobleme für den Vergleich von Verteilungsklassen. Dabei wurde besonders die Frage behandelt, ob es Unterschiede zwischen Verteilungen gibt. Darüber hinaus ist es aber auch wichtig zu wissen, worin diese Unterschiede zwischen den betrachteten Verteilungen bestehen und wie sie beschrieben werden können. Eine Antwort und Lösung zu diesem Problemkreis wird durch die Methoden der Diskrimination und Klassifikation gegeben.

Wir betrachten Beobachtungen mit Werten in $\mathbb{R}^p$, für die $\mathcal{P} = \{\mathsf{P}_{\boldsymbol{\theta}} : \boldsymbol{\theta} \in \Theta\}$ ein Modell darstellen soll. Unter der Diskrimination von Verteilungen $\mathsf{P}_{\boldsymbol{\theta}_1}, \ldots, \mathsf{P}_{\boldsymbol{\theta}_k}$, $\boldsymbol{\theta}_i \in \Theta$, verstehen wir die Angabe von Mengen im $\mathbb{R}^p$, denen diese Verteilungen „signifikant" unterschiedliche Maße zuordnen. Das gilt sowohl für bekannte Parameter als auch für unbekannte. Wenn $\boldsymbol{\theta}_1, \ldots, \boldsymbol{\theta}_k$ unbekannt sind, so seien zu jedem $\boldsymbol{\theta}_i$ Variable $\boldsymbol{y}_{i1}, \ldots, \boldsymbol{y}_{in_i}$ gegeben, die unabhängig und identisch verteilt sind. Dabei gelte

$$\boldsymbol{y}_{ij} \sim \mathsf{P}_{\boldsymbol{\theta}_i}, \qquad j = 1, \ldots, n_i; \qquad i = 1, \ldots, k.$$

Die Variablen $\boldsymbol{y}_{ij}$, $j = 1, \ldots, n_i$, werden häufig als eine *Lernstichprobe* zur Verteilung $\mathsf{P}_{\boldsymbol{\theta}_i}$ bezeichnet. Aufgrund dieser vorliegenden Beobachtungen von $\boldsymbol{y}_{11}, \ldots, \boldsymbol{y}_{kn_k}$ ist die *Diskrimination* der Verteilungen zu untersuchen. Eng zusammenhängend mit dieser Problematik ist die Klassifikation einer Verteilung bzw. die Klassifikation von Beobachtungen. Wir betrachten Verteilungen $\mathsf{P}_{\boldsymbol{\theta}_0}, \mathsf{P}_{\boldsymbol{\theta}_1}, \ldots, \mathsf{P}_{\boldsymbol{\theta}_k}$. Unter *Klassifikation* verstehen wir die Beantwortung der Frage, welcher der Verteilungen $\mathsf{P}_{\boldsymbol{\theta}_1}, \ldots, \mathsf{P}_{\boldsymbol{\theta}_k}$ die Verteilung $\mathsf{P}_{\boldsymbol{\theta}_0}$ am nächsten ist. Dieses Problem besteht sowohl bei bekannten Parametern $\boldsymbol{\theta}_1, \ldots, \boldsymbol{\theta}_k$ als auch bei unbekannten Parametern. Im letzteren Fall seien unabhängige Variable $\boldsymbol{y}_{ij}$, $j = 1, \ldots, n_i$, $i = 0, \ldots, k$, mit

$$\boldsymbol{y}_{ij} \sim \mathsf{P}_{\boldsymbol{\theta}_i}$$

gegeben. Dann bedeutet Klassifikation die Entscheidung darüber, welche der k Variablenmengen $\boldsymbol{y}_{i1}, \ldots, \boldsymbol{y}_{in_i}$ dieselbe Verteilung wie $\boldsymbol{y}_{01}, \ldots, \boldsymbol{y}_{0n_0}$ besitzen. Allgemeiner können wir anstatt nach „derselben Verteilung" auch danach fragen, welche der k Verteilungen am nächsten zu der von $\boldsymbol{y}_{0j}$, $j = 1, \ldots, n_0$, liegt. Damit sprechen wir also von Diskrimination, wenn Unterschiede zwischen Verteilungen beschrieben werden sollen. Geht es hingegen vorrangig um die Zuordnung einer Variablenmenge oder Verteilung zu einer von k Verteilungen, so sprechen wir von Klassifikation. Damit sind diese Aufgaben im Sinne des Abschnitts 1.6.1.2 Mehrentscheidungsprobleme, nur i. allg. mit der zusätzlichen Schwierigkeit, daß $\boldsymbol{\theta}_1, \ldots, \boldsymbol{\theta}_k$ unbekannt sind.

In der einfachsten Form wurde diese Aufgabenstellung von FISHER begründet. Er betrachtete zwei bekannte Normalverteilungen mit gleicher Varianz und untersuchte die Zuordnung einer Variablen zu einer dieser Verteilungen. Später wurde diese aufgeworfene Frage auf beliebige Verteilungen erweitert, und es wurden Charakterisierungen von optimalen Zuordnungsregeln gefunden. Wir geben nun einige Beispiele für die Diskrimination und Klassifikation an.

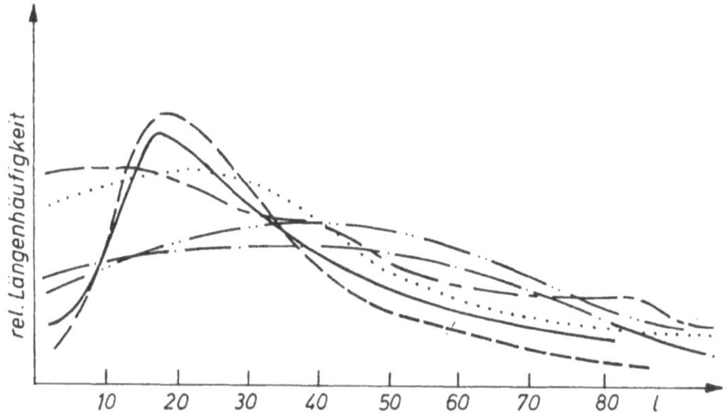

Abb. 3.0.1. Längenverteilungen

Beispiel 3.0.1. Medizinische Diagnostik. Üblicherweise werden psychische Krankheiten durch Eigenarten und Modifizierungen des persönlichen Auftretens der Patienten erkannt. Es fragt sich jedoch, ob man diese psychischen Krankheiten objektiv beschreiben kann und ob es Zellarten gibt, die am Krankheitsprozeß besonders beteiligt sind (POPPE/TENNSTEDT (1976)). Die Grundlage für die Datenanalyse bilden die 98 Datensätze aus Beispiel 1.1.1, wobei davon ausgegangen wird, daß die 5-dimensionalen Daten in der Klasse i Realisierungen einer unbekannten Verteilung P_{θ_i} sind. Bezeichnen wir die Daten der Klasse i mit $\boldsymbol{y}_{ij}$, $j = 1, \ldots, n_i$, so setzen wir

$$\boldsymbol{y}_{ij} \sim P_{\theta_i}$$

voraus und haben dann das Diskriminanzproblem zu lösen. Bei der Klassifikation eines neuen Patienten ist zu entscheiden, ob er Alzheimer, Pick, senile Demenz oder keine dieser Krankheiten hatte. Da man das Alter des Patienten kennt, ist bei der Klassifikation die Zuordnung zu den Klassen 4 bzw. 5 bekannt. Folglich haben wir immer nur einen Vierklassenfall, nämlich die Klassen 1, 2, 3, 4 oder 1, 2, 3, 5 (abhängig vom Alter). Es wird dann, wenn wir $\boldsymbol{y}$ als zu klassifizierende Variable ansehen, zu entscheiden sein, welche der entsprechenden vier Verteilungen für $\boldsymbol{y}$ in Frage kommt.

Beispiel 3.0.2. Bei der Produktion eines biologischen Wirkstoffes werden unterschiedliche Möglichkeiten untersucht. An den fertigen Wirkstoffen kann man entscheiden, ob sie die geforderten Eigenschaften haben oder nicht. Am Anfang dieses Produktionsprozesses steht ein Züchtungsprozeß von Bakterien. Es besteht die Vermutung, daß schon das Ergebnis dieses Züchtungsprozesses die Endeigenschaften des Wirkstoffes wesentlich bestimmt. Wenn dies der Fall ist, so könnte man direkt nach dem Züchtungsprozeß entscheiden, ob mit den gezüchteten Bakterien die nachfolgende aufwendige Herstellung des Wirkstoffes ausgeführt wird, oder ob es sich nicht lohnt. Der Züchtungsprozeß wird nach einer gegebenen Zeit beendet, und es wird die Längenverteilung der entstandenen Bakterien aufgenommen. In Abb. 3.0.1 sind einige der erhaltenen Längenverteilungen aufgetragen, wobei zu jeder der drei Wirkstoffqualitätsklassen zwei charakteristische Kurvenverläufe aufgetragen sind. Wir erhalten so i. allg. n_1 Kurven für die Klasse 1, n_2 für Klasse 2 und n_3 Kurven für Klasse 3, die als Meßwerte dienen. Die Diskrimination besteht darin, Kurven verschiedener Klassen zu unterscheiden, und — falls dies möglich ist — bei der Klassifikation eine neue Kurve einer dieser Klassen zuzuordnen. So haben wir formal, da die Kurven meist nicht durch endlich viele Werte beschrieben werden können, unendlich viele Merkmale in die Analyse mit einzubeziehen. Die Zuordnung von neuen Kurven soll derart vollzogen werden, daß diese neuen Kurven möglichst „nah" an einer der drei Kurvenscharen liegen. Dazu muß ein geeignetes Abstandsmaß betrachtet werden. Wenngleich der Diskrimination und der Klassifikation inhaltlich unterschiedliche Interpretationen zugrunde liegen, so zeigt es sich jedoch, daß die mathematische Behandlung beider Problemstellungen im wesentlichen auf den gleichen Methoden beruht.

Wir werden im folgenden nicht mehr einen Unterschied zwischen der Diskrimination und Klassifikation herausarbeiten. Beide Aufgabenstellungen führen auf die Bestimmung einer Bewertungsfunktion, die im $\mathbb{R}^p$ definiert ist und Werte im $\mathbb{R}^{k+1}$ hat. Genauer beschreiben wir das folgendermaßen.

Es sei $\boldsymbol{g} : \mathbb{R}^p \to \mathbb{R}^{k+1}$ eine Funktion mit den Werten

$$\boldsymbol{g}(\boldsymbol{y}) = \big(g_0(\boldsymbol{y}), \ldots, g_k(\boldsymbol{y})\big)', \qquad \boldsymbol{y} \in \mathbb{R}^p.$$

Für die Funktionen g_i, $i = 0, \ldots, k$, gelte

$$g_i(\boldsymbol{y}) \geqq 0, \qquad \sum_{i=0}^{k} g_i(\boldsymbol{y}) = 1, \qquad \boldsymbol{y} \in \mathbb{R}^p. \tag{1}$$

Die Bedeutung dieser Funktionen wird bei der Klassifikation dadurch festgelegt, daß $g_i(\boldsymbol{y})$ die Wahrscheinlichkeit dafür angibt, daß $\boldsymbol{y}$ eine Realisierung der Verteilung $\mathsf{P}_{\boldsymbol{\theta}_i}$, $i = 1, \ldots, k$, ist. Mit der Wahrscheinlichkeit $g_0(\boldsymbol{y})$ wird keine dieser Aussagen gemacht, d. h., wir treffen keine Aussage über die Zuordnung der Realisierung $\boldsymbol{y}$. Ein *Diskriminationsverfahren* wird mit einem derartigen $\boldsymbol{g}$ dadurch beschrieben, daß alle Punkte $\boldsymbol{y}$, für die $g_1(\boldsymbol{y})$ nahe bei 1 liegt, diejenige Menge bilden, der die Verteilung $\mathsf{P}_{\boldsymbol{\theta}_1}$ ein „großes" Maß, hingegen alle anderen Verteilungen ein „kleines" Maß zuordnen. Analog gilt eine Interpretation für die Punkte $\boldsymbol{y}$, für die $g_i(\boldsymbol{y})$ nahe bei 1 liegt, $i = 2, \ldots, k$.

3.1. Optimale Verfahren zur Diskrimination

Charakteristische Größen für ein Diskriminanzverfahren sind die Wahrscheinlichkeiten für eine falsche bzw. richtige Bewertung der Zugehörigkeit, oder wie man auch sagt, für eine *Fehlklassifikation* bzw. *Richtigklassifikation*. Die Wahrscheinlichkeit der korrekten Klassifikation für die i-te Klasse ist

$$r_i(\boldsymbol{g}) = \int_{\mathbb{R}^p} g_i(\boldsymbol{x})\, \mathsf{P}_{\boldsymbol{\theta}_i}(\mathrm{d}\boldsymbol{x}) \tag{2}$$

und die Wahrscheinlichkeit dafür, daß ein Element aus der i-ten Klasse in die j-te Klasse zugeordnet wird, ist

$$f_{j|i}(\boldsymbol{g}) = \int_{\mathbb{R}^p} g_j(\boldsymbol{x})\, \mathsf{P}_{\boldsymbol{\theta}_i}(\mathrm{d}\boldsymbol{x}), \qquad j \neq i. \tag{3}$$

Damit existieren in einem Problem mit k Klassen $k(k-1)$ verschiedene Fehlklassifikationswahrscheinlichkeiten. Es sei $\boldsymbol{\alpha} = (\alpha_{12}, \ldots, \alpha_{1k}, \alpha_{21}, \alpha_{23}, \ldots, \alpha_{k,k-1})'$ ein $k(k-1)$-Vektor mit den Komponenten α_{ij} mit $i \neq j$. Wir nennen dann für ein k-Klassenproblem das Verfahren $\boldsymbol{g} = (g_0, g_1, \ldots, g_k)'$ ein $\boldsymbol{\alpha}$-*Diskriminanzverfahren*, falls

$$f_{j|i}(\boldsymbol{g}) \leqq \alpha_{ji}, \qquad i, j = 1, \ldots, k, \qquad i \neq j \tag{4}$$

gilt. Offenbar existieren immer α-Diskriminanzverfahren, nämlich z. B. $\boldsymbol{g} = (1, 0, \ldots, 0)'$, jedoch ist ein solches Verfahren wertlos.

Von besonderem Interesse sind Verfahren $\boldsymbol{g} = (g_0, \ldots, g_k)'$, die nicht randomisiert sind. Das sind diejenigen, für die jede Funktion g_i nur die Werte 0 oder 1 annehmen kann. Sei

$$g_j(\boldsymbol{y}) = \begin{cases} 1 & \text{für} \quad \boldsymbol{y} \in \mathcal{Y}_j, \\ & \qquad\qquad j = 0, \ldots, k, \\ 0 & \text{für} \quad \boldsymbol{y} \in \mathcal{Y} \setminus \mathcal{Y}_j, \end{cases} \tag{5}$$

so ist $\mathcal{Y}_0, \ldots, \mathcal{Y}_k$ eine disjunkte Zerlegung des Stichprobenraumes $\mathcal{Y}$,

$$\mathcal{Y} = \mathcal{Y}_0 + \cdots + \mathcal{Y}_k .$$

Wie bei anderen statistischen Problemstellungen wollen wir auch hier optimale $\boldsymbol{\alpha}$-Entscheidungsverfahren bestimmen. Dazu nehmen wir an, daß für die i-te Klasse eine A-priori-Wahrscheinlichkeit q_i gegeben ist, für die

$$q_i > 0 \quad \text{und} \quad \sum_{i=1}^{k} q_i = 1$$

gilt. Ein $\boldsymbol{\alpha}$-Diskriminanzverfahren $\boldsymbol{g}^*$ heißt *optimal*, falls

$$\sum_{i=1}^{k} q_i r_i(\boldsymbol{g}^*) \geqq \sum_{i=1}^{k} q_i r_i(\boldsymbol{g}) \tag{6}$$

für alle $\boldsymbol{\alpha}$-Diskriminanzverfahren $\boldsymbol{g}$ gilt. Für bekannte $\mathsf{P}_{\boldsymbol{\theta}_i}$, zu denen Dichten $p_i(\boldsymbol{x})$ bez. des Lebesgue-Maßes existieren, gab ANDERSON (1969) notwendige und hinreichende Bedingungen an, die für *optimale* $\boldsymbol{\alpha}$-*Diskriminanzverfahren* gelten.

Satz 3.1. *Es sei* $\boldsymbol{\alpha}$ *ein innerer Punkt der Menge*

$$\mathcal{A} = \left\{ \left(\int g_1(\boldsymbol{x})\, p_2(\boldsymbol{x})\, \mathrm{d}\boldsymbol{x}, \ldots, \int g_k(\boldsymbol{x})\, p_{k-1}(\boldsymbol{x})\, \mathrm{d}\boldsymbol{x} \right)' : g_i(\boldsymbol{x}) \geqq 0,\ \sum_{i=1}^{k} g_i(\boldsymbol{x}) \leqq 1 \right\}.$$

Mit

$$L_j(\boldsymbol{y}) = q_j p_j(\boldsymbol{y}) - \sum_{\substack{i=1 \\ i \neq j}}^{k} \lambda_{ij} p_i(\boldsymbol{y}), \qquad j = 1, \ldots, k, \tag{7}$$

$$L_0(\boldsymbol{y}) = 0 \tag{8}$$

sei $\boldsymbol{g}^* = (g_0^*, \ldots, g_k^*)'$ *ein nichtrandomisiertes Diskriminanzverfahren, für das*

$$g_i^*(\boldsymbol{y}) = 1 \quad \textit{für genau ein } i \textit{ mit} \quad L_i(\boldsymbol{y}) = \max_j L_j(\boldsymbol{y}) \tag{9}$$

gilt, insbesondere also

$$g_i^*(\boldsymbol{y}) = 1, \quad \textit{falls} \quad L_i(\boldsymbol{y}) > L_j(\boldsymbol{y}), \qquad i, j = 0, \ldots, k, \qquad i \neq j. \tag{10}$$

Dann gilt

1. *Wenn nichtnegative Konstanten λ_{ij}, $i, j = 1, \ldots, k$, $j \neq i$ existieren, so daß $\boldsymbol{g}^*$ ein $\boldsymbol{\alpha}$-Diskriminanzverfahren ist, so ist $\boldsymbol{g}^*$ ein optimales $\boldsymbol{\alpha}$-Diskriminanzverfahren.*

2. *Es sei $\tilde{\boldsymbol{g}}$ ein optimales $\boldsymbol{\alpha}$-Diskriminanzverfahren, wobei $\boldsymbol{g}$ die Bedingungen (4) mit Gleichheitszeichen erfülle. Dann existieren Konstanten λ_{ij}, $i, j = 1, \ldots, k$, $i \neq j$, derart, daß $\tilde{g}_i$ die Bedingungen (10) erfüllen.*

Beispiel 3.1.1. Zwei-Klassen-Problem. Nach Satz 3.1 gilt für ein optimales $\boldsymbol{\alpha}$-Diskriminanzverfahren mit $t_1 = \lambda_{21}/q_1$, $t_2 = q_2/\lambda_{12}$ bei $\lambda_{12} \neq 0$ unter der Voraussetzung $\boldsymbol{t_2} \leqq \boldsymbol{t_1}$

$$
\begin{aligned}
g_0^*(\boldsymbol{x}) &= 1, \quad \text{falls} \quad t_2 \leqq \frac{p_1(\boldsymbol{x})}{p_2(\boldsymbol{x})} \leqq t_1, \\
g_1^*(\boldsymbol{x}) &= 1, \quad \text{falls} \quad \frac{p_1(\boldsymbol{x})}{p_2(\boldsymbol{x})} > t_1, \\
g_2^*(\boldsymbol{x}) &= 1, \quad \text{falls} \quad \frac{p_1(\boldsymbol{x})}{p_2(\boldsymbol{x})} < t_2.
\end{aligned}
\tag{11}
$$

Dabei müssen t_1, t_2 so bestimmt werden, daß die Bedingungen (4) erfüllt sind. Wir erkennen, daß allein der Quotient von p_1 und p_2 eine Rolle spielt.

Insbesondere sehen wir, daß keine Entscheidung über eine Klassenzugehörigkeit getroffen wird, wenn p_1/p_2 zwischen t_1 und t_2 liegt.

Beispiel 3.1.2. Zwei-Klassen-Problem unter Normalverteilung. Wir setzen voraus, daß

$$
p_i(\boldsymbol{x}) = \frac{1}{(2\pi)^{p/2} \, |\boldsymbol{\Sigma}|^{1/2}} \exp\left(-\frac{1}{2} (\boldsymbol{x} - \boldsymbol{\mu}_i)' \, \boldsymbol{\Sigma}^{-1} (\boldsymbol{x} - \boldsymbol{\mu}_i)\right)
$$

gilt. Nutzen wir die Diskussion in Beispiel 3.1.1, so haben wir p_1/p_2 zu berechnen und diesen Quotienten mit nichtnegativen Werten t_1, t_2 zu vergleichen. Man erkennt sofort, daß bei Normalverteilungen $t_1 > 0$, $t_2 > 0$ gilt, somit können wir $c_1 = \ln t_1$, $c_2 = \ln t_2$ setzen. Dann gilt für ein optimales $\boldsymbol{\alpha}$-Diskriminanzverfahren nach Beispiel 3.1.1

$$
\begin{aligned}
g_0^*(\boldsymbol{x}) &= 1, \quad \text{falls} \quad c_2 < h(\boldsymbol{x}) < c_1, \\
g_1^*(\boldsymbol{x}) &= 1, \quad \text{falls} \quad h(\boldsymbol{x}) \geq c_1, \\
g_2^*(\boldsymbol{x}) &= 1, \quad \text{falls} \quad h(\boldsymbol{x}) \leqq c_2.
\end{aligned}
\tag{12}
$$

Dabei ist

$$
2h(\boldsymbol{x}) = (\boldsymbol{x} - \boldsymbol{\mu}_2)' \, \boldsymbol{\Sigma}^{-1} (\boldsymbol{x} - \boldsymbol{\mu}_2) - (\boldsymbol{x} - \boldsymbol{\mu}_1)' \, \boldsymbol{\Sigma}^{-1} (\boldsymbol{x} - \boldsymbol{\mu}_1).
$$

Mit

$$
\gamma_i(\boldsymbol{x}) = \boldsymbol{x}' \boldsymbol{\Sigma}^{-1} \boldsymbol{\mu}_i - \frac{1}{2} \, \boldsymbol{\mu}_i' \boldsymbol{\Sigma}^{-1} \boldsymbol{\mu}_i
$$

erhalten wir

$$
\begin{aligned}
h(\boldsymbol{x}) &= \gamma_1(\boldsymbol{x}) - \gamma_2(\boldsymbol{x}) \\
&= \boldsymbol{x}' \boldsymbol{\Sigma}^{-1} (\boldsymbol{\mu}_1 - \boldsymbol{\mu}_2) + \frac{1}{2} \, \boldsymbol{\mu}_2' \boldsymbol{\Sigma}^{-1} \boldsymbol{\mu}_2 - \frac{1}{2} \, \boldsymbol{\mu}_1' \boldsymbol{\Sigma}^{-1} \boldsymbol{\mu}_1 \\
&= \boldsymbol{x}' \boldsymbol{\Sigma}^{-1} (\boldsymbol{\mu}_1 - \boldsymbol{\mu}_2) + \frac{1}{2} \, (\boldsymbol{\mu}_2 - \boldsymbol{\mu}_1)' \, \boldsymbol{\Sigma}^{-1} (\boldsymbol{\mu}_2 + \boldsymbol{\mu}_1).
\end{aligned}
\tag{13}
$$

Die Konstanten c_1, c_2 sind aus (4) zu bestimmen, d. h., es muß gelten $c_2 \leqq c_1$ und

$$
\begin{aligned}
&\int g_2^*(\boldsymbol{x}) \, \mathsf{P}_{\boldsymbol{\theta}_1} (\mathrm{d}\boldsymbol{x}) \leqq \alpha_{21}, \\
&\int g_1^*(\boldsymbol{x}) \, \mathsf{P}_{\boldsymbol{\theta}_2} (\mathrm{d}\boldsymbol{x}) \leqq \alpha_{12}.
\end{aligned}
$$

Bezeichnet u_α das α-Fraktil der N(0, 1)-Verteilung und sei $\Delta^2 = (\boldsymbol{\mu}_1 - \boldsymbol{\mu}_2)' \boldsymbol{\Sigma}^{-1}(\boldsymbol{\mu}_1 - \boldsymbol{\mu}_2)$, so gilt

$$\int\limits_{\{\boldsymbol{x}:h(\boldsymbol{x})<\gamma_2\}} p_1(\boldsymbol{x}) \, d\boldsymbol{x} \leqq \alpha_{21}$$

für alle γ_2 mit

$$\gamma_2 \leqq u_{1-\alpha_{21}}\Delta + \frac{1}{2} \Delta^2 = \bar{\gamma}_2 .$$

Außerdem haben wir

$$\int\limits_{\{\boldsymbol{x}:h(\boldsymbol{x})>\gamma_1\}} p_2(\boldsymbol{x}) \, d\boldsymbol{x} \leqq \alpha_{12}$$

für alle γ_1 mit

$$\gamma_1 \geqq u_{\alpha_{12}}\Delta - \frac{1}{2} \Delta^2 = \bar{\gamma}_1 .$$

Wenn also $\bar{\gamma}_2 \leqq \bar{\gamma}_1$ erfüllt ist, so wählen wir $c_1 = \bar{\gamma}_1$, $c_2 = \bar{\gamma}_2$, und das Verfahren $\boldsymbol{g}^*$ aus (12) ist $\boldsymbol{\alpha}$-optimal. Für $\bar{\gamma}_1 < \bar{\gamma}_2$ ist $\boldsymbol{g}^*$ aus (12) für jede Wahl $c_1 = c_2 \in [\bar{\gamma}_1, \bar{\gamma}_2]$ $\boldsymbol{\alpha}$-optimal. Natürlich gilt im letzteren Fall $g_0^* = 0$, so daß immer eine Zuordnung zu einer der beiden Klassen erfolgt. Ist hingegen $\bar{\gamma}_2 < \bar{\gamma}_1$, so folgt nach Konstruktion die Notwendigkeit eines *Unentscheidbarkeitsbereiches*. Betrachten wir $\alpha_{12}, \alpha_{21} \geqq \frac{1}{2}$, so ist $u_{\alpha_{12}} \leqq u_{1-\alpha_{21}}$ und folglich $\bar{\gamma}_1 < \bar{\gamma}_2$, wenn nur $\Delta \neq 0$ oder nur $u_{\alpha_{12}} < u_{1-\alpha_{21}}$ gilt. Dann ist also stets ein optimales Verfahren ohne Unentscheidbarkeitsbereich konstruierbar. Ist jedoch $\alpha_{12}, \alpha_{21} < \frac{1}{2}$ erfüllt, so haben wir $u_{1-\alpha_{21}} < u_{\alpha_{12}}$, und somit existiert ein $\Delta_0 > 0$ mit

$$\bar{\gamma}_2 < \bar{\gamma}_1 \quad \text{für} \quad 0 < \Delta < \Delta_0$$

und

$$\bar{\gamma}_1 < \bar{\gamma}_2 \quad \text{für} \quad \Delta_0 < \Delta .$$

Damit ist bei kleinem Mahalanobis-Abstand Δ ein Unentscheidbarkeitsbereich notwendig, hingegen bei größerem Δ nicht. Das entspricht auch voll der Anschauung, denn bei gut getrennten Populationen wird eine kleine Fehlklassifikationswahrscheinlichkeit auch ohne Unentscheidbarkeitsbereich eingehalten.

3.1.1. Diskriminanzverfahren mit maximaler Korrektklassifikationswahrscheinlichkeit

Der klassische Zugang zur Diskrimination benutzt als Kriterium die maximale Korrektklassifikationswahrscheinlichkeit, ohne auf die Einhaltung der Bedingungen (4) für gegebenes $\boldsymbol{\alpha}$ zu achten. Wegen

$$\begin{aligned}
&\sum_{i=1}^{k} q_i \int g_i(\boldsymbol{x}) \, p_i(\boldsymbol{x}) \, d\boldsymbol{x} \\
&= \sum_{i=1}^{k} q_i \int \Bigg(1 - \sum_{\substack{j=0 \\ j \neq i}}^{k} g_j(\boldsymbol{x})\Bigg) p_i(\boldsymbol{x}) \, d\boldsymbol{x} = 1 - \sum_{i=1}^{k} q_i \sum_{\substack{j=0 \\ j \neq i}}^{k} \int g_j(\boldsymbol{x}) \, p_i(\boldsymbol{x}) \, d\boldsymbol{x} \\
&= 1 - \int g_0(\boldsymbol{x}) \sum_{i=1}^{k} q_i p_i(\boldsymbol{x}) \, d\boldsymbol{x} - \sum_{i=1}^{k} q_i \sum_{\substack{j=1 \\ j \neq i}}^{k} \int g_j(\boldsymbol{x}) \, p_i(\boldsymbol{x}) \, d\boldsymbol{x}
\end{aligned}$$

ist die Korrektklassifikationswahrscheinlichkeit maximal, falls die Summe der erwarteten Fehlklassifikationswahrscheinlichkeit und der Wahrscheinlichkeit für keine Zugehörigkeitsentscheidung minimal wird. Betrachtet man also — wie es klassisch auch getan wurde — nur Diskriminanzverfahren $\boldsymbol{g}$ mit $g_0(\boldsymbol{x}) = 0$, so ist das Kriterium der maximalen Korrektklassifikationswahrscheinlichkeit äquivalent mit dem der minimalen Fehlklassifikationswahrscheinlichkeit. Es werden folgende Mengen definiert:

$$\mathscr{W}_1 = \{\boldsymbol{x} : q_1 p_1(\boldsymbol{x}) \geqq q_i p_i(\boldsymbol{x}) \quad \text{für alle } i\}, \tag{14}$$

$$\mathscr{W}_r = \{\boldsymbol{x} : q_r p_r(\boldsymbol{x}) \geqq q_i p_i(\boldsymbol{x}) \quad \text{für alle } i\} \setminus (\mathscr{W}_1 \cup \ldots \cup \mathscr{W}_{r-1}).$$

$$2 \leqq r \leqq k-1,$$

$$\mathscr{W}_k = \mathbb{R}^p \setminus (\mathscr{W}_1 \cup \ldots \cup \mathscr{W}_{k-1}).$$

Dann gilt

$$\sum_{i=1}^{k} q_i \int_{\mathscr{W}_i} p_i(\boldsymbol{x})\, \mathrm{d}\boldsymbol{x} \geqq \sum_{i=1}^{k} q_i \int_{\mathbb{R}^p} g_i(\boldsymbol{x})\, p_i(\boldsymbol{x})\, \mathrm{d}\boldsymbol{x} \tag{15}$$

für ein beliebiges Diskriminanzverfahren $\boldsymbol{g} = (g_0, \ldots, g_k)'$

Satz 3.2. *Das Diskriminanzverfahren $\boldsymbol{g}^*$ mit*

$$g_0^*(\boldsymbol{x}) = 0, \qquad g_i^*(\boldsymbol{x}) = I_{\mathscr{W}_i}(\boldsymbol{x}), \qquad i = 1, \ldots, k, \tag{16}$$

ist ein Verfahren mit maximaler Korrektklassifikationswahrscheinlichkeit und wegen $g_0(\boldsymbol{x}) = 0$ minimiert es gleichzeitig die Fehlklassifikationswahrscheinlichkeit.

Das in diesem Satz gegebene Diskriminanzverfahren $\boldsymbol{g}^*$ erhalten wir auch aus Satz 3.1. Berechnen wir zu $\boldsymbol{g}^*$ die Werte

$$\alpha_{ij}^* = \int g_i^*(\boldsymbol{x})\, p_j(\boldsymbol{x})\, \mathrm{d}\boldsymbol{x}$$

und ist der Vektor $(\alpha_{12}^*, \ldots, \alpha_{k,k-1}^*)'$ ein innerer Punkt von $\mathcal{A}$ aus Satz 3.1, so erhalten wir $\boldsymbol{g}^*$ dadurch, daß in Satz 3.1 $\lambda_{ij} = 0$ für alle $i \neq j$ gesetzt wird. Somit ist $\boldsymbol{g}^*$ ein für die α_{ij}^* optimales $\boldsymbol{\alpha}^*$-Diskriminanzverfahren.

Beispiel 3.1.3. Lineare Diskriminanzfunktionen. Es sei p_i die Dichte der Normalverteilung $\mathrm{N}_p(\boldsymbol{\mu}_i, \boldsymbol{\Sigma})$, so daß

$$p_i(\boldsymbol{x}) = \frac{1}{(2\pi)^{p/2}\, |\boldsymbol{\Sigma}|^{1/2}} \exp\left(-\frac{1}{2}\,(\boldsymbol{x} - \boldsymbol{\mu}_i)'\, \boldsymbol{\Sigma}^{-1}(\boldsymbol{x} - \boldsymbol{\mu}_i)\right)$$

ist. Da

$$q_i p_i(\boldsymbol{x}) > q_j p_j(\boldsymbol{x}) \tag{17}$$

genau dann gilt, wenn $\ln q_i + \ln p_i(\boldsymbol{x}) > \ln q_j + \ln p_j(\boldsymbol{x})$ erfüllt ist, gilt (17) genau dann, wenn

$$\ln q_i - \frac{1}{2}\,(\boldsymbol{x} - \boldsymbol{\mu}_i)'\, \boldsymbol{\Sigma}^{-1}(\boldsymbol{x} - \boldsymbol{\mu}_i) > \ln q_j - \frac{1}{2}\,(\boldsymbol{x} - \boldsymbol{\mu}_j)'\, \boldsymbol{\Sigma}^{-1}(\boldsymbol{x} - \boldsymbol{\mu}_j)$$

erfüllt ist. Mit $\gamma_i(\boldsymbol{x})$ wie in Beispiel 3.1.2 ist das gleichbedeutend mit

$$\ln q_i + \gamma_i(\boldsymbol{x}) > \ln q_j + \gamma_j(\boldsymbol{x}),$$

da nur von i, j unabhängige Größen weggelassen wurden. Wir bemerken, daß $\gamma_i(\boldsymbol{x})$ linear von $\boldsymbol{x}$ abhängen. Fisher (1925) folgend heißt diese Funktion γ_i die i-te *lineare Diskriminanzfunktion.*

Die in (14) definierten Mengen sind dann äquivalent beschreibbar durch

$$\mathscr{W}_1 = \{x\colon \ln q_1 + \gamma_1(\boldsymbol{x}) \geqq \ln q_i + \gamma_i(\boldsymbol{x}) \text{ für alle } i\},$$

$$\mathscr{W}_r = \{x\colon \ln q_r + \gamma_r(\boldsymbol{x}) \geqq \ln q_i + \gamma_i(\boldsymbol{x}) \text{ für alle } i\} \setminus (\mathscr{W}_1 \cup \dots \cup \mathscr{W}_{r-1}),$$

$$r = 2, \dots, k-1,$$

$$\mathscr{W}_k = \mathbb{R}^p \setminus (\mathscr{W}_1 \cup \dots \cup \mathscr{W}_{r-1}).$$

Wegen der Linearität der γ_i sind diese Mengen $\mathscr{W}_1, \dots, \mathscr{W}_k$ konvexe Mengen.

Eine wesentliche Voraussetzung zu diesem Beispiel war die Unabhängigkeit der Kovarianz $\boldsymbol{\Sigma}$ von der Klassennummer. Im nächsten Beispiel lassen wir diese Annahme fallen.

Beispiel 3.1.4. Quadratische Diskriminanzfunktionen. Die Klassen $K_1, \dots, K_k$ seien charakterisiert durch $\mathrm{N}(\boldsymbol{\mu}_i, \boldsymbol{\Sigma}_i)$, so daß die Dichte der i-ten Klasse durch

$$p_i(\boldsymbol{x}) = \frac{1}{(2\pi)^{p/2}\,|\boldsymbol{\Sigma}_i|^{1/2}} \exp\left(-\frac{1}{2}(\boldsymbol{x} - \boldsymbol{\mu}_i)'\,\boldsymbol{\Sigma}_i^{-1}(\boldsymbol{x} - \boldsymbol{\mu}_i)\right)$$

gegeben ist. Die Ungleichung (17) ist genau dann erfüllt, wenn

$$m_i(\boldsymbol{x}) = \ln q_i - \frac{1}{2}\boldsymbol{\mu}_i'\,\boldsymbol{\Sigma}_i^{-1}\boldsymbol{\mu}_i + \boldsymbol{x}'\,\boldsymbol{\Sigma}_i^{-1}\,\boldsymbol{\mu}_i - \frac{1}{2}\boldsymbol{x}'\boldsymbol{\Sigma}_i^{-1}\boldsymbol{x}$$

$$> \ln q_j - \frac{1}{2}\boldsymbol{\mu}_j'\boldsymbol{\Sigma}_j^{-1}\boldsymbol{\mu}_j + \boldsymbol{x}'\boldsymbol{\Sigma}_j^{-1}\boldsymbol{\mu}_j - \frac{1}{2}\boldsymbol{x}'\boldsymbol{\Sigma}_j^{-1}\boldsymbol{x}$$

gilt. Diese Ungleichung läßt sich bei $\boldsymbol{\Sigma}_i \neq \boldsymbol{\Sigma}_j$ nicht auf eine lineare Ungleichung reduzieren. Die Diskrimination beruht auf den *quadratischen Diskriminanzfunktionen* m_i. Im Spezialfall $p = 1$, $k = 2$ setzen wir $\sigma_1^2 = \boldsymbol{\Sigma}_1$, $\sigma_2^2 = \boldsymbol{\Sigma}_2$, und $m_1(x) > m_2(x)$ führt uns zu der Bedingung

$$x^2(\sigma_2^2 - \sigma_1^2) - 2x(\sigma_2^2\mu_1 - \sigma_1^2\mu_2) + \mu_1^2\sigma_2^2 - \mu_2^2\sigma_1^2 < 0. \tag{18}$$

Bei $\sigma_1^2 \neq \sigma_2^2$ und $\mu_1 \neq \mu_2$ existieren zwei verschiedene Lösungen x_{01}, x_{02} der Gleichung

$$x^2(\sigma_2^2 - \sigma_1^2) - 2x(\sigma_2^2\mu_1 - \sigma_1^2\mu_2) + \mu_1^2\sigma_2^2 - \mu_2^2\sigma_1^2 = 0,$$

und wir nehmen an, daß $x_{01} < x_{02}$ gelte. Damit gehört x zur Klasse K_1, falls (18) erfüllt ist. Das bedeutet

$$x < x_{01} \quad \text{oder} \quad x > x_{02} \quad \text{bei } \sigma_1^2 > \sigma_2^2,$$

$$x_{01} < x < x_{02} \quad \text{bei } \sigma_1^2 < \sigma_2^2.$$

Folglich sind im allgemeinen bei quadratischen Diskriminanzfunktionen die Zugehörigkeitsgebiete zu einer Klasse nicht zusammenhängend.

3.1.2. Diskriminanzverfahren bei Kosten für Fehlklassifikationen

Im vorigen Abschnitt untersuchten wir die Diskrimination von Klassen $K_1, \dots, K_k$, für deren Auftreten A-priori-Wahrscheinlichkeiten $q_1, \dots, q_k$ gegeben waren. Häufig sind aber zusätzliche Kenngrößen in die Diskrimination einzubeziehen, z. B. quantitative Größen, die die Konsequenzen einer Falschklassifikation genauer beschreiben.

Beispiel 3.1.5. In einer Fabrik werden Filme hergestellt, von denen einige für Aufnahmen kurzlebiger, sehr teurer Objekte bestimmt sind. Da man an den fertigen Produkten keine Qualitätsprüfung ohne Zerstörung des Films durchführen kann, will man die Eignung gewisser Filme anhand der Produktionsdaten erkennen. Bei Filmen $F_{11}, \ldots, F_{1n_1}$ wurden Wertevektoren $\boldsymbol{y}_{11}, \ldots, \boldsymbol{y}_{1n_1}$ aus der Produktion aufgenommen, ebenso $\boldsymbol{y}_{21}, \ldots, \boldsymbol{y}_{2n_2}$ für Filme $F_{21}, \ldots, F_{2n_2}$, wobei in einer Lernphase festgestellt wurde, daß F_{1i} die besonderen Qualitätsanforderungen erfüllen, hingegen F_{2j} nicht. Unsere Problemstellung führt also zu zwei Klassen K_1, K_2, zu denen aus Erfahrungswerten der Produktion und der Reklamationen A-priori-Wahrscheinlichkeiten q_1, q_2 bekannt sind. Für einen neuen Film mit den Produktionsdaten $\boldsymbol{y}$ soll nun entschieden werden, ob er zu K_1 oder K_2 zugeordnet werden kann.

Aufgrund der besonderen Anforderungen ist es klar, daß die falsche Entscheidung über eine Zugehörigkeit unterschiedliche Konsequenzen hat. Es ist ökonomisch meist ungünstiger, wenn ein Film aus K_2 nach K_1 eingeordnet wird, also von K_1 nach K_2. Somit wird man ein Diskriminanzverfahren $\boldsymbol{g} = (g_1, g_2)'$ nicht mit der Größe

$$\int g_2(\boldsymbol{x})\, \mathsf{P}_{\theta_1}(\mathrm{d}\boldsymbol{x}) + \int g_1(\boldsymbol{x})\, \mathsf{P}_{\theta_2}(\mathrm{d}\boldsymbol{x})$$

bewerten, sondern z. B. mit

$$F(\boldsymbol{g}) = C(2, 1) \int g_2(\boldsymbol{x})\, \mathsf{P}_{\theta_1}(\mathrm{d}\boldsymbol{x}) + C(1, 2) \int g_1(\boldsymbol{x})\, \mathsf{P}_{\theta_2}(\mathrm{d}\boldsymbol{x}),$$

wobei $C(1, 2) > C(2, 1)$ anzusetzen ist. Dann wäre ein $\boldsymbol{g}^*$ zu wählen, das $F(\boldsymbol{g})$ minimiert.

So wie es in diesem Beispiel beschrieben wurde, ist es häufig naheliegend, die Konsequenzen einer Falschklassifikation zu beachten. Dies tritt nicht nur in technischen Problemstellungen auf, sondern auch bei medizinischen, physikalischen und vielen weiteren Aufgaben.

Gehen wir also davon aus, daß Kosten $C(j, i)$ entstehen, wenn eine Realisierung von P_{θ_i} als Realisierung von P_{θ_j} angesehen wird. Wir definieren

$$F(\boldsymbol{g}) = \sum_{i=1}^{k} q_i \sum_{\substack{j=1 \\ j \neq i}}^{k} C(j, i) \int g_j(\boldsymbol{x})\, p_i(\boldsymbol{x})\, \mathrm{d}\boldsymbol{x} \tag{19}$$

und setzen

$$Q_i(\boldsymbol{x}) = -\sum_{\substack{j=1 \\ j \neq i}}^{k} q_j p_j(\boldsymbol{x})\, C(i, j).$$

Dann gilt der folgende Satz, der analog zu Satz 3.2 beweisbar ist.

Satz 3.3. *Das Diskriminanzverfahren* $\boldsymbol{g}^*$ *mit* $g_i(\boldsymbol{x}) = I_{\mathcal{W}_i}(\boldsymbol{x})$ *minimiert* $F(\boldsymbol{g})$, *wobei*

$$\mathcal{W}_1 = \{\boldsymbol{x} : Q_1(\boldsymbol{x}) \geqq Q_i(\boldsymbol{x}) \quad \textit{für alle } i\},$$

$$\mathcal{W}_r = \{\boldsymbol{x} : Q_r(\boldsymbol{x}) \geqq Q_i(\boldsymbol{x}) \quad \textit{für alle } i\} \setminus (\mathcal{W}_1 \cup \ldots \cup \mathcal{W}_{r-1}),$$

$$r = 2, \ldots, k-1,$$

$$\mathcal{W}_k = \mathbb{R}^p \setminus (\mathcal{W}_1 \cup \ldots \cup \mathcal{W}_{k-1})$$

gilt.

Durch die Einbeziehung derartiger Falschzuordnungskosten wird eine Veränderung der Gebiete bewirkt, in denen eine Entscheidung für die einzelnen Klassen fällt. Grob gesagt, werden die Gebiete $\mathcal{W}_i$ um so größer, je geringer die Kosten $C(i, s)$ sind. Ähnliche Effekte kann man auch durch die Steuerung der A-priori-Wahrscheinlichkeiten erreichen, jedoch ist die Interpretation und Deutung der Faktoren unterschiedlich.

3.1.3. Diskrimination mit A-posteriori-Wahrscheinlichkeiten

Ein beobachteter Vektor $\boldsymbol{y}$ werde betrachtet als Realisierung einer Mischung von k Populationen, deren proportionale Anteile die Zahlen $q_1, \ldots, q_k$ sind. Damit kann q_i als A-priori-Wahrscheinlichkeit der i-ten Population aufgefaßt werden. Ein Wert $\boldsymbol{y}$ wird dann mit der Wahrscheinlichkeit

$$l(\boldsymbol{y}) = \sum_{i=1}^{k} q_i p_i(\boldsymbol{y})$$

beobachtet. Bei gegebenem $\boldsymbol{y}$ ist dann die bedingte Wahrscheinlichkeit dafür, daß $\boldsymbol{y}$ als Realisierung von P_{θ_s}, $1 \leqq s \leqq k$, betrachtet wird, gleich $q_s p_s(\boldsymbol{y})/l(\boldsymbol{y})$. Diese A-posteriori-Wahrscheinlichkeit können wir als Grundlage für ein Diskriminanzverfahren nehmen. Wir definieren

$$\boldsymbol{g} = (m_1, \ldots, m_k)', \qquad m_s(\boldsymbol{y}) = \frac{q_s p_s(\boldsymbol{y})}{l(\boldsymbol{y})}, \qquad s = 1, \ldots, k,$$

und haben so i. allg. ein randomisiertes Verfahren. Offenbar hat das Verfahren mit minimaler Fehlklassifikationswahrscheinlichkeit einen engen Zusammenhang hierzu. Dort wird $\boldsymbol{x}$ der Klasse mit der maximalen A-posteriori-Wahrscheinlichkeit zugeordnet.

Beispiel 3.1.3 (Fortsetzung). Wir betrachten k Klassen mit den Normalverteilungen $\mathrm{N}(\boldsymbol{\mu}_i, \boldsymbol{\Sigma})$, $i = 1, \ldots, k$. Für das Beispiel 3.1.3 errechnen wir

$$m_s(\boldsymbol{x}) = \frac{q_s \, \mathrm{e}^{\gamma_s(\boldsymbol{x})}}{\sum_{i=1}^{k} q_i \, \mathrm{e}^{\gamma_i(\boldsymbol{x})}}$$

mit den linearen Diskriminanzfunktionen $\gamma_i(\boldsymbol{x})$.

3.1.4. Maximum-Likelihood-Klassifikation

3.1.4.1. Definition der Maximum-Likelihood-Regel

Zur Ableitung der optimalen Diskriminanzverfahren in den vorigen beiden Abschnitten benötigen wir die Kenntnis der Verteilungen $\mathsf{P}_{\boldsymbol{\theta}_1}, \ldots, \mathsf{P}_{\boldsymbol{\theta}_k}$. Im allgemeinen sind aber diese Verteilungen unbekannt, und man kann sich nur auf ein Modell $\mathcal{P}$ stützen.

Wir betrachten unabhängige Variable $\boldsymbol{y}_{ij}$, $j = 1, \ldots, n_i$; $i = 1, \ldots, k$, und es sei

$$\boldsymbol{y}_{i1}, \ldots, \boldsymbol{y}_{in_i} \sim \mathsf{P}_{\boldsymbol{\theta}_i}, \qquad \mathsf{P}_{\boldsymbol{\theta}_i} \in \mathcal{P}, \qquad i = 1, \ldots, k.$$

Weiter sei eine von den $\boldsymbol{y}_{ij}$ unabhängige Variable $\boldsymbol{z}$ gegeben, für die $\boldsymbol{z} \sim \mathsf{P}_{\boldsymbol{\theta}_0} \in \mathcal{P}$ gilt. Es sei $\mathcal{P}$ eine Menge von Verteilungen $\mathsf{P}_{\boldsymbol{\theta}}$, $\boldsymbol{\theta} \in \Theta$, zu denen eine Dichte $p_{\boldsymbol{\theta}}$ existiert. Die gemeinsame Dichte aller Variablen $\boldsymbol{y}_{11}, \ldots, \boldsymbol{y}_{kn_k}$ und $\boldsymbol{z}$ ist dann durch

$$f(\boldsymbol{Y}, \boldsymbol{z}) = p_{\boldsymbol{\theta}_0}(\boldsymbol{z}) \, p_{\boldsymbol{\theta}_1}(\boldsymbol{y}_{11}) \cdots p_{\boldsymbol{\theta}_1}(\boldsymbol{y}_{1n_1}) \cdots p_{\boldsymbol{\theta}_k}(\boldsymbol{y}_{kn_k})$$

gegeben. Die Zuordnung der Variablen $\boldsymbol{z}$ zu einer der k Klassen, vorausgesetzt, daß $\boldsymbol{\theta}_0 = \boldsymbol{\theta}_i$ für ein i gilt, kann dann in folgender Weise formuliert werden:

$$\begin{aligned} &\mathrm{H}_1 : \boldsymbol{\theta}_0 = \boldsymbol{\theta}_1 \\ &\quad \vdots \\ &\mathrm{H}_k : \boldsymbol{\theta}_0 = \boldsymbol{\theta}_k . \end{aligned}$$

Unter jeder dieser Hypothesen, sagen wir z. B. H_j, berechnen wir die Maximum-Likelihood-Schätzungen für die Parameter $\boldsymbol{\theta}_1, \ldots, \boldsymbol{\theta}_k$, nämlich solche Werte $\hat{\boldsymbol{\theta}}_1{}^j, \ldots, \hat{\boldsymbol{\theta}}_k{}^j$ mit

$$\begin{aligned} \hat{f}^j(\boldsymbol{Y}, \boldsymbol{z}) &= \max_{\boldsymbol{\theta}_1, \ldots, \boldsymbol{\theta}_k} p_{\boldsymbol{\theta}_j}(\boldsymbol{z})\, p_{\boldsymbol{\theta}_1}(\boldsymbol{y}_{11}) \cdots p_{\boldsymbol{\theta}_1}(\boldsymbol{y}_{1n_1}) \cdots p_{\boldsymbol{\theta}_k}(\boldsymbol{y}_{kn_k}) \\ &= p_{\hat{\boldsymbol{\theta}}_j{}^j}(\boldsymbol{z})\, p_{\hat{\boldsymbol{\theta}}_1{}^j}(\boldsymbol{y}_{11}) \cdots p_{\hat{\boldsymbol{\theta}}_k{}^j}(\boldsymbol{y}_{kn_k}). \end{aligned} \tag{20}$$

Mit der *Maximum-Likelihood-Klassifikationsregel* wird definitionsgemäß $\boldsymbol{z}$ zur i-ten Klasse zugeordnet, falls

$$\hat{f}^i(\boldsymbol{Y}, \boldsymbol{z}) = \max_j \hat{f}^j(\boldsymbol{Y}, \boldsymbol{z}) \tag{21}$$

gilt, wobei im Falle, daß das Maximum für mehrere $\hat{f}^{i_1}(\boldsymbol{Y}, \boldsymbol{z}), \ldots, \hat{f}^{i_s}(\boldsymbol{Y}, \boldsymbol{z})$ angenommen wird, eine Zuordnung zu den Klassen $i_1, \ldots, i_s$ in beliebiger Weise möglich ist.

Beispiel 3.1.6. Nehmen wir an, es gelte

$$p_i(\boldsymbol{x}) = \frac{1}{(2\pi)^{p/2}\, |\boldsymbol{\Sigma}|^{1/2}} \exp\left(-\frac{1}{2} (\boldsymbol{x} - \boldsymbol{\mu}_i)' \boldsymbol{\Sigma}^{-1} (\boldsymbol{x} - \boldsymbol{\mu}_i)\right), \qquad i = 0, \ldots, k.$$

Dann haben wir für $n = \sum_{i=1}^{k} n_i$

$$\begin{aligned} f(\boldsymbol{Y}, \boldsymbol{z}) = \left[\frac{1}{(2\pi)^{p/2}\, |\boldsymbol{\Sigma}|^{1/2}}\right]^{n+1} \exp\Bigg(&-\frac{1}{2} \sum_{i=1}^{k} \sum_{t=1}^{n_i} (\boldsymbol{y}_{it} - \boldsymbol{\mu}_i)' \boldsymbol{\Sigma}^{-1} (\boldsymbol{y}_{it} - \boldsymbol{\mu}_i) \\ &- \frac{1}{2} (\boldsymbol{z} - \boldsymbol{\mu}_0)' \boldsymbol{\Sigma}^{-1} (\boldsymbol{z} - \boldsymbol{\mu}_0)\Bigg). \end{aligned} \tag{22}$$

Die Maximum-Likelihood-Schätzungen für $\boldsymbol{\mu}_1, \ldots, \boldsymbol{\mu}_k, \boldsymbol{\Sigma}$ unter H_j sind die Mittelwertsvektoren der einzelnen Klassen und die gemittelte Kovarianzmatrix:

$$\hat{\boldsymbol{\mu}}_i{}^j = \frac{1}{n_i} \sum_{t=1}^{n_i} \boldsymbol{y}_{it}, \qquad i \neq j,$$

$$\hat{\boldsymbol{\mu}}_j{}^j = \frac{1}{n_j + 1} \left(\sum_{t=1}^{n_j} \boldsymbol{y}_{jt} + \boldsymbol{z}\right),$$

$$\boldsymbol{S}^j = \frac{1}{n + 1} \left(\sum_{\substack{i=1 \\ i \neq j}}^{k} (n_i - 1)\, \boldsymbol{S}_i{}^j + n_j \boldsymbol{S}_j{}^j\right),$$

wenn

$$\boldsymbol{S}_i{}^j = \frac{1}{n_i - 1} \sum_{t=1}^{n_i} (\boldsymbol{y}_{it} - \hat{\boldsymbol{\mu}}_i{}^j)\, (\boldsymbol{y}_{it} - \hat{\boldsymbol{\mu}}_i{}^j)', \qquad i \neq j,$$

$$\boldsymbol{S}_j{}^j = \frac{1}{n_j} \left[\sum_{t=1}^{n_j} (\boldsymbol{y}_{jt} - \hat{\boldsymbol{\mu}}_j{}^j)\, (\boldsymbol{y}_{jt} - \hat{\boldsymbol{\mu}}_j{}^j)' + (\boldsymbol{z} - \hat{\boldsymbol{\mu}}_j{}^j)\, (\boldsymbol{z} - \hat{\boldsymbol{\mu}}_j{}^j)'\right]$$

gesetzt wird. Benutzen wir die Bezeichnungen

$$\hat{\boldsymbol{\mu}}_i = \frac{1}{n_i} \sum_{t=1}^{n_i} \boldsymbol{y}_{it}, \qquad \boldsymbol{S}_i = \frac{1}{n_i} \sum_{t=1}^{n_i} (\boldsymbol{y}_{it} - \hat{\boldsymbol{\mu}}_i)\, (\boldsymbol{y}_{it} - \hat{\boldsymbol{\mu}}_i)', \qquad \boldsymbol{S} = \frac{1}{n} \sum_{i=1}^{k} n_i \boldsymbol{S}_i,$$

so erhalten wir

$$\hat{\mu}_i^j = \hat{\mu}_i, \quad (i \neq j), \quad \hat{\mu}_j^j = \frac{n_j}{n_j + 1} \hat{\mu}_j + \frac{1}{n_j + 1} z, \quad (n_i - 1) S_i^j = n_i S_i, \ (i \neq j),$$

$$n_j S_j^j = n_j S_j + \frac{n_j}{n_j + 1} (z - \hat{\mu}_j)(z - \hat{\mu}_j)'$$

und folglich

$$S^j = \frac{1}{n+1} \left(\sum_{i=1}^{k} n_i S_i + \frac{n_j}{n_j + 1} (z - \hat{\mu}_j)(z - \hat{\mu}_j)' \right)$$

$$= \frac{1}{n+1} \left(nS + \frac{n_j}{n_j + 1} (z - \hat{\mu}_j)(z - \hat{\mu}_j)' \right). \tag{23}$$

Benutzen wir nun die Schätzungen $\hat{\mu}_i^j$, S^j in der Darstellung für $\hat{f}^j(Y, z)$, so ergibt sich

$$\hat{f}^j(Y, z) = \left[\frac{1}{(2\pi)^{p/2} |S^j|^{1/2}} \right]^{n+1} \exp\left(-\frac{p(n+1)}{2} \right).$$

Damit gilt $\hat{f}^j(Y, z) \geqq \hat{f}^i(Y, z)$ genau dann, wenn

$$|S^j| \leqq |S^i|$$

erfüllt ist. Wegen (23) ist diese Ungleichung äquivalent mit

$$\frac{n_j}{n_j + 1} (z - \hat{\mu}_j)' S^{-1}(z - \hat{\mu}_j) \leqq \frac{n_i}{n_i + 1} (z - \hat{\mu}_i)' S^{-1}(z - \hat{\mu}_i),$$

und folglich erhalten wir bei Normalverteilungen für die Maximum-Likelihood-Klassifikationsregel: Falls

$$l_j(z) := \frac{n_j}{n_j + 1} (z - \hat{\mu}_j)' S^{-1}(z - \hat{\mu}_j) < \frac{n_i}{n_i + 1} (z - \hat{\mu}_i)' S^{-1}(z - \hat{\mu}_i) \tag{24}$$

für alle i mit $i \neq j$ gilt, so wird z zur Klasse j zugeordnet. Ist j dabei nicht eindeutig bestimmt, so wird z zu einer der Klassen i_s zugeordnet, für die $l_{i_s}(z) = \min_i l_i(z)$ gilt.

Nicht immer sind die Verteilungsklassen so einfach strukturiert und die Klassifikationsregeln so leicht errechenbar, wie dies im Beispiel 3.1.6 für Normalverteilungen erschien. Ähnliche Fragestellungen sind auch für kompliziertere Modelle zu untersuchen.

3.1.4.2. Autoregressive Zeitreihenmodelle

Im folgenden Beispiel betrachten wir autoregressive Zeitreihenmodelle. Wir erkennen dabei, daß es manchmal notwendig ist, approximative Maximum-Likelihood-Klassifikationsregeln zu untersuchen, da die exakten nicht errechenbar sind.

Beispiel 3.1.7. Autoregressive Modelle. Wir betrachten zwei autoregressive Modelle (vgl. Beispiel 1.6.7) mit den Ordnungen p_1 und p_2:

$$\sum_{k=0}^{p_1} \beta_{1k} y(t - k) = \varepsilon(t), \tag{25}$$

$$\sum_{l=0}^{p_2} \beta_{2l} x(t - l) = \eta(t). \tag{26}$$

Dabei gelte $\beta_{10} = \beta_{20} = 1$. Über die Fehler ε, η setzen wir voraus, daß $\mathsf{E}\varepsilon(t) = 0$, $\mathsf{E}\eta(t) = 0$, $\mathsf{E}\varepsilon^2(t) = \sigma^2$, $\mathsf{E}\eta^2(t) = \sigma^2$ gilt und daß $\varepsilon(t)$, $\eta(t)$ unabhängig und identisch verteilt sind. Weiterhin mögen die charakteristischen Polynome $g_i(\zeta) = 1 + \sum_{s=1}^{p_i} \beta_{is}\zeta^s$, $i = 1, 2$, nur Nullstellen außerhalb des Einheitskreises besitzen. Die Variablen $y(t)$ und $x(t)$ werden an den Zeitpunkten $t = 1, \ldots, T$ beobachtet, und wir nehmen an, daß $\boldsymbol{y} = (y(1), \ldots, y(T))'$ sowie $\boldsymbol{x} = (x(1), \ldots, x(T))'$ normalverteilt sind, so daß für $\boldsymbol{\beta}_1 = (\beta_{11}, \ldots, \beta_{1p_1})'$ und $\frac{1}{\sigma^2}\,\mathsf{E}\boldsymbol{y}\boldsymbol{y}' = \boldsymbol{V}_1(\boldsymbol{\beta}_1)$ die Dichtefunktion von $\boldsymbol{y}$ durch

$$p_1(\boldsymbol{y} \mid \boldsymbol{\beta}_1, \sigma^2) = (2\pi\sigma^2)^{-T/2}\,|\boldsymbol{V}_1(\boldsymbol{\beta}_1)|^{-1/2} \exp\left(-\frac{1}{2\sigma^2}\,\boldsymbol{y}'\boldsymbol{V}_1(\boldsymbol{\beta}_1)^{-1}\,\boldsymbol{y}\right) \tag{27}$$

gegeben ist. Analog ist die Dichtefunktion für $\boldsymbol{x}$ durch

$$p_2(\boldsymbol{x} \mid \boldsymbol{\beta}_2, \sigma^2) = (2\pi\sigma^2)^{-T/2}\,|\boldsymbol{V}_2(\boldsymbol{\beta}_2)|^{-1/2} \exp\left(-\frac{1}{2\sigma^2}\,\boldsymbol{x}'\boldsymbol{V}_2(\boldsymbol{\beta}_2)^{-1}\,\boldsymbol{x}\right) \tag{28}$$

bestimmt.

Betrachten wir nun die Klassifikation einer weiteren unabhängigen Beobachtungsfolge $z(1), \ldots, z(T)$, wobei bekannt ist, daß für $\boldsymbol{z} = (z(1), \ldots, z(T))'$ entweder

H: $\boldsymbol{z}$ genügt dem Modell (25)

oder

K: $\boldsymbol{z}$ genügt dem Modell (26)

gilt. Es soll festgestellt werden, ob H oder K erfüllt ist. Dazu bestimmen wir unter H und K die gemeinsamen Verteilungen von $\boldsymbol{x}$, $\boldsymbol{y}$, $\boldsymbol{z}$ und wollen die Entscheidung aufgrund der Maximum-Likelihood-Regel fällen, wie das in Läuter/Miethe (1979) vorgeschlagen wurde.

Unter H ist die *log-Likelihoodfunktion*

$$\begin{aligned} &L_{\mathrm{H}}(\boldsymbol{x}, \boldsymbol{y}, \boldsymbol{z} \mid \boldsymbol{\beta}_1, \boldsymbol{\beta}_2, \sigma^2) \\ &= -\frac{3T}{2}\ln 2\pi - \frac{3T}{2}\ln\sigma^2 - \ln|\boldsymbol{V}_1(\boldsymbol{\beta}_1)| - \frac{1}{2}\ln|\boldsymbol{V}_2(\boldsymbol{\beta}_2)| - \frac{1}{2\sigma^2}\,\boldsymbol{y}'\boldsymbol{V}_1(\boldsymbol{\beta}_1)^{-1}\,\boldsymbol{y} \\ &\quad - \frac{1}{2\sigma^2}\,\boldsymbol{z}'\boldsymbol{V}_1(\boldsymbol{\beta}_1)^{-1}\,\boldsymbol{z} - \frac{1}{2\sigma^2}\,\boldsymbol{x}'\boldsymbol{V}_2(\boldsymbol{\beta}_2)^{-1}\,\boldsymbol{x}. \end{aligned} \tag{29}$$

Wie wir in Beispiel 1.6.7 ausführten, ist es günstiger, anstelle L_{H} eine Approximation $\tilde{L}_{\mathrm{H}}$ zu benutzen, die hier folgende Gestalt hat:

$$\begin{aligned} &\tilde{L}_{\mathrm{H}}(\boldsymbol{x}, \boldsymbol{y}, \boldsymbol{z} \mid \boldsymbol{\beta}_1, \boldsymbol{\beta}_2, \sigma^2) \\ &= -\frac{3T}{2}\ln 2\pi - \frac{3T}{2}\ln\sigma^2 - \frac{\pi}{\sigma^2}\sum_{t=0}^{T-1} I_1(\nu_t)\,|g_1(\mathrm{e}^{\mathrm{i}\nu_t})|^2 - \frac{\pi}{\sigma^2}\sum_{t=0}^{T-1} I_2(\nu_t)\,|g_2(\mathrm{e}^{\mathrm{i}\nu_t})|^2 \\ &\quad - \frac{\pi}{\sigma^2}\sum_{t=0}^{T-1} I_3(\nu_t)\,|g_1(\mathrm{e}^{\mathrm{i}\nu_t})|^2. \end{aligned} \tag{30}$$

Hierbei sind I_1, I_2 bzw. I_3 die *Periodogramme* für $\boldsymbol{y}$, $\boldsymbol{x}$ bzw. $\boldsymbol{z}$, wobei die Bezeichnungen aus Beispiel 1.6.7 übernommen wurden und die I_j gemäß (1.40) zu berechnen sind. Die Approximation $\tilde{L}_{\mathrm{H}}$ hat dann die (1.41) entsprechende Gestalt. Zur Berechnung der approximativen Maximum-Likelihood-Schätzungen haben wir $\tilde{L}_{\mathrm{H}}$ zu maximieren, und das bedeutet

$$\sum_{t=0}^{T-1} [I_1(\nu_t) + I_3(\nu_t)] \, |g_1(e^{i\nu_t})|^2 \to \min_{\boldsymbol{\beta}_1},$$

$$\sum_{t=0}^{T-1} I_2(\nu_t) \, |g_2(e^{i\nu_t})|^2 \to \min_{\boldsymbol{\beta}_2}.$$

Bezeichnen wir die Lösungen mit $\tilde{\boldsymbol{\beta}}_{1,\mathrm{H}}, \tilde{\boldsymbol{\beta}}_{2,\mathrm{H}}$ und ersetzen in den charakteristischen Polynomen die $\boldsymbol{\beta}_i$ durch $\tilde{\boldsymbol{\beta}}_{i,\mathrm{H}}$, so erhalten wir

$$\tilde{g}_{i,\mathrm{H}}(\zeta) = 1 + \sum_{s=1}^{p_i} \tilde{\beta}_{is,\mathrm{H}} \zeta^s, \qquad i = 1, 2. \tag{31}$$

Dann ist das $\tilde{\sigma}_{\mathrm{H}}^2$, welches $\tilde{L}_{\mathrm{H}}$ maximiert, in der Form

$$\tilde{\sigma}_{\mathrm{H}}^2 = \frac{2\pi}{3T} \left\{ \sum_{t=0}^{T-1} [I_1(\nu_t) + I_3(\nu_t)] \, |\tilde{g}_{1,\mathrm{H}}(e^{i\nu_t})|^2 + \sum_{t=0}^{T-1} I_2(\nu_t) \, |\tilde{g}_{2,\mathrm{H}}(e^{i\nu_t})|^2 \right\} \tag{32}$$

gegeben. Entsprechend Beispiel 1.6.7 erhält man für $\tilde{\boldsymbol{\beta}}_{1,\mathrm{H}}, \tilde{\boldsymbol{\beta}}_{2,\mathrm{H}}$ mit

$$\boldsymbol{b}_i = \big(b_i(1), \ldots, b_i(p_i)\big)', \qquad i = 1, 2, 3,$$

$$p_3 = p_1$$

$$b_i(m) = \frac{1}{T} \sum_{t=0}^{T-1} I_i(\nu_t) \cos m\nu_t, \qquad m = 1, \ldots, p_i,$$

$$\boldsymbol{B}_i = \big(b_i(m-k)\big)_{m,k=1,\ldots,p_i}$$

die Darstellungen

$$\tilde{\boldsymbol{\beta}}_{1,\mathrm{H}} = -(\boldsymbol{B}_1 + \boldsymbol{B}_3)^{-1} (\boldsymbol{b}_1 + \boldsymbol{b}_3), \qquad \tilde{\boldsymbol{\beta}}_{2,\mathrm{H}} = -\boldsymbol{B}_2^{-1} \boldsymbol{b}_2.$$

Ersetzt man $\tilde{\boldsymbol{\beta}}_{1,\mathrm{H}}, \tilde{\boldsymbol{\beta}}_{2,\mathrm{H}}, \tilde{\sigma}_{\mathrm{H}}^2$ in $\tilde{L}_{\mathrm{H}}$, so erhält man

$$\max \tilde{L}_{\mathrm{H}} = -\frac{3T}{2} \ln 2\pi - \frac{3T}{2} \ln \tilde{\sigma}_{\mathrm{H}}^2 - \frac{3T}{2}.$$

Die analogen Überlegungen können nun unter der Annahme K durchgeführt werden. Entsprechend zu $\tilde{L}_{\mathrm{H}}$ definieren wir

$$\begin{aligned} &\tilde{L}_{\mathrm{K}}(\boldsymbol{x}, \boldsymbol{y}, \boldsymbol{z} \mid \boldsymbol{\beta}_1, \boldsymbol{\beta}_2, \sigma^2) \\ &= -\frac{3T}{2} \ln 2\pi - \frac{3T}{2} \ln \sigma^2 - \frac{\pi}{\sigma^2} \sum_{t=0}^{T-1} I_1(\nu_t) \, |g_1(e^{i\nu_t})|^2 \\ &\quad - \frac{\pi}{\sigma^2} \sum_{t=0}^{T-1} I_2(\nu_t) \, |g_2(e^{i\nu_t})|^2 - \frac{\pi}{\sigma^2} \sum_{t=0}^{T-1} I_3(\nu_t) \, |g_2(e^{i\nu_t})|^2. \end{aligned}$$

Dann erhalten wir die approximativen Maximum-Likelihood-Schätzungen $\tilde{\boldsymbol{\beta}}_{1,\mathrm{K}}, \tilde{\boldsymbol{\beta}}_{2,\mathrm{K}}, \tilde{\sigma}_{\mathrm{K}}^2$ in der Form

$$\tilde{\boldsymbol{\beta}}_{1,\mathrm{K}} = -\boldsymbol{B}_1^{-1} \boldsymbol{b}_1,$$

$$\tilde{\boldsymbol{\beta}}_{2,\mathrm{K}} = -(\boldsymbol{B}_2 + \boldsymbol{B}_3)^{-1} (\boldsymbol{b}_2 + \boldsymbol{b}_3)$$

$$\tilde{\sigma}_{\mathrm{K}}^2 = \frac{2\pi}{3T} \left\{ \sum_{t=0}^{T-1} I_1(\nu_t) \, |\tilde{g}_{1,\mathrm{K}}(e^{i\nu_t})|^2 + \sum_{t=0}^{T-1} [I_2(\nu_t) + I_3(\nu_t)] \, |\tilde{g}_{2,\mathrm{K}}(e^{i\nu_t})|^2 \right\} \tag{33}$$

mit

$$\tilde{g}_{i,\mathrm{K}}(\zeta) = 1 + \sum_{s=1}^{p_i} \tilde{\beta}_{is,\mathrm{K}} \zeta^s .$$

Auch hier berechnen wir max $\tilde{L}_\mathrm{K}$ und erhalten

$$\max \tilde{L}_\mathrm{K} = -\frac{3T}{2} \ln 2\pi - \frac{3T}{2} \ln \tilde{\sigma}_\mathrm{K}^2 - \frac{3T}{2} .$$

Entsprechend der Maximum-Likelihood-Klassifikationsregel werden $z(1), \ldots, z(T)$ genau dann zum Modell (25) zugeordnet, wenn max $\tilde{L}_\mathrm{H} >$ max $\tilde{L}_\mathrm{K}$ ist, d. h. $\tilde{\sigma}_\mathrm{K}^2 > \tilde{\sigma}_\mathrm{H}^2$ gilt. Mit (32) und (33) entscheiden wir uns also für H, falls

$$\sum_{t=0}^{T-1} I_1(\nu_t) \, |\tilde{g}_{1,\mathrm{K}}(\mathrm{e}^{\mathrm{i}\nu_t})|^2 + \sum_{t=0}^{T-1} [I_2(\nu_t) + I_3(\nu_t)] \, |\tilde{g}_{2,\mathrm{K}}(\mathrm{e}^{\mathrm{i}\nu_t})|^2$$

$$> \sum_{t=0}^{T-1} [I_1(\nu_t) + I_3(\nu_t)] \, |\tilde{g}_{1,\mathrm{H}}(\mathrm{e}^{\mathrm{i}\nu_t})|^2 + \sum_{t=0}^{T-1} I_2(\nu_t) \, |\tilde{g}_{2,\mathrm{H}}(\mathrm{e}^{\mathrm{i}\nu_t})|^2 .$$

Wie in Läuter/Miethe (1979) gezeigt wurde, ist diese Entscheidung asymptotisch genau diejenige, die auch mit den exakten Likelihoodfunktionen erreicht würde.

3.1.5. Substitutionsregeln

Während wir zur Ableitung von Diskriminationsregeln mit minimalen Fehlklassifikationswahrscheinlichkeiten die genaue Kenntnis der Dichten der zugrundeliegenden Verteilungen benötigen, hatten wir für die Maximum-Likelihood-Klassifikationsregel nur die Kenntnis des vorausgesetzten Modelles zu fordern. Die unbekannten Parameter wurden nach dem Maximum-Likelihood-Prinzip bestimmt, und mit diesen Schätzungen wurde dann gearbeitet. Das heißt, es wurden in den Likelihoodfunktionen die unbekannten Parameter durch Maximum-Likelihood-Schätzungen ersetzt. Um mit den in den Abschnitten 3.1.1 und 3.1.2 abgeleiteten Diskriminanzverfahren auch bei unbekannten Parametern arbeiten zu können, verwendet man die dort angegebenen Formeln und ersetzt in diesen die unbekannten Parameter durch Schätzungen. Das kann dann getan werden, wenn eine parametrische Familie für die Dichten bekannt ist. Hat man aber keine derartige Kenntnis, so nutzt man die Möglichkeit, die Dichten zu schätzen und diese Schätzungen anstelle der wahren Dichten zu setzen. Alle so gewonnenen Diskriminanzregeln werden *Einsetzungs-* oder *Substitutionsregeln* genannt.

3.1.5.1. Einsetzen von Schätzungen für unbekannte Parameter

Betrachten wir z. B. die durch Satz 3.1 gegebenen Regeln und das Modell $\mathcal{P} = \{\mathsf{P}_\theta : \theta \in \Theta\}$. Die Dichten $p_i(x)$ seien die Dichten der Verteilungen P_{θ_i}, so daß wir anstelle p_i hier p_{θ_i} schreiben wollen. Dann ist durch (10) vorgeschrieben, daß $g_i^* = 1$ gesetzt wird, falls

$$L_{\theta_i}(x) > L_{\theta_j}(x) \quad \text{für alle } j, \qquad i \neq j$$

gilt. $L_{\boldsymbol{\theta}_j}(\boldsymbol{x})$ hatte die Gestalt

$$L_{\boldsymbol{\theta}_j}(\boldsymbol{x}) = q_j p_{\boldsymbol{\theta}_j}(\boldsymbol{x}) - \sum_{\substack{i=1\\ i\neq j}}^{k} \lambda_{ij} p_{\boldsymbol{\theta}_i}(\boldsymbol{x}).$$

Unter der angenommenen Kenntnis der $\boldsymbol{\theta}_1, \ldots, \boldsymbol{\theta}_k$ kommen wir zu Konstanten λ_{ij} und legen damit auch g_i^* fest, die dann allerdings von $\boldsymbol{\theta}_1, \ldots, \boldsymbol{\theta}_k$ abhängen können. Hat man schließlich die Gestalt der Diskriminanzregel, so berechnet man aus beobachteten Stichproben $\boldsymbol{y}_{ij}$, $j = 1, \ldots, n_i$, $i = 1, \ldots, k$, Schätzungen für $\boldsymbol{\theta}_1, \ldots, \boldsymbol{\theta}_k$ und ersetzt diese in der Vorschrift für die Diskriminanzregel.

Beispiel 3.1.8. Zweiklassenproblem mit Normalverteilung. Aufbauend auf dem Beispiel 3.1.2 kennen wir die Gestalt eines optimalen $\boldsymbol{\alpha}$-Diskriminanzverfahrens:

$$g_0^*(\boldsymbol{x}) = 1, \quad \text{falls} \quad c_2 < h(\boldsymbol{x}) < c_1,$$
$$g_1^*(\boldsymbol{x}) = 1, \quad \text{falls} \quad h(\boldsymbol{x}) \geqq c_1,$$
$$g_2^*(\boldsymbol{x}) = 1, \quad \text{falls} \quad h(\boldsymbol{x}) \leqq c_2.$$

Hier ist

$$h(\boldsymbol{x}) = \boldsymbol{x}'\boldsymbol{\Sigma}^{-1}(\boldsymbol{\mu}_1 - \boldsymbol{\mu}_2) - \frac{1}{2}(\boldsymbol{\mu}_1 - \boldsymbol{\mu}_2)'\boldsymbol{\Sigma}^{-1}(\boldsymbol{\mu}_1 + \boldsymbol{\mu}_2),$$
$$c_1 = \mathrm{u}_{\alpha_{12}}\Delta - \frac{1}{2}\Delta^2,$$
$$c_2 = \min\left(c_1, \mathrm{u}_{1-\alpha_{21}}\Delta + \frac{1}{2}\Delta^2\right)$$

mit

$$\Delta^2 = (\boldsymbol{\mu}_1 - \boldsymbol{\mu}_2)'\boldsymbol{\Sigma}^{-1}(\boldsymbol{\mu}_1 - \boldsymbol{\mu}_2).$$

Sind nun Stichproben für jede Klasse gegeben, d. h.

$$\boldsymbol{y}_{ij} \sim \mathrm{N}(\boldsymbol{\mu}_i, \boldsymbol{\Sigma}), \qquad i = 1, 2; \qquad j = 1, \ldots, n_i,$$

so schätzen wir $\boldsymbol{\mu}_i$, $\boldsymbol{\Sigma}$ nach einer geeignet erscheinenden Methode und erhalten bei Benutzung der besten erwartungstreuen Schätzungen die Größen

$$\hat{\boldsymbol{\mu}}_1 = \frac{1}{n_1}\sum_{j=1}^{n_1} \boldsymbol{y}_{1j}, \qquad \hat{\boldsymbol{\mu}}_2 = \frac{1}{n_2}\sum_{j=1}^{n_2} \boldsymbol{y}_{2j},$$
$$\boldsymbol{S} = \frac{1}{n-2}\sum_{i=1}^{2}\sum_{j=1}^{n_i} (\boldsymbol{y}_{ij} - \hat{\boldsymbol{\mu}}_i)(\boldsymbol{y}_{ij} - \hat{\boldsymbol{\mu}}_i)'.$$

Damit schätzen wir Δ, c_1, c_2 und h und erhalten die Diskriminanzregel

$$\hat{g}_0^*(\boldsymbol{x}) = 1, \quad \text{falls} \quad \hat{c}_2 < \hat{h}(\boldsymbol{x}) < \hat{c}_1,$$
$$\hat{g}_1^*(\boldsymbol{x}) = 1, \quad \text{falls} \quad \hat{h}(\boldsymbol{x}) \geqq \hat{c}_1,$$
$$\hat{g}_2^*(\boldsymbol{x}) = 1, \quad \text{falls} \quad \hat{h}(\boldsymbol{x}) \leqq \hat{c}_2$$

mit

$$\hat{c}_1 = \mathrm{u}_{\alpha_{12}}\hat{\Delta} - \frac{1}{2}\hat{\Delta}^2,$$
$$\hat{c}_2 = \min\left(\hat{c}_1, \mathrm{u}_{1-\alpha_{21}}\hat{\Delta} + \frac{1}{2}\hat{\Delta}^2\right),$$
$$\hat{\Delta}^2 = (\hat{\boldsymbol{\mu}}_1 - \hat{\boldsymbol{\mu}}_2)'\boldsymbol{S}^{-1}(\hat{\boldsymbol{\mu}}_1 - \hat{\boldsymbol{\mu}}_2),$$
$$\hat{h}(\boldsymbol{x}) = \boldsymbol{x}'\boldsymbol{S}^{-1}(\hat{\boldsymbol{\mu}}_1 - \hat{\boldsymbol{\mu}}_2) - \frac{1}{2}(\hat{\boldsymbol{\mu}}_1 - \hat{\boldsymbol{\mu}}_2)'\boldsymbol{S}^{-1}(\hat{\boldsymbol{\mu}}_1 + \hat{\boldsymbol{\mu}}_2).$$

Wegen der Darstellung

$$2\hat{h}(\boldsymbol{x}) = (\boldsymbol{x} - \hat{\boldsymbol{\mu}}_2)' \boldsymbol{S}^{-1}(\boldsymbol{x} - \hat{\boldsymbol{\mu}}_2) - (\boldsymbol{x} - \hat{\boldsymbol{\mu}}_1)' \boldsymbol{S}^{-1}(\boldsymbol{x} - \hat{\boldsymbol{\mu}}_1) = T_2(\boldsymbol{x}) - T_1(\boldsymbol{x})$$

mit

$$T_i(\boldsymbol{x}) = (\boldsymbol{x} - \hat{\boldsymbol{\mu}}_i)' \boldsymbol{S}^{-1}(\boldsymbol{x} - \hat{\boldsymbol{\mu}}_i)$$

entscheiden wir mit $\hat{\boldsymbol{g}}^*$ auf folgende Art und Weise:

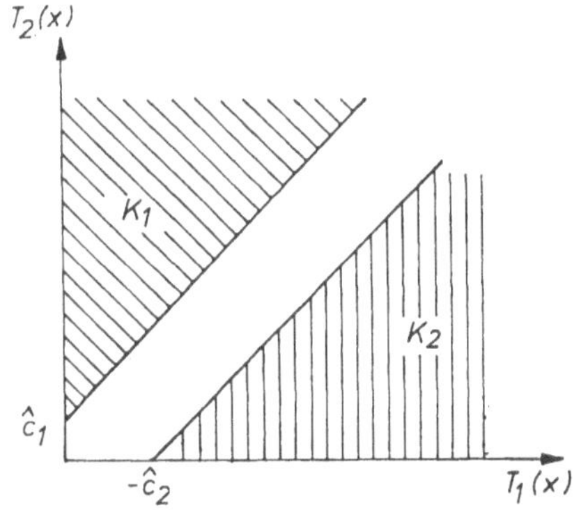

Abb. 3.1.1. Entscheidung gemäß $\hat{\boldsymbol{g}}^*$

Beispiel 3.1.9. Geschätzte lineare Diskriminanzfunktionen. Wie in Beispiel 3.1.3 betrachten wir k Normalverteilungen $N(\boldsymbol{\mu}_i, \boldsymbol{\Sigma})$, $i = 1, \ldots, k$. Weiter seien unabhängige Stichproben

$$\boldsymbol{y}_{ij} \sim N(\boldsymbol{\mu}_i, \boldsymbol{\Sigma}), \qquad j = 1, \ldots, n_i, \qquad i = 1, \ldots, k,$$

gegeben, mit denen wir beste erwartungstreue Schätzungen konstruieren:

$$\hat{\boldsymbol{\mu}}_i = \frac{1}{n_i} \sum_{j=1}^{n_i} \boldsymbol{y}_{ij},$$

$$\boldsymbol{S} = \frac{1}{n-k} \sum_{i=1}^{k} \sum_{j=1}^{n_i} (\boldsymbol{y}_{ij} - \hat{\boldsymbol{\mu}}_i)(\boldsymbol{y}_{ij} - \hat{\boldsymbol{\mu}}_i)'.$$

Aus Beispiel 3.1.3 folgt, daß wir bei Voraussetzung der Kenntnis von $\boldsymbol{\mu}_i$, $\boldsymbol{\Sigma}$ einen Wert $\boldsymbol{x}$ der Verteilung $N(\boldsymbol{\mu}_i, \boldsymbol{\Sigma})$ zuordnen, falls für alle j, $j \neq i$

$$\ln q_i - \frac{1}{2}(\boldsymbol{x} - \boldsymbol{\mu}_i)' \boldsymbol{\Sigma}^{-1}(\boldsymbol{x} - \boldsymbol{\mu}_i) > \ln q_j - \frac{1}{2}(\boldsymbol{x} - \boldsymbol{\mu}_j)' \boldsymbol{\Sigma}^{-1}(\boldsymbol{x} - \boldsymbol{\mu}_j)$$

gilt. Ersetzen wir hier $\boldsymbol{\mu}_i$, $\boldsymbol{\Sigma}$ durch $\hat{\boldsymbol{\mu}}_i$, $\boldsymbol{S}$, so erhalten wir die geschätzten linearen Diskriminanzfunktionen: $\boldsymbol{x}$ wird $N(\boldsymbol{\mu}_i, \boldsymbol{\Sigma})$ zugeordnet, falls für alle j, $j \neq i$ gilt:

$$\ln q_i - \frac{1}{2}(\boldsymbol{x} - \hat{\boldsymbol{\mu}}_i)' \boldsymbol{S}^{-1}(\boldsymbol{x} - \hat{\boldsymbol{\mu}}_i) > \ln q_j - \frac{1}{2}(\boldsymbol{x} - \hat{\boldsymbol{\mu}}_j)' \boldsymbol{S}^{-1}(\boldsymbol{x} - \hat{\boldsymbol{\mu}}_j),$$

und damit nach Beispiel 3.1.3 gilt

$$\ln q_i + \boldsymbol{x}'\boldsymbol{S}^{-1}\hat{\boldsymbol{\mu}}_i - \frac{1}{2}\hat{\boldsymbol{\mu}}_i'\boldsymbol{S}^{-1}\hat{\boldsymbol{\mu}}_i > \ln q_j + \boldsymbol{x}'\boldsymbol{S}^{-1}\hat{\boldsymbol{\mu}}_j - \frac{1}{2}\hat{\boldsymbol{\mu}}_j'\boldsymbol{S}^{-1}\hat{\boldsymbol{\mu}}_j.$$

3.1.5.2. Einsetzen von Schätzungen für Dichten

Kann man nicht davon ausgehen, daß eine parametrische Familie von Verteilungen gegeben ist, oder die Berechnung geeigneter Schätzungen für die unbekannten Parameter ist zu kompliziert, so bleibt noch die Möglichkeit, jeweils die gesamte Dichte zu schätzen und diese Schätzungen in die Formeln, die z. B. in Satz 3.1 gegeben wurden, einzusetzen. Unter den gebräuchlichen Schätzungen für Dichten spielen die *Kernschätzungen* eine besondere Rolle, die wir im folgenden einführen wollen.

Es seien $z_1, \ldots, z_n$ unabhängige, identisch verteilte Variable mit der Dichte p. Die Funktion p_n mit

$$p_n(z) = \frac{1}{nb(n)} \sum_{j=1}^{n} w_0 \left(\frac{z - z_j}{b(n)}\right) \tag{34}$$

heißt Kernschätzung für p. Diese Schätzungen wurden von ROSENBLATT (1956) eingeführt und waren von PARZEN (1962) untersucht worden. Die *Kernfunktion* w_0 und die Folge $b(n)$ bestimmen die Eigenschaften dieser Schätzung. Wir setzen voraus:

$$w_0 \text{ integrierbar}, \int w_0(z)\,\mathrm{d}z = 1, \tag{35}$$

$$b(n) > 0, \qquad b(n) \to 0, \qquad nb(n) \to \infty.$$

Dabei wird $b(n)$ als die *Bandbreite* bezeichnet. Das ist insofern sinnvoll, da $w_0(z/b(n))$ den Träger $[-b(n), b(n)]$ hat, wenn $w_0(z)$ den Träger $[-1, 1]$ besitzt. Der Begriff Bandbreite wird aber auch für allgemeinere Grundfunktionen verwendet, da er die Skalentransformation beschreibt. Die asymptotischen Eigenschaften von p_n sind intensiv untersucht worden. ROSENBLATT (1971) bewies das folgende Konsistenzresultat. Die Schätzung $p_n(x_0)$ heißt *MSE-konsistent* für $p(x_0)$,falls

$$\mathsf{E}\big(p_n(x_0) - p(x_0)\big)^2 \to 0 \quad \text{für } n \to \infty$$

gilt.

ROSENBLATT zeigte, daß $p_n(x_0)$ MSE-konsistent für $p(x_0)$ ist, falls (35) gilt, w_0 und p beschränkt sind und p stetig in x_0 ist.

Damit wissen wir, daß für sehr großen Stichprobenumfang die Funktion $p(x)$ durch $p_n(x)$ ersetzt werden kann. Da keine Aussage darüber gemacht wird, ob die Konvergenz des $p_n(x)$ gleichmäßig gegen $p(x)$ ist, kann keine allgemeingültige Aussage über die Wahl von n gemacht werden. Hingegen existieren Resultate über die Konvergenzgeschwindigkeit. Hier verweisen wir auf die Arbeiten von NADARAJA (1964), LIERO (1984), EPANETSCHNIKOW (1969), MÜLLER (1978) und WAHBA (1975). Von MÜLLER/GASSER (1979) wurden optimale Konvergenzraten von Kernschätzungen angegeben und auch Kerne bestimmt, die diese optimalen Konvergenzraten erreichen. Dabei hängen die Kerne von der Glattheit der Dichten ab.

Beispiel 3.1.10. Wir wählen

$$w_0(z) = \begin{cases} 0.75 - 0.75z^2 & \text{für } z^2 \leq 1, \\ 0 & \text{sonst}, \end{cases}$$

und $b(n) = n^{-1/5}$. Dann gilt $\int w_0(z)\,\mathrm{d}z = 1$, $b(n) \to 0$, $nb(n) \to \infty$. Somit ist

$$p_n(z) = \frac{1}{nb(n)} \sum_{j=1}^{n} w_0 \left(\frac{z - z_j}{b(n)}\right)$$

eine konsistente Schätzung für $p(z)$ in allen Stetigkeitspunkten von p. Oftmals wählt man auch Kerne mit unendlichem Träger. Zu diesen gehören die *Normalkerne*, d. h. die Dichten der Normalverteilung

$$\overline{w}_0(z) = \frac{1}{\sqrt{2\pi}\,\lambda} \exp\left(-\frac{1}{2\lambda^2} z^2\right).$$

Die mit $\overline{w}_0$ konstruierten Kernschätzungen bezeichnen wir mit $\overline{p}_n(z)$. Hier haben wir λ als frei wählbaren Parameter, der einen wesentlichen Einfluß auf die Glattheit von p_n hat. In Tab. 3.1.1 sind die Werte einer Stichprobe von N(0, 1) angegeben und in Abb. 3.1.2 sind die Darstellungen für $p_n(z)$, $\overline{p}_n(z)$ aufgetragen. Bei beiden wählen wir $b(n) = n^{-1/5}$. In Abb. 3.1.2 erkennen wir die Abhängigkeit der Schätzung vom Parameter λ. Auf einige Fragen der Wahl dieses λ und der Folge $b(n)$ gehen wir in

Tabelle 3.1.1. Stichprobe von N(0,1)

−1.334	1.278	−0.568	−0.109	−0.515
0.359	0.5	−0.8	2.923	0.566

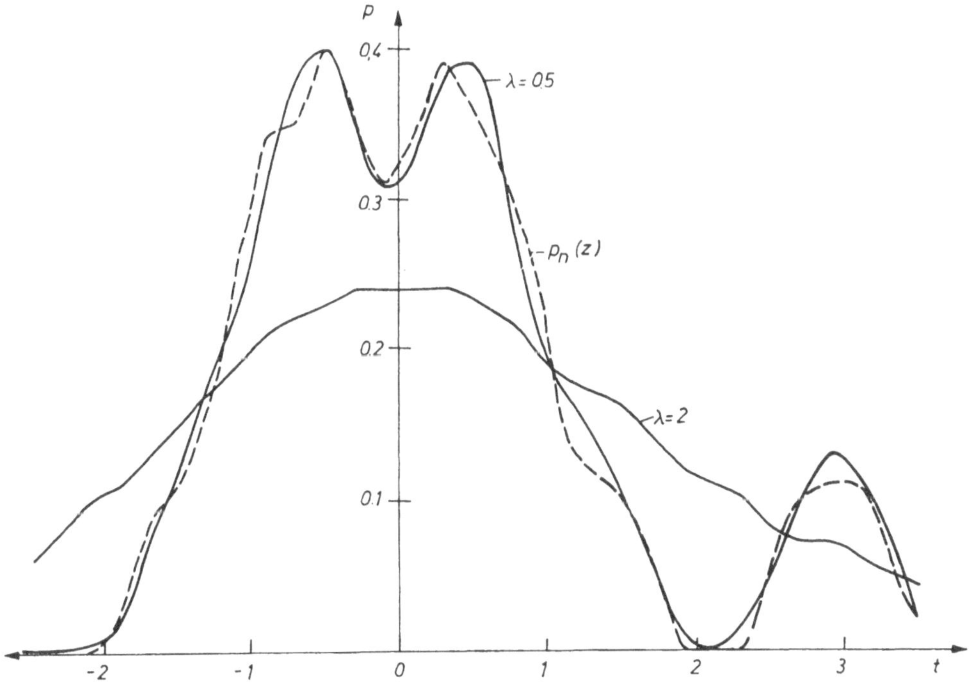

Abb. 3.1.2. Dichteschätzungen $p_n(z)$, $\overline{p}_n(z)$ für $\lambda = 0.5, 2$

Kapitel 6 ein. Im allgemeinen sind diese Schätzungen multimodal, dies muß bei konkreten Anwendungen beachtet werden. Die hier gegebenen Funktionen p_n stellen Schätzungen für die betrachtete Dichte p dar. Um diese Vorgehensweise für die Diskriminanzanalyse anwenden zu können, stützen wir uns auf die Stichproben

$$\boldsymbol{y}_{ij}, \qquad j = 1, \ldots, n_i; \qquad i = 1, \ldots, k.$$

Diese $\boldsymbol{y}_{ij}$ haben Werte in $\mathbb{R}^p$, und für jedes i konstruieren wir eine Schätzung der Dichte von $\boldsymbol{y}_{ij}$, $j = 1, \ldots, n_i$. Dazu wählen wir analog wie oben eine Funktion $w : \mathbb{R}^p \to \mathbb{R}^1$

und eine reelle Folge $b(n)$. Wie in Beispiel 3.1.10 könnte

$$w_0(z) = \begin{cases} a(1 - |z|^2) & \text{für} \quad |z|^2 \leqq 1, \\ 0 & \text{sonst}, \end{cases}$$

oder auch

$$\overline{w}_0(z) = \frac{1}{(2\pi)^{p/2} \lambda^{p/2}} \exp\left(-\frac{1}{2\lambda^2} |z|^2\right)$$

gewählt werden. Dann definieren wir für einen beliebigen Kern w, z. B. $w = w_0$ oder $w = \overline{w}_0$,

$$p_{n_i}^{(i)}(z) = \frac{1}{n_i b_i(n_i)} \sum_{j=1}^{n_i} w\left(\frac{z - y_{ij}}{b_i(n_i)}\right), \tag{36}$$

und dieses $p_{n_i}^{(i)}$ ist die Schätzung für die Dichte der $y_{i1}, \ldots, y_{in_i}$. Betrachten wir dann z. B. die durch Satz 3.1 gegebenen Regeln, so wird $g_j^*(x) = 1$ gesetzt, falls $L_j(x) > L_i(x)$ für alle i, $j \neq i$ gilt und L_j hat die Gestalt

$$L_j(x) = q_j p_j(x) - \sum_{\substack{i=1 \\ i \neq j}}^{k} \lambda_{ij} p_i(x). \tag{37}$$

Damit ist die Struktur des Klassifikationsverfahrens g^* festgelegt. Jedoch sind noch die Konstanten λ_{ij} zu bestimmen. Wir setzen in (37) $p_{n_i}^{(i)}$ anstelle von p_i und erhalten

$$\hat{L}_j(x) = q_j p_{n_j}^{(j)}(x) - \sum_{\substack{i=1 \\ i \neq j}}^{k} \lambda_{ij} p_{n_i}^{(i)}(x). \tag{38}$$

Diese Funktion legen wir für die Bestimmung der Konstanten λ_{ij} in Satz 3.1 zugrunde, wobei $p_{n_i}^{(i)}$ als gegeben angesehen werden. Das dann erhaltene Verfahren g^* ist ein durch Substitution erhaltenes Verfahren, da wir die Struktur unter der Annahme fest vorgegebener Dichten gewählt haben und erst anschließend die Schätzungen eingesetzt haben. Da die $p_{n_i}^{(i)}$ zwar analytisch gut beschrieben sind, jedoch nicht zu Standardverteilungen gehören, für die Tabellierungen vorhanden sind, können die λ_{ij} nicht so einfach bestimmt werden. Gibt man sich mit Näherungen für diese λ_{ij} zufrieden, so kann man die λ_{ij} aus Satz 3.1 zu häufig benutzten Verteilungen bestimmen und nutzt diese Werte dann in (38) zur Definition der g^*. Bei einem Zweiklassenproblem haben wir nach Beispiel 3.1.1 den Quotienten $p_{n_1}^{(1)}(x)/p_{n_2}^{(2)}(x)$ zu betrachten, wobei $p_{n_2}^{(2)}(x) \neq 0$ vorausgesetzt werden muß. Hier müssen die Werte t_1, t_2 in (11) so bestimmt werden, daß die Schranken (4) für die Fehlklassifikationen zu den geschätzten Dichten eingehalten werden.

Haben wir keine Schranken für die Fehlklassifikationswahrscheinlichkeiten vorliegen, so würden wir z. B. mit solchen Verfahren arbeiten, die bei bekannter Dichte die Korrektklassifikationswahrscheinlichkeit maximieren. Deren Struktur ist durch Satz 3.2 gegeben, wobei wir in der Definition der Mengen $\mathscr{W}_i$ die Schätzungen $p_{n_i}^{(i)}$ anstelle p_i verwenden.

Bemerkung: Die Wahl der Bandbreite $b(n)$ bzw. des damit zusammenhängenden Parameters λ bei Normalkernen spielt eine große Rolle für die Ergebnisse der Diskrimination. Insbesondere dürfen diese Parameter nicht zu klein gewählt werden, damit eine hinreichend glatte Dichteschätzung entsteht. Am folgenden Beispiel soll dies verdeutlicht werden.

Beispiel 3.1.11. Zwei Klassen mit Normalverteilung. Wir betrachten zwei Normalverteilungen N(0, 1), N(0.5, 1) im $\mathbb{R}^1$ und ziehen jeweils Stichproben vom Umfang 5. Die Werte sind in Tab. 3.1.2 angegeben.

Tabelle 3.1.2. Stichprobenwerte y_{ij} für zwei Klassen $i = 1, 2$

i $j \rightarrow$ ↓	1	2	3	4	5
1	−1.334	1.278	−0.568	−0.109	0.566
2	2.923	0.5	−0.515	0.359	−0.80

Wir „vergessen", daß unseren Verteilungen Normalverteilungen zugrunde liegen, so daß wir zunächst mit beliebigen anderen Dichten arbeiten müssen. Es sei $q_1 = q_2 = 0.5$. Wir wählen ein Verfahren mit maximaler Korrektklassifikationswahrscheinlichkeit.

Dessen Struktur ist nach Satz 3.2 durch

$$g_1^*(x) = I_{\mathscr{W}_1}(x), \quad \text{falls} \quad \mathscr{W}_1 = \{x : p_5^{(1)}(x) \geqq p_5^{(2)}(x)\},$$
$$g_2^*(x) = 1 - g_1^*(x)$$

gegeben. Für $\lambda = 0.3$ und $\lambda = 2.0$ sind die Schätzungen $p_5^{(1)}$, $p_5^{(2)}$ in Abb. 3.1.3 aufgezeichnet und die Klassifikation ergibt sich dann wie in Tab. 3.1.3.

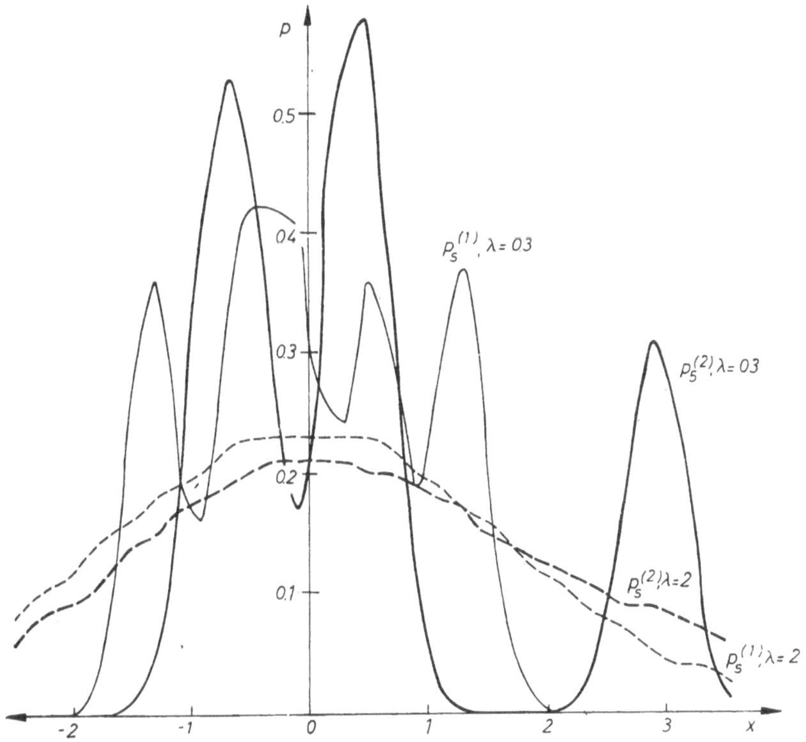

Abb. 3.1.3. Darstellung der Dichteschätzungen $p_5^{(1)}$, $p_5^{(2)}$

Tabelle 3.1.3. Klassifikationsergebnisse

$\lambda = 0.3$				$\lambda = 2.0$		
in Klasse 1		in Klasse 2		in Klasse 1		in Klasse 2
y_{11}	y_{14}	y_{21}	y_{24}	y_{11}	y_{12}	y_{12}
y_{12}		y_{22}	y_{25}	y_{13}	y_{23}	
		y_{23}	y_{15}	y_{14}	y_{24}	y_{21}
			y_{13}	y_{15}	y_{25}	

An diesem Beispiel ist klar ersichtlich, daß die Wahl der Bandbreite eine wesentliche Rolle bei der Einordnung in die Klassen spielt. In der Literatur werden dazu einige Vorschläge diskutiert, wobei insbesondere die mit der *Kreuzvalidierung* zusammenhängenden Methoden wichtige Hinweise liefern.

Kreuzvalidierung zur Bestimmung einer geeigneten Bandbreite: Wir gehen von der Voraussetzung aus, daß ein Diskriminanzverfahren $\boldsymbol{g}$ konstruiert worden ist. So kann z. B. $\boldsymbol{g}$ nach Satz 3.1 oder Satz 3.2 bestimmt sein. Hängt $\boldsymbol{g}$ von den Dichten $p_1, \ldots, p_k$ ab, so schreiben wir $\boldsymbol{g} = \boldsymbol{g}(p_1, \ldots, p_k)$. Es werde p_i auf der Grundlage von Stichproben $\boldsymbol{y}_{i1}, \ldots, \boldsymbol{y}_{in_i}$ durch (36) geschätzt, und es sei vorausgesetzt, daß b_i nicht von n_i abhängt. Wir stellen uns das Ziel, die Werte $b_1, \ldots, b_k$ zu bestimmen. Die in Abschnitt 1.7 formulierte *Jackknife-Methode* zur Erzeugung von Teilstichproben aus gegebenen Stichproben wollen wir hier anwenden. Von der gesamten Stichprobe $\boldsymbol{y}_{11}, \ldots, \boldsymbol{y}_{kn_k}$ werden alle Beobachtungen außer $\boldsymbol{y}_{ij}$ benutzt, wir berechnen $p_{n_t}^{(t)}$, $t \neq i$ wie in (36) und bezeichnen

$$p_{n_i-1,j}^{(i)}(\boldsymbol{z}) = \frac{1}{(n_i - 1)\, b_i} \sum_{\substack{r=1 \\ r \neq j}}^{n_i} w_0 \left(\frac{\boldsymbol{z} - \boldsymbol{y}_{ir}}{b_i} \right).$$

Setzen wir nun $p_{n_1}^{(1)}, \ldots, p_{n_i-1,j}^{(i)}, p_{n_k}^{(k)}$ anstelle $p_1, \ldots, p_k$ in unser Klassifikationsverfahren ein, so entsteht

$$\boldsymbol{g}^{(i,j)} = \boldsymbol{g}(p_{n_1}^{(1)}, \ldots, p_{n_i-1,j}^{(i)}, \ldots, p_{n_k}^{(k)})$$

mit $\boldsymbol{g}^{(i,j)} = (g_0{}^{(i,j)}, \ldots, g_k{}^{(i,j)})'$. Der Wert

$$\bar{f}(b_1, \ldots, b_k) = \sum_{t=1}^{k} \frac{q_t}{n_t} \sum_{\substack{l=1 \\ l \neq t}}^{k} \sum_{j=1}^{n_t} g_l{}^{(t,j)}(\boldsymbol{y}_{tj})$$

ist eine Schätzung des erwarteten Werts für die Fehlklassifikation, wobei in die Berechnungen gerade die Klassifikation derjenigen Variablen eingeht, die bei der Bestimmung der Dichte weggelassen wurde. Dieser Wert hat einen engen Zusammenhang zur Lachenbruch-Fehlerquoten-Schätzung (siehe Abschnitt 3.3). Wir kennzeichnen $\bar{f}$ durch $b_1, \ldots, b_k$ um hervorzuheben, daß $\bar{f}$ von den Bandbreiten $b_1, \ldots, b_k$ abhängt. Nun sollen $b_1, \ldots, b_k$ so gewählt werden, daß $\bar{f}(b_1, \ldots, b_k)$ minimal ist. Die so zu bestimmenden Werte heißen kreuzvalidierte Bandbreiten. Wir müssen jedoch darauf verweisen, daß die rechnerische Bestimmung dieser kreuzvalidierten Werte Schwierigkeiten bereiten kann. Darum wird ein einfacherer Ansatz gewählt, nämlich $b_i = b$, $i = 1, \ldots, k$, so daß nur ein einziger Parameter nach dem obigen Ansatz zu bestimmen ist. Als Anfangsnäherung wählt man häufig $b_i = n_i{}^{-1/5}$ bzw.

$$b = \left(\min_{1 \leq i \leq k} n_i \right)^{-1/5}.$$

3.1.6. Kombination von Diskriminationsregeln

Zur Klassifikation und Diskrimination will man natürlich möglichst gute Verfahren einsetzen, wobei es meist schwierig ist, die Güte der Diskriminationsverfahren zu bestimmen. Bevor wir im nächsten Abschnitt einige Eigenschaften für Diskriminationsverfahren herleiten wollen, ist hier zunächst unsere Absicht, gegebene Verfahren geeignet zü kombinieren. Dabei haben wir zwei grundlegend verschiedene Arten der Kombination im Auge. Zum einen untersuchen wir die *logische Verknüpfung* von Diskriminanzverfahren, zum anderen eine *konvexe Kombination* solcher Verfahren. Beide Möglichkeiten haben eine sinnvolle heuristische Interpretation und bieten sich bei konkreten Klassifikationsproblemen an. Wir betrachten k Klassen, wobei diese Klassen durch Verteilungen $\mathsf{P}_{\boldsymbol{\theta}_1}, \ldots, \mathsf{P}_{\boldsymbol{\theta}_k}$, $\boldsymbol{\theta}_i \in \Theta$, beschrieben werden und bezeichnen mit $p_{\boldsymbol{\theta}_i}$ Dichten zu $\mathsf{P}_{\boldsymbol{\theta}_i}$. Wie oben beschreiben wir unsere Diskriminanzverfahren durch $k + 1$ meßbare Funktionen $g_0, \ldots, g_k$, die auf dem Stichprobenraum $\mathcal{Y} \subseteqq \mathbb{R}^p$ definiert sind. Die Parameter $\boldsymbol{\theta}_i$ seien unbekannt und Informationen über die k Klassen nehmen wir aus k Stichproben

$$\boldsymbol{y}_{ij} \sim \mathsf{P}_{\boldsymbol{\theta}_i}, \qquad j = 1, \ldots, n_i, \qquad i = 1, \ldots, k.$$

Mit $\boldsymbol{Y} = (\boldsymbol{y}_{11}, \ldots, \boldsymbol{y}_{kn_k})$ hängen die Diskriminanzverfahren von der *Stichprobenmatrix* $\boldsymbol{Y}$ ab, so daß wir

$$g_i(\boldsymbol{x}) = g_i(\boldsymbol{x} \mid \boldsymbol{Y})$$

zu betrachten haben. Wenn speziell die g_i, $i = 0, \ldots, k$, unabhängig von $\boldsymbol{Y}$ sind, so nennen wir $\boldsymbol{g} = (g_0, \ldots, g_k)'$ ein *einfaches* Diskriminanzverfahren. In (2) definierten wir für die i-te Klasse die Korrektklassifikationswahrscheinlichkeit $r_i(\boldsymbol{g})$, und wir bezeichnen die gewichtete Summe dieser $r_1, \ldots, r_k$ durch

$$r(\boldsymbol{\theta} \mid \boldsymbol{Y}) = \sum_{i=1}^{k} q_i \int g_i(\boldsymbol{x} \mid \boldsymbol{Y}) \, \mathsf{P}_{\boldsymbol{\theta}_i}(\mathrm{d}\boldsymbol{x}) \tag{39}$$

für $\boldsymbol{\theta} = (\boldsymbol{\theta}_1, \ldots, \boldsymbol{\theta}_k)$. Da g_i i. allg. von der zufälligen Variablen $\boldsymbol{Y}$ abhängt, ist natürlich auch $r(\boldsymbol{\theta} \mid \boldsymbol{Y})$ zufällig. Deshalb betrachtet man als Kenngröße eines Verfahrens $\boldsymbol{g}$ die mittlere Korrektklassifikationswahrscheinlichkeit

$$R(\boldsymbol{\theta}) = \mathsf{E}_{\boldsymbol{\theta}} r(\boldsymbol{\theta} \mid \boldsymbol{Y}). \tag{40}$$

Ist das betrachtete Klassifikationsverfahren $\boldsymbol{g}$ insbesondere nichtrandomisiert und einfach, und ist $g_i(\boldsymbol{x}) = 1$ genau dann, wenn $\boldsymbol{x} \in \mathcal{Y}_i$, so gilt

$$R(\boldsymbol{\theta}) = r(\boldsymbol{\theta} \mid \boldsymbol{Y}) = \sum_{i=1}^{k} q_i \mathsf{P}_{\boldsymbol{\theta}_i}(\mathcal{Y}_i) \tag{41}$$

mit $\mathsf{P}_{\boldsymbol{\theta}_i}(\mathcal{Y}_i) = \int\limits_{\mathcal{Y}_i} \mathsf{P}_{\boldsymbol{\theta}_i}(\mathrm{d}\boldsymbol{x})$.

Wir nehmen an, daß s Klassifikationsverfahren $\boldsymbol{g}^{(1)}, \ldots, \boldsymbol{g}^{(s)}$ mit den Darstellungen

$$\boldsymbol{g}^{(i)}(\boldsymbol{x}) = \boldsymbol{g}^{(i)}(\boldsymbol{x} \mid \boldsymbol{Y}^{(i)}) = \left(g_0^{(i)}(\boldsymbol{x} \mid \boldsymbol{Y}^{(i)}), \ldots, g_k^{(i)}(\boldsymbol{x} \mid \boldsymbol{Y}^{(i)})\right) \tag{42}$$

vorliegen, wobei $\boldsymbol{Y}^{(1)}, \ldots, \boldsymbol{Y}^{(s)}$ voneinander abhängig sein können. Das bedeutet insbesondere, daß die einzelnen Klassifikationsverfahren mit unterschiedlichen Datenmengen konstruiert sein können. Für jedes dieser Klassifikationsverfahren sind dann die Korrektklassifikationswahrscheinlichkeiten sowie deren Erwartungswert

$$r^{(i)}(\boldsymbol{\theta} \mid \boldsymbol{Y}^{(i)}) = \sum_{j=1}^{k} q_i \int g_j^{(i)}(\boldsymbol{x} \mid \boldsymbol{Y}^{(i)})\, \mathsf{P}_{\boldsymbol{\theta}_j}(\mathrm{d}\boldsymbol{x}), \tag{43}$$

$$R^{(i)}(\boldsymbol{\theta}) = \mathsf{E}_{\boldsymbol{\theta}} r^{(i)}(\boldsymbol{\theta} \mid \boldsymbol{Y}^{(i)}), \qquad i = 1, \ldots, s. \tag{44}$$

Wir geben einige Beispiele für diese Voraussetzungen an. Zunächst stellen wir uns vor, daß zu einer festen Fragestellung an verschiedenen Orten, mit verschiedenen Datensätzen, Klassifikationsverfahren konstruiert wurden und jedes für sich in Anspruch nehmen kann, ein besonders geeignetes Verfahren für das zu behandelnde Problem zu sein.

Überdies hinaus existieren aber auch andere Beispiele, bei denen nach mathematischen Prinzipien unterschiedliche Klassifikationsverfahren konstruiert werden.

Beispiel 3.1.12. Wir betrachten als Klassen die 3 Normalverteilungen $\mathrm{N}(\boldsymbol{\mu}_i, \boldsymbol{\Sigma})$, $i = 0, 1, 2$. Es seien die Beobachtungen

$$\boldsymbol{y}_{ij} \sim \mathrm{N}(\boldsymbol{\mu}_i, \boldsymbol{\Sigma}), \qquad j = 1, \ldots, n_i; \qquad n_i \geqq 2; \qquad i = 0, 1, 2,$$

gegeben.

Dann ist für die Parameter $(\boldsymbol{\mu}_0, \boldsymbol{\mu}_1, \boldsymbol{\mu}_2, \boldsymbol{\Sigma})$ die Statistik $(\bar{\boldsymbol{y}}_0, \bar{\boldsymbol{y}}_1, \bar{\boldsymbol{y}}_2, \boldsymbol{S})$ suffizient, wobei

$$\bar{\boldsymbol{y}}_i = \frac{1}{n_i} \sum_{j=1}^{n_i} \boldsymbol{y}_{ij},$$

$$\boldsymbol{S} = \frac{1}{n-3} \sum_{i=0}^{2} \sum_{j=1}^{n_i} (\boldsymbol{y}_{ij} - \bar{\boldsymbol{y}}_i)(\boldsymbol{y}_{ij} - \bar{\boldsymbol{y}}_i)', \qquad n = \sum_{i=0}^{2} n_i,$$

gesetzt wird. Wir nehmen an, daß $\boldsymbol{\mu}_0$ mit einem der Parameter $\boldsymbol{\mu}_1$, $\boldsymbol{\mu}_2$ übereinstimmt und formulieren daher die 2 Hypothesen

$$\mathrm{H}_i\colon \boldsymbol{\mu}_0 = \boldsymbol{\mu}_i, \qquad i = 1, 2.$$

Zur Entscheidung dieses Testproblems soll folgender Weg beschritten werden. Wir testen für festes i

$$\mathrm{H}_i\colon \boldsymbol{\mu}_0 = \boldsymbol{\mu}_i \quad \text{gegen} \quad \mathrm{K}_i\colon \boldsymbol{\mu}_0 \neq \boldsymbol{\mu}_i.$$

Hierfür ist der Test

$$\varphi_i(\boldsymbol{Y}) = \begin{cases} 1 & \text{falls } T_i := (\bar{\boldsymbol{y}}_0 - \bar{\boldsymbol{y}}_i)' \boldsymbol{S}^{-1} (\bar{\boldsymbol{y}}_0 - \bar{\boldsymbol{y}}_i) > c_i, \\ 0 & \text{sonst}, \end{cases}$$

ein gleichmäßig bester unverfälschter invarianter α-Test (vgl. Abschnitt 2.3), falls c_i so bestimmt wird, daß unter H_i

$$\mathsf{P}(T_i > c_i) = \alpha$$

gilt. Dabei ist die Invarianz bez. einer Transformationsgruppe zu verstehen, die insbesondere auch solche Transformationen enthält, die Skalentransformationen beschreiben. Die Bestimmung des Wertes c_i ist leicht möglich, da

$$\frac{(n-2-p)\, n_0 n_i}{p(n_0 + n_i)(n-3)}\, T_i$$

F-verteilt ist mit $g_1 = p$, $g_2 = n - 2 - p$ Freiheitsgraden und unter H_i ist diese Verteilung zentral. Somit könnte man die Entscheidung für H_1 oder H_2 auf die Tests φ_1 und φ_2 gründen. Da $\boldsymbol{\mu}_0 = \boldsymbol{\mu}_1$ oder $\boldsymbol{\mu}_0 = \boldsymbol{\mu}_2$ gilt, ist es gewiß sinnvoll, die beiden Klassifikationsverfahren $\boldsymbol{g}^{(1)}$, $\boldsymbol{g}^{(2)}$ zu definieren:

$$g_1^{(1)}(Y_0) = \begin{cases} 1, & \text{falls } \varphi_1(Y) = 0, \\ 0, & \text{falls } \varphi_1(Y) = 1, \end{cases} \qquad g_2^{(1)} = 1 - g_1^{(1)},$$

$$g_1^{(2)}(Y_0) = \begin{cases} 1, & \text{falls } \varphi_2(Y) = 1, \\ 0, & \text{falls } \varphi_2(Y) = 0, \end{cases} \qquad g_2^{(2)} = 1 - g_1^{(2)}.$$

Dabei gelten für diese Verfahren die Ungleichungen

$$f_{2|1}(\boldsymbol{g}^{(1)}) \leqq \alpha, \qquad f_{1|2}(\boldsymbol{g}^{(2)}) \leqq \alpha.$$

Beispiel 3.1.13. Bootstrap-erzeugte Klassifikationsverfahren. Es sei $\boldsymbol{g}$ ein Klassifikationsverfahren für ein k-Klassenproblem, konstruiert mit einer Stichprobenmatrix $\boldsymbol{Y}$. Dabei sei der Stichprobenumfang für die Klasse i gleich n_i. Wir betrachten also $\boldsymbol{g}(x) = \boldsymbol{g}(x \mid \boldsymbol{Y})$. Nun erzeugen wir gemäß der in Abschnitt 1.7 beschriebenen Methode III s Teilstichproben, wobei $m_j = n_j$ gewählt wird. Die dabei erhaltenen Beobachtungsvektoren stellen wir, wie auch zuvor bei $\boldsymbol{Y}$, klassenmäßig geordnet zu s neuen Stichprobenmatrizen $\boldsymbol{Y}^{(1)}, \ldots, \boldsymbol{Y}^{(s)}$ zusammen. Da diese Beobachtungen Teilstichproben der Originalstichprobe sind, haben wir die Hoffnung, daß die neuen Matrizen $\boldsymbol{Y}^{(i)}$ ebenfalls echte Informationen über die Klassen enthalten. Diese erhaltenen s Diskriminanzverfahren

$$\boldsymbol{g}(x \mid \boldsymbol{Y}^{(i)}), \qquad i = 1, \ldots, s,$$

werden als gegebene Verfahren betrachtet und genutzt.

Beispiel 3.1.14. Es seien zu k Klassen Beobachtungen $\boldsymbol{y}_{ij}$ gegeben, und es sei bekannt, daß $\boldsymbol{y}_{ij} = \begin{pmatrix} \boldsymbol{z}_{ij} \\ \boldsymbol{u}_{ij} \end{pmatrix}$ derart in Teilvektoren $\boldsymbol{z}_{ij}$, $\boldsymbol{u}_{ij}$ zerlegbar ist, daß $\boldsymbol{z}_{ij}$ und $\boldsymbol{u}_{ij}$ hochkorreliert zueinander sind. Dann ist es häufig günstig, nicht ein Klassifikationsverfahren in Abhängigkeit von $\boldsymbol{Y}$ zu betrachten, sondern anstelle dessen zwei Verfahren $\boldsymbol{h}$, $\tilde{\boldsymbol{h}}$ zu konstruieren, wobei $\boldsymbol{h}$ von $\boldsymbol{Z}$ und $\tilde{\boldsymbol{h}}$ von $\boldsymbol{U}$ abhängt. Hier sind $\boldsymbol{Z}$ und $\boldsymbol{U}$ die Stichprobenmatrizen der $\boldsymbol{z}_{ij}$ und $\boldsymbol{u}_{ij}$. Dadurch entstehen zwei Klassifikationsverfahren, die unterschiedliche, aber stochastisch zusammenhängende Variablenmengen zur Grundlage haben.

Wir sehen also, Klassifikationsverfahren können, wie in Beispiel 3.1.12, nach unterschiedlichen Prinzipien konstruiert worden sein oder, wie in Beispiel 3.1.13 und 3.1.14, sich nur durch unterschiedliche Stichproben unterscheiden.

3.1.6.1. Logische Verknüpfung

Wir betrachten die logische Verknüpfung von Diskriminationsverfahren. Zu gegebenen $\boldsymbol{g}^{(1)}, \ldots, \boldsymbol{g}^{(s)}$ konstruieren wir das Verfahren $\bar{\boldsymbol{g}}$:

$$\bar{g}_i(\boldsymbol{x}) = \prod_{l=1}^{s} g_i^{(l)}(\boldsymbol{x}), \qquad i = 1, \ldots, k,$$

$$\bar{g}_0(\boldsymbol{x}) = 1 - \sum_{i=1}^{k} \bar{g}_i(\boldsymbol{x}).$$

Sind die gegebenen Verfahren $\boldsymbol{g}^{(1)}, \ldots, \boldsymbol{g}^{(s)}$ alle nichtrandomisiert, so ist offenbar $\bar{\boldsymbol{g}}$ auch wieder nichtrandomisiert, wobei aber ein Unentscheidbarkeitsbereich bei $\bar{\boldsymbol{g}}$ vorliegen kann, auch wenn keines der $\boldsymbol{g}^{(l)}$ einen Unentscheidbarkeitsbereich besitzt. Weiter sehen wir, daß mit dem Verfahren $\bar{\boldsymbol{g}} = (\bar{g}_0, \ldots, \bar{g}_k)'$ genau dann eine Einordnung eines

Wertes $\boldsymbol{x}$ in die Klasse i erfolgt, wenn alle gegebenen Verfahren diese Einordnung vorschreiben. Damit faßt $\bar{\boldsymbol{g}}$ die einstimmige „Meinung“ aller Klassifikationsverfahren zusammen. Bei nichtrandomisierten Verfahren $\boldsymbol{g}^{(1)}, \ldots, \boldsymbol{g}^{(s)}$ können wir auch ein sinnvolles Ergebnis erhalten, wenn wir nicht die übereinstimmende Zuordnung aller Verfahren, sondern eine mehrheitliche Übereinstimmung in den Zuordnungen berücksichtigen. Also könnte z. B. folgendes Verfahren betrachtet werden. Zu einer natürlichen Zahl $d > \frac{s}{2}$ definieren wir

$$\bar{g}_i(\boldsymbol{x}) = \begin{cases} 1, & \text{falls } \# \{l : g_i^{(l)}(\boldsymbol{x}) = 1\} \geqq d, \\ 0 & \text{sonst}, \end{cases} \qquad i = 1, \ldots, k,$$

$$\bar{g}_0(\boldsymbol{x}) = 1 - \sum_{i=1}^{k} \bar{g}_i(\boldsymbol{x}).$$

Auch für randomisierte Klassifikationsverfahren läßt sich eine ähnliche Konstruktion angeben.

Beispiel 3.1.15. Wir nehmen die Voraussetzungen des Beispiels 3.1.12 und konstruieren zu $\boldsymbol{g}^{(1)}$, $\boldsymbol{g}^{(2)}$ das Verfahren

$$\bar{\boldsymbol{g}} = (\bar{g}_1, \bar{g}_2)' \quad \text{mit}$$

$$\bar{g}_1(\boldsymbol{x}) = g_1^{(1)}(\boldsymbol{x})\, g_1^{(2)}(\boldsymbol{x}),$$

$$\bar{g}_2(\boldsymbol{x}) = g_2^{(1)}(\boldsymbol{x})\, g_2^{(2)}(\boldsymbol{x}),$$

$$\bar{g}_0(\boldsymbol{x}) = 1 - \bar{g}_1(\boldsymbol{x}) - \bar{g}_2(\boldsymbol{x}).$$

Dann ist $\bar{\boldsymbol{g}}(x)$ ein Verfahren, das mit beschränkten Fehlklassifikationswahrscheinlichkeiten eine Zuordnung trifft, denn wegen $f_{2|1}(\boldsymbol{g}^{(1)}) \leqq \alpha$, $f_{1|2}(\boldsymbol{g}^{(2)}) \leqq \alpha$ gelten die Ungleichungen $f_{2|1}(\bar{\boldsymbol{g}}) \leqq \alpha$, $f_{1|2}(\bar{\boldsymbol{g}}) \leqq \alpha$. In der Abb. 3.1.4 sind die Entscheidungsgebiete für $N(\boldsymbol{\mu}_1, \boldsymbol{\Sigma})$ sowie $N(\boldsymbol{\mu}_2, \boldsymbol{\Sigma})$ gekennzeichnet.

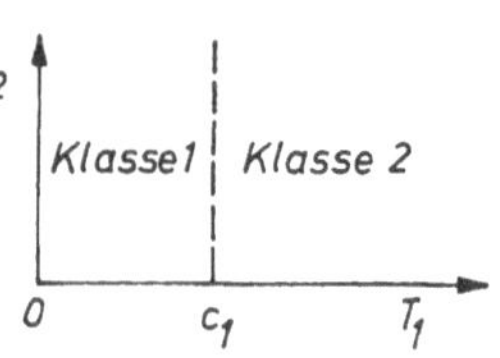

Abb. 3.1.4. a) Entscheidung mit φ_1

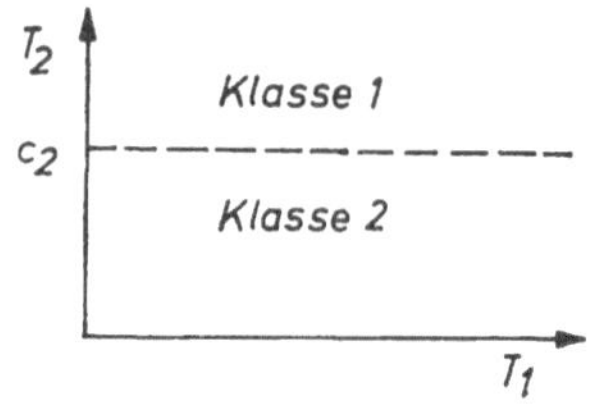

Abb. 3.1.4. b) Entscheidung mit φ_2

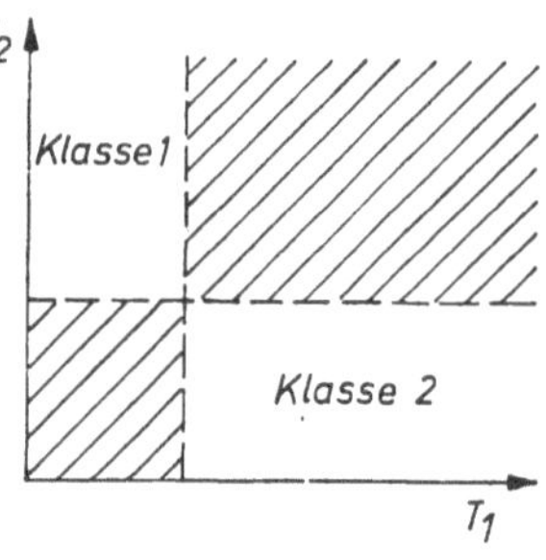

Abb. 3.1.4. c) Entscheidung mit $\bar{\boldsymbol{g}}$

In Abb. 3.1.4.c) ist der Unentscheidbarkeitsbereich schraffiert, wobei eine Nichtentscheidung dann gewählt wird, wenn T_1, T_2 beide klein oder beide groß sind.

3.1.6.2. Konvexe Kombination von Klassifikationsverfahren

Neben der logischen Verknüpfung von Verfahren ist die konvexe Kombination von Verfahren eine wesentliche Methode zur Konstruktion neuer Klassifikationsverfahren. Sie ist deshalb von besonderem Interesse, da viele bekannte Klassifikationen sich in die hier betrachtete Klasse einordnen.

Wir gehen wieder davon aus, daß s Verfahren $\boldsymbol{g}^{(1)}, \ldots, \boldsymbol{g}^{(s)}$ gegeben sind. Wir betrachten die Menge

$$\mathscr{L} = \left\{\boldsymbol{l} : \boldsymbol{l} = (l_1, \ldots, l_s)', \, l_i \geqq 0, \sum_{i=1}^{s} l_i = 1\right\} \tag{45}$$

und für $\boldsymbol{l} \in \mathscr{L}$ die Linearkombinationen

$$h_j(\boldsymbol{x}) = \sum_{i=1}^{s} l_i g_j^{(i)}(\boldsymbol{x}), \qquad j = 0, \ldots, k, \tag{46}$$

wodurch ein neues Klassifikationsverfahren $\boldsymbol{h} = (h_0, \ldots, h_k)'$ definiert ist. Wir nennen $\boldsymbol{h}$ konvex kombiniert aus $\{\boldsymbol{g}^{(1)}, \ldots, \boldsymbol{g}^{(s)}\}$. Die Wahrscheinlichkeit bzw. mittlere Wahrscheinlichkeit für eine Korrektklassifikation ist dann durch

$$r_{\boldsymbol{l}}(\boldsymbol{\theta} \mid \boldsymbol{Y}) = \sum_{j=1}^{k} q_j \int \sum_{i=1}^{s} l_i g_j^{(i)}(\boldsymbol{x} \mid \boldsymbol{Y}^{(i)}) \, \mathsf{P}_{\boldsymbol{\theta}_j}(\mathrm{d}\boldsymbol{x}) = \sum_{i=1}^{s} l_i r^{(i)}(\boldsymbol{\theta} \mid \boldsymbol{Y}^{(i)}), \tag{47}$$

$$R_{\boldsymbol{l}}(\boldsymbol{\theta}) = \sum_{i=1}^{s} l_i R^{(i)}(\boldsymbol{\theta}), \qquad \boldsymbol{\theta} \in \Theta, \qquad \boldsymbol{l} \in \mathscr{L} \tag{48}$$

gegeben. Hierbei benutzten wir die Bezeichnungen aus (43) und (44). Wir sehen, daß die auf diese Weise erzeugten Diskriminationsverfahren $\boldsymbol{h}$ i. allg. randomisiert sind, auch wenn die $\boldsymbol{g}^{(i)}$ nichtrandomisiert oder einfach sind. Unser Ziel ist, einen Vektor $\boldsymbol{l} \in \mathscr{L}$ in solcher Weise zu bestimmen, daß das erzeugte $\boldsymbol{h}$ gewisse Optimalitätseigenschaften bez. $r_{\boldsymbol{l}}$ oder $R_{\boldsymbol{l}}$ besitzt. Wenn $\boldsymbol{\theta}^0 = (\boldsymbol{\theta}_{10}, \ldots, \boldsymbol{\theta}_{k0})$ der wahre Parameter ist und

$$R^{(i_0)}(\boldsymbol{\theta}^0) \geqq R^{(i)}(\boldsymbol{\theta}^0), \qquad i = 1, \ldots, s,$$

dann liefert $l_{i_0} = 1$, $l_i = 0$ $(i \neq i_0)$ ein derartiges Klassifikationsverfahren, das $R_{\boldsymbol{l}}(\boldsymbol{\theta}^0)$ maximiert. Diese Lösung ist aber nicht praktikabel, da $\boldsymbol{\theta}^0$ unbekannt ist. Andererseits würde man bei bekanntem $\boldsymbol{\theta}^0$ mit demjenigen Klassifikationsverfahren arbeiten, das nach Satz 3.2 optimal ist und nicht mit einem aus $\{\boldsymbol{g}^{(1)}, \ldots, \boldsymbol{g}^{(s)}\}$ erzeugten Verfahren. Da wir voraussetzen wollen, daß wir keine A-priori-Information über $\boldsymbol{\theta} \in \Theta$ besitzen, konzentrieren wir uns auf *Minimax-Strategien*. Hier können wir entweder

a) den minimalen Gewinn maximieren oder
b) den maximalen Verlust minimieren.

Zuerst betrachten wir den Fall a) und definieren den minimalen Gewinn durch

$$M(\boldsymbol{l}) = \inf_{\boldsymbol{\theta} \in \Theta} R_{\boldsymbol{l}}(\boldsymbol{\theta}), \qquad \boldsymbol{l} \in \mathscr{L}. \tag{49}$$

Dieser minimale Gewinn soll durch eine geeignete Wahl eines $\boldsymbol{l} \in \mathscr{L}$ maximiert werden, so daß eine *Maximin-Lösung* $\hat{\boldsymbol{l}} \in \mathcal{L}$ durch

$$M(\hat{\boldsymbol{l}}) = \max_{\boldsymbol{l} \in \mathcal{L}} M(\boldsymbol{l}) \tag{50}$$

bestimmt ist.

Beispiel 3.1.16. Es sei $p = 1$, $k = 2$, und wir betrachten Normalverteilungen mit den Dichten

$$p(x \mid \theta_j) = \frac{1}{\sigma_j \sqrt{2\pi}} \exp\left(-\frac{1}{2\sigma_j^2}(x - \theta_j)^2\right), \qquad j = 1, 2.$$

Weiter sei $q_1 = q_2 = 0.5$ und

$$\Theta = \{(\theta_1, \theta_2)' : -\infty < \theta_1 \leqq \theta_2 < \infty\}.$$

Wir setzen voraus, daß σ_1, σ_2 bekannte Konstanten sind. Wir betrachten $s = 2$ einfache Klassifikationsverfahren, die durch Konstanten c_1, c_2 bestimmt sind:

$$g_1^{(i)}(x) = \begin{cases} 1 & \text{für } x \leqq c_i, \\ 0 & \text{sonst}, \end{cases} \qquad g_2^{(i)}(x) = 1 - g_1^{(i)}(x), \qquad i = 1, 2.$$

Mit

$$\Phi(x) = \frac{1}{\sqrt{2\pi}} \int_{-\infty}^{x} e^{-t^2/2}\, dt$$

errechnen wir

$$R^{(i)}(\theta_1, \theta_2) = \frac{1}{2}\left[\Phi\left(\frac{c_i - \theta_1}{\sigma_1}\right) + \Phi\left(\frac{\theta_2 - c_i}{\sigma_2}\right)\right],$$

und deshalb gilt

$$M(\boldsymbol{l}) = \frac{1}{2} \inf_{\theta \in \Theta}\left[l_1 \Phi\left(\frac{c_1 - \theta_1}{\sigma_1}\right) + l_1 \Phi\left(\frac{\theta_2 - c_1}{\sigma_2}\right) + l_2 \Phi\left(\frac{c_2 - \theta_1}{\sigma_1}\right) + l_2 \Phi\left(\frac{\theta_2 - c_2}{\sigma_2}\right)\right].$$

Bei $\sigma_1 = \sigma_2$ gilt damit

$$M(\boldsymbol{l}) = 0.5 \quad \text{für alle } \boldsymbol{l}.$$

Für $\sigma_1 \neq \sigma_2$ erhalten wir Maximin-Lösungen $\hat{\boldsymbol{l}} = (\hat{l}_1, \hat{l}_2)'$, $\hat{l}_2 = 1 - \hat{l}_1$ aus Tab. 3.1.4, wobei $c_1 = 0.0$, $c_2 = 2.0$, $\sigma_1 = 1$ gewählt wurden.

Tabelle 3.1.4. Werte der Maximin-Lösung

σ_2	1.005	1.1	1.5	3.0	7.0	10	50	10000
$\hat{l}_1$	0.733	0.718	0.686	0.685	0.726	0.744	0.802	0.8754

Beispiel 3.1.17. Seien p, k, $p(x \mid \theta_j)$, q_j, Θ wie in Beispiel 3.1.16, und wir setzen $\sigma_1 = 1$, $\sigma_2 = 2$. Als $\boldsymbol{g}^{(1)}$, $\boldsymbol{g}^{(2)}$ wählen wir quadratische Verfahren, die durch Konstanten a_j, b_j, $j = 1, 2$, bestimmt sind:

$$g_1^{(j)}(x) = \begin{cases} 1 & \text{für } a_j \leqq x \leqq b_j \\ 0 & \text{sonst} \end{cases} \qquad g_2^{(j)}(x) = 1 - g_1^{(j)}(x).$$

Dann errechnet man als Maximin-Lösungen $\hat{\boldsymbol{l}}$ die in den Tabellen 3.1.5 und 3.1.6 angegebenen Werte.

Tabelle 3.1.5. Werte der Maximinlösung für $a_1 = 0$, $b_1 = 4$, $a_2 = 1$

b_2	$\leqq 4.6$	4.7	4.8	4.9	5.0	5.4	5.8	6.2	6.6	$\geqq 6.8$
$\hat{l}_1$	0	0.0618	0.2475	0.3895	0.5	0.7641	0.8894	0.955	0.991	1.0

Tabelle 3.1.6. Werte der Maximinlösung für $a_1 = 0$, $b_1 = 6$, $a_2 = 2$

b_2	$\leqq 5.0$	7.0	7.5	8.0	12.0	15.0
l_1	0	0.1597	0.3976	0.5	0.601	0.6011

In diesem letzten Beispiel erkennen wir, daß eine Gleichbewichtung für solche Verfahren erfolgt, für die $b_1 - a_1 = b_2 - a_2$ gilt. In jedem Fall hängt die Bewichtung stark von der Korrektklassifikationswahrscheinlichkeit der einzelnen Verfahren ab. Es ist nicht zu erwarten, und das wurde in Läuter/Thiele (1985) auch gezeigt, daß Maximin-Lösungen für größere Klassen in geschlossener Form charakterisiert werden können. Für die Diskussion von Maximin-Lösungen ist es vorteilhaft, die Parametermengen

$$\Theta_{ij} = \{\boldsymbol{\theta} : R^{(i)}(\boldsymbol{\theta}) \geqq R^{(j)}(\boldsymbol{\theta}), \boldsymbol{\theta} \in \Theta\}, \qquad i, j = 1, \ldots, s, \tag{51}$$

zu betrachten. Diese Θ_{ij} liefern gerade diejenigen Gebiete von Θ, in denen das i-te Klassifikationsverfahren nicht schlechter als das j-te ist. Falls $\Theta_{ij} = \Theta$ gilt, so heißt $\boldsymbol{g}^{(j)}$ durch $\boldsymbol{g}^{(i)}$ dominiert. Wenn $\boldsymbol{g}^{(1)}, \ldots, \boldsymbol{g}^{(s)}$ dominiert durch $\boldsymbol{g}^{(j)}$ sind, so heißt $\boldsymbol{g}^{(j)}$ maximal. Für ein durch $\boldsymbol{g}^{(i)}$ dominiertes Verfahren $\boldsymbol{g}^{(j)}$ existiert zu jedem $\boldsymbol{l} \in \mathcal{L}$ ein $\tilde{\boldsymbol{l}} \in \mathcal{L}$ derart, daß $\tilde{l}_j = 0$ und

$$R_{\tilde{\boldsymbol{l}}}(\boldsymbol{\theta}) \geqq R_{\boldsymbol{l}}(\boldsymbol{\theta}). \tag{52}$$

Denn setzen wir $\tilde{l}_k = l_k$ für $k \neq i,j$ und $\tilde{l}_i = l_i + l_j$, $\tilde{l}_j = 0$, so gilt $\tilde{\boldsymbol{l}} \in \mathcal{L}$ und (52). Hieraus folgt unmittelbar, daß wir dominierte Klassifikationsverfahren außer Betracht lassen können, wenn es um die Maximierung des $R_{\boldsymbol{l}}(\boldsymbol{\theta})$ über $\mathcal{L}$ geht. So setzen wir voraus, daß keines der $\boldsymbol{g}^{(1)}, \ldots, \boldsymbol{g}^{(s)}$ dominiert ist. Wegen $\Theta = \bigcup_{i \neq j} \Theta_{ij}$ ergibt sich

$$\inf_{\boldsymbol{\theta} \in \Theta} R_{\boldsymbol{l}}(\boldsymbol{\theta}) = \min_{\substack{i,j \\ i \neq j}} \left(\inf_{\boldsymbol{\theta} \in \Theta_{ij}} R_{\boldsymbol{l}}(\boldsymbol{\theta}) \right). \tag{53}$$

Bezeichnen wir $\Theta_i = \bigcap_{\substack{j \\ j \neq i}} \Theta_{ij}$, so haben wir

$$l_i R^{(i)}(\boldsymbol{\theta}) \leqq R_{\boldsymbol{l}}(\boldsymbol{\theta}) \leqq R^{(i)}(\boldsymbol{\theta}), \qquad \boldsymbol{\theta} \in \Theta_i$$

und folglich

$$l_i \inf_{\boldsymbol{\theta} \in \Theta_i} R^{(i)}(\boldsymbol{\theta}) \leqq \inf_{\boldsymbol{\theta} \in \Theta_i} R_{\boldsymbol{l}}(\boldsymbol{\theta}) \leqq \inf_{\boldsymbol{\theta} \in \Theta_i} R^{(i)}(\boldsymbol{\theta}) =: M_i.$$

Hieraus erhält man

$$\min_i l_i M_i \leqq M(\boldsymbol{l}) \leqq \min_i M_i \tag{54}$$

und $0 \leqq M_i \leqq 1$, $i = 1, \ldots, s$. Wir definierten oben eine Maximin-Lösung. Soll nicht $\boldsymbol{M}(\boldsymbol{l})$ maximiert werden, sondern die in (54) gegebene untere Schranke für $\boldsymbol{M}(\boldsymbol{l})$, so gelangt man i. allg. zu einer anderen Lösung. Es sei $\boldsymbol{l}^* \in \mathcal{L}$ eine *modifizierte Maximin-Lösung*, d. h., es gelte

$$\min_i l_i^* M_i = \max_{l \in \mathcal{L}} \min_i l_i M_i .$$

Dann ergibt sich im Falle $M_j > 0$, $j = 1, \ldots, s$, für die modifizierte Maximin-Lösung

$$l_i^* = \frac{1}{M_i \sum_{j=1}^{s} 1/M_j} . \tag{55}$$

Ist speziell $M_1 = \ldots = M_s$, so liegt eine gewisse Symmetrie vor, und wir erhalten als modifizierte Lösung

$$l_i^* = \frac{1}{s}, \qquad i = 1, \ldots, s, \tag{56}$$

so daß wir das Verfahren

$$\boldsymbol{h}^*(\boldsymbol{x}) = \frac{1}{s} \sum_{j=1}^{s} \boldsymbol{g}^{(j)}(\boldsymbol{x} \mid \boldsymbol{Y}^{(j)}) \tag{57}$$

erhalten. Dieses letzte Verfahren entsteht auch aus der Vorstellung heraus, daß alle gegebenen Verfahren $\boldsymbol{g}^{(1)}, \ldots, \boldsymbol{g}^{(s)}$ gleichberechtigt behandelt werden, d. h. keines wird stärker bewichtet als die anderen.

Beispiel 3.1.18. Es sei $k = 2$, $p = 1$ und

$$p_j(x \mid \theta_j) = \frac{1}{\sqrt{2\pi}\,\sigma} \exp\left(-\frac{1}{2\sigma^2}(x - \theta_j)^2\right), \qquad j = 1, 2 .$$

Für Stichproben $\boldsymbol{Y}^{(j)}$ mit dem Stichprobenumfang $n_1^{(j)}$, $n_2^{(j)}$, $j = 1, 2$, betrachten wir die Maximum-Likelihood-Regel, definiert durch

$$g_1^{(i)}(x) = \begin{cases} 1 & \text{für} \quad \beta_{2i}(x - \hat{\theta}_2^{(i)})^2 > \beta_{1i}(x - \hat{\theta}_1^{(i)})^2, \\ 0 & \text{sonst} \end{cases}$$

und

$$g_2^{(i)} = 1 - g_1^{(i)}, \qquad \beta_{ji} = \alpha_{ji}^{-2} = n_j^{(i)}/(n_j^{(i)} + 1), \qquad \hat{\theta}_j^{(i)} = \frac{1}{n_j^{(i)}} \sum_{l=1}^{n_j^{(i)}} y_{jl}^{(i)} .$$

Es sei $q_1 = q_2 = 0.5$. Für diesen Fall findet man (SCHAAFSMA/VAN VARK (1977)) für die Korrektklassifikationswahrscheinlichkeit eine explizite Darstellung. Wir bezeichnen den Mahalanobis-Abstand $\Delta = \frac{1}{\sigma} |\theta_1 - \theta_2|$, definieren

$$A_{1i} = \Phi\left(\sqrt{\frac{\alpha_{1i}}{2\alpha_{2i}(\alpha_{1i}\alpha_{2i} + 1)}}\,\Delta\right), \qquad A_{2i} = \Phi\left(\sqrt{\frac{\alpha_{2i}}{2\alpha_{1i}(\alpha_{1i}\alpha_{2i} + 1)}}\,\Delta\right),$$

$$B_{1i} = \Phi\left(\sqrt{\frac{\alpha_{1i}}{2\alpha_{2i}(\alpha_{1i}\alpha_{2i} - 1)}}\,\Delta\right), \qquad B_{2i} = \Phi\left(\sqrt{\frac{\alpha_{2i}}{2\alpha_{1i}(\alpha_{1i}\alpha_{2i} - 1)}}\,\Delta\right).$$

Dann gilt

$$R^{(i)}(\theta_1, \theta_2) = 1 - \frac{1}{2}(A_{1i} + B_{1i} - 2A_{1i}B_{1i} + A_{2i} + B_{2i} - 2A_{2i}B_{2i}),$$

so daß $\min\limits_{\theta_1,\theta_2} R^{(i)}(\theta_1, \theta_2) = 0.5$ und $R^{(i)}(\theta_1, \theta_2) = 0.5$ genau dann erfüllt ist, falls $\theta_1 = \theta_2$ gilt, d. h. $\Delta = 0$. Damit folgt aber auch $\inf\limits_{\theta \in \Theta} R_l(\theta_1, \theta_2) = 0.5$ für alle $\boldsymbol{l} \in \mathcal{L}$, so daß jedes $\boldsymbol{l} \in \mathcal{L}$ zu einer Maximinlösung führt. Als modifizierte Maximinlösung ergibt sich bei $n_1 = n_2$

$$\boldsymbol{h}^* = \frac{1}{2}(\boldsymbol{g}^{(1)} + \boldsymbol{g}^{(2)}),$$

so daß eine Gleichbewichtung der beiden Klassifikationsverfahren erfolgt.

Die konvexe Kombination mit gleichen Gewichten für Klassifikationsverfahren hat insofern Bedeutung, als unter gewissen Bedingungen gerade für diese eine Minimax-Eigenschaft nachgewiesen werden kann. Darauf gehen wir im nächsten Abschnitt noch näher ein. Hier wollen wir uns veranschaulichen, auf welche Art und Weise eine Zuordnung durch ein konvex erzeugtes $\boldsymbol{h}$ erfolgt. Sei also

$$\boldsymbol{h}(\boldsymbol{x}) = \frac{1}{s} \sum_{i=1}^{s} \boldsymbol{g}^{(i)}(\boldsymbol{x})$$

und $\boldsymbol{g}^{(i)}$ seien nichtrandomisierte Diskriminationsverfahren. Wir bezeichnen mit

$$\mathcal{X}_{ij} = \{\boldsymbol{x} : \boldsymbol{x} \in \mathcal{Y}, g_j^{(i)}(\boldsymbol{x}) = 1\}, \qquad j = 0, \ldots, k; \qquad i = 1, \ldots, s,$$

die Menge aller Punkte aus $\mathcal{Y}$, die vom i-ten Verfahren in die j-te Klasse eingeordnet werden. Von Interesse sind dann zu einer beliebigen Permutation π: $1, \ldots, s \to i_1, \ldots, i_s$ Mengen

$$\bigcap_{t=1}^{s_1} \mathcal{X}_{i_t j} \bigcap_{t=s_1}^{s} \overline{\mathcal{X}}_{i_t j} = \mathcal{X}_{\pi, s_1 j}, \qquad s_1 = 1, \ldots, s, \qquad \overline{\mathcal{X}}_{ij} = Y \mathcal{X}_{ij}.$$

Hierbei sind nicht alle auf diese Weise konstruierten Mengen voneinander verschieden, jedoch ist klar, daß in $\mathcal{X}_{\pi, s_1 j}$ durch h mit der Wahrscheinlichkeit $\frac{s_1}{s}$ eine Zuordnung zur Klasse j erfolgt. Ist $\mathcal{X}_{\pi, sj} \neq \emptyset$, so erfolgt durch $\boldsymbol{h}$ für $\boldsymbol{x} \in \mathcal{X}_{\pi, sj}$ eine Zuordnung zur Klasse j mit der Wahrscheinlichkeit 1.

Beispiel 3.1.19. Es sei $k = 2$, $p = 2$. Wir nehmen an, daß drei nichtrandomisierte Klassifikationsverfahren gegeben sind, die durch paarweise nicht kollineare Vektoren $\boldsymbol{a}_i \in \mathbb{R}^2$ und Vektoren $\boldsymbol{b}_i \in \mathbb{R}^2$ beschrieben sind:

$$g_1^{(i)}(\boldsymbol{x}) = \begin{cases} 1 & \text{falls } \boldsymbol{a}_i'(\boldsymbol{x} - \boldsymbol{b}_i) \leq 0, \qquad i = 1, 2, 3, \\ 0 & \text{sonst,} \end{cases}$$

$$g_2^{(i)}(\boldsymbol{x}) = 1 - g_1^{(i)}(\boldsymbol{x}).$$

Dann sind die unter den $\mathcal{X}_{\pi, s_1 i}$ verschiedenen Mengen gegeben durch

$$\mathcal{S}_1 = \mathcal{X}_{11} \cap \mathcal{X}_{21} \cap \mathcal{X}_{31}, \qquad \mathcal{S}_2 = \mathcal{X}_{11} \cap \overline{\mathcal{X}}_{21} \cap \mathcal{X}_{31}, \qquad \mathcal{S}_3 = \mathcal{X}_{11} \cap \mathcal{X}_{21} \cap \overline{\mathcal{X}}_{31},$$

$$\mathcal{S}_4 = \overline{\mathcal{X}}_{11} \cap \mathcal{X}_{21} \cap \mathcal{X}_{31}, \qquad \mathcal{S}_5 = \mathcal{X}_{11} \cap \overline{\mathcal{X}}_{21} \cap \overline{\mathcal{X}}_{31}, \qquad \mathcal{S}_6 = \overline{\mathcal{X}}_{11} \cap \mathcal{X}_{21} \cap \overline{\mathcal{X}}_{31},$$

$$\mathcal{S}_7 = \overline{\mathcal{X}}_{11} \cap \overline{\mathcal{X}}_{21} \cap \mathcal{X}_{31}, \qquad \mathcal{S}_8 = \overline{\mathcal{X}}_{11} \cap \overline{\mathcal{X}}_{21} \cap \overline{\mathcal{X}}_{31}.$$

Dabei können auch zwei dieser Mengen leer sein. Wir haben

$$h_1(\boldsymbol{x}) = \begin{cases} 1 & \text{für} \quad \boldsymbol{x} \in \mathcal{S}_1, \\ 2/3 & \text{für} \quad \boldsymbol{x} \in \mathcal{S}_2 \cup \mathcal{S}_3 \cup \mathcal{S}_4, \\ 1/3 & \text{für} \quad \boldsymbol{x} \in \mathcal{S}_5 \cup \mathcal{S}_6 \cup \mathcal{S}_7, \\ 0 & \text{für} \quad \boldsymbol{x} \in \mathcal{S}_8. \end{cases}$$

Auf eine Eigenschaft der so gewonnenen Verfahren h wollen wir noch hinweisen. Ist

$$\mathcal{A} = \mathcal{X}_{11} \cap \mathcal{X}_{21} \cap \ldots \cap \mathcal{X}_{s1} \neq \emptyset, \qquad \mathcal{B} = \mathcal{X}_{12} \cap \mathcal{X}_{22} \cap \ldots \cap \mathcal{X}_{s2} \neq \emptyset,$$

und wir wählen $\boldsymbol{x}_1 \in \mathcal{A}$, $\boldsymbol{x}_2 \in \mathcal{B}$, dann gilt für jedes i, daß die Funktion

$$\lambda_i(\gamma) = g_1^{(i)}\big(\gamma \boldsymbol{x}_2 + (1-\gamma)\,\boldsymbol{x}_1\big), \qquad 0 \leqq \gamma \leqq 1,$$

nur Werte 0 oder 1 annimmt, wobei $\lambda_i(0) = 1$, $\lambda_i(1) = 0$ gilt. Damit existieren stets Sprungstellen für $\lambda_i(\gamma)$ und die Sprunghöhen betragen den Wert 1. Das bedeutet, daß scharfe Änderungen des Diskriminationsresultates an den Grenzen von $\mathcal{X}_{i1}, \ldots, \mathcal{X}_{is}$ auftreten. Für $\boldsymbol{h}$ gilt diese Aussage nicht mehr, natürlich hat die Funktion

$$\lambda^*(\gamma) = h_1\big(\gamma \boldsymbol{x}_2 + (1-\gamma)\,\boldsymbol{x}_1\big)$$

auch Sprungstellen, jedoch sind die Sprunghöhen im allgemeinen nur $\frac{1}{s}$, so daß auch keine scharfe Veränderung des Klassifikationsresultates mehr erfolgt. Man kann deshalb davon sprechen, daß durch $\boldsymbol{h}$ eine stabilere Entscheidung bei der Diskrimination getroffen wird.

3.2. Mathematische Eigenschaften von Diskriminationsregeln

Im vorigen Abschnitt gaben wir verschiedene Verfahren zur Diskrimination an, denen heuristisch begründete Konstruktionsprinzipien zugrunde lagen. Das waren einerseits Prinzipien der maximalen Korrektklassifikationswahrscheinlichkeit und andererseits das Maximum-Likelihood-Prinzip. Die zur ersten Gruppe gehörenden Verfahren konnten erst benutzt werden, nachdem mit einer geeignet gewählten Substitutionsmethode die unbekannten Parameter bzw. Dichten ersetzt wurden. In diesem Abschnitt sollen einige Güteaussagen für diese Verfahren diskutiert werden. Dabei stützen wir uns auf Ergebnisse von Schmidtke (1981), DasGupta (1965), Pfanzagl (1959). Uns kommt es hier darauf an, definierte Bedingungen anzugeben, unter denen ein Diskriminanzverfahren bestimmte Eigenschaften hat. Für alle in Abschnitt 3.1 angegebenen Verfahren kann man leicht heuristische Begründungen geben, unter denen diese Verfahren vorteilhaft sein können. Hingegen ist es häufig schwieriger, diese wünschenswerten Eigenschaften auch wirklich nachzuweisen. Auch wenn bekannt ist, daß kaum eine Verteilung einer beobachteten Variablen in der Praxis mit der Normalverteilung übereinstimmt, so repräsentiert die Normalverteilung eine Klasse von unimodalen, symmetrischen Verteilungen, und diese Klasse ist schon von besonderer Wichtigkeit. In diesem Abschnitt werden wir viele Aussagen nur unter der Annahme der Normalverteilung herleiten. Bisher sprachen wir von wünschenswerten Eigenschaften, ohne diese genannt zu haben. Wie in Abschnitt 3.1 sei $\boldsymbol{g} = (g_0, g_1, \ldots, g_k)'$ ein Diskriminationsverfahren. Die Klassen seien durch Verteilungen $\mathsf{P}_1, \ldots, \mathsf{P}_k \in \mathcal{P}$ beschrieben. In der Menge der zugelassenen Verteilungen sei der Abstand ϱ definiert. Dann nennen wir $\boldsymbol{g}$ *asymptotisch sicher* bez. ϱ, wenn für beliebige positive Zahlen $\delta > 0$, $\varepsilon > 0$ ein $\eta > 0$ derart existiert, daß

$$\mathsf{P}_i(g_0 < \delta) \geqq \varepsilon, \qquad i = 1, \ldots, k, \tag{58}$$

$$\mathsf{P}_i(g_i > 1 - \delta) \geqq \varepsilon, \qquad i = 1, \ldots, k, \tag{59}$$

$$\mathsf{P}_i(g_j < \delta) \geqq \varepsilon, \qquad i, j = 1, \ldots, k; \qquad i \neq j \tag{60}$$

für $\varrho(\mathsf{P}_i, \mathsf{P}_j) \geqq \eta$ gilt. Mit anderen Worten, wenn der Abstand zwischen den Populationen groß genug ist, wird mit beliebig großer Wahrscheinlichkeit die richtige Zuordnung getroffen. Wir sagen, daß $\boldsymbol{g}$ bez. ϱ eine *monotone Güte* hat, falls die Summe der korrekten Klassifikationswahrscheinlichkeiten

$$\sum_{i=1}^{k} q_i r_i(\boldsymbol{g}) = \sum_{i=1}^{k} q_i \int g_i(\boldsymbol{x}) \, \mathsf{P}_i(\mathrm{d}\boldsymbol{x}) \tag{61}$$

für wachsendes $\varrho(\mathsf{P}_t, \mathsf{P}_l)$ für alle t, l, $t \neq l$ monoton wächst. Eine wichtige Eigenschaft eines Klassifikationsverfahrens ist die Unverfälschtheit. Wir nennen $\boldsymbol{g}$ *unverfälscht*, falls

$$r_i(\boldsymbol{g}) \geqq f_{j|i}(\boldsymbol{g}) \quad \text{für alle} \quad i, j = 1, \ldots, k, \qquad i \neq j, \tag{62}$$

gilt, wobei r_i und $f_{i|j}$ in (2) und (3) definiert wurden.

3.2.1. Asymptotisch sichere Verfahren

Die *asymptotisch sichere* Entscheidung ist von der Anschauung her eine wünschenswerte Eigenschaft für Klassifikationsverfahren, da man erwartet, daß die Entscheidung immer sicherer wird, wenn sich die Populationen immer mehr unterscheiden. Hat man ein konkretes Verfahren auf diese Eigenschaft hin zu untersuchen, so ist ϱ in spezieller Form zu wählen. Daß die asymptotisch sichere Entscheidung nicht von allen Verfahren geliefert wird, zeigt das folgende Beispiel.

Beispiel 3.2.1. Zwei Normalverteilungen. In Beispiel 3.1.12 bestimmten wir zwei Klassifikationsverfahren $\boldsymbol{g}^{(1)}$, $\boldsymbol{g}^{(2)}$ die bestimmte Fehlentscheidungen mit einer durch α beschränkten Wahrscheinlichkeit treffen. So gilt für beliebige μ_0, μ_1, μ_2

$$\mathsf{P}_{\mu_0,\mu_0,\mu_2}(g_1^{(1)}(\boldsymbol{Y}_0) = 0) = \alpha,$$

$$\mathsf{P}_{\mu_0,\mu_1,\mu_0}(g_1^{(2)}(\boldsymbol{Y}_0) = 1) = \alpha,$$

so daß für $|\mu_1 - \mu_2| \to \infty$ stets

$$\mathsf{P}_{\mu_0,\mu_0,\mu_2}(g_1^{(1)}(\boldsymbol{Y}_0) = 0) = \alpha,$$

$$\mathsf{P}_{\mu_0,\mu_1,\mu_0}(g_1^{(2)}(\boldsymbol{Y}_0) = 1) = \alpha$$

erfüllt ist. Folglich sind $\boldsymbol{g}^{(1)}$ und $\boldsymbol{g}^{(2)}$ beide nicht asymptotisch sicher. Das in Beispiel 3.1.15 durch eine logische Verknüpfung der $\boldsymbol{g}^{(1)}$ und $\boldsymbol{g}^{(2)}$ erhaltene $\bar{\boldsymbol{g}}$ ist folglich ebenfalls nicht asymptotisch sicher.

Dieses Beispiel ist insofern bemerkenswert, da häufig in praktischen Aufgaben mit dem Verfahren $\bar{\boldsymbol{g}}$ aus Beispiel 3.1.15 gearbeitet wird. Jedoch geben Verfahren aus einer großen

Klasse von Klassifikationsverfahren eine asymptotisch sichere Entscheidung, was wir im folgenden zeigen wollen. Dazu setzen wir voraus, daß unsere k Klassen die Normalverteilungen $N(\boldsymbol{\mu}_1, \boldsymbol{\Sigma}), \ldots, N(\boldsymbol{\mu}_k, \boldsymbol{\Sigma})$ sind und eine Stichprobe

$$\boldsymbol{y}_{ij}, \qquad j = 1, \ldots, n_i; \qquad i = 1, \ldots, k,$$

gegeben ist, wobei $\boldsymbol{y}_{ij} \sim N(\boldsymbol{\mu}_i, \boldsymbol{\Sigma})$ gelte. Dann berechnen wir wie in Beispiel 3.1.9 die besten erwartungstreuen Schätzungen für $\boldsymbol{\mu}_i, \boldsymbol{\Sigma}$:

$$\hat{\boldsymbol{\mu}}_i = \frac{1}{n_i} \sum_{j=1}^{n_i} \boldsymbol{y}_{ij},$$

$$\boldsymbol{S} = \frac{1}{n-k} \sum_{i=1}^{k} \sum_{j=1}^{n_i} (\boldsymbol{y}_{ij} - \hat{\boldsymbol{\mu}}_i)(\boldsymbol{y}_{ij} - \hat{\boldsymbol{\mu}}_i)'.$$

Mit Wahrscheinlichkeit 1 hat $\boldsymbol{S}$ vollen Rang. Es seien positive Zahlen l_{ij} und Zahlen c_{ij}, $i, j = 1, \ldots, k$, gegeben, dann definieren wir

$$\begin{aligned}\mathscr{W}_1 = \{\boldsymbol{x} : {} & l_{11}(\boldsymbol{x} - \hat{\boldsymbol{\mu}}_1)' \boldsymbol{S}^{-1}(\boldsymbol{x} - \hat{\boldsymbol{\mu}}_1) + c_{11} \\ & \leqq l_{1i}(\boldsymbol{x} - \hat{\boldsymbol{\mu}}_i)' \boldsymbol{S}^{-1}(\boldsymbol{x} - \hat{\boldsymbol{\mu}}_i) + c_{1i} \text{ für alle } i\}\end{aligned}$$

und für $2 \leqq r \leqq k$

$$\begin{aligned}\mathscr{W}_r = \{\boldsymbol{x} : {} & l_{rr}(\boldsymbol{x} - \hat{\boldsymbol{\mu}}_r)' \boldsymbol{S}^{-1}(\boldsymbol{x} - \hat{\boldsymbol{\mu}}_r) + c_{rr} \\ & \leqq l_{ri}(\boldsymbol{x} - \hat{\boldsymbol{\mu}}_i)' \boldsymbol{S}^{-1}(\boldsymbol{x} - \hat{\boldsymbol{\mu}}_i) + c_{ri} \text{ für alle } i\} \setminus (\mathscr{W}_1 \cup \ldots \cup \mathscr{W}_{r-1}), \\ \mathscr{W}_0 = {} & \mathbb{R}^p \setminus (\mathscr{W}_1 \cup \ldots \cup \mathscr{W}_k).\end{aligned} \tag{63}$$

Jedes $\boldsymbol{g} = (g_0, \ldots, g_k)'$ mit $g_i(\boldsymbol{x}) = I_{\mathscr{W}_i}(\boldsymbol{x})$ ist ein Diskriminanzverfahren. Nun sei

$$\mathscr{G} = \{\boldsymbol{g} : g_i(\boldsymbol{x}) = I_{\mathscr{W}_i}(\boldsymbol{x}),\ i = 0, \ldots, k;\ l_{ij} > 0,\ c_{ij} \in \mathbb{R}^1,\ i, j = 1, \ldots, k\}. \tag{64}$$

In dieser Klasse $\mathscr{G}$ sind wichtige bekannte Verfahren enthalten. So erhalten wir für $c_{ji} = -\ln q_i$, $l_{ij} = 0.5$, $i, j = 1, \ldots, k$, das in Beispiel 3.1.9 konstruierte Verfahren, das die geschätzten linearen Diskriminanzfunktionen benutzt. Weiter erhalten wir für $l_{ji} = n_i/(n_i + 1)$, $c_{ij} = 0$, $i, j = 1, \ldots, k$, als $\boldsymbol{g}$ die Maximum-Likelihood-Regel aus Beispiel 3.1.6. Wir wollen zeigen, daß jedes $\boldsymbol{g} \in \mathscr{G}$ eine asymptotisch sichere Entscheidung bez.

$$\varrho(\mathsf{P}_t, \mathsf{P}_l) = (\boldsymbol{\mu}_t - \boldsymbol{\mu}_l)' \boldsymbol{\Sigma}^{-1}(\boldsymbol{\mu}_t - \boldsymbol{\mu}_l)$$

liefert. Es sei $\boldsymbol{y}_0 \sim N(\boldsymbol{\mu}_i, \boldsymbol{\Sigma})$, und wir untersuchen das Verhalten von $g_t(\boldsymbol{y}_0)$. Wir stützen uns darauf (siehe A.2.10), daß

$$T_j = \frac{(n-1-p)\, n_j}{p(n_j + 1)(n-2)} (\boldsymbol{y}_0 - \hat{\boldsymbol{\mu}}_j)' \boldsymbol{S}^{-1}(\boldsymbol{y}_0 - \hat{\boldsymbol{\mu}}_j) \sim F_{g_1, g_2; \psi_{ij}^2} \tag{65}$$

mit $g_1 = p$, $g_2 = n - 1 - p$ Freiheitsgraden und dem Nichtzentralitätsparameter $\psi_{ij}^2 = (\boldsymbol{\mu}_i - \boldsymbol{\mu}_j)' \boldsymbol{\Sigma}^{-1}(\boldsymbol{\mu}_i - \boldsymbol{\mu}_j)$ ist. Damit gilt unter der Voraussetzung

$$\psi_{ij}^2 \to \infty, \qquad i \neq j, \tag{66}$$

daß T_j für alle $j \neq i$, in Wahrscheinlichkeit gegen ∞ wächst, hingegen T_i eine zentrale F-Verteilung besitzt, die unabhängig von $\boldsymbol{\mu}_j$, $\boldsymbol{\Sigma}$, $j = 1, \ldots, k$, ist. Daraus erhalten wir direkt, daß (58) bis (60) für genügend große ψ_{ij}^2 erfüllt werden.

Diese Aussage zeigt, daß die unter Normalverteilung gebräuchlichen Diskriminations- und Klassifikationsregeln asymptotisch sicher sind. Hierzu zählen auch Verfahren, die von GEISSER (1966) mit Bayesschen Methoden zur prediktiven Diskrimination hergeleitet wurden. Auf analoge Weise ist es möglich, für andere Verteilungsklassen die asymptotisch sichere Entscheidung für interessierende Verfahren zu beweisen (vgl. SCHMIDTKE (1981)).

3.2.2. Klassifikationsverfahren mit monotoner Güte

Untersuchungen der Güte von Klassifikationsverfahren findet man in DASGUPTA (1965), dessen Ergebnisse SCHMIDTKE (1981) auf Verfahren mit Unentscheidbarkeitsbereichen erweiterte. Da der Nachweis einer monotonen Güte für allgemeine Fälle fast unmöglich erscheint, beschränken wir uns auf den Fall zweier Klassen, also $k = 2$. Mit Δ bezeichnen wir den Mahalanobisabstand der beiden Klassen,

$$\Delta^2 = (\boldsymbol{\mu}_1 - \boldsymbol{\mu}_2)' \boldsymbol{\Sigma}^{-1} (\boldsymbol{\mu}_1 - \boldsymbol{\mu}_2).$$

Es sei (vgl. (64))

$$\tilde{\mathscr{G}} = \left\{ \boldsymbol{g} : \boldsymbol{g} \in \mathscr{G},\, c_{21} \leqq c_{22},\, c_{12} \leqq c_{11},\, l_{i2} \geqq \frac{n_2{}^2}{(n_2+1)^2}\, l_{i1}, \right.$$
$$\left. l_{i1} \geqq \frac{n_1{}^2}{(n_1+1)^2}\, l_{i2},\, i = 1, 2 \right\}.$$

Dann gilt für jedes $\boldsymbol{g} \in \tilde{\mathscr{G}}$

$$r_i(\boldsymbol{g}) \text{ ist monoton wachsend in } \Delta^2, \qquad i = 1, 2, \tag{67}$$

$$f_{j|i}(\boldsymbol{g}) \text{ ist monoton fallend in } \Delta^2, \qquad i, j = 1, 2; \qquad i \neq j. \tag{68}$$

Wir führen den Nachweis für $i = 1$. Es ist

$$\begin{aligned} r_1(\boldsymbol{g}) &= \int g_1(\boldsymbol{x})\, \mathsf{P}_1(\mathrm{d}\boldsymbol{x}) = \mathsf{P}_{\boldsymbol{\mu}_0, \boldsymbol{\mu}_0, \boldsymbol{\mu}_2}(\boldsymbol{y}_0 \in \mathscr{W}_1) \\ &= \mathsf{P}_{\boldsymbol{\mu}_0, \boldsymbol{\mu}_0, \boldsymbol{\mu}_2}\big(l_{11}(\boldsymbol{y}_0 - \hat{\boldsymbol{\mu}}_1)' \boldsymbol{S}^{-1}(\boldsymbol{y}_0 - \hat{\boldsymbol{\mu}}_1) + c_{11} \\ &\leqq l_{12}(\boldsymbol{y}_0 - \hat{\boldsymbol{\mu}}_2)' \boldsymbol{S}^{-1}(\boldsymbol{y}_0 - \hat{\boldsymbol{\mu}}_2) + c_{12}\big). \end{aligned} \tag{69}$$

Wir definieren die Variablen

$$\boldsymbol{z}_1 = \boldsymbol{\Sigma}^{-1/2} \left(\boldsymbol{y}_0 - \frac{1}{n_1 + 1} (\boldsymbol{y}_0 + n_1 \hat{\boldsymbol{\mu}}_1) \right),$$

$$\boldsymbol{z}_2 = \boldsymbol{\Sigma}^{-1/2} \left(\frac{1}{n_1 + 1} (\boldsymbol{y}_0 + n_1 \hat{\boldsymbol{\mu}}_1) - \hat{\boldsymbol{\mu}}_2 \right)$$

$$\boldsymbol{W} = \boldsymbol{\Sigma}^{-1/2} \boldsymbol{S} \boldsymbol{\Sigma}^{-1/2} (n - 2).$$

Hier sind $\boldsymbol{z}_1$, $\boldsymbol{z}_2$, $\boldsymbol{W}$ voneinander stochastisch unabhängig, und es gilt

$$\boldsymbol{z}_1 \sim \mathrm{N}_p\left(0, \frac{n_1}{n_1+1}\boldsymbol{I}\right), \quad \boldsymbol{z}_2 \sim \mathrm{N}_p\left(\boldsymbol{\Sigma}^{-1/2}(\boldsymbol{\mu}_1-\boldsymbol{\mu}_2), \quad \left(\frac{1}{n^2}+\frac{1}{n_1+1}\right)\boldsymbol{I}\right);$$

$\boldsymbol{W} \sim \mathrm{W}_p(\boldsymbol{I}, n-2)$. Außerdem haben wir

$$\boldsymbol{y}_0 - \hat{\boldsymbol{\mu}}_1 = \frac{n_1+1}{n_1}\boldsymbol{\Sigma}^{1/2}\boldsymbol{z}_1,$$

$$\boldsymbol{y}_0 - \hat{\boldsymbol{\mu}}_2 = \boldsymbol{\Sigma}^{1/2}\boldsymbol{z}_1 + \boldsymbol{\Sigma}^{1/2}\boldsymbol{z}_2,$$

so daß

$$\begin{aligned} &l_{11}(\boldsymbol{y}_0-\hat{\boldsymbol{\mu}}_1)'\,\boldsymbol{S}^{-1}(\boldsymbol{y}_0-\hat{\boldsymbol{\mu}}_1) - l_{12}(\boldsymbol{y}_0-\hat{\boldsymbol{\mu}}_2)'\,\boldsymbol{S}^{-1}(\boldsymbol{y}_0-\hat{\boldsymbol{\mu}}_2) \\ &= \frac{l_{11}}{n-2}\left(\frac{n_1+1}{n_1}\right)^2 \boldsymbol{z}_1'\boldsymbol{W}^{-1}\boldsymbol{z}_1 - \frac{l_{12}}{n-2}\left[\boldsymbol{z}_1'\boldsymbol{W}^{-1}\boldsymbol{z}_1 + 2\boldsymbol{z}_1'\boldsymbol{W}^{-1}\boldsymbol{z}_2 + \boldsymbol{z}_2'\boldsymbol{W}^{-1}\boldsymbol{z}_2\right] \\ &= \frac{1}{n-2}\left[l_{11}\left(\frac{n_1+1}{n_1}\right)^2 - l_{12}\right]\boldsymbol{z}_1'\boldsymbol{W}^{-1}\boldsymbol{z}_1 - \frac{2l_{12}}{n-2}\boldsymbol{z}_1'\boldsymbol{W}^{-1}\boldsymbol{z}_2 - \frac{l_{12}}{n-2}\boldsymbol{z}_2'\boldsymbol{W}^{-1}\boldsymbol{z}_2 \end{aligned}$$

gilt. Damit erhalten wir

$$r_1(\boldsymbol{g}) = \mathsf{P}(m\boldsymbol{z}_1'\boldsymbol{W}^{-1}\boldsymbol{z}_1 - 2\boldsymbol{z}_1'\boldsymbol{W}^{-1}\boldsymbol{z}_2 - \boldsymbol{z}_2'\boldsymbol{W}^{-1}\boldsymbol{z}_2 \leqq c),$$

wenn wir

$$m = \frac{l_{11}}{l_{12}}\left(\frac{n_1+1}{n_1}\right)^2 - 1, \qquad c = \frac{(c_{12}-c_{11})\,(n-2)}{l_{12}}$$

setzen. Da $\boldsymbol{g} \in \tilde{\mathcal{G}}$ vorausgesetzt wurde, haben wir $c \leqq 0$, $m \geqq 0$. Nach A. 2.12 ist daher $r_1(\boldsymbol{g})$ monoton wachsend in Δ^2. Analog wird der Beweis für $r_2(\boldsymbol{g})$ geführt. Für den Nachweis von (68) finden wir mit denselben Variablen $\boldsymbol{W}$, $\boldsymbol{z}_1$, $\boldsymbol{z}_2$ folgende Darstellung:

$$\begin{aligned} &l_{22}(\boldsymbol{y}_0-\hat{\boldsymbol{\mu}}_2)'\,\boldsymbol{S}^{-1}(\boldsymbol{y}_0-\hat{\boldsymbol{\mu}}_2) - l_{21}(\boldsymbol{y}_0-\hat{\boldsymbol{\mu}}_1)'\,\boldsymbol{S}^{-1}(\boldsymbol{y}_0-\hat{\boldsymbol{\mu}}_1) \\ &= \frac{l_{22}}{n-2}\left[\boldsymbol{z}_1'\boldsymbol{W}^{-1}\boldsymbol{z}_1 + 2\boldsymbol{z}_1'\boldsymbol{W}^{-1}\boldsymbol{z}_2 + \boldsymbol{z}_2'\boldsymbol{W}^{-1}\boldsymbol{z}_2\right] - \frac{l_{21}}{n-2}\left(\frac{n_1+1}{n_1}\right)^2 \boldsymbol{z}_1'\boldsymbol{W}^{-1}\boldsymbol{z}_1 \\ &= \frac{1}{n-2}\left[l_{22} - l_{21}\left(\frac{n_1+1}{n_1}\right)^2\right]\boldsymbol{z}_1'\boldsymbol{W}^{-1}\boldsymbol{z}_1 + 2\,\frac{l_{22}}{n-2}\boldsymbol{z}_1'\boldsymbol{W}^{-1}\boldsymbol{z}_2 \\ &\quad + \boldsymbol{z}_2'\boldsymbol{W}^{-1}\boldsymbol{z}_2\,\frac{l_{22}}{n-2} \end{aligned}$$

und daher

$$f_{2|1}(\boldsymbol{g}) = \mathsf{P}(\overline{m}\boldsymbol{z}_1'\boldsymbol{W}^{-1}\boldsymbol{z}_1 - 2\boldsymbol{z}_1'\boldsymbol{W}^{-1}\boldsymbol{z}_2 - \boldsymbol{z}'\boldsymbol{W}^{-1}\boldsymbol{z}_2 \geqq \bar{c})$$

mit

$$\overline{m} = \frac{l_{21}}{l_{22}}\left(\frac{n_1+1}{n_1}\right)^2 - 1, \qquad \bar{c} = \frac{(c_{22}-c_{21})\,(n-2)}{l_{22}}.$$

Nach Voraussetzung gilt $\bar{c} \geqq 0$, $\overline{m} \geqq 0$. Damit gilt nach A. 2.13, daß $f_{2\,1}(\boldsymbol{g})$ monoton fallend in Δ^2 ist. Analog wird diese Aussage für $f_{1/2}(\boldsymbol{g})$ gezeigt. Da insbesondere die Maximum-Likelihood-Regel in $\tilde{\mathcal{G}}$ liegt, hat diese gerade die erwähnten Monotonieeigenschaften. Für den Fall gleicher A-priori-Wahrscheinlichkeiten q_i ist auch das in Beispiel 3.1.9 konstruierte Verfahren (geschätzte lineare Diskriminanzfunktionen) in $\tilde{\mathcal{G}}$ enthalten.

3.2.3. Unverfälschtheit von Klassifikationsverfahren

Wir wollen zeigen, daß die α-Klassifikationsverfahren aus $\tilde{\mathcal{G}}$ unverfälscht sind. Sei also $\boldsymbol{g} \in \tilde{\mathcal{G}}$ und $\mathsf{P}_{\boldsymbol{\mu}_i}$ das Maß der Normalverteilung $\mathrm{N}(\boldsymbol{\mu}_i, \boldsymbol{\Sigma})$. Dann folgt aus (67) und (69)

$$r_i(\boldsymbol{g}) \geqq \int g_i(\boldsymbol{x})\, \mathsf{P}_{\mu_j}(\mathrm{d}\boldsymbol{x}) = f_{i|j}(\boldsymbol{g}),$$

da einerseits $r_i(\boldsymbol{g})$ monoton wachsend und andererseits $f_{ij j}(\boldsymbol{g})$ monoton fallend in Δ^2 ist. So sind die Verfahren aus $\tilde{\mathcal{G}}$ unverfälscht. Dies ist für die Interpretation von Ergebnissen wichtig.

3.2.4. Minimax-Eigenschaften von Klassifikationsverfahren

In Abschnitt 3.1.6 wurde betont, daß wir bei Voraussetzung einer parametrischen Verteilungsfamilie infolge der Unkenntnis der eingehenden Parameter häufig interessiert sind, *Minimax-* bzw. *Maximin-Verfahren* zu bestimmen. Für ein Klassifikationsverfahren $\boldsymbol{h} = (h_0, \ldots, h_k)'$ sind $r_i(\boldsymbol{h})$ und $f_{j|i}(\boldsymbol{h})$ definiert, und wenn wir mit $\boldsymbol{\theta} = (\boldsymbol{\theta}_1, \ldots, \boldsymbol{\theta}_k)$ den Vektor der Verteilungsparameter der einzelnen Klassen bezeichnen, so hängen $r_i(\boldsymbol{h})$ und $f_{j|i}(\boldsymbol{h})$ von $\boldsymbol{\theta}$ ab. Die Menge der möglichen $\boldsymbol{\theta}$ sei mit Θ bezeichnet. Dann sind für uns die Werte

$$\min_{\boldsymbol{\theta}\in\Theta} r_i(\boldsymbol{h}), \qquad i = 1, \ldots, k,$$

bzw.

$$\max_{\boldsymbol{\theta}\in\Theta} f_{j|i}(\boldsymbol{h}), \qquad i, j = 1, \ldots, k, \qquad i \neq j,$$

von Interesse, und es sollen solche Klassifikationsverfahren gesucht werden, die den ersten Wert maximieren (Maximin-Lösung) bzw. den zweiten Wert minimieren (Minimax-Lösung). Dieses Problem der Bestimmung der Maximin- oder Minimax-Lösungen, die i. allg. voneinander verschieden sind, wollen wir für den in Abschnitt 3.1.6.2 behandelten Fall betrachten. Für eine Menge $\{\boldsymbol{g}^{(1)}, \ldots, \boldsymbol{g}^{(s)}\}$ von Klassifikationsverfahren sind die Wahrscheinlichkeit bzw. mittlere Wahrscheinlichkeit für eine Korrektklassifikation durch

$$r_l(\boldsymbol{\theta} \mid \boldsymbol{Y}) = \sum_{i=1}^{s} l_i r^{(i)}(\boldsymbol{\theta} \mid \boldsymbol{Y}),$$

bzw.

$$R_l(\boldsymbol{\theta}) = \sum_{i=1}^{s} l_i R^{(i)}(\boldsymbol{\theta})$$

definiert, wobei

$$r^{(i)}(\boldsymbol{\theta} \mid \boldsymbol{Y}) = \sum_{j=1}^{k} \int g_j^{(i)}(\boldsymbol{x} \mid \boldsymbol{Y})\, \mathsf{P}_{\boldsymbol{\theta}_j}(\mathrm{d}\boldsymbol{x})$$

und

$$R^{(i)}(\boldsymbol{\theta}) = \mathsf{E} r^{(i)}(\boldsymbol{\theta} \mid \boldsymbol{Y})$$

gegeben sind. Nutzen wir die Bezeichnungen

$$\boldsymbol{r}(\boldsymbol{\theta} \mid \boldsymbol{Y}) = \left(r^{(1)}(\boldsymbol{\theta} \mid \boldsymbol{Y}), \ldots, r^{(s)}(\boldsymbol{\theta} \mid \boldsymbol{Y})\right)',$$

$$\boldsymbol{R}(\boldsymbol{\theta}) = \mathsf{E}\boldsymbol{r}(\boldsymbol{\theta} \mid \boldsymbol{Y}),$$

so haben wir für $\boldsymbol{l} = (l_1, \ldots, l_s)'$ die Darstellungen

$$r_l(\boldsymbol{\theta} \mid \boldsymbol{Y}) = \boldsymbol{l}'\boldsymbol{r}(\boldsymbol{\theta} \mid \boldsymbol{Y}); \qquad R_l(\boldsymbol{\theta}) = \boldsymbol{l}'\boldsymbol{R}(\boldsymbol{\theta}).$$

Maximin-Lösungen sind durch ein $\boldsymbol{l}^* \in \mathcal{L}$ bestimmt, für das

$$\max_{l \in \mathcal{L}} \min_{\boldsymbol{\theta} \in \Theta} r_l(\boldsymbol{\theta} \mid \boldsymbol{Y}) = \min_{\boldsymbol{\theta} \in \Theta} r_{l^*}(\boldsymbol{\theta} \mid \boldsymbol{Y}) \tag{70}$$

bzw.

$$\max_{l \in \mathcal{L}} \min_{\boldsymbol{\theta} \in \Theta} R_l(\boldsymbol{\theta}) = \min_{\boldsymbol{\theta} \in \Theta} R_{l^*}(\boldsymbol{\theta}) \tag{71}$$

gilt. Nun zeigt sich aber, daß oft bei nicht eingeschränktem Θ $\min_{\boldsymbol{\theta} \in \Theta} r_l(\boldsymbol{\theta} \mid \boldsymbol{Y}) = 0$ für alle $\boldsymbol{l} \in \mathcal{L}$ gilt. Daher ist es notwendig, das gestellte Problem zu modifizieren, etwa dadurch, daß wir eine geeignet gewählte wachsende Folge Θ_n von Teilmengen aus Θ betrachten, zunächst nur $\boldsymbol{\theta} \in \Theta_n$ zulassen und dazu die Maximin-Lösung bestimmen. Anschließend untersuchen wir das Verhalten dieser Lösungen für $n \to \infty$. Dadurch kommen wir zu folgender Definition.

Definition. Es sei $\Theta_n \subset \Theta$, $n = 1, 2, \ldots$, wobei Θ_n von $\boldsymbol{Y}$ abhängen kann. $\tilde{\boldsymbol{l}} \in \mathcal{L}$ heißt *Maximin-Lösung* in $\mathcal{L}$ bez. $\{\Theta_n\}$ und $\boldsymbol{l}'\boldsymbol{r}(\boldsymbol{\theta} \mid \boldsymbol{Y})$, wenn es die beiden folgenden Bedingungen erfüllt:

(1) Es existieren ein $\varrho > 0$ und eine Folge $\{\alpha_n\}$, $\alpha_n \geqq 0$, $n = 1, 2, \ldots$, die möglicherweise von $\boldsymbol{Y}$ abhängen darf, derart, daß für ein $\bar{\boldsymbol{l}} \in \mathcal{L}$

$$\frac{1}{\alpha_n} \inf_{\boldsymbol{\theta} \in \Theta_n} \bar{\boldsymbol{l}}'\boldsymbol{r}(\boldsymbol{\theta} \mid \boldsymbol{Y}) > \varrho > 0 \quad \text{für alle } n$$

gilt.

(2) Für die Folge $\{\alpha_n\}$ gilt bei $n \to \infty$:

$$\frac{1}{\alpha_n}\left[\max_{l \in L} \inf_{\boldsymbol{\theta} \in \Theta_n} \boldsymbol{l}'\boldsymbol{r}(\boldsymbol{\theta} \mid \boldsymbol{Y}) - \inf_{\boldsymbol{\theta} \in \Theta_n} \tilde{\boldsymbol{l}}'\boldsymbol{r}(\boldsymbol{\theta} \mid \boldsymbol{Y})\right] \to 0.$$

Natürlich hängt $\tilde{\boldsymbol{l}}$ von $\{\Theta_n\}$ und $\{\alpha_n\}$ ab. Eine mögliche Wahl für Θ_n ist

$$\Theta_n = \{\boldsymbol{\theta} : \boldsymbol{\theta} \in \Theta, |\boldsymbol{\theta}| \leqq n\} \tag{72}$$

für eine geeignete Norm in Θ. Um Bedingungen angeben zu können, unter denen Verfahren die Maximin-Eigenschaft haben, benötigen wir einige zusätzliche Bezeichnungen. Es sei

$$\mathcal{B}_n = \{\boldsymbol{r} : \boldsymbol{r} = \boldsymbol{r}(\boldsymbol{\theta} \mid \boldsymbol{Y}), \boldsymbol{\theta} \in \Theta_n\}. \tag{73}$$

Weiter sei $j_1, \ldots, j_s$ irgendeine Permutation von $1, \ldots, s$. Dann bezeichnen wir das Bild von $\boldsymbol{a} = (a_1, \ldots, a_s)' \in \mathbb{R}^s$ zu dieser Permutation durch $\pi\boldsymbol{a} = (a_{j_1}, \ldots, a_{j_s})'$. Ist $\bar{\mathcal{B}}_n$ der topologische Abschluß von $\mathcal{B}_n$, so definieren wir $\alpha_n > 0$, sofern es existiert, durch die Bedingungen:

$$\left(\frac{\alpha}{\sqrt{s}}\mathbf{1} + \mathcal{A}\right) \cap \bar{\mathcal{B}}_n = \emptyset \quad \text{für} \quad 0 < \alpha < \alpha_n, \tag{74}$$

$$\left(\frac{\alpha_n}{\sqrt{s}}\mathbf{1} + \mathcal{A}\right) \cap \bar{\mathcal{B}}_n \neq \emptyset, \tag{75}$$

für $\mathcal{A} = \{\boldsymbol{a} : \boldsymbol{a} \in \mathbb{R}^s, \boldsymbol{a}'\mathbf{1} = 0\}$, $\mathbf{1} = (1, \ldots, 1)' \in \mathbb{R}^s$. Damit ist α_n kleiner oder gleich dem euklidischen Abstand zwischen $\mathcal{B}_n$ und dem Ursprung. Wir bezeichnen mit $d(\boldsymbol{a}, \mathcal{B}_n)$ den euklidischen Abstand zwischen $\boldsymbol{a}$ und $\mathcal{B}_n$. Dann heißt $\{\mathcal{B}_n\}$ *fast symmetrisch* bez. $\mathbf{1}$, wenn eine positive Null-Folge $\{\varepsilon_n\}$ derart existiert, daß für jedes $\boldsymbol{a} \in \mathcal{B}_n$ und jede Permutation π die Ungleichung

$$d(\pi\boldsymbol{a}, \mathcal{B}_n) \leqq \varepsilon_n\alpha_n$$

gilt. Man kann leicht Beispiele für fast symmetrische bzw. nichtsymmetrische Folgen $\{\mathcal{B}_n\}$ angeben. Gilt z. B. $\theta_i \in \mathbb{R}^1$ und sind $\theta_1 \leqq \theta_2 \leqq \ldots \leqq \theta_k$ zugelassene Parameter, so ist $\{\mathcal{B}_n\}$ i. allg. nicht fast symmetrisch. Ist hingegen $\boldsymbol{\theta}_i \in \mathbb{R}^{r_i}$, $\Theta = \mathbb{R}^{r_1} \times \ldots \times \mathbb{R}^{r_k}$ und

$$\Theta_n = \{\boldsymbol{\theta} : \boldsymbol{\theta} \in \Theta, |\boldsymbol{\theta}| \leqq n\},$$

wobei $|\boldsymbol{\theta}|$ die euklidische Norm in Θ bezeichnet, so ist $\{\mathcal{B}_n\}$ fast symmetrisch bez. $\mathbf{1}$. Dann wurde von LÄUTER/THIELE (1985) folgendes Resultat bewiesen:

Satz 3.2.1. *Es seien $\mathcal{B}_n$, α_n definiert wie in* (73), (74), (75). *Wenn $\{\mathcal{B}_n\}$ fast symmetrisch bez.* $\mathbf{1}$ *ist, so ist $\frac{1}{s}\mathbf{1}$ eine Maximin-Lösung in $\mathcal{L}$* bez. $\{\Theta_n\}$ *und $\boldsymbol{l}'\boldsymbol{r}(\boldsymbol{\theta} \mid \boldsymbol{Y})$.*

Im Beweis zeigt man zunächst, daß aus der Symmetrie der $\mathcal{B}_n$ bez. $\mathbf{1}$ folgt, daß $\frac{1}{s}\mathbf{1}$ eine Maximin-Lösung ist. Da $\mathcal{B}_n$ fast symmetrisch bez. $\mathbf{1}$ ist, ist erwartungsgemäß die Argumentation bei Symmetrie für große n auf diesen Fall übertragbar.

Die Bedingung der Fast-Symmetrie bedeutet anschaulich, daß die einbezogenen Klassifikationsverfahren faktisch gleichwertig sind. Daher ist zu erwarten, daß eine Gleichbewichtung der gegebenen Verfahren zu einer Maximin-Lösung führt. So gibt uns dieser Satz eine gewisse Rechtfertigung dafür, daß wir im Abschnitt 3.1.6.2. besonders auf diese konvexe Kombination hingewiesen haben. Ist man an einer Maximin-Lösung bez. $\{\Theta_n\}$ und $\boldsymbol{l}'\boldsymbol{R}(\boldsymbol{\theta})$ interessiert, so gibt der folgende Satz eine Auskunft über deren Struktur.

Satz 3.2.2. *Es sei Θ_n wie in Satz 3.2.1, jedoch unabhängig von $\boldsymbol{Y}$. Es sei $\mathcal{R} = \{\boldsymbol{R}(\boldsymbol{\theta}) : \boldsymbol{\theta} \in \Theta\}$ und sei $d(0, \mathcal{R}) = \alpha$,*

$$\Theta_0 = \left\{\boldsymbol{\theta}_0 : \inf_{\boldsymbol{\theta}\in\Theta} \mathbf{1}'\boldsymbol{R}(\boldsymbol{\theta}) = \mathbf{1}'\boldsymbol{R}(\boldsymbol{\theta}_0)\right\}.$$

Wenn $M\left(\frac{1}{s}\mathbf{1}\right) = \alpha$. so ist $\frac{1}{s}\mathbf{1}$ eine Maximin-Lösung bez. $\{\Theta_n\}$ und $\boldsymbol{l}'\boldsymbol{R}(\boldsymbol{\theta})$.

Beispiel 3.2.2. In Beispiel 3.1.18 betrachteten wir zwei eindimensionale Normalverteilungen, und es wurde gezeigt, daß $R^{(i)}(\theta_1, \theta_2) = 0.5$ genau dann gilt, wenn $\theta_1 = \theta_2$ ist. Da $R^{(i)}(\theta_1, \theta_2) \geqq 0.5$ stets erfüllt ist, erhalten wir mit den Bezeichnungen aus Satz 3.2.2

$$\Theta_0 = \{(\theta, \theta) : \theta \in \mathbb{R}^1\} \quad \text{und} \quad d(0, \mathcal{R}) = \frac{1}{2}.$$

Da $M\left(\frac{1}{2}\mathbf{1}\right) = 1/2$ gilt, ist folglich

$$h^*(x) = \frac{1}{2}\left(g^{(1)}(x) + g^{(2)}(x)\right)$$

eine Maximin-Lösung, wenn wir $\boldsymbol{l}'\boldsymbol{R}(\theta)$ als Risiko zugrunde legen.

Bisher hatten wir das Ziel, den minimalen Gewinn zu maximieren. Eng damit verbunden ist die Suche nach einem Verfahren, das den maximalen Verlust minimiert (vgl. Chernoff/Moses (1959), Sawa/Hiromatsu (1973), Humak (1977), Läuter/Thiele (1985)).

Es sei

$$R_{\max}(\boldsymbol{\theta}) = \max_{1\leqq i\leqq s} R^{(i)}(\boldsymbol{\theta})$$

die höchste Rate, die wir durch eine Kombination der Klassifikationsverfahren $\boldsymbol{g}^{(1)}, \ldots, \boldsymbol{g}^{(s)}$ erreichen können. Dieses $R_{\max}(\boldsymbol{\theta})$ wird i. allg. bei einer Linearkombination der $\boldsymbol{g}^{(i)}$ nicht erreicht, zumindest, wenn die Koeffizienten unabhängig von $\boldsymbol{\theta}$ gewählt werden. Wenn wir sie abhängig von $\boldsymbol{\theta}$ wählen, so bedeutet das, daß sie von den unbekannten Parametern abhängen und somit selbst unbekannt sind. Offenbar haben wir für beliebiges $\boldsymbol{l} \in \mathcal{L}$

$$R_{\boldsymbol{l}}(\boldsymbol{\theta}) \leqq R_{\max}(\boldsymbol{\theta}).$$

Wir betrachten den Verlust

$$D_{\boldsymbol{l}}(\boldsymbol{\theta}) = R_{\max}(\boldsymbol{\theta}) - R_{\boldsymbol{l}}(\boldsymbol{\theta}),$$

auch *Regretfunktion* genannt. Dieses $D_{\boldsymbol{l}}(\boldsymbol{\theta})$ soll über $\mathcal{L}$ minimiert werden, so daß wir $\tilde{\boldsymbol{l}} \in \mathcal{L}$ eine *Minimax-Regret-Lösung* (siehe Abschnitt 1.6.3) nennen, falls

$$\sup_{\boldsymbol{\theta}\in\Theta} D_{\tilde{\boldsymbol{l}}}(\boldsymbol{\theta}) = \min_{\boldsymbol{l}\in\mathcal{L}} \sup_{\boldsymbol{\theta}\in\Theta} D_{\boldsymbol{l}}(\boldsymbol{\theta}) \tag{76}$$

gilt. Mit den Mengen Θ_{ij} aus (51) definieren wir

$$\Theta_i = \bigcap_{\substack{j=1\\ j\neq i}}^{s} \Theta_{ij},$$

und wir erhalten

$$D_l(\boldsymbol{\theta}) = \sum_{k=1}^{s} l_k\big(R^{(i)}(\boldsymbol{\theta}) - R^{(k)}(\boldsymbol{\theta})\big), \qquad \boldsymbol{\theta} \in \Theta_i, \tag{77}$$

und daher

$$\sup_{\boldsymbol{\theta}\in\Theta} D_l(\boldsymbol{\theta}) = \max_i \sup_{\boldsymbol{\theta}\in\Theta_i} D_l(\boldsymbol{\theta}) = \max_i \sup_{\boldsymbol{\theta}\in\Theta_i} \sum_{k=1}^{s} l_k\big(R^{(i)}(\boldsymbol{\theta}) - R^{(k)}(\boldsymbol{\theta})\big).$$

Um das Minimaxproblem zu lösen, haben wir ein $\tilde{\boldsymbol{l}} \in \mathscr{L}$ zu bestimmen, das diese letzte Gleichung minimiert. Jedoch sehen wir, daß $\sup_{\boldsymbol{\theta}\in\Theta} D_l(\boldsymbol{\theta})$ kompliziert von $\boldsymbol{l}$ abhängt. Im allgemeinen hat man für spezielle Probleme eine Lösung numerisch zu bestimmen. Einige Beispiele sollen das demonstrieren.

Beispiel 3.2.3. Es gelten die Voraussetzungen des Beispiels 3.1.16. Wir erhalten als Minimax-Regret-Lösung bei verschiedenen σ_2-Werten die in Tabelle 3.2.1 angegebenen $\tilde{l}_1$.

Tabelle 3.2.1. Werte der Minimax-Lösung aus Beispiel 3.2.3

σ_2	1.005	1.1	1.5	3.0	7.0	10.0	50.0	10000
$\tilde{l}_1$	0.499	0.483	0.42	0.277	0.143	0.104	0.023	0.0001

Allgemein erhalten wir als Minimax-Regret-Lösung den Wert

$$\tilde{l}_1 = \frac{\Phi\left(\dfrac{c_2 - c_1}{2\sigma_2}\right) - \dfrac{1}{2}}{\Phi\left(\dfrac{c_2 - c_1}{2\sigma_1}\right) + \Phi\left(\dfrac{c_2 - c_1}{2\sigma_2}\right) - 1}, \qquad \tilde{l}_2 = 1 - \tilde{l}_1.$$

Dies folgt unmittelbar aus den Darstellungen für $R^{(i)}(\theta)$ aus Beispiel 3.1.16. Insbesondere gilt beim symmetrischen Fall $\sigma_1 = \sigma_2$ für die Minimax-Lösung $\tilde{l}_1 = \tilde{l}_2 = 0.5$. Betrachten wir nun $s = 3$ und wählen drei einfache Klassifikationsverfahren, die wie in Beispiel 3.1.16 durch die Konstanten c_1, $c_2 = c_1 + k$, $c_3 = c_2 + k$, $k > 0$, definiert sind. Weiter sei $\sigma_1 = \sigma_2 = 1$. Dann erhalten wir aus Symmetriegründen $\tilde{l}_1 = \tilde{l}_3 = \dfrac{1 - \tilde{l}_2}{2}$. Definieren wir

$$W = \frac{1}{k} \ln\left(1 + \sqrt{1 - e^{-k^2}}\right),$$

$$t(z) = \frac{1}{k} \ln\left(\frac{1 + z}{\sqrt{z^2 + e^{-k^2}(1 - z^2)} + z}\right),$$

und sei z eine Wurzel der Gleichung

$$z\left[\Phi\left(t(z) + \frac{k}{2}\right) - \Phi\left(t(z) - \frac{k}{2}\right)\right] + \frac{1 - z}{2}\left[\Phi\left(t(z) + \frac{k}{2}\right) - \Phi\left(t(z) - \frac{3k}{2}\right)\right]$$

$$= (1 - z)\left[2\Phi\left(W + \frac{k}{2}\right) - \Phi\left(W - \frac{k}{2}\right) - \Phi\left(W + \frac{3k}{2}\right)\right].$$

Dann gilt $\tilde{l}_2 = \max(0, z)$. So errechnet man $\tilde{l}_2 = 0$, $l_1 = l_3 = 0.5$ für $k \leqq 1.66732$. Für $k \to \infty$ erhalten wir $\tilde{l}_2 \to 1/3$. Weitere Werte finden wir in Tabelle 3.2.2.

Tabelle 3.2.2. Werte der Minimax-Lösung aus Beispiel 3.2.3 für unterschiedliche k

k	$\leqq 1.66$	2.0	2.5	3.0	3.5	4.0	5.0	6.0
$\tilde{l}_2$	0	0.14	0.236	0.281	0.305	0.3181	0.329	0.333

Beispiel 3.2.4. Unter den Voraussetzungen des Beispiels 3.1.17 erhalten wir als Minimax-Regret-Lösung die in der Tabelle 3.2.3 gegebenen Werte.

Tabelle 3.2.3. Werte der Minimax-Lösung für $a_1 = 0$, $b_1 = 4$, $a_2 = 1$

b_2	4	4.6	4.8	5.0	5.4	5.8	6.2
$\tilde{l}_1$	0.66	0.535	0.515	0.5	0.481	0.471	0.467

Tabelle 3.2.4. Werte der Minimax-Lösung für $a_1 = 0$, $b_1 = 6$, $a_2 = 2$

b_2	5.0	7.0	7.5	8.0	12.0	15.0
$\tilde{l}_1$	0.63	0.533	0.511	0.5	0.53	0.546

Damit haben wir zu entsprechenden Werten, wenn wir die Beispiele 3.2.4 und 3.1.17 betrachten, die Minimax- und Maximin-Lösungen bestimmt. Um die Güte der Minimax- und Maximin-Lösungen weiter zu untersuchen, ist ein Vergleich der Werte $R_{\hat{l}}$, $R_{\tilde{l}}$ von Interesse. Wir wählen $a_1 = 0$, $a_2 = 1$, $b_1 = b_2 = 4$. Dann gilt $\hat{\boldsymbol{l}} = (0, 1)'$, $\tilde{\boldsymbol{l}} = (0.66, 0.34)'$; und wir erhalten

$$\inf_{\boldsymbol{\theta} \in \Theta} R_{\hat{\boldsymbol{l}}}(\boldsymbol{\theta}) = 0.2266, \qquad \sup_{\boldsymbol{\theta} \in \Theta} R_{\hat{\boldsymbol{l}}}(\boldsymbol{\theta}) = 0.9332,$$

$$\max_{\boldsymbol{\theta} \in \Theta} |R_{\hat{\boldsymbol{l}}}(\boldsymbol{\theta}) - R^{(1)}(\boldsymbol{\theta})| = 0.1919,$$

$$\inf_{\boldsymbol{\theta} \in \Theta} R_{\tilde{\boldsymbol{l}}}(\boldsymbol{\theta}) = 0.1834, \qquad \sup_{\boldsymbol{\theta} \in \Theta} R_{\tilde{\boldsymbol{l}}}(\boldsymbol{\theta}) = 0.958,$$

$$\max_{\boldsymbol{\theta} \in \Theta} |R_{\tilde{\boldsymbol{l}}}(\boldsymbol{\theta}) - R^{(1)}(\boldsymbol{\theta})| = \max_{\boldsymbol{\theta} \in \Theta} |R_{\tilde{\boldsymbol{l}}}(\boldsymbol{\theta}) - R^{(2)}(\boldsymbol{\theta})| = 0.0651.$$

Hier sehen wir, daß die maximale Differenz zu $R^{(1)}$ und $R^{(2)}$ für die Minimax-Lösung viel kleiner ist als für die Maximin-Lösung.

Beispiel 3.2.5. Wir betrachten das Klassifikationsproblem des Beispiels 3.1.18 und nehmen zusätzlich an, daß $\Theta = \{(\theta_1, \theta_2): -\infty < \theta_1 \leqq \theta_2 < \infty\}$ gilt. Es sei $s = 2$, und $\boldsymbol{g}^{(1)}$ sei definiert durch eine Konstante c_1 wie im Beispiel 3.1.16. Weiter sei $\boldsymbol{g}^{(2)}$ definiert wie in Beispiel 3.1.18, und es gelte $n_1 = n_2 = n$.

Aus den Ableitungen in den Beispielen 3.1.16 und 3.1.18 erhalten wir

$$R^{(1)}(\boldsymbol{\theta}) = \frac{1}{2} (\Phi(c - \theta_1) + \Phi(\theta_2 - c)),$$

$$R^{(2)}(\boldsymbol{\theta}) = 1 - \Phi\left(\Delta \sqrt{\frac{n}{2}}\right) - \Phi\left(\Delta \sqrt{\frac{n}{4n + 2}}\right) + 2\Phi\left(\Delta \sqrt{\frac{n}{2}}\right) \Phi\left(\Delta \sqrt{\frac{n}{4n + 2}}\right)$$

mit $\Delta = |\theta_2 - \theta_1|$. Damit ist $R^{(2)}(\boldsymbol{\theta})$ eine Funktion $R(\Delta)$ von Δ. Wir setzen $F(\Delta) = \Phi\left(\frac{\Delta}{2}\right) - R(\Delta)$ und bestimmen ein Δ^* mit

$$F(\Delta^*) = \max_{0 \leqq \Delta < \infty} F(\Delta).$$

Dann ergibt sich

$$\tilde{l}_2 = \frac{1}{1 + 2\left(\Phi\left(\frac{\Delta^*}{2}\right) - R(\Delta^*)\right)}, \qquad \tilde{l}_1 = 1 - \tilde{l}_2.$$

Für einige Stichprobengrößen sind diese Werte in Tabelle 3.2.5 angegeben.

Tabelle 3.2.5. Werte der Minimax-Lösung für verschiedene Stichprobengrößen

n	1	3	5	7	10	20	50	100
$\bar{l}_2$	0.8164	0.8935	0.9175	0.93	0.9415	0.9584	0.9735	0.981

Bemerkenswert ist hieran, daß in jedem Fall die Maximum-Likelihood-Regel $\boldsymbol{g}^{(2)}$ ein bedeutend größeres Gewicht erhält als die Regel $\boldsymbol{g}^{(1)}$. Die Erklärung dafür liegt in dem Fakt begründet, daß $\boldsymbol{g}^{(2)}$ die Stichprobeninformation über θ_1, θ_2 verarbeitet. Weiter bemerken wir, daß dann erwartungsgemäß $\bar{l}_2$ wächst, sobald nur n wächst.

An diesen Beispielen erkennen wir, daß selbst in einfachen Klassifikationsproblemen die Bestimmung der Minimax-Regret-Lösungen größere Schwierigkeiten bereitet.

In diesem Abschnitt haben wir versucht, einige Güteaussagen für Klassifikationsverfahren zu geben. Dabei interessierten uns vorwiegend Resultate für endliche Stichprobenumfänge, so daß wir auf asymptotische Resultate weitestgehend verzichteten. Es existieren in der Literatur verschiedene Ergebnisse für unbegrenzt wachsende Stichproben (Anderson (1973), Bunke (1967), Pfanzagl (1959), E. Läuter/H. Läuter/Schmidtke (1978)). Das betrifft insbesondere Aussagen zur Stabilität und Nachführung von Klassifikationsverfahren.

Mit den Ergebnissen dieses Abschnittes haben wir die Grundlage dafür, die Tabellen 3.2.6 und 3.2.7 zu Eigenschaften einiger Klassifikationsverfahren aufzustellen, die uns helfen sollen, das richtige Verfahren bei konkreten Fällen auszuwählen.

Tabelle 3.2.6. Eigenschaften von Diskriminanzverfahren (DV) bei bekannten Dichten

Verfahren	asymptotisch sicher	Unverfälschtheit
Optimales α-DV (Satz 3.1)	nein	ja
DV mit maximaler KKW (Satz 3.2)	ja	ja
Optimales DV mit Kosten für Fehlklassifikationen (Satz 3.3)	ja	ja
DV mit A-posteriori-Wahrscheinlichkeit	ja	ja
Logische Verknüpfung von DV (Abschnitt 3.1.6.1)	nein	—

Tabelle 3.2.7. Eigenschaften von Diskriminanzverfahren (DV) bei Normalverteilungen mit unbekannten Parametern

Verfahren	asymptotisch sicher	Unverfälschtheit	Monotonie Güte
Optimales α-DV bei $K = 2$, mit Substitution Beispiel 3.1.8	nein	ja	ja
DV mit maximaler KKV, Substitution Beispiel 3.1.9	ja	ja	—
Optimales DV mit Kosten für FK Substitution	ja	ja	—
Maximum-Likelihood-DV	ja	ja	ja
DV mit A-posteriori-Wahrscheinlichkeit	ja	—	—
Logische Verknüpfung, Abschnitt 3.1.6.1.	nein	—	—

3.3. Schätzung der Fehlerquote für Diskriminanzverfahren

Eine wichtige Kenngröße von Diskriminanzverfahren ist die sogenannte Fehlerquote. Dadurch ist es möglich, ein gegebenes Verfahren einzuschätzen und dessen Eignung für die Klassifikation konkreter Beobachtungen zu beurteilen. In zahlreichen Arbeiten wurde die Schätzung dieser Größe unter verschiedenen Blickwinkeln beleuchtet. Da die Fehlerquote ein Funktional ist, das nichtlinear von den Verteilungen in den Klassen abhängt, wurden traditionell vor allem asymptotische Aussagen für deren mathematische Güte entwickelt. Von Interesse ist natürlich auch eine Aussage über die Güte von Fehlerquotenschätzungen bei endlichen Stichprobenumfängen.

In diesem Abschnitt untersuchen wir die ersten beiden Momente von Fehlerquotenschätzungen. In den Arbeiten von LACHENBRUCH (1975), TOUSSAINT (1974), GLICK (1978) findet man eine umfassende Literaturzusammenstellung zu diesem Gebiet. Wesentliche Beiträge wurden insbesondere von SMITH (1947), HILLS (1966), LACHENBRUCH/MICKEY (1968), SEDRANSK/OKAMOTO (1971), SORUM (1971), BROFFIT/WILLIAMS (1973), SCHAAFSMA/VAN VARK (1977), MCLACHLAN (1974), AHRENS/J. LÄUTER (1981) und WERNECKE (1983) geliefert, wobei in diesen Arbeiten Resultate über das erste Moment verschiedener Schätzungen zu finden sind. EFRON (1979) und LÄUTER (1985b) bezogen in die Untersuchungen die zweiten Momente mit ein und erhielten hierbei Aussagen über den mittleren quadratischen Abstand der Schätzungen zum zu schätzenden Parameter. Wir werden einige Schätzungen zusammenstellen und insbesondere hier auch solche untersuchen, die auf Resampling-Methoden basieren. Es wird sich dabei zeigen, daß eine enge Verbindung zwischen Bootstrap-Schätzern und verallgemeinerten U-Statistiken hergestellt werden kann. Dadurch wird es möglich, eine Effizienzaussage zu formulieren.

3.3.1. Schätzungen für die Fehlerquote

In (3) definierten wir die Wahrscheinlichkeit für eine Fehlklassifikation zu einem gegebenen Verfahren. Da das Klassifikationsverfahren $\boldsymbol{g}$ von der Stichprobe abhängt: $\boldsymbol{g}(\boldsymbol{x}) = \boldsymbol{g}(\boldsymbol{x} \mid \boldsymbol{Y})$, hängt auch $f_{j|i}(\boldsymbol{g})$ von $\boldsymbol{Y}$ ab, so daß als gemittelte Wahrscheinlichkeit für eine Fehlklassifikation der Wert

$$f(\mathsf{P} \mid \boldsymbol{Y}) = \sum_{i=1}^{k} q_i \sum_{\substack{j=1 \\ j \neq i}}^{k} f_{j|i}(\boldsymbol{g}) \tag{78}$$

mit

$$f_{j|i}(\boldsymbol{g}) = \int g_j(\boldsymbol{x} \mid \boldsymbol{Y}) \, \mathsf{P}_{\boldsymbol{\theta}_i}(\mathrm{d}\boldsymbol{x}), \qquad \mathsf{P} = (\mathsf{P}_{\boldsymbol{\theta}_1}, \ldots, \mathsf{P}_{\boldsymbol{\theta}_k})'$$

definiert werden kann. Hierbei nehmen wir an, daß uns eine Stichprobe $\boldsymbol{y}_{11}, \ldots, \boldsymbol{y}_{kn_k}$ mit $\boldsymbol{y}_{ij} \sim \mathsf{P}_{\boldsymbol{\theta}_i}$ gegeben ist. Die Stichprobenumfänge sind $n_1, \ldots, n_k$, und es gelte $n = \sum_{i=1}^{k} n_i$. Mit $\boldsymbol{Y}$ bezeichnen wir die $p \times n$ Stichprobenmatrix: $\boldsymbol{Y} = (\boldsymbol{y}_{11}, \ldots, \boldsymbol{y}_{kn_k})$. Der Erwartungswert von $f(\mathsf{P} \mid \boldsymbol{Y})$ hängt nur noch von P ab und dieser Wert heißt *Fehlerquote* des Klassifikationsverfahrens $\boldsymbol{g}$:

$$F(\mathsf{P}) = \mathsf{E} f(\mathsf{P} \mid \boldsymbol{Y}).$$

Dieses Funktional $F(\mathsf{P})$ soll geschätzt werden. Von den in der Literatur bekannten Schätzungen wollen wir wesentliche Typen herausgreifen und diskutieren.

3.3.1.1. Resubstitutionsschätzung

Smith (1947) schlug eine Schätzung für F vor, die auf $f(\mathsf{P} \mid Y)$ basiert. Da nämlich die P_{θ_i} unbekannt sind, ist folglich P unbekannt, und $f(\mathsf{P} \mid Y)$ kann nicht berechnet werden. Nun ist $y_{i1}, \ldots, y_{in_i}$ eine Stichprobe zur Verteilung P_{θ_i}, und wir bezeichnen mit $\hat{P}_i$ die empirische Verteilungsfunktion, berechnet aus dieser Stichprobe $y_{i1}, \ldots, y_{in_i}$. $\hat{P}_i$ enthält nun alle Informationen, die in der Stichprobe enthalten sind und stellt eine Schätzung für P_{θ_i} dar. Benutzen wir die Bezeichnung $\hat{P} = (\hat{P}_1, \ldots, \hat{P}_k)$, so definieren wir die Resubstitutionsschätzung

$$\hat{f} = f(\hat{P} \mid Y). \tag{79}$$

Explizit können wir diese Schätzung in der Form

$$\hat{f} = \sum_{i=1}^{k} \frac{q_i}{n_i} \sum_{\substack{j=1 \\ j \neq i}}^{k} \sum_{l=1}^{n_i} g_j(y_{il} \mid Y) \tag{80}$$

schreiben. Bemerkenswert ist hierbei, daß die Stichprobe zweimal verwendet wird. Wir legen bei festem P die Schätzung $f(\mathsf{P} \mid Y)$ fest und ersetzen dann P durch $\hat{P}$, wobei $\hat{P}$ von Y abhängt. Im Fall nichtrandomisierter Verfahren können wir $\hat{f}$ noch einfacher schreiben. Spiegeln die n_i die wahren Relationen wider, wie sie in den A-priori-Wahrscheinlichkeiten zum Ausdruck kommen, d. h. $n_i = q_i n$, so gilt

$$\hat{f} = m/n, \tag{81}$$

wobei m die Anzahl der durch $g(\cdot \mid Y)$ falsch klassifizierten Beobachtungen ist.

3.3.1.2. Schätzung nach der U-Methode

Lachenbruch und Mickey benutzten zur Bestimmung einer Schätzung eine Resampling-Methode, die wir in Abschnitt 1.7 als Methode I bezeichnet haben. Von den Beobachtungen $y_{11}, \ldots, y_{kn_k}$ entfernen wir y_{ij} und bezeichnen durch $Y_{(i,j)}$ diejenige Matrix, die aus den Beobachtungen $\{y_{rs} : (r, s) \in \mathcal{V} \setminus \{(i, j)\}\}$ gebildet wird. Folglich ist $Y_{(i,j)}$ eine $p \times (n-1)$-Matrix, die aus Y dadurch entsteht, daß die Spalte, in der y_{ij} steht, gestrichen wird. Dann ist die Schätzung nach der U-Methode gegeben durch

$$\bar{f} = \sum_{i=1}^{k} \frac{q_i}{n_i} \sum_{\substack{j=1 \\ j \neq i}}^{k} \sum_{l=1}^{n_i} g_j(y_{il} \mid Y_{(i,l)}). \tag{82}$$

Für den Spezialfall eines nichtrandomisierten Verfahrens g definieren wir die Variable

$$z_{ij} = g_i(y_{ij} \mid Y_{(i,j)}).$$

Dann erhalten wir aus (82)

$$\bar{f} = \frac{1}{n} \sum_{i=1}^{k} \sum_{l=1}^{n_i} z_{il}. \tag{83}$$

Zu dieser Schätzung führt die Idee, daß eine Variable y_{ij} mit einem Verfahren klassifiziert wird, das stochastisch unabhängig von y_{ij} ist. Das ist ein ganz wesentlicher

Gedanke, der für die Verringerung der Verzerrung von großer Bedeutung ist. Jedoch bemerken wir, daß die einzelnen Summanden in (83) stochastisch abhängig sind, was bei der Berechnung der mittleren quadratischen Abweichung wesentlich wird.

Etwas allgemeiner können wir eine Klasse von Schätzungen, die ähnlich wie die eben angegebenen konstruiert werden, betrachten. Wir wählen natürliche Zahlen $\varkappa_1, \ldots, \varkappa_k$ mit $\varkappa_i \leqq n_i$, $1 \leqq i \leqq k$, und erheben Stichproben vom Umfang $\varkappa_i$ ohne Zurücklegen aus der Menge $\{(i, 1), \ldots, (i, n_i)\}$. Es seien dies die Elemente $(i, j_1), \ldots, (i, j_{\varkappa_i})$. Hierzu betrachten wir die Stichprobenmatrix

$$\tilde{\boldsymbol{Y}}^{(i)} = (\boldsymbol{y}_{ij_1}, \ldots, \boldsymbol{y}_{ij_{\varkappa_i}}), \qquad i = 1, \ldots, k.$$

Wir bezeichnen die Gesamtstichprobenmatrix mit

$$\tilde{\boldsymbol{Y}} = (\tilde{\boldsymbol{Y}}^{(1)}, \ldots, \tilde{\boldsymbol{Y}}^{(k)}),$$

die die Ordnung $p \times \varkappa$, $\varkappa = \sum_{i=1}^{k} \varkappa_i$ hat. Dann schätzt

$$\sum_{i=1}^{k} q_i \sum_{\substack{t=1\\t \neq i}}^{k} \frac{1}{n_i - \varkappa_i} \sum_{\substack{j=1\\j \neq j_\nu\\ \nu=1,\ldots,\varkappa_i}}^{n_i} g_t(\boldsymbol{y}_{ij} \mid \tilde{\boldsymbol{Y}})$$

die Fehlerquote. Jedoch können wir diese Schätzung verbessern, indem wir nicht nur einmal, sondern wiederholt diese Methode der Erzeugung von $\tilde{\boldsymbol{Y}}$ anwenden. Das soll kurz beschrieben werden. Es sei $\varkappa \leqq n$ vorgegeben, und wir wählen zu gegebenem r natürliche Zahlen $\varkappa_{si}$, $1 \leqq s \leqq r$, $1 \leqq i \leqq k$, mit $0 < \varkappa_{si} \leqq n_i$, $1 \leqq s \leqq r$,

$$\sum_{i=1}^{k} \varkappa_{si} = \varkappa.$$

Bei festem s erzeugen wir wie oben eine $p \times \varkappa$-Gesamtstichprobenmatrix $\tilde{\boldsymbol{Y}}_s$, und die einbezogenen Variablen erhalten genau die Indizes $(1, j_{s1}), \ldots, (1, j_{s\varkappa_{s1}})$, $(2, j_{s2}), \ldots, (2, j_{s\varkappa_{s2}}), \ldots, (k, j_{s\varkappa_{sk}})$. Wir setzen

$$\varrho(a) = \begin{cases} \dfrac{1}{a} & \text{für } a \neq 0 \\ 0 & \text{sonst} \end{cases}$$

und $s_i = \# \{n_i \neq \varkappa_{si} \colon 1 \leqq s \leqq r\}$, $i = 1, \ldots, k$.

Mit diesen Werten definieren wir die Schätzung

$$\tilde{f} = \sum_{s=1}^{r} \sum_{i=1}^{k} q_i \sum_{\substack{t=1\\t \neq i}}^{k} \frac{1}{s_i} \varrho(n_i - \varkappa_{si}) \sum_{\substack{j=1\\j \neq j_\nu\\ \nu=1,\ldots,\varkappa_{si}}}^{n_i} g_t(\boldsymbol{y}_{ij} \mid \tilde{\boldsymbol{Y}}_s). \tag{84}$$

Dann erkennen wir, daß sich $\bar{f}$ als Spezialfall von $\tilde{f}$ ergibt, und zwar ist hier $r = n$, $\varkappa = n - 1$, $s_i = n_i$, $i = 1, \ldots, k$. Außerdem ist bis auf die Reihenfolge $\tilde{\boldsymbol{Y}}_1 = \boldsymbol{Y}_{(1,1)}$, $\ldots, \tilde{\boldsymbol{Y}}_n = \boldsymbol{Y}_{(k,n_k)}$, und es gilt

$$\sum_{s=1}^{n} \varrho(n_i - \varkappa_{si}) \sum_{\substack{j=1\\j \neq j_\nu\\ \nu=1,\ldots,\varkappa_{si}}}^{n_i} g_t(\boldsymbol{y}_{ij} \mid \tilde{\boldsymbol{Y}}_s) = \sum_{j=1}^{n_i} g_t(\boldsymbol{y}_{ij} \mid \boldsymbol{Y}_{(i,j)}).$$

Diese Schätzung $\tilde{f}$ überdeckt eine ganze Reihe von in der Literatur bisher untersuchten Schätzungen. Insbesondere ist die Schätzung nach der *π-Methode*, wie sie von TOUSSAINT (1969) angegeben wurde, von der Gestalt. Der Rechenaufwand ist vertretbar, und insbesondere geringer als bei der U-Methode, falls r klein genug gewählt wird.

3.3.1.3. Schätzung nach der Bootstrap-Methode

Unser Ziel ist, die Werte $F(\mathbf{P})$ zu schätzen. Wir führten oben die empirische Verteilung $\hat{P}$ zur Stichprobe $\boldsymbol{y}_{ij}$, $j = 1, \ldots, n_i$, $i = 1, \ldots, k$, ein, und es liegt nahe, als Schätzung für $F(\mathbf{P})$

$$f^* = F(\hat{\mathbf{P}}) \tag{85}$$

zu wählen, die wir als *Bootstrap-Schätzung* von $F(\mathbf{P})$ bezeichnen. Dieses $F(\hat{\mathbf{P}})$ wollen wir explizit aufschreiben. Mit (78) folgt

$$f(\mathbf{P} \mid \boldsymbol{Y}) = \sum_{i=1}^{k} q_i \sum_{\substack{j=1\\ j\neq i}}^{k} \int g_j(\boldsymbol{x} \mid \boldsymbol{Y})\, \mathrm{P}_{\boldsymbol{\theta}_i}(\mathrm{d}\boldsymbol{x})$$

und folglich

$$F(\mathbf{P}) = \sum_{i=1}^{k} q_i \sum_{\substack{j=1\\ j\neq i}}^{k} \int \cdots \int g_j(\boldsymbol{x} \mid \boldsymbol{Y})\, \mathrm{P}_{\boldsymbol{\theta}_i}(\mathrm{d}\boldsymbol{x})\, \mathrm{P}_{\boldsymbol{\theta}_1,\ldots,\boldsymbol{\theta}_k}(\mathrm{d}\boldsymbol{Y}).$$

Wegen $\boldsymbol{y}_{ij} \sim \mathrm{P}_{\boldsymbol{\theta}_i}$ erhalten wir

$$\mathrm{P}_{\boldsymbol{\theta}_1,\ldots,\boldsymbol{\theta}_k}(\mathrm{d}\boldsymbol{y}) = \mathrm{P}_{\boldsymbol{\theta}_1}(\mathrm{d}\boldsymbol{y}_{11}) \ldots \mathrm{P}_{\boldsymbol{\theta}_1}(\mathrm{d}\boldsymbol{y}_{1n_1}) \ldots \mathrm{P}_{\boldsymbol{\theta}_k}(\mathrm{d}\boldsymbol{y}_{kn_k}) = \prod_{i=1}^{k} \prod_{j=1}^{n_i} \mathrm{P}_{\boldsymbol{\theta}_i}(\mathrm{d}\boldsymbol{y}_{ij})$$

und daher

$$F(\mathbf{P}) = \sum_{i=1}^{k} q_i \sum_{\substack{j=1\\ j\neq i}}^{k} \int \cdots \int g_j(\boldsymbol{x} \mid \boldsymbol{y}_{11}, \ldots, \boldsymbol{y}_{kn_k})\, \mathrm{P}_{\boldsymbol{\theta}_i}(\mathrm{d}\boldsymbol{x}) \prod_{t=1}^{k} \prod_{l=1}^{n_t} \mathrm{P}_{\boldsymbol{\theta}_t}(\mathrm{d}\boldsymbol{y}_{tl}). \tag{86}$$

Hier ersetzen wir $\mathrm{P}_{\boldsymbol{\theta}_i}$ durch $\hat{P}_i$ und erhalten

$$\begin{aligned} F(\hat{\mathbf{P}}) &= \sum_{i=1}^{k} q_i \sum_{\substack{j=1\\ j\neq i}}^{k} \int \cdots \int g_j(\boldsymbol{x} \mid \boldsymbol{y}_{11}, \ldots, \boldsymbol{y}_{kn_k})\, \hat{P}_i(\mathrm{d}\boldsymbol{x}) \prod_{t=1}^{k} \prod_{l=1}^{n_t} \hat{P}_t(\mathrm{d}\boldsymbol{y}_{tl}) \\ &= \sum_{i=1}^{k} q_i \sum_{\substack{j=1\\ j\neq i}}^{k} \int \left[\int \cdots \int g_j(\boldsymbol{x} \mid \boldsymbol{y}_{11}, \ldots, \boldsymbol{y}_{kn_k}) \prod_{t=1}^{k} \prod_{l=1}^{n_t} \hat{P}_t(\mathrm{d}\boldsymbol{y}_{tl}) \right] \hat{P}_i(\mathrm{d}\boldsymbol{x}) \\ &= \sum_{i=1}^{k} q_i \sum_{\substack{j=1\\ j\neq i}}^{k} h_j^*(\boldsymbol{x})\, \hat{P}_i(\mathrm{d}\boldsymbol{x}), \end{aligned} \tag{87}$$

wobei mit h_j^* der in eckigen Klammern stehende Ausdruck bezeichnet ist. Offenbar ist $\boldsymbol{h}^* = (h_1^*, \ldots, h_k^*)'$ ein Diskriminanzverfahren, da die $\hat{P}_i$ normierte Maße sind. Das Maß $\prod_{t=1}^{k} \prod_{l=1}^{n_t} \hat{P}_t$ hat nur in endlich vielen Punkten einen von 0 verschiedenen Wert.

Das sind gerade alle Stichproben, die aus der Ausgangsstichprobe $\boldsymbol{y}_{11}, \ldots, \boldsymbol{y}_{kn_k}$ nach der in Abschnitt 1.7 beschriebenen Methode gezogen werden können. Insgesamt sind dabei $r = n_1^{n_1} \ldots n_k^{n_k}$ verschiedene Stichproben möglich, die entstehenden Stichprobenmatrizen bezeichnen wir mit $\boldsymbol{Y}_1, \ldots, \boldsymbol{Y}_r$. Dann erhalten wir direkt

$$\boldsymbol{h}^*(\boldsymbol{x}) = \frac{1}{r} \sum_{l=1}^{r} \boldsymbol{g}(\boldsymbol{x} \mid \boldsymbol{Y}_l), \tag{88}$$

und damit hat $\boldsymbol{h}^*$ genau die Struktur, die wir in Abschnitt 3.1.6.2 bei der Kombination von Diskriminanzverfahren beschrieben hatten. Jedes dieser Verfahren wird als gleichberechtigt einbezogen. Im Falle, daß $\boldsymbol{g}(\boldsymbol{x} \mid \boldsymbol{Y}_l)$ für ein l nicht existiert, muß eine gesonderte Regelung vereinbart werden. Dieser Fall tritt z. B. ein, wenn die aus $\boldsymbol{Y}_l$ zu berechnende Kovarianzmatrix der Beobachtungen nicht invertierbar ist, dies aber in der Festlegung des Verfahrens notwendig ist. Dann hat man entweder in $\boldsymbol{h}^*$ nur diejenigen $r' \leqq r$ Verfahren einzubeziehen, für die $\boldsymbol{g}(\boldsymbol{x} \mid \boldsymbol{Y}_l)$ existiert, oder aber man erweitert die Definitionsgleichung der $\boldsymbol{g}$ derart, daß z. B. verallgemeinerte Inverse anstelle der üblichen Inversen einbezogen werden.

Betrachten wir die Struktur von $F(\mathsf{P})$ in (86), so bemerken wir, daß bei Vergleich mit der Resubstitutionsschätzung $\hat{f}$ in (80) diese Schätzung $F(\hat{\mathsf{P}})$ als Resubstitutionsschätzung zu dem gemittelten Verfahren $\boldsymbol{h}^*$ interpretiert werden kann, denn wir haben wegen (87)

$$F(\hat{\mathsf{P}}) = \sum_{i=1}^{k} \frac{q_i}{n_i} \sum_{\substack{j=1 \\ j \neq i}}^{k} h_j^*(\boldsymbol{y}_{il}).$$

Die Variabilität in der Stichprobe wird also bei der Konstruktion der h_j^* berücksichtigt. Daher ist dieses $F(\hat{\mathsf{P}})$ als Kompromiß zwischen der Resubstitutionsschätzung $\hat{f}$ und der Schätzung nach der U-Methode zu interpretieren, denn bei der U-Methode treten nur solche Summanden auf, in denen $\boldsymbol{y}_{il}$ unabhängig von dem Verfahren h_j^* ist. Da diese Summanden aber in $F(\hat{\mathsf{P}})$ ebenfalls einbezogen sind, ist tatsächlich $F(\hat{\mathsf{P}})$ ein Kompromiß zwischen beiden. Nach Konstruktion und Definition der Schätzmethoden für $F(\mathsf{P})$ sieht man, daß alle Methoden zu anwendbaren Schätzungen führen. Offenbar ist $\hat{f}$ die am einfachsten zu realisierende Schätzung, f^* hingegen die aufwendigste. Die Schätzung $\bar{f}$ erfordert im Vergleich zu $\hat{f}$ oder f^* ein mittleres Maß an Berechnungsschritten. Wir wollen hier bemerken, daß die Verwendung der empirischen Verteilung $\hat{\mathsf{P}}$ als Schätzung für P willkürlich ist. Natürlich kann man anstelle $\hat{\mathsf{P}}$ auch andere Schätzungen verwenden, z. B. solche, die Kernapproximationen für die Dichten von P benutzen. Auch dann bleibt die Frage offen, wie gut die einzelnen Schätzungen im konkreten Fall sind.

3.3.1.4. Schätzungen in parametrischen Verteilungen

Schränkt man sich auf spezielle Verteilungsklassen ein, so kann man etwas genauere Aussagen erhalten. Das wollen wir folgendermaßen demonstrieren. Aus (78) folgt für eine parametrische Verteilungsklasse $\mathcal{P} = \{\mathsf{P}_{\boldsymbol{\theta}} : \boldsymbol{\theta} \in \Theta\}$, $\mathsf{P}_{\boldsymbol{\theta}_i} \in \mathcal{P}$ mit Dichten $p(\boldsymbol{x} \mid \boldsymbol{\theta}_i)$

$$f(\mathsf{P} \mid \boldsymbol{Y}) = \sum_{i=1}^{k} q_i \sum_{\substack{j=1 \\ j \neq i}}^{k} \int g_j(\boldsymbol{x} \mid \boldsymbol{Y})\, p(\boldsymbol{x} \mid \boldsymbol{\theta}_i)\, \mathrm{d}\boldsymbol{x}. \tag{89}$$

Die Stichprobeninformationen nutzen wir in der Weise, daß die $\boldsymbol{\theta}_1, \ldots, \boldsymbol{\theta}_k$ in geeigneter Weise aufgrund von $\boldsymbol{Y}$ geschätzt werden, und diese Schätzungen bezeichnen wir mit $\hat{\boldsymbol{\theta}}_1, \ldots, \hat{\boldsymbol{\theta}}_k$. Folglich entsteht eine Schätzung für $f(\mathbf{P} \mid \boldsymbol{Y})$, wenn wir $\hat{\boldsymbol{\theta}}_i$ in (89) für $\boldsymbol{\theta}_i$ einsetzen:

$$\hat{f}_0 = \sum_{i=1}^{k} q_i \sum_{\substack{j=1 \\ j \neq i}}^{k} \int g_j(\boldsymbol{x} \mid \boldsymbol{Y})\, p(\boldsymbol{x} \mid \hat{\boldsymbol{\theta}}_i)\, \mathrm{d}\boldsymbol{x}. \tag{90}$$

Ebenso erhalten wir bei Benutzung der Darstellung (86) für $F(\mathbf{P})$ eine Schätzung

$$\hat{F}_0 = \sum_{i=1}^{k} q_i \sum_{\substack{= \\ j \neq i}}^{k} \int \cdots \int g_j(\boldsymbol{x} \mid \boldsymbol{y}_{11}, \ldots, \boldsymbol{y}_{kn_k})\, p(\boldsymbol{x} \mid \hat{\boldsymbol{\theta}}_i)\, \mathrm{d}\boldsymbol{x} \prod_{t=1}^{k} \prod_{l=1}^{n_t} p(\boldsymbol{y}_{tl} \mid \hat{\boldsymbol{\theta}}_t)\, \mathrm{d}\boldsymbol{y}_{tl}. \tag{91}$$

In diesem eingeschränkten parametrischen Fall können wir wiederum die oben eingeführten Resubstitutions-, Lachenbruch-Mikey- oder Bootstrap-Schätzungen definieren. So heißt $\tilde{f}^*$, wenn $\hat{\boldsymbol{\theta}}_1, \ldots, \hat{\boldsymbol{\theta}}_k$ mit allen Beobachtungen $\boldsymbol{Y}$ in uneingeschränkter üblicher Weise konstruiert werden, Resubstitutionsschätzung. Wählen wir aus der Gesamtstichprobe Teilstichproben $\tilde{\boldsymbol{Y}}_{(1)}, \ldots, \tilde{\boldsymbol{Y}}_{(r)}$ aus, schätzen mit den in $\tilde{\boldsymbol{Y}}_{(i)}$ nicht einbezogenen Beobachtungen die Parameter $\boldsymbol{\theta}_1, \ldots, \boldsymbol{\theta}_k$, so entsteht mit analogen Konstruktionsvorschriften wie im nichtparametrischen Verteilungsfall eine Verallgemeinerung der Lachenbruch-Mickey-Schätzung. Erheben wir nach dem Bootstrap-Verfahren Teilstichproben, schätzen die Parameter $\boldsymbol{\theta}_1, \ldots, \boldsymbol{\theta}_k$, und setzen diese Schätzungen für $\boldsymbol{\theta}_1, \ldots, \boldsymbol{\theta}_k$ in (91) ein, so erhalten wir eine Bootstrap-Schätzung.

Beispiel 3.3.1. Wir betrachten zwei univariate Normalverteilungen mit den Dichten $p_i(x) = \frac{1}{\sqrt{2\pi}} \exp\left(-\frac{1}{2}(x - \theta_i)^2\right)$. Gegeben sei ein einfaches Klassifikationsverfahren, das durch eine Konstante c definiert ist.

$$g_1(x) = \begin{cases} 1, & \text{falls } x \leq c, \\ 0 & \text{sonst,} \end{cases} \qquad g_2(x) = 1 - g_1(x).$$

Dann erhalten wir bei $q_1 = q_2 = 0.5$:

$$f(\mathbf{P} \mid \boldsymbol{Y}) = f(\mathbf{P}) = \frac{1}{2} + \frac{1}{2} \int_{-\infty}^{c} [p_2(x) - p_1(x)]\, \mathrm{d}x.$$

Die Wahrscheinlichkeit einer Fehlklassifikation von der ersten in die zweite Klasse ist durch

$$f_{2|1}(\boldsymbol{g}) = \int_{c}^{\infty} p_1(x)\, \mathrm{d}x = 1 - \Phi(c - \theta_1)$$

gegeben. Zur Demonstration der verschiedenen Methoden wählen wir speziell $n_1 = 1$. Dann bieten sich folgende Schätzungen für $f_{2|1}(\boldsymbol{g})$ an:

$$\bar{a} = I_{[c,\infty]}(y_{11}),$$

$$\tilde{a} = 1 - \Phi(c - y_{11}).$$

Da $\boldsymbol{g}$ in unserem Fall unabhängig von der Stichprobe ist, ist $\bar{a}$ eine Resubstitutions- oder auch Bootstrap-Schätzung. Die Schätzung $\tilde{a}$ nutzt die Verteilungsannahme stärker aus. Von Interesse sind hier die Verzerrungen und mittleren quadratischen Abstände:

$$\alpha_1 = \mathsf{E} I_{[c,\infty]}(y_{11}) - f_{2|1}(\boldsymbol{g}), \qquad \alpha_2 = \mathsf{E}(I_{[c,\infty]}(y_{11}) - f_{2|1}(\boldsymbol{g}))^2,$$

$$\beta_1 = 1 - \mathsf{E}\Phi(c - y_{11}) - f_{2|1}(\boldsymbol{g}), \qquad \beta_2 = \mathsf{E}(1 - \Phi(c - y_{11}) - f_{2|1}(\boldsymbol{g}))^2.$$

Es gilt

$$\alpha_1 = 0, \qquad \alpha_2 = \Phi(c - \theta_1)\,[1 - \Phi(c - \theta_1)],$$

$$\beta_1 = \Phi(c - \theta_1) - \mathsf{E}\Phi(c - y_{11}), \qquad \beta_2 = \mathsf{E}(\Phi(c - \theta_1) - \Phi(c - y_{11}))^2.$$

In der Tabelle 3.3.1 sind diese Werte für verschiedene θ_1-Werte angegeben. Dabei wählen wir ohne Beschränkung der Allgemeinheit $c = 0$ und benutzen die Beziehung

$$\mathsf{E}\Phi(y_{11}) = \Phi\left(\frac{\theta_1}{\sqrt{2}}\right).$$

Tabelle 3.3.1. Fehlklassifikationswahrscheinlichkeiten

θ_1	−2.0	−1.5	−1.0	−0.5	0	0.5	1	2
α_2	0.02	0.06	0.13	0.21	0.25	0.21	0.13	0.02
β_1	0.06	0.08	0.08	0.05	0	0.05	0.08	0.06
β_2	0.015	0.03	0.046	0.07	0.083	0.07	0.048	0.017

Bemerkenswert an diesen Werten im Beispiel ist die kleinere mittlere quadratische Abweichung für $\tilde{a}$ im Vergleich zu der für $\bar{a}$. Das ist nicht verwunderlich, da $\bar{a}$ nach Konstruktion nur die Werte 0 oder 1 annimmt. Neben diesen mittleren Werten, die $\bar{a}$ und $\tilde{a}$ charakterisieren, sind natürlich die Werte von $\bar{a}$ und $\tilde{a}$ realisierungsweise von Interesse. Offenbar liefert bei einer Realisierung $\bar{a}$ so gut wie keine Information über $f_{2|1}(\boldsymbol{g})$. Hingegen gibt $\tilde{a}$ einen etwas informativeren Wert über $f_{2|1}(\boldsymbol{g})$. So spricht vom angewandten Problem her etwas mehr für $\tilde{a}$. Will man genauere Aussagen über die Güte der Schätzungen von $F(\mathbf{P})$ erhalten, so muß man neben den Verteilungsklassen ebenso die Struktur der Klassifikationsverfahren festlegen. Das ist in verschiedenen Arbeiten getan worden, zumindest für Normalverteilungen und $k = 2$ (Okamoto (1963) und Dejew (1972)). Dejew untersuchte für $n_1 \to \infty$, $n_2 \to \infty$ unter Normalverteilung den Wert $F(\mathbf{P})$ in Abhängigkeit vom Mahalanobis-Abstand Δ. Wir geben dessen Näherung für die Maximum-Likelihood-Regel und die Substitutionsregel aus Beispiel 3.1.9. Wir bezeichnen

$$\Delta^2 = (\boldsymbol{\theta}_1 - \boldsymbol{\theta}_2)'\,\boldsymbol{\Sigma}^{-1}(\boldsymbol{\theta}_1 - \boldsymbol{\theta}_2), \qquad n = n_1 + n_2,$$

$$\alpha_i^2 = (n_i + 1)/n_i, \qquad i = 1, 2.$$

Nach Beispiel 3.1.6 wird mit der Maximum-Likelihood-Regel eine Beobachtung in die erste Klasse eingeordnet, falls

$$\frac{n_1}{n_1 + 1}\,(\boldsymbol{z} - \hat{\boldsymbol{\theta}}_1)'\,S^{-1}(\boldsymbol{z} - \hat{\boldsymbol{\theta}}_1) \leqq \frac{n_2}{n_2 + 1}\,(\boldsymbol{z} - \hat{\boldsymbol{\theta}}_2)'\,S^{-1}(\boldsymbol{z} - \hat{\boldsymbol{\theta}}_2)$$

gilt. Andernfalls wird $\boldsymbol{z}$ zu K_2 zugeordnet. Dann gilt für $\alpha_i \to 1$ die approximative Darstellung für die Fehlerquote, die wir mit $F_{\mathrm{ML}}(\mathbf{P})$ bezeichnen (vgl. Ahrens/Läuter

(1981)):

$$
\begin{aligned}
F_{\mathrm{ML}}(\mathbf{P}) &= q_1 \mathsf{E} f_{2|1}(\boldsymbol{g}) + q_2 \mathsf{E} f_{1|2}(\boldsymbol{g}) \\
&= q_1 \Phi\left(-\sqrt{\frac{n-p}{n-1}}\sqrt{\frac{\alpha_1}{2\alpha_2(\alpha_1\alpha_2+1)}}\frac{\Delta^2}{\sqrt{\Delta^2+2(p-1)\,\alpha_2(\alpha_1\alpha_2-1)/\alpha_1}}\right) \\
&\quad + q_2 \Phi\left(-\sqrt{\frac{n-p}{n-1}}\sqrt{\frac{\alpha_2}{2\alpha_1(\alpha_1\alpha_2+1)}}\frac{\Delta^2}{\sqrt{\Delta^2+2(p-1)\,\alpha_1(\alpha_1\alpha_2-1)/\alpha_2}}\right) \qquad (92)
\end{aligned}
$$

Dejew erhielt auch für die Substitutionsregel, die wir in Beispiel 3.1.9 angaben, eine asymptotische Darstellung für deren Fehlerquote. Wählen wir speziell $q_1 = q_2 = 0.5$, dann wird $\boldsymbol{z}$ genau dann zu K_1 zugeordnet, wenn

$$(\boldsymbol{z} - \hat{\boldsymbol{\theta}}_1)'\, \boldsymbol{S}^{-1}(\boldsymbol{z} - \hat{\boldsymbol{\theta}}_1) \leqq (\boldsymbol{z} - \hat{\boldsymbol{\theta}}_2)'\, \boldsymbol{S}^{-1}(\boldsymbol{z} - \hat{\boldsymbol{\theta}}_2)$$

gilt. Deren Fehlerquote sei mit $F_{\mathrm{s}}(\mathbf{P})$ bezeichnet, und es gilt dann

$$
\begin{aligned}
F_{\mathrm{s}}(\mathbf{P}) &= \frac{1}{2}\,\Phi\left(-\frac{1}{2}\sqrt{\frac{n-p}{n-1}\,\frac{n}{n+1}}\,\frac{\Delta^2+(p-1)\,(n_1-n_2)/n_1n_2}{\sqrt{\Delta^2+(p-1)n/n_1n_2}}\right) \\
&\quad + \frac{1}{2}\,\Phi\left(-\frac{1}{2}\sqrt{\frac{n-p}{n-1}\,\frac{n}{n+1}}\,\frac{\Delta^2+(p-1)\,(n_2-n_1)/n_1n_2}{\sqrt{\Delta^2+(p-1)\,n/n_1n_2}}\right).
\end{aligned}
$$

Für $n_1 = n_2$ gilt offenbar $F_{\mathrm{ML}}(\mathbf{P}) = F_{\mathrm{s}}(\mathbf{P})$. Für diesen Fall stimmen auch die beiden betrachteten Regeln überein. Eine wesentliche Erkenntnis aus diesen Darstellungen besteht darin, daß bei festem Mahalanobis-Abstand und festem n die Werte $F_{\mathrm{ML}}(\mathbf{P})$ und $F_{\mathrm{s}}(\mathbf{P})$ wachsende Funktionen von der Merkmalszahl p sind (Ahrens/Läuter (1981)). Daher sollte man anstreben, bei Nutzung der betrachteten Regeln möglichst wenige, aber aussagekräftige Merkmale mit einzubeziehen. Diese letzten Aussagen wurden für Normalverteilungen hergeleitet. Es ist von Interesse, die Schätzungen $\hat{f}_0$ oder $\hat{F}_0$ auch für andere Verteilungsklassen zu betrachten. Von diesen beiden Schätzungen sollen die Vor- und Nachteile diskutiert werden. Als wesentlichen Nachteil muß man erst einmal nennen, daß diese Schätzungen verteilungsabhängig sind. Es ist nicht so tragisch, daß man zur Konstruktion eines Klassifikationsverfahrens die Normalverteilung oder eine andere sinnvoll erscheinende Verteilung benutzt. Zur Einschätzung dieses Verfahrens ist es aber, wenn man nicht wirklich an diese Verteilung glauben kann, oftmals günstiger, eine Schätzung zu benutzen, die nicht diese Verteilungsannahme noch einmal als Voraussetzung beinhaltet. So würde man also eine verteilungsunabhängige Schätzmethode als günstiger ansehen. Andererseits müssen wir natürlich sehen, daß meist der Weg beschritten wird, die Güte einer Schätzung unter den Voraussetzungen zu beschreiben, unter denen sie auch konstruiert wurde. In einigen Untersuchungen, die mit nichtadäquaten Modellen zusammenhängen, werden etwas allgemeinere Aussagen hergeleitet. Auch in der nichtparametrischen Theorie, in der Schätzungen wie das arithmetische Mittel oder einige robuste Abarten davon wie Winsorisierte Schätzungen in nichtparametrischen Verteilungsklassen betrachtet werden, findet man die hier beschriebene Situation. Als Argument für die Benutzung der so konstruierten Schätzung $\hat{f}_0$ in (90) oder der Schätzung $\tilde{F}^*$

kann man nennen, daß bei Verteilungen P_{θ_i}, die nahezu normal sind, die Werte $F(\tilde{\boldsymbol{P}})$ oder $f(\tilde{\boldsymbol{P}} \mid \boldsymbol{Y})$ besser sein müßten als $F(\hat{\boldsymbol{P}})$ oder $f(\hat{\boldsymbol{P}} \mid \boldsymbol{Y})$. Durch das Beispiel 3.3.1 wird diese Annahme nahegelegt. Jedoch darf man nicht übersehen, daß die Berechnung der Werte $\hat{f}_0$ oder $\hat{F}_0$ schwieriger ist als die der Schätzungen $f(\hat{\boldsymbol{P}} \mid \boldsymbol{Y})$ oder $F(\hat{\boldsymbol{P}})$, wenn $\hat{\boldsymbol{P}}$ die empirische Verteilung ist.

3.3.2. Eigenschaften der Fehlerquotenschätzungen

Im vorigen Abschnitt listeten wir einige Schätzungen für die Fehlerquote $F(\mathbf{P})$ auf. Sie besitzen statistische Eigenschaften, auf die wir hier eingehen wollen. Dabei interessieren wir uns für die Resubstitutionsschätzung

$$\mathring{f} = \sum_{i=1}^{k} \frac{q_i}{n_i} \sum_{\substack{j=1 \\ j \neq i}}^{k} \sum_{l=1}^{n_i} g_j(\boldsymbol{y}_{il} \mid \boldsymbol{Y}),$$

die Lachenbach-Mickey-Schätzung

$$\bar{f} = \sum_{i=1}^{k} \frac{q_i}{n_i} \sum_{\substack{j=1 \\ = i}}^{k} \sum_{l=1}^{n_i} g_j(\boldsymbol{y}_{il} \mid \boldsymbol{Y}_{(i,l)}),$$

die Bootstrap-Schätzung

$$f^* = \sum_{i=1}^{k} q_i \sum_{\substack{j=1 \\ j \neq i}}^{k} \int \cdots \int g_j(\boldsymbol{x} \mid \boldsymbol{y}_{11}, \ldots, \boldsymbol{y}_{kn_k})\, \hat{\boldsymbol{P}}_i(\mathrm{d}\boldsymbol{x}) \prod_{t=1}^{k} \prod_{l=1}^{n_t} \hat{\boldsymbol{P}}_t(\mathrm{d}\boldsymbol{y}_{tl}).$$

Befriedigende Optimalitätseigenschaften lassen sich für keine dieser Schätzungen beweisen.

Wir wollen die mittlere quadratische Abweichung einer Schätzung $\mathring{f}$ von dem zu schätzenden Parameter $F(\mathbf{P})$ berechnen, d. h.

$$\mathsf{E}_{\mathbf{P}}(\mathring{f} - F(\mathbf{P}))^2.$$

Es soll ein solches $\mathring{f}$ bestimmt werden, das diesen Ausdruck möglichst für alle $\mathbf{P}$ minimiert. Da wir nicht erwarten können, daß wir dieses Problem für eine umfangreiche Verteilungsklasse $\mathcal{P}$ mit $\mathbf{P} = (\mathsf{P}_1, \ldots, \mathsf{P}_k) \in \mathcal{P}$ lösen können, wollen wir zumindest eine Minimax-Lösung finden. Das bedeutet, wir suchen ein f_1, für das

$$\inf_{\mathring{f} \in \mathcal{F}} \sup_{\mathbf{P} \in \mathcal{P}} \mathsf{E}(\mathring{f} - F(\mathbf{P}))^2 = \sup_{\mathbf{P} \in \mathcal{P}} \mathsf{E}(f_1 - F(\mathbf{P}))^2$$

gilt. Hier ist $\mathcal{F}$ eine Klasse von Schätzungen und $f_1 \in \mathcal{F}$. Die Klasse $\mathcal{P}$ von möglichen Verteilungen bestimmt wesentlich die Gestalt von f_1. Jedes $f \in \mathcal{F}$ hängt von der Stichprobe $\boldsymbol{Y}$ ab. Es zeigt sich, daß ein solches f_1 wegen zu großer technischer Schwierigkeiten nicht bestimmt werden kann. Daher wird eine *asymptotische Minimax-Schätzung* für $F(\mathbf{P})$ bestimmt. Ordnen wir die Klassen so, daß für die Stichprobenumfänge die Ungleichungen $n_1 \leqq n_2 \leqq \ldots \leqq n_k$ gelten, so heißt f_1 asymptotische Minimax-Schätzung, falls f_1 eine Funktion von $\boldsymbol{y}_{11}, \ldots, \boldsymbol{y}_{kn_k}$ ist, d. h. $f_1 = f_1(\boldsymbol{Y})$, und die Gleichung

$$\lim_{n_1 \to \infty} n_1 \left[\inf_{\mathring{f} \in \mathcal{F}_{n_1, \ldots, n_k}} \sup_{\mathbf{P} \in \mathcal{P}} \mathsf{E}(\mathring{f}(\boldsymbol{Y}) - F(\mathbf{P}))^2 - \sup_{\mathbf{P} \in \mathcal{P}} \mathsf{E}(f_1(\boldsymbol{Y}) - F(\mathbf{P}))^2 \right] = 0$$

erfüllt. Da $y_{ij} \sim \mathsf{P}_i$, haben wir in dieser Gleichung die Erwartungswerte bez. dieser Verteilungen $\mathsf{P}_1, \ldots, \mathsf{P}_k$ zu berechnen. Die Bootstrap-Schätzung f^* erfüllt für Stichprobenumfänge mit $n_1/n_i \to 1$, $i = 2, \ldots, k$, diese Gleichung (vgl. LÄUTER (1985b)).

Somit kann man sagen, daß für hinreichend große Stichprobenumfänge die Bootstrap-Schätzung eine geeignete Schätzung ist, wenn man sich auf ein derartiges Minimaxkriterium beschränkt. Wir wollen aber auch untersuchen, wie das Verhältnis der drei Schätzungen zueinander bei kleinen Stichprobenumfängen ist. Dazu wurden Beobachtungen durch Simulationen erzeugt. Wir wählten $p = 1$, $k = 2$ und $n_1 = n_2$, sowie Normalverteilungen $\mathrm{N}(\theta_i, \sigma^2)$ für die Klassen K_1, K_2. Wir betrachten die Maximum-Likelihood-Regel mit

$$g_1(x) = \begin{cases} 1, & \text{falls} \quad (x - \hat{\theta}_1)^2 \leqq (x - \theta_2)^2, \\ 0 & \text{sonst}; \end{cases} \qquad g_2(x) = 1 - g_1(x).$$

Aus Beispiel 3.1.18 folgt für $q_1 = q_2 = 0.5$ die Darstellung $F(\mathsf{P}) = a + b - 2ab$ mit

$$a = \Phi\left(\sqrt{\frac{\alpha_2}{2\alpha_1(\alpha_1\alpha_2 + 1)}}\,\Delta\right), \qquad b = \Phi\left(\sqrt{\frac{\alpha_2}{2\alpha_1(\alpha_1\alpha_2 - 1)}}\,\Delta\right)$$

und $\Delta_2 = \frac{1}{\sigma^2}(\theta_1 - \theta_2)^2$. Wir errechnen $\nu_1 = \mathsf{E}(\hat{f} - F(\mathsf{P}))^2$, $\nu_2 = \mathsf{E}(\bar{f} - F(\mathsf{P}))^2$, $\nu_3 = \mathsf{E}(f^* - F(\mathsf{P}))^2$.

Um hinreichend gute Approximationen für ν_1, ν_2, ν_3 zu erhalten, erzeugen wir t Stichproben vom Umfang n_1, n_2 von $\mathrm{N}(\theta_1, \sigma^2)$, $\mathrm{N}(\theta_2, \sigma^2)$ und errechnen für jede dieser Stichproben $\hat{f}, \bar{f}, f^*$, die wir mit $\hat{f}_j, \bar{f}_j, f_j^*$, $j = 1, \ldots, t$, bezeichnen. Hieraus berechnen wir als Näherung für ν_1 den Wert

$$\tilde{\nu}_1 = \frac{1}{t} \sum_{j=1}^{t} (\hat{f}_j - F(\mathsf{P}))^2.$$

Analog approximieren wir ν_2, ν_3 durch $\tilde{\nu}_2, \tilde{\nu}_3$. Dann erhalten wir die Tabelle 3.3.2. Hier sehen wir, daß stets der Wert $\tilde{\nu}_3$ kleiner als die Werte $\tilde{\nu}_1, \tilde{\nu}_2$ ist, so daß sich bei diesen Stichprobenumfängen die Schätzung f^* als vorteilhaft im Vergleich zu $\hat{f}$ und $\bar{f}$ erweist. In diesen Simulationen war $(n_1 + n_2)/k \geqq 4$ erfüllt, so daß man hier noch nicht von kleinen Stichproben sprechen kann. Wie wichtig die Betrachtung extrem kleiner Stichproben oder hoher Dimensionen p ist, unterstrich J. LÄUTER (mündliche Mitteilung, 1984) und betonte, daß gerade in diesen Fällen die Schätzung $\bar{f}$ die besten Resultate bringt, was durch praktische Ergebnisse gestützt wird. Wir untersuchen dazu das folgende Beispiel.

Beispiel 3.3.2. Für $p = 10$ betrachten wir zwei normalverteilte Klassen $\mathrm{N}(\boldsymbol{\theta}_1, \boldsymbol{\Sigma})$, $\mathrm{N}(\boldsymbol{\theta}_2, \boldsymbol{\Sigma})$ bei unbekannten $\boldsymbol{\theta}_1, \boldsymbol{\theta}_2, \boldsymbol{\Sigma}$. Wir wählen $n_1 = n_2 = 20$ als Stichprobenumfänge in den Klassen. Zur Klassifikation benutzen wir die Maximum-Likelihood-Regel, deren Fehlerquote $F(\mathsf{P})$ eine Funktion des Mahalanobis-Abstandes Δ ist. Es ergeben sich die Werte der Tabelle 3.3.3.

Da bekannt ist, daß die Resubstitutionsschätzung schlechtere statistische Eigenschaften hat als die nach der U- bzw. Bootstrap-Methode berechneten Schätzungen, sollen in diesem Beispiel für $F(\mathsf{P})$ nur die Lachenbruch-Schätzung $\bar{f}$ und die Bootstrap-Schätzung f^* miteinander verglichen werden. Es ergibt sich die Tabelle 3.3.4. Hier liegen simulierte Beobachtungen der beiden Klassen zugrunde. Wir erzeugten 20 Stichproben mit $n_1 = n_2 = 20$ zu gegebenem Mahalanobis-Abstand.

Tabelle 3.3.2. Vergleich von Fehlerquotenschätzungen

Δ	n_1	t	$F(\mathsf{P})$	$100\bar{v}_1$	$100\bar{v}_2$	$100\bar{v}_3$
0.1	4	500	.498	4.46	8.17	3.03
1.0	4	500	.347	3.98	6.53	2.86
	10	500	.318	1.57	1.96	1.3
	20	300	.311	.786	.784	.73
	30	300	.311	.486	.517	.473
	100	500	.309	.156	.156	.15
1.5	4	500	.249	3.23	4.33	2.53
	10	500	.232	1.28	1.39	1.08
	20	300	.229	.668	.643	.567
	30	300	.228	.427	.422	.375
	100	500	.227	.138	.138	.130
2.0	4	500	.174	2.7	3.17	2.09
	10	500	.165	1.06	1.17	.874
	20	300	.162	.514	.521	.445
	30	300	.161	.361	.351	.312
	100	250	.159	.105	.106	.10
3.0	4	500	.0786	1.21	1.47	.898
4.0	4	500	.0297	.405	.589	.301
5.0	4	500	.00921	.059	.155	.049

Tabelle 3.3.3. Fehlerquote der Maximum-Likelihood-Regel

Δ	0	0.1	0.5	1.0	2.0	4.0
$F(\mathsf{P})$	0.5	0.498	0.455	0.379	0.226	0.053

Tabelle 3.3.4. Vergleich der Fehlerquotenschätzungen

Δ	0	0.1	0.5	1.0	2.0	4.0
$\mathsf{E}\bar{f} - F(\mathsf{P})$	0.001	0.001	0.004	−0.001	−0.031	−0.0117
$\mathsf{E}f^* - F(\mathsf{P})$	−0.18	−0.18	−0.169	−0.136	−0.091	−0.0243
$100\,\mathsf{Var}\,\bar{f}$	1.07	1.14	1.03	0.768	0.41	0.131
$100\,\mathsf{Var}\,f^*$	0.18	0.23	0.281	0.19	0.202	0.025
$100\,\mathsf{MSE}\,\bar{f}$	1.07	1.14	1.03	0.768	0.506	0.145
$100\,\mathsf{MSE}\,f^*$	3.42	3.47	2.84	2.15	1.03	0.0841

Bemerkenswert ist die im Vergleich zur Verzerrung der Lachenbruch-Schätzung große Verzerrung der Bootstrap-Schätzung. Umgekehrt hat f^* eine viel kleinere Varianz als $\bar{f}$. Deshalb wird eine Kombination von f^* und $\bar{f}$ betrachtet, von der eine kleinere Verzerrung als die von f^* und eine kleinere Varianz als die von $\bar{f}$ erwartet wird. Bezeichnen wir mit $\mathsf{E}_0\bar{f}$, $\mathsf{E}_0 f^*$ die Erwartungswerte von f bzw. f^* bei $\Delta = 0$, so definieren wir

$$\bar{\bar{f}} = \frac{\mathsf{E}_0\bar{f}}{\mathsf{E}_0 f^*}\, f^*. \tag{93}$$

Damit stimmen bei $\Delta = 0$ die Erwartungswerte von $\bar{f}$ und $\bar{\bar{f}}$ überein. Wegen

$$\frac{\mathsf{E}_0\bar{f}}{\mathsf{E}_0 f^*} = \frac{0.501}{0.32} = 1.5656 \tag{94}$$

ist $\bar{\bar{f}}$ eine Streckung der Bootstrap-Schätzung f^*. Die Tabelle 3.3.5 gibt Auskunft über die Verzerrung und den mittleren quadratischen Abstand von $\bar{\bar{f}}$.

Tabelle 3.3.5 Die ersten beiden Momente der korrigierten Bootstrap-Schätzung

Δ	0	0.1	0.5	1.0	2.0	4.0
$\mathsf{E}\bar{\bar{f}} - F(\mathbf{P})$	0	−0.002	0.007	0.001	−0.015	−0.008
100 MSE $\bar{\bar{f}}$	0.483	0.59	0.795	0.761	0.52	0.071

Daran erkennen wir, daß $\bar{\bar{f}}$ im Vergleich zu f^* verzerrungsreduziert ist und einen kleineren mittleren quadratischen Abstand als $\bar{f}$ hat, wenn von der geringen Differenz bei $\Delta^2 = 2$ abgesehen wird.

Bei dem hier betrachteten Fall existieren für $F(\mathbf{P})$ auch parametrische Schätzungen, die explizit von der Gestalt der Normalverteilungen in den Klassen Gebrauch machen. Dabei sei insbesondere die Dejew-Schätzung $f_{\mathrm{D}} = F_{\mathrm{ML}}$ in (92) erwähnt, für die sich die Werte aus Tabelle 3.3.6 errechnen.

Tabelle 3.3.6. Die ersten beiden Momente der Dejew-Schätzung

Δ	0	0.1	0.5	1.0	2.0	4.0
$\mathsf{E}f_{\mathrm{D}} - F(\mathbf{P})$	−0.028	−0.029	−0.015	−0.008	−0.013	−0.0054
100 MSE f_{D}	0.29	0.338	0.508	0.652	0.428	0.0677

Vergleichen wir diese Werte mit denen von $\bar{f}, f^*$, so ist die Dejew-Schätzung f_{D} bei weitem die beste unter den hier betrachteten Schätzungen. Es entsteht die Frage, welche Beziehungen zwischen dieser Schätzung f_{D} und den oben diskutierten nichtparametrischen Schätzungen $\bar{f}, f^*, \bar{\bar{f}}$ bestehen. Dazu berechnen wir die Korrelationen zwischen f_{D} und $\bar{f}, \bar{\bar{f}}$ und beachten, daß $f^*, \bar{\bar{f}}$ die Korrelation 1 haben (vgl. Tabelle 3.3.7).

Tabelle 3.3.7. Korrelation zwischen verschiedenen Fehlerquoten-Schätzungen

Δ	0	0.1	0.5	1.0	2.0	4.0
Corr $(f_{\mathrm{D}}, \bar{f})$	0.61	0.69	0.78	0.77	0.88	0.74
Corr $(f_{\mathrm{D}}, \bar{\bar{f}})$	0.82	0.88	0.94	0.98	0.98	0.91

Dabei zeigt sich ganz deutlich, daß die durch Streckung aus der Bootstrap-Schätzung entstandene Schätzung $\bar{\bar{f}}$ eine bedeutend höhere Korrelation zur Dejew-Schätzung als die Lachenbruch-Schätzung $\bar{f}$ hat.

3.3.2. Reduktion der Verzerrung der Bootstrap-Schätzung

Der Fakt, daß die Lachenbruch-Schätzung bei hohen Dimensionen eine kleinere Verzerrung als die Bootstrap-Schätzung zu haben scheint, (mündliche Mitteilung von J. Läuter, 1984) wird in diesem Beispiel unterstrichen. Überdies erkennen wir in der Tabelle 3.3.4, daß bei nicht zu großem Klassenabstand, und das sind die interessanten Fälle, auch MSE $\bar{f}$ < MSE f^* gilt. So ergibt sich, daß abhängig von der Dimensionszahl, wenn wir nämlich die Ergebnisse in den Tabellen 3.3.2 und 3.3.4 miteinander vergleichen, bei kleinen Dimensionen f^* der Schätzung $\bar{f}$ und bei größeren die Schätzung $\bar{f}$ der Schätzung f^* vorzuziehen ist. Berücksichtigen wir den Umstand, daß unabhängig von den Dimenisonen die Varianz von f^* kleiner als die von $\bar{f}$ und die Verzerrung von f^* größer als die von $\bar{f}$ ist, so liegt es nahe, analog wie im Beispiel 3.3.2 bei der Konstruktion von $\bar{\bar{f}}$, einen Kompromiß zwischen $\bar{f}$ und f^* als Schätzung für $F(\mathbf{P})$ zu wählen. Der im Beispiel 3.3.2 benutzte Faktor war abhängig von der Kenntnis der Verteilungstypen in den Klassen und ist deshalb in allgemeineren Situationen nicht bestimmbar. Überdies hinaus wirkt die Wahl $\Delta = 0$ für die Berechnung des Streckungsfaktors in (93) etwas künstlich, auch wenn das Resultat (Tabelle 3.3.5) nicht gegen diese Festlegung sprach. Wir wollen deshalb die Idee, die uns zur Schätzung $\bar{\bar{f}}$ geführt hatte, auch auf allgemeine Klassifikationsprobleme für k Klassen übertragen. Wie von LACHENBRUCH/MICKEY (1968) festgestellt wurde, ist die Schätzung $\bar{f}$ nahezu erwartungstreu für $F(\mathbf{P})$. Wenn wir also die Verzerrung der Schätzung f^* verringern wollen, ist eine Streckung bzw. Stauchung von f^* in der Art

$$\bar{f}^* = \frac{\mathsf{E}\bar{f}}{\mathsf{E}f^*}\, f^* \tag{95}$$

empfehlenswert. Hier bezeichnen $\mathsf{E}\bar{f}$ und $\mathsf{E}f^*$ die Erwartungswerte von $\bar{f}$ und f^* in dem Modell, das dem konkreten Diskriminanzproblem zugrunde liegt. Wegen $\mathsf{E}\bar{f}^* = \mathsf{E}\bar{f}$ ist also f^* approximativ erwartungstreu. Die für $\bar{\bar{f}}$ im Beispiel 3.3.2 angestellten Überlegungen führen uns zu der Vermutung, daß $\bar{f}^*$ eine geeignete Schätzung für $F(\mathbf{P})$ ist. Problematisch ist lediglich die Bestimmung des Faktors $\mathsf{E}\bar{f}/\mathsf{E}f^{*\prime}$ da die wahre Verteilung der Populationen nicht bekannt ist. Dieser Faktor kann unter Benutzung eines Bootstrap-Prinzips approximiert werden. Sind

$$\boldsymbol{y}_{11}, \ldots, \boldsymbol{y}_{1n_1}, \ldots, \boldsymbol{y}_{kn_k}$$

als Beobachtungen gegeben, so ziehen wir l Stichproben entsprechend der Methode III des Abschnitts 1.7. für $m_j = n_j$, $j = 1, \ldots, k$. Für die r-te dieser Stichproben berechnet man die Lachenbruch- und die Bootstrap-Schätzung, bezeichnet durch $\bar{f}_r$, f_r^*, und approximiert

$$\frac{\mathsf{E}\bar{f}}{\mathsf{E}f^*} \approx \frac{\sum\limits_{r=1}^{l} \bar{f}_r}{\sum\limits_{r=1}^{l} f_r^*}. \tag{96}$$

Zu beachten ist hierbei, daß wir nicht davon ausgehen, daß $\mathsf{E}\bar{f}$ durch $\frac{1}{l} \sum\limits_{r=1}^{l} \bar{f}_r$ bzw. $\mathsf{E}f^*$ durch $\frac{1}{l} \sum\limits_{r=1}^{l} f_r^*$ angenähert wird.

Die Schätzung

$$\tilde{f} = \frac{\sum\limits_{r=1}^{l} \bar{f}_r}{\sum\limits_{r=1}^{l} f_r^*}\, f^* \tag{97}$$

heißt *korrigierte Bootstrap-Schätzung* für $F(\mathbf{P})$.

Beispiel 3.3.3 Wie im Beispiel 3.3.2 betrachten wir zwei Klassen $N(\boldsymbol{\theta}_1, \boldsymbol{\Sigma})$, $N(\boldsymbol{\theta}_2, \boldsymbol{\Sigma})$ für $p = 10$. Zu Parameterwerten $\boldsymbol{\theta}_1, \boldsymbol{\theta}_2, \boldsymbol{\Sigma}$ mit

$$\Delta^2 = (\boldsymbol{\theta}_1 - \boldsymbol{\theta}_2)' \boldsymbol{\Sigma}^{-1} (\boldsymbol{\theta}_1 - \boldsymbol{\theta}_2) = 1$$

simulieren wir Beobachtungen dieser beiden Klassen. Wir benutzen hier dieselben 20 Stichproben zu den Umfängen $n_1 = n_2 = 20$ wie in Beispiel 3.3.2 und berechnen zur r-ten Stichprobe, $r = 1, \ldots, 20$, die Lachenbruch-Schätzung $\bar{f}_r$, die Dejew-Schätzung $f_{D,r}$ und die korrigierte Bootstrap-Schätzung $\mathring{f}$ mit $l = 5$. Wir berechnen den Mittelwert der einzelnen Schätzungen, bezeichnet durch $\mathsf{E}^{(20)}\bar{f} = \frac{1}{20} \sum_{r=1}^{20} \bar{f}_r$ und analog $\mathsf{E}^{(20)} f_D$, $\mathsf{E}^{(20)}\mathring{f}$, sowie die mittleren quadratischen Abweichungen $\mathsf{MSE}^{(20)}\bar{f}$, $\mathsf{MSE}^{(20)} f_D$, $\mathsf{MSE}^{(20)}\mathring{f}$, definiert durch

$$\mathsf{MSE}^{(20)}\bar{f} = \frac{1}{20} \sum_{r=1}^{20} (\bar{f}_r - F(\mathbf{P}))^2$$

Tabelle 3.3.8. Vergleich verschiedener Fehlerquotenschätzungen

	$\bar{f}$	f_D	$\mathring{f}$
$\mathsf{E}^{(20)}$	37.8	37.1	36.98
100 $\mathsf{MSE}^{(20)}$	0.768	0.652	0.6978

(vgl. Tabelle 3.3.8). Weiter soll zum Vergleich mit den in Tabelle 3.3.7 angegebenen Werten die Korrelation zwischen $\mathring{f}$ und f_D berechnet werden. Es ergibt sich $\mathsf{Corr}(\mathring{f}, f_D) = 0.97$. Damit zeigt sich das ähnliche Verhalten der korrigierten Bootstrap-Schätzung und der (parametrischen) Dejew-Schätzung.

Die eingeführte Bootstrap-Schätzung stellt einen Kompromiß zwischen der Lachenbruch-Schätzung und der Bootstrap-Schätzung dar. Durch den gewählten Faktor $\sum_{r=1}^{l} \bar{f}_r \Big/ \sum_{r=1}^{l} f_r^*$ wird die Verzerrung der Bootstrap-Schätzung f^* reduziert, und außerdem nutzt man die geringe Varianz der Schätzung f^* aus.

3.4. Diskriminanzanalysen als Bestandteil von Datenanalysen

Bei der Analyse eines umfangreichen Datenmaterials wird man häufig auf die Untersuchung von Gruppen oder Klassen von Beobachtungen geführt. Meist ist eine gewisse Gruppierung inhaltlich gegeben, manchmal wird man aufgrund mathematischer Prinzipien zur Bildung von Gruppen gezwungen, da auf anderem Weg keine Analyse möglich wäre. Im Beispiel 3.0.1 besprachen wir das in Tabelle 1.1.1 gegebene Datenmaterial, in dem 5 Klassen mit Stichprobenumfängen $n_1 = 20$, $n_2 = 19$, $n_3 = 19$, $n_4 = 20$, $n_5 = 20$ gegeben sind. Folgende Frage sollte dabei untersucht werden: Kann man eine Zuordnung zwischen den einzelnen Klassen und den Merkmalen A/N, O/N, M/N, G/N, A/O finden? Zur Beantwortung dieser Frage benötigt man zwei Teilschritte. Erstens: Existiert ein Zusammenhang zwischen den einbezogenen Merkmalen und den Klassen? Zweitens: Wenn ein Zusammenhang existiert, so ist eine analytische Beschreibung für diesen Zusammenhang zu geben.

Damit sehen wir, daß zunächst der Existenznachweis für einen Zusammenhang erbracht wird, um dann bei positiver Beantwortung eine konstruktive Beschreibung des Zusammenhanges zu geben.

3.4.1. Existieren Unterschiede zwischen Klassen?

Um eine grobe Übersicht zu erhalten, beginnen wir mit der Konstruktion von Dichteschätzungen für jedes Merkmal in jeder Klasse. So wie wir es in Abschnitt 1.1 ausgeführt haben, werden hier die empirischen Verteilungen oder die Approximationen der Dichten aufgezeichnet. Hieraus sollen erste Unterschiede zwischen den Klassen erkannt werden. Daneben wollen wir auch Aussagen über den Verteilungstyp, der in den Klassen anzusetzen ist, ableiten. Wir achten insbesondere auf Mehrgipfligkeit, Symmetrie und Exzeß. Liegt eine mehrgipflige Verteilung vor, prüfen wir, ob diese Verteilung als Mischung von Normalverteilungen anzusehen ist. Dann ist das Herleiten von sinnvollen Teststatistiken und die Interpretation von Ergebnissen meist einfacher als in Fällen, wo keine solche Approximation möglich ist. Nach dieser *deskriptiven* Verteilungsanalyse wird eine Methode gesucht, um die Existenz von Unterschieden in den Klassen nachzuweisen. Das ist die typische Fragestellung der Varianzanalyse, denn wir haben zu entscheiden, ob die einzelnen Gruppen als voneinander verschieden betrachtet werden können oder nicht. Für den allgemeinen Fall ist es sehr schwer, eine Lösung zu geben. Bei bekannten Dichten werden wir mit dem Neyman-Pearson-Lemma eine Lösung beschreiben. Andernfalls ist es selten möglich, einen Test mit definierten guten mathematischen Eigenschaften anzugeben.

3.4.1.1. Normalverteilungen in den Klassen

Im Kapitel 2 wurde speziell der Fall normalverteilter Populationen untersucht. Da wir diese Situation hier noch einmal genauer betrachten wollen, fassen wir die notwendigen Ausdrücke zusammen. Machen wir den Ansatz

$$\boldsymbol{y}_{ij} \sim \mathrm{N}(\boldsymbol{\mu}_i, \boldsymbol{\Sigma}), \qquad j = 1, \ldots, n_i; \qquad i = 1, \ldots, k,$$

so ist die 1. Frage auf die Entscheidung zwischen

$$\mathrm{H}\colon \boldsymbol{\mu}_1 = \ldots = \boldsymbol{\mu}_k$$

und

K: nicht alle $\boldsymbol{\mu}_i$ sind gleich

zurückzuführen. Aus Kapitel 2 folgt, daß wir z. B. mit Lawley-Hotellings T_0^2-Statistik diese Frage entscheiden können. Dazu setzen wir

$$\hat{\boldsymbol{\mu}}_i = \frac{1}{n_i} \sum_{j=1}^{n_i} \boldsymbol{y}_{ij}, \qquad i = 1, \ldots, k,$$

das *Mittel* für die einzelnen Klassen,

$$\hat{\boldsymbol{\mu}} = \frac{1}{n} \sum_{i=1}^{k} \sum_{j=1}^{n_i} \boldsymbol{y}_{ij}$$

mit $n = \sum_{i=1}^{k} n_i$ den Mittelwertsvektor aller Klassen, und die *Kovarianzschätzungen*

$$\boldsymbol{S}_i = \frac{1}{n_i - 1} \sum_{j=1}^{n_i} (\boldsymbol{y}_{ij} - \hat{\boldsymbol{\mu}}_i)(\boldsymbol{y}_{ij} - \hat{\boldsymbol{\mu}}_i)',$$

der i-ten Klasse, sowie die *gemittelte Kovarianzmatrix*

$$\boldsymbol{S} = \frac{1}{n-k} \sum_{i=1}^{k} (n_i - 1) \boldsymbol{S}_i .$$

Definieren wir die Matrix

$$\boldsymbol{H} = \sum_{i=1}^{k} n_i(\hat{\boldsymbol{\mu}}_i - \hat{\boldsymbol{\mu}}) (\hat{\boldsymbol{\mu}}_i - \hat{\boldsymbol{\mu}})',$$

die die Abweichungen der Klassenmittel vom Gesamtmittel beschreibt, so ist die T_0^2-Statistik definiert durch (bis auf einen Faktor, vgl. Abschnitt 2.1.3)

$$\begin{aligned} T_0^2 &= \frac{n-k-p+1}{(k-1)(n-k)p} \operatorname{sp}(\boldsymbol{H}\boldsymbol{S}^{-1}) \\ &= \frac{n-k-p+1}{(k-1)(n-k)p} \operatorname{sp}\left[\sum_{i=1}^{k} n_i(\hat{\boldsymbol{\mu}}_i - \hat{\boldsymbol{\mu}})(\hat{\boldsymbol{\mu}}_i - \hat{\boldsymbol{\mu}})' \boldsymbol{S}^{-1}\right] \\ &= \frac{n-k-p+1}{(k-1)(n-k)p} \sum_{i=1}^{k} n_i(\hat{\boldsymbol{\mu}}_i - \hat{\boldsymbol{\mu}})' \boldsymbol{S}^{-1}(\hat{\boldsymbol{\mu}}_i - \hat{\boldsymbol{\mu}}), \end{aligned} \tag{98}$$

und diese Statistik folgt unter H approximativ einer zentralen F-Verteilung mit

$$g_1 = \begin{cases} \dfrac{(k-1)(n-k-p)p}{n-(k-1)p-2}, & \text{falls } n-(k-1)p-2 > 0, \\ \infty & \text{sonst}, \end{cases} \tag{99}$$

$$g_2 = n - k - p + 1$$

Freiheitsgraden (J. Läuter (1974)). Die Hypothese H, daß alle $\boldsymbol{\mu}_i$ übereinstimmen, wird abgelehnt, falls bei vorgegebener Irrtumswahrscheinlichkeit α die Ungleichung

$$T_0^2 > \mathrm{F}_{g_1, g_2; \alpha}$$

erfüllt ist. Hierbei bezeichnet $\mathrm{F}_{g_1, g_2; \alpha}$ den α-Signifikanzpunkt der F_{g_1, g_2}-Verteilung, siehe Tafel IV.

Beispiel 3.4.1. Für die Daten aus Tabelle 1.1.1 mit der oben angegebenen Klasseneinteilung erhalten wir

$$T_0^2 = 107.0, \quad g_1 = 23.16, \quad g_2 = 89.$$

Für $\alpha = 0.05$ haben wir

$$\mathrm{F}_{g_1, g_2; \alpha} = 1.65,$$

und folglich ist die Hypothese abzulehnen. Es existieren also Unterschiede in den Meßwerten der einzelnen Klassen.

Beispiel 3.4.2. Gegeben seien die Daten der Tabelle 3.4.1. Hierbei sind z_{i1}, z_{i2} diejenigen steuerbaren Parameter, bei denen das i-te Produkt hergestellt wurde, und a_i sei ein Qualitätsmaß dieses Produkts. Dabei bedeute ein hohes a_i gute Qualität, ein niedriges a_i schlechte Qualität. Nach Standard ist 1 eine gegebene Grenze für die Beurteilung der gegebenen guten und schlechten Qualität. Dann ist es natürlich, folgende Klassen zu bilden:

$$\mathcal{K}_1 = \{\boldsymbol{z}_i \colon \boldsymbol{z}_i = (z_{i1}, z_{i2})', \quad a_i \leqq 1, \ i = 1, \ldots, n\},$$

$$\mathcal{K}_2 = \{\boldsymbol{z}_i \colon a_i > 1, \ i = 1, \ldots, n\}.$$

Tabelle 3.4.1. Daten zum Beispiel 3.4.2

i	1	2	3	4	5	6	7	8	9	10
z_{i1}	4.5	5.5	4.6	5.8	5.2	5.1	4.0	4.6	5.1	4.9
z_{i2}	5.5	5.5	5.3	5.5	5.8	6.0	4.0	4.6	5.8	5.7
a_i	0.51	1.49	0.81	2.07	1.51	1.52	2.16	1.14	1.13	0.89

i	11	12	13	14	15	16	17	18	19	20
z_{i1}	4.1	4.9	4.7	5.3	5.8	4.7	4.3	5.3	5.7	5.1
z_{i2}	4.7	4.1	4.3	4.8	4.6	5.1	5.6	4.9	4.1	4.6
a_i	1.85	1.67	1.25	0.21	0.02	0.89	0.37	0.69	0.44	0.86

Hierbei ist $n = 20$. Die Anzahl der Elemente $\boldsymbol{y}_{ij}$ aus K_i sei n_i, und wir machen den Ansatz

$$\boldsymbol{y}_{ij} \sim \mathrm{N}(\boldsymbol{\mu}_i, \boldsymbol{\Sigma}), \qquad j = 1, \ldots, n_i; \qquad i = 1, 2.$$

Dann erhalten wir hierfür

$$T_0^2 = 0.1212, \qquad g_1 = 2.0, \qquad g_2 = 17.0.$$

Für $\alpha = 0.05$ haben wir

$$\mathrm{F}_{g_1, g_2; \alpha} = 3.59,$$

und folglich ist die Hypothese $\boldsymbol{\mu}_1 = \boldsymbol{\mu}_2$ nicht zu verwerfen.

Im Beispiel 3.4.1 haben wir die klare Entscheidung erhalten, daß nicht alle Meßwertvektoren übereinstimmen. Damit wissen wir noch nicht viel über die tatsächlichen Lage- und Streuungsparameter der Mengen, sondern lediglich etwas über die relativen

Tabelle 3.4.2. Mittelwerte der Daten aus Beispiel 3.4.1 nach einer Gruppierung

$\hat{\boldsymbol{\mu}}_1$	$\hat{\boldsymbol{\mu}}_2$	$\hat{\boldsymbol{\mu}}_3$	$\hat{\boldsymbol{\mu}}_4$	$\hat{\boldsymbol{\mu}}_5$
3.548	1.48	1.88	2.21	2.52
0.575	2.24	0.65	1.10	1.04
0.206	0.204	0.155	0.218	0.214
4.305	3.89	2.68	3.5	3.77
6.753	0.686	2.91	2.06	2.57

Tabelle 3.4.3. Streuungen der Daten aus Beispiel 3.4.1 nach einer Gruppierung

$\boldsymbol{s}_1$	$\boldsymbol{s}_2$	$\boldsymbol{s}_3$	$\boldsymbol{s}_4$	$\boldsymbol{s}_5$
1.38	0.286	0.555	0.255	0.241
0.288	0.388	0.103	0.174	0.248
0.071	0.057	0.018	0.036	0.043
1.72	0,484	0.659	0.450	0.460
1.0	0.171	0.535	0.167	0.533

Verhältnisse. Daher interessieren uns jetzt zu diesem Datenmaterial die Mittelwerte der einzelnen Klassen und die Vektoren der Standardabweichungen (vgl. Tabellen 3.4.2 und 3.4.3).

Da nach Voraussetzung die Kovarianzmatrizen in den einzelnen Klassen übereinstimmen, müssen zumindest auch die errechneten Schätzungen für die Standardabweichungen eine ähnliche Größe haben. In unserem Fall bedeutet das, daß in der Tabelle 3.4.3 die Zeilen näherungsweise gleiche Werte haben sollen. Neben diesen ersten beiden Momenten sind oft auch die eindimensionalen empirischen Verteilungen aussagekräftig. In Abschnitt 1.1 wurde erläutert, wie dies erfolgen kann. Für die Beurteilung der Abhängigkeiten zwischen den p Merkmalen wird man die *Kovarianzmatrix* $\boldsymbol{S}$ und die *Korrelationsmatrix* $\boldsymbol{R}$ studieren. Da $\boldsymbol{S}$ symmetrisch ist, genügt es, die Hauptdiagonale und die darüber liegenden Elemente von $\boldsymbol{S}$ auszudrucken. Da andererseits $\boldsymbol{R}$ auch symmetrisch ist, und als Hauptdiagonale nur 1 hat, ist $\boldsymbol{R}$ durch die Angabe der unteren Dreiecksmatrix beschrieben, so daß $\boldsymbol{S}$ und $\boldsymbol{R}$ in einer einzigen $p \times p$-Matrix dargestellt werden können. Genauer gesagt, $\boldsymbol{S}$ und $\boldsymbol{R}$ haben die Elemente

$$\boldsymbol{S} = \begin{pmatrix} s_{11} & \cdots & s_{1p} \\ \vdots & & \vdots \\ s_{p1} & \cdots & s_{pp} \end{pmatrix}, \qquad \boldsymbol{R} = \begin{pmatrix} r_{11} & \cdots & r_{1p} \\ \vdots & & \vdots \\ r_{p1} & \cdots & r_{pp} \end{pmatrix}.$$

Dann gilt $s_{ij} = s_{ji}$ und

$$r_{ij} = \frac{s_{ij}}{\sqrt{s_{ii}s_{jj}}}, \qquad i, j = 1, \ldots, p,$$

woraus $r_{ii} = 1$ folgt. Wir drucken dann die Matrix

$$\boldsymbol{R}\backslash\boldsymbol{S} = \begin{pmatrix} s_{11} & s_{12} & \cdots & s_{1p} \\ r_{21} & s_{22} & & \vdots \\ \vdots & \ddots & \ddots & \vdots \\ r_{p1} & \cdots & r_{p,p-1} & s_{pp} \end{pmatrix} \tag{100}$$

und erkennen hieran, ob gewisse Merkmale hechkorreliert miteinander sind oder nicht

Beispiel 3.4.3. Für die Matrix $\boldsymbol{R}\backslash\boldsymbol{S}$ erhalten wir für die Daten im Beispiel 3.4.1 die Werte

$$\boldsymbol{R}\backslash\boldsymbol{S} = \begin{pmatrix} 0.49 & 0.1 & 0.025 & 0.61 & -0.11 \\ 0.55 & 0.067 & 0.007 & 0.17 & -0.078 \\ 0.73 & 0.59 & 0.002 & 0.034 & -0.01 \\ 0.97 & 0.73 & 0.78 & 0.81 & -0.19 \\ -0.29 & -0.52 & -0.36 & -0.37 & 0.33 \end{pmatrix}$$

3.4.1.2. Mischungen von Normalverteilungen in den Klassen

Während im Beispiel 3.4.1 eine klare Ablehnung der Hypothese erfolgte, haben wir in Beispiel 3.4.2 diese Situation nicht vorzuliegen. Das bedeutet aber noch nicht unbedingt, daß tatsächlich keine Unterschiede für die einzelnen Klassen existieren. Es kann auch sein, daß das gewählte mathematische Modell ungeeignet ist. Um das entscheiden zu können, haben wir die Daten genauer zu analysieren. Wir berechnen die Matrizen $\boldsymbol{R}\backslash\boldsymbol{S}$, $\boldsymbol{R}_1\backslash\boldsymbol{S}_1$, $\boldsymbol{R}_2\backslash\boldsymbol{S}_2$ für dieses Beispiel. Ebenso werden für die einzelnen Klassen die Dichten jedes Merkmals geschätzt.

Beispiel 3.4.4. Für die Daten des Beispiels 3.4.2 erhalten wir

$$\boldsymbol{R}_1\backslash\boldsymbol{S}_1 = \left(\begin{array}{c|c} 0.25 & -0.22 \\ \hline -0.84 & 0.26 \end{array}\right),$$

$$\boldsymbol{R}_2\backslash\boldsymbol{S}_2 = \left(\begin{array}{c|c} 0.32 & 0.31 \\ \hline 0.70 & 0.59 \end{array}\right).$$

Die geglätteten Dichteschätzungen für die beiden Klassen sind in den Abbildungen 3.4.1 und 3.4.2 dargestellt (vgl. Abschnitt 5.1.5.2).

Hieran erkennen wir, daß verschiedene der bei der linearen Diskriminanzanalyse gemachten Voraussetzungen verletzt sind. Zum einen sollen die Kovarianzmatrizen in den einzelnen Klassen übereinstimmen. Wegen der großen Differenz der geschätzten Korrelationen in K_1 und K_2 ist diese Voraussetzung sicher nicht erfüllt. Zum anderen

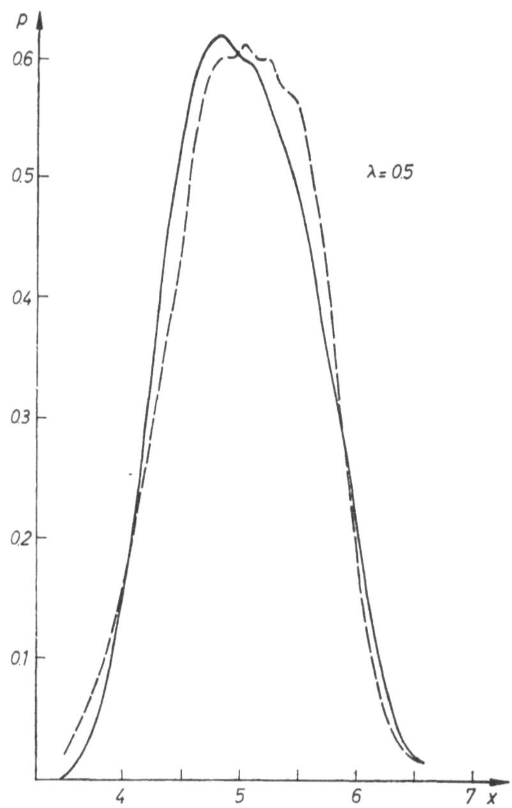

Abb. 3.4.1. Dichten der Komponente x_1; — Dichte in K_1, --- Dichte in K_2

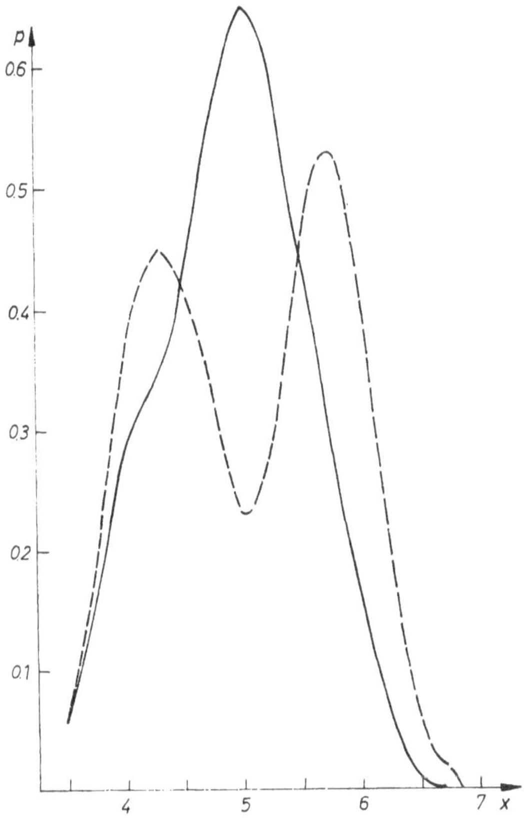

Abb. 3.4.2. Dichten der Komponente x_2; — Dichte in K_1, --- Dichte in K_2

erkennen wir an den eindimensionalen Dichten, daß die Voraussetzung einer Normalverteilung bzw. einer unimodalen Verteilung nicht in jeder der Klassen gegeben ist. Bei einer solchen Konstellation kommt man zu der Vermutung, daß mindestens eine dieser Klassen eine Mischung zweier Populationen mit eingipfligen Verteilungen ist. So wird man jede dieser Klassen zweckmäßigerweise derart in Teilklassen zerlegen, daß die Verteilungen in diesen Teilklassen unimodal sind. Wir beschreiben die Vorgehensweise für den allgemeinen k-Klassenfall.

a) Bezeichnen wir mit P_i die Verteilung in K_i, $i = 1, \ldots, k$, und nehmen wir an, daß P_i eine Mischung von m_i Normalverteilungen ist. Die empirische Verteilung der $\boldsymbol{y}_{ij}$, $j = 1, \ldots, n_i$, sei $\hat{P}_i$ und letztlich entspringt aus der Form von $\hat{P}_i$ die oben formulierte Annahme. Für

$$\mathsf{P}_i = \sum_{j=1}^{m_i} r_j \mathrm{N}(\boldsymbol{\mu}_{ij}, \boldsymbol{\Sigma}_i)$$

schätzen wir die $r_1, \ldots, r_{m_i}, \boldsymbol{\mu}_{i1}, \ldots, \boldsymbol{\mu}_{im_i}, \boldsymbol{\Sigma}_i$ nach der *Momentenmethode* oder mit einer *Minimalabstandsmethode*. Bei der Momentenmethode bestimmen wir die Momente von P_i und diejenigen von $\hat{P}_i$ und setzen diese entsprechenden Momente einander gleich.

Damit erhalten wir ein Gleichungssystem für die unbekannten Parameter. Bei der Minimalabstandsmethode berechnen wir für Borel-Mengen $\mathcal{A}$

$$\sup_{\mathcal{A} \subseteq \mathbb{R}^p} |\hat{P}_i(\mathcal{A}) - \mathsf{P}_i(\mathcal{A})|$$

und bestimmen derartige Werte $\tilde{r}_j$, $\tilde{\boldsymbol{\mu}}_{ij}$, $\tilde{\boldsymbol{\Sigma}}_i$, daß

$$\min_{r_j, \boldsymbol{\mu}_{ij}, \boldsymbol{\Sigma}_i} \sup_{\mathcal{A} \subseteq \mathbb{R}^p} |\hat{P}_i(\mathcal{A}) - \mathsf{P}_i(\mathcal{A})| = \sup_{\mathcal{A} \subseteq \mathbb{R}^p} |\hat{P}_i(\mathcal{A}) - \tilde{P}_i(\mathcal{A})|$$

gilt, wobei $\tilde{P}_i$ diejenige Verteilung ist, die aus P_i durch Ersetzung der unbekannten Parameter durch deren Schätzungen $\tilde{r}_j$, $\tilde{\boldsymbol{\mu}}_{ij}$, $\tilde{\boldsymbol{\Sigma}}_i$ entsteht. Aus dem Satz von Gliwenko folgt, daß für $n_i \to \infty$ mit Wahrscheinlichkeit 1 $\sup_{\mathcal{A} \subseteq \mathbb{R}^p} |\tilde{P}_i(\mathcal{A}) - \mathsf{P}_i(\mathcal{A})|$ gegen Null konvergiert.

b) Wir nutzen ein *Clusterverfahren*, um die Stichprobe zur i-ten Klasse so zu zerlegen, daß diese Teilstichproben jeweils eine unimodale Verteilung haben, die wir dann durch Normalverteilungen approximieren. Damit kommen wir auch zur Approximation der Gesamtdichte in $\mathcal{K}_i$ durch eine Mischung von Normaldichten, wobei die Faktoren r_j für die Mischungskomponenten proportional zu den in den Clustern enthaltenen Elementen gewählt werden.

Beispiel 3.4.5. Für die Daten des Beispiels 3.4.2 wählen wir als Cluster

$$\begin{aligned} \mathcal{K}_{11} &= \{\boldsymbol{z}_i\colon a_i \leqq 1, z_{i1} \leqq 5, i = 1, \ldots, n\}, \\ \mathcal{K}_{12} &= \{\boldsymbol{z}_i\colon a_i \leqq 1, z_{i1} > 5, i = 1, \ldots, n\} = \mathcal{K}_1 \setminus \mathcal{K}_{11}, \\ \mathcal{K}_{21} &= \{\boldsymbol{z}_i\colon a_i > 1, z_{i1} \leqq 5, i = 1, \ldots, n\}, \\ \mathcal{K}_{22} &= \mathcal{K}_2 \setminus \mathcal{K}_{21}. \end{aligned}$$

Dann erkennt man an den geschätzten Dichten die approximative Unimodalität und man hat anstelle der zwei Klassen nun vier Klassen zu untersuchen, wobei uns nach wie vor nur interessiert, ob die Meßwertvektoren aus $\mathcal{K}_1$ von denen von $\mathcal{K}_2$ unterschiedlich sind.

So wäre es nicht in jedem Fall vernünftig, einen Vier-Klassenfall $\mathcal{K}_{11}$, $\mathcal{K}_{12}$, $\mathcal{K}_{21}$, $\mathcal{K}_{22}$ zu berechnen, denn an einer Trennung der $\mathcal{K}_{11}$ von $\mathcal{K}_{12}$ bzw. $\mathcal{K}_{21}$ von $\mathcal{K}_{22}$ sind wir nicht interessiert. Die Beobachtungen in $\mathcal{K}_{ij}$ bezeichnen wir nun mit $\boldsymbol{y}_{ijt}$ und setzen

$$\boldsymbol{y}_{ijt} \sim \mathrm{N}(\boldsymbol{\mu}_{ij}, \boldsymbol{\Sigma}), \qquad t = 1, \ldots, n_{ij}; \qquad i, j = 1, 2$$

an. Dann interessieren wir uns für die Hypothesen:

$$\begin{aligned} &\mathrm{H}_1\colon \boldsymbol{\mu}_{11} = \boldsymbol{\mu}_{21} \quad \text{gegen} \quad \boldsymbol{\mu}_{11} \neq \boldsymbol{\mu}_{21}, \\ &\mathrm{H}_2\colon \boldsymbol{\mu}_{11} = \boldsymbol{\mu}_{22} \quad \text{gegen} \quad \boldsymbol{\mu}_{11} \neq \boldsymbol{\mu}_{22}, \\ &\mathrm{H}_3\colon \boldsymbol{\mu}_{12} = \boldsymbol{\mu}_{21} \quad \text{gegen} \quad \boldsymbol{\mu}_{12} \neq \boldsymbol{\mu}_{21}, \\ &\mathrm{H}_4\colon \boldsymbol{\mu}_{12} = \boldsymbol{\mu}_{22} \quad \text{gegen} \quad \boldsymbol{\mu}_{12} \neq \boldsymbol{\mu}_{22}. \end{aligned}$$

Oder auch für die Hypothesen:

$$\begin{aligned} &\tilde{\mathrm{H}}_1\colon \boldsymbol{\mu}_{11} = \boldsymbol{\mu}_{21} = \boldsymbol{\mu}_{22} \quad \text{gegen nicht } \tilde{\mathrm{H}}_1, \\ &\tilde{\mathrm{H}}_2\colon \boldsymbol{\mu}_{12} = \boldsymbol{\mu}_{21} = \boldsymbol{\mu}_{22} \quad \text{gegen nicht } \tilde{\mathrm{H}}_2, \\ &\tilde{\mathrm{H}}_3\colon \boldsymbol{\mu}_{21} = \boldsymbol{\mu}_{11} = \boldsymbol{\mu}_{12} \quad \text{gegen nicht } \tilde{\mathrm{H}}_3, \\ &\tilde{\mathrm{H}}_4\colon \boldsymbol{\mu}_{22} = \boldsymbol{\mu}_{11} = \boldsymbol{\mu}_{12} \quad \text{gegen nicht } \tilde{\mathrm{H}}_4. \end{aligned}$$

Welche dieser Hypothesen wir zugrunde legen wollen, hängt von der Zielstellung ab. In diesen letzten Hypothesen $\tilde{\mathrm{H}}_i$ geht es um die Feststellung, ob die Teilklassen von $\mathcal{K}_1$ bzw. $\mathcal{K}_2$ von der gesamten anderen Klasse zu trennen sind.

Eine Aufspaltung wie im vorigen Beispiel ist natürlich nur dann für uns interessant, wenn wir an einer Diskrimination zwischen $\mathcal{K}_{11}$ und $\mathcal{K}_{12}$ bzw. $\mathcal{K}_{21}$ und $\mathcal{K}_{22}$ tatsächlich nicht interessiert sind. Das ist der Fall, wenn diese Klassen qualitativ als völlig identisch angesehen werden. Jedoch kann eine solche Aufspaltung von Ausgangsklassen dazu führen, daß die Teilklassen unterschiedliche Interpretationen erfahren und somit qualitativ neue Klassenbildungen vorgenommen werden, die dann gegeneinander diskriminiert werden.

Solche Fälle, daß einige Klassen *mehrgipflige* Verteilungen und andere eingipflige Verteilungen haben, treten in praktischen Aufgaben häufig auf. Dabei denken wir z. B. an einen Produktionsprozeß, der durch einen Parameter x gesteuert werden möge. Bei unterschiedlichen x-Werten werden verschiedene Qualitäten der Produkte erhalten. In der Nähe des optimalen Arbeitspunktes x_{opt} erhalten wir meist gute Qualität, d. h., man erwartet eine Dichte in dieser Klasse in der Form der Abb. 3.4.3.

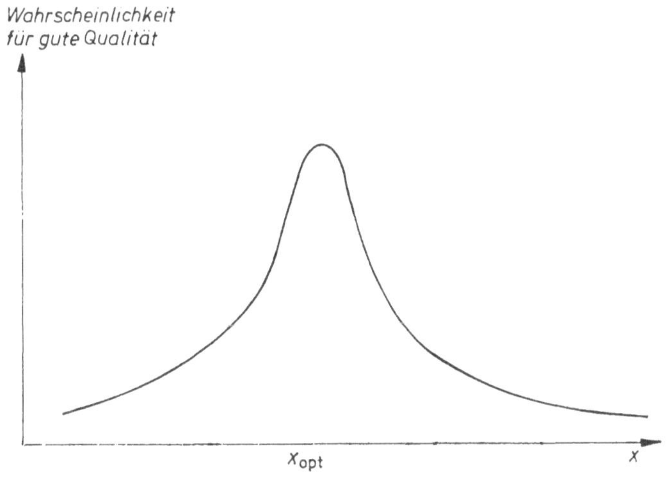

Abb. 3.4.3

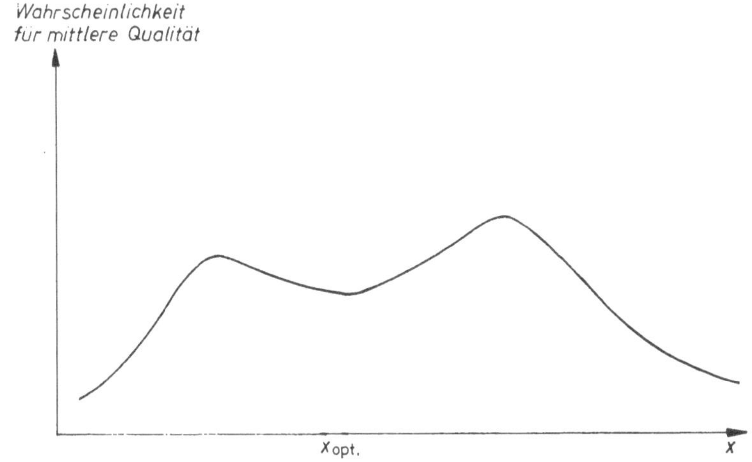

Abb. 3.4.4

Eine mittlere Qualität erhalten wir bei Abweichungen von x_{opt} in beiden Richtungen, so daß deren Verteilung in der Form der Abb. 3.4.4 erscheint und die schlechte Qualität ergibt sich bei noch größeren Abweichungen von x_{opt}, so daß in dieser Klasse ebenfalls eine zweigipflige Verteilung erwartet wird. Dies zeigt uns, daß die mehrgipfligen Verteilungen durchaus auftreten können.

Beispiel 3.4.6. Wir betrachten die Daten des Beispiels 3.4.2. Beim Testen der Hypothesen H_i erhalten wir die Werte T^2_{0i} für die Lawley-Hotelling-Teststatistik in folgender Form:

$$T^2_{01} = 31.1, \qquad T^2_{02} = 32.7, \qquad T^2_{03} = 16.2, \qquad T^2_{04} = 19.9.$$

In jedem Fall sind die Freiheitsgrade $g_1 = 4.44$, $g_2 = 11$, und der kritische Wert beträgt für $\alpha = 0.05$

$$F_{g_1,g_2;\alpha} = 3.29,$$

so daß die Hypothesen H_i abgelehnt werden. In $\mathcal{K}_{ij}$ erhalten wir für die Mittelwerte $\boldsymbol{\mu}_{ij}$ die Schätzungen $\hat{\boldsymbol{\mu}}_{ij}$ und für die Varianzen die Schätzungen $\boldsymbol{s}_{ij}$ (vgl. Tab. 3.4.4 und 3.4.5).

Tabelle 3.4.4. Mittelwertschätzung nach Clusterbildung

$\hat{\boldsymbol{\mu}}_{11}$	$\hat{\boldsymbol{\mu}}_{12}$	$\hat{\boldsymbol{\mu}}_{21}$	$\hat{\boldsymbol{\mu}}_{22}$
4.59	5.44	4.46	5.34
5.44	4.6	4.34	5.72

Tabelle 3.4.5. Streuungen nach Clusterbildung

$\boldsymbol{s}_{11}$	$\boldsymbol{s}_{12}$	$\boldsymbol{s}_{21}$	$\boldsymbol{s}_{22}$
0.22	0.29	0.39	0.31
0.24	0.31	0.31	0.22

Wir ersehen an diesen Schätzungen $\hat{\boldsymbol{\mu}}_{ij}$, $\boldsymbol{s}_{ij}$ die Lage der Klassen zueinander und die Stärke der Streuungen in den einzelnen Klassen.

In diesem Beispiel sahen wir, daß sich eine Aufspaltung der Klassen positiv auf die Diskrimination auswirkt. Findet man anschließend unterschiedliche Interpretationen für die aufgespaltenen Klassen, so trägt diese mathematische Vorgehensweise zur Präzisierung der fachlichen Aufgabenstellung bei.

3.4.1.3. Paarweiser Vergleich normalverteilter Klassen

Bisher beschrieben wir den Fall, daß wir alle k Klassen in die Analyse einbeziehen. Betrachten wir noch einmal k Normalverteilungen mit gemeinsamer Kovarianzmatrix und verwerfen wir aufgrund des Tests die Hypothese $H: \boldsymbol{\mu}_1 = \ldots = \boldsymbol{\mu}_k$. Dann heißt das nur, daß diese $\boldsymbol{\mu}_i$ nicht alle gleich sind.

Jedoch können $k - 1$ übereinstimmen und nur ein $\boldsymbol{\mu}_j$ weicht von den anderen ab. Um das zu erkunden, ist es ratsam, auch die möglichen paarweisen Vergleiche der Klassen vorzunehmen (vgl. Abschnitt 2.1.4). Dazu schätzen wir $\boldsymbol{S}$ wie zuvor aus allen

Beobachtungen und wählen zum Testen $\boldsymbol{\mu}_i = \boldsymbol{\mu}_j$ gegen $\boldsymbol{\mu}_i \neq \boldsymbol{\mu}_j$ die Statistik

$$T_{ij}^2 = \frac{n-k-p+1}{p(n-k)} \frac{n_i n_j}{n_i + n_j} (\hat{\boldsymbol{\mu}}_i - \hat{\boldsymbol{\mu}}_j)' \, \mathbf{S}^{-1} (\hat{\boldsymbol{\mu}}_i - \hat{\boldsymbol{\mu}}_j), \tag{101}$$

die eine F-Verteilung mit den Freiheitsgraden $g_1 = p$, $g_2 = n - k - p + 1$ besitzt. Damit erhält man auch Informationen darüber, welche Klassen von anderen abweichen.

Beispiel 3.4.7. Wir betrachten die Daten des Beispiels 3.4.1. Beim paarweisen Vergleich der fünf Klassen ergeben sich die Werte

$$\begin{array}{lllll} T_{12}^2 = 338.7 & T_{13}^2 = 130.2 & T_{14}^2 = 169.6 & T_{15}^2 = 133.7 & T_{23}^2 = 116.0 \\ T_{24}^2 = 76.1 & T_{25}^2 = 90.8 & T_{34}^2 = 8.33 & T_{35}^2 = 5.02 & T_{45}^2 = 2.04. \end{array}$$

Jedes dieser T_{ij}^2 hat eine F-Verteilung mit $g_1 = 5$ und $g_2 = 89$ Freiheitsgraden. Wegen $F_{5,89;0.05} = 2.32$ sind alle Klassen voneinander verschieden bis auf die Klassen 4 und 5. Das gleiche Ergebnis erhält man auch mit dem Bonferroni-Holm-Test, vgl. Abschnitt 2.1.4.6.

Damit haben wir bei Zugrundelegung aller p Merkmale das Problem behandelt, ob die Klassen zusammenfallen oder ob einige, und wenn welche, sich von anderen unterscheiden. Die hier gegebenen Statistiken wurden für Normalverteilungen abgeleitet bzw. Möglichkeiten der Erweiterungen auf Mischungen von Normalverteilungen diskutiert. Bei gänzlich anderen Verteilungsformen wird man auf nichtparametrische Tests zurückgreifen, vgl. z. B. Bradley (1968), Lehmann (1975).

Nun kommen wir zum Problem der Bewertung der Merkmale. Anstelle der p Merkmale können wir für jedes der einbezogenen Merkmale einzeln die bisher behandelten Probleme untersuchen und wollen fragen, welches Merkmal zur Trennung der Klassen am besten geeignet ist. Wenn wir das wissen, so fragen wir nach den beiden wichtigsten, nach den drei wichtigsten usw. Diese Aufgabe lösen wir folgendermaßen. Die oben definierte Statistik T^2 bezeichnen wir mit $T^2(1, \ldots, p)$, wobei in den Klammern die Nummern der einbezogenen Merkmale stehen. Dann gilt

$$T^2(j) = \frac{1}{k-1} \sum_{i=1}^{k} n_i \frac{(\hat{\mu}_{i(j)} - \hat{\mu}_{(j)})^2}{s_{jj}}, \qquad j = 1, \ldots, p. \tag{102}$$

Hier bezeichnet $\hat{\mu}_{i(j)}$ bzw. $\hat{\mu}_{(j)}$ die j-te Komponente von $\hat{\boldsymbol{\mu}}_i$ bzw. $\hat{\boldsymbol{\mu}}$. s_{jj} ist das j-te Element in der Hauptdiagonale von $\mathbf{S}$. $T^2(j)$ wird für jedes j berechnet, und wir erhalten $T^2(1)$, …, $T^2(p)$. Dann ist offenbar dasjenige Merkmal am aussagekräftigsten, dessen Nummer das Maximum der Zahlen $T^2(j)$ liefert. Analog gehen wir bei der Berechnung der Werte $T^2(l, j)$ vor. Es gilt

$$T^2(l, j) = \frac{n-k-1}{2(k-1)(n-k)} \sum_{i=1}^{k} n_i \begin{pmatrix} \hat{\mu}_{i(l)} - \hat{\mu}_{(l)} \\ \hat{\mu}_{i(j)} - \hat{\mu}_{(j)} \end{pmatrix}' \begin{pmatrix} s_{ll} & s_{lj} \\ s_{lj} & s_{jj} \end{pmatrix}^{-1} \begin{pmatrix} \hat{\mu}_{i(l)} - \hat{\mu}_{(l)} \\ \hat{\mu}_{i(j)} - \hat{\mu}_{(j)} \end{pmatrix}, \tag{103}$$

und das aussagekräftigste Paar an Merkmalen für die Lösung des Testproblems ist dasjenige, das das Maximum der Werte $T^2(l, j)$ liefert.

Beispiel 3.4.8. Für die Daten des Beispiels 3.4.1 erhalten wir als Matrix der Werte $T^2(l, j)$ mit $T^2(l, l) = T^2(l)$ die symmetrische 5×5-Matrix

$$\begin{pmatrix} 1.464 & 1.507 & 0.97 & 1.45 & 4.06 \\ & 0.533 & 1.438 & 1.55 & 4.25 \\ & & 0.082 & 0.24 & 4.04 \\ & & & 0.086 & 4.06 \\ & & & & 3.97 \end{pmatrix}.$$

Wenn man an den Werten aller Dreier-, Vierer-, ... Kombinationen interessiert ist, so können diese analog berechnet werden. Der Aufwand ist aber wegen der Vielzahl an Kombinationen sehr hoch. Will man eine beste Kombination von $p_1(< p)$ Merkmalen herausnehmen, so hat man korrekterweise alle möglichen p_1-Tupel von Merkmalen zu nehmen, dazu den T^2-Wert zu berechnen und den maximalen zu identifizieren. Auf eine Merkmalsauswahl durch schrittweisen Aufbau oder Abbau gehen wir in Abschnitt 3.4.3.2 ein. Wesentlich ist diese Fragestellung dann, wenn man diese Merkmale nur mit hohen Kosten erfassen kann und man daher mit einer kleinen Anzahl von Merkmalen auskommen muß. Damit haben wir die oben formulierte erste Aufgabe, ob ein Zusammenhang zwischen den Klassen und den Merkmalen existiert oder nicht, diskutiert und gelöst. Sind wir zu dem Schluß gekommen, daß ein solcher Zusammenhang gegeben ist, so soll er nun beschrieben werden.

3.4.2. Klassifikation und Diskrimination

Ein Klassifikationsverfahren $\boldsymbol{g}$ kann nach verschiedenen Kriterien konstruiert werden. Betrachten wir z. B. die Situation bekannter Dichten. Dann wird die Klassifikation mit vorgegebenen Fehlklassifikationswahrscheinlichkeiten erreicht, wenn $\boldsymbol{g}$ das durch den Satz 3.1 bestimmte Verfahren ist. Arbeiten wir mit dem durch Satz 3.2 gegebenen Verfahren, so wird die Fehlklassifikationswahrscheinlichkeit minimiert. Durch Satz 3.3 wird das Verfahren beschrieben, das die Fehlklassifikationswahrscheinlichkeit unter Berücksichtigung von Kosten für Fehlklassifikationen minimiert. In Abschnitt 3.1.3 gaben wir ein Verfahren an, das gemäß A-posteriori-Wahrscheinlichkeiten eine Zuordnung trifft. Wollen wir die Struktur dieser Verfahren einhalten und anschließend die möglicherweise unbekannten Parameter ersetzen, so würden wir die Regeln aus 3.1.5 verwenden. Schließlich wären auch die in 3.1.6 definierten Verfahren zu wählen, die durch Kombination verschiedener Verfahren entstehen. Bei unbekannten Parametern, aber einer parametrisierten Verteilungsfamilie würden wir auch die Maximum-Likelihood-Regeln verwenden. Hingegen würden wir bei gänzlich unbekannten Verteilungen Approximationen aus 3.1.5 für die Dichten verwenden und Substitutionsregeln nutzen. Einige Eigenschaften dieser Regeln hatten wir am Ende des Abschnitts 3.2 gegeben, die uns die Auswahl erleichtern sollen.

Wenn wir uns aufgrund der vorgegebenen Informationen über die möglichen Verteilungen, die A-priori-Wahrscheinlichkeiten und die gestellten Ziele, in die auch mögliche Konsequenzen wie Kosten für Fehlklassifikationen mit einbezogen sind, für ein Klassifikationsverfahren entscheiden, so haben wir die Ergebnisse zusammenzustellen. Das kann in folgender Weise geschehen. Zu jeder Beobachtung $\boldsymbol{z}$, die klassifiziert werden soll, schreiben wir die Werte $\boldsymbol{g}(\boldsymbol{z})$ auf. Dabei können unter den zu klassifizierenden $\boldsymbol{z}$ sowohl einige oder alle der Ausgangsdaten $\boldsymbol{y}_{ij}$ als auch völlig neue Daten vorkommen. Günstig ist dann eine Form wie in Tabelle 3.4.6.

Zur Beurteilung eines Klassifikationsverfahrens bei einem konkreten Datenmaterial kann man die Jackknife-Klassifikationsregel anwenden. Wir konstruieren wie in Abschnitt 3.3.1 bei gegebenem Verfahren $\boldsymbol{g}(\boldsymbol{x} \mid \boldsymbol{Y})$ die Verfahren $\boldsymbol{g}(\boldsymbol{x} \mid \boldsymbol{Y}_{(i,j)})$ und tragen in die Klassifikationstabelle unter $\boldsymbol{y}_{ij}$ die Werte $g_1(\boldsymbol{y}_{ij} \mid \boldsymbol{Y}_{(i,j)}), \ldots, g_k(\boldsymbol{y}_{ij} \mid \boldsymbol{Y}_{(i,j)})$ ein. Dann entsteht vor uns ein Bild über die Eignung des Klassifikationsverfahrens $\boldsymbol{g}$ zur

Tabelle 3.4.6. Darstellung von Klassifikationsergebnissen

	y_{11}	$y_{12} \cdots$	y_{1n_1}	$y_{21} \cdots$	$y_{2n_2} \cdots$	y_{kn_k}
g_1	0.1	1	0.7	1	0	0
g_2	0.9	0	0.1	0	1	0
$\vdots$	$\vdots$	$\vdots$	$\vdots$	$\vdots$	$\vdots$	$\vdots$
g_k	0	0	0.2	0	0	1

Klassifikation „neuer" Variabler. Aus Tabelle 3.4.6 können wir unmittelbar die Resubstitutionsschätzung $\hat{f}$ oder die Lachenbruch-Mickey-Schätzung $\bar{f}$ für die Fehlerquote berechnen, je nachdem, ob wir die Klassifikation von $\boldsymbol{y}_{ij}$ mit $\boldsymbol{g}(\boldsymbol{x} \mid \boldsymbol{Y})$ oder mit $\boldsymbol{g}(\boldsymbol{x} \mid \boldsymbol{Y}_{(i,j)})$ durchgeführt haben. Ist es gerechtfertigt, mit speziellen Verteilungen wie etwa der Normalverteilung zu arbeiten, so kann man mit den obigen linearen Diskriminanzfunktionen arbeiten. Das wollen wir an den nächsten Beispielen demonstrieren.

Beispiel 3.4.9. Wir betrachten die Daten des Beispiels 3.4.1. Es wurde in Beispiel 3.4.7 festgestellt, daß die Hypothese über die Gleichheit aller Klassen abgelehnt werden muß. Außerdem ergab es sich, daß die Klassen 4 und 5 nicht als verschieden anzusehen sind, so daß also die betrachteten Nervenzellen in der speziellen Gehirnregion bei jungen und alten Menschen keine wesentlichen Unterschiede aufweisen. Somit werden wir aus dem Ursprungsdatenmaterial nur vier Gruppen bilden, nämlich 1, 2, 3 wie bisher, und die neue Klasse 4 ist die Vereinigung der alten Klassen 4 und 5. Dann haben wir als Stichprobenumfänge $n_1 = 20$, $n_2 = 19$, $n_3 = 19$, $n_4 = 40$. Aus (98) erhalten wir $T_0^2 = 132.0$, das mit $F_{16.5,90;0.05} = 1.75$ zu vergleichen ist. Folglich wird die Hypothese über die Gleichheit der Klassen abgelehnt. Die geschätzten linearen Diskriminanzfunktionen haben die Gestalt:

$$\hat{p}_1(x) = 33.03x_1 + 58.33x_2 + 128.54x_3 - 30.35x_4 + 29.79x_5 - 123.85,$$

$$\hat{p}_2(x) = -18.0x_1 + 46.82x_2 + 38.14x_3 + 10.19x_4 + 13.82x_5 - 67.72,$$

$$\hat{p}_3(x) = 9.28x_1 + 30.39x_2 + 86.35x_3 - 10.23x_4 + 14.99x_5 - 33.4,$$

$$\hat{p}_4(x) = 4.64x_1 + 32.68x_2 + 101.81x_3 - 6.72x_4 + 14.76x_5 - 38.86.$$

Wollen wir dieses Klassifikationsverfahren benutzen — bei der Herleitung setzten wir als Modell eine Normalverteilung in den Klassen mit gleicher Kovarianzmatrix voraus und dachten an ein Verfahren mit minimaler Fehlklassifikationswahrscheinlichkeit — so haben wir $\boldsymbol{x}$ zu K_s zu klassifizieren, falls

$$\ln q_s + \hat{p}_s(\boldsymbol{z}) > \ln q_j + \hat{p}_j(\boldsymbol{z}) \quad \text{für alle } j \neq s$$

gilt. Wird $q_1 = q_2 = q_3 = \frac{1}{2}\, q_4 = \frac{1}{5}$ gewählt, so werden mit dem Resubstitionsverfahren die Patienten 1 bis 20 zur Klasse 1, die Patienten 21 bis 39 zur Klasse 2, die Patienten 40 bis 58 und 60, 79 bis 88 zur Klasse 3 und die restlichen Patienten 59, 61 bis 78, 89 bis 98 zur Klasse 4 zugeordnet. Nutzen wir das Verfahren gemäß dem Jackknife-Prinzip, so ergeben sich die gleichen Zuordnungen wie beim Resubstitutionsverfahren für die Patienten 1 bis 39. Zur Klasse 3 werden die Patienten 40, 51 bis 53, 55 bis 58, 80, 82, 83, 86 bis 88 eingeordnet, während die Patienten 41 bis 50, 54, 59 bis 79, 81, 84, 85, 89 bis 98 in die Klasse 4 eingeordnet werden. Im Sinne des Abschnitts 3.3 können wir daraus die Resubstitutionsschätzung für die Fehlerquote des benutzten Verfahrens bestimmen. Dazu zählen wir die Richtig- und Fehlklassifikationen für die einzelnen Klassen und stellen sie in der Tabelle 3.4.7 zusammen. Sie beschreibt uns die Bewegungen zwischen den Klassen. Als Resubstitutionsschätzung erhalten wir

$$\hat{f} = 11/98 = 0.112.$$

Tabelle 3.4.7. Fehlklassifikationen

in ↓ / aus →	1	2	3	4
1	20	0	0	0
2	0	19	0	0
3	0	0	19	0
4	0	0	11	29

Aus den Zuordnungen, die wir mit der Jackknife-Regel erhalten, ergibt sich dann die Lachenbruch-Mickey-Fehlerquotenschätzung

$$\bar{f} = 17/98 = 0.173.$$

Beispiel 3.4.10. Wir betrachten die Daten des Beispiels 3.4.2. Für die in Beispiel 3.4.6 gefundenen vier Klassen seien unterschiedliche Interpretationen gefunden worden, so daß wir im folgenden einen Vierklassenfall betrachten. Aus (98) ergibt sich $T_0^2 = 25.3$, und der zugehörige Vergleichswert ist $F_{7,15;0.05} = 2.71$, so daß auch beim Gesamtvergleich die vier Klassen als verschieden anzusehen sind. Als geschätzte lineare Diskriminanzfunktionen ergeben sich

$$\hat{p}_1(x) = 82.02x_1 + 111.86x_2 - 492.91,$$

$$\hat{p}_2(x) = 86.51x_1 + 103.46x_2 - 473.26,$$

$$\hat{p}_3(x) = 74.18x_1 + 93.76x_2 - 368.88,$$

$$\hat{p}_4(x) = 91.81x_1 + 120.5x_2 - 589.76.$$

Damit kommen wir zur Fehlklassifikationstabelle 3.4.8.

Tabelle 3.4.8. Fehlklassifikationsübersicht

in ↓ / aus →	1	2	3	4
1	4	0	0	1
2	0	5	0	0
3	0	0	5	0
4	0	0	0	5

Die Resubstitutionsschätzung ist daher $\hat{f} = 1/20 = 0.05$. Als Vergleich dazu geben wir noch die Lachenbruch-Mickey-Schätzung $\bar{f} = 0.05$ an.

3.4.2.1. Grafische Darstellung der Diskrimination

In beiden Beispielen legten wir Klassifikationsverfahren zugrunde, die mit Hilfe der geschätzten linearen Diskriminanzfunktionen

$$\hat{p}_i(\boldsymbol{x}) = \boldsymbol{x}'\mathbf{S}^{-1}\hat{\boldsymbol{\mu}}_i - \frac{1}{2}\hat{\boldsymbol{\mu}}_i'\mathbf{S}^{-1}\hat{\boldsymbol{\mu}}_i$$

konstruiert wurden. Schreiben wir den Vektor $\hat{\boldsymbol{\gamma}} = (\hat{\gamma}_1, \ldots, \hat{\gamma}_k)'$, so erhalten wir

$$\hat{\boldsymbol{\gamma}}(\boldsymbol{x}) = \hat{\boldsymbol{D}}\boldsymbol{x} + \hat{\boldsymbol{d}}$$

mit

$$\hat{\boldsymbol{D}} = (\hat{\boldsymbol{\mu}}_1, \ldots, \hat{\boldsymbol{\mu}}_k)' \, \boldsymbol{S}^{-1}, \qquad \hat{\boldsymbol{d}} = -\frac{1}{2}\begin{pmatrix} \hat{\boldsymbol{\mu}}_1{}'\boldsymbol{S}^{-1}\,\hat{\boldsymbol{\mu}}_1 \\ \vdots \\ \hat{\boldsymbol{\mu}}_k{}'\boldsymbol{S}^{-1}\,\hat{\boldsymbol{\mu}}_k \end{pmatrix}.$$

Hier heißen $\hat{\boldsymbol{\mu}}_i{}'\boldsymbol{S}^{-1}$ die Koeffizienten der i-ten Diskriminanzfunktion. Wir erkennen, daß zur Einordnung eines p-dimensionalen Vektors $\boldsymbol{x}$ ein k-dimensionaler Vektor $\hat{\boldsymbol{\gamma}}$ benutzt wird. Wir setzen $\boldsymbol{z}_{ij} = \hat{\boldsymbol{\gamma}}(\boldsymbol{y}_{ij})$ und errechnen

$$\hat{\boldsymbol{\nu}} := \frac{1}{n} \sum_i \sum_j \boldsymbol{z}_{ij} = \hat{\boldsymbol{D}}\hat{\boldsymbol{\mu}} + \hat{\boldsymbol{d}},$$

$$\hat{\boldsymbol{\nu}}_i = \frac{1}{n_i} \sum_j \boldsymbol{z}_{ij} = \hat{\boldsymbol{D}}\hat{\boldsymbol{\mu}}_i + \hat{\boldsymbol{d}},$$

$$\boldsymbol{S}_z = \hat{\boldsymbol{D}}\boldsymbol{S}\hat{\boldsymbol{D}}'.$$

Wegen $\boldsymbol{S}^{-1}(\hat{\boldsymbol{\mu}}_i - \hat{\boldsymbol{\mu}}) \in \mathcal{R}(\hat{\boldsymbol{D}}')$ erhalten wir die Gleichung

$$\sum_{i=1}^{k} n_i(\hat{\boldsymbol{\mu}}_i - \hat{\boldsymbol{\mu}})' \, \boldsymbol{S}^{-1}(\hat{\boldsymbol{\mu}}_i - \hat{\boldsymbol{\mu}}) = \sum_{i=1}^{k} n_i(\hat{\boldsymbol{\nu}}_i - \hat{\boldsymbol{\nu}})' \, \boldsymbol{S}_z^{+}(\hat{\boldsymbol{\nu}}_i - \hat{\boldsymbol{\nu}}).$$

Daraus folgt, daß der wesentliche Bestandteil in der Statistik T_0^2 seinen Wert nicht ändert, falls wir anstelle der Originalmeßwerte die Werte $\hat{\boldsymbol{\gamma}}(\boldsymbol{y}_{ij})$ benutzen. Wenn wir also T_0^2 als Teststatistik benutzen wollen, so beruht diese auf den Beziehungen, die zwischen den transformierten Beobachtungen $\hat{\boldsymbol{\gamma}}(\boldsymbol{y}_{ij})$ existieren. In Ahrens/J. Läuter (1981) werden neben diesen geschätzten linearen Diskriminanzfunktionen, die selbst eine lineare Transformation einer zu betrachtenden Variablen $\boldsymbol{x}$ sind, noch andere lineare Transformationen von $\boldsymbol{x}$ eingeführt. Sie werden dort *nichtelementare* Diskriminanzfunktionen genannt. Da sie insbesondere für die Veranschaulichung und Interpretation der Ergebnisse von Bedeutung sind, wollen wir sie hier beschreiben. Es sei $\boldsymbol{a}_1 \in \mathbb{R}^p$, $\boldsymbol{a}_1{}'\boldsymbol{S}\boldsymbol{a}_1 = 1$ derart gewählt, daß

$$\lambda_1 := \sum_{i=1}^{k} n_i(\boldsymbol{a}_1{}'\hat{\boldsymbol{\mu}}_i - \boldsymbol{a}_1{}'\hat{\boldsymbol{\mu}})^2 = \max_{\boldsymbol{a} \in \mathbb{R}^p} \frac{\sum_{i=1}^{k} n_i(\boldsymbol{a}'\hat{\boldsymbol{\mu}}_i - \boldsymbol{a}'\hat{\boldsymbol{\mu}})^2}{\boldsymbol{a}'\boldsymbol{S}\boldsymbol{a}}$$

gilt. Dann sei $\boldsymbol{a}_2 \in \mathbb{R}^p$, $\boldsymbol{a}_2{}'\boldsymbol{S}\boldsymbol{a}_2 = 1$ derart, daß $\boldsymbol{a}_1{}'\boldsymbol{S}\boldsymbol{a}_2 = 0$ ist und

$$\lambda_2 := \sum_{i=1}^{k} n_i(\boldsymbol{a}_2{}'\hat{\boldsymbol{\mu}}_i - \boldsymbol{a}_2{}'\hat{\boldsymbol{\mu}})^2 = \max_{\substack{\boldsymbol{a} \in \mathbb{R}^p \\ \boldsymbol{a}_1{}'\boldsymbol{S}\boldsymbol{a} = 0}} \frac{\sum_{i=1}^{k} n_i(\boldsymbol{a}'\hat{\boldsymbol{\mu}}_i - \boldsymbol{a}'\hat{\boldsymbol{\mu}})^2}{\boldsymbol{a}'\boldsymbol{S}\boldsymbol{a}}.$$

So fahren wir fort und berechnen $\boldsymbol{a}_r \in \mathbb{R}^p$ derart, daß $\boldsymbol{a}_j'\boldsymbol{S}\boldsymbol{a}_r = 0$, $j = 1, \ldots, r-1$, $\boldsymbol{a}_r'\boldsymbol{S}\boldsymbol{a}_r = 1$ und.

$$\lambda_r := \sum_{i=1}^{k} n_i(\boldsymbol{a}_r'\hat{\boldsymbol{\mu}}_i - \boldsymbol{a}_r'\hat{\boldsymbol{\mu}})^2 = \max_{\substack{\boldsymbol{a}\in\mathbb{R}^p \\ \boldsymbol{a}_j'\boldsymbol{S}\boldsymbol{a}=0 \\ j=1,\ldots,r-1}} \frac{\sum_{i=1}^{k} n_i(\boldsymbol{a}'\hat{\boldsymbol{\mu}}_i - \boldsymbol{a}'\hat{\boldsymbol{\mu}})^2}{\boldsymbol{a}'\boldsymbol{S}\boldsymbol{a}}$$

gilt. Offenbar muß $r = p$ gelten, denn der zu $\boldsymbol{a}_1, \ldots, \boldsymbol{a}_p$ bez. dem mit der Matrix $\boldsymbol{S}$ gebildeten Skalarprodukt orthogonale Raum ist der Nullvektor. Aus der linearen Algebra ist bekannt, wenn wir die Gleichung

$$\operatorname{sp}(\boldsymbol{H}\boldsymbol{S}^{-1}) = \sum_{i=1}^{k} n_i(\hat{\boldsymbol{\mu}}_i - \hat{\boldsymbol{\mu}})'\,\boldsymbol{S}^{-1}(\hat{\boldsymbol{\mu}}_i - \hat{\boldsymbol{\mu}})$$

berücksichtigen, daß

$$\operatorname{sp}(\boldsymbol{H}\boldsymbol{S}^{-1}) = \sum_{i=1}^{p} \lambda_i$$

gilt, wobei $\lambda_1, \ldots, \lambda_p$ die oben eingeführten Werte sind. Für die Vektoren $\boldsymbol{a}_i$ haben wir die Gleichung

$$\boldsymbol{H}\boldsymbol{a}_i = \lambda_i\boldsymbol{S}\boldsymbol{a}_i, \qquad i = 1, \ldots, p,$$

so daß $\boldsymbol{a}_i$ ein Eigenvektor von $\boldsymbol{S}^{-1}\boldsymbol{H}$ zum Eigenwert λ_i ist. Außerdem gilt nach Konstruktion $\lambda_1 \geqq \lambda_2 \geqq \ldots \geqq \lambda_p$. Da der Rang von $\boldsymbol{H}$ kleiner oder gleich $k-1$ ist, kann die Matrix $\boldsymbol{S}^{-1/2}\boldsymbol{H}\boldsymbol{S}^{-1/2}$ höchstens $k-1$ von 0 verschiedene Eigenwerte haben. Da $\lambda_1, \ldots, \lambda_p$ diese Eigenwerte sind, gibt es also genau t von 0 verschiedene λ_i mit $t = \min(p, k-1)$. Die Diskriminanzfunktionen

$$\tilde{\gamma}_j(\boldsymbol{x}) = \boldsymbol{a}_j'\boldsymbol{x}, \qquad j = 1, \ldots, t,$$

heißen *nichtelementare Diskriminanzfunktionen* (vgl. Bestimmung der Hauptkomponenten in Abschnitt 8.2.3). Diese Diskriminanzfunktionen $\tilde{\gamma}_i$ haben dieselbe Aussagekraft wie die Diskriminanzfunktionen $\hat{p}_i(\boldsymbol{x})$, jedoch ist die Anzahl der $\tilde{\gamma}_j$ kleiner als die der $\hat{p}_i$.

Jetzt untersuchen wir die Variablen

$$\tilde{\gamma}_j(\boldsymbol{y}_{11}), \ldots, \tilde{\gamma}_j(\boldsymbol{y}_{kn_k}), \qquad j = 1, \ldots, t,$$

führen die Vektoren $\tilde{\boldsymbol{\gamma}} = (\tilde{\gamma}_1, \ldots, \tilde{\gamma}_t)'$ ein, und haben dann wiederum n_i Beobachtungen in der i-ten Klasse, jedoch diesmal t-dimensionale. Die Mittelwerte und die Kovarianzmatrix sind

$$\boldsymbol{\nu}_i = \frac{1}{n_i} \sum_{j=1}^{n_i} \tilde{\gamma}(\boldsymbol{y}_{ij}) = (\boldsymbol{a}_1, \ldots, \boldsymbol{a}_t)'\,\hat{\boldsymbol{\mu}}_i,$$

$$\boldsymbol{S}_{\tilde{\gamma}} = \frac{1}{n-k} \sum_{i=1}^{k} \sum_{j=1}^{n_i} \left(\tilde{\boldsymbol{\gamma}}(\boldsymbol{y}_{ij}) - \boldsymbol{\nu}_i\right)\left(\tilde{\boldsymbol{\gamma}}(\boldsymbol{y}_{ij}) - \boldsymbol{\nu}_i\right)' = \boldsymbol{I}_t.$$

Das bedeutet nicht, daß die Variablen $\tilde{\boldsymbol{\gamma}}(\boldsymbol{y}_{11}), \ldots, \tilde{\boldsymbol{\gamma}}(\boldsymbol{y}_{kn_k})$ irgendwelche Unabhängigkeiten aufweisen, denn die Koeffizienten $\boldsymbol{a}_i$ hängen selbst wiederum von der Stichprobe ab. Aber trotzdem geben sie uns einen wichtigen Hinweis bei der Darstellung und Interpretation der Ergebnisse. So ist die grafische Darstellung der Beobachtungen $(\boldsymbol{a}_1, \boldsymbol{a}_2)' \boldsymbol{y}_{11}, \ldots, (\boldsymbol{a}_1, \boldsymbol{a}_2)' \boldsymbol{y}_{kn_k}$ häufig sehr aussagekräftig. Das wird unmittelbar deutlich, wenn nur λ_1 und λ_2 relativ groß, hingegen $\lambda_3, \ldots, \lambda_t$ deutlich kleiner sind. Dann wissen wir aus obiger Diskussion, daß die Linearkombinationen $\boldsymbol{a}_1'\boldsymbol{y}_{ij}$, $\boldsymbol{a}_2'\boldsymbol{y}_{ij}$ den überwiegenden Teil zur Summe sp $(\boldsymbol{HS}^{-1})$ beitragen und die anderen restlichen Summanden vernachlässigbar sind. Das bedeutet natürlich gleichzeitig, daß die Unterschiede, die zwischen den Klassen existieren, fast vollständig erhalten bleiben, wenn wir anstelle der Originaldaten die zweidimensionalen Daten $(\boldsymbol{a}_1, \boldsymbol{a}_2)' \boldsymbol{y}_{ij}$ betrachten. In jedem Fall sollte man die Eigenwerte $\lambda_1, \ldots, \lambda_t$ berechnen, ausdrucken und daran studieren, wieviele nichtelementare Diskriminanzfunktionen in die Analyse der Daten einbezogen werden sollen. Zur besseren Übersicht kann man in eine grafische Darstellung der Variablen $(\boldsymbol{a}_1, \boldsymbol{a}_2)' \boldsymbol{y}_{ij}$ auch noch *Streubereiche* einzeichnen, die für die einzelnen Klassen gelten. Dazu betrachten wir für zweidimensionale normalverteilte Variable $\boldsymbol{v}, \boldsymbol{v}_{ij}, i = 1, \ldots, k, j = 1, \ldots, n_i$, die Statistik

$$T_i^2(\boldsymbol{v}) = \frac{(n-k-1)\, n_i}{2(n-k)\,(n_i+1)} (\boldsymbol{v} - \boldsymbol{v}_i)' \, \boldsymbol{S}_v^{-1}(\boldsymbol{v} - \boldsymbol{v}_i),$$

die eine F-Verteilung mit den Freiheitsgraden $g_1 = 2$, $g_2 = n - k - 1$ besitzt. Sie entsteht beim Testen der Hypothese, daß die Variable $\boldsymbol{v}$ und die Variablen $\boldsymbol{v}_{i1}, \ldots, \boldsymbol{v}_{in_i}$ dieselbe Normalverteilung haben. Hierbei ist

$$\boldsymbol{S}_v = \frac{1}{n-k} \sum_{i=1}^{k} \sum_{j=1}^{n_i} (\boldsymbol{v}_{ij} - \bar{\boldsymbol{v}}_i)(\boldsymbol{v}_{ij} - \bar{\boldsymbol{v}}_i)', \qquad \bar{\boldsymbol{v}}_i = \frac{1}{n_i} \sum_{j=1}^{n_i} \boldsymbol{v}_j.$$

Das nutzen wir speziell für die Variablen $\boldsymbol{v}_{ij} = (\boldsymbol{a}_1, \boldsymbol{a}_2)' \boldsymbol{y}_{ij}$ aus. Es gilt $\boldsymbol{S}_v = \boldsymbol{I}_2$. Wir zeichnen in der Ebene um den Mittelpunkt der Beobachtungen der i-ten Klasse $(\boldsymbol{a}_1, \boldsymbol{a}_2)' \hat{\boldsymbol{\mu}}_i$ alle Punkte auf, für die $T_i^2 = \mathrm{F}_{2,n-k-1;\alpha}$ gilt, wobei $\alpha = 0.05$ im allgemeinen gewählt wird. Die Bedeutung dieser nichtelementaren Diskriminanzfunktionen besteht darin, daß aus ihnen gewisse Distanzen und relative Lagen der Klassen zueinander sichtbar werden. Jedoch lassen sich aus den Eigenvektoren und Eigenwerten nicht unmittelbar Schlüsse über den Einfluß gewisser Originaldatenmerkmale ableiten.

Beispiel 3.4.11. Für die Daten aus Beispiel 3.4.9 ergeben sich als Eigenwerte $\lambda_1 = 17.7$, $\lambda_2 = 4.1$, $\lambda_3 = 0.2$. Damit ist die Beschränkung auf zwei Diskriminanzfunktionen voll gerechtfertigt, denn die dritte Diskriminanzfunktion hat einen wesentlich geringeren Einfluß als die ersten beiden. Wir erhalten in Abbildung 3.4.5 die Punkte $(\boldsymbol{a}_1, \boldsymbol{a}_2)' \boldsymbol{y}_{ij}$ für

$$\boldsymbol{a}_1' = (3.99, 1.26, 6.57, -3.20, 1.32),$$

$$\boldsymbol{a}_2' = (-0.63, 4.88, -4.28, 0.22, 1.42).$$

Beispiel 3.4.12. Für die Daten aus Beispiel 3.4.2 errechnen wir als Eigenwerte $\lambda_1 = 10.9$, $\lambda_2 = 0.9$. Die Eigenvektoren haben die Werte

$$\boldsymbol{a}_1' = (2.26, 3.77), \qquad \boldsymbol{a}_2' = (2.64, -1.28).$$

Damit erhalten wir die in Abbildung 3.4.6 angegebene grafische Darstellung für $(\boldsymbol{a}_1, \boldsymbol{a}_2)' \boldsymbol{y}_{ij}$.

3.4.2.2. Bewertung und Steuerung der Klassenzugehörigkeit

Bisher behandelten wir das Problem, Beobachtungen $\boldsymbol{y} \in \mathbb{R}^p$ mit einem gegebenen Klassifikationsverfahren $\boldsymbol{g}(\boldsymbol{x} \mid \boldsymbol{Y})$ in Klassen $\mathcal{K}_1, \ldots, \mathcal{K}_k$ einzuordnen. Die Information über die Klassen war durch die Variablen $\boldsymbol{y}_{ij}$, $1 \leqq j \leqq n_i$, $1 \leqq i \leqq k$, beschrieben. Wir postulieren nun, daß eine parametrisierte Familie von Variablen $\boldsymbol{y}(\boldsymbol{\nu}, \boldsymbol{\varkappa})$, $\boldsymbol{\nu} \in \mathcal{R} \subseteqq \mathbb{R}^l$,

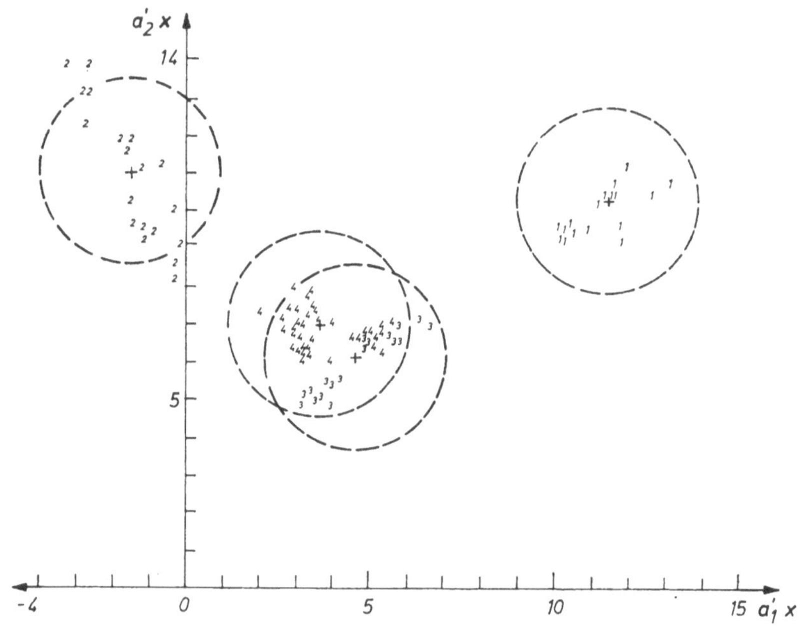

Abb. 3.4.5. Die ersten beiden nichtelementaren Diskriminanzmerkmale des Beispiels 3.4.11

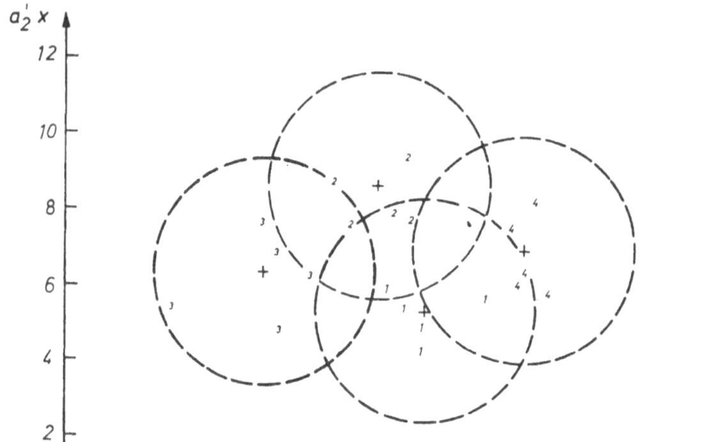

Abb. 3.4.6. Die nichtelementaren Diskriminanzmerkmale des Beispiels 3.4.12

$\varkappa \in \mathcal{K} \subseteqq \mathbb{R}^m$ gegeben ist, und es gelte für gewisse Werte $\boldsymbol{\nu}_0$, $\boldsymbol{\varkappa}_0$ die Beziehung $\boldsymbol{y} = \boldsymbol{y}(\boldsymbol{\nu}_0, \boldsymbol{\varkappa}_0)$. Dabei sei $\boldsymbol{\nu}_0$ bekannt, jedoch $\boldsymbol{\varkappa}_0$ unbekannt. Den Parameter $\boldsymbol{\nu}$ sehen wir als steuerbar an, hingegen ist $\boldsymbol{\varkappa}$ unkontrollierbar. Die Klasse $\mathcal{K}_1$ sei eine ausgezeichnete Klasse, die eine gewünschte, zu erreichende Eigenschaft hat. Dann interessiert uns eine Bewertung für die Zugehörigkeit der Beobachtungen zu den Klassen.

In der medizinischen Diagnostik beispielsweise treffen wir auf diese Problematik. Es sei $\mathcal{K}_1$ die Klasse der Gesunden, $\mathcal{K}_2$ die Klasse der Alkoholiker, $\mathcal{K}_3$ die der Schizophrenen. Ein Patient wird mit dem Klassifikationsverfahren einer der Klassen 2 oder 3, sagen wir 2, zugeordnet, und der Arzt trifft dieselbe Diagnose. Der beobachtete Vektor gemessener Werte für diesen Patienten wird mit $\boldsymbol{y}$ bezeichnet. Aufgrund der Klassifizierung wird der Patient behandelt, er bekommt Medikamente, deren Einfluß auf den Patienten und damit auf den beobachteten Vektor durch einen Parameter $\boldsymbol{\nu}$ beschrieben sei. Die unbeobachteten Parameter des Patienten seien in $\boldsymbol{\varkappa}$ zusammengefaßt. Die ausgezeichnete Klasse ist hier natürlicherweise die Klasse der Gesunden. Wir haben nach einem Monat zu beurteilen, ob die vorgenommene Behandlung einen Erfolg gebracht hat. Wir messen dann den charakterisierenden Parameter $\boldsymbol{\nu}_1$, zuvor war es $\boldsymbol{\nu}_0$, und haben zu untersuchen, ob $\boldsymbol{y}(\boldsymbol{\nu}_1, \boldsymbol{\varkappa}_0)$ näher an $\mathcal{K}_1$ liegt als $\boldsymbol{y}(\boldsymbol{\nu}_0, \boldsymbol{\varkappa}_0)$.

Die gestellte Frage können wir in folgender Weise beantworten. Die Dichten in $\mathcal{K}_1$ und $\mathcal{K}_2$ seien p_1 und p_2, und wenn diese unbekannt waren, nehmen wir an, daß dies Schätzungen für die Dichten der Klassen sind. Dann ist die A-posteriori-Wahrscheinlichkeit von $\mathcal{K}_1$ für eine Beobachtung $\boldsymbol{x}$ gegeben durch

$$m_1(\boldsymbol{x}) = \frac{q_1 p_1(\boldsymbol{x})}{q_1 p_1(\boldsymbol{x}) + q_2 p_2(\boldsymbol{x})}$$

und die für $\mathcal{K}_2$ durch

$$m_2(\boldsymbol{x}) = \frac{q_2 p_2(\boldsymbol{x})}{q_1 p_1(\boldsymbol{x}) + q_2 p_2(\boldsymbol{x})}.$$

Dabei gilt $0 \leq m_1 \leq 1$, und offenbar gibt der Wert $m_1(\boldsymbol{y}(\boldsymbol{\nu}, \boldsymbol{\varkappa}_0))$ eine Möglichkeit zur Beantwortung der gestellten Frage. Ist nämlich

$$m_1(\boldsymbol{y}) < m_1(\boldsymbol{y}(\boldsymbol{\nu}_1, \boldsymbol{\varkappa}_0)),$$

so ist die gesteuerte Variable $\boldsymbol{y}(\boldsymbol{\nu}_1, \boldsymbol{\varkappa}_0)$ näher an $\mathcal{K}_1$ als $\boldsymbol{y} = \boldsymbol{y}(\boldsymbol{\nu}_0, \boldsymbol{\varkappa}_0)$, andernfalls hat sich $\boldsymbol{y}(\boldsymbol{\nu}_1, \boldsymbol{\varkappa}_0)$ von $\mathcal{K}_1$ entfernt. Dabei bedeutet $m_1(\boldsymbol{y}(\boldsymbol{\nu}_1, \boldsymbol{\varkappa}_0)) \approx 1$, daß $\boldsymbol{y}(\boldsymbol{\nu}_1, \boldsymbol{\varkappa}_0)$ sehr sicher zu $\mathcal{K}_1$ gehört. Ist hingegen $m_1(\boldsymbol{y}(\boldsymbol{\nu}_1, \boldsymbol{\varkappa}_0)) \approx 0$, so gehört $\boldsymbol{y}(\boldsymbol{\nu}_1, \boldsymbol{\varkappa}_0)$ sehr sicher zu $\mathcal{K}_2$.

Beispiel 3.4.13. Die Arterienpulswellen eines Patienten werden vom Zentralnervensystem gesteuert. In Poppe/Tennstedt (1976) wurde gezeigt, daß es möglich ist, die Klassen der Gesunden, der Alkoholiker und der Schizophrenen aufgrund der unterschiedlichen Kurvenverläufe der aufgezeichneten Arterienimpulswellen voneinander zu trennen. Als geschätzte lineare Diskriminanzfunktionen wurden errechnet:

$$\hat{p}_1(\boldsymbol{x}) = -261.79 + 15.65x_1 + 13.61x_2 + 29.31x_3 - 0.18x_4 + 25.39x_5,$$

$$\hat{p}_2(\boldsymbol{x}) = -205.24 + 13.18x_1 + 13.97x_2 + 25.37x_3 - 6.86x_4 + 15.99x_5,$$

$$\hat{p}_3(\boldsymbol{x}) = -145.46 + 11.52x_1 + 10.84x_2 + 21.8x_3 - 2.35x_4 + 16.9x_5.$$

Bei einem Patienten wurden die Werte $x_1 = 6.36$, $x_2 = 11$, $x_3 = 6.45$, $x_4 = 0$, $x_5 = 1$ gemessen. Diese Werte seien die Komponenten von $\boldsymbol{z}$. Damit erhalten wir

$$\hat{p}_1(\boldsymbol{z}) = 201.89, \qquad \hat{p}_2(\boldsymbol{z}) = 211.88, \qquad \hat{p}_3(\boldsymbol{z}) = 204.56.$$

Nach der Behandlung wurden bei diesem Patienten die Werte $x_1 = 8.0$, $x_2 = 11$, $x_3 = 7.4$, $x_4 = 0$, $x_5 = 1$ aufgenommen. Bezeichnen wir mit $\boldsymbol{v}$ den Vektor, der diese fünf Werte als Komponenten hat, so ergibt sich

$$\hat{p}_1(\boldsymbol{v}) = 250.87, \qquad \hat{p}_2(\boldsymbol{v}) = 253.78, \qquad \hat{p}_3(\boldsymbol{v}) = 240.82.$$

Hier gilt mit den obigen Definitionen $\boldsymbol{z} = \boldsymbol{y}$, $\boldsymbol{v} = \boldsymbol{y}\,(\boldsymbol{\nu}_1, \boldsymbol{\varkappa}_0)$. Wenn wir Normalverteilung voraussetzen, so errechnet man wie im Abschnitt 3.1.3

$$m_1(\boldsymbol{x}) = \frac{q_1 e^{\hat{p}_1(\boldsymbol{x})}}{q_1 e^{\hat{p}_1(\boldsymbol{x})} + q_2 e^{\hat{p}_2(\boldsymbol{x})}}. \tag{104}$$

Es gilt $m_1(\boldsymbol{z}) = 4.59 \cdot 10^{-5}$, $m_1(\boldsymbol{v}) = 0.052$, woraus deutlich wird, daß ein Behandlungserfolg erreicht wurde.

Bei der Beschreibung des Abstands von $\boldsymbol{y}$ und $\boldsymbol{y}(\boldsymbol{\nu}_1, \boldsymbol{\varkappa}_0)$ ist ganz wesentlich das Verhältnis der Werte $m_1(\boldsymbol{y})$ zu $m_1(\boldsymbol{y}(\boldsymbol{\nu}_1, \boldsymbol{\varkappa}_0))$ heranzuziehen. Natürlich interessiert auch die absolute Größe dieser Werte, aber zur Beurteilung des Behandlungserfolges im Beispiel 3.4.13 ist nur das Verhältnis der Werte

$$\frac{m_1(\boldsymbol{y}(\boldsymbol{\nu}_1, \boldsymbol{\varkappa}_0))}{m_1(\boldsymbol{y})} \tag{105}$$

aussagekräftig. Diese Quotientenbildung hat auch noch einen anderen Vorteil. Wir müssen zur Berechnung der Werte $m_2(\boldsymbol{x})$ die Dichten kennen. Wenn diese Dichten nur approximativ bestimmt werden können, indem wir sie schätzen, so wird im Groben sicherlich der Verlauf der wahren Dichte nachgebildet. Das heißt, benutzen wir Dichteschätzungen, und ist $\hat{m}_1$ der entsprechende berechnete Wert, so ist zwar i. allg. $\hat{m}_1(\boldsymbol{y}) \neq m_1(\boldsymbol{y})$, aber häufig ist $\hat{m}_1(\boldsymbol{y}) < \hat{m}_1(\boldsymbol{y}(\boldsymbol{\nu}_1, \boldsymbol{\varkappa}_0))$ genau dann, wenn $m_1(\boldsymbol{y}) < m_1(\boldsymbol{y}(\boldsymbol{\nu}_1, \boldsymbol{\varkappa}_0))$ gilt. Andererseits zeigt es sich auch, daß die Größenordnungen der Werte

$$\frac{\hat{m}_1(\boldsymbol{y}(\boldsymbol{\nu}_1, \boldsymbol{\varkappa}_0))}{\hat{m}_1(\boldsymbol{y})} \quad \text{und} \quad \frac{m_1(\boldsymbol{y}(\boldsymbol{\nu}_1, \boldsymbol{\varkappa}_0))}{m_1(\boldsymbol{y})}$$

meist übereinstimmen, so daß wir sagen können, daß diese Größe relativ unempfindlich gegenüber Verteilungsänderungen ist. Im Beispiel 3.4.13 berechneten wir den Wert $m_1(\boldsymbol{v}) = 4.59 \cdot 10^{-5}$, der extrem klein ist. Obwohl diese A-posteriori-Wahrscheinlichkeit nahe 0 ist, drückt dieser Wert noch zu wenig die anschauliche Nähe bzw. Entfernung zur Klasse der Gesunden und zur Klasse der Alkoholiker aus. Manchmal ist es günstiger, nicht mit den Wahrscheinlichkeiten zu arbeiten, sondern einen Abstand im Beobachtungsraum zu verwenden.

Es bezeichne $\bar{\boldsymbol{y}}_{i.}$ den Mittelwert der Beobachtungen aus der i-ten Klasse. Ein zu klassifizierender Merkmalsvektor $\boldsymbol{y}$ werde bei Verwendung der geschätzten linearen Diskriminanzfunktionen $\mathcal{K}_2$ zugeordnet, d. h., es gelte $\hat{p}_2(\boldsymbol{y}) \geqq \hat{p}_1(\boldsymbol{y})$, $\hat{p}_2(\boldsymbol{y}) \geqq \hat{p}_3(\boldsymbol{y})$. Dann berechnen wir

$$w(\boldsymbol{y}) = \frac{\hat{p}_2(\boldsymbol{y}) - \hat{p}_1(\boldsymbol{y}) - \hat{p}_2(\bar{\boldsymbol{y}}_{1.}) + \hat{p}_1(\bar{\boldsymbol{y}}_{1.})}{\hat{p}_2(\bar{\boldsymbol{y}}_{2.}) - \hat{p}_1(\bar{\boldsymbol{y}}_{2.}) - \hat{p}_2(\bar{\boldsymbol{y}}_{1.}) + \hat{p}_1(\bar{\boldsymbol{y}}_{1.})}.$$

Wegen der linearen Abhängigkeit der Funktion w von $\boldsymbol{y}$ und $w(\bar{\boldsymbol{y}}_{1.}) = 0$, $w(\bar{\boldsymbol{y}}_{2.}) = 1$, gibt w eine Bewertung der Abstände der Beobachtungen zu $\bar{\boldsymbol{y}}_{1.}$ bzw. $\bar{\boldsymbol{y}}_{2.}$. Deshalb ist diese Bewertung geeignet z. B. für die Beschreibung des Verlaufs einer medizinischen Behandlung. Im Beispiel 3.4.13 gilt $\bar{\boldsymbol{y}}_{1.} = (9.49, 5.8, 9.39, 2.95, 1.05)'$, $\bar{\boldsymbol{y}}_{2.} = (5.23, 15.4, 5.14, 0.72, 0.07)'$. So errechnen wir $w(\boldsymbol{z}) = 0.7544$, $w(\boldsymbol{v}) = 0.6253$. Diese Bewertung läßt eine bessere Interpretation zu als die im Beispiel 3.4.13 benutzte. Während die Bewertung w linear in $\boldsymbol{y}$ ist, ist $m_1(\boldsymbol{y})$ extrem nichtlinear, was sich besonders in den Punkten auswirkt, die nicht zu $\mathcal{K}_1$ gehören.

3.4.2.3. Auswahl wesentlicher Merkmale

Die Auswahl wesentlicher Merkmale ist eine Aufgabe, die die Effektivität der Analysen in verschiedener Weise erhöhen kann. Zum einen führt die Verringerung der Merkmalsanzahl p zu geringen Dimensionen bei zu berechnenden und zu invertierenden Matrizen, wodurch eine größere numerische Stabilität und kürzere Rechenzeit erreicht wird. Zum anderen haben wir in Abschnitt 3.3 gesehen, daß sich die Fehlerquote bei festem Mahalanobis-Abstand mit wachsender Merkmalsanzahl erhöht, zumindest bei großen Stichprobenumfängen. Bei kleinen Stichprobenumfängen gibt es heuristische Gründe dafür, daß die Merkmalsauswahl verringert werden soll, denn dadurch sinkt die Anzahl der unbekannten, zu schätzenden Parameter, und gerade das möchte man insbesondere bei kleinen Stichproben erreichen. Es ist notwendig, ein adäquates Maß für die Merkmalsauswahl zu finden. Der Maßstab für diese Merkmalsauswahl muß unmittelbar aus der Diskrimination bzw. Klassifikation hergeleitet werden. Es wäre nicht ausreichend, Prinzipien heranzuziehen, die aus der Varianzanalyse herrühren. Denn nicht in jedem Fall führt die Merkmalsauswahl der Varianzanalyse zu einer besseren Diskrimination. Es sei $\boldsymbol{g}(\boldsymbol{x} \mid \boldsymbol{Y})$ ein Klassifikationsverfahren, wobei $\boldsymbol{Y}$ die Stichprobenmatrix beschreibt. Dann berechnen wir die Werte $\boldsymbol{g}(\boldsymbol{y}_{ij} \mid \boldsymbol{Y}_{(i,j)})$ und definieren die Größen

$$\varphi(t \mid i) = \frac{1}{n_i} \sum_{j=1}^{n_i} g_t(\boldsymbol{y}_{ij} \mid \boldsymbol{Y}_{(i,j)}), \qquad t, i = 1, \ldots, k, \tag{106}$$

die die mittlere Wahrscheinlichkeit dafür beschreiben, daß ein Element aus der i-ten Klasse in die t-te Klasse eingeordnet wird. Da die einzelnen Klassen eine inhaltliche Bedeutung haben, ist es sinnvoll, obere Schranken β_{ti} für diese $\varphi(t \mid i)$, $t \neq i$, vorzuschreiben. Dabei wird nicht unbedingt $\beta_{ti} = \beta_{it}$ gelten müssen, und es wird auch nicht β_{ti} unabhängig von t, i sein. Zusätzlich können wir untere Schranken β_{ii} für $\varphi(i \mid i)$ vorgeben. Damit ist eine $k \times k$-Koeffizientenmatrix $\mathbf{B} = (\beta_{ij})$ gegeben. Nehmen wir an, es gelte

$$\varphi(t \mid i) \leqq \beta_{ti} \quad \text{für alle} \quad t \neq i. \tag{107}$$

Abbauverfahren: Es sei $1 \leqq s \leqq p$, und wir bezeichnen mit

$$\boldsymbol{y}_{ij}^{(s)}, \quad \boldsymbol{Y}_{(i,j)}^{(s)}$$

diejenigen $(p-1)$-Vektoren bzw. $(p-1) \times (n-1)$-Matrizen, die aus $\boldsymbol{y}_{ij}$ bzw. $\boldsymbol{Y}_{(i,j)}$ durch Streichung der s-ten Zeile, d. h. des s-ten Merkmales entstehen. Wir setzen voraus, daß mit diesen $(p-1)$-dimensionalen Größen das Klassifikationsverfahren $\boldsymbol{g}(\boldsymbol{x}^{(s)} \mid \boldsymbol{Y}_{(i,j)}^{(s)})$ berechnet werden kann, und berechnen nun analog wie oben

$$\varphi^{(s)}(t \mid i) = \frac{1}{n_i} \sum_{j=1}^{n_i} g_t(\boldsymbol{y}_{ij}^{(s)} \mid \boldsymbol{Y}_{(i,j)}^{(s)}), \qquad t, i = 1, \ldots, k.$$

Es sei $\mathcal{S}_1 = \{s : 1 \leqq s \leqq p,\ \varphi^{(s)}(t \mid i) \leqq \beta_{ti}$ für alle $t, i, t \neq i\}$. Das bedeutet, daß wir in jedem $\boldsymbol{y}_{ij}$ die Komponente $y_{ij,s}$ streichen können, falls $s \in \mathcal{S}_1$ ist. So haben wir $\varrho_1 = \#\mathcal{S}_1$

verschiedene Klassifikationsverfahren $\boldsymbol{g}(\boldsymbol{x} \mid \boldsymbol{Y}^{(s)})$, $s \in \mathscr{S}_1$, die alle die geforderten Ungleichungen erfüllen. Nun bilden wir analog $\boldsymbol{y}_{ij}^{(s_1,s_2)}$ für $s_1, s_2 = 1, \ldots, k$, $s_1 < s_2$ und haben so $(p-2)$-dimensionale Größen. Wir setzen

$$\varphi^{(s_1,s_2)}(t \mid i) = \frac{1}{n_i} \sum_{j=1}^{n_i} g_t(\boldsymbol{y}_{ij}^{(s_1,s_2)} \mid \boldsymbol{Y}_{(i,j)}^{(s_1,s_2)})$$

und definieren

$$\mathscr{S}_2 = \{(s_1, s_2) : s_1, s_2 = 1, \ldots, k,\ s_1 < s_2,\ \varphi^{(s_1,s_2)}(t \mid i) \leqq \beta_{ti} \text{ für alle } t, i;\ t \neq i\}.$$

Dann können wir die s_1-te und die s_2-te Komponente in allen $\boldsymbol{y}_{ij}$ streichen, falls $(s_1, s_2) \in \mathscr{S}_2$, und $g(\boldsymbol{x} \mid \boldsymbol{Y}^{(s_1,s_2)})$ erfüllt die Ungleichungen $\varphi^{(s_1,s_2)}(t \mid i) \leqq \beta_{ti}$. So können wir fortfahren, indem wir noch weitere Zeilen streichen und die Fehlklassifikationen nachprüfen. Wir beenden diese Prozedur, wenn nicht mehr alle Ungleichungen

$$\varphi^{(s_1,s_2,\ldots,s_l)}(t \mid i) \leqq \beta_{ti}, \qquad t, i = 1, \ldots, k, t \neq i$$

für ein l erfüllbar sind. Dieses Vorgehen verbindet vollständig die Daten $\boldsymbol{y}_{ij}$ mit dem Klassifikationsverfahren, ohne eine weitere Verteilungsannahme einfließen zu lassen. Die Fehlklassifikationen sind i. allg. ein sehr guter Gradmesser für die Güte des Diskriminanzverfahrens. Analog könnten wir anstelle der Fehlklassifikationen auch die Korrektklassifikationen mit der Forderung

$$\varphi(i \mid i) \geqq \beta_{ii} \tag{108}$$

nehmen. Das führt dazu, daß Fehlklassifikationen summarisch zusammengefaßt werden.

Aufbauverfahren: Diese Vorgehensweise ist analog zu der des Abbauverfahrens. Wir beginnen mit $y_{ij,s}$, d. h. mit der s-ten Komponente von $\boldsymbol{y}_{ij}$, berechnen

$$\varphi_{(s)}(t \mid i) = \frac{1}{n_i} \sum_{j=1}^{n_i} g_t(y_{ij,s} \mid \boldsymbol{Y}_{(i,j),s}), \qquad i = 1, \ldots, k,$$

und prüfen, ob die $\varphi_{(s)}(t \mid i)$ gewünschte Größenordnungen haben. Wenn nicht, so suchen wir alle Paare von Merkmalen, Tripel, ... usw. für die die Fehlklassifikationen die geforderten Ungleichungen erfüllen.

Damit haben wir eine Vorgehensweise beschrieben, die eine Auswahl von Merkmalen ermöglicht. Bei großen Stichprobenanzahlen wird jedoch die Berechnung der Werte $\varphi^{(s_1,s_2,\ldots)}(t \mid i)$ großen Aufwand erfordern. Daher wird man in diesen Fällen eine Vereinfachung vornehmen. Bei großen Stichproben ist nämlich $g_t(\boldsymbol{x} \mid \boldsymbol{Y}_{(i,j)})$ fast mit $g_t(\boldsymbol{x} \mid \boldsymbol{Y})$ identisch, so daß hier die Berechnung der Größen

$$\frac{1}{n_i} \sum_{j=1}^{n_i} g_t(\boldsymbol{y}_{ij} \mid \boldsymbol{Y})$$

notwendig ist, und das ist viel einfacher. Wichtig sind auch Abschätzungen für die Anzahl der benötigten Merkmale. Es ergibt sich leicht, daß die Anzahl der Merkmale größer oder gleich t^* sein muß, wenn t^* die Zahl bezeichnet, für die $\lambda_1, \ldots, \lambda_{t^*}$ groß gegen $\lambda_{t^*+1}, \ldots, \lambda_t$ ist und λ_i die in Abschnitt 3.4.2.1 berechneten Eigenwerte bezeichnen. Weitere Schranken lassen sich nicht angeben, wobei natürlich die oberen Schranken β_{ti} für $\varphi(t \mid i)$ hier einen wesentlichen Einfluß haben.

3.4.2.4. Zweckmäßige Schritte bei der Diskrimination

Zusammenfassend wollen wir noch einmal die statistischen Werte anführen, die bei einer Diskriminanzanalyse berechnet und gedruckt werden sollten.

1. Dichteschätzungen für jedes der p Merkmale einer jeden Klasse,
2. Schätzung der Mittelwerte und Kovarianzen in den einzelnen Klassen, Schätzung der Kovarianz- und Korrelationsmatrix gesamt (Gleichung (100)).
3. Bei Normalverteilungsannahme Durchführung der Varianzanalyse
   - für jedes der p Merkmale einzeln
   - für alle p Merkmale gemeinsam
   - für alle p Merkmale für jeweils zwei Klassen
   - Angabe der Trennmaße $T^2(j)$, $T^2(i, j)$ (Gleichungen (102), (103))
   - Eigenwerte $\lambda_1, \ldots, \lambda_t$ und zugehörige Eigenvektoren (Abschnitt 3.4.2.1).
4. Angabe der Gestalt des Klassifikationsverfahrens, z. B.
   - Koeffizienten der Diskriminanzfunktionen
   - A-posteriori-Wahrscheinlichkeiten
   - Kenngrößen der Dichteschätzungen.
5. Klassifikationstabelle (bei nicht zu großen Stichprobenumfängen)
6. Fehlklassifikationstabelle
7. Angabe der wesentlichen Merkmale
8. Schätzung der Fehlerquote bezogen auf die wesentlichen Merkmale
9. Grafische Darstellung der beiden ersten nichtelementaren Diskriminanzfunktionen mit Streubereichen.

Einige Bemerkungen über die Empfindlichkeit der Verfahren in Abhängigkeit der zugrunde gelegten Verteilungen wollen wir noch machen. Es zeigt sich, daß die hier diskutierten Verfahren zum großen Teil relativ unempfindlich gegenüber kleinen Abweichungen von den angenommenen Verteilungen sind. Ist z. B. im 2-Klassenfall $\mathscr{W}_1 = \{\boldsymbol{x} : q_1 p_1(\boldsymbol{x}) \geqq q_2 p_2(\boldsymbol{x})\}$, und approximieren wir $p_i(\boldsymbol{x})$ durch Kernschätzungen $\hat{p}_i(\boldsymbol{x})$, so weicht zwar $\hat{p}_i(\boldsymbol{x})$ von $p_i(\boldsymbol{x})$ ab, aber meist sind die Gebiete $\mathscr{W}_1$ und $\hat{\mathscr{W}}_1 = \{\boldsymbol{x} : q_1 \hat{p}_1(\boldsymbol{x}) \geqq q_2 \hat{p}_2(\boldsymbol{x})\}$ sehr ähnlich. Insbesondere spielt die Wahl der Bandbreiten in den Kernen eine untergeordnete Rolle. Das gilt zumindest dann, wenn die Stichprobenumfänge in den Klassen nicht sehr stark unterschiedlich voneinander sind. Es sollte bei der Auswahl von Schätzungen jedoch darauf geachtet werden, daß zur Schätzung der Dichten für die Klassen gleichartige Methoden verwendet werden, d. h., wenn wir eine Kernschätzung in der einen Klasse wählen, dann sollten wir ebenfalls Kernschätzungen mit denselben Bandbreiten für die Dichten der anderen Klassen auswählen. Es empfiehlt sich, weitestgehend auf die strenge Nutzung von Signifikanzniveaus in der Diskriminanzanalyse zu verzichten. Bestenfalls sollen Quantile als Richtgrößen beachtet werden, jedoch sollte man die Entscheidung über Annahme oder Ablehnung und eine Aussage über die Güte von Diskriminanzverfahren nicht darauf stützen. Da nämlich die Quantile stärker von den Verteilungen abhängen, wir jedoch die Verteilungen nicht genau genug kennen, sollten diese Quantile nicht Grundlage für die Bewertung sein, zumal wir hier andere Möglichkeiten ausnutzen können. So z. B. könnte die Auswahl der wesentlichen Merkmale (Abschnitt 3.4.2.3) auch mit Quantilen für gewisse Testgrößen, die mit den T_0^2-

Statistiken zusammenhängen, vorgenommen werden. Wir bevorzugen jedoch Abzählalgorithmen, die der Berechnung der $\varphi(t \mid i)$ zugrunde liegen und die unabhängig von angenommenen Verteilungen sind.

3.5. Stellung der Diskriminanzanalyse in der Datenanalyse

Wir untersuchten in den vorangegangenen Abschnitten verschiedene Details von Diskriminanzverfahren. Dabei kam es darauf an, Methoden anzugeben und zu diskutieren, die geeignet sind, Beziehungen zwischen Klassen $\mathcal{K}_1, \ldots, \mathcal{K}_k$ und Variablen mit Werten in einem p-dimensionalen Raum herzustellen:

$$\begin{pmatrix} \mathcal{K}_1 \\ \vdots \\ \mathcal{K}_k \end{pmatrix} \leftrightarrow \boldsymbol{Y} = (\boldsymbol{y}_{11}, \ldots, \boldsymbol{y}_{kn_k}).$$

Es geht also nicht schlechthin um eine Gruppierung der $\boldsymbol{y}_{ij}$, wie es z. B. das Ziel von Clusteranalysen ist, sondern es geht um die Gruppierung bez. der Unterscheidung und Zuordnung zu den $\mathcal{K}_i$. Die Diskriminanzanalyse ist geeignet, solche geforderten Zusammenhänge für multivariate Daten konstruktiv zu finden. Dabei werden nicht wie bei anderen Methoden, etwa wie der Regressionsanalyse, von vornherein einschneidende Modellvoraussetzungen über das mögliche Zusammenspiel verschiedener Komponenten der $\boldsymbol{y}_{ij}$ gemacht. Selbst durch lineare Diskriminanzfunktionen können komplizierte nichtlineare Zusammenhänge, auch mit starken Wechselwirkungen bei den Komponenten der $\boldsymbol{y}_{ij}$, zwischen $\boldsymbol{Y}$ und $\mathcal{K}_1, \ldots, \mathcal{K}_k$ beschrieben werden. Natürlich ist das nur dadurch möglich, daß man in geeigneter Weise eine Diskretisierung vornimmt, was in der Bildung endlicher vieler Klassen $\mathcal{K}_i$ zum Ausdruck kommt. Insofern ist die Diskriminanzanalyse, wenn sie auf Regressionsprobleme angewendet wird, eine diskrete Version der Regression und andererseits die Regression die stetige Verallgemeinerung der Diskrimination.

4. Schätzung in statistischen Modellen

Die Approximation und Schätzung von Funktionen ist ein altes mathematisches Problem. Nehmen wir an, daß ein Versuchsbereich $\mathcal{T}$ im p-dimensionalen Raum gegeben ist und eine stochastisch gestörte Beobachtung einer Funktion x über Punkten von $\mathcal{T}$ möglich ist. Aussagen über x sind dabei von Interesse. Hier wären die Approximation, die Bestimmung von Konfidenzintervallen und Tests über x zu nennen. Die meist benutzte Methode zur Approximation ist die Kleinste-Quadrate-Methode, die auf Carl-Friedrich Gauß zurückgeht. Er veröffentlichte erste Resultate zur Methode der Kleinsten Quadrate und benutzte seine Ergebnisse für Vorhersagen in der Astronomie. Insbesondere zeigte er schon (siehe Satz von Gauß-Markow (Abschnitt 2.1.2)), daß diese Methode bei linearen Modellen zu besten linearen, erwartungstreuen Schätzungen führt. Die Punkte $\boldsymbol{t} = (t_{(1)}, \ldots, t_{(p)})'$ aus $\mathcal{T}$ stellen in diesem Zusammenhang die unabhängigen Variablen dar. Es wird davon ausgegangen, daß diese Faktoren $t_{(i)}$ einstellbare oder zumindest ohne Fehler beobachtbare Größen sind. Am Punkt $\boldsymbol{t}_i \in \mathcal{T}$, $i = 1, \ldots, n$, werde dann eine Variable y_i beobachtet, unter der Annahme

$$\mathsf{E}y_i = x(\boldsymbol{t}_i), \qquad i = 1, \ldots, n, \tag{1}$$

und der Voraussetzung, daß x zu einer gewissen Klasse von über $\mathcal{T}$ definierten Funktionen gehört.

4.1. Parametrische und nichtparametrische Modelle

Bei der Herleitung von Aussagen über die Funktion x in (1) spielen die Voraussetzungen über die zugrunde gelegte Funktionenklasse eine wesentliche Rolle. Insbesondere sind die parametrischen Klassen von Interesse, da häufig inhaltlich derartige Funktionenklassen nahegelegt werden, in denen die Parameter physikalisch interpretierbar sind. Die *parametrischen* Klassen der Gestalt

$$\mathcal{X}_1 = \left\{x \colon x(\boldsymbol{t}) = \sum_{j=1}^{k} \theta_j x_j(\boldsymbol{t}),\ \theta_j \in \mathbb{R}^1,\ \boldsymbol{t} \in \mathcal{T}\right\} \tag{2}$$

beispielsweise sind *lineare* Funktionenklassen, hingegen ist

$$\mathcal{X}_2 = \{x \colon x(\boldsymbol{t}) = x(\boldsymbol{t}, \boldsymbol{\theta}),\ \boldsymbol{\theta} \in \mathbb{R}^k,\ \boldsymbol{t} \in \mathcal{T}\} \tag{3}$$

eine *nichtlineare* parametrisierte Klasse, falls x nichtlinear von $\boldsymbol{\theta}$ abhängt. Dabei sind die x_i bzw. x bekannte Funktionen, aber x ist dadurch unbekannt, daß $\boldsymbol{\theta} = (\theta_1, \ldots, \theta_k)'$ ein unbekannter Parametervektor ist. Das Ziel besteht darin, Aussagen über den Parametervektor $\boldsymbol{\theta}$ oder auch über die Funktion x aus $\mathscr{X}_1$ oder $\mathscr{X}_2$ herzuleiten.

In vielen Problemen ist es sinnvoll, nicht von einer parametrischen Funktionenklasse auszugehen, da hierdurch eine zu starke Einschränkung in den Beschreibungsmöglichkeiten für die Vielfalt der einzubeziehenden Verläufe gegeben würde. So werden wir auch Fragestellungen untersuchen, in denen $\mathscr{X} = \mathbb{C}(\mathscr{T})$ als die Menge der über $\mathscr{T}$ stetigen Funktionen angesetzt wird. Auch dann können wir an gewissen charakteristischen Parametern der zugrunde liegenden Funktion x interessiert sein. In jedem Falle setzen wir in diesem Abschnitt voraus, daß für die Variablen $y_1, \ldots, y_n$ die Darstellung (1) gilt und $x \in \mathscr{X}$ für eine gegebene Klasse $\mathscr{X}$ ist. Bis jetzt haben wir Voraussetzungen für die Erwartungswertfunktion x diskutiert. Jedoch werden die Eigenschaften der Analysen und Schätzungen wesentlich durch die Verteilungen der Beobachtungsfehler beeinflußt. Benutzen wir für die Variablen, die (1) erfüllen, das Modell

$$y_i = x(\boldsymbol{t}_i) + \varepsilon_i, \tag{4}$$

so haben wir neben den Voraussetzungen an x auch Voraussetzungen an ε_i zu formulieren. Dabei werden wir annehmen, daß die Varianzen von ε_i endlich sind, d. h.

$$\mathsf{Var}\, y_i = \sigma_i^2. \tag{5}$$

Bevor wir zu allgemeineren Formulierungen und zur Diskussion charakteristischer Kenngrößen von x bzw. deren Schätzungen kommen, wollen wir einige Modellklassen angeben, die uns als Musterbeispiele dienen, und an denen wir bestimmte Erscheinungen diskutieren werden.

Beispiel 4.1.1. Lineares Modell. Es sei $\boldsymbol{y}$ eine n-dimensionale Variable, die den Erwartungswertvektor $\boldsymbol{\mu}$ und die Kovarianzmatrix $\sigma^2\boldsymbol{I}$ hat. Der Vektor $\boldsymbol{\mu}$ liege in einem k-dimensionalen Teilraum von $\mathbb{R}^n$, und es gelte die Darstellung $\boldsymbol{\mu} = \boldsymbol{X\beta}$ für eine $n \times k$-Matrix $\boldsymbol{X}$ und $\boldsymbol{\beta} \in \mathbb{R}^k$. Dann genügt $\boldsymbol{y}$ dem in $\boldsymbol{\beta}$ linearen Modell

$$\boldsymbol{y} = \boldsymbol{X\beta} + \boldsymbol{\varepsilon}$$

mit $\mathsf{E}\boldsymbol{\varepsilon} = \boldsymbol{0}$, $\mathsf{Cov}\,\boldsymbol{\varepsilon} = \sigma^2\boldsymbol{I}$. Es sollen $\boldsymbol{\beta}$ und $\sigma^2\boldsymbol{I}$ geschätzt werden (vgl. Kapitel 2).

Beispiel 4.1.2. Verbundene Mischung von Normalverteilungen. Beim Wachstum von Bakterienkulturen gelangt man zu folgenden mathematischen Problemen. Es wird eine Menge von Stäbchen mit der individuellen Länge y_i betrachtet, wobei $y_i \sim \mathrm{N}(\mu, 1)$, $i = 1, \ldots, s$, gelte. Diese Stäbe seien für uns nicht verfügbar, aber aus diesen entstandene. Wir nehmen an, daß einige dieser Stäbe (es sei ein Anteil γ) in zwei Teile zu Längen ay_i bzw. $(1 - a)\, y_i$ für ein gegebenes a, $0 < a < 1$ zerbrechen. Dann haben wir also bei $0 < \gamma < 1$ anstelle der s Stäbe, die für uns nicht verfügbar sind, nun $n = 2\gamma s + (1 - \gamma)\, s$ Stäbe, wobei γs ganz sei. Diese n Stäbe können von uns gemessen werden. Wenn wir mit $p(x, \mu)$ die Dichte von $\mathrm{N}(\mu, 1)$ bezeichnen, so sind die Längen der ausgemessenen n Stäbe näherungsweise Realisierungen zur Dichte

$$q(x, \mu) = \left[(1 - \gamma)\, p(x, \mu) + \frac{\gamma}{a}\, p(x/a, \mu) + \frac{\gamma}{1 - a}\, p(x/(1 - a), \mu)\right] \Big/ (1 + \gamma). \tag{6}$$

Die Aufgabe besteht nun in der Schätzung von μ, der mittleren Länge der ursprünglichen Stäbe.

Beispiel 4.1.3. Wachstumsmodelle. Bei der Enzymherstellung messen wir Konzentrationen, die im Laufe der Zeit ständig ansteigen. Hierfür existieren zahlreiche Modellansätze, die in der Form von Differentialgleichungen oder in expliziter Form gegeben sind. Ein spezieller Ansatz ist das folgende Modell. Für die zum Zeitpunkt t_i gemessenen Werte y_i gilt:

$$y_i = a \frac{t_i^\beta}{1 + t_i^\beta} + \varepsilon_i, \qquad i = 1, \ldots, n. \tag{7}$$

Die unbekannten Parameter sind a und β, wobei $a > 0$ der Sättigungswert der Konzentrationen ist und $\beta > 0$ das Anstiegsverhalten beschreibt. Über ε_i wird vorausgesetzt, daß $\mathsf{E}\varepsilon_i = 0$ ist. Für die Varianzen sind Annahmen wie $\mathsf{E}\varepsilon_i^2 = \sigma^2$ häufig nicht zu rechtfertigen, da bei geringen Konzentrationen eine genauere Messung möglich ist als bei großen, so daß mit prozentualem Meßfehler gerechnet werden muß. Unsere Aufgabe ist die Schätzung von a und β.

Beispiel 4.1.4. Zeitreihe mit periodischem Trend. Bei vielen zeitabhängigen Vorgängen treten Beobachtungen mit periodischem Trend auf. Dabei heißt eine Funktion x: $\mathbb{R}^1 \to \mathbb{R}^1$ periodisch mit der Periode τ, falls mit $0 < \tau < \infty$ $x(t + \tau) = x(t)$, für alle $t \in \mathbb{R}^1$, gilt. Für die Beobachtungen $y_1, \ldots, y_n$ an den Stellen $t_1, \ldots, t_n$ gelte

$$y_i = x(t_i) + \varepsilon_i, \qquad i = 1, \ldots, n,$$

für $x \in \mathcal{X}$. Dabei sei $\mathcal{X}$ die Menge aller periodischen Funktionen über dem $\mathbb{R}^1$. Aus den Beobachtungen ist die Periode der zugrunde liegenden Funktion x zu bestimmen.

Diese Reihe von charakteristischen Beispielen könnte man noch fortführen. Jedoch haben wir hier schon wesentliche Repräsentanten gefunden. Die ersten drei Modelle sind *parametrische* Modelle, wobei das Beispiel 4.1.3 ein nichtlineares Modell ist. Das Beispiel 4.1.4 beschreibt ein *nichtparametrisches* Modell, da $\mathcal{X}$ nicht durch endlich viele Parameter beschrieben werden kann. Daran wird auch dadurch nichts geändert, daß wir uns nur für eine einzige Bestimmungsgröße der Funktion x interessieren.

4.2. Schätzung von Parametern

Die einfachsten und gebräuchlichsten Kenngrößen von Schätzungen sind deren erste Momente, insbesondere die Verzerrung und die Varianz liefern wichtige Charakterisierungen.

Soll durch $\hat{\gamma}$ ein Parameter γ geschätzt werden, so heißt

$$\mathsf{E}\hat{\gamma} - \gamma$$

die *Verzerrung* von $\hat{\gamma}$. Neben diesem ersten Moment ist das zweite Moment ebenfalls von Interesse, das durch den *mittleren quadratischen Abstand* zwischen $\hat{\gamma}$ und γ definiert ist und das wir mit $\mathsf{MSE}\,\hat{\gamma}$ bezeichnen:

$$\begin{aligned} \mathsf{MSE}\,\hat{\gamma} &= \mathsf{E}(\hat{\gamma} - \gamma)\,(\hat{\gamma} - \gamma)' \\ &= \mathsf{Cov}\,\hat{\gamma} + (\mathsf{E}\hat{\gamma} - \gamma)\,(\mathsf{E}\hat{\gamma} - \gamma)', \end{aligned} \tag{8}$$

wobei

$$\mathsf{Cov}\,\hat{\gamma} = \mathsf{E}(\hat{\gamma} - \mathsf{E}\hat{\gamma})\,(\gamma - \mathsf{E}\hat{\gamma})' \tag{9}$$

die *Kovarianzmatrix* der Schätzung $\hat{\gamma}$ ist. Wir bemerken also, daß die Matrix $\mathsf{MSE}\,\hat{\gamma}$ durch die Verzerrung und die Kovarianzmatrix bestimmt wird. Häufig wählt man bei der Suche einer optimalen Schätzung als Gütemaß den mittleren quadratischen Abstand, und es wird die Klasse der Schätzungen in einer solchen Weise eingeschränkt, daß man in diesen gewählten Klassen eine optimale Lösung finden kann. So wählt man beispielsweise die Klasse der erwartungstreuen, d. h. unverzerrten Schätzungen und sucht unter diesen eine mit minimaler Varianz, kurz als *beste erwartungstreue* Schätzung bezeichnet. Für zahlreiche Klassen von Verteilungen von y_i gibt es eine gut entwickelte Theorie zur Charakterisierung derartiger optimaler Schätzungen. Jedoch ist die Einschränkung auf die Klasse der erwartungstreuen Schätzungen manchmal zu restriktiv, so daß die Lösung keinen Sinn erhält (vgl. Beispiel 4.2.1). Wir wollen betonen, daß bei der Suche einer Schätzung mit minimalem mittlerem quadratischen Abstand in jedem Fall die Verzerrung und die Varianz einzeln kontrolliert werden sollten. Das wird im folgenden Beispiel verdeutlicht.

Beispiel 4.2.1. Wir betrachten verbundene Mischungen von Normalverteilungen aus dem Beispiel 4.1.2. Es sei y eine Variable mit der Dichte (6). Setzen wir dann

$$\nu_1 = 1 - \gamma + \gamma a^2 + \gamma(1 - a)^2,$$

$$\nu_2 = \nu_1 - \varkappa^3$$

$$\varkappa = 1/(1 + \gamma),$$

so ist

$$\int x q(x, \mu)\, dx = \varkappa\mu,$$

$$\int \left(\frac{x}{\varkappa} - \mu\right)^2 q(x, \mu)\, dx = \frac{1}{\varkappa^3} (\nu_1 + \nu_2\mu^2).$$

Damit bildet $\frac{1}{\varkappa} y$ eine erwartungstreue Schätzung für μ, deren Varianz von μ abhängig ist und mit $|\mu| \to \infty$ unbegrenzt wächst. y ist selbst eine vollständige Statistik. Ist nämlich $s(y)$ eine beliebige Funktion mit

$$\int s(y)\, q(y, \mu)\, dy = 0 \quad \text{für alle } \mu,$$

so erhalten wir durch k-maliges Differenzieren nach μ die Gleichung, nachdem $\mu = 0$ gesetzt wurde,

$$(1 - \gamma) \int s(t)\, p(t, 0)\, t^k\, dt + \frac{\gamma}{a^k} \int s(t)\, p\left(\frac{t}{a}, 0\right) t^k\, dt$$

$$+ \frac{\gamma}{(1 - a)^k} \int s(t)\, p\left(\frac{t}{1 - a}, 0\right) t^k\, dt = 0.$$

Da die Funktionenfolge

$$\left[(1 - \gamma)\, p(t, 0) + \frac{\gamma}{a^k}\, p\left(\frac{t}{a}, 0\right) + \frac{\gamma}{(1 - a)^k}\, p\left(\frac{t}{1 - a}, 0\right]\right] t^k, \qquad k = 0, 1, 2, \ldots,$$

im L_2-Raum vollständig ist, folgt hieraus $s(t) = 0$. Damit ist dann auch $\frac{1}{\varkappa} y$ die beste erwartungstreue Schätzung für μ. Jedoch gilt $\mathsf{Var}\left(\frac{1}{\varkappa} y\right) \to \infty$ für $|\mu| \to \infty$, und das ist eine Eigenschaft, die für eine Schätzung nicht wünschenswert ist. Daher bleibt die Frage offen, ob nicht eine Schätzung μ^* mit $\mathsf{MSE}\, \mu^* \leqq K$ für ein $K < \infty$ existiert, auch wenn μ^* dann nicht mehr erwartungstreu ist. Diese Frage ist positiv zu beantworten.

Auch im folgenden Beispiel wird gezeigt, daß die Einschränkung auf erwartungstreue Schätzungen zu einer nicht sinnvollen Lösung führt.

Beispiel 4.2.2. Geometrische Verteilung. In der Qualitätskontrolle wird zur Bestimmung des Anteils defekter Produkte in einer Charge die Wahrscheinlichkeit für das erste Auftreten eines fehlerhaften Stückes in einer zu prüfenden Menge beobachtet. Die Variable mit dieser Wahrscheinlichkeit hat eine geometrische Verteilung.

Es sei x eine binomialverteilte Variable, und es gelte $\mathsf{P}(x = 1) = \theta$. Es werden wiederholte unabhängige Beobachtungen von dieser Variablen betrachtet. Dann ist die Wahrscheinlichkeit dafür, daß bei der r-ten Beobachtung das erste Mal der Wert 1 erhalten wird, $(1 - \theta)^{r-1}\,\theta$. Wir untersuchen nun anstelle von x eine Variable y mit diesen Wahrscheinlichkeiten, d. h.

$$\mathsf{P}(y = r) = (1 - \theta)^{r-1}\,\theta, \qquad 0 \leqq \theta \leqq 1, \qquad r = 1, 2, \ldots$$

Offenbar gilt $\sum_{r=1}^{\infty} \mathsf{P}(y = r) = 1$, und diese Verteilung heißt *geometrische Verteilung*.

Es gilt

$$\mathsf{E}y = \frac{1}{\theta}, \qquad \mathsf{Var}\, y = \frac{2 - \theta}{\theta^2}.$$

Wir wollen $\gamma = \theta$ schätzen, und es bezeichne $\hat{\gamma}$ eine beliebige erwartungstreue Schätzung. Für $\hat{\gamma} = \hat{\gamma}(y)$ gilt

$$\mathsf{E}\hat{\gamma} = \sum_{r=1}^{\infty} \hat{\gamma}(r)\,(1 - \theta)^{r-1}\,\theta = \theta.$$

Folglich ist $\sum_{r=1}^{\infty} \hat{\gamma}(r)\,(1 - \theta)^{r-1} = 1$, und durch Koeffizientenvergleich dieser Reihen erhalten wir

$$\hat{\gamma}(1) = 1, \qquad \hat{\gamma}(r) = 0, \qquad r = 2, \ldots$$

Damit stellt diese einzige erwartungstreue Schätzung zugleich die beste erwartungstreue Schätzung dar. Wir erhalten

$$\begin{aligned}\mathsf{Var}\,\hat{\gamma}(y) &= \sum_{r=1}^{\infty} (\hat{\gamma}(r) - \theta)^2\,(1 - \theta)^{r-1}\,\theta = (1 - \theta)^2\,\theta + \sum_{r=2}^{\infty} (1 - \theta)^{r-1}\,\theta^3 \\ &= (1 - \theta)\,\theta^2 + (1 - \theta)^2\,\theta = \theta - \theta^2.\end{aligned}$$

Diese Schätzung $\hat{\gamma}$ nimmt nur die Werte 0 oder 1 an, da sie aber eine Angabe über den Wert von θ machen soll, scheint $\hat{\gamma}$ als Schätzung ungeeignet. Wegen $\mathsf{E}y = \dfrac{1}{\theta}$ liegt es nahe, $\tilde{\gamma} = \dfrac{1}{y}$ zu untersuchen. Aus der Cauchy-Schwarzschen Ungleichung folgt $\theta \leqq \mathsf{E}\tilde{\gamma}$, und wegen $0 \leqq \tilde{\gamma} \leqq 1$ haben wir

$$0 \leqq \mathsf{E}\tilde{\gamma} \leqq 1.$$

Weiter folgt

$$\mathsf{MSE}\,\tilde{\gamma} = \theta \sum_{r=1}^{\infty} \frac{1}{r^2}\,(1 - \theta)^{r-1} - \theta^2 \left(\sum_{r=1}^{\infty} \frac{1}{r}\,(1 - \theta)^{r-1}\right)^2 \leqq \theta \sum_{r=1}^{\infty} \frac{1}{r^2}\,(1 - \theta)^{r-1} < \theta \cdot 1.65$$

und damit $\mathsf{MSE}_\theta\,\tilde{\gamma} \to 0$ für $\theta \to 0$.

Außerdem gilt bei $\theta = 1$ $\mathsf{MSE}\,\tilde{\gamma} = 0$, da $\tilde{\gamma} = 1$ mit Wahrscheinlichkeit 1 gilt. Diese beiden Eigenschaften gelten auch für alle Schätzfunktionen, die Potenzen von $\tilde{\gamma}$ sind, d. h. auch für $\tilde{\gamma}^\alpha$, $\alpha \geqq 1$.

Wir geben in Tabelle 4.2.1 zum Vergleich einiger Schätzfunktionen die Werte $\mathsf{MSE}_\theta\,\hat{\gamma}$, $\mathsf{MSE}_\theta\,\tilde{\gamma}$, $b_\theta(\tilde{\gamma})$, $\mathsf{MSE}_\theta\,\tilde{\gamma}^2$, $b_\theta(\tilde{\gamma}^2)$ an, wobei $b_\theta(\tilde{\gamma}) = \mathsf{E}_\theta\tilde{\gamma} - \gamma$ die Verzerrung von $\tilde{\gamma}$ bezeichnet. Beim Vergleich der Schätzungen $\hat{\gamma}, \tilde{\gamma}, \tilde{\gamma}^2$ fällt auf, daß die mittlere quadratische Abweichung für kleine θ-Werte für $\hat{\gamma}$ kleiner ist als für $\tilde{\gamma}, \tilde{\gamma}^2$. Jedoch für $\theta \geqq 0.07$ sind $\tilde{\gamma}, \tilde{\gamma}^2$ besser als $\hat{\gamma}$. Interessant ist hieran, daß zwar $\mathsf{MSE}\,\tilde{\gamma} < \mathsf{MSE}\,\tilde{\gamma}^2$ für $\theta \geqq 0.07$ gilt, hingegen die Verzerrung für $\tilde{\gamma}$ viel größer als die für $\tilde{\gamma}^2$ ist. Daher würde man bei der geometrischen Verteilung unter diesen Schätzungen die Schätzung $\tilde{\gamma}^2$ wählen.

Tabelle 4.2.1. Vergleich der Schätzungen $\hat{p}$, $\bar{y}$, $\bar{y}^2$

θ	$\mathrm{MSE}_\theta\hat{p}$	$\mathrm{MSE}_\theta\bar{y}$	$b_\theta(\bar{y})$	$\mathrm{MSE}_\theta\bar{y}^2$	$b_\theta(\bar{y}^2)$
0	0	0	0	0	0
.01	.009	.014	.034	.0105	.006
.03	.0291	.03495	.078	.0302	.016
.05	.0475	.051	.108	.048	.026
.07	.0651	.06386	.13	.064	.034
.1	.09	.0789	.156	.086	.044
.15	.1275	.0962	.1847	.116	.058
.2	.16	.1068	.202	.14	.068
.25	.1875	.1126	.2120	.158	.076
.3	.21	.1149	.2160	.17	.081
.35	.2275	.1145	.2153	.178	.084
.4	.24	.1119	.211	.182	.085
.45	.2475	.1076	.2033	.182	.084
.5	.25	.1018	.1931	.178	.082
.55	.2475	.0948	.181	.172	.078
.6	.24	.0868	.166	.162	.074
.65	.2275	.078	.15	.149	.068
.7	.21	.068	.132	.135	.061
.75	.1875	.058	.113	.118	.053
.8	.16	.047	.093	.098	.044
.85	.1275	.036	.071	.076	.034
.9	.09	.024	.048	.053	.024
.95	.0475	.012	.025	.027	.012
1.0	0	0	0	0	0

4.3. Cramér-Rao-Ungleichung

Offenbar gibt es bei Schätzungen eine enge Beziehung zwischen der Varianz und der Verzerrung. Es können i. allg. nicht beide Kenngrößen gleichzeitig minimiert werden, das wird auch im Beispiel 4.2.2 deutlich. Wir wollen genauere Aussagen ableiten. Wir untersuchen die Frage, ob es bei einer gegebenen Verzerrung $b_{\boldsymbol{\theta}}$ eine untere Schranke für die Varianz aller Schätzungen $\hat{\boldsymbol{\gamma}}$ mit dieser Verzerrung gibt. Die Antwort wird durch die Ungleichung von Cramér und Rao gegeben.

Ausgangspunkt für die Ableitung einer unteren Schranke für die Varianz einer Schätzung ist der sogenannte *Informationsgehalt* über den zu schätzenden Parameter in der Verteilung. Es sei y eine zufällige Variable mit der Dichte $f_{\boldsymbol{\theta}}(y)$, $\boldsymbol{\theta} \in \mathbb{R}^k$. Dann ist die *Informationsmatrix* $\boldsymbol{I}_{\boldsymbol{\theta}}$ definiert durch

$$\boldsymbol{I}_{\boldsymbol{\theta}} = \left(I_{ij}(\boldsymbol{\theta})\right), \quad I_{ij}(\boldsymbol{\theta}) = \mathsf{E}_{\boldsymbol{\theta}}\left(-\frac{\partial^2 \ln f_{\boldsymbol{\theta}}(Y)}{\partial\theta_i\,\partial\theta_j}\right), \tag{10}$$

wenn wir voraussetzen, daß $\ln f_{\boldsymbol{\theta}}(y)$ zweimal differenzierbar nach $\boldsymbol{\theta}$ ist und der Erwartungswert dieser zweiten Ableitung existiert. Es sei $\boldsymbol{\gamma}(\boldsymbol{\theta})$ ein zu schätzender s-dimensionaler Parameter und $\hat{\boldsymbol{\gamma}}$ eine Schätzung für $\boldsymbol{\gamma}(\boldsymbol{\theta})$ mit

$$\mathsf{E}_{\boldsymbol{\theta}}\hat{\boldsymbol{\gamma}} = \boldsymbol{\gamma}(\boldsymbol{\theta}).$$

Setzen wir dann $\mathsf{Cov}_{\boldsymbol{\theta}}\,\hat{\boldsymbol{\gamma}} = \boldsymbol{v}_{\boldsymbol{\theta}}$ und $\boldsymbol{\Delta}_{\boldsymbol{\theta}} = \frac{\partial}{\partial \boldsymbol{\theta}}\,\boldsymbol{\gamma}(\boldsymbol{\theta})$, so gilt

$$V_{\boldsymbol{\theta}} \geqq \boldsymbol{\Delta}_{\boldsymbol{\theta}} \boldsymbol{I}_{\boldsymbol{\theta}}^{-1} \boldsymbol{\Delta}'_{\boldsymbol{\theta}} \quad \text{für alle } \boldsymbol{\theta}. \tag{11}$$

Diese Ungleichung ist als *Cramér-Rao-Ungleichung* bekannt und zeigt, daß die Kovarianzmatrix einer Schätzung für $\boldsymbol{\gamma}(\boldsymbol{\theta})$ größer als eine untere Schranke ist, die unabhängig von der gewählten Schätzung ist. Ist speziell $\boldsymbol{\gamma}(\boldsymbol{\theta}) = \boldsymbol{\theta}$, so gilt $\boldsymbol{\Delta} = \boldsymbol{I}$, und aus (11) folgt insbesondere

$$V_{\boldsymbol{\theta},ii} \geqq (\boldsymbol{I}_{\boldsymbol{\theta}}^{-1})_{ii}. \tag{12}$$

Für $k = s = 1$ bedeutet die Ungleichung (11), daß die Varianz einer beliebigen erwartungstreuen Schätzung für $\gamma(\theta)$ nicht kleiner als $\Delta_\theta^2 I_\theta^{-1}$ ist, d. h., es gilt

$$\mathsf{Var}_{\boldsymbol{\theta}}\,\hat{\gamma} \geqq \frac{1}{I_\theta}\,[\Delta_\theta]^2 \tag{13}$$

für jede erwartungstreue Schätzung $\hat{\gamma}$ von $\gamma(\theta)$.

Diese Ungleichungen (11) bzw. (13) zeigen insbesondere, daß die Kovarianzmatrix bzw. Varianz von erwartungstreuen Schätzungen für $\boldsymbol{\theta}$ eine untere Schranke besitzen. Auch für verzerrte Schätzungen geben uns diese Ungleichungen Abschätzungen für die Varianzen. Ist nämlich $\tilde{\boldsymbol{\gamma}}$ eine Schätzung für $\boldsymbol{g}(\boldsymbol{\theta})$ mit der Verzerrung $\boldsymbol{b}_{\boldsymbol{\theta}}$, so ist $\tilde{\boldsymbol{\gamma}}$ eine erwartungstreue Schätzung für

$$\boldsymbol{\gamma}(\boldsymbol{\theta}) = \boldsymbol{b}_{\boldsymbol{\theta}} + \boldsymbol{g}(\boldsymbol{\theta}) \tag{14}$$

und folglich

$$\mathsf{Cov}_{\boldsymbol{\theta}}\,\tilde{\boldsymbol{\gamma}} \geqq \boldsymbol{\Delta}_{\boldsymbol{\theta}} \boldsymbol{I}_{\boldsymbol{\theta}}^{-1} \boldsymbol{\Delta}'_{\boldsymbol{\theta}}, \tag{15}$$

mit $\boldsymbol{\Delta}_{\boldsymbol{\theta}} = \frac{\partial}{\partial \boldsymbol{\theta}}\,\boldsymbol{\gamma}(\boldsymbol{\theta}) = \frac{\partial}{\partial \boldsymbol{\theta}}\,[\boldsymbol{b}_{\boldsymbol{\theta}} + \boldsymbol{g}(\boldsymbol{\theta})]$ wie zuvor. Die Ungleichung (15) erhält dann für den einparametrigen Fall $k = s = 1$ die Form

$$\mathsf{Cov}_\theta\,\tilde{\gamma} \geqq \frac{1}{I_\theta}\,[\Delta_\theta]^2. \tag{16}$$

Aus der Definition der Matrix $\boldsymbol{I}_{\boldsymbol{\theta}}$ folgt, daß für $\boldsymbol{y} = (y_1, \ldots, y_n)'$ mit unabhängigen, identisch verteilten Komponenten y_i die Beziehung $\boldsymbol{I}_{\boldsymbol{\theta},n} = n\boldsymbol{I}_{\boldsymbol{\theta},1}$, wenn $\boldsymbol{I}_{\boldsymbol{\theta},n}$ bzw. $\boldsymbol{I}_{\boldsymbol{\theta},1}$ die Informationsmatrix für $\boldsymbol{y}$ bzw. y_1 bezeichnet.

Wir geben nun in einigen Beispielen die explizite Form der Cramér-Rao-Ungleichung an.

Beispiel 4.3.1. Normalverteilung. Es seien unabhängige Variable $y_i \sim \mathrm{N}(\mu, \sigma^2)$, $i = 1, \ldots, n$, gegeben. Dann gilt für $\boldsymbol{\theta} = (\mu, \sigma^2)$

$$\boldsymbol{I}_{\boldsymbol{\theta},n} = \begin{pmatrix} \frac{n}{\sigma^2} & 0 \\ 0 & \frac{n}{2\sigma^4} \end{pmatrix}.$$

Wählen wir nun $g(\boldsymbol{\theta}) = \mu$, so ist

$$\Delta_{\boldsymbol{\theta}} I_{\boldsymbol{\theta},n}^{-1} \Delta_{\boldsymbol{\theta}}' = \frac{\sigma^2}{n}.$$

Wegen $\mathsf{Cov}_{\boldsymbol{\theta}} \frac{1}{n} (\mathbf{1}'\boldsymbol{y}) = \frac{\sigma^2}{n}$ und $\frac{1}{n} \mathsf{E}\mathbf{1}'\boldsymbol{y} = \mu$ ist $\frac{1}{n} \mathbf{1}'\boldsymbol{y}$ erwartungstreu und nimmt in (13) die Gleichheit an. Damit hat $\frac{1}{n} \mathbf{1}'\boldsymbol{y}$ unter den erwartungstreuen Schätzungen minimale Varianz. Wählen wir $g(\boldsymbol{\theta}) = \sigma^2$, so ist

$$\Delta_{\boldsymbol{\theta}} I_{\boldsymbol{\theta},n}^{-1} \Delta_{\boldsymbol{\theta}}' = \frac{2\sigma^4}{n}.$$

Eine erwartungstreue Schätzung für σ^2 ist bekanntlich

$$\hat{\sigma}^2 = \frac{1}{n-1} \sum_{i=1}^{n} (y_i - \bar{y})^2,$$

für die $\mathsf{Var}\, \hat{\sigma}^2 = \frac{2\sigma^4}{n-1} > \frac{2\sigma^4}{n}$ gilt. Aus (15) läßt sich noch nicht entscheiden, ob $\hat{\sigma}^2$ die beste erwartungstreue Schätzung ist.

Beispiel 4.3.2. Wir betrachten, wie im Beispiel 4.2.1 die Mischung von Normalverteilungen mit der Dichte (6).

Dann folgt

$$\frac{d^2}{d\mu^2} \ln q(x, \mu) = -1 + x \frac{h'(x, \mu)}{q(x, \mu)} - x \frac{q'(x, \mu)\, h(x, \mu)}{q^2(x, \mu)}$$

für $h(x, \mu) = \left[(1 - \gamma)\, p(x,\mu) + \frac{\gamma}{a^2}\, p(x/a, \mu) + \frac{\gamma}{(1-a)^2}\, p\left(\frac{x}{1-a}, \mu\right)\right] \Big/ (1 + \gamma)$.

Damit erhalten wir

$$I_\mu = -\mu^2 + \int x^2 \frac{h^2(x, \mu)}{q(x, \mu)}\, dx.$$

Da sich die explizite Gestalt der Funktion

$$\varphi(\mu) = \int x^2 \frac{h^2(x, \mu)}{q(x, \mu)}\, dx$$

nicht angeben läßt, wird eine Tabelle für I_μ für einige Werte für γ und a aufgestellt (vgl. Tab. 4.3.1 und 4.3.2).

Auffällig ist, daß $I_\mu^{-1} < 2$ und keine monotone Funktion ist. Die Kurven für I_μ^{-1} sind in Abb. 4.3.1 aufgetragen. In jedem Fall ist I_μ^{-1} beschränkt, insbesondere für $\mu \to \infty$ gilt $I_\mu^{-1} \to 1$. In Beispiel 4.2.1 zeigten wir, daß $\hat{\mu} = \frac{1}{\varkappa} y$ eine beste erwartungstreue Schätzung ist und daß $\mathsf{Var}\, \frac{1}{\varkappa} y = \frac{1}{\varkappa^2} (\nu_1 + \nu_2 \mu^2)$ gilt und somit quadratisch in μ wächst. Die Differenz zwischen der Cramér-Rao-Schranke I_μ^{-1} und dem Wert $\mathsf{Cov}\, \frac{1}{\varkappa} y$ wird also immer größer. Das gibt einen Hinweis darauf, daß eine andere Schätzung für μ als $\hat{\mu}$ konstruiert werden sollte.

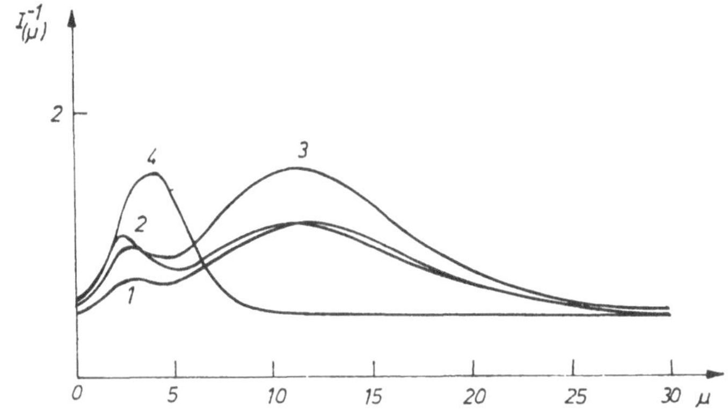

Abb. 4.3.1. Kurven für I_μ^{-1} entsprechend Tabelle 4.3.1

Tabelle 4.3.1. Werte für I_μ; an den mit * gekennzeichneten Stellen stehen Werte zwischen 0.99 und 1

μ	$\gamma = 0.5$ $a = 0.5$ (1)	$\gamma = 0.5$ $a = 0.2$ (2)	$\gamma = 0.2$ $a = 0.2$ (3)	$\gamma = 0.8$ $a = 0.2$ (4)
0	.927	.934	.97	.92
0.5	.912	.925	.96	.90
1	.869	.886	.94	.86
1.5	.8	.835	.91	.80
2	.73	.782	.88	.74
2.5	.66	.75	.85	.72
3	.61	.747	.84	.73
4	.58	.78	.86	.79
5	.64	.775	.86	.82
6	.74	.733	.83	.8
7	.85	.683	.79	.76
8	.93	.638	.75	.73
9	.96	.605	.72	.71
10	.98	.584	.70	.69
11	.99	.576	.69	.69
12	.99	.580	.68	.69
13	*	.595	.69	.70
14	*	.618	.71	.72
15	*	.648	.73	.74
16	*	.682	.75	.77
17	*	.718	.78	.79
18	*	.755	.80	.82
19	*	.79	.83	.85
20	*	.82	.86	.87
22	*	.88	.91	.91
25	*	.94	.95	.96
27	*	.966	.97	.97
30	*	.98	.99	.99
31	*	.99	*	*

Tabelle 4.3.2. Werte für I_μ^{-1}; an den mit * gekennzeichneten Stellen stehen Werte zwischen 1.005 und 1.01

μ	$\gamma = 0.2$ $a = 0.2$	$\gamma = 0.8$ $a = 0.2$	$\gamma = 0.5$ $a = 0.2$	$\gamma = 0.5$ $a = 0.5$
0	1.03	1.09	1.07	1.08
0.5	1.04	1.1	1.08	1.1
1.0	1.06	1.17	1.13	1.15
1.5	1.09	1.26	1.20	1.25
2.0	1.14	1.35	1.28	1.37
2.5	1.17	1.40	1.33	1.52
3.0	1.18	1.38	1.34	1.64
4	1.16	1.26	1.28	1.72
5	1.16	1.22	1.29	1.56
6	1.21	1.25	1.36	1.35
7	1.27	1.31	1.46	1.18
8	1.33	1.36	1.57	1.08
9	1.38	1.41	1,65	1.04
10	1.43	1.44	1.71	1.02
11	1.46	1.45	1.74	1.01
12	1.46	1.45	1.72	1.01
13	1.45	1.43	1.68	1.01
14	1.42	1.39	1.62	*
15	1.38	1.35	1.54	*
16	1.33	1.30	1.47	*
17	1.29	1.26	1.39	*
18	1.24	1.22	1.32	*
19	1.20	1.18	1.27	*
20	1.16	1.15	1.22	1.005
25	1.05	1.05	1.06	1.0
26	1.038	1.03	1.05	1.0
27	1.02	1.02	1.04	1.0
30	1.01	1.01	1.02	1.0

4.4. Prinzipielle Verbesserungsmöglichkeit der besten erwartungstreuen Schätzung

In der Ungleichung (16) ist eine Beziehung zwischen der Varianz einer Schätzung $\hat{\gamma}$ für $g(\theta)$ und der Verzerrung beschrieben. Es erhebt sich die Frage, ob es prinzipiell möglich ist, eine beste erwartungstreue Schätzung durch Zulassung einer Verzerrung im Sinne der mittleren quadratischen Abweichung zu verbessern. Dazu betrachten wir den Fall, daß eine für $g(\theta)$ erwartungstreue Schätzung $\hat{\gamma}$ gegeben sei, für die in (16) die Gleichheit gilt. Das heißt, wir setzen $s = 1$ und

$$\mathsf{Cov}_\theta\, \hat{\gamma} = \frac{1}{I_\theta} [g'(\theta)]^2$$

voraus. Hier bezeichnen g' und später b_θ' die Ableitung nach θ.
Wegen (16) gilt für eine beliebige Schätzung γ^*

$$\mathsf{Cov}_\theta\, \gamma^* \geqq \frac{1}{I_\theta} [b_\theta'(\gamma^*) + g'(\theta)]^2$$

und folglich

$$\mathsf{MSE}_\theta\, \gamma^* \geqq \frac{1}{I_\theta} [b'_\theta(\gamma^*) + g'(\theta)]^2 + b_\theta^2(\gamma^*). \tag{17}$$

Es bleibt nun die Frage, ob ein γ^* angegeben werden kann, für das

$$[g'(\theta)]^2 \geqq [b'_\theta(\gamma^*) + g'(\theta)]^2 + b_\theta^2(\gamma^*) \tag{18}$$

gilt. Denn dann wäre es prinzipiell möglich, eine bessere Schätzung als $\hat{p}$ zu finden. Wählen wir speziell $\gamma^* = \lambda \hat{p}$ für $0 < \lambda < 1$, so haben wir $b_\theta(\gamma^*) = (\lambda - 1)\, g(\theta)$, und folglich ist (18) äquivalent der Ungleichung

$$(1 - \lambda^2)\, [g'(\theta)]^2 \geqq (1 - \lambda)^2\, [g(\theta)]^2, \tag{19}$$

die eine Forderung an $g(\theta)$ ausdrückt. Derartige Funktionen existieren. Wegen $1 - \lambda^2 > (1 - \lambda)^2$ gilt (19) beispielsweise für $g(\theta) = \mathrm{e}^{\pm\theta}$.
Aber auch andere Beispiele sind von Interesse. Ist etwa

$$|g'(\theta)| \geqq c > 0 \quad \text{und} \quad |g(\theta)| \leqq K, \tag{20}$$

so gilt (19) für $\lambda = K^2/(K^2 + c^2)$.

Die Bedingungen (20) sind nur erfüllbar, falls Θ eine beschränkte Menge ist. Soll z. B. $g(\theta) = \theta$ geschätzt werden, so wählen wir $c = 1$ und $K = \max_{\theta \in \Theta} |\theta|$.

Somit ergibt sich, daß in vielen Situationen im Sinne des mittleren quadratischen Abstands eine Verbesserung einer besten erwartungstreuen Schätzung prinzipiell möglich ist. Unter speziellen Modellvoraussetzungen wollen wir dieses Problem im Abschnitt 4.5 genauer untersuchen.

4.5. Schätzung nichtlinearer Parameter in linearen Modellen

Bisher betrachteten wir in Kapitel 2 bei linearen Modellen die Schätzung linearer Parameter bzw. Varianzen. Damit sind wesentliche Fragestellungen in der Schätztheorie erfaßt, jedoch ist gerade das Gebiet der Schätzung nichtlinearer Parameter in vielen Bereichen von besonderer Bedeutung. Während man für lineare Parameter eine ziemlich abgeschlossene Theorie findet und es dazu auch ausführliche Darstellungen (Rao (1965), Humak (1977), Scheffé (1959)) gibt, findet man für nichtlineare Parameter naturgemäß keine einheitliche Darstellung. Bemerkenswert ist dabei, daß in nahezu allen Arbeiten zur nichtlinearen Schätztheorie versucht wird, die Erkenntnisse und Methoden aus der linearen Theorie direkt auf die nichtlinearen Probleme zu übertragen, ohne die speziellen Nichtlinearitäten voll oder teilweise auszuschöpfen. Wir wollen hier auf einige Möglichkeiten zur Schätzung nichtlinearer Parameter eingehen, wobei wir neben den klassischen Methoden auch neuartige Schätzverfahren vorstellen wollen, die gewisse *Stabilitäten* gegenüber Beobachtungs- und Berechnungsfehlern besitzen, aber auch aus statistischer Sicht vorteilhaft sind.

4.5.1. Nichtlineare Parameter in linearen Modellen

Wir betrachten eine zufällige n-dimensionale Variable $\boldsymbol{y}$, die einem linearen Modell genügt:

$$\boldsymbol{y} = \boldsymbol{X\beta} + \boldsymbol{\epsilon}. \tag{21}$$

Dabei sei $\boldsymbol{X}$ eine bekannte $n \times k$-Matrix, $\boldsymbol{\beta} \in \mathbb{R}^k$ ein unbekannter Vektor und $\boldsymbol{\epsilon}$ eine zufällige Variable mit $\mathsf{E}\boldsymbol{\epsilon} = \boldsymbol{0}$, $\mathsf{E}\boldsymbol{\epsilon\epsilon}' = \sigma^2\boldsymbol{\Lambda}$ für eine bekannte positiv definite Matrix $\boldsymbol{\Lambda}$ und unbekanntes σ^2. Allgemein wollen wir, wenn P die Verteilung von $\boldsymbol{y}$ bezeichnet und $\mathsf{P} \in \mathcal{P}$ für eine bekannte Klasse von Verteilungen gilt, einen Parameter $\lambda(\mathsf{P})$ für ein Funktional λ schätzen. Wenn $\mathcal{P}$ das lineare Modell (21) beschreibt, so ist $\lambda(\mathsf{P})$ nur dann ein linearer Parameter, wenn $\lambda(\mathsf{P})$ eine lineare Funktion von $\boldsymbol{X\beta}$ ist. Alle anderen Parameter $\lambda(\mathsf{P})$ sind nichtlineare Parameter in (21). Das übliche Vorgehen kann dann so beschrieben werden, daß aus $\boldsymbol{y}$ eine Schätzung P_n für P gewonnen wird und $\lambda(P_n)$ als Schätzung definiert wird.

Beispiel 4.5.1. Es sei $\boldsymbol{X} = \boldsymbol{1} \in \mathbb{R}^n$. Folglich haben die Komponenten y_i von $\boldsymbol{y}$ alle denselben Erwartungswert β. Wir setzen voraus, daß $\boldsymbol{\Lambda} = \boldsymbol{I}$ gilt und

$$y_i \sim \mathrm{N}(\beta, \sigma^2),$$

so daß $y_1, \ldots, y_n$ unabhängig und identisch verteilt sind. Geschätzt werden sollen die Parameter

$$\gamma_1 = e^\beta, \qquad \gamma_2 = \sigma^2.$$

Die Maximum-Likelihood-Schätzungen für β, σ^2 sind

$$\hat\beta = \frac{1}{n} \sum_{i=1}^n y_i, \qquad \hat\sigma^2 = \frac{1}{n} \sum_{i=1}^n (y_i - \hat\beta)^2.$$

So benutzen wir die Schätzungen

$$\hat\gamma_1 = e^{\hat\beta}, \qquad \hat\gamma_2 = \hat\sigma^2.$$

Beachten wir, daß $\gamma_1 = \exp\left(\int x\mathsf{P}(dx)\right)$ für die $\mathrm{N}(\beta, \sigma^2)$-Verteilung P gilt, so hat γ_1 die Gestalt $\gamma_1 = \lambda_1(\mathsf{P})$ und $\hat\gamma_1 = \lambda_1(P_n)$, wenn P_n die empirische Verteilung der $y_1, \ldots, y_n$ bezeichnet. Ebenso hat $\hat\sigma^2$ eine solche Struktur $\hat\sigma^2 = \int (y - \int x P_n(dx))^2 \, P_n(dy)$, in der P_n anstelle P in der Darstellung $\sigma^2 = \lambda_2(\mathsf{P})$ gesetzt wird.

4.5.2. Schätzung nichtlinearer Parameter

4.5.2.1. Maximum-Likelihood-Schätzung von $\boldsymbol{\lambda}(\mathsf{P})$

Das oben angegebene Prinzip der Schätzung von $\lambda(\mathsf{P})$ ist nach Konstruktion ein *Substitutionsverfahren*, in dem rein formal P_n anstelle P gesetzt wird. Wir wollen eine andere Rechtfertigung für diese Vorgehensweise geben. Soll $\boldsymbol{\gamma} = \boldsymbol{\lambda}(\boldsymbol{X\beta}) \in \mathbb{R}^t$ geschätzt werden und ist $\boldsymbol{\lambda}$ umkehrbar eindeutig, dann folgt aus (21)

$$\boldsymbol{y} = \boldsymbol{\mu}(\boldsymbol{\gamma}) + \boldsymbol{\epsilon}. \tag{22}$$

Es sei $\boldsymbol{\Lambda} = \boldsymbol{I}$, ε_i möge die Dichte p_i, $i = 1, \ldots, n$, besitzen. Wir wollen die Maximum-Likelihood-Schätzung für $\boldsymbol{\gamma}$ berechnen. Gemäß Abschnitt 1.3 hat die Likelihood-

Gleichung die Gestalt

$$\frac{\partial}{\partial \gamma_j} \sum_{i=1}^{n} \ln p_i(y_i - \mu_i(\boldsymbol{\gamma})) = 0, \qquad j = 1, \dots, t, \tag{23}$$

deren Lösung zu bestimmen ist. Ist speziell ε_i normalverteilt und haben wir

$$p_i(x) = \frac{1}{\sqrt{2\pi}\,\sigma} \exp\left(-\frac{x^2}{2\sigma^2}\right),$$

so ist (23) äquivalent der Bestimmung eines Wertes $\boldsymbol{\gamma}^*$ mit

$$\sum_{i=1}^{n} (y_i - \mu_i(\boldsymbol{\gamma}^*))^2 = \min_{\boldsymbol{\gamma}}. \tag{24}$$

Wenn $\boldsymbol{\beta}^*$ eine Maximum-Likelihood-Schätzung im normalen Modell (21) bezeichnet, so sehen wir, daß $\boldsymbol{\gamma}^* = \boldsymbol{\lambda}(\boldsymbol{X\beta}^*)$ gerade die Maximum-Likelihood-Schätzung für $\boldsymbol{\gamma}$ in (22) unter der Normalverteilungsannahme ist.

Die in Beispiel 4.5.1 berechnete Schätzung $\hat{\gamma}_1 = e^{\hat{\beta}}$ ist damit eine Maximum-Likelihood-Schätzung.

So erkennen wir, daß die substituierte Schätzung $\boldsymbol{\lambda}(P_n)$ in verschiedenen Modellen auch eine Maximum-Likelihood-Schätzung ist. Allgemein läßt sich dies für $\boldsymbol{\lambda}(P_n)$ nicht zeigen. Wir sehen jedoch an (24), daß die Kleinste-Quadrate-Schätzung für $\boldsymbol{\gamma}$ gerade $\boldsymbol{\gamma}^* = \boldsymbol{\lambda}(\boldsymbol{X\beta}^*)$ ist, wenn $\boldsymbol{\beta}^*$ Kleinste-Quadrate-Schätzung im Modell (21) ist. Offenbar ist dann $\boldsymbol{\gamma}^*$ eine Funktion der empirischen Verteilungsfunktion P_n, aber nicht unbedingt gleich $\boldsymbol{\lambda}(P_n)$. Neben dem Problem der Schätzung eines solch einfachen Parameters, wie wir es in Beispiel 4.5.1 betrachteten, gibt es viele andere Beispiele für Funktionen $\boldsymbol{\lambda}(\mathsf{P})$. Wir erwähnen dazu die Schätzung von

$\lambda(\mathsf{P}) = \int \varphi(x_1, \dots, x_m)\, \mathsf{P}(dx_1) \dots \mathsf{P}(dx_m)$ zu gegebenem φ,

$\lambda(\mathsf{P}) = \alpha$-Quantil von P,

$\lambda(\mathsf{P}) =$ Median von $\mathsf{P} = \operatorname{med}(\mathsf{P})$.

Das sind Parameter, die häufig von Interesse sind. Wenn $\mathsf{P} \in \mathcal{P}$ gilt und $\mathcal{P}$ die Klasse der symmetrischen Verteilungen bezeichnet, so ist natürlich $\operatorname{med}(\mathsf{P}) = \int x\mathsf{P}(dx)$, und somit $\operatorname{med}(\mathsf{P})$ eine lineare Funktion der Verteilung. Im allgemeinen aber lassen wir auch unsymmetrische Verteilungen zu, so daß $\operatorname{med}(\mathsf{P})$ eine nichtlineare Funktion der Verteilung P ist. Schränkt man die Klasse $\mathcal{P}$ nicht wesentlich ein, so ordnen sich diese Schätzprobleme in die nichtparametrische Schätztheorie ein. Ergebnisse zur Effizienz erster Ordnung von Schätzfunktionen wurden unter anderem von Ibragimow/Chasminski (1979), Beran (1982, 1984), Pinsker (1980), Levit (1975), H. Läuter (1985b) abgeleitet. Untersuchungen der Effizienz höherer Ordnung, meist mit Hilfe von Edgeworth-Entwicklungen, findet man in den Arbeiten von Pfanzagl (1973), Tschibisow (1972), Zwanzig (1980). Schränkt man hingegen die Klasse $\mathcal{P}$ der zugelassenen Verteilungen ein, so besteht in speziellen Fällen die Möglichkeit, auch Schätzungen mit Optimalitätseigenschaften bei endlichem Stichprobenumfang zu bestimmen.

Beispiel 4.5.2. Mit den Verteilungsannahmen und den Bezeichnungen aus Beispiel 4.5.1 bestimmen wir bei bekanntem σ^2 eine erwartungstreue Schätzung für $\gamma_1 = e^{\beta}$. Wir konstruierten oben die Maximum-Likelihood-Schätzung für γ_1. Man errechnet

$$\mathsf{E}e^{\hat{\beta}} = e^{\beta} \exp\left(\frac{\sigma^2}{2n}\right).$$

Deshalb ist bei bekanntem σ^2 die Schätzung

$$\tilde{\gamma}_1 = \hat{\gamma}_1 \exp\left(-\frac{\sigma^2}{2n}\right)$$

eine erwartungstreue Schätzung für γ_1, und da $\hat{\beta}$ eine erschöpfende und vollständige Statistik war, ist $\tilde{\gamma}_1$ die beste erwartungstreue Schätzung für γ_1. Damit haben wir zur Maximum-Likelihood-Schätzung $\hat{\gamma}_1$ eine alternative Schätzung $\tilde{\gamma}_1$ erhalten. Offen bleibt der Vergleich beider Schätzungen. Man zeigt, daß für beliebiges ϱ,

$$0 \leqq \varrho \leqq 1, \quad \text{mit} \quad \bar{\varepsilon} = \frac{1}{n} \sum_{i=1}^{n} \varepsilon_i$$

$$\mathsf{E}(\varrho e^{\hat{\beta}} - \gamma_1)^2 = \gamma_1^2 \mathsf{E}(\varrho e^{\bar{\varepsilon}} - 1)^2 = \gamma_1^2 \left[\varrho^2 e^{\frac{2\sigma^2}{n}} - 2\varrho e^{\frac{\sigma^2}{2n}} + 1\right]$$

gilt. Wählt man ϱ aus dem Intervall

$$\left(\max\left(2e^{-\frac{3}{2}\frac{\sigma^2}{n}} - 1, 0\right), 1\right)$$

so findet man für diese ϱ

$$\mathsf{E}(\varrho\hat{\gamma}_1 - \gamma_1)^2 < \mathsf{E}(\hat{\gamma}_1 - \gamma_1)^2 \quad \text{für alle } \beta,$$

so daß $\tilde{\gamma}_1$ gleichmäßig besser als die Maximum-Likelihood-Schätzung $\hat{\gamma}_1$ ist. Mehr noch, minimieren wir $\varrho^2 e^{\frac{2\sigma^2}{n}} - 2\varrho e^{\frac{\sigma^2}{2n}} + 1$ bez. ϱ, so wird das Minimum für $\varrho_0 = e^{-\frac{3\sigma^2}{2n}}$ erreicht. Damit ist $\bar{\gamma}_1 = \hat{\gamma}_1 e^{-\frac{3\sigma^2}{2n}}$ die gleichmäßig beste unter den Schätzungen der Form $\varrho\hat{\gamma}_1$. Dabei beachten wir, daß $\bar{\gamma}_1$ nicht erwartungstreu ist, im Gegensatz zu $\tilde{\gamma}_1$.

In diesem einfachen Beispiel zeigten wir, daß es bei Ausnutzung der Gestalt der Funktion $\boldsymbol{\lambda}$ und der speziellen Verteilung von y_i möglich ist, eine gleichmäßig bessere Schätzung als die Maximum-Likelihood-Schätzung zu konstruieren. Leider ist $\boldsymbol{\lambda}$ häufig so kompliziert, daß der im Beispiel 4.5.2 beschriebene Weg nicht nachvollziehbar ist. Trotzdem bleibt das Problem bestehen, gute Schätzungen unter Ausnutzung der analytischen Gestalt von $\boldsymbol{\lambda}$ und der Verteilung der Beobachtungen zu konstruieren.

4.5.2.2. Bedingte Schätzungen

Betrachtet man lineare Schätzungen im Modell (21) und setzt man $\boldsymbol{\Lambda} = \boldsymbol{I}$, dann ist $\boldsymbol{X}\hat{\boldsymbol{\beta}}$ mit

$$\hat{\boldsymbol{\beta}} = (\boldsymbol{X}'\boldsymbol{X})^- \boldsymbol{X}'\boldsymbol{y}$$

eine beste lineare, erwartungstreue Schätzung für $\boldsymbol{X\beta}$. Die Schätzung $\hat{\boldsymbol{\beta}}$ hängt von $\boldsymbol{y}$ ab, deshalb schreiben wir $\hat{\boldsymbol{\beta}} = \hat{\boldsymbol{\beta}}(\boldsymbol{y})$. Es gelten folgende Eigenschaften.

a) Für jede zufällige Variable $\boldsymbol{\eta}$ in $\mathbb{R}^n$ mit $\mathsf{E}(\boldsymbol{\eta} \mid \boldsymbol{y}) = \boldsymbol{0}$ ist

$$\mathsf{E}(\hat{\boldsymbol{\beta}}(\boldsymbol{y} + \boldsymbol{\eta}) \mid \boldsymbol{y}) = \hat{\boldsymbol{\beta}}(\boldsymbol{y}).$$

b) Es sei $S_\varrho^n = \{z : z \in \mathbb{R}^n, |z| \leqq \varrho\}$ die Kugel im $\mathbb{R}^n$ mit dem Radius ϱ. Dann ist für jeden schätzbaren Parameter $\boldsymbol{F\beta}$ bei beliebigem $\varrho > 0$ die Menge

$$\{\boldsymbol{F}\hat{\boldsymbol{\beta}}(\boldsymbol{X\beta} + \boldsymbol{\varkappa}) - \boldsymbol{F\beta} : \boldsymbol{\varkappa} \in S_\varrho^n\}$$

unabhängig von $\boldsymbol{\beta}$.

Diese beiden Eigenschaften sind für lineare Schätzungen offensichtlich, jedoch sehen wir, daß für nichtlineare Schätzungen diese Bedingungen grob verletzt sein können.

Beispiel 4.5.3. Wir wählen das Modell und die Bezeichnungen wie im Beispiel 4.5.1. Die Maximum-Likelihood-Schätzung für $\gamma_1 = e^\beta$ war $\hat{\gamma}_1 = e^{\hat{\beta}}$. Es sei $\boldsymbol{\eta} \sim N(\boldsymbol{0}, \sigma_1^2 \boldsymbol{I})$ unabhängig von $\boldsymbol{y}$. Dann gilt

$$\hat{\gamma}_1(\boldsymbol{y} + \boldsymbol{\eta}) = \hat{\gamma}_1(\boldsymbol{y})\, \hat{\gamma}_1(\boldsymbol{\eta}) = e^{\hat{\beta}} e^{\bar{\eta}}.$$

Wegen $\mathsf{E} e^{\bar{\eta}} = \exp(\sigma_1^2/2n) \neq 1$ ist a) nicht erfüllt. Hier haben wir $\boldsymbol{X}\beta = \boldsymbol{1}\beta$, und es gilt für $\boldsymbol{\varkappa} \in S_\varrho^n$

$$\hat{\gamma}_1(\boldsymbol{1}\beta + \boldsymbol{\varkappa}) - \gamma_1 = e^\beta(e^{\bar{\varkappa}} - 1).$$

Damit ist $\{\hat{\gamma}_1(\boldsymbol{1}\beta + \boldsymbol{\varkappa}) - \gamma_1 : \boldsymbol{\varkappa} \in S_\varrho^n\}$ ein Intervall der Länge $e^\beta \left(\exp\left(\frac{\varrho}{\sqrt{n}}\right) - \exp\left(-\frac{\varrho}{\sqrt{n}}\right)\right)$. Mit β wächst auch die Länge dieses Intervalls unbeschränkt. Damit ist die Eigenschaft b) nicht erfüllt.

Die beiden Bedingungen a) und b) haben eine praktisch bedeutsame heuristische Interpretation. Es wird in diesen Bedingungen die Situation betrachtet, in der der gemessene Beobachtungsvektor $\boldsymbol{y}$ durch einen zufälligen Vektor, der z. B. Meßfehler oder Rundungen repräsentieren kann, gestört wird. In diesem Fall berechnen wir zu den gestörten Werten $\boldsymbol{y} + \boldsymbol{\eta}$ die Schätzungen $\hat{\boldsymbol{\beta}}(\boldsymbol{y} + \boldsymbol{\eta})$ und verlangen in a), daß bei diesen Werten im Mittel $\hat{\boldsymbol{\beta}}(\boldsymbol{y})$ herauskommt. Ähnlich ist die Bedingung b) zu interpretieren. Man kann feststellen, daß, so wie in Beispiel 4.5.3, bei den meisten nichtlinearen Schätzproblemen die Bedingungen a) und b) nicht erfüllt sind. Wollen wir also beispielsweise Meßungenauigkeiten mit einbeziehen, und dies hat man bei Analysen praktischer Daten zu tun, so kommt es darauf an, ein angepaßtes Schätzprinzip zu formulieren. Dabei werden wir eine bedingte Erwartungstreue bzw. eine bedingte minimale quadratische Abweichung der Definition einer Schätzung zugrunde legen.

Eine Schätzung $\tilde{\boldsymbol{\lambda}}(\boldsymbol{y})$ heißt zu $\hat{\boldsymbol{\lambda}}(\boldsymbol{y})$ und $\boldsymbol{\eta}$ *bedingt erwartungstreu* für $\boldsymbol{\lambda}(\mathsf{P})$, falls

(1) $\boldsymbol{\eta}$ eine zufällige Variable in $\mathbb{R}^n$ mit $\mathsf{E}(\boldsymbol{\eta} \mid \boldsymbol{y}) = \boldsymbol{0}$ ist,
(2) $\hat{\boldsymbol{\lambda}}(\boldsymbol{y})$ eine gegebene Schätzung für $\boldsymbol{\lambda}(\mathsf{P})$ in $\mathscr{P}$ ist,
(3) zu jedem $\boldsymbol{y} \in \mathbb{R}^n$ ein $\tilde{\boldsymbol{y}} \in \mathbb{R}^n$ derart existiert, daß

$$\mathsf{E}\big(\hat{\boldsymbol{\lambda}}(\tilde{\boldsymbol{y}} + \boldsymbol{\eta}) \mid \boldsymbol{y}\big) = \hat{\boldsymbol{\lambda}}(\boldsymbol{y}) \quad \text{gilt,}$$

(4) die Schätzung $\tilde{\boldsymbol{\lambda}}$ durch $\tilde{\boldsymbol{\lambda}}(\boldsymbol{y}) = \hat{\boldsymbol{\lambda}}(\tilde{\boldsymbol{y}})$ definiert ist.

Dabei kann also zu einer beliebigen Ausgangsschätzung $\hat{\boldsymbol{\lambda}}(\boldsymbol{y})$ eine bedingt erwartungstreue Schätzung konstruiert werden, vorausgesetzt, daß diese für gegebene Variable $\boldsymbol{\eta}$ existiert. Offenbar fällt für lineare Schätzungen $\tilde{\boldsymbol{\lambda}}$ mit $\hat{\boldsymbol{\lambda}}$ zusammen. Wenn wir anstelle der Erwartungstreue die Bedingung des minimalen quadratischen Abstandes setzen, so erhalten wir die folgende Definition.

Eine Schätzung $\tilde{\boldsymbol{\lambda}}(\boldsymbol{y})$ heißt bez. $\hat{\boldsymbol{\lambda}}(\boldsymbol{y})$, $\boldsymbol{\eta}$ *Schätzung mit bedingt minimaler quadratischer Abweichung*, falls

(1) $\boldsymbol{\eta}$ eine zufällige Variable in $\mathbb{R}^n$ mit $\mathsf{E}(\boldsymbol{\eta} \mid \boldsymbol{y}) = \boldsymbol{0}$ ist,
(2) $\hat{\boldsymbol{\lambda}}(\boldsymbol{y})$ eine gegebene Schätzung für $\boldsymbol{\lambda}(\mathsf{P})$ in $\mathscr{P}$ ist,

(3) zu jedem $\boldsymbol{y} \in \mathbb{R}^n$ ein $\tilde{\boldsymbol{y}} \in \mathbb{R}^n$ derart existiert, daß

$$\mathsf{E}\left(\left(\hat{\boldsymbol{\lambda}}(\tilde{\boldsymbol{y}} + \boldsymbol{\eta}) - \hat{\boldsymbol{\lambda}}(\boldsymbol{y})\right)\left(\hat{\boldsymbol{\lambda}}(\tilde{\boldsymbol{y}} + \boldsymbol{\eta}) - \hat{\boldsymbol{\lambda}}(\boldsymbol{y})\right)' \mid \boldsymbol{y}\right)$$
$$= \min_{\boldsymbol{z}} \mathsf{E}\left(\left(\hat{\boldsymbol{\lambda}}(\boldsymbol{z} + \boldsymbol{\eta}) - \hat{\boldsymbol{\lambda}}(\boldsymbol{y})\right)\left(\hat{\boldsymbol{\lambda}}(\boldsymbol{z} + \boldsymbol{\eta}) - \hat{\boldsymbol{\lambda}}(\boldsymbol{y})\right)' \mid \boldsymbol{y}\right)$$

gilt,

(4) die Schätzung $\tilde{\boldsymbol{\lambda}}$ durch $\tilde{\boldsymbol{\lambda}}(\boldsymbol{y}) = \hat{\boldsymbol{\lambda}}(\tilde{\boldsymbol{y}})$ definiert ist.

Beispiel 4.5.4. Wir betrachten das Modell des Beispiels 4.5.1. Für $\gamma_1 = e^{\beta}$ war die Maximum-Likelihood-Schätzung $\hat{\gamma}_1(\boldsymbol{y}) = e^{\hat{\beta}}$. Wählen wir $\eta \sim N(\mathbf{0}, \sigma^2\boldsymbol{I})$ unabhängig von $\boldsymbol{y}$, so sind $\boldsymbol{y} - \mathsf{E}\boldsymbol{y}, \boldsymbol{\eta}$ identisch verteilt, und $\boldsymbol{\eta}$ erfüllt die Bedingung (1) der Definitionen.

Für beliebiges $\boldsymbol{z} \in \mathbb{R}^n$ haben wir dann

$$\mathsf{E}\hat{\gamma}_1(\boldsymbol{z} + \boldsymbol{\eta}) = e^{\bar{z}}\, \mathsf{E}e^{\bar{\eta}} = e^{\bar{z}} \exp\left(\frac{\sigma^2}{2n}\right),$$

so daß die Schätzung

$$\tilde{\gamma}_1(\boldsymbol{y}) = \exp\left(-\frac{\sigma^2}{2n}\right) \hat{\gamma}_1(\boldsymbol{y})$$

eine bedingt erwartungstreue Schätzung zu $\hat{\gamma}_1$ und $\boldsymbol{\eta}$ für γ_1 ist, wobei $\tilde{\gamma}_1(\boldsymbol{y}) = \hat{\gamma}_1(\tilde{\boldsymbol{y}})$ für

$$\tilde{\boldsymbol{y}} = \boldsymbol{y} \quad \frac{\sigma^2}{2n}\, \mathbf{1}$$

gilt. Folglich ist die beste erwartungstreue Schätzung gleichzeitig bedingt erwartungstreu. Weiter erhalten wir durch direktes Ausrechnen, daß sich als Schätzung mit bedingt minimaler quadratischer Abweichung

$$\bar{\gamma}_1 = \hat{\gamma}_1 \exp\left(-\frac{3}{2}\frac{\sigma^2}{n}\right)$$

ergibt, wobei $\bar{\gamma}_1(\boldsymbol{y}) = \hat{\gamma}_1(\tilde{\boldsymbol{y}}^*)$ für $\tilde{\boldsymbol{y}}^* = \boldsymbol{y} - \frac{3}{2}\frac{\sigma^2}{n}\mathbf{1}$ gilt. Dabei erinnern wir uns, daß $\bar{\gamma}_1$ diejenige Schätzung war, die in der Klasse der Stauchungen von $\hat{\gamma}_1$ eine gleichmäßig minimale quadratische Abweichung zu γ_1 hatte.

Beispiel 4.5.5. Es sei $y \sim N(0, \sigma^2)$. Dann ist die Maximum-Likelihood-Schätzung für σ^2 gerade $\hat{\sigma}^2 = y^2$, und diese ist eine erwartungstreue Schätzung mit minimaler Varianz. Dabei gilt $y^2 \sim \sigma^2\chi_1^2$. Wir bestimmen nun eine bedingt erwartungstreue Schätzung zu $\eta \sim N(0, \sigma_1^2)$, wobei η und y unabhängig sein sollen. Folglich haben wir zu beliebigem y ein $\tilde{y}$ mit

$$\mathsf{E}(\tilde{y} + \eta)^2 = y^2$$

zu bestimmen, und das bedeutet $\tilde{y}^2 + \sigma_1^2 = y^2$. Hieran wird deutlich, daß eine bedingt erwartungstreue Schätzung nicht immer existiert, denn nicht zu jedem y existiert das geforderte $\tilde{y}$. Wir bemerken, daß das nicht an die spezielle Verteilung $N(0, \sigma_1^2)$ gebunden ist. Soll eine Schätzung mit bedingt minimaler quadratischer Abweichung bestimmt werden, so haben wir ein $\tilde{y}$ zu bestimmen, für das

$$\mathsf{E}((\tilde{y} + \eta)^2 - y^2)^2 = \min_{z} \mathsf{E}((z + \eta)^2 - y^2)^2$$

gilt. Wegen

$$\mathsf{E}((z + \eta)^2 - y^2)^2 = z^4 + 2z^2[3\sigma_1^2 - y^2] + \mathsf{E}\eta^4 + y^4 - 2y^2\sigma_1^2$$

wird der minimale Wert erreicht für $z = T(y)$ mit

$$T(y) = \begin{cases} 0, & \text{falls } y^2 \leqq 3\sigma_1^2, \\ y^2 - 3\sigma_1^2 & \text{sonst.} \end{cases}$$

Nach Konstruktion gilt $\tilde{y}^2 = T(y)$, und das ist die gesuchte Schätzung. Es bleibt nun die Frage offen, ob $T(y)$ besser als y^2 ist oder nicht. Aus A. 2.11 folgt, daß für alle $\sigma > 0$ die Ungleichung

$$\mathsf{E}(T(y) - \sigma^2)^2 < \mathsf{E}(y^2 - \sigma^2)^2$$

gilt. Damit ist diese Schätzung $T(y)$ mit bedingt minimaler quadratischer Abweichung gleichmäßig besser als die Maximum-Likelihood-Schätzung y^2.

Beispiel 4.5.6. Es sei $\boldsymbol{y} \sim \mathrm{N}_n(\mathbf{0}, \sigma^2\boldsymbol{I})$, und die bedingte Verteilung von $\boldsymbol{\eta}$ unter $\boldsymbol{y}$ sei $\mathrm{N}_n\left(\mathbf{0}, \frac{c}{n} |\boldsymbol{y}|^2\boldsymbol{I}\right)$ für eine Konstante c mit $0 < c < 1$. Es soll σ^2 geschätzt werden. Wir wollen die bedingt erwartungstreue Schätzung zur Schätzung $\frac{1}{n} |\boldsymbol{y}|^2$ konstruieren. Die Bestimmungsgleichung ist dabei

$$\frac{1}{n} |\tilde{\boldsymbol{y}}|^2 = (1 - c) \frac{1}{n} |\boldsymbol{y}|^2,$$

d. h.,

$$\frac{(1 - c)}{n} |\boldsymbol{y}|^2$$

ist eine bedingt erwartungstreue Schätzung für σ^2. Wählen wir speziell $c^* = 2/(n + 2)$, so gilt

$$\frac{(1 - c^*)}{n} |\boldsymbol{y}|^2 = \frac{1}{n + 2} |\boldsymbol{y}|^2.$$

Berücksichtigen wir, daß

$$\mathsf{E}\left(\frac{1}{n + 2} |\boldsymbol{y}|^2 - \sigma^2\right)^2 = \min_{\alpha} \mathsf{E}\left(\alpha \frac{1}{n} |\boldsymbol{y}|^2 - \sigma^2\right)^2$$

gilt, so erhalten wir durch Vergleich, daß diese optimale Schätzung $\frac{1}{n + 2} |\boldsymbol{y}|^2$ eine bedingt erwartungstreue Schätzung ist, nämlich dann, wenn die bedingte Verteilung von $\boldsymbol{\eta}$ unter $\boldsymbol{y}$ die Normalverteilung $\mathrm{N}\left(\mathbf{0}, \frac{2}{n(n + 2)} |\boldsymbol{y}|^2 \boldsymbol{I}\right)$ ist.

Diese Beispiele zeigen, daß die bedingt erwartungstreuen Schätzungen bzw. die Schätzungen mit bedingt minimaler quadratischer Abweichung zu Schätzungen mit guten statistischen Eigenschaften führen können. Daher eröffnet sich ein *neuer Weg zur Konstruktion statistischer Schätzungen.* Im letzten Beispiel sahen wir, daß die als optimal bekannte Schätzung $\frac{1}{n + 2} |\boldsymbol{y}|^2$ eine neue inhaltliche Interpretation erhalten hat. So ist es von Interesse, Bedingungen an $\boldsymbol{y}$, $\boldsymbol{\eta}$ und die Ausgangsschätzungen $\hat{\boldsymbol{\lambda}}$ zu finden, unter denen die bedingten Schätzungen Optimalitätseigenschaften haben. Dazu geben wir einige Aussagen in Abschnitt 4.5.2.4.

4.5.2.3. Approximation der bedingten Schätzungen

Die Bedingungen für die bedingten Schätzungen beinhalten die Berechnung der Erwartungswerte nichtlinearer Funktionen. Da diese Größen $\mathsf{E}^{\boldsymbol{\eta}}\tilde{\boldsymbol{\lambda}}(\boldsymbol{y} + \boldsymbol{\eta})$ schwer zu bestimmen sind, ist es notwendig, geeignete Approximationen hierfür zu wählen. Naheliegend ist dabei folgender Weg. Wir wählen l unabhängige Beobachtungen von $\boldsymbol{\eta}$, die wir mit $\boldsymbol{\eta}^{(1)}, \ldots, \boldsymbol{\eta}^{(l)}$ bezeichnen, und approximieren $\mathsf{E}^{\boldsymbol{\eta}}\tilde{\boldsymbol{\lambda}}(\tilde{\boldsymbol{y}} + \boldsymbol{\eta})$ durch den Wert

$\frac{1}{l} \sum_{i=1}^{l} \boldsymbol{\lambda}(\tilde{\boldsymbol{y}} + \boldsymbol{\eta}^{(i)})$, so daß die Bedingung (3) in der Definition der bedingt erwartungstreuen Schätzung ersetzt wird durch

$$\frac{1}{l} \sum_{i=1}^{l} \hat{\boldsymbol{\lambda}}(\tilde{\boldsymbol{y}} + \boldsymbol{\eta}^{(i)}) = \hat{\boldsymbol{\lambda}}(\boldsymbol{y}). \tag{25}$$

Da $\tilde{\boldsymbol{y}}$ nicht immer eindeutig bestimmt ist, wird man unter den möglichen Lösungen gewisse auszeichnen wollen. Dazu sei $\mathcal{A} \subseteqq \mathbb{R}^n$ so gewählt, daß

$$\frac{1}{l} \sum_{i=1}^{l} \hat{\boldsymbol{\lambda}}(\boldsymbol{y} + \boldsymbol{a} + \boldsymbol{\eta}^{(i)}) = \hat{\boldsymbol{\lambda}}(\boldsymbol{y}) \tag{26}$$

für $\boldsymbol{a} \in \mathcal{A}$ eine eindeutige Lösung besitzt, wobei es von der Wahl der Menge $\mathcal{A}$ abhängt, ob man diese Lösung als sinnvoll ansehen kann oder nicht. Häufig setzt man

$$\mathcal{A} = \{\alpha \mathbf{1} : \alpha \in \mathbb{R}^1\} \tag{27}$$

oder, wenn man die Kovarianzen im Modell (21) berücksichtigen will

$$\mathcal{A} = \{\alpha \boldsymbol{\Lambda}^{1/2} \mathbf{1} : \alpha \in \mathbb{R}^1\}. \tag{28}$$

Bleibt noch die Festlegung der Verteilung von $\boldsymbol{\eta}$, auf die wir im Abschnitt 4.5.3 eingehen werden.

4.5.2.4. Güte der bedingten Schätzungen

Es sei $\hat{\lambda}$ eine Schätzung für den eindimensionalen Parameter $\lambda(\mathsf{P})$, $\mathsf{P} \in \mathcal{P}$. Über $\hat{\lambda} = \hat{\lambda}(\boldsymbol{y})$ setzen wir voraus, daß $\hat{\lambda}$ folgende Voraussetzungen erfüllt:

V1: $\hat{\lambda}$ ist streng konvex,
V2: grad $\hat{\lambda}$ existiert und ist verschieden von $\mathbf{0}$;
V3: $|\hat{\lambda}(\alpha \mathbf{1})| \to \infty$ für $\mathbf{1} \in \mathbb{R}^n$ $\alpha \to \infty$.

Dann hat $\hat{\lambda}$ ein Verhalten wie in Abb. 4.5.1 skizziert.

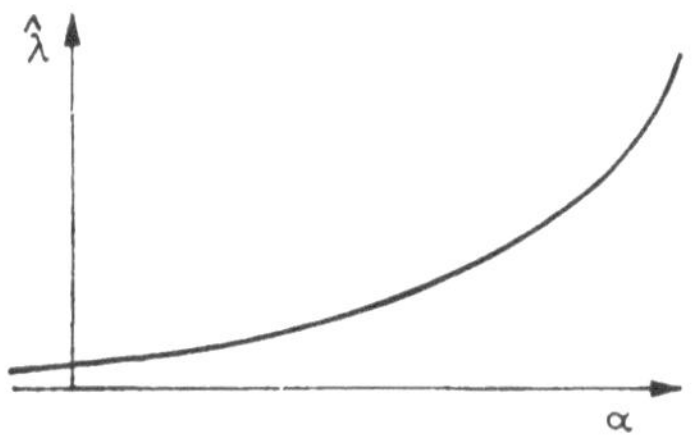

Abb. 4.5.1

Wegen V1 folgt für eine beliebige Variable $\boldsymbol{\psi}$ mit $\mathsf{E}\boldsymbol{\psi} = \mathbf{0}$ und mit einer symmetrischen Verteilung die Ungleichung

$$\mathsf{E}\hat{\lambda}(\boldsymbol{z} + \boldsymbol{\psi}) > \hat{\lambda}(\boldsymbol{z}), \qquad \boldsymbol{z} \in \mathbb{R}^n. \tag{29}$$

V4: Die bedingte Verteilung der Variablen $\boldsymbol{\eta}$ unter $\boldsymbol{y}$ ist symmetrisch.

Sind V 1, V 2 und V 4 erfüllt, so erhalten wir für eine bedingt erwartungstreue Schätzung $\tilde{\lambda}$ zu $\hat{\lambda}$ die Beziehung

$$\tilde{\lambda}(\boldsymbol{y}) < \hat{\lambda}(\boldsymbol{y}) \tag{30}$$

für jedes $\boldsymbol{y}$, denn aus der Definitionsgleichung von $\tilde{\lambda}$ folgt

$$\mathsf{E}^{\eta|y}\tilde{\lambda}(\tilde{\boldsymbol{y}} + \boldsymbol{\eta}) = \hat{\lambda}(\boldsymbol{y}),$$

und wegen (29) haben wir

$$\mathsf{E}^{\eta|y}\hat{\lambda}(\tilde{\boldsymbol{y}} + \boldsymbol{\eta}) > \hat{\lambda}(\tilde{\boldsymbol{y}}).$$

Damit besagt (30), daß die bedingt erwartungstreue Schätzung unter V 1, V_2 und V 4 kleinere Werte annimmt als die Ausgangsschätzung $\hat{\lambda}$.

V 5: Es sei Var $\tilde{\lambda} \leqq$ Var $\hat{\lambda}$.

Wir berechnen

$$\left(\hat{\lambda}(\boldsymbol{y}) - \lambda(\mathsf{P})\right)^2 - \left(\tilde{\lambda}(\boldsymbol{y}) - \lambda(\mathsf{P})\right)^2 = \left(\hat{\lambda}(\boldsymbol{y}) - \tilde{\lambda}(\boldsymbol{y})\right)\left(\hat{\lambda}(\boldsymbol{y}) + \tilde{\lambda}(\boldsymbol{y}) - 2\lambda(\mathsf{P})\right).$$

Wenn dann die Voraussetzungen V 1, V2, V4, V 5 gelten und $\mathsf{E}\hat{\lambda}(\boldsymbol{y}) + \mathsf{E}\tilde{\lambda}(\boldsymbol{y}) \geqq 2\lambda(\mathsf{P})$ ist, so haben wir

$$\mathsf{E}\left(\tilde{\lambda}(\boldsymbol{y}) - \lambda(\mathsf{P})\right)^2 \leqq \mathsf{E}\left(\hat{\lambda}(\boldsymbol{y}) - \lambda(\mathsf{P})\right)^2, \tag{31}$$

da die Ungleichung (30) erfüllt ist.

Damit haben wir Bedingungen gefunden, unter denen die bedingt erwartungstreuen Schätzungen im Sinne des mittleren quadratischen Abstands besser sind als die Ausgangsschätzungen. Als eine einfache Folgerung ergibt sich aus diesem Resultat, daß unter

$$\mathsf{E}\tilde{\lambda}(\boldsymbol{y}) \geqq \lambda(\mathsf{P}) \tag{32}$$

die Schätzung $\tilde{\lambda}(\boldsymbol{y})$ die Ungleichung (31) erfüllt. Denn wegen (30) haben wir $\mathsf{E}\hat{\lambda}(\boldsymbol{y}) \geqq \mathsf{E}\tilde{\lambda}(\boldsymbol{y})$, und zusammen mit (32) folgt daraus

$$\mathsf{E}\hat{\lambda}(\boldsymbol{y}) + \mathsf{E}\tilde{\lambda}(\boldsymbol{y}) \geqq 2\lambda(\mathsf{P}). \tag{33}$$

Somit haben wir eine hinreichende Bedingung (32) formuliert, aus der insbesondere folgt, daß, falls $\tilde{\lambda}$ eine erwartungstreue Schätzung darstellt, dieses $\tilde{\lambda}$ auch besser als $\hat{\lambda}$ im Sinne des mittleren quadratischen Abstands ist.

Beispiel 4.5.7. Wir betrachten die Voraussetzungen wie in Beispiel 4.5.1. Hierbei ist $\lambda(\mathsf{P}) = \gamma_1 = e^{\beta}$ und $\hat{\lambda} = \hat{\gamma}_1$. Die Funktion $\hat{\gamma}_1 = e^{\hat{\beta}}$ ist streng konvex in $\hat{\beta}$ und V 2, V 3 sind ebenfalls erfüllt. Wir wählen $\boldsymbol{\eta}$ unabhängig von $\boldsymbol{y}$ derart, daß $\boldsymbol{\epsilon}$ und $\boldsymbol{\eta}$ identisch $N(\boldsymbol{0}, \sigma^2\boldsymbol{I})$ verteilt sind. Dann gilt

$$\hat{\lambda}(\boldsymbol{y}) - \tilde{\lambda}(\boldsymbol{y}) = \left[\exp\left(\frac{\sigma^2}{2n}\right) - 1\right]\tilde{\lambda}(\boldsymbol{y}),$$

folglich ist V 5 erfüllt. Wie in Beispiel 4.5.4 gezeigt wurde, ist $\tilde{\lambda}$ erwartungstreu, und es gilt in (32) die Gleichheit. Damit ist (33) erfüllt, und aus obigem Ergebnis folgt, daß $\tilde{\lambda}$ besser als $\hat{\lambda}$ ist. Das stimmt mit dem in Beispiel 4.5.2 direkt berechneten Vergleich überein.

Mit diesen Betrachtungen wird deutlich, daß bei Ausnutzung der Eigenschaften von λ und der Verteilungen von $\boldsymbol{\epsilon}$ und $\boldsymbol{\eta}$ eine Schätzung konstruiert werden kann, die wünschenswerte qualitative Eigenschaften besitzt. Dabei kann eine bedingt erwartungstreue Schätzung bzw. eine mit bedingt minimaler quadratischer Abweichung häufig konstruiert werden. Die Bedingung der Konvexität von $\hat{\lambda}$ benötigen wir zum Nachweis statistischer Eigenschaften. Natürlich können ähnliche Aussagen auch unter anderen Voraussetzungskomplexen erhalten werden. Um einige Möglichkeiten angeben zu können, betrachten wir folgende Bedingungen.

V1*: $\hat{\lambda}$ ist streng konkav.

V3*: $|\hat{\lambda}(a\mathbf{1})| \to \infty$ für $a \to -\infty$.

In Abb. 4.5.2 sind Funktionsverläufe angegeben, die die formulierten Bedingungen erfüllen.

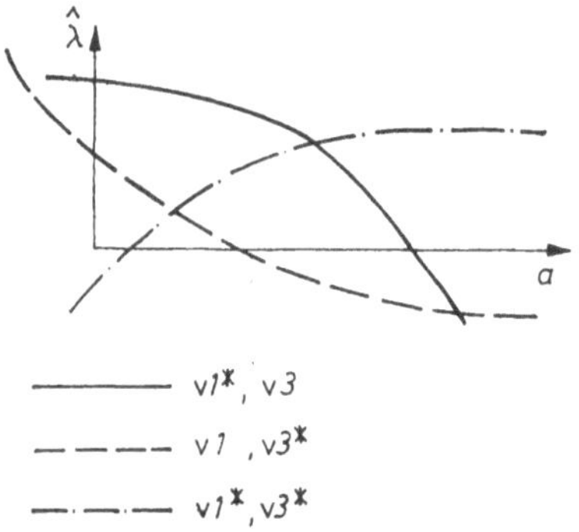

Abb. 4.5.2

Man erhält dann folgendes Resultat:

Es seien V1*, V2, V4, V5 erfüllt.

Unter

$$\mathsf{E}\hat{\lambda}(\boldsymbol{y}) + \mathsf{E}\tilde{\lambda}(\boldsymbol{y}) \leqq 2\lambda(\mathsf{P}) \tag{34}$$

folgt

$$\mathsf{E}\big(\tilde{\lambda}(\boldsymbol{y}) - \lambda(\mathsf{P})\big)^2 \leqq \mathsf{E}\big(\hat{\lambda}(\boldsymbol{y}) - \lambda(\mathsf{P})\big)^2.$$

Ferner gilt

$$\tilde{\lambda}(\boldsymbol{y}) > \hat{\lambda}(\boldsymbol{y}). \tag{35}$$

Generell ist zu bemerken, daß $\tilde{\lambda}(\boldsymbol{y}) < \hat{\lambda}(\boldsymbol{y})$, falls $\hat{\lambda}$ konvex ist. Bei konkavem $\hat{\lambda}$ gilt $\tilde{\lambda}(\boldsymbol{y}) > \hat{\lambda}(\boldsymbol{y})$. Außerdem folgt, daß $\tilde{\boldsymbol{y}}$ in einem Gebiet liegt, in dem $|\text{grad}\ \hat{\lambda}(\tilde{\boldsymbol{y}})| < |\text{grad}\ \hat{\lambda}(\boldsymbol{y})|$ gilt, so daß der aus $\boldsymbol{y}$ berechnete Wert $\tilde{\boldsymbol{y}}$ so gewählt wird, daß $\hat{\lambda}$ sich in der Umgebung von $\tilde{\boldsymbol{y}}$ nicht so stark ändert wie in der Umgebung von $\boldsymbol{y}$. Es wird also durch dieses Verfahren ein unempfindlicheres Gebiet im $\mathbb{R}^n$ gesucht.

Wichtig ist natürlich die Wahl von $\boldsymbol{\eta}$ für die erfolgreiche Konstruktion von $\bar{\lambda}$. Interessant ist zunächst folgendes Ergebnis zur Bestimmung einer erwartungstreuen Schätzung. Hier bezeichnet $\mathsf{P}^{\boldsymbol{\eta}}$ die Verteilung von $\boldsymbol{\eta}$.

Es existiere die bedingt erwartungstreue Schätzung $\bar{\lambda}$, und es sei $\mathsf{P}^{\boldsymbol{\eta}} = \mathsf{P}^{\boldsymbol{\epsilon}}$, wobei $\boldsymbol{\eta}$ und $\boldsymbol{\epsilon}$ unabhängig sind. Falls für alle $\boldsymbol{z}, \boldsymbol{y} \in \mathbb{R}^n$ $\hat{\lambda}(\tilde{\boldsymbol{y}} + \boldsymbol{z})$ eine meßbare Funktion $\bar{\lambda}$ von $\boldsymbol{y} + \boldsymbol{z}$ ist, so ist $\hat{\lambda}(\boldsymbol{y})$ eine erwartungstreue Schätzung für $\hat{\lambda}(\boldsymbol{X\beta})$. Zum Beweis dieser Aussage berechnen wir unter Ausnutzung der Definitionsgleichung

$$\mathsf{E}^{\boldsymbol{\eta}}\hat{\lambda}(\tilde{\boldsymbol{y}} + \boldsymbol{\eta}) = \hat{\lambda}(\boldsymbol{y}).$$

Wegen $\hat{\lambda}(\tilde{\boldsymbol{y}} + \boldsymbol{\eta}) \doteq \bar{\lambda}(\boldsymbol{y} + \boldsymbol{\eta})$ bedeutet das

$$\mathsf{E}^{\boldsymbol{\eta}}\bar{\lambda}(\boldsymbol{y} + \boldsymbol{\eta}) = \hat{\lambda}(\boldsymbol{y}) \quad \text{für jedes } \boldsymbol{y} \in \mathbb{R}^n.$$

Folglich gilt speziell für $\boldsymbol{y} = \boldsymbol{X\beta}$

$$\mathsf{E}^{\boldsymbol{\eta}}\bar{\lambda}(\boldsymbol{X\beta} + \boldsymbol{\eta}) = \hat{\lambda}(\boldsymbol{X\beta}),$$

und wegen $\mathsf{P}^{\boldsymbol{\epsilon}} = \mathsf{P}^{\boldsymbol{\eta}}$ erhalten wir die Behauptung.

In diesem Ergebnis wird deutlich, daß die spezielle Wahl $\mathsf{P}^{\boldsymbol{\eta}} = \mathsf{P}^{\boldsymbol{\epsilon}}$ von Interesse sein kann. Das war auch schon in den obigen Beispielen herausgekommen, in denen unter dieser Voraussetzung sinnvolle Schätzungen konstruiert wurden. Das Problem besteht aber darin, daß i. allg. die Verteilung $\mathsf{P}^{\boldsymbol{\epsilon}}$ nicht bekannt ist. Eine Approximation von $\mathsf{P}^{\boldsymbol{\epsilon}}$ könnte durch die Resampling-Methoden, die im Abschnitt 1.7 beschrieben wurden, erreicht werden. Die Anwendung dieser Methoden scheint deshalb sinnvoll, weil dann gewisse Variabilitäten, die durch die Verteilung verursacht werden, berücksichtigt werden. Dies werden wir im nächsten Abschnitt untersuchen.

4.5.3. Datenangepaßte bedingte Schätzungen

Wie wir in den vorigen Abschnitten gesehen hatten, können unter der Voraussetzung $\mathsf{P}^{\boldsymbol{\epsilon}} = \mathsf{P}^{\boldsymbol{\eta}}$ gewisse Güteaussagen bewiesen werden. Diese Verteilung $\mathsf{P}^{\boldsymbol{\epsilon}}$ ist aber nur aus den Daten selbst schätzbar, so daß heuristische Herangehensweisen entwickelt werden müssen, die dieser Forderung nachkommen. Aus anschaulichen Erwägungen heraus bieten sich hierzu die *Resampling-Methoden* an, die in Abschnitt 1.7 besprochen wurden. Die in den Definitionen benutzten Bedingungen beinhalten an wesentlicher Stelle Größen $\hat{\lambda}(\tilde{\boldsymbol{y}} + \boldsymbol{\eta})$, so daß $\hat{\lambda}$ in der Umgebung von $\tilde{\boldsymbol{y}}$ untersucht wird. Analog wie im Abschnitt 4.5.2 können wir in folgender Weise vorgehen. Wir wollen $\lambda(\mathsf{P})$ schätzen, und betrachten $\lambda(P_n)$ als eine geeignete Schätzung für $\lambda(\mathsf{P})$. Hier ist P_n eine Schätzung für die Verteilung P. Wir kennzeichnen die Abhängigkeit des P_n von den Beobachtungen durch $P_n = Q_n(\boldsymbol{y})$ und definieren dann $P_{n,\boldsymbol{a}} = Q_n(\boldsymbol{y} + \boldsymbol{a})$, $\boldsymbol{a} \in \mathcal{A}$. Nun erzeugen wir aus diesen Beobachtungen

$$y_i + a_i, \qquad i = 1, \ldots, n,$$

l Teilstichproben zu einem gegebenen Umfang s ($\leqq n$). Dies kann mit oder ohne Zurücklegen erfolgen. Wir bezeichnen die entsprechenden Schätzungen für deren Verteilung durch $P_a^{*(1)}, \ldots, P_a^{*(l)}$. Analog zu (25) nutzen wir jetzt als Bestimmungsgleichung für die bedingt erwartungstreue Schätzung

$$\frac{1}{l} \sum_{i=1}^{l} \lambda(P_{\tilde{a}}^{*(i)}) = \lambda(P_n), \qquad \tilde{a} \in \mathcal{A}, \tag{36}$$

woraus $\tilde{a}$ bestimmt werden muß. Dabei ist $\mathcal{A}$ eine geeignet gewählte Menge in $\mathbb{R}^n$. Diese Bestimmungsgleichung kann so interpretiert werden, daß (25) erfüllt ist, wobei P^η aus P^ε durch eine Erzeugung von Teilstichproben erhalten wird. Die Schätzung $\lambda(P_{n,\tilde{a}})$ für ein $\tilde{a}$ mit (36) nennen wir *datenangepaßte Schätzung.*

Beispiel 4.5.8. Es sei $\lambda(\mathsf{P}) = \lambda_1(\int x\mathsf{P}(dx))$ zu schätzen. Dabei habe die Schätzung die Gestalt $\hat{\lambda}(y) = \lambda_1(\bar{y})$, wobei $y_1, \ldots, y_n$ unabhängige Beobachtungen zur Verteilung P sind. Mit $P_{n,a}$ bezeichnen wir die empirische Verteilung von $y_1 + a, \ldots, y_n + a$, $a \in \mathbb{R}^1$, mit P_a die Verteilung der Variablen $z + a$, wenn z die Verteilung P hat. Wir ziehen l Teilstichproben vom Umfang s aus $\{y_i + a: i = 1, \ldots, n\}$ ohne Zurücklegen. Die empirischen Verteilungsfunktionen bezeichnen wir mit $P_a^{*(1)}, \ldots, P_a^{*(l)}$. Da jede dieser Verteilungen die gegebene Verteilung P_a approximiert, ist auch jeweils $\lambda_1(P_a^{*(i)})$ eine sinnvolle Schätzung für $\lambda(\mathsf{P})$. Berücksichtigen wir, daß $\lambda(P_a^{*(i)}) = \lambda_1(\bar{y}_{(i)} + a)$ gilt, wenn $\bar{y}_{(i)} + a = \frac{1}{s} \sum_{j=1}^{s} (y_{t_j} + a)$ das Mittel der in der i-ten Teilstichprobe erfaßten Beobachtungen bezeichnet, so haben wir wegen (36) als Gleichung für die Bestimmung von $\tilde{a}$

$$\frac{1}{l} \sum_{i=1}^{l} \lambda_1(\bar{y}_{(i)} + \tilde{a}) = \lambda_1(\bar{y}), \qquad \tilde{a} \in \mathcal{A}. \tag{37}$$

Dieses Beispiel zeigt uns, daß durch die Anwendung der Resampling-Methoden eine Approximation der Bestimmungsgleichung für die bedingt erwartungstreuen Schätzungen erhalten wird. Diese hier beschriebene Vorgehensweise sollte bei nichtlinearen Schätzproblemen immer beachtet werden, so daß man nicht schlechthin eine spezielle Schätzung $\lambda(P_n)$ oder $\hat{\lambda}(\boldsymbol{y})$ wählt, sondern durch Einbeziehung der Resampling-Methoden die Nichtlinearitäten der Funktion λ bzw. $\hat{\lambda}$ in die Errechnung einer Schätzung eingehen läßt. Damit wird eine *daten- und modellangepaßte Schätzung* erreicht.

Etwas muß über die Wahl von l und s gesagt werden. Zweckmäßigerweise wählt man s zwischen $n/2$ und n, wobei z. B. dem Jackknife-Prinzip folgend $s = n - 1$ gewählt würde, jedoch auch kleinere Werte als $n - 1$ sinnvoll sind. Die Zahl l darf nicht zu klein sein, damit die geforderte Variabilität um den Beobachtungspunkt „erkundet" werden kann. Jedoch kann bei zu großem l die Berechnung von $\tilde{\boldsymbol{y}}$ bzw. $\tilde{\boldsymbol{a}}$ in (36) zu kompliziert sein. Empfehlenswert sind für l Werte um 10. Zur Berechnung des Werts $\tilde{a}$ in (36) können numerische Verfahren eingesetzt werden, die zur Bestimmung von Nullstellen nichtlinearer Funktionen genutzt werden. Dazu verweisen wir auf die Verfahren von Marquardt (1963), Powell (1970), Nagel/Wolff (1974) und Schwetlick (1979).

4.5.4. Schätzung spezieller nichtlinearer Parameter

Nachdem wir bisher im wesentlichen über allgemeine nichtlineare Parameter gesprochen haben, wollen wir in diesem Abschnitt die Anwendung dieser Methoden auf spezielle Parameter diskutieren. Dabei sollen insbesondere die Schätzung höherer Momente und nichtlinearer Funktionen erwähnt werden.

4.5.4.1. Schätzung höherer Momente

Es sei $\boldsymbol{y}$ eine zufällige Variable, die dem Modell (21) genügt. Dabei hat $\boldsymbol{y}$ die Darstellung $\boldsymbol{y} = (y_1, \ldots, y_n)'$, und die y_i seien identisch verteilt mit der Verteilung P. Der Einfachheit halber setzen wir in der Darstellung voraus, daß $\int x\mathsf{P}(\mathrm{d}x) = 0$ gilt, so daß die y_i den Erwartungswert 0 haben. Geschätzt werden soll das *Moment m-ter Ordnung*

$$\lambda = \mathsf{E}y_i^m = \int x^m \mathsf{P}(\mathrm{d}x). \tag{38}$$

Zwar genügt $\boldsymbol{y}$ dem linearen Modell (21) mit $\boldsymbol{X\beta} = 0$, jedoch ist $\lambda(\mathsf{P})$ für $m > 1$ kein linearer Parameter. Dieser nichtlineare Parameter ist zu schätzen. Mit P_n bezeichnen wir die empirische Verteilung von $y_1, \ldots, y_n$. Dann wählen wir als Schätzung

$$\hat{\lambda}(\boldsymbol{y}) = \lambda(P_n) = \frac{1}{n} \sum_{i=1}^{n} y_i^m.$$

Die bedingt erwartungstreue Schätzung ist dann $\hat{\lambda}(\boldsymbol{y} + \tilde{a}\mathbf{1})$, wenn $\tilde{a} \neq 0$ die Gleichung

$$\frac{1}{n} \mathsf{E}^{\eta} \sum_{i=1}^{n} \sum_{s=0}^{m} \sum_{t=0}^{m-s} \binom{m}{s} \binom{m-s}{t} y_i^s \tilde{a}^{m-s-t} \eta_i^t = \frac{1}{n} \sum_{i=0}^{n} y_i^m$$

erfüllt. Durch Umformung erhalten wir äquivalent hierzu die Gleichung

$$\sum_{s=0}^{m-1} \sum_{t=0}^{m-s} \binom{m}{s} \binom{m-s}{t} \tilde{a}^{m-s-t} \sum_{i=1}^{n} y_i^s \mathsf{E}\eta_i^t = 0, \qquad \tilde{a} \neq 0. \tag{39}$$

Das ist ein Polynom m-ten Grades in $\tilde{a}$, das zu lösen ist. Eine datenangepaßte Schätzung wird so konstruiert, wie dies in Abschnitt 4.5.3 beschrieben wurde. Wir ziehen l Stichproben vom Umfang s und schreiben vor, daß dies ohne Zurücklegen erfolgt. Dann haben wir den Wert $\tilde{a}$ aus (36) zu bestimmen. Eine explizite Darstellung für die Lösung von (39) und (36) können wir nicht geben.

4.5.4.2. Schätzung von Funktionalen

Wir nehmen an, daß k Verteilungen $\mathsf{P}_1, \ldots, \mathsf{P}_k$ über dem $\mathbb{R}^p$ gegeben sind, wobei die P_i unbekannt sind. An Informationen über P_i sei eine Stichprobe vom Umfang n_i verfügbar:

$$\boldsymbol{y}_{ij} \sim \mathsf{P}_i, \qquad j = 1, \ldots, n_i; \qquad i = 1, \ldots, k.$$

Zu schätzen ist der Parameter

$$\lambda(\mathsf{P}_1, \ldots, \mathsf{P}_k) = \int \cdots \int \varphi(\boldsymbol{x}_{10}, \ldots, \boldsymbol{x}_{1m_1}, \boldsymbol{x}_{20}, \ldots, \boldsymbol{x}_{2m_2}, \ldots, \boldsymbol{x}_{km_k}) \prod_{i=1}^{k} \prod_{j=0}^{m_i} \mathsf{P}_i(\mathrm{d}\boldsymbol{x}_{ij}) \tag{40}$$

für ganze Zahlen $m_1, \ldots, m_k$ und eine meßbare Funktion φ. Hierbei sei φ symmetrisch in jedem der Tupel $\boldsymbol{x}_{i0}, \ldots, \boldsymbol{x}_{im_i}$. Als Schätzung nehmen wir eine *verallgemeinerte U-Statistik* zu diesem Funktional λ. Dazu wählen wir Indizes $i_0, \ldots, i_{m_1}, j_0, \ldots, j_{m_2}, \ldots,$ die

die Bedingungen

$$\begin{aligned} &1 \leqq i_0 < i_1 < \dots < i_{m_1} \leqq n_1, \\ &1 \leqq j_0 < j_1 < \dots < j_{m_2} \leqq n_2, \\ &\qquad \vdots \\ &1 \leqq l_0 < l_1 < \dots < l_{m_k} \leqq n_k \end{aligned} \tag{41}$$

erfüllen, wobei gerade

$$c_{n_1,\dots,n_k} = \binom{n_1}{m_1+1} \cdots \binom{n_k}{m_k+1}$$

verschiedene Tupel solcher Indizes existieren. Dann definieren wir

$$\hat{\lambda} = \frac{1}{c_{n_1,\dots,n_k}} \sum \varphi(\boldsymbol{y}_{1i_0}, \dots, \boldsymbol{y}_{1i_{m_1}}, \boldsymbol{y}_{2j_0}, \dots, \boldsymbol{y}_{2_{jm_2}}, \dots, \boldsymbol{y}_{kl_{m_k}}), \tag{42}$$

wobei die Summation über alle $c_{n_1,\dots,n_k}$ möglichen oben beschriebenen Indizes erstreckt wird. Damit ist $\hat{\lambda}$ von allen $\boldsymbol{y}_{ij}$ abhängig, und wir schreiben deshalb $\hat{\lambda}(\boldsymbol{Y}_1, \dots, \boldsymbol{Y}_k)$. Hier wird $\boldsymbol{Y}_i = (\boldsymbol{y}_{i1}, \dots, \boldsymbol{y}_{in_i})$ gesetzt. Dieses $\hat{\lambda}$ ist dann eine verallgemeinerte U-Statistik und ist offenbar als Schätzung von λ benutzbar. Wir erkennen, daß

$$\hat{\lambda} = \frac{1}{c_{n_1,\dots,n_k}} \sum_{t_1,\dots,t_k} \lambda(P_1^{*(t_1)}, \dots, P_k^{*(t_k)}) \tag{43}$$

gilt. Die $P_1^{*(1)}, \dots, P_1^{*(s_1)}$ sind die empirischen Verteilungen zu allen verschiedenen Teilstichproben zum Umfang $m_1 + 1$ ohne Zurücklegen von $\boldsymbol{y}_{11}, \dots, \boldsymbol{y}_{1n_1}$, wobei die Indizes die in (41) gestellten Bedingungen erfüllen. Analog sind die $P_2^{*(t_2)}, \dots, P_k^{*(t_k)}$ definiert. Hierbei haben wir $s_i = \binom{n_i}{m_i+1}$. Eine bedingt erwartungstreue Schätzung berechnen wir aus der Gleichung

$$\mathsf{E}\eta \lambda(\boldsymbol{y}_{11} + \tilde{\boldsymbol{a}}_1 + \boldsymbol{\eta}, \dots, \boldsymbol{y}_{1n_1} + \tilde{\boldsymbol{a}}_1 + \boldsymbol{\eta}, \dots, \boldsymbol{y}_{kn_k} + \tilde{\boldsymbol{a}}_k + \boldsymbol{\eta}) = \lambda(\boldsymbol{Y}_1, \dots, \boldsymbol{Y}_k),$$

wobei $\tilde{\boldsymbol{a}}_1, \dots, \tilde{\boldsymbol{a}}_k \in \mathcal{A}$ gewählt werden. Die datenangepaßte Schätzung zu λ berechnen wir, indem von der i-ten empirischen Verteilung zu den Variablen $\boldsymbol{y}_{11}, \dots, \boldsymbol{y}_{in_i}$ Teilstichproben erzeugt werden und dann analog zu (36) für diesen k-Klassenfall eine datenangepaßte Schätzung bestimmt wird. Erzeugen wir Teilstichproben zum Umfang $m_i + 1$, $1 \leqq i \leqq k$ und ziehen wir hierbei alle möglichen, voneinander verschiedenen Stichproben, so stimmt $\hat{\lambda}$ mit der datenangepaßten Schätzung überein. Dies ist eine charakteristische Eigenschaft der U-Statistik.

4.5.5. Asymptotisch effiziente Schätzung

Wollen wir Funktionale von Verteilungen schätzen und haben wir keinerlei Vorstellungen über die in Frage kommenden Verteilungen, auf die wir uns einschränken könnten, so haben wir dieses Schätzproblem im Rahmen der nichtparametrischen Schätztheorie zu behandeln. Vorwiegend asymptotische Resultate findet man in den Arbeiten von Stein (1956, 1972), Levit (1973, 1975), Ibragimow/Chasminski (1979), Beran (1982), Läuter (1985b). Dabei konzentrieren sich die Untersuchungen auf die

Charakterisierung von Schätzungen, die asymptotisch eine Minimaxschätzung sind. Wir fassen hier einige Ergebnisse zusammen, wobei wir nicht den allgemeinsten Fall darstellen wollen.

Es sei $\lambda(\mathsf{P}_1, \ldots, \mathsf{P}_k)$ ein wie in (40) definierter zu schätzender Parameter. Dabei nehmen wir zusätzlich zu den in Abschnitt 4.5.4.2 gemachten Voraussetzungen an, daß φ eine beschränkte, stückweise stetige Funktion über dem $\mathbb{R}^{m+k}$ mit $m = \sum_{i=1}^{k} m_i$ ist. Die Verteilungen $\mathsf{P}_1, \ldots, \mathsf{P}_k$ werden als absolutstetig vorausgesetzt. Für die Stichprobenumfänge setzen wir $n_1 \leqq n_2 \leqq \ldots \leqq n_k$ voraus, und es sei $\frac{n_1}{n_i} \to \lambda_i$ für $i = 2, \ldots, k$ bei $n_1 \to \infty$. Bezeichnen wir

$$\psi(\boldsymbol{x}_{10}, \ldots, \boldsymbol{x}_{km_k}) = \varphi(\boldsymbol{x}_{10}, \ldots, \boldsymbol{x}_{km_k}) - \lambda(\mathsf{P}_1, \ldots, \mathsf{P}_k)$$

und

$$\mathsf{E}\big(\psi(\boldsymbol{y}_{11}, \ldots, \boldsymbol{y}_{1,m_1+1}, \boldsymbol{y}_{21}, \ldots, \boldsymbol{y}_{k,m_k+1}) \mid \boldsymbol{y}_{s1}\big) = \psi_s(\boldsymbol{y}_{s1}),$$

so gilt nach Definition von ψ_s die Gleichung

$$\mathsf{E}\psi_s(\boldsymbol{y}_{s1}) = 0, \qquad s = 1, \ldots, k.$$

Weiter setzen wir

$$\sigma_s^2 = \mathsf{E}\psi_s^2(\boldsymbol{y}_{s1}).$$

Dann läßt sich zeigen, daß die asymptotische Verteilung von $\hat{\lambda}$ für $n_1 \to \infty$ existiert. Der Klarheit halber bezeichnen wir $\hat{\lambda} = \hat{\lambda}_{n_1,\ldots,n_k}$. Dann konvergiert die Verteilung von $\sqrt{n_1}\,[\hat{\lambda}_{n_1,\ldots,n_k} - \lambda(\mathsf{P}_1, \ldots, \mathsf{P}_k)]$ gegen $\mathrm{N}(0, \sigma^2)$ mit

$$\begin{aligned} \sigma^2 &= (m_1 + 1)^2 \sigma_1^2 + \lambda_2(m_2 + 1)^2 \sigma_2^2 + \ldots + \lambda_k(m_k + 1)^2 \sigma_k^2 \\ &=: \sigma^2(\mathsf{P}_1, \ldots, \mathsf{P}_k). \end{aligned} \tag{44}$$

Für den Beweis benutzt man eine Idee von Hoeffding und projiziert $\hat{\lambda} - \lambda$ in einen Raum von Statistiken, von dem man die Grenzverteilung mit dem Gesetz der großen Zahlen herleiten kann, und dann zeigt man, daß diese Grenzverteilung mit der von $\hat{\lambda} - \lambda$ übereinstimmt.

Nutzen wir die Bezeichnung

$$S_{n_1,\ldots,n_k} = \sqrt{n_1}\big(\hat{\lambda}_{n_1,\ldots,n_k} - \lambda(\mathsf{P}_1, \ldots, \mathsf{P}_k)\big), \tag{45}$$

so ist unter $n_1/n_i \to 1$, $i = 2, \ldots, k$, die Beziehung

$$\lim_{n_1 \to \infty} \sup_{\mathsf{P}_1,\ldots,\mathsf{P}_k} \mid \mathsf{E}_{\mathsf{P}_1,\ldots,\mathsf{P}_k} S^2_{n_1,\ldots,n_k} - \sigma^2(\mathsf{P}_1, \ldots, \mathsf{P}_k) \mid = 0 \tag{46}$$

erfüllt.

Diese Relation ist die Grundlage für den Nachweis einer Minimax-Eigenschaft von $\hat{\lambda}$. Indem man Resultate von Ibragimow und Chasminski verallgemeinert, kommt man dazu, daß unter schwachen Regularitätsvoraussetzungen wegen (46) die Schätzung $\hat{\lambda}$ asymptotisch eine Minimax-Schätzung zu einem Verlust w ist, der die Abschätzung

$$w(|\boldsymbol{x}|) \leqq a + b + |\boldsymbol{x}|^2$$

für konstante $a, b \geqq 0$ erfüllt. Wir nennen $U_{n_1,\ldots,n_k}$ eine Minimax-Schätzung in einer gegebenen Klasse $\mathcal{U}$ von Schätzungen, falls

$$\sup_{\mathsf{P}_1,\ldots,\mathsf{P}_k} \mathsf{E}w(|U_{n_1,\ldots,n_k} - \lambda(\mathsf{P}_1, \ldots, \mathsf{P}_k)|) = \inf_{t \in \mathcal{U}} \sup_{\mathsf{P}_1,\ldots,\mathsf{P}_k} \mathsf{E}w(|t - \lambda(\mathsf{P}_1, \ldots, \mathsf{P}_k)|)$$

gilt. Da dies i. allg. für endliche Stichproben nicht nachgeprüft werden kann, fordern wir diese Eigenschaft asymptotisch, und fordern, daß für $n_1 \to \infty$ die Gleichung

$$\sup_{\mathsf{P}_1,\ldots,\mathsf{P}_k} \sqrt{n_1}\, \mathsf{E}w(|U_{n_1,\ldots,n_k} - \lambda(\mathsf{P}_1, \ldots, \mathsf{P}_k)|) = \inf_{t \in \mathcal{U}} \sup_{\mathsf{P}_1,\ldots,\mathsf{P}_k} \sqrt{n_1}\, \mathsf{E}w(|t - \lambda(\mathsf{P}_1, \ldots, \mathsf{P}_k)|)$$

gilt. Diese letzte Gleichung wird von $\hat{\lambda}_{n_1,\ldots,n_k}$ erfüllt, so daß die verallgemeinerte U-Statistik eine asymptotische Minimax-Schätzung ist.

4.6. Schätzung linearer Parameter in eingeschränkten Modellen

Bei linearen Schätzungen in linearen Modellen haben wir bisher erwartungstreue Schätzungen betrachtet. Das ist auch sinnvoll, da diese Schätzungen genau diejenigen sind, die einen beschränkten mittleren quadratischen Abstand besitzen. Ist nämlich $\boldsymbol{Ly}$ eine Schätzung von $\boldsymbol{F\beta}$ für eine $l \times n$-Matrix $\boldsymbol{F}$, so gilt

$$\begin{aligned}\mathsf{MSE}(\boldsymbol{Ly}) &= \mathsf{E}(\boldsymbol{Ly} - \boldsymbol{F\beta})(\boldsymbol{Ly} - \boldsymbol{F\beta})' = \sigma^2 \boldsymbol{L\Lambda L}' + (\boldsymbol{LX\beta} - \boldsymbol{F\beta})(\boldsymbol{LX\beta} - \boldsymbol{F\beta})' \\ &= \sigma^2 \boldsymbol{L\Lambda L}' + (\boldsymbol{LX} - \boldsymbol{F})\, \boldsymbol{\beta\beta}'(\boldsymbol{LX} - \boldsymbol{F})'. \qquad (47)\end{aligned}$$

Daran erkennen wir, daß bei fehlender Erwartungstreue, d. h. bei $\boldsymbol{LX} \neq \boldsymbol{F}$, der Wert $\mathsf{MSE}(\boldsymbol{Ly})$ beliebig groß werden kann. Da man als sinnvolle Schätzungen nur solche mit beschränktem mittlerem quadratischem Abstand ansehen kann (falls solche existieren), scheiden nichterwartungstreue lineare Schätzungen von vornherein für lineare Modelle aus. Das ändert sich, wenn von der Voraussetzung des linearen Modells abgegangen werden kann. Zusätzlich zum Modell (21) nehmen wir an, daß

$$|\boldsymbol{X\beta}|_{\boldsymbol{Z}} \leqq \sigma \qquad (48)$$

oder

$$|\boldsymbol{X\beta}|_{\boldsymbol{Z}} \leqq 1 \qquad (49)$$

gilt. Dann führt jede dieser zusätzlichen Angaben über $(\boldsymbol{\beta}, \sigma)$ bzw. $\boldsymbol{\beta}$ zu einem eingeschränkten linearen Modell. Offenbar ist jede der Mengen

$$\mathcal{B}_1 = \{(\boldsymbol{\beta}, \sigma) \colon |\boldsymbol{X\beta}|_{\boldsymbol{Z}} \leqq \sigma\}, \qquad (50)$$

$$\mathcal{B}_2 = \{(\boldsymbol{\beta}, \sigma) \colon |\boldsymbol{X\beta}|_{\boldsymbol{Z}} \leqq 1,\ \sigma \in \mathbb{R}^+\} \qquad (51)$$

konvex. Insbesondere ist $\mathcal{B}_1$ eine *konische* Teilmenge des $\mathbb{R}^k \times \mathbb{R}^+$ (siehe Abb. 4.6.1 und 4.6.2). Die Voraussetzungen des linearen Modells sind also nicht mehr gegeben, jedoch sind in den zugelassenen Parameterbereichen lineare Zusammenhänge weiterhin gültig.

Die Nebenbedingung (48) hat vom mathematischen Gesichtspunkt aus den Vorteil, daß die Menge $\mathcal{B}_1$ invariant gegenüber Skalentransformationen ist, so daß eine Streckung oder Stauchung des Parameterbereiches zur selben Menge $\mathcal{B}_1$ führt. Jedoch ist eine derartige Information selten von vornherein gegeben. Es zeigt sich aber, daß gewisse Tests über Parameter im linearen Modell insbesondere solche Einschränkungen als Hypothese haben und so zu derartigen Informationen führen.

Die Nebenbedingungen (49) können vom konkreten Inhalt her gegeben sein. Diese sind nicht skaleninvariant.

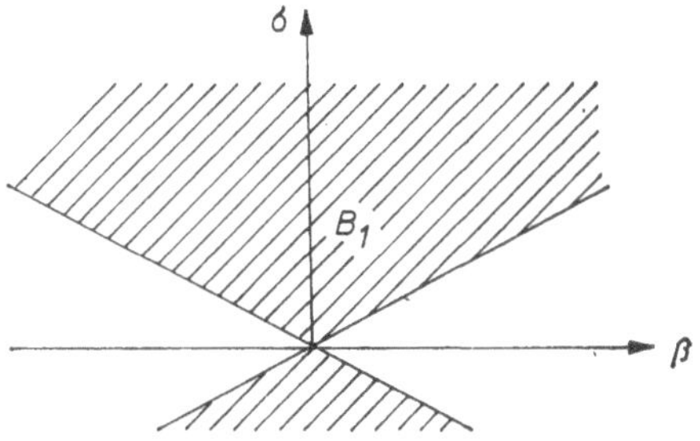

Abb. 4.6.1. Menge der zugelassenen Parameter in $\mathscr{B}_1$

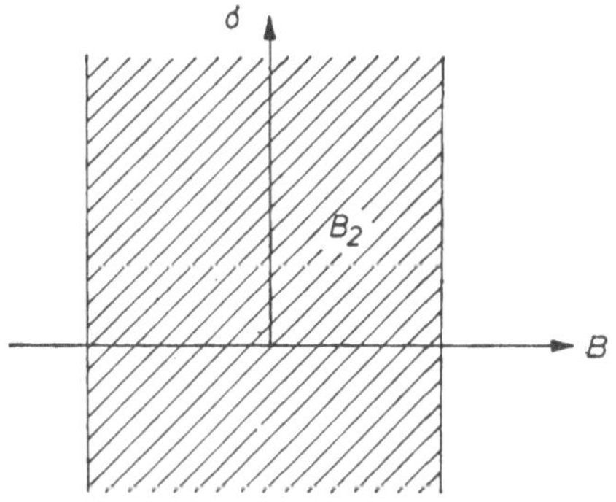

Abb. 4.6.2. Menge der zugelassenen Parameter in $\mathscr{B}_2$

Wir wollen die Schätzung von Parametern für beide Arten der Einschränkungen diskutieren, da hierbei das Verhalten der Varianz und der Verzerrung besonders gut studiert werden kann.

4.6.1. Schätzung von Parametern in skaleninvarianten Modellen

Die Kleinste-Quadrate-Schätzung $\boldsymbol{F}\hat{\boldsymbol{\beta}}$ erfüllt i. allg. nicht die Bedingung (48). Da σ unbekannt ist, ist der Bereich für $\boldsymbol{\beta}$ nicht von σ unabhängig festlegbar. Aus (47) errechnen wir

$$R(\boldsymbol{Ly}) := \frac{1}{\sigma^2} \operatorname{MSE}(\boldsymbol{Ly}) = \boldsymbol{L\Lambda L}' + \frac{1}{\sigma^2} (\boldsymbol{LX} - \boldsymbol{F}) \boldsymbol{\beta\beta}'(\boldsymbol{LX} - \boldsymbol{F})'. \tag{52}$$

Wir betrachten identifizierbare Parameter, d. h., es existiert eine Matrix $\boldsymbol{G}$ derart, daß

$$\boldsymbol{F\beta} = \boldsymbol{GX\beta}$$

gilt. Somit ergibt sich

$$R(\boldsymbol{Ly}) = \boldsymbol{L\Lambda L}' + \frac{1}{\sigma^2}(\boldsymbol{L} - \boldsymbol{G})\,\boldsymbol{X\beta\beta}'\boldsymbol{X}'(\boldsymbol{L} - \boldsymbol{G})'. \tag{53}$$

Aus den Ergebnissen von Abschnitt 2.1.1.3 folgt, daß $\boldsymbol{F}\hat{\boldsymbol{\beta}}$ unter der Bedingung der Erwartungstreue die Matrix $R(\boldsymbol{Ly})$ in der Klasse der linearen Schätzungen minimiert. Setzen wir $\boldsymbol{F}\hat{\boldsymbol{\beta}} = \boldsymbol{L}_0\boldsymbol{y}$, so berechnen wir für eine beliebige lineare Schätzung $\boldsymbol{Ly}$

$$\begin{aligned} R(\boldsymbol{Ly}) &= (\boldsymbol{L}_0 + \boldsymbol{L} - \boldsymbol{L}_0)\,\boldsymbol{\Lambda}(\boldsymbol{L}_0 + \boldsymbol{L} - \boldsymbol{L}_0)' + \frac{1}{\sigma^2}(\boldsymbol{L}_0 + \boldsymbol{L} - \boldsymbol{L}_0 - \boldsymbol{G}) \\ &\quad \times \boldsymbol{X\beta\beta}'\boldsymbol{X}'(\boldsymbol{L}_0 + \boldsymbol{L} - \boldsymbol{L}_0 - \boldsymbol{G}) \\ &= R(\boldsymbol{L}_0\boldsymbol{y}) + (\boldsymbol{L} - \boldsymbol{L}_0)\,\boldsymbol{\Lambda L}_0' + \boldsymbol{L}_0\boldsymbol{\Lambda}(\boldsymbol{L} - \boldsymbol{L}_0)' + (\boldsymbol{L} - \boldsymbol{L}_0)\,\boldsymbol{\Lambda}(\boldsymbol{L} - \boldsymbol{L}_0)' \\ &\quad + \frac{1}{\sigma^2}(\boldsymbol{L} - \boldsymbol{L}_0)\,\boldsymbol{X\beta\beta}'\boldsymbol{X}'(\boldsymbol{L} - \boldsymbol{L}_0)'. \end{aligned} \tag{54}$$

Folglich ist es unter (48) bei

$$\boldsymbol{L}_0\boldsymbol{\Lambda}(\boldsymbol{L} - \boldsymbol{L}_0)' + (\boldsymbol{L} - \boldsymbol{L}_0)\boldsymbol{\Lambda L}_0' \leqq 0 \tag{55}$$

möglich, daß $R(\boldsymbol{Ly}) \leqq R(\boldsymbol{L}_0\boldsymbol{y})$ gilt. Wir erkennen außerdem, daß bei Gültigkeit der strengen Ungleichung in (55) auch stets eine lineare Schätzung mit $R(\boldsymbol{Ly}) < R(\boldsymbol{L}_0\boldsymbol{y})$ existiert. Wir setzen $\boldsymbol{Z}_1 = \boldsymbol{P}_{\mathcal{R}(\boldsymbol{X})}\boldsymbol{Z}\boldsymbol{P}_{\mathcal{R}(\boldsymbol{X})}$, wählen eine $n \times n$-Matrix $\boldsymbol{A}$ mit $\mathcal{R}(\boldsymbol{P}_{\mathcal{R}(\boldsymbol{X})}\boldsymbol{A}') \subseteqq \mathcal{R}(\boldsymbol{Z}_1)$, definieren die Schätzung

$$\tilde{\boldsymbol{L}}\boldsymbol{y} = \boldsymbol{L}_0\boldsymbol{y} - \boldsymbol{L}_0\boldsymbol{\Lambda A y}$$

und berechnen mit (54)

$$\begin{aligned} R(\tilde{\boldsymbol{L}}\boldsymbol{y}) - R(\boldsymbol{L}_0\boldsymbol{y}) &= -\boldsymbol{L}_0\boldsymbol{\Lambda}(\boldsymbol{A} + \boldsymbol{A}')\,\boldsymbol{\Lambda L}_0' + \boldsymbol{L}_0\boldsymbol{\Lambda A\Lambda A}'\boldsymbol{\Lambda L}_0' + \frac{1}{\sigma^2}\boldsymbol{L}_0\boldsymbol{\Lambda A X\beta\beta}'\boldsymbol{X}'\boldsymbol{A}'\boldsymbol{\Lambda L}_0' \\ &= \boldsymbol{L}_0\boldsymbol{\Lambda}\Big[-\boldsymbol{A} - \boldsymbol{A}' + \boldsymbol{A\Lambda A}' + \frac{1}{\sigma^2}\boldsymbol{AX\beta\beta}'\boldsymbol{X}'\boldsymbol{A}'\Big]\,\boldsymbol{\Lambda L}_0' \\ &\leqq \boldsymbol{L}_0\boldsymbol{\Lambda}[-\boldsymbol{A} - \boldsymbol{A}' + \boldsymbol{A\Lambda A}' + \boldsymbol{AZ}_1^{+}\boldsymbol{A}']\,\boldsymbol{\Lambda L}_0'. \end{aligned} \tag{56}$$

In der letzten Abschätzung benutzten wir die vorausgesetzte Ungleichung $|\boldsymbol{X\beta}|_{\boldsymbol{Z}} \leqq \sigma$. Wenn nun außerdem

$$\boldsymbol{A}(\boldsymbol{\Lambda} + \boldsymbol{Z}_1^{+})\,\boldsymbol{A}' \leqq \boldsymbol{A} + \boldsymbol{A}' \tag{57}$$

erfüllt ist, so gilt wegen (56) die Ungleichung

$$R(\tilde{\boldsymbol{L}}\boldsymbol{y}) \leqq R(\boldsymbol{L}_0\boldsymbol{y}) \quad \text{für} \quad (\boldsymbol{\beta}, \sigma) \in \mathcal{B}_1. \tag{58}$$

Falls $\boldsymbol{A}$ nichtsingulär ist und in (57) die strenge Ungleichung gilt, so haben wir

$$R(\tilde{\boldsymbol{L}}\boldsymbol{y}) < R(\boldsymbol{L}_0\boldsymbol{y}) \quad \text{für} \quad (\boldsymbol{\beta}, \sigma) \in \mathcal{B}_1. \tag{59}$$

In HUMAK (1976) sind verschiedene Schätzungen $\tilde{L}y$ angegeben, für die die Ungleichung (58) gilt. Betrachten wir z. B.

$$\tilde{L}y = GX(S^{-1} + X'\Lambda^{-1}X)^{-1} X'\Lambda^{-1}y \tag{60}$$

mit einer Matrix S, die

$$Z_1^+ \leqq \Lambda + 2XSX' \tag{61}$$

erfüllt, und setzen wir voraus, daß $H = X'ZX$ eine nichtsinguläre Matrix ist. Dann errechnen wir (vgl. A. 1.8)

$$\tilde{L}y = L_0 y - L_0\Lambda(\Lambda + XSX')^{-1} y,$$

so daß mit $A = (\Lambda + XSX')^{-1}$ diese Schätzung die Gestalt derjenigen Schätzung hat, die wir oben betrachtet hatten. Wegen (61) gilt

$$\Lambda + Z_1^+ \leqq 2(\Lambda + XSX') = 2A^{-1},$$

woraus (57) folgt. Damit ist also (60) eine Schätzung, die eine kleinere mittlere Abweichung zu $F\beta$ hat, als die beste lineare erwartungstreue Schätzung $F\hat{\beta}$, wenn alle $(\beta, \sigma) \in \mathscr{B}_1$ zugelassen sind. Diese Schätzung $\tilde{L}y$ ist eine Verallgemeinerung der von HOERL und KENNARD (1970) eingeführten *Ridge-Schätzung*. Diese entsteht für $S = \varrho I$, $\varrho > 0$, und hat die Gestalt

$$\tilde{L}_\varrho y = GX\left(\frac{1}{\varrho} I + X'\Lambda^{-1}X\right)^{-1} X'\Lambda^{-1}y.$$

Wir sehen, daß falls (61) für ein $S = \bar{\varrho}I$ erfüllt ist, diese Ungleichung auch für alle $S = \varrho I$ mit $\varrho \geqq \bar{\varrho}$ gilt. Bei wachsendem ϱ nähert sich $\tilde{L}_\varrho y$ der Schätzung $L_0 y$ an. Wenn $X'\Lambda^{-1}X$ eine schlecht konditionierte Matrix ist, ist die Invertierung von $X'\Lambda^{-1}X$ numerisch instabil, so daß aus numerischen Gründen eine Regularisierung sinnvoll ist, und die Einführung der Matrix S oder $\frac{1}{\varrho} I$ stellt eine solche Regularisierung dar. Unser angegebenes Resultat zeigt, unter welchen Bedingungen die so gewonnene Schätzung auch noch statistisch gute Eigenschaften hat. Wird nämlich ϱ derart gewählt, daß

$$Z_1^+ \leqq \Lambda + 2\varrho XX' \tag{62}$$

gilt, so ist die regularisierte Schätzung $\tilde{L}_\varrho y$ für alle $(\beta, \sigma) \in \mathscr{B}_1$ besser als $L_0 y$. Andererseits ist bei gegebenem ϱ die Schätzung $\tilde{L}_\varrho y$ besser als $L_0 y$, wenn β, σ der Ungleichung (48) genügen und Z_1 die Bedingung (62) erfüllt. Speziell gilt also $R(\tilde{L}_\varrho y) \leqq R(L_0 y)$ für alle β, σ mit

$$\beta' X'(\Lambda + 2\varrho XX')^{-1} X\beta \leqq \sigma^2,$$

so daß also mit wachsendem ϱ die Menge der β, σ, für die eine Verbesserung erreicht wird wächst. Von Interesse ist natürlich auch die Größe der Verbesserung. Aus (56) folgt

$$R(\tilde{L}y) - R(L_0 y) = L_0\Lambda(\Lambda + XSX')^{-1}\left[-\Lambda - 2XSX' + \frac{1}{\sigma^2} X\beta\beta' X'\right] \times (\Lambda + XSX')^{-1} \Lambda L_0'. \tag{63}$$

Wenn wir berücksichtigen, daß

$$\boldsymbol{L}_0\boldsymbol{\Lambda}(\boldsymbol{\Lambda} + \boldsymbol{XSX}')^{-1} = \boldsymbol{GX}(\boldsymbol{X}'\boldsymbol{\Lambda}^{-1}\boldsymbol{X})^+ \boldsymbol{X}'(\boldsymbol{\Lambda} + \boldsymbol{XSX}')^{-1}$$
$$= \boldsymbol{GX}(\boldsymbol{X}'\boldsymbol{\Lambda}^{-1}\boldsymbol{X})^+ \boldsymbol{X}'\boldsymbol{\Lambda}^{-1/2}(\boldsymbol{I} + \boldsymbol{\Lambda}^{-1/2}\boldsymbol{XSX}'\boldsymbol{\Lambda}^{-1/2})^{-1} \boldsymbol{\Lambda}^{-1/2}$$

gilt, so folgt

$$\boldsymbol{L}_0\boldsymbol{\Lambda}(\boldsymbol{\Lambda} + \varrho\boldsymbol{XX}')^{-1} \to 0 \quad \text{für} \quad \varrho \to \infty,$$

und $\varrho\boldsymbol{L}_0\boldsymbol{\Lambda}(\boldsymbol{\Lambda} + \varrho\boldsymbol{XX}')^{-1}\boldsymbol{XX}'$ ist gleichmäßig beschränkt. Folglich erhalten wir

$$R(\tilde{\boldsymbol{L}}_\varrho\boldsymbol{y}) - R(\boldsymbol{L}_0\boldsymbol{y}) \to 0 \quad \text{für} \quad \varrho \to \infty \tag{64}$$

für jedes $(\boldsymbol{\beta}, \sigma) \in \mathscr{B}_1$.

Beispiel 4.6.1. Wir betrachten das Modell

$$\mathsf{E}\boldsymbol{y} = \boldsymbol{\mu} \in \mathbb{R}^n, \qquad \mathsf{Cov}\,\boldsymbol{y} = \sigma^2\boldsymbol{I}, \qquad |\boldsymbol{\mu}| \leqq K\sigma.$$

Dann gilt $\boldsymbol{G} = \boldsymbol{X} = \boldsymbol{\Lambda} = \boldsymbol{I}$, $\boldsymbol{Z} = K^{-2}\boldsymbol{I}$. Die Ridge-Schätzung von $\boldsymbol{\mu}$ erhalten wir für $\boldsymbol{S} = \varrho\boldsymbol{I}$ und damit

$$\tilde{\boldsymbol{L}}_\varrho\boldsymbol{y} = \frac{\varrho}{1+\varrho}\,\boldsymbol{y}.$$

Folglich ist die Ridge-Schätzung $\tilde{\boldsymbol{L}}_\varrho\boldsymbol{y}$ für alle $\boldsymbol{\mu}$, σ mit $|\boldsymbol{\mu}|_{\boldsymbol{Z}} \leqq \sigma$ und alle ϱ mit $\boldsymbol{Z}_1^+ \leqq \boldsymbol{\Lambda} + 2\varrho\boldsymbol{XX}'$ besser als $\boldsymbol{L}_0\boldsymbol{y}$, wobei die letzte Ungleichung bei unseren Voraussetzungen

$$K^2 \leqq 1 + 2\varrho \tag{65}$$

bedeutet. Aus (63) folgt hierbei

$$R(\tilde{\boldsymbol{L}}_\varrho\boldsymbol{y}) - R(\boldsymbol{L}_0\boldsymbol{y}) = \left\{\frac{1}{\sigma^2}\,\boldsymbol{\mu}\boldsymbol{\mu}' - (1 + 2\varrho)\,\boldsymbol{I}\right\}\Big/(1+\varrho)^2.$$

Der Parameter ϱ kann nach einem Minimax-Kriterium festgelegt werden. Dabei minimiert man den maximalen Eigenwert von $R(\tilde{\boldsymbol{L}}_\varrho\boldsymbol{y})$. Wegen $|\boldsymbol{\mu}| \leqq K\sigma$ gilt

$$\lambda_{\max}[R(\tilde{\boldsymbol{L}}_\varrho\boldsymbol{y}) - R(\boldsymbol{L}_0\boldsymbol{y})] = (-1 - 2\varrho + K^2)/(1+\varrho)^2$$

und

$$\min_\varrho \lambda_{\max}[R(\tilde{\boldsymbol{L}}_\varrho\boldsymbol{y}) - R(\boldsymbol{L}_0\boldsymbol{y})] = -\frac{1}{1+K^2},$$

wobei das Minimum für $\varrho = K^2$ angenommen wird. Somit ist die Ridge-Schätzung $\tilde{\boldsymbol{L}}_{K^2}\boldsymbol{y}$ in dem angegebenen Sinn optimal.

Neben diesen Ridge-Schätzungen soll noch ein anderer Typ von Schätzungen diskutiert werden. Mit $\boldsymbol{Z}_1 = \boldsymbol{P}_{\mathscr{R}(\boldsymbol{X})}\boldsymbol{Z}\boldsymbol{P}_{\mathscr{R}(\boldsymbol{X})}$ ist (48) als

$$\boldsymbol{\beta}'\boldsymbol{X}'\boldsymbol{Z}_1\boldsymbol{X}\boldsymbol{\beta} \leqq \sigma^2 \tag{66}$$

zu schreiben. Setzen wir $\boldsymbol{H} = \boldsymbol{X}'\boldsymbol{Z}_1\boldsymbol{X}$ und wählen

$$\boldsymbol{A} = (\boldsymbol{\Lambda} + \boldsymbol{XH}^+\boldsymbol{X}')^{-1},$$

so gilt für diese Matrix $\boldsymbol{A}$ die Ungleichung (57), und folglich ist

$$\boldsymbol{L}^*\boldsymbol{y} = \boldsymbol{L}_0\boldsymbol{y} - \boldsymbol{L}_0\boldsymbol{\Lambda A y} = \boldsymbol{GX}(\boldsymbol{H} + \boldsymbol{X}'\boldsymbol{\Lambda}^{-1}\boldsymbol{X})^{-1}\boldsymbol{X}'\boldsymbol{\Lambda}^{-1}\boldsymbol{y} \tag{67}$$

besser als $\boldsymbol{L}_0\boldsymbol{y}$, wenn nur (66) gilt. Das bedeutet also, daß unter $\boldsymbol{\beta}'\boldsymbol{H}\boldsymbol{\beta} \leqq \sigma^2$ die Schätzung $\boldsymbol{L}^*\boldsymbol{y}$ aus (67) zu bevorzugen ist. Für diese Schätzung $\boldsymbol{L}^*\boldsymbol{y}$ bewiesen Kuks/Olman (1972) und BUNKE (1975) eine Minimaxeigenschaft, es gilt nämlich

$$\sup_{\boldsymbol{\beta},\sigma} \lambda_{\max}\big(R(\boldsymbol{L}^*\boldsymbol{y})\big) \leqq \sup_{\boldsymbol{\beta},\sigma} \lambda_{\max}\big(R(\boldsymbol{L}\boldsymbol{y})\big), \qquad \boldsymbol{\beta}'\boldsymbol{H}\boldsymbol{\beta} \leqq \sigma^2,$$

für alle $l \times n$-Matrizen $\boldsymbol{L}$.

Damit haben wir für $(\boldsymbol{\beta}, \sigma) \in \mathscr{B}_1$ gezeigt, daß in der Klasse der linearen Schätzungen eine Verbesserung der besten linearen erwartungstreuen Schätzung $\boldsymbol{L}_0\boldsymbol{y}$ möglich ist.

4.6.2. Schätzung von Parametern aus beschränkten Bereichen

Im vorigen Abschnitt wurden Parameter $\boldsymbol{F}\boldsymbol{\beta}$ unter der Einschränkung $|\boldsymbol{X}\boldsymbol{\beta}|_{\boldsymbol{Z}} \leqq \sigma$ betrachtet. Da σ und $\boldsymbol{\beta}$ nicht unabhängig zu wählen waren, lag $\boldsymbol{F}\boldsymbol{\beta}$ nicht in einem beschränkten Bereich. Das ist anders, wenn wir die Einschränkung (49) zulassen. Dann sind Parameter aus beschränkten Bereichen zu schätzen. Hierbei treten einige Besonderheiten auf, die in diesem Abschnitt diskutiert werden sollen. Wir betrachten Restriktionen der Form

$$\boldsymbol{\beta}'\boldsymbol{H}\boldsymbol{\beta} \leqq 1. \tag{68}$$

Wir diskutieren zwei Möglichkeiten für die Konstruktion einer Schätzung, die besser als die beste lineare erwartungstreue Schätzung $\boldsymbol{L}_0\boldsymbol{y}$ unter der Bedingung (68) ist.

4.6.2.1. Eingesetzte Ridge-Schätzung

Wir betrachten das lineare Modell mit der Bedingung (68), wobei wir formal

$$\tilde{\boldsymbol{H}} = \sigma^2\boldsymbol{H} \tag{69}$$

schreiben und somit aus (68) die Bedingung

$$\boldsymbol{\beta}'\tilde{\boldsymbol{H}}\boldsymbol{\beta} \leqq \sigma^2 \tag{70}$$

erhalten. Hierbei sind σ^2 und damit die Matrix $\tilde{\boldsymbol{H}}$ unbekannt. Wir hatten oben gesehen, daß unter $\boldsymbol{\beta}'\tilde{\boldsymbol{H}}\boldsymbol{\beta} \leqq \sigma^2$ die Kuks-Olman-Schätzung

$$\boldsymbol{L}^*\boldsymbol{y} = \boldsymbol{G}\boldsymbol{X}(\sigma^2\boldsymbol{H} + \boldsymbol{X}'\boldsymbol{\Lambda}^{-1}\boldsymbol{X})^{-1}\,\boldsymbol{X}'\boldsymbol{\Lambda}^{-1}\boldsymbol{y}$$

besser als $\boldsymbol{L}_0\boldsymbol{y}$ ist, wobei $\boldsymbol{L}^*\boldsymbol{y}$ in diesem Fall aber von σ^2 abhängt. Dies wollen wir dadurch verändern, daß wir für σ^2 eine Schätzung $\hat{\sigma}^2$ einsetzen. Bekanntlich ist

$$\hat{\sigma}^2 = \frac{1}{q}\,\boldsymbol{y}'\boldsymbol{\Lambda}^{-1/2}\boldsymbol{P}_{\mathscr{N}(\boldsymbol{X}'\boldsymbol{\Lambda}^{-1/2})}\boldsymbol{\Lambda}^{-1/2}\boldsymbol{y}$$

mit $q = \dim \mathscr{N}(\boldsymbol{X}'\boldsymbol{\Lambda}^{-1/2})$ eine erwartungstreue Schätzung für σ^2, und anstelle $\boldsymbol{L}^*\boldsymbol{y}$ untersuchen wir jetzt die Schätzung

$$\hat{\boldsymbol{L}}^*\boldsymbol{y} = \boldsymbol{G}\boldsymbol{X}(\hat{\sigma}^2\boldsymbol{H} + \boldsymbol{X}'\boldsymbol{\Lambda}^{-1}\boldsymbol{X})^{-1}\,\boldsymbol{X}'\boldsymbol{\Lambda}^{-1}\boldsymbol{y}, \tag{71}$$

wo also für das unbekannte σ^2 in $\boldsymbol{L}^*\boldsymbol{y}$ die verfügbare Schätzung $\hat{\sigma}^2$ eingesetzt wurde. In HUMAK (1977) wurde bewiesen, daß

$$R(\hat{\boldsymbol{L}}^*\boldsymbol{y}) \leqq R(\boldsymbol{L}_0\boldsymbol{y}) \quad \text{für} \quad \boldsymbol{\beta}'\boldsymbol{H}\boldsymbol{\beta} \leqq 1$$

ist, falls ϱ_i die Eigenwerte von $\Lambda^{-1/2}Z_1{}^+\Lambda^{-1/2}$ sind und

$$\mathsf{E}\,\frac{1+\frac{1}{\sigma^2}\varrho_i}{\left(1+\frac{1}{\hat\sigma^2}\varrho_i\right)^2} \leqq 2\mathsf{E}\,\frac{1+\frac{1}{\hat\sigma^2}\varrho_i}{\left(1+\frac{1}{\hat\sigma^2}\varrho_i\right)^2} \tag{72}$$

für alle i gilt. Beispielsweise ist (72) für beliebige ϱ_i erfüllt, falls

$$\hat\sigma^2 \sim \sigma^2\,\frac{1}{q}\,\chi_q{}^2 \tag{73}$$

und unabhängig von L_0y ist sowie $q \geqq 2$ gilt. Damit ergibt sich, daß in einem normalen linearen Modell mit der Einschränkung $\beta' H\beta \leqq 1$ die Schätzung $\hat L^* y$ aus (71) besser als $L_0 y$ ist . Bemerkenswert an dieser Schätzung $\hat L^* y$ ist, daß $\hat L^* y$ zwar einen kleineren mittleren quadratischen Abstand zu dem zu schätzenden Parameter unter (68) hat, jedoch auch Schätzwerte außerhalb des Bereichs annimmt, in dem überhaupt Werte dieses Parameters liegen können.

Beispiel 4.6.2. Wir betrachten unabhängig verteilte Variable $y_i \sim \mathrm{N}(\mu, \sigma^2)$, $i = 1, \ldots, n$. Es gelte $|\mu| \leqq K$, und geschätzt werden soll μ. Damit gilt

$$X = 1, \qquad \Lambda = I, \qquad H = \frac{1}{K^2}, \qquad G = \frac{1}{n}\,1'.$$

Die beste lineare erwartungstreue Schätzung ist

$$L_0 y = \bar y = \frac{1}{n}\sum_{i=1}^{n} y_i\,.$$

Entsprechend zu (67) haben wir

$$L^* y = \left(\frac{\sigma^2}{K^2} + n\right)^{-1} 1' y = \frac{K^2 n}{\sigma^2 + K^2 n}\,\bar y\,.$$

Die Schätzung

$$\hat\sigma^2 = \frac{1}{n-1}\sum_{i=1}^{n}(y_i - \bar y)^2$$

genügt für $n \geqq 3$ der Bedingung (73), ist unabhängig von $\bar y$ und erfüllt auch (72), wobei in unserem Falle $\Lambda^{-1/2}Z_1{}^+\Lambda^{-1/2} = I$ und somit $\varrho_i = 1$ für alle i ist. Dann hat nach obigen Ausführungen die Schätzung

$$\hat L^* y = \frac{K^2 n}{\hat\sigma^2 + K^2 n}\,\bar y$$

Tabelle 4.6.1. Schätzungen $\bar y$, $\hat L^* y$, $L^* y$ für verschiedene Stichproben

y_1	1.46	−1.03	0.1	0.14	2.57	1.53	0.8895
y_2	1.04	0.68	2.2	1.14	0.93	1.26	1.71
y_3	1.34	−0.09	2.68	0.31	1.33	0.22	1.17
y_4	2.37	0.45	1.3	2.3	1.65	1.73	−1.17
$\bar y$	1.56	0.004	1.57	0.97	1.61	1.18	0.65
$\hat L^* y$	1.32	0.002	1.1	0.78	1.30	1.06	0.45
$L^* y$	1.24	0.003	1.26	0.77	1.29	0.95	0.52

einen kleineren mittleren quadratischen Abstand zu μ als $\bar{y}$, vorausgesetzt, es gilt $|\mu| \leqq K$. Im Beispiel der Tabelle 4.6.1 betrachten wir Realisierungen 7 von $\boldsymbol{y}$. Dabei wählen wir $n = 4$, $\mu = 1$, $K = 1$, $\sigma^2 = 1$, wobei diese Werte für μ, σ nicht im Schätzverfahren benutzt werden.

Wir erkennen, daß sowohl $\bar{y}$ als auch $\hat{\boldsymbol{L}}^*\boldsymbol{y}$ bei einigen Realisierungen Werte annehmen, deren Betrag größer als 1 ist.

Im allgemeinen nimmt also $\hat{\boldsymbol{L}}^*\boldsymbol{y}$ Werte an, die außerhalb des gegebenen Bereichs für den zu schätzenden Parameter liegen. Eine Möglichkeit, die Schätzung in den gewünschten Bereich zu zwingen, besteht in der Betrachtung eingeschränkter Schätzungen.

4.6.2.2. Eingeschränkte Schätzungen

Soll der Parameter $\boldsymbol{\gamma} = \boldsymbol{GX\beta}$ geschätzt werden, so sei

$$\boldsymbol{\Gamma} = \{\boldsymbol{\gamma} : \boldsymbol{\gamma} = \boldsymbol{GX\beta}, \boldsymbol{\beta}'\boldsymbol{H}\boldsymbol{\beta} \leqq 1\}.$$

Bei nichtsingulärem $\boldsymbol{H}$ ist dann

$$\boldsymbol{\Gamma} = \{\boldsymbol{\gamma} : \boldsymbol{\gamma} \in \mathcal{R}(\boldsymbol{GX}), \boldsymbol{\gamma}'(\boldsymbol{GXH}^{-1}\boldsymbol{X}'\boldsymbol{G}')^+ \boldsymbol{\gamma} \leqq 1\}.$$

Ist $\hat{\boldsymbol{t}}$ eine Schätzung für $\boldsymbol{\gamma}$, so ist es vernünftig, $\hat{\boldsymbol{t}}$ auf $\boldsymbol{\Gamma}$ einzuschränken. Das kann in folgender Weise erreicht werden. Wir definieren

$$\hat{\hat{\boldsymbol{t}}} = \begin{cases} \boldsymbol{P}_{\mathcal{R}(\boldsymbol{GX})}\hat{\boldsymbol{t}}, & \text{falls } \hat{\boldsymbol{t}}'(\boldsymbol{GXH}^{-1}\boldsymbol{X}'\boldsymbol{G}')^+ \hat{\boldsymbol{t}} \leqq 1, \\ \dfrac{\boldsymbol{P}_{\mathcal{R}(\boldsymbol{GX})}\hat{\boldsymbol{t}}}{\sqrt{\hat{\boldsymbol{t}}'(\boldsymbol{GXH}^{-1}\boldsymbol{X}'\boldsymbol{G}')^+ \hat{\boldsymbol{t}}}}, & \text{falls } \hat{\boldsymbol{t}}'(\boldsymbol{GXH}^{-1}\boldsymbol{X}'\boldsymbol{G}')^+ \hat{\boldsymbol{t}} > 1. \end{cases}$$

Da $\hat{\hat{\boldsymbol{t}}}$ durch Heranziehen an $\boldsymbol{\Gamma}$ aus $\hat{\boldsymbol{t}}$ entstanden ist, gilt stets

$$\mathsf{E}(\hat{\hat{\boldsymbol{t}}} - \boldsymbol{\gamma})(\hat{\hat{\boldsymbol{t}}} - \boldsymbol{\gamma})' \leqq \mathsf{E}(\hat{\boldsymbol{t}} - \boldsymbol{\gamma})(\hat{\boldsymbol{t}} - \boldsymbol{\gamma})',$$

so daß $\hat{\hat{\boldsymbol{t}}}$ in jedem Fall $\hat{\boldsymbol{t}}$ vorzuziehen ist. Wenn wir jedoch zwei Schätzungen $\hat{\boldsymbol{t}}_1$ und $\hat{\boldsymbol{t}}_2$ für $\boldsymbol{\gamma}$ mit

$$\mathsf{E}(\hat{\boldsymbol{t}}_2 - \boldsymbol{\gamma})(\hat{\boldsymbol{t}}_2 - \boldsymbol{\gamma})' \leqq \mathsf{E}(\hat{\boldsymbol{t}}_1 - \boldsymbol{\gamma})(\hat{\boldsymbol{t}}_1 - \boldsymbol{\gamma})', \quad \text{für} \quad \boldsymbol{\beta}'\boldsymbol{H}\boldsymbol{\beta} \leqq 1$$

haben und konstruieren für $\hat{\boldsymbol{t}}_1$ und $\hat{\boldsymbol{t}}_2$ gemäß der oben angegebenen Projektionsvorschrift die eingeschränkten Schätzungen $\hat{\hat{\boldsymbol{t}}}_1$ und $\hat{\hat{\boldsymbol{t}}}_2$, so überträgt sich die für $\hat{\boldsymbol{t}}_1$, $\hat{\boldsymbol{t}}_2$ gültige Ungleichung nicht auf $\hat{\hat{\boldsymbol{t}}}_1$, $\hat{\hat{\boldsymbol{t}}}_2$. Zu dieser Problematik wollen wir ein Beispiel etwas genauer diskutieren.

Beispiel 4.6.3. Es seien $y_i \sim \mathrm{N}(\mu, 1)$, $i = 1, \ldots, n$, verteilt. Es gelte die Bedingung (68), und wir betrachten neben $\boldsymbol{L}_0\boldsymbol{y} = \bar{y}$ die Ridge-Schätzung

$$\boldsymbol{L}^*\boldsymbol{y} = \left(\frac{1}{K^2} + n\right)^{-1} \boldsymbol{1}'\boldsymbol{y} = \frac{K^2 n}{1 + K^2 n}\,\bar{y}.$$

Für die mittlere quadratische Abweichung gilt dann

$$\mathsf{E}(\boldsymbol{L}^*\boldsymbol{y} - \mu)^2 \leqq \mathsf{E}(\bar{y} - \mu)^2 \quad \text{für} \quad |\mu| \leqq K.$$

Weiter erhalten wir mit $\varrho^* = \dfrac{K^2 n}{1 + K^2 n}$

$$\mathsf{E}(\boldsymbol{L}^*\boldsymbol{y} - \mu)^2 = \varrho^{*2}/n + (1 - \varrho^*)^2 \mu^2.$$

Wir setzen $\hat{t}_1 = \bar{y}$, $\hat{t}_2 = \boldsymbol{L}^*\boldsymbol{y}$ und konstruieren $\hat{\hat{t}}_1$, $\hat{\hat{t}}_2$

$$\hat{\hat{t}}_1(\boldsymbol{y}) = \begin{cases} \bar{y}, & \text{falls } |\bar{y}| \leqq K, \\ \dfrac{\bar{y}}{|\bar{y}|} K & \text{sonst}, \end{cases}$$

$$\hat{\hat{t}}_2(\boldsymbol{y}) = \begin{cases} \varrho^*\bar{y}, & \text{falls } \varrho^*|\bar{y}| \leqq K, \\ \dfrac{\bar{y}}{|\bar{y}|} K & \text{sonst}. \end{cases}$$

Es sei $\hat{t} = \varrho\bar{y}$ und $\hat{\hat{t}}$ sei analog wie $\hat{\hat{t}}_2$ gebildet. Dann gilt

$$\mathsf{E}(\hat{\hat{t}} - \mu)^2 = \frac{\sqrt{n}}{\sqrt{2\pi}} \int (\hat{\hat{t}}(x) - \mu)^2 \, e^{-\frac{n}{2}(x-\mu)^2} \, dx = \frac{\sqrt{n}}{\sqrt{2\pi}} \int\limits_{-K/\varrho}^{K/\varrho} (\varrho x - \mu)^2 \, e^{-\frac{n}{2}(x-\mu)^2} \, dx$$

$$+ \frac{\sqrt{n}}{\sqrt{2\pi}} (K - \mu)^2 \int\limits_{K/\varrho}^{\infty} e^{-\frac{n}{2}(x-\mu)^2} \, dx + \frac{\sqrt{n}}{\sqrt{2\pi}} (K + \mu)^2 \int\limits_{-\infty}^{-K/\varrho} e^{-\frac{n}{2}(x-\mu)^2} \, dx.$$

Der Erwartungswert von $\hat{\hat{t}}$ hat dann den Wert

$$\mathsf{E}\hat{\hat{t}} = \frac{\sqrt{n}}{\sqrt{2\pi}} \varrho \int\limits_{-K/\varrho}^{K/\varrho} x \, e^{-\frac{n}{2}(x-\mu)^2} \, dx + \frac{\sqrt{n}}{\sqrt{2\pi}} K \int\limits_{K/\varrho}^{\infty} e^{-\frac{n}{2}(x-\mu)^2} \, dx - \frac{\sqrt{n}}{\sqrt{2\pi}} K \int\limits_{-\infty}^{-K/\varrho} e^{-\frac{n}{2}(x-\mu)^2} \, dx.$$

Für $\varrho = 1$ ergeben sich die Werte für $\hat{\hat{t}}_1$. In den Tabellen 4.6.2 und 4.6.3 sind die Werte $\mathsf{E}(\hat{\hat{t}} - \mu)^2$ und $\mathsf{E}\hat{\hat{t}} - \mu$ und einige ϱ, μ angegeben. Wir setzen $K = 1$, $n = 1$.

Tabelle 4.6.2. Werte für $\mathsf{E}(\hat{\hat{t}} - \mu)^2$ bei verschiedenen ϱ, μ

$\varrho \downarrow$ $\mu \rightarrow$	0	0.2	0.4	0.6	0.8	1.0
1	.51	.509	.492	.47	.456	.460
0.2	.04	.06	.14	.27	.45	.68
0.5	.23	.239	.267	.315	.385	.48
1.5	.66	.64	.61	.56	.516	.488
2.0	.74	.72	.68	.62	.56	.51

Tabelle 4.6.3. Werte für $\mathsf{E}\hat{\hat{t}} - \mu$ bei verschiedenen ϱ, μ

$\varrho \downarrow$ $\mu \rightarrow$	0	0.2	0.4	0.6	0.8	1.0
1	0	−0.06	−0.13	−0.2	−0.29	−0.39
0.2	0	−0.16	−0.32	−0.48	−0.64	−0.80
0.5	0	−0.1	−0.21	−0.31	−0.42	−0.54
1.5	0	−0.05	−0.1	−0.17	−0.26	−0.35
2.0	0	−0.04	−0.1	−0.16	−0.24	−0.33

Hieran erkennen wir, daß $\mathsf{E}(\hat{\hat{t}} - \mu)^2$ bei ϱ-Werten, die wesentlich kleiner als 1 sind, wachsend in μ ist, hingegen bei ϱ-Werten, die wesentlich größer als 1 sind, fallend in μ ist. Für die Verzerrung ist bemerkenswert, daß $\mathsf{E}\hat{\hat{t}} - \mu < 0$ für $\mu > 0$ und daß die Verzerrung in μ wächst. Für $\varrho = 0.5$ und $\varrho = 1$ sind die Werte $\mathsf{E}(\hat{\hat{t}} - \mu)^2$ und $|\mathsf{E}\hat{\hat{t}} - \mu|$ in Abb. 4.6.3 aufgetragen. Wir bemerken hierbei, daß $\varrho^* = 0.5 = \dfrac{K^2 n}{1 + K^2 n}$ für $K = n = 1$ gilt, so daß dann $\hat{t}$ die zugehörige Ridge-Schätzung $\boldsymbol{L^* y}$ und $\hat{t}_1$ bei $\varrho = 1$ die Kleinste-Quadrate-Schätzung ist. Weiter haben wir $\mathsf{E}(\boldsymbol{L^* y} - \mu)^2$ und $\mathsf{E}(\bar{y} - \mu)^2$, sowie $|\mathsf{E}\boldsymbol{L^* y} - \mu|$ in Abb. 4.6.4 aufgetragen.

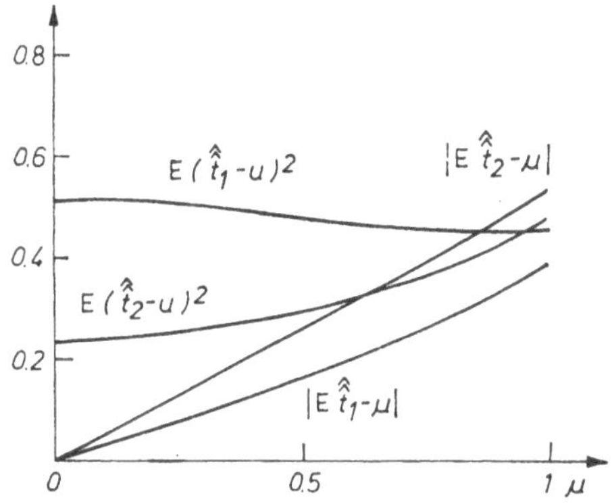

Abb. 4.6.3. Mittlerer quadratischer Abstand und Verzerrung für die abgeschnittene Ridge-Schätzung und Kleinste-Quadrate-Schätzung

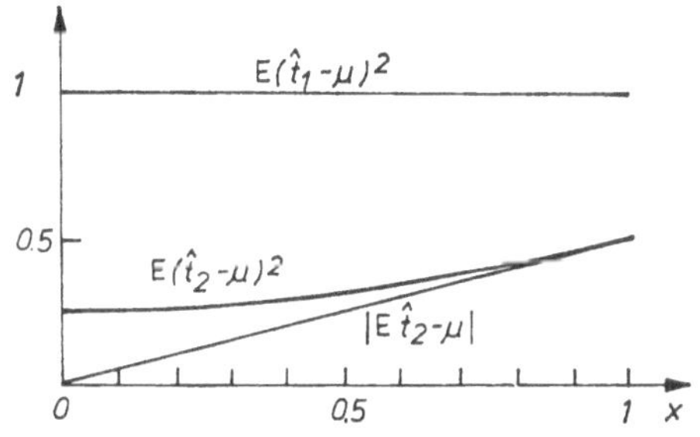

Abb. 4.6.4. Mittlerer quadratischer Abstand und Verzerrung für die Ridge-Schätzung

Auffallend ist hierbei die hohe Verzerrung in der Nähe von $\mu = 1$ für alle untersuchten Schätzungen. Betrachtet man in diesem Beispiel die Schätzungen $\hat{t}_1 = \bar{y}$, $\hat{t}_2 = \boldsymbol{L^* y}$, so erhalten wir

$$\{\mathsf{E}\hat{t}_1 : |\mu| \leqq 1\} = [-1, 1], \qquad \{\mathsf{E}\hat{t}_2 : |\mu| \leqq 1\} = \left[-\frac{1}{2}, \frac{1}{2}\right],$$

$$\{\mathsf{E}\hat{\hat{t}}_1 : |\mu| \leqq 1\} \subsetneqq [-0.62, 0.62], \qquad \{\mathsf{E}\hat{\hat{t}}_2 : |\mu| \leqq 1\} \subsetneqq [-0.47, 0.47].$$

Bis auf $\hat{t}_1$, das den beschränkten Parameterbereich nicht berücksichtigt, ist die Menge der Erwartungswerte der Schätzungen eine relativ kleine Teilmenge des betrachteten Bereichs $|\mu| \leqq 1$.

Als Folgerung aus diesem Beispiel ergibt sich, daß bei der Schätzung von Parametern aus beschränkten Bereichen eine Schätzung zwar einen kleinen mittleren quadratischen Abstand haben, jedoch eine zu große Verzerrung aufweisen kann.

Folgende Forderungen könnte man an eine Schätzung $\boldsymbol{t}$ stellen.

1. $\{\mathsf{E}_{\boldsymbol{\theta}}\boldsymbol{t} : \boldsymbol{\theta} \in \Theta\} = \Gamma.$ (74)

Dabei ist Γ wie bisher derjenige Bereich, aus dem Parameter $\boldsymbol{\gamma}$ geschätzt werden sollen. Dann stellt diese Forderung eine Abschwächung der Erwartungstreuebedingung dar. Denn für eine erwartungstreue Schätzung ist diese Eigenschaft trivialerweise erfüllt. Jedoch ist eine solche Eigenschaft auch von nicht erwartungstreuen Schätzungen erfüllbar (vgl. Beispiel 4.2.2).

Eine Abschwächung der Bedingung (74) ist

$$\lambda(\Gamma \setminus \{\mathsf{E}_{\boldsymbol{\theta}}\boldsymbol{t} : \boldsymbol{\theta} \in \Theta\}) \leqq c \tag{75}$$

zu einem vorgegebenen Maß λ und einer positiven Konstanten c. Dabei kann es sinnvoll sein, daß c von σ^2 abhängig ist.

2. Für die Schätzung $\boldsymbol{t}$ soll die Verzerrung

$$\mathsf{E}_{\boldsymbol{\theta}}\boldsymbol{t} - \boldsymbol{\gamma} \tag{76}$$

einen „kleinen" Wert annehmen.

3. Für die Schätzung $\boldsymbol{t}$ soll die mittlere quadratische Abweichung

$$\mathsf{MSE}\boldsymbol{t} = \mathsf{E}_{\boldsymbol{\theta}}(\boldsymbol{t} - \boldsymbol{\gamma})(\boldsymbol{t} - \boldsymbol{\gamma})' \tag{77}$$

möglichst klein sein. Diese Größe hat zwei Bestandteile, nämlich

$$\mathsf{MSE}\boldsymbol{t} = \mathsf{Cov}\,\boldsymbol{t} + (\mathsf{E}\boldsymbol{t} - \boldsymbol{\gamma})(\mathsf{E}\boldsymbol{t} - \boldsymbol{\gamma})' \tag{78}$$

mit der Varianz

$$\mathsf{Cov}\,\boldsymbol{t} = \mathsf{E}_{\boldsymbol{\theta}}(\boldsymbol{t} - \mathsf{E}\boldsymbol{t})(\boldsymbol{t} - \mathsf{E}\boldsymbol{t})'. \tag{79}$$

Dabei wird eine Schätzung mit minimaler mittlerer quadratischer Abweichung nicht jeden der Werte $\mathsf{Cov}\,\boldsymbol{t}$, $(\mathsf{E}\boldsymbol{t} - \boldsymbol{\gamma})(\mathsf{E}\boldsymbol{t} - \boldsymbol{\gamma})'$ minimieren, sondern nur deren Summe.

4. Es sei $\Gamma \subseteqq \mathbb{R}^l$, die lineare Hülle von Γ sei $\mathbb{R}^l$. Weiter sei Q eine bez. $\mathbf{0} \in \mathbb{R}^l$ symmetrische Menge in $\mathbb{R}^l$. Für eine Schätzung $\boldsymbol{t}$ definieren wir die Wahrscheinlichkeiten

$$\mathsf{P}_{\boldsymbol{\theta}}\big(\boldsymbol{t} \in \Gamma \cap (Q + \boldsymbol{\gamma})\big), \qquad \boldsymbol{\theta} \in \Theta, \tag{80}$$

bzw.

$$\mathsf{P}_{\boldsymbol{\theta}}(\boldsymbol{t} \in Q + \boldsymbol{\gamma}). \tag{81}$$

Es ist eine derartige Schätzung $\boldsymbol{t}$ zu finden, die diese Wahrscheinlichkeiten maximiert.

Im folgenden geben wir Beispiele an, in denen die angegebenen Forderungen diskutiert werden.

Beispiel 4.6.4. Wir betrachten Variable $y_1, \ldots, y_n$ wie im Beispiel 4.6.3 und untersuchen Schätzungen der Form

$$\hat{t} = \varrho\bar{y}. \tag{82}$$

Für

$$\varrho^* = K^2n/(\sigma^2 + K^2n) \tag{83}$$

erhalten wir die Ridge-Schätzung. Es gelte $\gamma = \mu$. Offenbar gilt (74) nur für $\varrho = 1$. Ebenfalls gilt $\mathsf{E}t = \gamma$ nur für $\varrho = 1$. BUNKE (1976) bewies, daß für $Q = [-q, q]$, $q > 0$, die Werte

$$\mathsf{P}_{\theta}(\hat{t} \in Q + \gamma)$$

für $\varrho = 1$ maximiert werden.

Der Wert $\mathsf{MSE}\hat{t}$ wird entsprechend dem Beispiel 4.6.1 im Sinne eines Minimax-Kriteriums für $\varrho = \varrho^*$ aus (83) minimiert. Für die Schätzung $\hat{\hat{t}}$ gilt (74) nicht mehr, auch für $\varrho = 1$ nicht. Jedoch werden die Werte

$$\mathsf{P}_{\theta}(\hat{\hat{t}} \in \Gamma \cap (Q + \gamma))$$

für $\varrho = 1$ maximal, wenn $Q = [-q, q]$ für $q > 0$ ist.

Beispiel 4.6.5. Wir betrachten wie in Beispiel 4.2.2 die geometrische Verteilung mit den Wahrscheinlichkeiten

$$\mathsf{P}(y = r) = (1 - \theta)^{r-1}\,\theta, \qquad 0 < \theta \leqq 1, \qquad r = 1, 2, \ldots$$

Wir zeigten in Beispiel 4.2.2, daß die Schätzung

$$\hat{t}(r) = \begin{cases} 1 & \text{für } r = 1, \\ 0 & \text{sonst} \end{cases}$$

die beste erwartungstreue Schätzung mit $\mathsf{Cov}\,\hat{t} = \theta(1 - \theta)$ ist. Folglich gilt $\{\mathsf{E}_\theta\hat{t} : 0 < \theta \leqq 1\} = (0, 1]$.

Auch für die Schätzung $\tilde{\gamma} = \dfrac{1}{y}$ hängt $\mathsf{MSE}_\theta\tilde{\gamma}$ stetig von θ ab, und es gilt

$$\mathsf{MSE}_\theta\tilde{\gamma} \to 0 \quad \text{für} \quad \theta \to 0, \qquad \mathsf{MSE}_1\tilde{\gamma} = 0.$$

Damit ist auch hier $\{\mathsf{E}_\theta\tilde{\gamma} : 0 < \theta \leqq 1\} = (0, 1]$ erfüllt. Wir sehen in Tabelle 4.2.1, daß $\tilde{\gamma}$ nicht erwartungstreu ist. Man zeigt leicht für alle $\alpha > 0$ die Beziehungen

$$\mathsf{MSE}_\theta\tilde{\gamma}^\alpha \to 0 \quad \text{für} \quad \theta \to 0, \qquad \mathsf{MSE}_1\tilde{\gamma}^\alpha = 0,$$

so daß für jedes $\alpha > 0$

$$\{\mathsf{E}_\theta\tilde{\gamma}^\alpha : 0 < \theta \leqq 1\} = (0, 1]$$

gilt. Für $\alpha = 2$ erhalten wir eine Schätzung, die einen guten Kompromiß zwischen der Varianz und der Verzerrung einhält.

Beispiel 4.6.6. Es seien wieder wie schon im Abschnitt 4.5.4.2. k Verteilungen mit den Verteilungsfunktionen $\mathsf{P}_1, \ldots, \mathsf{P}_k$ gegeben, die im $\mathbb{R}^p$ definiert sind. Weiter sei $\boldsymbol{x}_{ij} \in \mathbb{R}^p$ für $1 \leqq i \leqq k$, $0 \leqq j \leqq m_i$, und wir definieren den Parameter $\gamma(\mathbf{P}) = \int \ldots \int \varphi(\boldsymbol{x}_{10}, \ldots, \boldsymbol{x}_{1m_1}, \boldsymbol{x}_{20}, \ldots, \boldsymbol{x}_{2m_2}, \ldots \boldsymbol{x}_{km_k})$ $\mathsf{P}_1(\mathrm{d}\boldsymbol{x}_{10}) \ldots \mathsf{P}_1(\mathrm{d}\boldsymbol{x}_{1m_1})\, \mathsf{P}_2(\mathrm{d}\boldsymbol{x}_{20}) \ldots \mathsf{P}_k(\mathrm{d}\boldsymbol{x}_{km_k})$ zu einer gegebenen meßbaren Funktion φ mit $0 \leqq \varphi \leqq 1$, $\mathbf{P} := (\mathsf{P}_1, \ldots, \mathsf{P}_k)'$.

Offenbar ist $0 \leqq \gamma(\mathbf{P}) \leqq 1$. Wir setzen nun $\{\gamma(\mathbf{P}) : \mathbf{P} \in \mathcal{P}\} = [0, 1]$ voraus und nehmen an, daß Stichproben vom Umfang $n_1, \ldots, n_k$ zu jeder der k Verteilungen gegeben sind, d. h.

$$\boldsymbol{y}_{i1}, \ldots, \boldsymbol{y}_{in_i} \sim \mathsf{P}_i, \qquad i = 1, \ldots, k.$$

Mit P_{i,n_i} bezeichnen wir die durch diese Stichprobe definierte empirische Verteilungsfunktion und betrachten die Schätzung

$$\hat{\gamma} = \gamma(P_{1,n_1}, \ldots, P_{k,n_k}).$$

Dann folgt $0, 1 \in \{\mathbf{E}_{\mathbf{P}}\varphi : \mathbf{P} \in \mathscr{P}\}$, da $0 \leqq \varphi \leqq 1$ vorausgesetzt war. Wenn $\mathscr{P}$ derart beschaffen ist, daß $\mathbf{E}_{\mathbf{P}}\varphi$ stetig von $\mathbf{P}$ abhängt und $\mathscr{P}$ eine zusammenhängende Menge ist, so gilt auch $\{\mathbf{E}_{\mathbf{P}}\varphi : \mathbf{P} \in \mathscr{P}\} = [0, 1]$.

Die Überlegungen in diesem Abschnitt verdeutlichen, daß bei der Schätzung von Parametern aus beschränkten Bereichen Eigenschaften wie Verzerrung, Varianz, Überdeckungswahrscheinlichkeit einzeln kontrolliert werden müssen.

5. Regressionsmodelle

In Kapitel 4 untersuchten wir Verfahren zur Schätzung unbekannter Parameter in gegebenen Modellen. Neben diesen Problemen sind aber eine Vielzahl anderer Aufgaben von Interesse. So hat man z. B. die Schätzungen der Parameter in ihren Auswirkungen und Deutungen auf den konkreten Prozeß zu bewerten und so die erhaltenen Größen zu interpretieren. Dabei können diese Interpretationen von steuerbaren Parametern abhängig sein, und genau solche Situationen wollen wir hier betrachten. In diese Problemstellung ordnen sich lineare und nichtlineare Regressionsmodelle ein. Wir wollen bei linearen Modellen die Wahl der Grundfunktionen unter verschiedenen Aspekten diskutieren. Es werden lokale und globale Anpassungen untersucht, und damit schaffen wir den Ausgangspunkt für die Approximation von Verlaufskurven, die wir in Kapitel 6 betrachten. Bei den nichtlinearen Modellen werden wir uns auf spezielle Typen konzentrieren. Da jeder echt nichtlineare Modelltyp eine spezielle Behandlung erfordert, können wir nur ausgewählte Modellklassen betrachten.

Als ein Modell für eine Verlaufskurve $x(t)$ bezeichnen wir die Darstellung

$$y_j = x(t_j) + \varepsilon_j, \qquad j = 1, \ldots, n, \tag{1}$$

wobei $x(t)$ an den diskreten Punkten $t_1, \ldots, t_n$ mit Fehlern überlagert beobachtet wird. Dabei ist x eine Funktion $x\colon \mathcal{T} \to \mathbb{R}^1$ für $\mathcal{T} \subseteqq \mathbb{R}^p$, von der wir i. allg. weitere Eigenschaften verlangen. Die Zufallsgrößen ε_j mögen den Erwartungswert 0 haben. An die höheren Momente von ε_j werden unterschiedliche Forderungen gestellt.

5.1. Lineare Verlaufskurvenmodelle

Von besonderem Interesse sind bei Annahme des Modells (1) parametrisierte Funktionenklassen $\mathcal{X}$, und dabei spielen die linear parametrisierten Klassen eine herausragende Rolle. $\mathcal{X}$ wird *linear parametrisiert* genannt, wenn k Funktionen $x_1(t), \ldots, x_k(t)$ derart existieren, daß

$$\mathcal{X} = \left\{x : x(t) = \sum_{i=1}^{k} \beta_i x_i(t),\ \beta_i \in \mathbb{R}^1\right\} \tag{2}$$

gilt. Dann haben wir die Darstellung

$$\begin{pmatrix} y_1 \\ \vdots \\ y_n \end{pmatrix} = \begin{pmatrix} x_1(t_1) & x_2(t_1) & \ldots & x_k(t_1) \\ & & \vdots & . \\ x_1(t_n) & & \ldots & x_k(t_n) \end{pmatrix} \begin{pmatrix} \beta_1 \\ \vdots \\ \beta_k \end{pmatrix} + \begin{pmatrix} \varepsilon_1 \\ \vdots \\ \varepsilon_n \end{pmatrix} \tag{3}$$

oder kürzer in Vektorschreibweise

$$y = X\beta + \epsilon. \tag{4}$$

Damit liegt ein lineares Modell vor, wie es in den Kapiteln 2 und 4 untersucht wurde. Hier interessieren wir uns etwas spezieller für die Struktur von X oder aber, was dasselbe ist, für die Funktionen $x_1, \ldots, x_k$ und die Versuchspunkte $t_1, \ldots, t_n$. Dazu diskutieren wir deren Orthogonalität und deren Auswahl bei speziellen Problemen. Zunächst erinnern wir uns, daß für einen identifizierbaren Parameter $F\beta$ die Schätzung $F\hat{\beta}$ mit

$$\hat{\beta} = (X'\Lambda^{-1}X)^- X'\Lambda^{-1}y \quad \text{bei} \quad \mathsf{E}\epsilon\epsilon' = \sigma^2\Lambda$$

eine beste lineare erwartungstreue Schätzung von $F\beta$ ist, die die Kovarianzmatrix

$$\mathsf{Cov}\, F\hat{\beta} = \sigma^2 F(X'\Lambda^{-1}X)^{-1} F'$$

besitzt. Hier wird Λ als bekannt vorausgesetzt. Da wir anstelle (3) bzw. (4) in äquivalenter Weise auch die von links mit $\Lambda^{-1/2}$ multiplizierten Modelle betrachten können, soll, wenn nicht anders gesagt, im folgenden $\Lambda = I$ angenommen werden.

5.1.1. Orthogonale Funktionen

Von besonderem Interesse sind derartige Funktionen $x_i(t)$, die bei gegebenem Versuchsplan *orthogonal* sind, d. h., für die für alle $i, l = 1, \ldots, k$

$$\sum_{j=1}^{n} x_i(t_j)\, x_l(t_j) = 0, \qquad i \neq l, \qquad i, l = 1, \ldots, k,$$

gilt. Dann ist nämlich $X'X$ eine Diagonalmatrix, sagen wir $X'X = \operatorname{diag}(d_1, \ldots, d_k)$, und somit sind die Komponenten von $\hat{\beta}$ unkorreliert. Außerdem ist die Berechnung von $\hat{\beta}$ besonders einfach, denn es gilt

$$\begin{pmatrix} d_1\hat{\beta}_1 \\ \vdots \\ d_k\hat{\beta}_k \end{pmatrix} = \sum_{j=1}^{n} \boldsymbol{x}(t_j)\, y_j \quad \text{mit} \quad \boldsymbol{x}(t) = \big(x_1(t), \ldots, x_k(t)\big)'.$$

Beachten wir weiter, daß

$$\sum_{j=1}^{n} \boldsymbol{x}(t_j)\, x_l(t_j) = e_l d_l$$

für den Einheitsvektor $e_l = (0, \ldots, 0, 1, 0, \ldots, 0)'$ gilt, wo an der l-ten Stelle eine 1 steht, so erkennen wir, daß die l-te Komponente von $\hat{\beta}$ eine direkte Aussage darüber liefert, in welchem Maße Verläufe, die durch $x_l(t)$ beschrieben werden, in der Beobachtungsreihe enthalten sind. Damit wird uns ein wesentliches Mittel für die Interpretation der Ergebnisse gegeben. Man wird deshalb immer bestrebt sein, derartige Funktionen x_i zu wählen, die man in den Verläufen zu erkennen hofft. Diese Festlegung der speziellen orthogonalen Funktionen ist ohne andere mathematische Nachteile möglich, denn man kann in einem linearen Raum verschiedene Basissysteme aussuchen, jedoch einige davon können zusätzliche Darstellungsvorteile mit sich bringen.

Diese Bemerkung sollte man bei der Auswahl der Funktionen im Auge behalten und mit Bedacht ein Orthogonalisierungsverfahren anwenden. Betrachten wir ein lineares Modell mit

$$\mathsf{E}y_j = \sum_{i=1}^{k} x_i(t_j)\,\beta_i .$$

Insbesondere seien wir an speziellen Verläufen interessiert, die durch $x_{i_1}(t), x_{i_2}(t), \ldots, x_{i_r}(t)$ mit $1 \leqq i_1, \ldots, i_r \leqq k$ beschrieben werden. Dann wird man ein derartiges Orthogonalisierungsverfahren anwenden, das möglichst diese ausgewählten Funktionen unverändert läßt (soweit dies durch eine Orthogonalisierung möglich ist). Auf jeden Fall beginnt man bei einer Orthogonalisierung mit diesen ausgewählten Funktionen, z. B. mit x_{i_1}, bezieht dann nacheinander die Funktionen $x_{i_2}, \ldots, x_{i_r}$ ein, und erst danach werden die anderen $k - r$ Funktionen benutzt. Wir sehen, daß wiederum ein lineares Modell entsteht und daß unser Ziel der besseren Interpretation der Ergebnisse weitestgehend erfüllt wird. Dabei ist natürlich $\mathsf{E}y_j$ als Linearkombination der orthogonalisierten Funktionen darstellbar.

Beispiel 5.1.1. Es sei $p = 1$ und n ungerade. Weiter sei $t_i = -1 + \frac{2i-1}{n}$, $i = 1, \ldots, n$, und

$$x_1(t) = \mathrm{e}^{-t}, \qquad x_2(t) = \begin{cases} 1 & \text{für } t \geqq t_{\frac{n+1}{2}+1} \\ 0 & \text{für } t = 0, \\ -1 & \text{für } t \leqq t_{\frac{n+1}{2}-1} . \end{cases} \qquad x_3(t) = \sin(t\pi)$$

Damit beschreibt x_1 das Abklingen, x_2 einen Sprung und x_3 das Schwingen eines Prozesses.

Für die Beobachtungen gelte das lineare Modell mit

$$\mathsf{E}y_j = \sum_{i=1}^{3} x_i(t_j)\beta_i .$$

Jedes andere lineare Modell, das durch Orthogonalisierung der Funktionen x_1, x_2, x_3 entsteht, ist ebenfalls zur Darstellung der $\mathsf{E}y_j$ geeignet. Wir geben zwei orthogonale Systeme an.

Setzt man

$$\psi_1^{(1)}(t) = \gamma_1 x_1(t) \quad \text{mit} \quad \gamma_1^{-2} = \sum_{i=1}^{n} \mathrm{e}^{-2t_i},$$

$$\psi_2^{(1)}(t) = \gamma_2 \left[x_2(t) - \sum_{i=1}^{n} x_2(t_i)\, \psi_1^{(1)}(t_i)\, \psi_1^{(1)}(t) \right]$$

mit

$$\gamma_2^{-2} = \sum_{j=1}^{n} \left[x_2(t_j) - \sum_{i=1}^{n} x_2(t_i)\, \psi_1^{(1)}(t_i)\, \psi_1^{(1)}(t_j) \right]^2,$$

$$\psi_3^{(1)}(t) = \gamma_3 \left[x_3(t) - \sum_{i=1}^{n} x_3(t_i)\, \psi_1^{(1)}(t_i)\, \psi_1^{(1)}(t) - \sum_{i=1}^{n} x_3(t_i)\, \psi_2^{(1)}(t_i)\, \psi_2^{(1)}(t) \right] \tag{5}$$

mit

$$\gamma_3^{-2} = \sum_{j=1}^{n} \left[x_3(t_j) - \sum_{i=1}^{n} x_3(t_i)\, \psi_1^{(1)}(t_i)\, \psi_1^{(1)}(t_j) - \sum_{i=1}^{n} x_3(t_i)\, \psi_2^{(1)}(t_i)\, \psi_2^{(1)}(t_j) \right]^2,$$

so gilt für $s = 1$

$$\sum_{j=1}^{n} \psi_i^{(s)}(t_j)\, \psi_l^{(s)}(t_j) = \delta_{il}, \qquad i, l = 1, 2, 3. \tag{6}$$

Bei $s = 1$ kann wegen (5) eine nichtsinguläre Matrix C_1 derart angegeben werden, daß

$$\begin{pmatrix} \psi_1^{(s)} \\ \psi_2^{(s)} \\ \psi_3^{(s)} \end{pmatrix} = C_s \begin{pmatrix} x_1 \\ x_2 \\ x_3 \end{pmatrix}$$

und somit das Modell ($s = 1$)

$$\mathsf{E}\begin{pmatrix} y_1 \\ \vdots \\ y_n \end{pmatrix} = X C_s C_s^{-1} \beta = G_s \eta \tag{7}$$

für

$$G_s = \begin{pmatrix} \psi_1^{(s)}(t_1) \dots \psi_3^{(s)}(t_1) \\ \vdots \qquad\qquad \vdots \\ \psi_1^{(s)}(t_n) \dots \psi_3^{(s)}(t_n) \end{pmatrix} \tag{8}$$

gilt. Setzen wir weiter

$$\psi_1^{(2)}(t) = \nu_1 x_3(t) \quad \text{mit} \quad \nu_1^{-2} = \sum_{i=1}^{n} x_3^2(t_i),$$

$$\psi_2^{(2)}(t) = \nu_2 \left[x_1(t) - \sum_{i=1}^{n} x_1(t_i)\, \psi_1^{(2)}(t_i)\, \psi_1^{(2)}(t)\right]$$

mit

$$\nu_2^{-2} = \sum_{j=1}^{n} \left[x_1(t_j) - \sum_{i=1}^{n} x_1(t_i)\, \psi_1^{(2)}(t_i)\, \psi_1^{(2)}(t_j)\right]^2,$$

$$\psi_3^{(2)}(t) = \nu_3 \left[x_2(t) - \sum_{i=1}^{n} x_2(t_i)\, \psi_1^{(2)}(t_i)\, \psi_1^{(2)}(t) - \sum_{i=1}^{n} x_2(t_i)\, \psi_2^{(2)}(t_i)\, \psi_2^{(2)}(t)\right]$$

mit

$$\nu_3^{-2} = \sum_{j=1}^{n} \left[x_2(t_j) - \sum_{i=1}^{n} x_2(t_i)\, \psi_1^{(2)}(t_i)\, \psi_1^{(2)}(t_j) - \sum_{i=1}^{n} x_2(t_i)\, \psi_2^{(2)}(t_i)\, \psi_2^{(2)}(t_j)\right]^2,$$

so gelten (6), (7) und (8) für $s = 2$. Bei dieser Konstruktion der orthogonalen Systeme nutzten wir das Schmidtsche Orthogonalisierungsverfahren und nahmen im ersten Fall die Reihenfolge x_1, x_2, x_3 und im zweiten Fall x_3, x_1, x_2. In Abb. 5.1.1 erkennt man bei $n = 15$ die völlig unterschiedlichen Graphen der $\psi_1^{(s)}, \psi_2^{(s)}, \psi_3^{(s)}$ für $s = 1$ und 2, und somit ist auch die direkte Interpretation anders ausgerichtet. Während wir im ersten Fall besonders an dem Abklingverhalten und dem Sprung interessiert sind, legen wir im zweiten System insbesondere Wert auf den Schwingungsverlauf.

Damit haben wir gesehen, daß bei der Benutzung orthogonaler Funktionen im Modell verschiedene rechentechnische und statistische Vorteile auftreten. Für eine gute Interpretierbarkeit hat man die Auswahl der orthogonalen Funktionen sorgsam vorzunehmen. Offenbar ist die Eigenschaft orthogonal zu sein, nicht nur durch die Funktionen beeinflußt, sondern natürlich auch durch die Versuchspunkte. Bisher taten wir so, daß $t_1, \dots, t_n$ gegebene Punkte sind und, haben dann die Funktionen derartig transformiert bzw. linear kombiniert, daß die neu entstandenen Funktionen orthogonal bei diesem Versuchsplan sind. Ist uns andererseits daran gelegen, wegen einer gewünschten Interpretation vorgegebene Funktionen $h_1(t), \dots, h_k(t)$ in den Regressionsansatz einzubeziehen, so bleibt die Frage offen, ob solche n Versuchspunkte $t_1, \dots, t_n$ angegeben werden

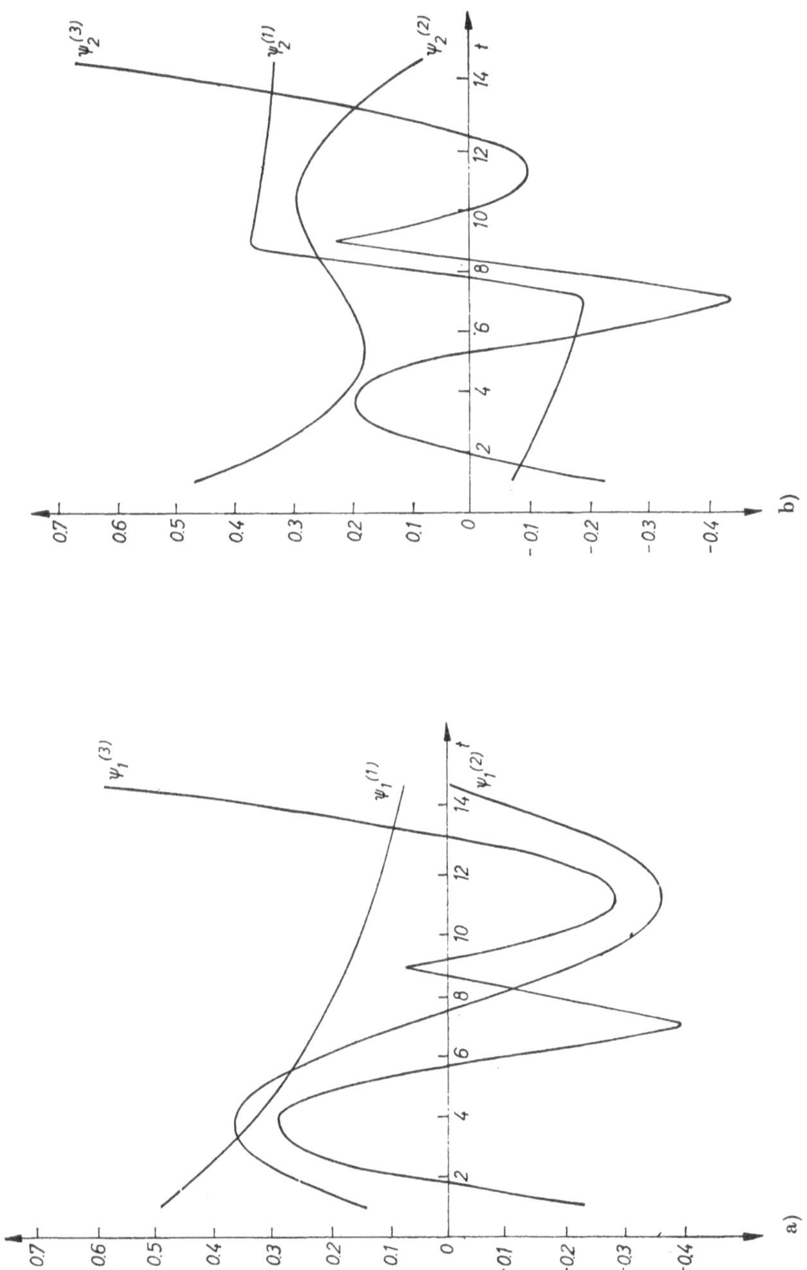

Abb. 5.1.1. Verlauf der Orthogonalsysteme im Beispiel 5.1.1. In der Darstellung wurde die t-Achse transformiert. Anstelle der Punkte $(\tau, \psi_i^{(j)})$ wurden $\left(\frac{n\tau + n + 1}{2}, \psi_i^{(j)}(\tau)\right)$ eingetragen. $x_2(t)$ wurde in $t_{\frac{n+1}{2}-1} < t < 0$, $0 < t < t_{\frac{n+1}{2}+1}$ derart gewählt, daß $x_2(t)$ in diesem für die Beobachtungen unwichtigen Bereich stetig ist.

können, daß diese $h_1(t), \ldots, h_k(t)$ orthogonal sind, d. h., wir haben $t_1, \ldots, t_n$ so zu wählen, daß

$$\sum_{j=1}^{n} h_i(t_j)\, h_l(t_j) = 0 \quad \text{für} \quad i \neq l, \qquad i, l = 1, \ldots, k,$$

gilt. So haben wir ein spezielles Versuchsplanungsproblem formuliert. Für einige Funktionensysteme kann man die zugehörigen Versuchspunkte angeben.

5.1.1.1. Polynomialmodelle

Es seien $t_1, \ldots, t_n$ beliebige Punkte des $\mathbb{R}^1$, und es seien die Polynome $g_i(t) = t^{i-1}$, $i = 1, \ldots, k+1$, gegeben. Wir bezeichnen das l-te Moment der t_i mit

$$a_l = \frac{1}{n} \sum_{i=1}^{n} t_i^{\,l}, \qquad l = 1, \ldots, 2k,$$

und definieren mit $a_0 = 1$ die Matrizen

$$\boldsymbol{A}_j = \begin{pmatrix} a_0 & a_1 & \ldots & a_j \\ a_1 & a_2 & \ldots & \\ \vdots & & & \\ a_j & \ldots & & a_{2j} \end{pmatrix}, \qquad j = 0, \ldots, k.$$

Dann sind folgende Funktionen $h_i(t)$, die aus $g_j(t)$ durch Linearkombination entstehen, zueinander orthogonal:

$$h_0(t) = g_0(t) = 1,$$

$$h_j(t) = |\boldsymbol{A}_{j-1}|^{-1} \cdot \left| \begin{pmatrix} a_0 & \ldots & a_j \\ \vdots & & \vdots \\ a_{j-1} & \ldots & a_{2j-1} \\ 1 & \ldots & t^j \end{pmatrix} \right|, \qquad j = 1, \ldots, k.$$

Damit ist $h_j(t)$ ein Polynom der Ordnung j.

Wenn zum Beispiel der Mittelwert der Beobachtungspunkte gleich 0 ist, d. h. $a_1 = 0$, so erhalten wir

$$h_1(t) = \frac{\begin{vmatrix} 1 & 0 \\ 1 & t \end{vmatrix}}{1} = t, \qquad h_2(t) = \frac{\begin{vmatrix} 1 & 0 & a_2 \\ 0 & a_2 & a_3 \\ 1 & t & t^2 \end{vmatrix}}{\begin{vmatrix} 1 & 0 \\ 0 & a_2 \end{vmatrix}} = t^2 - \frac{a_3}{a_2}\, t - a_2,$$

usw. Hierfür existieren auch rekursive Berechnungsformeln (Kendall/Stuart (1973)).

Für äquidistante Versuchspunkte findet man die Koeffizienten der Linearkombinationen in verschiedenen Tabellenwerken, so etwa bei Pearson/Hartley (1958). In Kendall/Stuart (1973) sind die Funktionen angegeben, wenn

$$t_i = -\frac{1}{2}(n+1) + i, \qquad i = 1, \ldots, n$$

gilt. Hierfür erhält man z. B. $a_1 = a_3 = a_5 = 0$,

$$a_2 = (n^2 - 1)/12, \qquad a_4 = a_2(3n^3 - 7)/20, \qquad a_6 = a_2(3n^4 - 18n^2 + 31)/112.$$

Damit ergibt sich

$$h_0(t) = 1,$$

$$h_1(t) = t,$$

$$h_2(t) = t^2 - \frac{1}{2}(n^2 - 1),$$

$$h_3(t) = t^3 - \frac{1}{20}(3n^2 - 7)\,t,$$

$$h_4(t) = t^4 - \frac{1}{14}(3n^2 - 13)\,t^2 + \frac{3}{560}(n^2 - 1)(n^2 - 9),$$

$$h_5(t) = t^5 - \frac{5}{18}(n^2 - 7)\,t^3 + \frac{1}{1008}(15n^4 - 230n^2 + 407)\,t,$$

$$h_6(t) = t^6 - \frac{5}{44}(3n^2 - 31)\,t^4 + \frac{1}{176}(5n^4 - 110n^2 + 329)\,t^2 - \frac{5}{14874}(n^2 - 1)(n^2 - 9)(n^2 - 25).$$

5.1.1.2. Tschebyscheff-Polynome

Die Funktionen $h_0(t) = 1$, $h_1(t) = t$, $h_j(t) = 2t\,h_{j-1}(t) - h_{j-2}(t)$, $j = 2, \ldots,$ werden Tschebyscheff-Polynome genannt. Sie sind zueinander orthogonal, wenn als Punkte die Tschebyscheff-Punkte

$$t_i = -\cos\left[(2n + 2)^{-1}(2i - 1)\,\pi\right], \qquad i = 1, \ldots, n,$$

gewählt werden.

5.1.1.3. Trigonometrische Funktionen

Die trigonometrischen Funktionen $\sin(jt)$, $\cos(jt)$ für $j = 0, \ldots, m \leqq n/2$ sind zueinander orthogonal, wenn als Versuchspunkte

$$t_i = i\,2\pi/n, \qquad i = 1, \ldots, n,$$

gewählt werden.

5.1.2. Lokale und globale Modelle

Nehmen wir an, daß für die Beobachtungen $y_1, \ldots, y_n$ das Modell (1) mit $\boldsymbol{\Lambda} = \boldsymbol{I}$ gilt. Da durch die Beobachtungen nur Informationen über die *Trendfunktion* x an den Versuchspunkten $t = t_j$, $j = 1, \ldots, n$, geliefert werden, kann eine Analyse im allgemeinen nur Aussagen über diese Werte $x(t_1), \ldots, x(t_n)$ geben. Nur dann, wenn aus $x(t_1), \ldots, x(t_n)$ Informationen über $x(t)$, $t \neq t_1, \ldots, t_n$, abgeleitet werden können, ist durch eine statistische Analyse auch eine Schätzung von $x(t)$, $t \neq t_1, \ldots, t_n$, möglich. Wählt man z. B. $\mathcal{T} \subseteqq \mathbb{R}^1$, $\mathcal{T} \setminus \{t_1, \ldots, t_n\} \neq \emptyset$,

$$\mathcal{X} = \{x : x(t_i) = u_i,\ u_i \in \mathbb{R}^1,\ i = 1, \ldots, n\}, \tag{9}$$

so ist diese Menge $\mathcal{X}$ eine nichtparametrische Menge, die so umfassend ist, daß sich aus $x(t_1) = u_1, \ldots, x(t_n) = u_n$ keinerlei Informationen über $x(t)$, $t \neq t_1, \ldots, t_n$ ergeben. Wird hingegen eine durch k Parameter bestimmte Funktionenmenge

$$\mathcal{X} = \left\{x : x(t) = \sum_{i=1}^{k} x_i(t)\,\beta_i,\ \beta_i \in \mathbb{R}^1,\ t \in \mathcal{T}\right\} \tag{10}$$

betrachtet, so ist bei Kenntnis der k-Werte $\beta_1, \ldots, \beta_k$ der gesamte Funktionenverlauf von x bestimmt. Nicht immer ist eine Approximation durch ein Modell mit einer Menge $\mathcal{X}$ aus (10) günstig. Zwar lassen sich mit den im Abschnitt 2.1.1. beschriebenen Standardmethoden die Parameter schätzen, jedoch ist die geschätzte Funktion unter Umständen z. B. nicht für eine Extrapolation geeignet.

Beispiel 5.1.2. Bei der Untersuchung des Rauschverhaltens von Magnetbändern in Abhängigkeit von der Intensität des Nutzersignals werden Werte wie in Tabelle 5.1.1 gemessen. Wählt man als

Tabelle 5.1.1.

t_i	0.75	1.0	3.3	3.5
y_i	1.15	0.5	1.25	1.75

Menge $\mathcal{X}$ die quadratischen Polynome, d. h.

$$\mathcal{X} = \{x : x(t) = \beta_1 + \beta_2 t + \beta_3 t^2,\ \beta_i \in \mathbb{R}^1\},$$

so erhält man als Kleinste-Quadrate-Schätzungen

$$\hat{\beta}_1 = 3.956, \qquad \hat{\beta}_2 = -4.585, \qquad \hat{\beta}_3 = 1.135.$$

Das geschätzte Polynom

$$x(t) = \hat{\beta}_1 + \hat{\beta}_2 t + \hat{\beta}_3 t^2$$

und die Daten sind in der Abbildung 5.1.2 aufgetragen.

In diesem Beispiel erkennt man, daß der Ausgleich mit quadratischen Polynomen ein starkes Schwingen des angepaßten Polynoms bis in den negativen Bereich ergibt. Das ist von der physikalischen Bedeutung der Meßgrößen her nicht möglich. Daher wird man dazu geführt, eine andere Modellierung vorzunehmen. Es bietet sich in einigen Fällen an, die in (1) benötigten Funktionen x stückweise zu definieren. Dazu wählt man in $\mathcal{T}$ Mengen $\mathcal{T}_1, \ldots, \mathcal{T}_r$ mit $\mathcal{T} = \mathcal{T}_1 \cup \ldots \cup \mathcal{T}_r$ und setzt voraus, daß $\mathcal{X}_s$ eine Menge über $\mathcal{T}_s$ definierter Funktionen ist. $\mathcal{I}_s$ sei die Menge der Indizes i, für die $t_i \in \mathcal{T}_s$ gilt:

$$\mathcal{I}_s = \{i : t_i \in \mathcal{T}_s,\ i = 1, \ldots, n\}, \qquad s = 1, \ldots, r. \tag{11}$$

Die $\mathcal{X}_s$ seien so gewählt, daß für ein $x^{(s)} \in \mathcal{X}_s$ die Gleichungen

$$y_j = x^{(s)}(t_j) + \varepsilon_j, \qquad j \in \mathcal{I}_s,$$

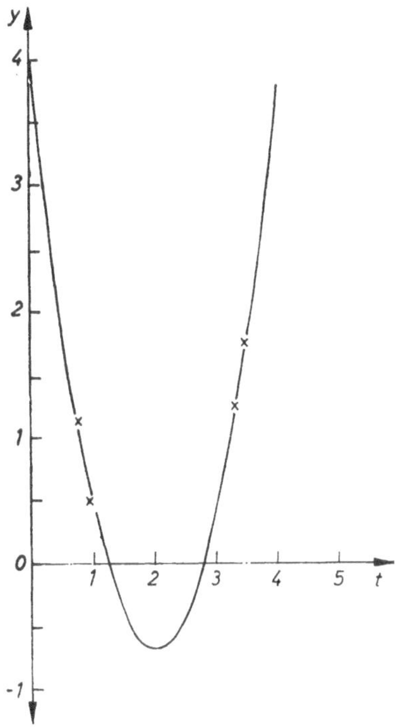

Abb. 5.1.2. Anpassung mit quadratischem Polynom

erfüllt sind. Durch dieses Vorgehen wurde der Versuchsplan aufgespalten, so daß man zu Modellen, die für einige der gegebenen Beobachtungen gelten, gelangt. Da man nicht an einer Analyse in Teilmodellen interessiert ist, kommt es nun darauf an, diese Modelle in geeigneter Weise zu verknüpfen. Eine solche Verknüpfung kann z. B. dadurch erfolgen, daß Anschlußbedingungen von den Funktionen der Mengen $\mathcal{X}_1, \ldots, \mathcal{X}_r$ erfüllt werden müssen. So fordert man z. B., daß die global zu wählende Funktion x „glatt" für alle $t \in \mathcal{T}$ ist. Das bedeutet, daß x aus der Menge

$$\mathcal{X} = \{x : x(t) = x^{(s)}(t),\ x^{(s)} \in \mathcal{X}_s,\ t \in \mathcal{T}_s,\ s = 1, \ldots, r, \qquad (12)$$
$$x\ m\text{-mal stetig differenzierbar}\}$$

sein soll. Damit sind die Nebenbedingungen für die Funktionen gegeben, wodurch eine Verknüpfung der Teilmodelle erfolgt.

Beispiel 5.1.3. Für die Daten aus dem Beispiel 5.1.2 wählen wir $r = 2$, $\mathcal{T} = [\underline{t}, \bar{t}]$, $\mathcal{T}_1 = [\underline{t}, t_3]$, $\mathcal{T}_2 = [t_3, \bar{t}]$

$$\mathcal{X}_1 = \{x^{(1)} : x^{(1)}(t) = \beta_{11} + \beta_{12}t;\ \beta_{11}, \beta_{12} \in \mathbb{R}^1,\ t \in \mathcal{T}_1\},$$
$$\mathcal{X}_2 = \{x^{(2)} : x^{(2)}(t) = \beta_{21} + \beta_{22}t;\ \beta_{21}, \beta_{22} \in \mathbb{R}^1,\ t \in \mathcal{T}_2\}.$$

Weiter fordern wir, daß in $t = t_3$ ein stetiger Anschluß zwischen den Funktionen aus $\mathcal{X}_1$, $\mathcal{X}_2$ erreicht wird, d. h.

$$x^{(1)}(t_3) = x^{(2)}(t_3), \qquad x^{(s)} \in \mathcal{X}_s.$$

Diese letzte Bedingung ist eine lineare Nebenbedingung

$$\beta_{11} + \beta_{12}t_3 = \beta_{21} + \beta_{22}t_3, \quad \text{d. h., mit} \quad \boldsymbol{\beta} = (\beta_{11}, \beta_{12}, \beta_{21}, \beta_{22})'$$

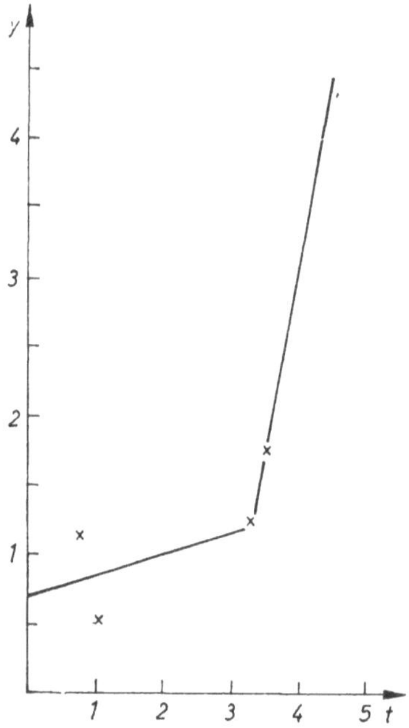

Abb. 5.1.3. Anpassung mit stückweise definierten Funktionen

müssen die Parameter den Bedingungen

$$(1, t_3, -1, -t_3)\,\boldsymbol{\beta} = 0$$

genügen. Als Kleinste-Quadrate-Schätzung unter dieser Nebenbedingung ergibt sich mit der in Abschnitt 2.1.1.4. beschriebenen Methode

$$\hat{\beta}_{11} = 0.708, \qquad \hat{\beta}_{12} = 0.1534, \qquad \hat{\beta}_{21} = -7.62, \qquad \hat{\beta}_{22} = 2.677.$$

Die erreichte Anpassung ist in Abb. 5.1.3 dargestellt.

Die in den Beispielen 5.1.2 und 5.1.3 benutzten Anpassungen entstanden beide bei Modellen mit drei frei wählbaren Parametern. Vom physikalischen Inhalt her ist die in Beispiel 5.1.3 erreichte Anpassung vorzuziehen. Wesentlich ist hierbei die Erkenntnis, daß man durch die Modellierung einerseits das lokale Verhalten und andererseits den globalen Verlauf verdeutlichen kann.

5.2. Nichtlineare Regressionsmodelle

Im vorigen Abschnitt betrachteten wir lineare Verlaufskurvenmodelle, jedoch treten in konkreten Aufgaben sehr häufig nichtlineare Modelle auf. Bei diesen nichtlinearen Modellen kann man davon ausgehen, daß sie aus der inhaltlichen Kenntnis über die Bedeutung der Daten entstanden sind. Sehr selten erkennt man an den Daten oder Kurven, ob das Modell in den Parametern nichtlinear oder linear ist. Da die Kurvenverläufe, die durch (1) gegeben werden, die Abhängigkeit über t darstellen, ist darin keine Information über Parameterabhängigkeit abzulesen. Das wäre nur dann der Fall, wenn man mehrere Beobachtungen zu einem Prozeß für unterschiedliche Parameterkonstellationen zur Verfügung hat. Betrachten wir z. B. den Fall, daß in (1)

$$x(t) = \sum_{i=1}^{3} \beta_i x_i(t), \qquad \beta_i \in \mathbb{R}^1, \qquad i = 1, 2, 3, \tag{13}$$

für bekannte Funktionen $x_i(t)$ gilt. Haben wir Variable $y_1, \ldots, y_n$, für die

$$\mathsf{E} y_i = 2x_1(t_i) + 3x_2(t_i) + 9x_3(t_i) = x_0(t_i)$$

erfüllt ist, dann ist (1) mit (13) ein gültiges Modell für $y_1, \ldots, y_n$, aber genauso ist auch bei

$$x(t) = \beta_1 x_1(t) + \beta_2 x_2(t) + \beta_2^2 x_3(t), \qquad \beta_i \in \mathbb{R}^1, \qquad i = 1, 2, \tag{14}$$

das Modell (1) ein gültiges Modell. Das bedeutet, daß wir verschiedene Modelle für $y_1, \ldots, y_n$ benutzen könnten, von denen keines aufgrund der Beobachtungen vorgezogen werden kann, da die für $y_1, \ldots, y_n$ richtige Erwartungswertfunktion $x_0(t)$ im Durchschnitt der beiden Funktionenmengen in (13) und (14) liegt. So scheidet meist der Aspekt der Beschreibung der Daten durch irgendeinen in den Parametern nichtlinearen Ansatz aus, der wiederum bei den linearen Modellen oft über die Nutzung eines Modells entscheidet. Vielmehr rückt der Aspekt der Anpassung der Daten an ein inhaltlich sinnvolles Modell in den Vordergrund. Die zu schätzenden Parameter werden dann eine interpretierbare Bedeutung haben.

Ausgangspunkt unserer Betrachtungen ist für die Variablen $y_1, \ldots, y_n$ das Modell (1), wobei $x \in \mathscr{X}$ gilt und $\mathscr{X}$ *nichtlinear parametrisiert* ist. Genauer gesagt setzen wir voraus, daß bei gewählten Versuchspunkten $t_1, \ldots, t_n$ mit $\boldsymbol{X}(\boldsymbol{\beta}) = \big(x(t_1, \boldsymbol{\beta}), \ldots, x(t_n, \boldsymbol{\beta})\big)'$ das Modell

$$\begin{pmatrix} y_1 \\ \vdots \\ y_n \end{pmatrix} = \boldsymbol{X}(\boldsymbol{\beta}) + \boldsymbol{\epsilon}$$

kein lineares Modell im Sinne des Kapitels 2 ist. Solche Modelle nennen wir nichtlineare Regressionsmodelle. Wir geben einige typische Beispiele für *nichtlineare Regressionsmodelle* an.

a) *Lineare Modelle mit Einschränkungen für die Parameter*

Es gelte (1) mit

$$x \in \mathscr{X}_1 = \left\{x : x(t) = \sum_{i=1}^{k} \beta_i x_i(t),\ \boldsymbol{\beta} \in \mathbb{R}^k,\ x \in \mathscr{B}(\sigma^2)\right\},$$

wobei $\mathscr{B}(\sigma^2)$ bei festem σ^2 keine lineare Menge ist. So könnte wie in Abschnitt 4.6 bei den eingeschränkten linearen Modellen

$$\mathscr{B}(\sigma^2) = \left\{x : \sum_{i,j=1}^{n} z_{ij} x(t_i)\, x(t_j) \leq \sigma^2\right\}$$

für eine positiv semidefinite Matrix $\boldsymbol{Z} = (z_{ij})$ bestimmt sein. Dann ist das Modell nichtlinear, weil $\mathscr{B}(\sigma^2)$ keine lineare Menge und folglich $\boldsymbol{X}(\boldsymbol{\beta})$ keine lineare Funktion ist.

b) *Exponentialmodelle*

Es gelte (1) derart, daß x als Mischung von exponentiellen Kurven darstellbar ist, d. h., es gilt

$$x \in \mathscr{X}_2 = \left\{x : x(t) = \beta_0 + \sum_{i=1}^{k} \beta_i\, e^{\alpha_i t},\ t \in \mathbb{R}^1,\ \boldsymbol{\beta} \in \mathbb{R}^{k+1},\ \boldsymbol{\alpha} \in \mathbb{R}^k\right\}.$$

Diese Modelle wurden von verschiedenen Autoren untersucht, z. B. RASCH (1967), AGHA (1971).

c) *Cobb-Douglas-Modelle*

Bei ökonomischen Aufgabenstellungen wie z. B. bei der Untersuchung von Produktionsfunktionen werden Modelle (1) mit

$$x \in \mathscr{X}_3 = \{x : x(\boldsymbol{t}) = \beta_0 t_{(1)}^{\beta_1} \cdot \ldots \cdot t_{(p)}^{\beta_p}, \boldsymbol{\beta} \in \mathbb{R}^{p+1}, \boldsymbol{t} = (t_{(1)}, \ldots, t_{(p)})' \in \mathbb{R}^p\}$$

benutzt. Hier verweisen wir z. B. auf GOLDFELD/QUANDT (1972) und GOLDBERGER (1968).

d) *Trigonometrische Modelle*

Bei periodischen Vorgängen nutzt man zur Modellierung häufig ein parametrisches Modell (1) derart, daß

$$x \in \mathscr{X}_4 = \left\{x : x(t) = \beta_0 + \sum_{j=1}^{k} \beta_j \cos(\lambda_j t + \nu_j), \boldsymbol{\beta} \in \mathbb{R}^{k+1}, t \in \mathbb{R}^1\right\}.$$

Dabei sind $\lambda_1, \ldots, \lambda_k$ die Frequenzen und $\nu_1, \ldots, \nu_k$ die Phasen und i. allg. sind die Parameter $\beta_0, \beta_j, \lambda_j, \nu_j$, für $1 \leqq j \leqq k$ zu schätzen. Hierzu gibt es eine ausgearbeitete Theorie (ANDERSON (1971), HANNAN (1971)).

Auf Modelle, die Wachstumsvorgänge beschreiben, verwiesen wir schon in Kapitel 4, so daß wir eine Auswahl typischer nichtlinearer Modelle genannt haben. Auf einige allgemeine Aspekte bei der Schätzung von Parametern in nichtlinearen Modellen werden wir im nächsten Abschnitt eingehen, bevor wir dann detaillierter spezielle Modelle untersuchen. Wir benutzen im folgenden für nichtlineare Regressionsmodelle die Schreibweise

$$y_i = x(t_i, \boldsymbol{\beta}) + \varepsilon_i, \qquad i = 1, \ldots, n, \qquad \boldsymbol{\beta} \in \mathscr{B} \subseteqq \mathbb{R}^k. \tag{15}$$

5.2.1. Schätzung der Regressionsfunktion

5.2.1.1. Maximum-Likelihood-Schätzung

Eine allgemeine Methode zur Schätzung der Regressionsfunktion bei nichtlinearen Modellen ist ebenso wie bei linearen Modellen die Maximum-Likelihood-Methode. Nehmen wir dazu an, daß in (15) die Variable ε_i die Dichte $p_i(y \mid \boldsymbol{\theta}_i)$ hat, die von einem unbekannten Parameter $\boldsymbol{\theta}_i$ abhängt. Wir setzen $l_{i,\boldsymbol{\theta}_i}(y) = \ln p_i(y \mid \boldsymbol{\theta}_i)$. Dann ist die log-Likelihood-Funktion durch

$$l_{\boldsymbol{y}}(\boldsymbol{\beta}, \boldsymbol{\theta}) = \sum_{i=1}^{n} l_{i,\boldsymbol{\theta}_i}\big(y_i - x(t_i, \boldsymbol{\beta})\big), \qquad \boldsymbol{\theta} = (\boldsymbol{\theta}_1, \ldots, \boldsymbol{\theta}_n)'$$

gegeben, woraus sich durch Maximierung eine Maximum-Likelihood-Schätzung für $\boldsymbol{\beta}, \boldsymbol{\theta}$ ergibt. Wenngleich auch die Lösung i. allg. nicht explizit darstellbar ist, so kann unter sehr allgemeinen Voraussetzungen gezeigt werden, daß die Maximum-Likelihood-Schätzung konsistent und effizient ist (BAHADUR (1960)). Die beste Methode zur Maximierung von $l_{\boldsymbol{y}}$ hängt von den Funktionen $x(t_i, .)$ und von p_i ab. Einige Möglichkeiten geben wir in Abschnitt 5.3. an. Im Fall, daß $x(t_i, \boldsymbol{\beta})$ nach $\boldsymbol{\beta}$ und ebenso p_i nach $\boldsymbol{\theta}_i$

differenzierbar sind, können wir die *Likelihoodgleichung*

$$\frac{\partial l_y(\boldsymbol{\beta}, \boldsymbol{\theta})}{\partial \boldsymbol{\beta}} = 0, \qquad \frac{\partial l_y(\boldsymbol{\beta}, \boldsymbol{\theta})}{\partial \boldsymbol{\theta}} = 0 \tag{16}$$

aufschreiben, denen die Maximum-Likelihood-Schätzung genügen muß. Unter Normalverteilung für ε_i mit gleichen Varianzen erkennen wir, daß diese Likelihoodgleichung zum Kleinste-Quadrate-Kriterium führt. Nehmen wir nämlich an, es gilt

$$p_i(y \mid \sigma) = \frac{1}{\sqrt{2\pi}\,\sigma} \exp\left(-\frac{1}{2\sigma^2} y^2\right),$$

so ist die Likelihoodgleichung (hier ist $\sigma^2 = \theta$)

$$\begin{aligned} &\frac{\partial}{\partial \beta_j}\left[-n \ln \sigma - \frac{1}{2\sigma^2} \sum_{i=1}^{n} \big(y_i - x(t_i, \boldsymbol{\beta})\big)^2\right] = 0, \qquad j = 1, \ldots, k, \\ &\frac{\partial}{\partial \sigma^2}\left[-\frac{n}{2} \ln \sigma^2 - \frac{1}{2\sigma^2} \sum_{i=1}^{n} \big(y_i - x(t_i, \boldsymbol{\beta})\big)^2\right] = 0. \end{aligned} \tag{17}$$

Das bedeutet, daß die Maximum-Likelihood-Schätzung für $\boldsymbol{\beta}$, σ^2 durch

$$\hat{\sigma}^2 = \frac{1}{n} \sum_{i=1}^{n} \big(y_i - x(t_i, \hat{\boldsymbol{\beta}})\big)^2 \tag{18}$$

gegeben ist, wenn $\hat{\boldsymbol{\beta}}$ Lösung von

$$\sum_{i=1}^{n} \big(y_i - x(t_i, \hat{\boldsymbol{\beta}})\big)^2 = \min_{\boldsymbol{\beta}} \sum_{i=1}^{n} \big(y_i - x(t_i, \boldsymbol{\beta})\big)^2 \tag{19}$$

ist.

5.2.1.2. Kleinste-Quadrate-Schätzung

Hat man keine genaue Information über den Verteilungstyp des Fehlers ε_i, so ist es unmöglich, die Maximum-Likelihood-Schätzung zu bestimmen. In diesen Fällen wählt man häufig als Kriterium für die Parameterschätzung einen minimalen quadratischen Abstand zwischen den Beobachtungen und der Regressionsfunktion. Dann heißt $\hat{\boldsymbol{\beta}}$ *Kleinste-Quadrate-Schätzung* für $\boldsymbol{\beta}$ in (15), falls

$$\sum_{i=1}^{n} \big(y_i - x(t_i, \hat{\boldsymbol{\beta}})\big)^2 = \min_{\boldsymbol{\beta}} \sum_{i=1}^{n} \big(y_i - x(t_i, \boldsymbol{\beta})\big)^2 \tag{20}$$

erfüllt ist (vgl. Abschnitt 1.6.2.2). Als Schätzung für σ^2, wenn $\mathsf{Var}\,\varepsilon_i = \sigma^2$ für alle i gilt, nehmen wir die im normalverteilten Fall hergeleitete Maximum-Likelihood-Schätzung

$$\hat{\sigma}^2 = \frac{1}{n} \sum_{i=1}^{n} \big(y_i - x(t_i, \hat{\boldsymbol{\beta}})\big)^2.$$

Manchmal wird in Anlehnung an das lineare Modell als Schätzung auch $\frac{n}{n-1}\hat{\sigma}^2 = \tilde{\sigma}^2$ verwendet, jedoch gibt es beim nichtlinearen Modell keine echte Rechtfertigung, weder für $\hat{\sigma}^2$ noch für $\tilde{\sigma}^2$. Asymptotisch haben beide gleiche Eigenschaften.

Zur Lösung von (20) benutzt man, falls $\boldsymbol{X}$ nach $\boldsymbol{\beta}$ differenzierbar ist, häufig die Normalgleichungen. Dazu differenziert man das Funktional

$$Q(\boldsymbol{\beta}) = \sum_{i=1}^{n} \left(y_i - x(t_i, \boldsymbol{\beta})\right)^2 \tag{21}$$

und erhält mit $g_j(t, \boldsymbol{\beta}) = \frac{\partial}{\partial \beta_j} x(t, \boldsymbol{\beta})$

$$\frac{\partial}{\partial \beta_j} Q(\boldsymbol{\beta}) = -2 \sum_{i=1}^{n} \left(y_i - x(t_i, \boldsymbol{\beta})\right) g_j(t_i, \boldsymbol{\beta}). \tag{22}$$

Bei

$$\boldsymbol{X}(\boldsymbol{\beta}) = \left(x(t_1, \boldsymbol{\beta}), \ldots, x(t_n, \boldsymbol{\beta})\right)',$$

$$\boldsymbol{G}(\boldsymbol{\beta}) = \left(g_j(t_i, \boldsymbol{\beta})\right), \qquad i = 1, \ldots, n, \qquad j = 1, \ldots, k,$$

können die gleich 0 gesetzten Gleichungen (22) in der Form

$$\boldsymbol{G}(\boldsymbol{\beta}) \left(\boldsymbol{y} - \boldsymbol{X}(\boldsymbol{\beta})\right) = 0 \tag{23}$$

geschrieben werden, die Normalgleichungen heißen. Dabei muß für jede Lösung dieser Normalgleichungen geprüft werden, ob das globale Minimum von Q erreicht wurde.

Wir wollen bemerken, daß diese Kleinste-Quadrate-Schätzung $\hat{\boldsymbol{\beta}}$ durch die Anpassung der Regressionsfunktion an die Beobachtungen entsteht, so daß die Funktion $x(t, \hat{\boldsymbol{\beta}})$ als Kleinste-Quadrate-Schätzung für $x(t, \boldsymbol{\beta})$ zu bezeichnen ist.

5.2.2. Schätzung der Parameter

Neben der Schätzung der Regressionsfunktion ist man häufig an der Schätzung der Parameter selbst interessiert. Oft werden beide Probleme identifiziert, jedoch existieren bei nichtlinearen Modellen erhebliche Unterschiede zwischen beiden. Während bei der Schätzung der Regressionsfunktion der Abstand zwischen den Beobachtungen und der Funktion $x(t, \boldsymbol{\beta})$ bewertet wird, ist bei der Schätzung von $\boldsymbol{\beta}$ ein Abstandsmaß im Parameterraum zugrunde zu legen. Damit interessiert uns bei quadratischem Verlust für eine Schätzung $\hat{\boldsymbol{\beta}}$ der Wert

$$(\hat{\boldsymbol{\beta}} - \boldsymbol{\beta})\,(\hat{\boldsymbol{\beta}} - \boldsymbol{\beta})' \tag{24}$$

anstelle des in Abschnitt 5.2.1 betrachteten Verlusts

$$\sum_{i=1}^{n} \left(x(t_i, \hat{\boldsymbol{\beta}}) - x(t_i, \boldsymbol{\beta})\right)^2.$$

In (24) benutzt man eine Matrixverlustfunktion, und bei der euklidischen Norm würde man

$$|\boldsymbol{\beta} - \hat{\boldsymbol{\beta}}|^2 = (\boldsymbol{\beta} - \hat{\boldsymbol{\beta}})'\,(\boldsymbol{\beta} - \hat{\boldsymbol{\beta}}) \tag{25}$$

als Verlust wählen. Nehmen wir wie in Abschnitt 5.2.1.2 an, daß $\boldsymbol{X}$ nach $\boldsymbol{\beta}$ differenzierbar ist und $\boldsymbol{G}$ die $k \times n$-Matrix der Ableitungen bezeichnet. Dann gilt die Taylor-Entwicklung erster Näherung

$$\boldsymbol{X}(\hat{\boldsymbol{\beta}}) - \boldsymbol{X}(\boldsymbol{\beta}) = \boldsymbol{G}'_{\hat{\boldsymbol{\beta}},\boldsymbol{\beta}}(\hat{\boldsymbol{\beta}} - \boldsymbol{\beta}) \tag{26}$$

für die $k \times n$-Matrix $\boldsymbol{G}'_{\hat{\boldsymbol{\beta}},\boldsymbol{\beta}} = \left(g_j(t_i, \tilde{\boldsymbol{\beta}}_i)\right)$, wobei $\tilde{\boldsymbol{\beta}}_i$ eine Zwischenstelle zwischen $\hat{\boldsymbol{\beta}}$ und $\boldsymbol{\beta}$ bezeichnet. Unter der Voraussetzung, daß $\boldsymbol{G}'_{\hat{\boldsymbol{\beta}},\boldsymbol{\beta}}$ den Rang k hat, folgt aus (26) die Gleichung

$$\boldsymbol{G}'^{+}_{\hat{\boldsymbol{\beta}},\boldsymbol{\beta}}\left(\boldsymbol{X}(\hat{\boldsymbol{\beta}}) - \boldsymbol{X}(\boldsymbol{\beta})\right) = \hat{\boldsymbol{\beta}} - \boldsymbol{\beta}, \tag{27}$$

wodurch uns eine Darstellung der Differenz der Parameter gegeben ist. Daraus folgt

$$|\hat{\boldsymbol{\beta}} - \boldsymbol{\beta}|^2 = \left(\boldsymbol{X}(\hat{\boldsymbol{\beta}}) - \boldsymbol{X}(\boldsymbol{\beta})\right)' \left[\boldsymbol{G}'_{\hat{\boldsymbol{\beta}},\boldsymbol{\beta}}\boldsymbol{G}_{\hat{\boldsymbol{\beta}},\boldsymbol{\beta}}\right]^+ \left(\boldsymbol{X}(\hat{\boldsymbol{\beta}}) - \boldsymbol{X}(\boldsymbol{\beta})\right),$$

so daß konsequenterweise $\hat{\boldsymbol{\beta}}$ (exakte) Kleinste-Quadrate-Schätzung für $\boldsymbol{\beta}$ heißt, falls

$$\left(\boldsymbol{X}(\hat{\boldsymbol{\beta}}) - \boldsymbol{y}\right)' \left(\boldsymbol{G}'_{\hat{\boldsymbol{\beta}},\boldsymbol{\beta}}\boldsymbol{G}_{\hat{\boldsymbol{\beta}},\boldsymbol{\beta}}\right)^+ \left(\boldsymbol{X}(\hat{\boldsymbol{\beta}}) - \boldsymbol{y}\right) = \min_{\bar{\boldsymbol{\beta}}} \left(\boldsymbol{X}(\bar{\boldsymbol{\beta}}) - \boldsymbol{y}\right) \left(\boldsymbol{G}'_{\bar{\boldsymbol{\beta}},\boldsymbol{\beta}}\boldsymbol{G}_{\bar{\boldsymbol{\beta}},\boldsymbol{\beta}}\right)^+ \left(\boldsymbol{X}(\bar{\boldsymbol{\beta}}) - \boldsymbol{y}\right) \tag{28}$$

gilt. Die Schwierigkeit besteht darin, daß $\boldsymbol{\beta}$ und somit auch die Zwischenstellen $\tilde{\boldsymbol{\beta}}$ und $\bar{\tilde{\boldsymbol{\beta}}}$ unbekannt sind, so daß die Bewichtungsmatrizen unbekannt bleiben. Das ändert aber nichts daran, daß zur Bestimmung einer Kleinste-Quadrate-Schätzung das Funktional (28) zu nehmen ist.

Betrachten wir hierzu das lineare Modell, so ist $\boldsymbol{G}(\boldsymbol{\beta}) = \boldsymbol{X}'$, da $\boldsymbol{X\beta}$ linear in $\boldsymbol{\beta}$ ist. Folglich haben wir

$$(\boldsymbol{y} - \boldsymbol{X\beta})' \, (\boldsymbol{XX}')^+ \, (\boldsymbol{y} - \boldsymbol{X\beta})$$

bez. $\boldsymbol{\beta}$ zu minimieren. Offenbar minimieren dieselben Parameter dieses Funktional wie auch das Funktional

$$(\boldsymbol{y} - \boldsymbol{X\beta})' \, (\boldsymbol{y} - \boldsymbol{X\beta}),$$

so daß im linearen Modell die üblicherweise gewählte Definition einer Kleinste-Quadrate-Schätzung mit der exakten übereinstimmt. Versucht man im nichtlinearen Fall das Funktional in (28) derart zu approximieren, daß anstatt einer Zwischenstelle zwischen $\boldsymbol{\beta}$ und $\hat{\boldsymbol{\beta}}$ der Wert $\hat{\boldsymbol{\beta}}$ gesetzt wird, so würde man

$$Q_1(\bar{\boldsymbol{\beta}}) = \left(\boldsymbol{y} - \boldsymbol{X}(\bar{\boldsymbol{\beta}})\right)' \left(\boldsymbol{G}'_{\bar{\boldsymbol{\beta}},\bar{\boldsymbol{\beta}}}\boldsymbol{G}_{\bar{\boldsymbol{\beta}},\bar{\boldsymbol{\beta}}}\right)^+ \left(\boldsymbol{y} - \boldsymbol{X}(\bar{\boldsymbol{\beta}})\right)$$

zur Bestimmung einer Kleinste-Quadrate-Schätzung minimieren. Da aber $\boldsymbol{G}$ die Ableitung von $\boldsymbol{X}$ ist, ist die Lösung hiervon die gewöhnliche Kleinste-Quadrate-Schätzung. Daran erkennen wir, daß üblicherweise ein anderes Funktional minimiert wird als das eigentlich zu minimierende Funktional (28). Es wird deutlich, daß zur Bestimmung einer Schätzung exakterweise das Verhalten der Regressionsfunktion nicht nur in einem Punkt, sondern auch in einer gewissen Umgebung des zu suchenden Minimalpunktes eingehen muß. Dieser Aspekt ist ein wesentlicher Bestandteil der im nächsten Abschnitt betrachteten zweistufigen Schätzung.

5.2.2.1. Bedingte Schätzungen

Es sei $\hat{\boldsymbol{\beta}}(\boldsymbol{y})$ eine Schätzung für $\boldsymbol{\beta}$, wobei bei nichtlinearen Modellen i. allg. $\hat{\boldsymbol{\beta}}(\boldsymbol{y})$ auch nichtlinear von $\boldsymbol{y}$ abhängen wird. Damit haben wir hier die schon im Abschnitt 4.5.2.2 beschriebene Situation, in der ein Parameter $\boldsymbol{\lambda}(\mathsf{P}) = \boldsymbol{\beta}$ geschätzt werden soll, und die benutzte Schätzung $\hat{\boldsymbol{\beta}}$, sei es die Maximum-Likelihood- oder Kleinste-Quadrate-Schätzung oder eine ganz andere, ist nichtlinear abhängig von $\boldsymbol{y}$. Wir wollen eine Verbesserung der Schätzung $\hat{\boldsymbol{\beta}}$ konstruieren, indem die Eigenschaften von $\hat{\boldsymbol{\beta}}$ bzw. $\boldsymbol{\lambda}$ berücksichtigt werden. Insbesondere soll eine erhöhte *Stabilität* gegenüber gewissen Abweichungen der y_j erreicht werden. Dazu werden wir hier die in Abschnitt 4.5.2.2 dargelegten Methoden anwenden und definieren die bedingt erwartungstreuen Schätzungen bzw. die Schätzungen mit bedingt minimaler quadratischer Abweichung.

Eine Schätzung $\tilde{\boldsymbol{\beta}}(\boldsymbol{y})$ heißt zu $\hat{\boldsymbol{\beta}}$ und $\boldsymbol{\eta}$ *bedingt erwartungstreue* Schätzung für $\boldsymbol{\beta}$, falls

(i) $\boldsymbol{\eta}$ eine zufällige Variable im $\mathbb{R}^n$ mit $\mathsf{E}(\boldsymbol{\eta} \mid \boldsymbol{y}) = 0$ ist,

(ii) $\hat{\boldsymbol{\beta}}(\boldsymbol{y})$ eine Schätzung für $\boldsymbol{\beta}$ ist,

(iii) zu jedem $\boldsymbol{y} \in \mathbb{R}^n$ ein $\tilde{\boldsymbol{y}} \in \mathbb{R}^n$ derart existiert, daß $\mathsf{E}\big(\hat{\boldsymbol{\beta}}(\tilde{\boldsymbol{y}} + \boldsymbol{\eta}) \mid \boldsymbol{y}\big) = \boldsymbol{\beta}(\boldsymbol{y})$ und

(iv) die Schätzung $\tilde{\boldsymbol{\beta}}$ durch $\tilde{\boldsymbol{\beta}}(\boldsymbol{y}) = \hat{\boldsymbol{\beta}}(\tilde{\boldsymbol{y}})$ definiert ist.

Wir bemerken unmittelbar, daß, wenn die Schätzung $\hat{\boldsymbol{\beta}}$ linear ist, die hier konstruierte Schätzung $\tilde{\boldsymbol{\beta}}$ mit $\boldsymbol{\beta}$ zusammenfällt. Wir können auch die Erwartungstreuebedingung durch ein anderes Kriterium ersetzen und kommen dann z. B. zu Schätzungen mit bedingt minimalem quadratischem Abstand. Eine Schätzung $\tilde{\boldsymbol{\beta}}(\boldsymbol{y})$ heißt bez. $\hat{\boldsymbol{\beta}}$ und $\boldsymbol{\eta}$ eine Schätzung mit *bedingt minimalem quadratischem Abstand*, falls (i), (ii) und (iv) wie in der vorhergehenden Definition und

(iii′) zu jedem $\boldsymbol{y} \in \mathbb{R}^n$ ein $\tilde{\boldsymbol{y}} \in \mathbb{R}^n$ derart existiert, daß

$$\begin{aligned}&\mathsf{E}\big[\big(\hat{\boldsymbol{\beta}}(\tilde{\boldsymbol{y}} + \boldsymbol{\eta}) - \hat{\boldsymbol{\beta}}(\boldsymbol{y})\big)\big(\hat{\boldsymbol{\beta}}(\tilde{\boldsymbol{y}} + \boldsymbol{\eta}) - \hat{\boldsymbol{\beta}}(\boldsymbol{y})\big)' \mid \boldsymbol{y}\big]\\ &= \min \mathsf{E}\big[\big(\hat{\boldsymbol{\beta}}(\boldsymbol{z} + \boldsymbol{\eta}) - \hat{\boldsymbol{\beta}}(\boldsymbol{y})\big)\big(\hat{\boldsymbol{\beta}}(\boldsymbol{z} + \boldsymbol{\eta}) - \hat{\boldsymbol{\beta}}(\boldsymbol{y})\big)' \mid \boldsymbol{y}\big]\end{aligned}$$

gilt.

Zur Bestimmung dieser bedingten Schätzungen haben wir die Erwartungswerte nichtlinearer Funktionen gegebener Variabler zu berechnen. Dann kann man analog wie in Abschnitt 4.5.2.3 vorgehen und den Erwartungswert $\mathsf{E}[\hat{\boldsymbol{\beta}}(\boldsymbol{z} + \boldsymbol{\eta}) \mid \boldsymbol{y}]$ approximieren. Dazu wählen wir l unabhängige Realisierungen von $\boldsymbol{\eta}$ bei gegebenem $\boldsymbol{y}$, die mit $\boldsymbol{\eta}^{(1)}, \ldots, \boldsymbol{\eta}^{(l)}$ bezeichnet werden, und nutzen die Näherung

$$\mathsf{E}[\hat{\boldsymbol{\beta}}(\boldsymbol{z} + \boldsymbol{\eta}) \mid \boldsymbol{y}] \approx \frac{1}{l} \sum_{j=1}^{l} \hat{\boldsymbol{\beta}}(\boldsymbol{z} + \boldsymbol{\eta}^{(j)}), \tag{29}$$

so daß anstelle der Bedingung (iii) die Bedingung

$$\frac{1}{l} \sum_{j=1}^{l} \hat{\boldsymbol{\beta}}(\tilde{\boldsymbol{y}} + \boldsymbol{\eta}^{(j)}) = \hat{\boldsymbol{\beta}}(\boldsymbol{y}) \tag{30}$$

gesetzt wird. Um hier eine Eindeutigkeit in der Lösung zu erhalten, nehmen wir an, daß eine Menge $\mathcal{A} \subseteq \mathbb{R}^n$ derart gewählt werden kann, daß

$$\frac{1}{l} \sum_{j=1}^{l} \hat{\boldsymbol{\beta}}(\boldsymbol{y} + \boldsymbol{a} + \boldsymbol{\eta}^{(j)}) = \hat{\boldsymbol{\beta}}(\boldsymbol{y}) \tag{31}$$

für $\boldsymbol{a} \in \mathcal{A}$ eindeutig lösbar ist. Dann wird $\tilde{\boldsymbol{y}} = \boldsymbol{y} + \boldsymbol{a}$ gesetzt.

5.2.2.2. Datenangepaßte bedingte Schätzungen

Die gegebenen Daten $\boldsymbol{y}_1, \ldots, \boldsymbol{y}_n$ nehmen wir als Grundlage für die Berechnung einer datenangepaßten bedingten Schätzung. Dazu ziehen wir l Teilstichproben $\mathcal{U}_1, \ldots, \mathcal{U}_l$ vom Umfang $s \leqq n$ mit oder ohne Zurücklegen aus der Menge $\{1, \ldots, n\}$. Dann haben wir l „Modelle", nämlich

$$y_i = x(t_i, \boldsymbol{\beta}) + \varepsilon_i, \qquad i \in \mathcal{U}_j. \tag{32}$$

Wir berechnen die Kleinste-Quadrate-Schätzung im Modell, das zu $\mathcal{U}_j$ gehört, und bezeichnen diese Schätzung für $\boldsymbol{\beta}$ durch $\hat{\boldsymbol{\beta}}^{(j)}(\boldsymbol{y}^{(j)})$. Mit $\hat{\boldsymbol{\beta}}(\boldsymbol{y})$ sei die Kleinste-Quadrate-Schätzung in unserem gegebenen Modell (15) bezeichnet. Die *datenangepaßte bedingt erwartungstreue* Schätzung ist nun durch $\hat{\boldsymbol{\beta}}(\boldsymbol{y} + \tilde{a}\mathbf{1})$ gegeben, falls

$$\frac{1}{l} \sum_{j=1}^{l} \hat{\boldsymbol{\beta}}^{(j)}(\boldsymbol{y}^{(j)} + \tilde{a}\mathbf{1}) = \hat{\boldsymbol{\beta}}(\boldsymbol{y}) \tag{33}$$

gilt. Das ist die zu (36) in Abschnitt 4.5.3 analoge Formel. Sie hängt mit (31) in der Weise zusammen, daß $\boldsymbol{y}^{(j)}$ als Modifikation von $\boldsymbol{y}$ aufzufassen ist, genauso, wie in (31), zwar bei einer anderen Konstruktionsvorschrift, $\boldsymbol{y} + \boldsymbol{\eta}^{(j)}$ eine Modifikation von $\boldsymbol{y}$ ist. Nehmen wir anstelle von (33) für $\mathcal{A} \subset \mathbb{R}^s$ die Beziehung

$$\frac{1}{l} \sum_{j=1}^{l} \left(\hat{\boldsymbol{\beta}}^{(j)}(\boldsymbol{y}^{(j)} + \tilde{a}\mathbf{1}) - \hat{\boldsymbol{\beta}}(\boldsymbol{y})\right)\left(\hat{\boldsymbol{\beta}}^{(j)}(\boldsymbol{y}^{(j)} + \tilde{a}\mathbf{1}) - \hat{\boldsymbol{\beta}}(\boldsymbol{y})\right)'$$
$$= \min_{a\mathbf{1} \in \mathcal{A}} \frac{1}{l} \sum_{j=1}^{l} \left(\hat{\boldsymbol{\beta}}^{(j)}(\boldsymbol{y}^{(j)} + a\mathbf{1}) - \hat{\boldsymbol{\beta}}(\boldsymbol{y})\right)\left(\hat{\boldsymbol{\beta}}^{(j)}(\boldsymbol{y}^{(j)} + a\mathbf{1}) - \hat{\boldsymbol{\beta}}(\boldsymbol{y})\right)',$$

so ist $\hat{\boldsymbol{\beta}}(\boldsymbol{y} + \tilde{a}\mathbf{1})$ eine datenangepaßte Schätzung mit bedingt minimaler quadratischer Abweichung.

5.2.3. Eigenschaften der Schätzungen

Die Eigenschaften der nichtlinearen Schätzungen lassen sich i. allg. bei endlichen Stichprobenumfängen nicht bestimmen, da die Güte dieser Schätzungen von den unbekannten Parametern abhängt. Daher sind vorrangig die asymptotischen Eigenschaften der Kleinste-Quadrate-Schätzung und der Maximum-Likelihood-Schätzung untersucht worden. Hierzu zählen Aussagen über die Beschränktheit der Kleinste-Quadrate-Schätzung oder der Maximum-Likelihood-Schätzung mit Wahrscheinlichkeit 1, über die Konsistenz dieser Schätzungen und deren Grenzverteilungen. Ein grundlegendes Ergebnis wurde dazu von Jennrich (1969) bewiesen. Er zeigte unter der Voraussetzung, daß die für den Parameter $\boldsymbol{\beta}$ zugelassene Menge $\mathcal{B}$ kompakt ist, die strenge Konsistenz für die Kleinste-Quadrate-Schätzung. Bunke/Schmidt (1980) untersuchten Modelle, in denen einige Parameter linear, andere nichtlinear im Modell vorkommen. Unter der Kompaktheitsvoraussetzung an die nichtlinearen Parameter bewiesen sie die strenge Konsistenz für die Kleinste-Quadrate-Schätzung. Das allgemeinste Ergebnis zur strengen Konsistenz bei kompaktem Parameterraum wurde von Wu (1981) bewiesen. Für den meist vorliegenden Fall des nichtkompakten Parameterraums wurde die Beschränktheit und strenge Konsistenz der Kleinste-Quadrate-Schätzung von Läuter

(1985a) untersucht. Für die Maximum-Likelihood-Schätzung wurden von Bahadur (1960) allgemeine Bedingungen formuliert, unter denen diese Schätzungen konsistent und effizient sind.

5.2.4. Numerische Methoden zur Berechnung von Schätzungen

In den Abschnitten 5.2.1 und 5.2.2 diskutierten wir verschiedene Modelle zur Schätzung der Regressionsfunktion und der Parameter. Bei konkreten Problemen hat man zur Berechnung der Schätzungen die geeigneten Verfahren auszusuchen. Zu den meist benutzten Berechnungsverfahren zählen *Gauß-Newton*-Methoden, *ableitungsfreie* Methoden, *Simplex*-Methoden und *Suchverfahren*. Die ableitungsfreien Methoden haben eine große Verbreitung bei denjenigen Problemen gefunden, in denen der Parameter hochdimensional ist. Jedoch erweist es sich, daß die Konvergenzgeschwindigkeit klein im Vergleich zu der anderer Methoden ist. Ebenfalls bei höheren Dimensionen oder sehr komplizierten Regressionsfunktionen werden die direkten Suchverfahren eingesetzt, von denen i. allg. auch keine ausreichende Konvergenzgeschwindigkeit erwartet werden kann. Die günstigsten Berechnungsverfahren benutzten als Grundbaustein eine Linearisierung der Regressionsfunktion. Diese Klasse der Verfahren werden als die *Gauß-Newton-Methoden* bezeichnet. Hartley (1961) bewies die Konvergenz für die *modifizierte Gauß-Newton-Methode* in der nichtlinearen Regression. Diese modifizierte Gauß-Newton-Methode basiert auf einer geeigneten Korrektur einer durch Linearisierung gewonnenen approximativen Lösung. Es sei das Minimum des Funktionals

$$Q(\boldsymbol{\beta}) = \sum_{i=1}^{n} \left(y_i - x(t_i, \boldsymbol{\beta})\right)^2 \tag{34}$$

gesucht, und es soll ein $\hat{\boldsymbol{\beta}}$ bestimmt werden, für das das Minimum erreicht wird. Es sei $x(t, \boldsymbol{\beta})$ zweimal stetig differenzierbar nach $\boldsymbol{\beta}$, und gesucht sei eine Lösung der Normalgleichungen (23)

$$\boldsymbol{G}(\boldsymbol{\beta}) \left(\boldsymbol{y} - \boldsymbol{X}(\boldsymbol{\beta})\right) = \boldsymbol{0}. \tag{35}$$

Für eine beschränkte, konvexe Menge $\mathcal{S} \subseteqq \mathbb{R}^k$ gelte für jedes $\boldsymbol{u} \in \mathbb{R}^k$ die Ungleichung

$$\boldsymbol{u}'\boldsymbol{G}(\boldsymbol{\beta})\, \boldsymbol{G}'(\boldsymbol{\beta})\, \boldsymbol{u} > 0, \qquad \boldsymbol{\beta} \in \mathcal{S}, \qquad \boldsymbol{u} \neq \boldsymbol{0}. \tag{36}$$

Bezeichnen wir mit $\bar{\mathcal{S}}$ das Komplement zu $\mathcal{S}$ in $\mathbb{R}^k$, so sei $\boldsymbol{\beta}_{(0)} \in \mathcal{S}$ ein derartiger Vektor, daß

$$Q(\boldsymbol{\beta}_{(0)}) < \inf_{\boldsymbol{\beta} \in \bar{\mathcal{S}}} Q(\boldsymbol{\beta}) \tag{37}$$

gilt. Wir entwickeln $x(t, \boldsymbol{\beta})$ in eine Taylor-Reihe in der Umgebung von $\boldsymbol{\beta}_{(0)}$ und approximieren $x(t_i, \boldsymbol{\beta})$ durch

$$\tilde{x}(t_i, \boldsymbol{\beta}) = x(t_i, \boldsymbol{\beta}_{(0)}) + \sum_{j=1}^{k} g_j(t_i, \boldsymbol{\beta}_{(0)})\, (\boldsymbol{\beta}_j - \boldsymbol{\beta}_{(0)j}), \qquad i = 1, \ldots, n, \tag{38}$$

in der Form

$$\tilde{\boldsymbol{X}}(\boldsymbol{\beta}) = \boldsymbol{X}(\boldsymbol{\beta}_{(0)}) + \boldsymbol{G}'(\boldsymbol{\beta}_{(0)})\, (\boldsymbol{\beta} - \boldsymbol{\beta}_{(0)}). \tag{39}$$

als Vektorgleichung geschrieben. Nun bestimmen wir eine Lösung $\tilde{\boldsymbol{\beta}}_{(1)}$ des Minimumproblems

$$|\boldsymbol{y} - \tilde{\boldsymbol{X}}(\boldsymbol{\beta})|^2 \to \min_{\boldsymbol{\beta}},$$

wozu die approximativen Normalgleichungen

$$\boldsymbol{G}(\boldsymbol{\beta}_{(0)})\left(\boldsymbol{y} - \tilde{\boldsymbol{X}}(\tilde{\boldsymbol{\beta}}_{(1)})\right) = 0$$

genutzt werden können. Diese schreiben wir in der Form

$$\boldsymbol{G}(\boldsymbol{\beta}_{(0)})\left(\boldsymbol{y} - \boldsymbol{X}(\boldsymbol{\beta}_{(0)})\right) = \boldsymbol{G}(\boldsymbol{\beta}_{(0)})\, \boldsymbol{G}'(\boldsymbol{\beta}_{(0)})\,(\tilde{\boldsymbol{\beta}}_{(1)} - \boldsymbol{\beta}_{(0)}), \tag{40}$$

die wegen (36) genau eine Lösung besitzt. $\tilde{\boldsymbol{\beta}}_{(1)} - \boldsymbol{\beta}_{(0)}$ ist dann der Vektor, der sich bei Benutzung der Linearisierung als Korrektur zu $\boldsymbol{\beta}_{(0)}$ ergeben würde. Nun bestimmt man $\lambda_1 \in [0, 1]$ derart, daß sich

$$Q(\boldsymbol{\beta}_{(0)} + \lambda_1[\tilde{\boldsymbol{\beta}}_{(1)} - \boldsymbol{\beta}_{(0)}]) = \min_{\lambda \in [0,1]} Q(\boldsymbol{\beta}_{(0)} + \lambda[\tilde{\boldsymbol{\beta}}_{(1)} - \boldsymbol{\beta}_{(0)}])$$

ergibt. Wir setzen

$$\boldsymbol{\beta}_{(1)} = \boldsymbol{\beta}_{(0)} + \lambda_1[\tilde{\boldsymbol{\beta}}_{(1)} - \boldsymbol{\beta}_{(0)}]$$

und haben dann nach Konstruktion

$$Q(\boldsymbol{\beta}_{(1)}) \leqq Q(\boldsymbol{\beta}_{(0)}).$$

Somit liegt $\boldsymbol{\beta}_{(1)}$ in $\mathscr{S}$. Nun setzen wir in (38) $\boldsymbol{\beta}_{(1)}$ anstelle von $\boldsymbol{\beta}_{(0)}$ und kommen auf diesem Wege zu einer Lösung $\boldsymbol{\beta}_{(2)}$ usf. Damit ergibt sich eine Folge von Vektoren, für die HARTLEY (1961) bewies, daß jede Teilfolge von $\boldsymbol{\beta}_{(0)}, \boldsymbol{\beta}_{(1)}, \boldsymbol{\beta}_{(2)}, \ldots$ gegen eine Lösung von (35) konvergiert.

Neben dieser modifizierten Gauß-Newton-Methode wird auch häufig die Methode des *steilsten Abstiegs* verwendet. Da $\boldsymbol{G}(\boldsymbol{\beta})\left(\boldsymbol{y} - \boldsymbol{X}(\boldsymbol{\beta})\right)$ der Gradient von Q im Punkt $\boldsymbol{\beta}$ ist, konstruieren wir, ausgehend von einem Anfangsvektor $\boldsymbol{\beta}_{(0)}$, eine Folge $\boldsymbol{\beta}_{(1)}, \boldsymbol{\beta}_{(2)}, \boldsymbol{\beta}_{(3)}, \ldots$ nach der folgenden Vorschrift:

$$\boldsymbol{\beta}_{(k)} = \boldsymbol{\beta}_{(k-1)} - h_{k-1}\boldsymbol{G}(\boldsymbol{\beta}_{(k-1)})\left(\boldsymbol{y} - \boldsymbol{X}(\boldsymbol{\beta}_{(k-1)})\right), \qquad k = 1, 2, \ldots,$$

wobei h_{k-1} derart bestimmt wird, daß

$$\min_h Q\left(\boldsymbol{\beta}_{(k-1)} - h\boldsymbol{G}(\boldsymbol{\beta}_{(k-1)})\left(\boldsymbol{y} - \boldsymbol{X}(\boldsymbol{\beta}_{(k-1)})\right)\right) = Q(\boldsymbol{\beta}_{(k)})$$

gilt.

Bekanntlich konvergiert unter allgemeinen Voraussetzungen auch für diese Verfahren jede konvergente Teilfolge zu einer Lösung von (35), jedoch zeigt es sich, daß die Konvergenzgeschwindigkeit insbesondere dann, wenn man sich schon in der Nähe einer Lösung von (35) befindet, zu gering ist. Deshalb wählt man anstelle einer linearen Approximation eine Approximation mit einer Taylor-Reihe zweiter Ordnung.

Einen Kompromiß zwischen der Gauß-Newton-Methode und der Methode des steilsten Abstiegs liefert das Marquardt-Verfahren (vgl. MARQUARDT (1963)). Hierbei wird, ausgehend von einer Anfangsschätzung $\boldsymbol{\beta}_{(0)}$, eine Folge $\boldsymbol{\beta}_{(1)}, \boldsymbol{\beta}_{(2)}, \ldots$ derart bestimmt, daß $\boldsymbol{\vartheta}_k$ als Lösung von

$$\left(\boldsymbol{G}(\boldsymbol{\beta}_{(k)})\, \boldsymbol{G}'(\boldsymbol{\beta}_{(k)}) + \mu_k \boldsymbol{I}\right) \boldsymbol{\vartheta}_k = \boldsymbol{G}(\boldsymbol{\beta}_{(k)})\left(\boldsymbol{y} - \boldsymbol{X}(\boldsymbol{\beta}_{(k)})\right), \qquad k = 0, 1, \ldots,$$

berechnet und

$$\boldsymbol{\beta}_{(k+1)} = \boldsymbol{\beta}_{(k)} + \boldsymbol{\vartheta}_k$$

gesetzt wird. Dabei wird μ_k derart gewählt, daß $Q(\boldsymbol{\beta}_{(k+1)}) < Q(\boldsymbol{\beta}_{(k)})$ gilt.

In jedem Fall hat man bei Lösungsverfahren nichtlinearer Gleichungen eine *Anfangsschätzung* zu wählen. In verschiedenen Arbeiten wird dieses Problem untersucht. Natürlich ist es am sinnvollsten, den Anfangswert $\boldsymbol{\beta}_{(0)}$ datenabhängig zu suchen. So schlagen Hartley/Booker (1965) vor, eine Anfangsschätzung auf der Grundlage einer Gruppierung der Beobachtungen zu bestimmen. Dabei werden zu gegebener Zahl r aus den n Beobachtungen $r \cdot k$ ausgewählt und aus diesen k Gruppen zu je r Beobachtungen gebildet. In jeder Gruppe bildet man den Mittelwert der darin liegenden Beobachtungen und erhält so k Mittelwerte $z_1, \ldots, z_k$. Sind in der i-ten Gruppe die Beobachtungen $y_{i_1}, \ldots, y_{i_r}$, so gilt

$$z_i = \frac{1}{r} \sum_{j=1}^{r} y_{i_j}.$$

Wir setzen

$$\bar{x}_i(\boldsymbol{\beta}) = \frac{1}{r} \sum_{j=1}^{r} x(t_{i_j}, \boldsymbol{\beta}).$$

Dann gilt $\mathsf{E} z_i = \bar{x}_i(\boldsymbol{\beta})$. Als Anfangsschätzung $\boldsymbol{\beta}_{(0)}$ wählen wir dann denjenigen Parametervektor, der

$$\sum_{i=1}^{k} (z_i - \bar{x}_i(\boldsymbol{\beta}))^2$$

minimiert.

5.2.5. Spezielle nichtlineare Modelle

Bisher wurden einige allgemeine Aussagen für nichtlineare Modelle abgeleitet, ohne daß die spezielle Struktur des Modells ausgenutzt wurde. Die asymptotischen Resultate stützen sich auf Linearisierungen des Modells, und dadurch wird es möglich, die Ergebnisse aus der linearen Theorie zu übertragen. Es zeigt sich jedoch, daß es Klassen von nichtlinearen Modellen gibt, für die noch darüber hinausgehende Untersuchungen und Analysen möglich sind. Hierzu zählen insbesondere die periodischen Vorgänge, auf die wir im folgenden genauer eingehen wollen.

5.2.5.1. Periodische Modelle

Die statistische Analyse von Meßreihen mit *periodischem Trend* tritt in vielen Fragestellungen auf. Als klassisches Beispiel sei das Problem der Analyse von Saisonschwankungen genannt. Bei vielen technischen, medizinischen oder ähnlichen Aufgaben wird man ebenfalls auf die Untersuchung periodischer Vorgänge geführt. Dabei sprechen wir von einem periodischen Trend in den Beobachtungen, wenn

$$y_i = x(t_i) + \varepsilon_i, \qquad i = 1, \ldots, n, \tag{41}$$

mit

$$x(t + \tau) = x(t), \qquad t \in \mathbb{R}^1, \tag{42}$$

für ein $\tau > 0$ gilt. Über die Fehler ε_i setzen wir voraus, daß sie den Erwartungswert 0 haben und gleiche Varianz besitzen: $\mathsf{E}\varepsilon_i = 0$, $\mathsf{E}\varepsilon_i^2 = \sigma^2$. Verschiedene Methoden für die Analyse solcher periodischer Modelle sind in den letzten Jahren entwickelt worden. Naheliegend und häufig benutzt sind dabei trigonometrische Funktionen. Man setzt für $x(t)$ die Darstellung

$$x(t) = \beta_0 + \sum_{j=1}^{q} [\beta_j \cos(\lambda_j t) + \alpha_j \sin(\lambda_j t)] \tag{43}$$

an, und unter gewissen Bedingungen ist eine solche Funktion auch periodisch. Zunächst bemerken wir noch, daß für dieses $x(t)$ auch eine andere Darstellung gebräuchlich ist. Man findet sehr leicht

$$x(t) = \beta_0 + \sum_{j=1}^{q} \varrho_j \cos(\lambda_j t - \theta_j) \tag{44}$$

für $\varrho_j^2 = \alpha_j^2 + \beta_j^2$, $\theta_j = \arctan(\alpha_j/\beta_j)$. Damit wird sichtbar, daß auf die Einbeziehung der Sinus-Funktionen verzichtet werden kann. Gleichermaßen könnte man auch den Sinus einbeziehen und die Cosinus-Funktionen weglassen. Dafür treten andere Parameter in den Darstellungen auf, und, was wesentlich daran ist, wir haben in (44) eine größere Zahl von Parametern, die nichtlinear in die Darstellung eingehen. Jede der Funktionen $\varrho_j \cos(\lambda_j t - \theta_j)$ ist periodisch. Dabei ist $\frac{2\pi}{\lambda_j}$ die *kleinste Periode*, denn es gilt

$$\cos\big(\lambda_j(t + \tau) - \theta_j\big) = \cos(\lambda_j t - \theta_j) \tag{45}$$

gerade für $\tau = k\,\frac{2\pi}{\lambda_j}$ für ganzes k, und $\tau_0 = 2\pi/\lambda_j$ ist die kleinste positive Zahl τ, für die (45) gilt. Das Reziproke der kleinsten Periode wird *Frequenz* genannt, so daß

$$f_j = \lambda_j/(2\pi) \tag{46}$$

die Frequenz von $\cos(\lambda_j t - \theta_j)$ ist. Das Maximum von $\cos(\lambda_j t - \theta_j)$ wird für $\lambda_j t = \theta_j + 2\pi k$, $k = 0, \pm 1, \ldots$, angenommen, d. h. für $t = (\theta_j + 2\pi k)/\lambda_j$. Der Winkel θ_j, der i. allg. aus $[0, 2\pi)$ gewählt wird, heißt *Phase* von $\cos(\lambda_j t - \theta_j)$.

Äquidistante Beobachtungen bei Frequenzen, die ganzzahlige Vielfache von 1/n sind

Ein wichtiger Spezialfall solcher trigonometrischer Modelle liegt vor, wenn

$$t_i = i, \qquad \lambda_j = 2\pi k_j/n \tag{47}$$

für $i = 1, \ldots, n$, $j = 1, \ldots, q$ und ganze Zahlen k_j gilt. Hierbei nehmen wir also an, daß gleichabständig beobachtet wird, und daß die Frequenzen ganzzahlige Vielfache von $1/n$ sind. Für die Konstanten k_j setzen wir

$$0 < k_j < \frac{1}{2}(n - 1)$$

voraus. Die durch (43) gegebene Funktion $x(t)$ ist periodisch, zumindestens mit der Periode n, denn es gilt

$$\cos\left(\frac{2\pi k_j}{n}(t+n)\right) = \cos\left(\frac{2\pi k_j t}{n} + 2\pi k_j\right) = \cos\left(\frac{2\pi k_j}{n}t\right),$$

$$\sin\left(\frac{2\pi k_j}{n}(t+n)\right) = \sin\left(\frac{2\pi k_j t}{n} + 2\pi k_j\right) = \sin\left(\frac{2\pi k_j}{n}t\right).$$

Möglicherweise ist die kleinste Periode von $x(t)$ aber von n verschieden, was von den Beziehungen zwischen den Zahlen $k_1, \ldots, k_q$ abhängt. Häufig sind die Zahlen k_i unbekannt, jedoch können diese Zahlen auch aus dem konkreten Problem abgeleitet sein.

Beispiel 5.2.1. Betrachtet wird ein Walzvorgang, an dem zwei Walzenpaare beteiligt sind (vgl. Abb. 5.2.1).

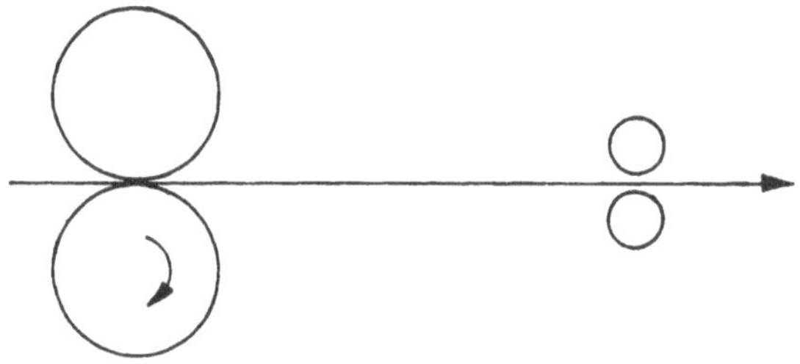

Abb. 5.2.1. Walzenanordnung

Die beiden ersten Walzen haben den gleichen Umfang von 60 cm, die beiden zweiten Walzen je den Umfang von 24 cm. Am Walzprodukt wird alle 4 cm die Dicke gemessen. Die Dickenmessungen $y_1, \ldots, y_n$ am Walzgut sollen analysiert werden, und es sollen Rundlaufungenauigkeiten der Walzen, die unzulässige Dickenschwankungen hervorrufen, gefunden werden. Die Daten aus Tabelle 5.2.1 wurden, beginnend bei $t_0 + 4$ an den Stellen $t_i = t_0 + 4i$, $i = 1, \ldots, 30$, gemessen.

Tabelle 5.2.1

$t_i - t_0$	4	8	12	16	20	24	28	32	36	40
y_i	5.6	4.02	2.2	2.1	4.2	6.0	5.8	3.5	1.95	2.05
$t_i - t_0$	44	48	52	56	60	64	68	72	76	80
y_i	4.2	6.0	5.7	4.0	2.0	2.4	4.21	5.9	6.0	3.62
$t_i - t_0$	84	88	92	96	100	104	108	112	116	120
y_i	1.85	2.2	4.15	5.9	5.8	3.85	1.82	2.2	4.4	5.9

Folglich ist $n = 30$, und es kann folgender Modellansatz verwendet werden:

$$x(t) = \beta_0 + \beta_1 \cos\frac{2\pi(t-t_0)\cdot 2}{120} + \alpha_1 \sin\frac{2\pi(t-t_0)\cdot 2}{120}$$
$$+ \beta_2 \cos\frac{2\pi(t-t_0)\cdot 5}{120} + \alpha_2 \sin\frac{2\pi(t-t_0)\cdot 5}{120},$$

wobei im Nenner des Argumentes der trigonometrischen Funktionen anstelle n der Wert $4n$ wegen der Schrittweite 4 zu schreiben ist. Infolge der vorausgesetzten Walzenumfänge 60 bzw. 24 cm haben wir $k_1 = 2$, $k_2 = 5$. Als Beobachtungsmodell nehmen wir nun

$$y_i = x(t_i) + \varepsilon_i, \qquad i = 1, \ldots, n.$$

Dann liegt hier ein lineares Modell mit den unbekannten Parametern $\beta_0, \beta_1, \beta_2, \alpha_1, \alpha_2$ vor. Diese Parameter können wir mit den in Abschnitt 2.1.1. beschriebenen Methoden schätzen. Wir definieren die Versuchsplanmatrix

$$\boldsymbol{X} = \begin{pmatrix} 1 & \cos\left(\frac{2\pi}{60} \cdot 4\right) & \sin\left(\frac{2\pi}{60} \cdot 4\right) & \cos\left(\frac{2\pi}{24} \cdot 4\right) & \sin\left(\frac{2\pi}{24} \cdot 4\right) \\ & & \vdots & & \\ 1 & \cos\left(\frac{2\pi}{60} \cdot 120\right) & \sin\left(\frac{2\pi}{60} \cdot 120\right) & \cos\left(\frac{2\pi}{24} \cdot 120\right) & \sin\left(\frac{2\pi}{24} \cdot 120\right) \end{pmatrix},$$

und mit $\boldsymbol{y} = (y_1, \ldots, y_{30})'$, $\boldsymbol{\beta} = (\beta_0, \beta_1, \alpha_1, \beta_2, \alpha_2)'$ haben wir das lineare Modell in der üblichen Schreibweise

$$\boldsymbol{y} = \boldsymbol{X\beta} + \boldsymbol{\varepsilon}.$$

Die Kleinste-Quadrate-Schätzung für $\boldsymbol{\beta}$ ist

$$\hat{\boldsymbol{\beta}} = (\boldsymbol{X'X})^{-1} \boldsymbol{X'y}.$$

In diesem Fall hat $\boldsymbol{X'X}$ wegen der hier vorliegenden Orthogonalität der trigonometrischen Funktionen die besonders einfache Gestalt

$$\boldsymbol{X'X} = \begin{pmatrix} 30 & 0 & 0 & 0 & 0 \\ 0 & 15 & 0 & 0 & 0 \\ 0 & 0 & 15 & 0 & 0 \\ 0 & 0 & 0 & 15 & 0 \\ 0 & 0 & 0 & 0 & 15 \end{pmatrix}.$$

Man erhält

$$\hat{\beta}_0 = \bar{y} = \frac{1}{30} \sum_{i=1}^{30} y_i, \qquad \hat{\beta}_1 = \frac{1}{15} \sum_{i=1}^{30} y_i \cos\left(\frac{2\pi i}{15}\right),$$

$$\hat{\alpha}_1 = \frac{1}{15} \sum_{i=1}^{30} y_i \sin\left(\frac{2\pi i}{15}\right), \qquad \hat{\beta}_2 = \frac{1}{15} \sum_{i=1}^{30} y_i \cos\left(\frac{2\pi i}{6}\right),$$

$$\hat{\alpha}_2 = \frac{1}{15} \sum_{i=1}^{30} y_i \sin\left(\frac{2\pi i}{6}\right).$$

Für die gemessen Werte ergeben sich die Schätzungen

$$\hat{\beta}_0 = 3.984, \quad \hat{\beta}_1 = 0.0708, \quad \hat{\alpha}_1 = 0.02969, \quad \hat{\beta}_2 = 1.996, \quad \hat{\alpha}_2 = 0.911.$$

Damit liegt es nahe, den Einfluß des großen Walzenpaares auf gemessene Dickenschwankungen als vernachlässigbar anzusehen, so daß als Modell

$$y_i = \beta_0 + \beta \cos\left(\frac{2\pi}{6} i\right) + \alpha \sin\left(\frac{2\pi}{6} i\right) + \varepsilon_i$$

angesetzt werden kann. Wegen der stochastischen Unabhängigkeit der Schätzungen erhalten wir

$$\hat{\beta}_0 = 3.984, \qquad \hat{\beta} = \hat{\beta}_2 = 1.996, \qquad \hat{\alpha} = \hat{\alpha}_2 = 0.911.$$

In der Abbildung 5.2.2 sind y_i und $\hat{x}(t) = \hat{\beta}_0 + \hat{\beta} \cos\left(\frac{2\pi i}{6}\right) + \hat{\alpha} \sin\left(\frac{2\pi i}{6}\right)$ angegeben.

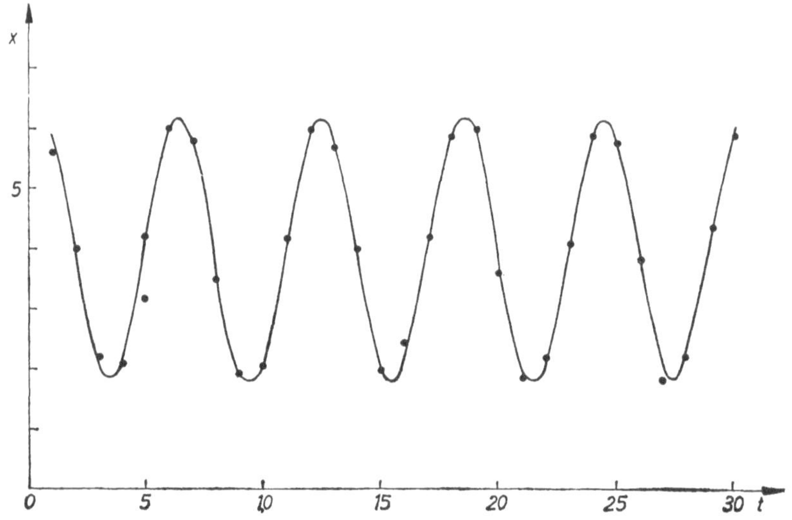

Abb. 5.2.2. Angepaßte Sinus-Schwingung

In diesem Beispiel wurde die Errechnung der Schätzung für einen speziellen Ansatz demonstriert. Hier kamen schon wesentliche Aspekte zum Tragen. Zum einen erwähnen wir noch einmal die *Orthogonalität der trigonometrischen* Funktionen. Es gelten folgende Beziehungen für nichtnegative ganze Zahlen l, k:

$$\sum_{j=1}^{n} \cos\left(\frac{2\pi l}{n} j\right) \cos\left(\frac{2\pi k}{n} j\right) = \begin{cases} 0 & \text{für } 0 \leqq k \neq l \leqq [n/2], \\ n/2 & \text{für } 0 < l = k < n/2, \\ n & \text{für } l = k = 0, n/2, \end{cases}$$

$$\sum_{j=1}^{n} \cos\left(\frac{2\pi l}{n} j\right) \sin\left(\frac{2\pi k}{n} j\right) = 0 \quad \text{für} \quad 0 \leqq l, k \leqq [n/2],$$

$$\sum_{j=1}^{n} \sin\left(\frac{2\pi l}{n} j\right) \sin\left(\frac{2\pi k}{n} j\right) = \begin{cases} 0 & \text{für } 0 \leqq k \neq l \leqq [n/2], \\ n/2 & \text{für } 0 < l = k < n/2, \\ 0 & \text{für } l = k = 0, n/2. \end{cases}$$

In dem Modell (41), wobei $x(t)$ wie in (43) eine Linearkombination trigonometrischer Funktionen ist und äquidistante Beobachtungen mit den in (47) gegebenen Bedingungen vorliegen, kann damit die Kleinste-Quadrate-Schätzung für $\boldsymbol{\beta} = (\beta_0, \beta_1, \alpha_1, \ldots, \beta_q, \alpha_q)$ sehr leicht berechnet werden. Die Versuchsplanmatrix ist wie im Beispiel orthogonal, und man erhält

$$\hat{\beta}_0 = \frac{1}{n} \sum_{i=1}^{n} y_i = \bar{y}, \qquad \hat{\beta}_j = \frac{2}{n} \sum_{i=1}^{n} y_i \cos\left(\frac{2\pi k_j}{n} i\right),$$

$$\hat{\alpha}_j = \frac{2}{n} \sum_{i=1}^{n} y_i \sin\left(\frac{2\pi k_j}{n} i\right). \tag{48}$$

Daran erkennt man, daß die Schätzungen für β_j, α_j nur von den Funktionsanteilen in $x(t)$ abhängen, deren Periode durch k_j bestimmt wird. Mit anderen Worten, die Schätzungen $\hat{\beta}_j$, $\hat{\alpha}_j$ sind unabhängig von der Anzahl der in das Modell einbezogenen Perioden.

Unter der Gültigkeit des Modells (41) mit (43) können wir eine erwartungstreue Schätzung für σ^2 herleiten. Die in Kapitel 2 für das lineare Modell $\boldsymbol{y} = \boldsymbol{X\beta} + \boldsymbol{\varepsilon}$ angegebene Schätzung $\hat{\sigma}^2 = \frac{1}{n-k} |\boldsymbol{y} - \boldsymbol{X}\hat{\boldsymbol{\beta}}|^2$ hat in unserer jetzigen Situation die Gestalt

$$\hat{\sigma}^2 = \frac{1}{n-2q-1}\left[\sum_{j=1}^{n} y_j^2 - n\bar{y}^2 - \frac{n}{2}\sum_{t=1}^{q} (\hat{\alpha}_t^2 + \hat{\beta}_t^2)\right]. \tag{49}$$

Benutzen wir die durch (44) gegebene Darstellung für $x(t)$, so ist $\varrho_j = \sqrt{\alpha_j^2 + \beta_j^2}$ die *Amplitude* des Anteils mit der Periode n/k_j. Eine Schätzung von ϱ_j^2 ist dann

$$\begin{aligned}\hat{\varrho}_j^2 = \hat{\alpha}_j^2 + \hat{\beta}_j^2 &= \frac{4}{n^2}\left[\left(\sum_{t=1}^{n} y_t \sin\left(\frac{2\pi k_j}{n} t\right)\right)^2 + \left(\sum_{t=1}^{n} y_t \cos\left(\frac{2\pi k_j}{n} t\right)\right)^2\right] \\ &= \frac{4}{n^2}\left|\sum_{t=1}^{n} y_t\, e^{it\frac{2\pi k_j}{n}}\right|^2. \end{aligned}\tag{50}$$

Wegen der Orthogonalität der trigonometrischen Funktionen können wir auch die folgende Darstellung für $\hat{\varrho}_j^2$ wählen, die insbesondere für allgemeinere Periodenansätze günstig ist. Wir hatten gesehen, daß

$$\sum_{t=1}^{n} \sin\left(\frac{2\pi k_j}{n} t\right) = \sum_{t=1}^{n} \cos\left(\frac{2\pi k_j}{n} t\right) = 0$$

gilt, und folglich ist

$$\hat{\varrho}_j^2 = \frac{4}{n^2}\left|\sum_{t=1}^{n} (y_t - \bar{y})\, e^{it\frac{2\pi k_j}{n}}\right|^2.$$

Die Funktion

$$I_n(\tau) = \frac{1}{2\pi n}\left|\sum_{t=1}^{n} (y_t - \bar{y})\, e^{it2\pi/\tau}\right|^2 \tag{51}$$

heißt *Periodogramm* der Beobachtungen $y_1, \ldots, y_n$, und folglich gilt

$$\hat{\alpha}_j^2 + \hat{\beta}_j^2 = \frac{8\pi}{n} I_n\left(\frac{n}{k_j}\right).$$

Große Werte des Periodogramms führen demnach zu großen Amplituden dieser entsprechenden periodischen Schwingungen.

So sind also die Werte des Periodogramms an den Stellen n/k_j, $j = 1, \ldots, q$, von Interesse. Ist man sich nicht sicher, ob in diesem Ansatz alle periodischen Anteile erfaßt sind, so wird man die Werte $I_n\left(\frac{n}{k}\right)$, $k = 1, \ldots, n$, auftragen. Für alle diese Werte sind die obigen Untersuchungen gültig.

Beispiel 5.2.2. Wir betrachten die Daten und das Modell aus Beispiel 5.2.1 und berechnen $I_{30}\left(\frac{30}{k}\right)$, $k = 1, \ldots, 30$. Wir erhalten eine Darstellung wie in Abbildung 5.2.3.

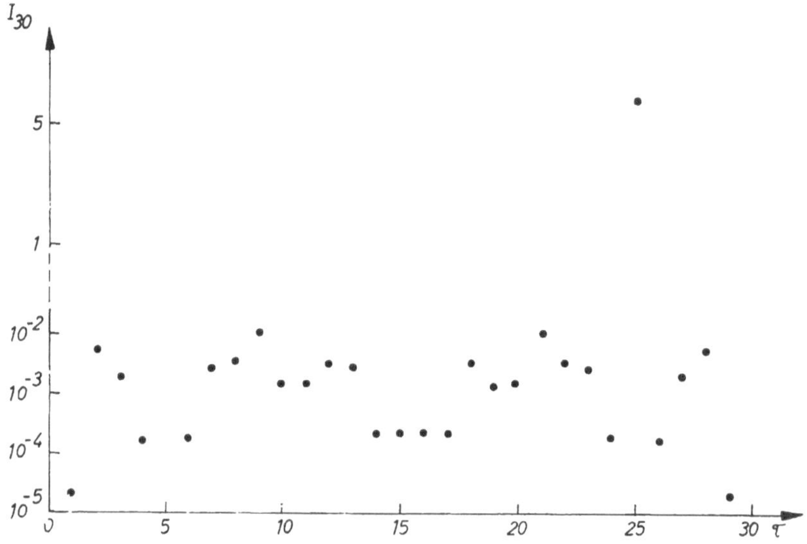

Abb. 5.2.3. Werte des Periodogramms

Das Periodogramm ist eine für die Periodizitätenanalyse wesentliche Statistik, deren Eigenschaften breit untersucht wurden. Insbesondere wird das Periodogramm zum Ausgangspunkt für Periodenschätzungen genutzt. Als Periodogrammschätzung wird nach SCHUSTER (1893) allgemein eine Periode $\hat{\tau}$ bezeichnet, für die

$$I_n(\hat{\tau}) = \max_{\tau} I_n(\tau)$$

gilt. Diese Schätzung wurde in ihren Eigenschaften unter verschiedenen Voraussetzungen untersucht (ANDERSON (1971), ANDĚL (1984), HANNAN (1970)). Wir bemerken zunächst, daß die Periodogrammschätzung auch unter gewissen Annahmen als Kleinste-Quadrate-Schätzung interpretiert werden kann. Setzen wir voraus, daß

$$x(t) = \beta_1 \cos\left(\frac{2\pi k}{n} t\right) + \alpha_1 \sin\left(\frac{2\pi k}{n} t\right) \tag{52}$$

gilt und daß Beobachtungen für $t_i = i$, $i = 1, \ldots, n$, durchgeführt werden, und lassen wir als mögliche Perioden nur die Werte n/k für ganze Zahlen k zu, dann ist $(\hat{\beta}_1, \hat{\alpha}_1, \hat{\tau})$ Kleinste-Quadrate-Schätzung, falls

$$\min_{\beta_1,\alpha_1,\tau} \sum_{j=1}^{n} \left(y_j - \beta_1 \cos\left(\frac{2\pi}{\tau} j\right) - \alpha_1 \sin\left(\frac{2\pi}{\tau} j\right)\right)^2$$
$$= \sum_{j=1}^{n} \left(y_j - \hat{\beta}_1 \cos\left(\frac{2\pi}{\hat{\tau}} j\right) - \hat{\alpha}_1 \sin\left(\frac{2\pi}{\hat{\tau}}\right)\right)^2 \tag{53}$$

gilt. Dieses Minimierungsproblem ist separierbar. Wir können bei festem τ die von τ abhängigen minimalen Parameter $\hat{\beta}_1(\tau)$, $\hat{\alpha}_1(\tau)$ bestimmen und minimieren anschließend über τ. Die Parameter $\hat{\beta}_1(\tau)$, $\hat{\alpha}_1(\tau)$ berechnen wir wie in dem oben beschriebenen Modell mit $x(t)$ aus (43) für $q = 1$. Dann gilt wegen (48)

$$\hat{\beta}_1(\tau) = \frac{2}{n} \sum_{i=1}^{n} y_i \cos\left(\frac{2\pi}{\tau} i\right),$$

$$\hat{\alpha}_1(\tau) = \frac{2}{n} \sum_{i=1}^{n} y_i \sin\left(\frac{2\pi}{\tau} i\right)$$

und mit (49)

$$\min_{\beta_1,\alpha_1} \sum_{j=1}^{n} \left(y_j - \beta_1 \cos\left(\frac{2\pi}{\tau} j\right) - \alpha_1 \sin\left(\frac{2\pi}{\tau} j\right)\right)^2$$

$$= (n-3)\,\hat{\sigma}^2 = \sum_{j=1}^{n} y_j^2 - n\bar{y}^2 - \frac{n}{2}\left(\hat{\alpha}_1^2(\tau) + \hat{\beta}_1^2(\tau)\right).$$

Dieser Ausdruck muß minimiert werden, und folglich ist die Kleinste-Quadrate-Schätzung für τ, wenn man die Menge der Werte n/k für ganzes k zuläßt, gerade die Periodogrammschätzung. Als Kleinste-Quadrate-Schätzungen für α_1, β_1 erhalten wir die mit der Periodogrammschätzung $\hat{\tau}$ berechneten Schätzungen $\hat{\alpha}_1 = \hat{\alpha}_1(\hat{\tau})$, $\hat{\beta}_1 = \hat{\beta}_1(\hat{\tau})$, deren funktionelle Gestalt sich bei fester Periode als die Kleinste-Quadrate-Schätzung aus dem linearen Modell ergab. Die asymptotischen Eigenschaften dieser Schätzungen $\hat{\alpha}_1$, $\hat{\beta}_1$, $\hat{\tau}$ wurden von verschiedenen Autoren untersucht. Walker (1964) und Hannan (1971) bewiesen die Konsistenz und asymptotische Normalität für die Periodogrammschätzung unter (52). Grossmann (1978) entwickelte eine asymptotische Theorie für sogenannte M-Schätzer in nichtlinearen Regressionsmodellen. In die Klasse der dort zugelassenen Regressionsfunktionen fallen periodische Funktionen, auch nicht-trigonometrische, wenn sie nur gewisse Differenzierbarkeitseigenschaften besitzen und durch eine endliche Anzahl von Parametern beschreibbar sind. Ein wesentliches Hilfsmittel zum Beweis der starken Konsistenz und der asymptotischen Normalität der Periodenschätzung ist dabei die asymptotische Identifizierbarkeit mit einer vorgegebenen Geschwindigkeit.

Bei Vorhandensein von Schwingungen mit einer Periode n/k_j für eine positive ganzen Zahl k_j erhalten wir also mit dem Periodogramm Hinweise auf die entsprechenden Werte k_j. Daher ist die Benutzung des Periodogramms gerade für die Schätzung der Perioden n/k_j geeignet.

Nichtgleichabständige Beobachtungen

Das Bestimmen von Perioden ist auch bei nichtgleichabständigen Beobachtungen von Interesse. Dabei kann formal wie oben das Periodogramm berechnet werden, das in der folgenden Weise definiert wird:

$$I_n(\tau) = \frac{1}{2\pi n}\left|\sum_{j=1}^{n} (y_j - \bar{y})\, e^{i\frac{2\pi}{\tau} t_j}\right|^2$$

$$= \frac{1}{2\pi n}\left[\left(\sum_{j=1}^{n} (y_j - \bar{y}) \cos\left(\frac{2\pi}{\tau} t_j\right)\right)^2 + \left(\sum_{j=1}^{n} (y_j - \bar{y}) \sin\left(\frac{2\pi}{\tau} t_j\right)\right)^2\right]. \tag{54}$$

Die Benutzung des Periodogramms zur Bestimmung von Perioden ist jetzt zwar mathematisch nicht mehr zu rechtfertigen, jedoch wird das Periodogramm auch bei allgemeineren Versuchsplänen als aussagekräftige Statistik in die Analysen einbezogen. Wir erinnern noch einmal daran, daß die guten Eigenschaften des Periodogramms wesentlich dadurch bedingt waren, daß die Versuchsplanmatrix orthogonale Spalten besaß. So wird man insbesondere dann, wenn die Orthogonalität nur schwach gestört ist, das Periodogramm zur Periodenschätzung nutzen. Das liegt z. B. dann vor, wenn der Versuchsplan gleichabständig angesetzt wurde, jedoch einige isolierte Beobachtungen fehlen. Dann können wir annehmen, es liegen m Beobachtungen $y(t_1), \ldots, y(t_m)$ vor, die an den Stellen $t_1, \ldots, t_m$ gemessen wurden. Dabei sind t_i ganze Zahlen, und es gelte $1 \leqq t_1 < t_2 < \ldots < t_m \leqq n$. Wir bezeichnen die Menge der *fehlenden Beobachtungspunkte* mit $\mathcal{T} = \{1, \ldots, n\} \setminus \{t_1, \ldots, t_m\}$. Dann gilt wegen (54)

$$I_m(\tau) = \frac{1}{2\pi m} \left| \sum_{j=1}^{m} \big(y(t_j) - \bar{y}\big)\, e^{i\frac{2\pi}{\tau} t_j} \right|^2 . \tag{55}$$

Bei dem vorliegenden Fall könnte man auch versuchen, die fehlenden Werte nach irgendeiner Vorschrift zu ersetzen. Dabei erweist es sich als die günstigste Möglichkeit, für $t \in \mathcal{T}$ Werte $\tilde{y}(t)$ zu definieren, die ein gewichtetes Mittel der vorhandenen Beobachtungen sind. Somit setzt man

$$\tilde{y}(t) = \sum_{j=1}^{m} w_t(t_j)\, y(t_j), \tag{56}$$

wobei die Gewichte die Bedingungen

$$w_t(t_j) \geqq 0, \qquad \sum_{j=1}^{m} w_t(t_j) = 1$$

erfüllen. So könnte beispielsweise

$$w_t(t_j) = \frac{1}{m} \tag{57}$$

oder

$$w_t(t_j) = \begin{cases} \dfrac{1}{2} & \text{für} \quad t_j = t - 1, \qquad t_j = t + 1 \\ 0 & \text{sonst} \end{cases} \tag{58}$$

gewählt werden. Unter (57) ersetzt man die fehlenden Werte durch das allgemeine Mittel der Beobachtungen und unter (58) wird ein fehlender Beobachtungswert durch das Mittel der benachbarten Beobachtungen ersetzt. Damit gelangt man zu der anfangs betrachteten Situation, daß gleichabständige Beobachtungen vorliegen. Den nun erzeugten vollständigen Beobachtungssatz bezeichnen wir mit $z_1, \ldots, z_n$, wobei

$$z_i = \begin{cases} y(i) & \text{für} \quad i \notin \mathcal{T} \\ \tilde{y}(i) & \text{für} \quad i \in \mathcal{T} \end{cases}$$

gilt. Unter (57) gilt

$$\bar{z} = \frac{1}{n} \sum_{i=1}^{n} z_i = \frac{m}{n} \bar{y} + \frac{n-m}{n} \bar{y} = \bar{y}$$

und damit

$$I_m(\tau) = \frac{1}{2\pi m} \left| \sum_{j=1}^{n} (z_j - \bar{z}) \, e^{i\frac{2\pi}{\tau}j} \right|^2 .$$

Folglich hat hier $I_m(\tau)$ bis auf den konstanten Faktor n/m gerade die Form des üblichen Periodogramms für $z_1, \ldots, z_n$. Das trifft unter (58) nicht zu. Es zeigt sich, daß auch unter den hier geschilderten Voraussetzungen das Periodogramm zur Berechnung von Schätzungen für die Periode geeignet ist.

Beispiel 5.2.3. Wir messen die in Tabelle 5.2.2 angegebenen Werte. Dann fehlen die Beobachtungen für $t = 5$ und $t = 9$. Ansonsten sind die Beobachtungen gleichabständig. Wir bezeichnen mit $I^{(1)}(\tau)$ das Periodogramm bei der Schätzung der Beobachtungen $y(t)$, $t \in \mathcal{T} = \{5, 9\}$, durch das allgemeine Mittel $\bar{y} = 1004.37$ und mit $I^{(2)}(\tau)$ das Periodogramm bei $y(5) = \frac{1}{2}(y(4) + y(6)) = 1002$, $y(9) = \frac{1}{2}(y(8) + y(10)) = 1007.5$.

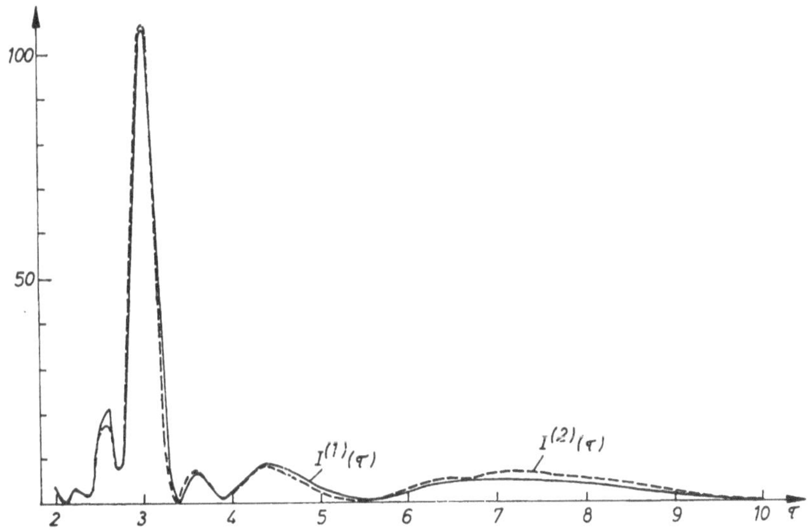

Abb. 5.2.4. Periodogramme bei Ersetzung fehlender Werte

Tabelle 5.2.2

t_i	1	2	3	4	6	7	8	10	11	12	13	14
y_i	1001	1010	1010	994	1010	993	1013	1002	1010	1010	994	1002
t_i	15	16	17	18	19	20	21	22	23	24	25	26
y_i	1018	1002	1010	1010	986	1010	1010	986	1010	1010	994	1010

Wir erkennen, daß die Periodogramme ein deutliches Maximum bei $\tau = 3$ haben. Als Schätzungen für die Amplituden ergeben sich entsprechend die Werte

$$\hat{\varrho}_1 = 10.27, \qquad \hat{\varrho}_2 = 10.32.$$

Damit erhalten wir bei beiden Periodogrammen und genauso auch bei dem nach (55) berechneten $I_{24}(\tau)$, daß $\tau = 3$, einen maximalen Wert dieser Kurven liefert, so daß sich als Periodogrammschätzung $\hat{\tau} = 3$ ergibt. Für die sich daraus nach der Methode der Kleinsten Quadrate errechneten besten Anpassungen erhalten wir die Darstellung

$$\hat{x}(t) = 1\,005.06 + 6.08 \cos\left(\frac{2\pi}{3}\,t\right) - 8.49 \sin\left(\frac{2\pi}{3}\,t\right)$$

$$= \hat{\beta}_0 + \hat{\beta}_1 \cos\left(\frac{2\pi}{3}\,t\right) + \hat{\alpha}_1 \sin\left(\frac{2\pi}{3}\,t\right).$$

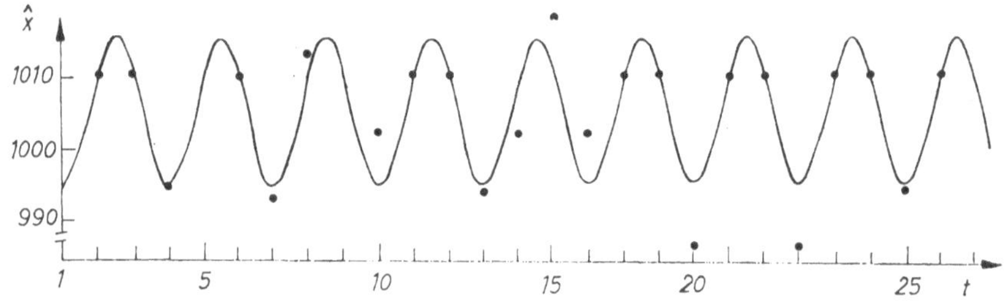

Abb. 5.2.5. Die Beobachtungen mit der besten Anpassung $\hat{x}$

Wegen

$$\frac{24}{8\pi}\,(\hat{\alpha}_1^{\,2} + \hat{\beta}_1^{\,2}) = 104.13 \qquad \text{und} \qquad I_{24}(3) = 100.7$$

erkennen wir, daß die nach der Methode der Kleinsten Quadrate berechnete beste Anpassung die oben hergeleitete Beziehung

$$\frac{m}{8\pi}\,(\hat{\alpha}_1^{\,2} + \hat{\beta}_1^{\,2}) = I_m(3)$$

nicht erfüllt, jedoch in der Größenordnung beide Seiten übereinstimmen.

In diesem Beispiel sahen wir, wie mit dem Periodogramm auch bei fehlenden Beobachtungen eine Periode geschätzt werden kann. Im allgemeinen Fall, d. h. bei relativ starkem Abweichen vom gleichabständigen Versuchsplan — sei es durch Fehlen von Beobachtungen bei geplanten gleichabständigen Beobachtungen oder bei von vornherein ungleichabständigem Versuchsplan —, kann man zwar das Periodogramm berechnen und als eine Statistik mit einbeziehen, jedoch ist das Ableiten von Schätzungen für die Periode mit dem Periodogramm nicht zu rechtfertigen. In dem Fall würde man einen allgemeinen linearen Ansatz benutzen müssen, was im folgenden beschrieben werden soll.

Wir nehmen an, daß die Darstellung (43) gilt, d. h.

$$x(t) = \beta_0 + \sum_{j=1}^{q} [\beta_j \cos(\lambda_j t) + \alpha_j \sin(\lambda_j t)],$$

wobei die Parameter derart gewählt werden sollen, daß $x(t)$ periodisch ist. Für bekannte λ_j, $1 \leqq j \leqq q$, führt dann die Bestimmung der β_j, α_j auf ein Schätzproblem mit einem linearen Modell. Die sich ergebende Versuchsplanmatrix $\boldsymbol{X}$ führt wegen der i. allg. fehlenden Orthogonalität bei der Produktbildung $\boldsymbol{X}'\boldsymbol{X}$ nicht zu einer Diagonalmatrix, jedoch können wir mit Standardverfahren die Kleinste-Quadrate-Schätzung bestimmen. Zu bemerken ist aber, daß die Anwendung dieser Methode voraussetzt, daß die

Frequenzen λ_j bekannt sind. Die Periodogrammschätzung hatte diese Voraussetzung nicht, jedoch war sie an die Gleichabständigkeit und daran gebunden, daß die Frequenzen Vielfache von $1/n$ sind. Wollen wir von der Kenntnis der Frequenzen abgehen, so bleibt uns noch die Möglichkeit, ein nichtlineares Regressionsmodell anzusetzen. Dazu sei q bekannt und $x(t)$ habe die Gestalt (43). Dann schätzen wir die Parameter $\beta_0, \ldots, \beta_q$, $\alpha_1, \ldots, \alpha_q$, $\lambda_1, \ldots, \lambda_q$ nach der Methode der Kleinsten Quadrate. Wir minimieren

$$Q(\boldsymbol{\beta}, \boldsymbol{\alpha}, \boldsymbol{\lambda}) = \sum_{i=1}^{n} \left(y_i - \beta_0 - \sum_{j=1}^{q} \beta_j \cos(\lambda_j t_i) - \sum_{j=1}^{q} \alpha_j \sin(\lambda_j t_i)\right)^2.$$

Dabei bezeichnen wir $\boldsymbol{\beta} = (\beta_0, \ldots, \beta_q)'$, $\boldsymbol{\alpha} = (\alpha_1, \ldots, \alpha_q)'$, $\boldsymbol{\lambda} = (\lambda_1, \ldots, \lambda_q)'$, und offenbar ist hier ein nichtlineares Minimierungsproblem zu lösen.

Dieses hat genau die Gestalt, wie das im Abschnitt 5.2. untersuchte. In diesem Fall haben wir $3q + 1$ unbekannte Parameter. Wir setzen $\boldsymbol{\theta} = (\boldsymbol{\beta}', \boldsymbol{\alpha}', \boldsymbol{\lambda}')$ und schreiben $g_j(t, \boldsymbol{\theta}) := \frac{\partial}{\partial \theta_j} x(t, \boldsymbol{\theta})$, wobei wir $x(t)$ aus (43) mit $x(t, \boldsymbol{\theta})$ bezeichnen. Dann gilt

$$\begin{aligned}
g_0(t, \boldsymbol{\theta}) &= 1, \\
g_j(t, \boldsymbol{\theta}) &= \cos(\lambda_j t), \qquad j = 1, \ldots, q, \\
g_j(t, \boldsymbol{\theta}) &= \sin(\lambda_{j-q} t), \qquad j = q + 1, \ldots, 2q, \\
g_j(t, \boldsymbol{\theta}) &= -t\beta_{j-2q} \sin(\lambda_{j-2q} t) + t\alpha_{j-2q} \cos(\lambda_{j-2q} t), \qquad j = 2q + 1, \ldots, 3q.
\end{aligned}$$

Somit sind die Normalgleichungen durch

$$\sum_{i=1}^{n} \left(y_i - \beta_0 - \sum_{s=1}^{q} \beta_s \cos(\lambda_s t_i) - \sum_{s=1}^{q} \alpha_s \sin(\lambda_s t_i)\right) = 0 \tag{59}$$

$$\sum_{i=1}^{n} \cos(\lambda_j t_i) \left(y_i - \beta_0 - \sum_{s=1}^{q} \beta_s \cos(\lambda_s t_i) - \sum_{s=1}^{q} \alpha_s \sin(\lambda_s t_i)\right) = 0, \quad j = 1, \ldots, q \tag{60}$$

$$\sum_{i=1}^{n} \sin(\lambda_j t_i) \left(y_i - \beta_0 - \sum_{s=1}^{q} \beta_s \cos(\lambda_s t_i) - \sum_{s=1}^{q} \alpha_s \sin(\lambda_s t_i)\right) = 0, \quad j = 1, \ldots, q, \tag{61}$$

$$\sum_{i=1}^{n} t_i\left(\alpha_j \cos(\lambda_j t_i) - \beta_j \sin(\lambda_j t_i)\right) \left(y_i - \beta_0 - \sum_{s=1}^{q} \beta_s \cos(\lambda_s t_i) - \sum_{s=1}^{q} \alpha_s \sin(\lambda_s t_i)\right) = 0,$$
$$j = 1, \ldots, q, \tag{62}$$

gegeben. Diese Gleichungen sind zu lösen. Als Lösungsmethode bietet sich z. B. das in Abschnitt 5.2.4 angegebene modifizierte Gauß-Newton-Verfahren an. Sinnvolle Anfangsschätzungen $\boldsymbol{\lambda}^{(0)}$ für die Frequenzen kann man z. B. mit Hilfe des Periodogramms erhalten, und mit diesen Werten berechnet man die Kleinste-Quadrate-Schätzungen für $\boldsymbol{\beta}$, $\boldsymbol{\alpha}$, indem $Q(\boldsymbol{\beta}, \boldsymbol{\alpha}, \boldsymbol{\lambda}^{(0)})$ minimiert wird.

Die mathematischen Eigenschaften der Schätzungen hängen sehr stark vom benutzten Versuchsplan und ebenso vom gewählten Modellansatz ab. Man findet detaillierte Ergebnisse bei Anderson (1971). Speziell werden dort Aussagen über die *Identifizierbarkeit* und *Konsistenz* der Schätzungen in periodischen Modellen abgeleitet.

Daß schon die Identifizierbarkeit eine wesentliche Problemstellung ist, soll am folgenden Beispiel erläutert werden. Es sei

$$x(t) = \beta_0 + \beta_1 \sin\left(\frac{2\pi}{\tau} t\right), \qquad \tau \in (0, b], \tag{63}$$

für eine positive Konstante b. Beobachtet wird $x(t)$ an den Stellen $t_i = i$, $i = 0, \ldots, n$. Gilt für unterschiedliche τ, τ' die Beziehung

$$\sin\left(\frac{2\pi}{\tau} t_i\right) = \sin\left(\frac{2\pi}{\tau'} t_i\right), \qquad i = 0, \ldots, n, \tag{64}$$

so kann τ nicht aus den Beobachtungen identifiziert werden. Nehmen wir an, es gelte

$$\tau' = \frac{\tau}{1 + l\tau}, \qquad l \text{ ganz}, 1 + l\tau > 0. \tag{65}$$

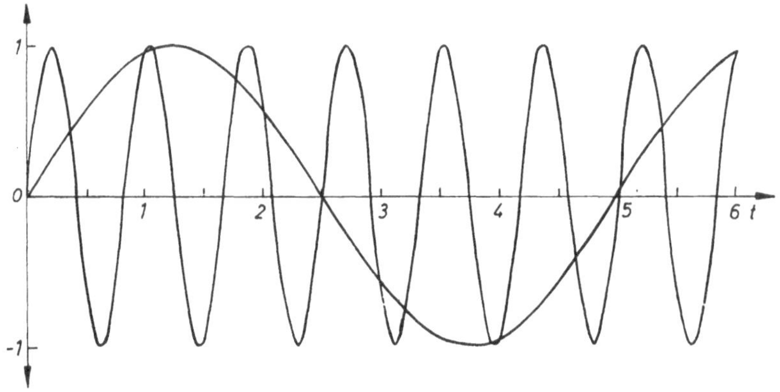

Abb. 5.2.6. Nichtidentifizierbare Sinus-Schwingungen

Wir berechnen

$$\sin\left(\frac{2\pi}{\tau'} i\right) = \sin\left(\frac{2\pi}{\tau} i + 2\pi i l\right) = \sin\left(\frac{2\pi}{\tau} i\right),$$

und folglich gilt (64). Wählt man z. B. $\tau = 5$, $l = 1$, so ist nach (65) $\tau' = \frac{5}{6}$.

Damit sehen wir, daß verschiedene Sinus-Schwingungen die gleichen Beobachtungen erzeugen können. Wegen dieser geschilderten Eigenschaft ist es sinnvoll, mit einer Periode τ die für unterschiedliche l durch (65) erzeugten Perioden τ' in gewisser Weise zu identifizieren. Diese Perioden τ und τ' werden gewöhnlich als „aliased“ bezeichnet. Wir erkennen, daß unter den zueinander *„aliased“* Perioden nur eine größer als 2 ist, und daher ist die Identifizierbarkeit der Parameter unter (63) nicht gesichert, jedoch bei der Voraussetzung

$$x(t) = \beta_0 + \beta_1 \sin\left(\frac{2\pi}{\tau} t\right), \qquad \tau \in (2, b],$$

liegt Identifizierbarkeit vor.

5.2.5.2. Versteckte Perioden in Verlaufskurven

In Beispiel 4.1.4 betrachteten wir Zeitreihen mit periodischem Trend, wobei als Modell für die Variablen $y_1, \ldots, y_n$ die Darstellung

$$y_i = x(t_i) + \varepsilon_i, \qquad i = 1, \ldots, n, \tag{66}$$

gewählt wurde. Hier sei $x(t)$ eine beliebige periodische Funktion, $\mathscr{X}$ sei die Menge aller periodischen Funktionen. Die zufälligen Variablen ε_i seien unkorreliert, und es gelte $\mathsf{E}\varepsilon_i = 0$, $\mathsf{Var}\,\varepsilon_i = \sigma^2$, $i = 1, \ldots, n$. Die Werte des Versuchsplans $t_1, \ldots, t_n$ seien gegeben. Die Aufgabe besteht in der Schätzung der Periode τ, wozu eine Reihe heuristisch begründeter Verfahren existiert. Nur für Spezialfälle, d. h. insbesondere nur bei parametrisierten Teilmengen von $\mathscr{X}$, findet man befriedigende mathematische Aussagen über die Schätzungen. Gerade solche Fälle haben wir im Abschnitt 5.2.5.1 diskutiert. Wir betrachten hier nicht endlich parametrisierbare Teilmengen von $\mathscr{X}$ als zugelassene Funktionen in (66) für x. Durch ein von Buys-Ballot entwickeltes Schätzverfahren ist eine Methode vorhanden, mit der eine Perioden-Schätzung in solchen nichtparametrischen Problemen hergeleitet werden kann. Dieses Verfahren soll im folgenden diskutiert werden. Zunächst bemerken wir, daß zwar die kleinste Periode einer Funktion eindeutig bestimmt ist, jedoch durch endlich viele Beobachtungen diese Periode im allgemeinen nicht geschätzt werden kann. Da die Funktion nur an den Stellen $t_1, \ldots, t_n$ beobachtet wird, ist uns damit keinerlei Information über das Verhalten der Funktion x an den von t_i verschiedenen t-Werten gegeben. Weil es mehrere Funktionen $\tilde{x}$, $\bar{x} \in \mathscr{X}$, gibt, für die zwar $\tilde{x} \neq \bar{x}$, aber

$$\tilde{x}(t_i) = \bar{x}(t_i), \qquad i = 1, \ldots, n,$$

gilt, gibt es objektive Hindernisse bei der Identifizierung der Periode einer Funktion. Das bedeutet, daß Funktionen mit unterschiedlichen Perioden zu den gleichen Beobachtungen führen können. Wie wir in Abschnitt 5.2.5.1 zeigten, ist auch bei eingeschränkten Klassen wie die der trigonometrischen Funktionen die Identifizierbarkeit nicht trivalerweise gegeben. Es sei $d_n(\boldsymbol{y}, \tau)$ ein Funktional, das bei festem τ einen Abstand zwischen $\boldsymbol{y} \in \mathbb{R}^n$ und einer Menge $\mathscr{S}^\tau$ beschreibt, wobei $\mathscr{S}^\tau$ eine Menge von Funktionen mit der Periode τ ist. Dabei wird zugelassen, daß die Auswahl der Funktionenmenge in Abhängigkeit von n vorgenommen wird. Grundlegend für die Definition der Schätzung von τ ist das Verhalten von $d_n(\boldsymbol{y}, \tau)$ als Funktion von τ. Um dies genauer untersuchen zu können, wählen wir für gegebenes $r = r(n)$ eine Menge

$$\mathscr{S}^\tau = \{x : x(t) = S_{\boldsymbol{\theta}}(t/\tau),\quad S_{\boldsymbol{\theta}} \text{ periodisch mit Periode } 1,\ t \in \mathbb{R}^1,\ \boldsymbol{\theta} \in \Theta \subseteqq \mathbb{R}^r\}. \tag{67}$$

Die Wahl von $S_{\boldsymbol{\theta}}$, Θ wird in den folgenden Beispielen verdeutlicht.

Beispiel 5.2.4. Fourier-Reihen. Es sei k eine ganze Zahl und $r = 2k$. Es gelte $r \leqq n$. Wir setzen

$$S_{\boldsymbol{\theta}}(z) = (\sin(2\pi z), \cos(2\pi z), \ldots, \sin(2\pi k z), \cos(2\pi k z))\,\boldsymbol{\theta}$$

für $\boldsymbol{\theta} \in \mathbb{R}^r$. Dann ist jede der Funktionen $S_{\boldsymbol{\theta}}$ periodisch mit der Periode 1, denn es gilt $S_{\boldsymbol{\theta}}(z) = S_{\boldsymbol{\theta}}(z + \nu)$ für jede ganze Zahl ν. Im allgemeinen wird jedoch 1 nicht die kleinste Periode von $S_{\boldsymbol{\theta}}$ sein.

Beispiel 5.2.5. Treppenfunktionen. Es seien a_i, $i = 0, \ldots, r$, Konstanten mit

$$0 = a_0 < a_1 < a_2 < \ldots < a_{r-1} < a_r = 1.$$

Wir setzen für $\boldsymbol{\theta} =: (\theta_1, \ldots, \theta_r)'$

$$S_{\boldsymbol{\theta}}(z) = \theta_i \quad \text{für} \quad z \in \bigcup_{l=-\infty}^{\infty} [a_{i-1} + l, a_i + l), \qquad i = 1, \ldots, r.$$

Dann ist $S_{\boldsymbol{\theta}}$ eine stückweise konstante Funktion, die periodisch mit der Periode 1 ist.

Beispiel 5.2.6. Zyklische polynomiale Splines. Es seien die Konstanten $a_0, \ldots, a_r$ wie in Beispiel 5.2.5 gewählt. Weiter sei

$$S_{\boldsymbol{\theta}}(z) = p_i(z), \quad \text{falls} \quad z \in \bigcup_{l=-\infty}^{\infty} [a_{i-1} + l, a_i + l), \qquad i = 1, \ldots, r,$$

für ein Polynom $p_i(z)$ vom vorgegebenen Grad d, wobei $S_{\boldsymbol{\theta}}$ über $\mathbb{R}^1$ $d - 1$ stetige Ableitungen besitzen soll. Die Funktionen im Beispiel 5.2.5 sind der triviale Spezialfall für $d = 0$.

Damit sind die Funktionen aus $S_{\boldsymbol{\theta}}{}^r$ nach Konstruktion zyklische Splines von der Ordnung d. Wir bemerken, daß in den Teilintervallen $[a_{i-1} + l, a_i + l)$, $i = 1, \ldots, r$, der Spline durch ein Polynom gegeben ist und die Bedingung über die $d - 1$ stetigen Ableitungen führt zu homogenen linearen Gleichungen in den Parametern der Polynome. Eine solche Problemstellung hatten wir schon in Abschnitt 5.1.2 betrachtet.

Für die Bestimmung einer Schätzung für die kleinste Periode der Trendfunktion $x(t)$ ist der Graph der Funktion $d_n(\boldsymbol{y}, \tau)$ wesentlich. Wählen wir speziell

$$d_n(\boldsymbol{y}, \tau) = \min_{S \in \mathcal{S}^\tau} |\boldsymbol{y} - \tilde{S}|^2_{\boldsymbol{W}} \tag{68}$$

mit

$$\tilde{S} = \left(S\left(\frac{t_1}{\tau}\right), \ldots, S\left(\frac{t_n}{\tau}\right)\right)',$$

so beschreibt d_n den minimalen Abstand zwischen den Beobachtungen $y_1, \ldots, y_n$ und den Werten der periodischen Funktionen aus $\mathcal{S}^\tau$.

Beispiel 5.2.7. Wir betrachten die Funktionenklasse $\mathcal{S}^\tau$ aus Beispiel 5.2.5. Dann läßt sich das bei $\boldsymbol{W} = \boldsymbol{I}$ in (68) definierte $d_n(\boldsymbol{y}, \tau)$ explizit angeben. Wir bezeichnen für $j = 1, \ldots, r$

$$\mathcal{T}_j(\tau) = \left\{i : 1 \leqq i \leqq n,\ a_{j-1} + l \leqq \frac{t_i}{\tau} < a_j + l \text{ für eine ganze Zahl } l\right\},$$

$$\hat{\theta}_j(\tau) = \frac{1}{\# \mathcal{T}_j(\tau)} \sum_{i \in \mathcal{T}_j(\tau)} y_i, \quad \text{falls} \quad \mathcal{T}_j(\tau) \neq \emptyset,$$

und erhalten

$$d_n(\boldsymbol{y}, \tau) = \sum_{j=1}^{r} \sum_{i \in \mathcal{T}_j(\tau)} (y_i - \hat{\theta}_j(\tau))^2.$$

Diese Funktion berechnen wir für die Daten der Tabelle 5.2.3. Dabei sei $n = 20$, $r = 5$, $a_i = i \cdot 0.2$, $i = 0, \ldots, 5$. Die Werte sind in Abbildung 5.2.7 und die Funktion $d_n(\boldsymbol{y}, \tau)$ in Abbildung 5.2.8 dargestellt.

Tabelle 5.2.3

t_i	0	0.1	0.3	0.4	0.8	1.2	1.3	1.4	1.5	2.3
y_i	−0.12	0.27	0.9	1.7	1.24	0.54	1.46	1.45	−0.21	1.05
t_i	2.6	2.7	2.9	3.5	4.1	4.6	4.8	4.95	5.5	6.2
y_i	0.45	0.81	1.21	0.15	0.63	0.35	1.11	1.84	−0.08	0.5

In diesem Beispiel erkennen wir, daß $d_n(\boldsymbol{y}, \tau)$ mehrere lokale Minima besitzt und daß das globale Minimum erreicht wird bei $\hat{\tau} = 0.5$. Statt des hier betrachteten Falles kann natürlich auch eine allgemeinere Bewichtungsmatrix $\boldsymbol{W}$ in der Definition der Funktion d_n verwendet werden. Wir betrachten Diagonalmatrizen $\boldsymbol{W}$, die von τ abhängen mögen. Dabei ist es häufig zweckmäßig, bei

$$\boldsymbol{W} = \boldsymbol{W}(\tau) = \operatorname{diag}\left(\tilde{w}_1(\tau), \ldots, \tilde{w}_n(\tau)\right)$$

die Bedingung

$$\tilde{w}_i(\tau) = \tilde{w}_j(\tau) \quad \text{für} \quad i \in \mathcal{T}_j(\tau), \qquad j = 1, \ldots, r,$$

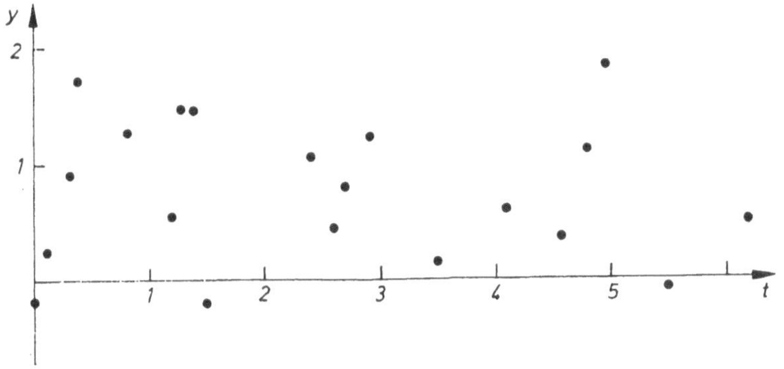

Abb. 5.2.7. Graph der Werte

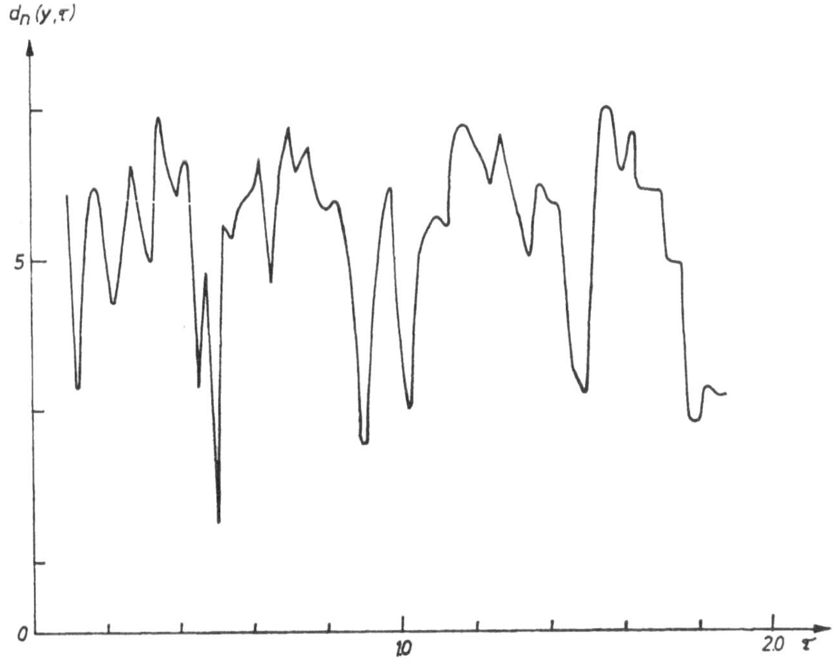

Abb. 5.2.8. Graph der Funktion $d_n(\boldsymbol{y}, \tau)$

vorauszusetzen, wenn $\mathcal{T}_1(\tau), \ldots, \mathcal{T}_r(\tau)$ eine disjunkte Zerlegung von $\{1, \ldots, n\}$ beschreibt. Speziell können die $\mathcal{T}_i(\tau)$ wie in Beispiel 5.2.7 definiert sein. Dann haben wir

$$d_n(\boldsymbol{y}, \tau) = \min_{S \in \mathcal{S}_\tau} \sum_{j=1}^{r} w_j(\tau) \sum_{i \in \mathcal{T}_j(\tau)} \left(y_i - S\left(\frac{t_i}{\tau}\right)\right)^2.$$

Für die Funktionenklasse aus dem Beispiel 5.2.6 ergibt sich insbesondere

$$d_n(\boldsymbol{y}, \tau) = \sum_{j=1}^{r} w_j(\tau) \sum_{i \in \mathcal{T}_j(\tau)} (y_i - \hat{\theta}_j(\tau))^2,$$

und eine naheliegende Wahl der Gewichte ist dann

$$w_j(\tau) = \frac{1}{\# \mathcal{T}_j(\tau) - 1}, \quad \text{falls } \# \mathcal{T}_j(\tau) > 1$$

so daß diejenigen Summen stärker bewichtet werden, bei denen $\#\mathcal{T}_j(\tau)$ klein ist. Der Wert $d_n(\boldsymbol{y}, \tau)$ wird um so kleiner, je größer $\#\mathcal{T}_j(\tau)$ ist. Für diese Wahl der Werte $w_j(\tau)$ erhalten wir für die Daten und die gewählte Funktionenklasse aus Beispiel 5.2.7 das in Abb. 5.2.9 dargestellte Bild.

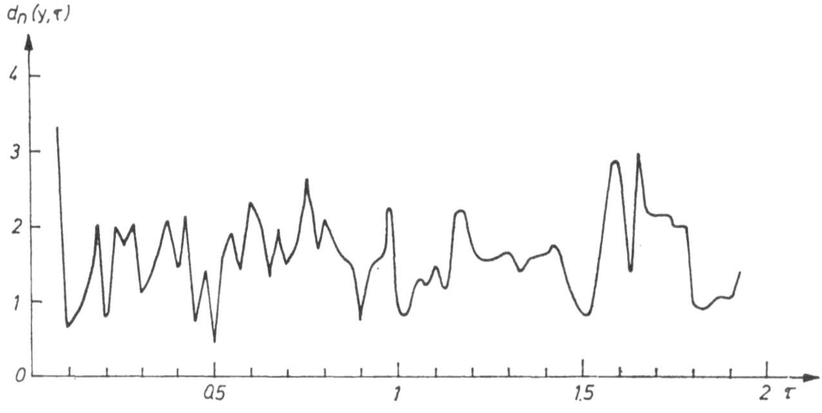

Abb. 5.2.9

Im Vergleich der Abbildungen 5.2.8 und 5.2.9 erkennt man, daß in Abbildung 5.2.8 klare lokale Minima bei 0.125, 0.5, 0.9, 1.025, 1.5 mit dem absoluten Minimum bei 0.5 vorhanden sind, in Abbildung 5.2.9 wird das absolute Minimum bei 0.05 erreicht und lokale Minima erkennt man bei 0.1, 0.2, 0.5, 0.9, 1.025, 1.51.

Die Schätzung der versteckten Periode in den Daten basiert auf der Auswertung der Funktion $d_n(\boldsymbol{y}, \tau)$. Im einfachsten Fall wählt man eine *Kleinste-Quadrate-Schätzung* $\hat{\tau}$, die durch

$$d_n(\boldsymbol{y}, \hat{\tau}) = \min_{\tau \in T} d_n(\boldsymbol{y}, \tau)$$

definiert ist. Dabei ergibt sich im Beispiel 5.2.7 bei $T = [0.1, 2.0]$, $\boldsymbol{W} = \boldsymbol{I}$ der Wert

$$\hat{\tau} = 0.5 .$$

Wählen wir $w_j(\tau) = 1/(\#\mathcal{T}_j(\tau) - 1)$ und $T = [0.05, 2.0]$, so gilt

$$\hat{\tau} = 0.05 .$$

Diese zweite Schätzung wird man sicherlich verwerfen wollen. Beachtet man deshalb, daß eine Funktion mit einer Periode τ auch die Periode $k\tau$ besitzt, so muß erwartet werden, daß für eine Kleinste-Quadrate-Schätzung $\hat{\tau}$ nicht nur $d_n(\boldsymbol{y}, \hat{\tau})$ klein ist, sondern auch die Werte $d_n(\boldsymbol{y}, \hat{\tau}j)$ für positive ganze Zahlen j. Betrachten wir in Abbildung 5.2.8 die Funktion $d_n(\boldsymbol{y}, \tau)$, so ist nicht nur $d_n(\boldsymbol{y}, 0.5)$, sondern es sind auch $d_n(\boldsymbol{y}, 1.0)$ und $d_n(\boldsymbol{y}, 1.5)$ klein. In Abbildung 5.2.9 sieht man, daß $d_n(\boldsymbol{y}, 0.05j)$ für $j = 3, 5, \ldots$ relativ große Werte annimmt, so daß die Schätzung $\hat{\tau} = 0.05$ unvernünftig erscheint. Es ist deshalb günstiger, anstelle der einfachen Kleinste-Quadrate-Schätzung eine modifizierte Schätzung zu betrachten. Dabei nennen wir $\hat{\hat{\tau}}$ *modifizierte* Kleinste-Quadrate-Schätzung, wenn für eine gegebene natürliche Zahl k

$$\prod_{j=1}^{k} d_n(\boldsymbol{y}, j\hat{\hat{\tau}}) = \min_{\tau} \prod_{j=1}^{k} d_n(\boldsymbol{y}, j\tau)$$

gilt. Für $k = 3$ und $T = [0.1, 2.0]$ erhalten wir sowohl bei $\boldsymbol{W} = \boldsymbol{I}$ als auch bei $w_j(\tau) = 1/(\#\mathcal{T}_j(\tau) - 1)$ den Wert

$$\hat{\hat{\tau}} = 0.5 .$$

Dieses Beispiel zeigt uns, daß zur Definition und Festlegung einer Schätzung für τ das Verhalten der Funktion d_n nicht nur am globalen Minimum zu beachten ist, sondern der Verlauf der Funktion insgesamt in die Betrachtungen einzubeziehen ist.

Das hier beschriebene Verfahren liefert die Buys-Ballot-Schätzung in seiner ursprünglichen Form für den Fall, daß

$$T = \{1, 2, \ldots\}, \qquad t_i = i$$

und $r = \tau$ gesetzt wird. Damit ist die hier beschriebene Näherung eine direkte Verallgemeinerung der klassischen Buys-Ballot-Schätzung. Es soll nochmals bemerkt werden, daß das Ziel bei diesem Vorgehen zunächst nur darin besteht, eine Periode zu schätzen. Es ist nicht das primäre Ziel, den Verlauf der Funktion $x(t)$ zu schätzen. Will man dies auch tun, so kann folgender Weg beschritten werden. Wir zeichnen die Paare

$$(u_i, y_i), \qquad i = 1, \ldots, n,$$

für $u_i = t_i \bmod \hat{\tau}$. Dann bilden die abgetragenen Beobachtungen eine Grundlage für die Bestimmung der Funktion $x(t)$ in dem Intervall $[0, \hat{\tau}]$.

Daraus läßt sich eine *Schätzung für die Trendfunktion* konstruieren. Als Möglichkeiten bieten sich parametrische wie polynomiale oder trigonometrische Funktionen oder auch Kernschätzungen an. Wählt man im Beispiel eine Gerade, so erhält man

$$\hat{x}(t) = 3.88t - 0.04, \qquad 0 \leq t < \hat{\tau}, \tag{69}$$

die in Abbildung 5.1.10 gestrichelt eingezeichnet ist.

Hinweise zur Berechnung der Periodizitätenschätzung bei praktischen Problemen

Das hier beschriebene Verfahren ist dann besonders geeignet, wenn die Gestalt von $x(t)$ nur ungenügend bekannt ist, so daß ein parametrischer Ansatz, z. B. durch trigonometrische Funktionen, nicht gerechtfertigt ist. In den Beispielen sahen wir, daß die Funktion $d_n(\boldsymbol{y}, \tau)$ eine große Variabilität besitzt und große Schwankungen selbst bei kleinen Veränderungen auf der τ-Achse besitzt. Damit entsteht das Problem, daß man allein aus dem Verhalten der Funktion d_n keine den Anwender überzeugende Periodizitätenschätzung ableiten kann. Das ist der Grund dafür, daß man zur Schätzung der Periode die Trendapproximation berechnet. Dazu werden in die (u,y)-Ebene die Punkte (u_i, y_i) mit $u_i = t_i \bmod \hat{\tau}$ wie in Abb. 5.2.10 eingezeichnet und über dem Intervall $(0, \hat{\tau})$ eine Approximation für diese u-Werte bestimmt. Bezeichnen wir diese Approximation durch $h_{\hat{\tau}}(t)$, so setzen wir sie über dem $\mathbb{R}^1$ periodisch fort und zeichnen nun in der (t,y)-Ebene sowohl die Originalpunkte (t_i, y_i) als auch die Werte $(t_i, h_{\hat{\tau}}(t_i))$ ein.

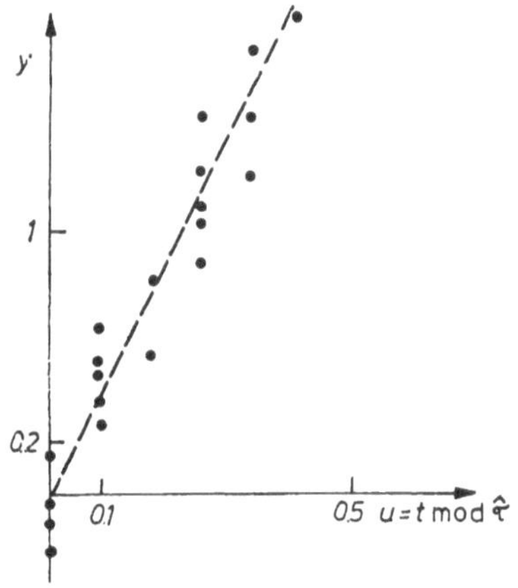

Abb. 5.2.10. Die Wertepaare (u_i, y_i), $i = 1, \ldots n$, für die Werte aus Tabelle 5.2.3

Daraus wird dann die Güte der Anpassung beurteilt. Dieses Verfahren der grafischen Prüfung der angenommenen Periode $\hat{\tau}$ wird für jedes $\hat{\tau}$ durchgeführt, das bei $d_n(\boldsymbol{y}, \tau)$ kleine Werte liefert. Durch den Vergleich dieser verschiedenen Anpassungen wird man einen der in Frage kommenden Werte $\hat{\tau}$ als Periodenschätzung auswählen.

Für das Beispiel 5.2.7 ergab sich aus der Kurvendiskussion von $d_n(\boldsymbol{y}, \tau)$, daß $\hat{\tau} = 0.5$ ausgewählt wurde. In Abbildung 5.2.10 wurde eine Approximation der Punkte (u_i, y_i) durch eine Gerade berechnet, und in Abbildung 5.2.11 erkennen wir den Ausgleich der Originalpunkte (t_i, y_i) mit der periodisch auf $\mathbb{R}^1$ fortgesetzten Funktion $\hat{x}(t)$ aus (69).

Die mathematischen Eigenschaften der modifizierten bzw. einfachen Kleinste-Quadrate-Schätzung für die Periode des Trends wurden von Tietze (1987) untersucht. Dabei sind insbesondere Eigenschaften wie die Identifizierbarkeit der kleinsten Periode, die Konsistenz der Kleinste-Quadrate-Schätzungen sowie deren Effizienz von Interesse. Für endlichen Stichprobenumfang können dazu nur wenige Resultate gegeben werden. Für unendlich wachsenden Stichprobenumfang ist es möglich, Aussagen über die Identifizierbarkeit und Konsistenz herzuleiten. Von grundlegender Bedeutung ist die Wahl der Versuchspunkte und bei Nutzung der Treppenfunktionen aus Beispiel 5.2.5 die Wahl der Werte $a_1, \ldots, a_r$, wobei r eine von n abhängige Zahl ist.

Für die Punkte $a_1, \ldots, a_r$ setzen wir $a_1 < a_2 < \ldots < a_r$ voraus und bezeichnen $\alpha_n = \max\limits_{1 \leq j \leq r(n)} |a_j - a_{j-1}|$. Hierbei beachten wir, daß $a_j = a_j(n)$ gilt. Für die Versuchspunkte $t_1, \ldots, t_n$ berechnen wir für $\tau \in T$

$$v_i(\tau) = \frac{t_i}{\tau} \bmod 1 = \frac{t_i}{\tau} - \left[\frac{t_i}{\tau}\right]. \tag{70}$$

Wir nehmen an, τ_0 sei die kleinste Periode der Funktion $x(t)$. Die empirische Verteilungsfunktion der Punkte $\big(v_i(\tau_0), v_i(\tau)\big)$, $i = 1, \ldots, n$, bezeichnen wir mit $F_n(z, \tau)$, d. h.

$$F_n(z, \tau) = \frac{1}{n} \#\{i: v_i(\tau_0) < z_1, v_i(\tau) < z_2, i = 1, \ldots, n\},$$

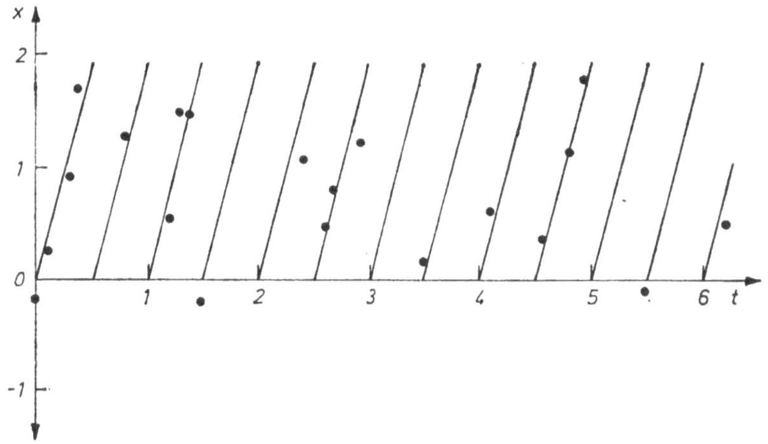

Abb. 5.2.11. Schätzung der periodischen Funktion

$z = (z_1, z_2)'$. Die Grenzfunktion von $F_n(z, \tau)$ sei eine Verteilungsfunktion $F(z, \tau)$, so daß bei festem τ

$$\lim_{n \to \infty} F_n(z, \tau) = F(z, \tau) \tag{71}$$

in allen Stetigkeitspunkten von $F(z, \tau)$ gilt. Dabei wird also F durch $t_1, t_2, \ldots$ und τ bestimmt. Insbesondere hängt das Konvergenzverhalten von F_n wesentlich von τ ab und ebenso die Gestalt von F. Es zeigt sich nämlich, daß für gewisse τ das zur Verteilungsfunktion $F(z, \tau)$ gehörende Maß einen endlichen Träger und für andere τ über $[0, 1) \times [0, 1)$ eine positive Dichte besitzen kann, so daß deutlich wird, daß bei nicht eingeschränktem τ völlig unterschiedliche Konvergenzordnungen in (71) zu erwarten sind.

Die zu den verschiedenen Situationen gehörenden Voraussetzungen, die zur Identifizierbarkeit und Konsistenz führen, findet man bei Tietze (1987).

5.2.5.3. Wachstumsmodelle

Wachstumsmodelle werden in biologischen, physikalischen, chemischen und in vielen anderen Bereichen untersucht. Die mathematische Beschreibung solcher Vorgänge begann schon im vorigen Jahrhundert. Besonders hervorzuheben sind dabei die Vorschläge von GOMPERTZ (1825), VERHULST (1838), MITSCHERLICH (1909), PETTERSON (1930) und KORF (1939), die in verschiedenen Anwendungen Wachstumskurven zur Beschreibung der Vorgänge benutzten (RÖMISCH (1979)). Bei allen diesen Modellansätzen geht man davon aus, daß der Zuwachs eines betrachteten Stoffes abhängig von der vorhandenen Masse ist, daß ein gewisses asymptotisches Verhalten, wie z. B. Streben gegen einen *Sättigungswert*, angenommen wird und daß im Modell solche Parameter einbezogen werden, die inhaltlich interpretierbar sind. Es bezeichne $x(t)$ die Masse, Länge, Breite oder eine andere quantitative Größe, deren zeitliche Entwicklung untersucht werden soll. Wir setzen voraus, daß $x(t)$ eine stetige erste Ableitung $\dot{x}(t)$ besitzt. Dann nehmen wir an, daß $\dot{x}$ eine Funktion von x ist, d. h.

$$\dot{x}(t) = f\big(x(t)\big), \tag{72}$$

und daß $x(t)$ einem Sättigungswert a für $t \to \infty$ zustreben solle. Dann eignet sich für die Beschreibung der Funktion $x(t)$ ein Ansatz, wie er von VERHULST (1838) vorgeschlagen wurde:

$$\dot{x}(t) = bx(t)\big(a - x(t)\big). \tag{73}$$

a und b seien konstante positive Werte. Dann ist unter der Annahme $0 < x(0) < a$ die Funktion $x(t)$, $t > 0$, wachsend und nähert sich dem Wert a an. Es entsteht eine Funktion, wie sie in Abb. 5.2.12 dargestellt ist.

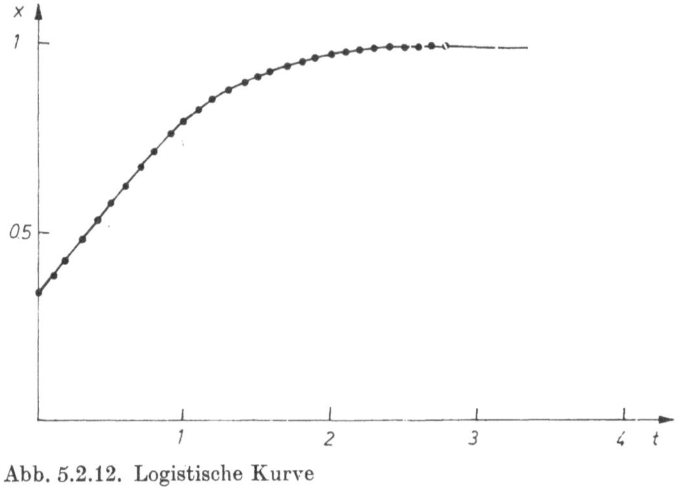

Abb. 5.2.12. Logistische Kurve

Dieser Kurventyp ist unter der Bezeichnung *logistische Kurve* bekannt. Löst man die Differentialgleichung (73), so erhalten wir die explizite Darstellung

$$x(t) = \frac{a}{1 + \varrho \exp(-abt)} \tag{74}$$

für eine beliebige Konstante ϱ, die den Anfangswert $x(0) = \dfrac{a}{1 + \varrho}$ bestimmt. Diese logistische Funktion hat einen Wendepunkt bei $t = t_w$, wenn t_w der Gleichung $x(t_w) = \dfrac{a}{2}$ genügt. Das bedeutet $t_w = \dfrac{1}{ab} \ln \varrho$. Für $t \to \infty$ strebt $x(t)$ gegen a.

Es gibt eine große Klasse von Wachstumskurven, die sich qualitativ ähnlich zur logistischen Kurve verhalten. Wir führen im folgenden einige Beispiele an.

Gompertz (1825):

$$\dot{x}(t) = bx(t)\left(a - \ln x(t)\right). \tag{75}$$

Lösung dieser Differentialgleichung ist

$$x(t) = e^a \, e^{-ce^{-bt}} \tag{76}$$

für eine beliebige Konstante $c > 0$, die den Anfangswert $x(0) = e^{a-c}$ bestimmt. Für den Wendepunkt gilt $t_w = \frac{1}{b} \ln c$. Für $t \to \infty$ strebt $x(t)$ gegen e^a (Abb. 5.2.13).

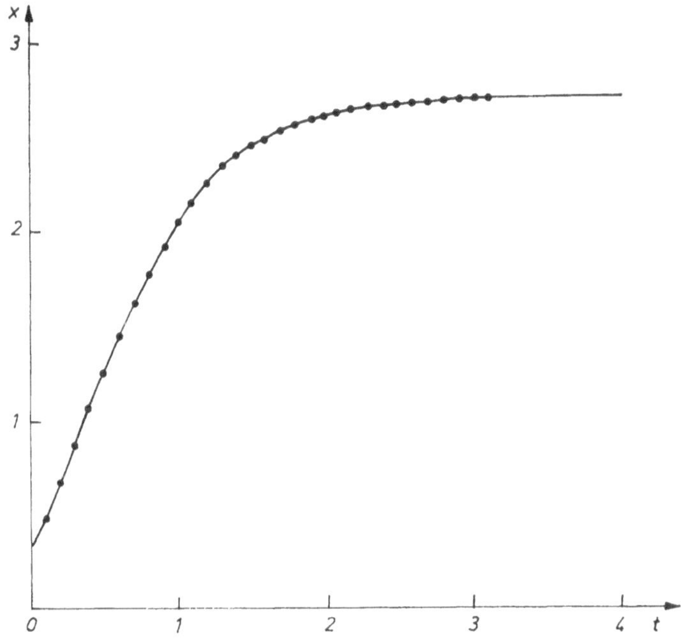

Abb. 5.2.13. Gompertz-Kurve

Mitscherlich (1909):

$$\dot{x}(t) = bax(t)^{1-\alpha} \, e^{-bt} \quad \text{für} \quad 0 < \alpha < 1, \qquad a, b > 0. \tag{77}$$

Als Lösung ergibt sich

$$x(t) = \alpha a^{1/\alpha}(1 - e^{-bt})^{1/\alpha}. \tag{78}$$

Unabhängig von den Konstanten gilt für den Anfangswert $x(0) = 0$. Für $t \to \infty$ strebt $x(t)$ gegen $\alpha a^{1/\alpha}$. Ein Beispiel für den Verlauf von $x(t)$ zeigt Abb. 5.2.14.

Die Mitscherlich-Kurve (78) genügt der Differentialgleichung (77), jedoch erweist es sich, daß dieser Kurventyp ein Spezialfall einer großen Klasse von Wachstumskurven ist. Die Funktion $x(t)$ aus (78) genügt auch der Differentialgleichung

$$\begin{aligned}\dot{x}(t) &= bx(t)\left(ax(t)^{-\alpha} - 1\right)\\ &= bax(t)^{1-\alpha} - bx(t).\end{aligned} \tag{79}$$

Man findet in v. BARTALANFFY (1941) die Diskussion von Kurvenscharen, die der Gleichung

$$\dot{x}(t) = bax(t)^c - bx(t)^d \tag{80}$$

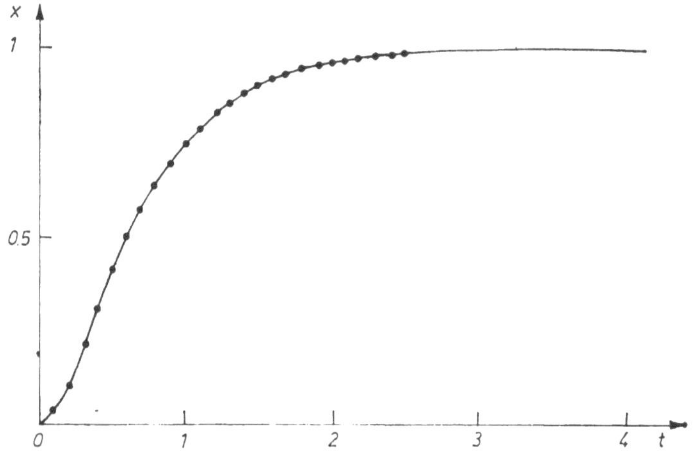

Abb. 5.2.14. Mitscherlich-Kurve

für positive Konstanten a, b, c, d folgen. Es zeigt sich, daß weitere Wachstumskurven dieser Differentialgleichung (80) für speziell gewählte Parameter c, d genügen.

Ein weiterer Typ von Wachstumskurven wird durch die Gleichung

$$\dot{x}(t) = at^{-d}x(t)^c \tag{81}$$

beschrieben, wobei $a > 0$, $c > 0$, $d > 1$ gelte. Zum Anfangswert $x(0) = 0$ erhalten wir bei $c = 2$ die Lösung

$$x(t) = \frac{d-1}{a}\,\frac{t^{d-1}}{1 + \alpha t^{d-1}}, \tag{82}$$

wobei α ein freier Parameter ist. Diese Kurven heißen *sigmoide Wachstumskurven*. Das Verhalten in $t = 0$ wird wesentlich durch die Größe d bestimmt. Wegen

$$\dot{x}(t) = \frac{(d-1)^2}{a}\,\frac{t^{d-2}}{(1 + \alpha t^{d-1})^2}$$

gilt

$$\dot{x}(0) = \begin{cases} 0 & \text{für} \quad d > 2, \\ \dfrac{1}{a} & \text{für} \quad d = 2, \\ \infty & \text{für} \quad d < 2, \end{cases}$$

so daß die durch (82) beschriebene Kurvenschar eine große Vielfalt besitzt (Abb. 5.2.15). Für $t \to \infty$ strebt $x(t)$ gegen $\dfrac{d-1}{a\alpha}$.

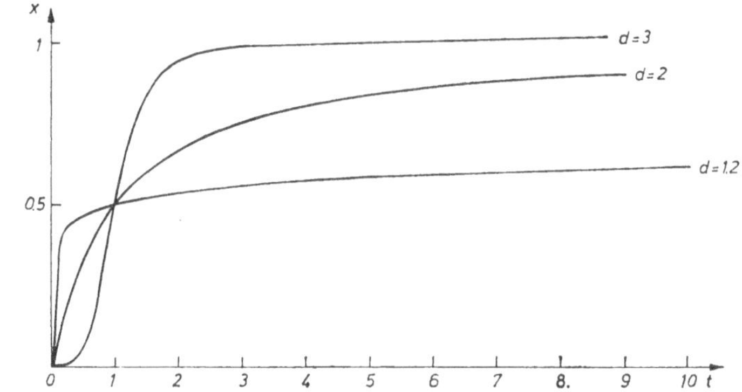

Abb. 5.2.15. Sigmoide Kurven

Die bis jetzt angegebenen Wachstumskurven haben einen Sättigungswert $\lim\limits_{t\to\infty} x(t)$ und einen monotonen Verlauf. Für viele Probleme tritt ein qualitativer Verlauf wie in Abb. 5.2.16 auf. Dabei wird zunächst ein stationärer Wert erreicht, der aber wieder verlassen wird. Dabei kann ein weiteres positives Wachstum oder auch ein negatives Wachsen (Schrumpfen) eintreten. Zur Beschreibung solcher Verläufe können stückweise die oben erwähnten Modelle gewählt werden. Nehmen wir an, daß das Wachstum einer betrachteten Größe einem Mitscherlich-Modell folgt. So beachten wir zunächst, daß die in (78) gegebene Lösung nicht die einzige ist, sondern auch die Funktion

$$x(t) = \alpha a^{1/\alpha}(\varrho - e^{-bt})^{1/\alpha} \quad \text{bei} \quad \frac{1}{\alpha} = 2, 4, 6, \ldots \tag{83}$$

für eine Konstante ϱ genügt (77). Für dieses $x(t)$ gilt

$$x(0) = \alpha a^{1/\alpha}(\varrho - 1)^{1/\alpha},$$

$$x(t_0) = \dot{x}(t_0) = 0 \quad \text{für} \quad t_0 = -\frac{1}{b} \ln \varrho, \qquad 0 < \varrho < 1.$$

Dann ist es möglich, durch Mitscherlich-Kurven solche in Abb. 5.2.16 gegebenen Verläufe nachzubilden. Diese hätten z. B. die folgende Gestalt $z(t)$, wobei $x(t)$ wie in (83) ist:

$$z(t) = \begin{cases} x(0) - x(t) & \text{für} \quad 0 \leqq t \leqq -\dfrac{1}{b} \ln \varrho = t_0, \\ x(0) & \text{für} \quad t_0 \leqq t \leqq t_0 + h = t_1, \\ x(0) - x(t-h) & \text{für} \quad t_1 \leqq t. \end{cases} \tag{84}$$

Die in Abb. 5.2.16 gegebene Kurve ist von dem hier angegebenen Typ, wobei $a = 1$, $\alpha = 0.5$, $b = 1$, $\varrho = 0.2$, $h = 2$ gewählt wurde. Etwas allgemeiner als (84) wäre ein Funktionsansatz, in dem in den Intervallen $[0, t_0]$ und $[t_1, \infty)$ unterschiedliche Mitscherlich-Funktionen benutzt werden.

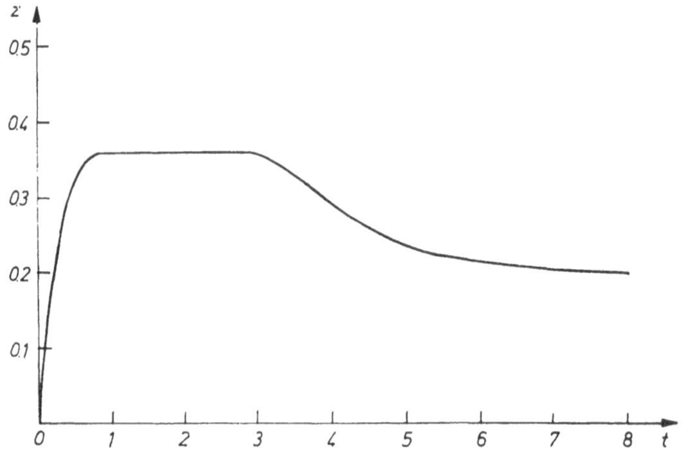

Abb. 5.2.16. Kurve für Wachsen und mit Schrumpfen

Die angeführten Funktionen für das Wachstumsverhalten von Partikeln, Individuen oder auch Populationen können bei statistischen Analysen von Daten, die derartige Vorgänge beschreiben, benutzt werden. Geht man von dem statistischen Modell

$$y_i = x(t_i) + \varepsilon_i, \qquad i = 1, \ldots, n,$$

aus, wobei $y_1, \ldots, y_n$ gemessene Größen sind und $x(t)$ eine Wachstumsfunktion ist, so sind die in $x(t)$ eingehenden unbekannten Parameter zu schätzen. Jede der oben angegebenen Wachstumskurven hängt nichtlinear von Parametern ab, so daß eine Anpassung einer solchen Kurve auf ein nichtlineares Regressionsmodell führt. Als Algorithmus kann eins der in Abschnitt 5.2.4 angegebenen Verfahren genutzt werden.

6. Approximation für Verlaufskurven

Die im Abschnitt 5.1.2. beschriebene Aufstellung eines statistischen Modells beinhaltete wesentlich die Modellierung von Teilmengen der Variablen $y_1, \ldots, y_n$. Die dabei gewonnenen Teilmodelle wurden durch geeignete Bedingungen verknüpft, so daß als Gesamtmodell zusammengefügte Teilmodelle betrachtet wurden. Diese Methodik läßt sich auf allgemeinere Situationen übertragen. Nehmen wir an, daß für Beobachtungen $y_1, \ldots, y_n$ das Modell

$$y_i = x(t_i) + \varepsilon_i, \qquad i = 1, \ldots, n, \tag{1}$$

gelte. Dabei sei $t_i \in \mathcal{T}$, $i = 1, \ldots, n$, und $x(t)$ sei eine unbekannte Funktion. Über die Fehler ε_i setzen wir voraus, daß $\mathsf{E}\varepsilon_i = 0$, $\mathsf{Var}\,\varepsilon_i = \sigma^2$, $i = 1, \ldots, n$, gilt und daß diese unkorreliert sind. Wir wählen Teilmengen $\mathcal{T}_1, \ldots, \mathcal{T}_r$ von $\mathcal{T}$ mit $\mathcal{T} = \mathcal{T}_1 \cup \ldots \cup \mathcal{T}_r$ und bezeichnen mit $\mathcal{I}_s$ die Menge

$$\mathcal{I}_s = \{i : t_i \in \mathcal{T}_s,\ i = 1, \ldots, n\}, \qquad s = 1, \ldots, r.$$

Das Ziel besteht darin, $x(t)$, $t \in \mathcal{T}_0$ für eine Teilmenge $\mathcal{T}_0$ von $\mathcal{T}$ zu approximieren. $\mathcal{X}_s$ sei eine Menge über $\mathcal{T}_s$ definierter Funktionen, wobei ein $\hat{x}^{(s)} \in \mathcal{X}_s$ derart bestimmt werden soll, daß $\hat{x}^{(s)}(t)$ die Werte $x(t)$ für $t \in \mathcal{T}_0 \cap \mathcal{T}_s$ gut annähert. Ebenso wie in Abschnitt 5.1.2. werden zusätzlich Anschlußbedingungen gefordert, die von diesen $\hat{x}^{(1)}, \ldots, \hat{x}^{(r)}$ erfüllt werden müssen. Im Unterschied zum Abschnitt 5.1.2. fordern wir hier nicht, daß ein $x^{(s)} \in \mathcal{X}_s$ mit $x(t_i) = x^{(s)}(t_i)$ für $i \in \mathcal{I}_s$ existieren soll. So ordnet sich diese Aufgabenstellung in die Analyse von Daten mit inadäquaten Modellen ein. Die meisten Approximationsmethoden, insbesondere die *Glättungsverfahren,* gehören zu diesem Komplex.

6.1. Glättungsfunktionen

Lineare Verfahren zur Glättung von Beobachtungen wurden bereits Ende des vorigen Jahrhunderts (Schiapirelli (1866), de Forest (1873)) entwickelt und unter verschiedenen Aspekten untersucht. Die Anwendungsgebiete lagen in der Versicherungsmathematik, der Analysis und der Trendanalyse von Zeitreihen (Wolfenden (1925), Greville (1974), (1981), Sasuly (1934)). Neben vielen beispielhaften Anwendungen der Glättungsverfahren wurden mathematische Eigenschaften dieser linearen Methoden gefunden (Kendall/Stuart (1973), Anderson (1971)). In diesem Abschnitt sollen *lineare* und *nichtlineare* Glättungen untersucht werden, wobei uns sowohl theoretische Eigenschaften als auch angewandte Aspekte interessieren.

6.1.1. Definition von Glättungsverfahren

Es seien $\boldsymbol{t}_1, \ldots, \boldsymbol{t}_n$ eine Folge von Punkten eines p-dimensionalen Gebietes $\mathcal{T} \subseteq \mathbb{R}^p$, und $y_1, \ldots, y_n$ sei eine Folge von Zufallsvariablen mit

$$y_i = x(\boldsymbol{t}_i) + \varepsilon_i, \qquad i = 1, \ldots, n,$$

wobei die unbekannte Funktion x über $\mathcal{T}$ definiert sei. Mit $\mathcal{L}(\boldsymbol{t}_1, \ldots, \boldsymbol{t}_n)$ bezeichnen wir die konvexe Hülle von $\boldsymbol{t}_1, \ldots, \boldsymbol{t}_n$, mit $\mathbf{C}^l(\mathcal{T})$ den Raum der über $\mathcal{T}$ definierten Funktionen mit l stetigen Ableitungen. Eine Abbildung G heißt *Glättung* für die Variablen $y_1, \ldots, y_n$, wenn G jeder Realisierung eine stetige Funktion zuordnet:

$$\text{A}: (y_1, \ldots, y_n)' \xrightarrow{G} u \in \mathbf{C}^0(\mathcal{T}_0), \qquad \mathcal{T}_0 \subseteq \mathcal{L}(\boldsymbol{t}_1, \ldots, \boldsymbol{t}_n).$$

Gelegentlich fordert man überdies, daß G gewisse Folgen von $y_1, \ldots, y_n$ invariant, hingegen andere nicht passieren läßt. Beispielsweise könnte die Vorschrift gegeben sein, daß ein niederfrequentes Signal durch den Glätter nicht verändert, jedoch ein hochfrequentes Signal „verschluckt" werden soll. Das wird durch die folgenden beiden Bedingungen ausgedrückt:

B: Für alle Funktionen s einer Klasse $\mathcal{S}_1(\mathcal{T}_0) \subseteq \mathbf{C}^0(\mathcal{T}_0)$ gilt

$$\big(s(\boldsymbol{t}_1), \ldots, s(\boldsymbol{t}_n)\big)' \xrightarrow{G} s.$$

C: Für alle Funktionen s einer Klasse $\mathcal{S}_2(\mathcal{T}_0) \subseteq \mathbf{C}^0(\mathcal{T}_0)$ gilt

$$\big(s(\boldsymbol{t}_1), \ldots, s(\boldsymbol{t}_n)\big)' \xrightarrow{G} 0 \in \mathbf{C}^0(\mathcal{T}_0).$$

Die Bedingung B heißt *Reproduzierbarkeit* der Menge $\mathcal{S}_1$ und ist vergleichbar mit der *Erwartungstreuebedingung* für Schätzungen in parametrischen Modellen. Da wir hier aber nicht unbedingt ein parametrisches Modell für $y_1, \ldots, y_n$ voraussetzen, ist es günstiger, eine Forderung an G in dieser Form zu formulieren.

Das Glättungsverfahren G heißt *linear*, falls $G(\boldsymbol{y})$ linear von $y_1, \ldots, y_n$ abhängt. Betrachten wir ein lineares Modell, d. h.

$$x(\boldsymbol{t}) = \boldsymbol{\varphi}'(\boldsymbol{t})\,\boldsymbol{\beta},$$

und wählen wir $\mathcal{T}_0 = \{\boldsymbol{t}_1, \ldots, \boldsymbol{t}_n\}$, $\mathcal{S}_1(\mathcal{T}) = \{\boldsymbol{\varphi}'(\boldsymbol{t})\,\boldsymbol{\beta} : \boldsymbol{\beta} \in \mathbb{R}^k, \boldsymbol{t} \in \mathcal{T}\}$. Dann gilt für die Kleinste-Quadrate-Schätzung mit $\boldsymbol{x} = \big(\varphi(\boldsymbol{t}_1), \ldots, \varphi(\boldsymbol{t}_n)\big)'$

$$\hat{\boldsymbol{\beta}} = (\boldsymbol{X}'\boldsymbol{X})^{-1}\,\boldsymbol{X}'\boldsymbol{y},$$

und offenbar ist das Verfahren

$$(y_1, \ldots, y_n)' \xrightarrow{G} \big(\boldsymbol{\varphi}'(\boldsymbol{t}_1)\,\hat{\boldsymbol{\beta}}, \ldots, \boldsymbol{\varphi}'(\boldsymbol{t}_n)\,\hat{\boldsymbol{\beta}}\big)$$

ein lineares Glättungsverfahren. Es läßt $\mathcal{S}_1$ invariant, denn es erfüllt die Bedingung B. In diesem Beispiel haben wir speziell $\mathcal{T}_0$ als die Menge der Versuchspunkte $\boldsymbol{t}_1, \ldots, \boldsymbol{t}_n$ gewählt und das zugrunde liegende Modell ist linear, in dem die Funktion $\boldsymbol{\varphi}(\boldsymbol{t})$ bekannt ist. Dadurch ist ein an das Modell besonders angepaßter Glätter konstruierbar.

Die verschiedenen Glättungsmethoden werden im wesentlichen durch die Zielstellungen und gegebenen Voraussetzungen bestimmt. Eine der Voraussetzungen ist die

Gestalt der Menge $\mathcal{T}_0$. So treten als besonders wichtige Spezialfälle $\mathcal{T}_0 = \mathcal{L}(\boldsymbol{t}_1, \ldots, \boldsymbol{t}_n)$ und $\mathcal{T}_0 \subseteq \{\boldsymbol{t}_1, \ldots, \boldsymbol{t}_n\}$ auf. Während $\mathcal{L}(\boldsymbol{t}_1, \ldots, \boldsymbol{t}_n)$ eine zusammenhängende Menge ist, ist $\{\boldsymbol{t}_1, \ldots, \boldsymbol{t}_n\}$ diskret, was wesentlich die Konstruktion der Glätter beeinflußt.

6.1.1.1. Polynomiale Glätter

Die grundlegende Voraussetzung bei der Bestimmung von Glättern kann folgendermaßen formuliert werden. Soll für $\tilde{\boldsymbol{t}} \in \mathcal{T}_0$ ein geglätteter Wert bestimmt werden, so werden die Beobachtungen y_i, für die $\boldsymbol{t}_i$ in der Nachbarschaft von $\tilde{\boldsymbol{t}}$ liegt, den stärksten Einfluß auf den festzulegenden Wert haben.

Die *polynomialen* Glätter benutzen zur Errechnung der geglätteten Werte Polynome eines vorgegebenen Grades. Es sei zu einer positiven ganzen Zahl r_1 $\tilde{\mathcal{P}}$ die Menge von Polynomen des Grades r_1. Beispielsweise gilt dann für $p = 1$

$$\tilde{\mathcal{P}} = \left\{P : P(t) = \sum_{j=0}^{r_1} \theta_j t^j,\ \theta_j \in \mathbb{R}^1\right\}, \tag{2}$$

für $p = 2$ mit $\boldsymbol{t} = (t_1, t_2)'$

$$\tilde{\mathcal{P}} = \left\{P : P(\boldsymbol{t}) = \sum_{\substack{i_1, i_2 = 0 \\ i_1 + i_2 \leqq r_1}}^{r_1} \theta_{i_1 i_2} t_1^{i_1} t_2^{i_2},\ \theta_{i_1 i_2} \in \mathbb{R}^1\right\}. \tag{3}$$

Bei konkretem Datenmaterial kann es manchmal empfehlenswert sein, nicht alle Koeffizienten mit einzubeziehen. So könnte bei $p = 2$ anstelle $\tilde{\mathcal{P}}$ die Menge

$$\tilde{\mathcal{P}}_1 = \left\{P \mid P(\boldsymbol{t}) = \sum_{i_1=0}^{r_1} \theta_{1 i_1} t_1^{i_1} + \sum_{i_2=0}^{r_1} \theta_{2 i_2} t_2^{i_2},\ \theta_{i_1 i_2} \in \mathbb{R}^1\right\} \tag{4}$$

geeignet sein, wo man also in P auf die Wechselwirkungsglieder der Komponenten des Punktes $\boldsymbol{t}$ verzichtet. Es sei $\mathcal{P}$ eine Menge von Polynomen. Wir wählen eine ganze Zahl m, die größer als die Anzahl der unbekannten Parameter in $\mathcal{P}$ ist. Zu jedem Punkt $\boldsymbol{t} \in \mathcal{T}_0$, in dem ein Glättungswert errechnet werden soll, wählen wir die m nächsten Beobachtungspunkte. Es seien dies $\boldsymbol{t}_{j_1}, \ldots, \boldsymbol{t}_{j_m}$, und wir schätzen nach der Methode der Kleinsten Quadrate dasjenige Polynom P^* aus $\mathcal{P}$, für das

$$\sum_{s=1}^{m} \left(y_{j_s} - P^*(\boldsymbol{t}_{j_s})\right)^2 = \min_{P \in \mathcal{P}} \sum_{s=1}^{m} \left(y_{j_s} - P(t_{j_s})\right)^2 \tag{5}$$

gilt. Als geglätteten Wert an der Stelle $\boldsymbol{t}$ setzen wir

$$y^* = P^*(\boldsymbol{t}). \tag{6}$$

Dieses Kleinste-Quadrate-Problem muß für jede gewünschte Stelle $\boldsymbol{t} \in \mathcal{T}_0$ gelöst werden, was i. allg. mit Standardprozeduren möglich ist.

Beispiel 6.1.1. Polynomiale Glättung. Wir wählen $p = 1$ und setzen äquidistante Beobachtungen voraus, d. h., wir betrachten Variable y_i, die an den Stellen $t_i = i$, $i = 1, \ldots, n$, gemessen werden. Als $\mathcal{P}$ wählen wir (2), ferner sei $r_1 < m$ für eine ungerade Zahl m. Wir setzen $m = 2m_1 + 1$ und nehmen $\mathcal{T}_0 = \{1 + m_1, \ldots, n - m_1\}$, so daß in Beobachtungspunkten geglättete Werte berechnet werden sollen. Wollen wir dann im Punkt $s_1 \in \mathcal{T}_0$ den geglätteten Wert bestimmen, so sind die m nächsten Punkte bestimmt durch

$$s_1 - m_1, \ldots, s_1 - 1, \qquad s_1, s_1 + 1, \ldots, s_1 + m_1.$$

Dafür ist (5) zu lösen. Da $\mathscr{P}$ eine linear parametrisierte Menge ist und der lineare Parameter $\boldsymbol{\theta} = (\theta_1, \ldots, \theta_{r_1})'$ zu bestimmen ist, führt die Lösung von (5) auf ein Normalgleichungssystem. Setzen wir

$$\boldsymbol{H} = \begin{pmatrix} 1 & s_1 - m_1 \ldots (s_1 - m_1)^{r_1} \\ & \vdots \\ 1 & s_1 \qquad s_1^{r_1} \\ & \vdots \\ 1 & s_1 + m_1 \ldots (s_1 + m_1)^{r_1} \end{pmatrix},$$

so hat $\boldsymbol{H}$ den Rang $r_1 + 1$, da $\boldsymbol{H}$ eine Vandermondesche Matrix als Teilmatrix enthält. Dann gilt

$$P^*(s_1) = (1, s_1, \ldots, s_1^{r_1})\,(\boldsymbol{H}'\boldsymbol{H})^{-1}\,\boldsymbol{H}' \begin{pmatrix} y_{s_1-m_1} \\ \vdots \\ y_{s_1+m_1} \end{pmatrix}$$

und folglich

$$P^*(s_1) = \sum_{i=s_1-m_1}^{s_1+m_1} g_i y_i = \sum_{i=-m_1}^{m_1} g_{s_1+i} y_{s_1+i}.$$

Offenbar hängen die Werte g_{s_1+i} nicht von den Variablen y_j ab, hingegen von m_1 und r_1. Es läßt sich zeigen (vgl. KENDALL/STUART (1973)), daß g_{s_1+i} unabhängig von s_1 ist, so daß

$$g_{s_1+i} = g_i \quad \text{für} \quad i = -m_1, \ldots, m_1$$

gilt. Folglich haben wir

$$\begin{pmatrix} g_{-m_1} \\ \vdots \\ g_{m_1} \end{pmatrix} = \boldsymbol{H}_0(\boldsymbol{H}_0'\boldsymbol{H}_0)^{-1} \begin{pmatrix} 1 \\ 0 \\ \vdots \\ 0 \end{pmatrix} \text{ mit } \boldsymbol{H}_0 = \begin{pmatrix} 1 & -m_1 \ldots (-m_1)^{r_1} \\ \vdots & \vdots \\ 1 & m_1 \ldots (m_1)^{r_1} \end{pmatrix}.$$

Dabei erhält man zusätzlich

$$g_i = g_{-i}, \qquad i = 1, \ldots, m_1,$$

so daß sich eine symmetrische Bewichtung bei der Berechnung des geglätteten Wertes ergibt. Es gilt

$$P^*(s_1) = \sum_{i=-m_1}^{m_1} g_{|i|} y_{s_1+i}.$$

Für die Ordnungen $r_1 = 1, 3, 5$ haben die Koeffizienten g_i die folgenden Werte:

$$r_1 = 1\colon\; g_i = \frac{1}{2m_1 + 1},$$

$$r_1 = 3\colon\; g_i = 3\,\frac{3m_1^2 + 3m_1 - 1 - 5i^2}{(2m_1 - 1)(2m_1 + 1)(2m_1 + 3)},$$

$$\begin{aligned} r_1 = 5\colon\; g_i = {} & \frac{15}{4(2m_1 + 1)}\,[60m_1^8 + 240m_1^7 - 5m_1^6 - 855m_1^5 - 347m_1^4 + 1011m_1^3 \\ & + 256m_1^2 - 432m_1 + 72 - 35(8m_1^6 + 24m_1^5 - 10m_1^4 - 60m_1^3 + 11m_1^2 \\ & + 45m_1 - 18)\,i^2 + 63(4m_1^4 + 8m_1^3 - 7m_1^2 - 11m_1 + 6)\,i^4]\,[64m_1^8 \\ & + 256m_1^7 - 80m_1^6 - 1136m_1^5 - 260m_1^4 + 1672m_1^3 + 141m_1^2 \\ & - 927m_1 + 270]^{-1}. \end{aligned}$$

In diesem Beispiel konnten die m nächsten Punkte zu jedem $t \in \mathcal{T}_0$ leicht bestimmt werden. Dort galt

$$1 \leqq s_1 - m_1 \quad \text{und} \quad s_1 + m_1 \leqq n, \quad \text{d. h.} \quad 1 + m_1 \leqq s_1 \leqq n - m_1.$$

Für die am Anfang bzw. am Ende liegenden Beobachtungen mit $t_i < m_1$, $t_i > n - m_1$ lassen sich mit dieser Methode keine geglätteten Werte berechnen. Dieses Problem der Anfangs- und Endglättung wird gesondert behandelt werden müssen. Hier hat man entweder die m nächsten Punkte zu bestimmen und (5) zu lösen, oder man wählt in diesen Anfangs- und Endbereichen eine kleinere Zahl m, so daß dort nur wenige Beobachtungen bei der Berechnung der Glättungswerte einbezogen werden.

6.1.1.2. Spline-Glättungen

Das Problem der mathematischen Darstellung von Kurven und Oberflächen kommt in vielen Situationen vor, wo z. B. Umrisse von Objekten analysiert und beschrieben werden. Hier seien speziell die rechnergestützte Planung und Herstellung von Produkten genannt, oder auch der Entwurf von Karosserien für Kraftfahrzeuge und die Kartenherstellung. Dabei geht es um die Entwicklung mathematischer Formeln, die für das Zeichnen von Kurven und Oberflächen angewendet werden können. Man gibt eine ungefähre „rauhe“ Kurve vor und durch ein rechnergestütztes Verfahren wird daraus eine glatte Kurve angefertigt. Wesentliche Merkmale eines dabei benutzten Verfahrens müssen die *lokale Anpassung* und die *Reproduzierbarkeit* der *globalen Struktur* sein. Die vorwiegend eingesetzten Methoden zur Bearbeitung derartiger Probleme sind die von SCHOENBERG eingeführten Splineapproximationen. Splines wurden zunächst vor allem in der Analysis und speziell in der Approximationstheorie benutzt. Die Bezeichnung der Splines kommt aus dem Schiffsbau, wo die Streifen des Schiffskörpers eine derartige Bezeichnung haben. Seit der Einführung dieser Glättungsfunktionen sind viele Untersuchungen über Splines durchgeführt worden (BÖHMER u. a. (1974), DE BOOR (1978), SCHOENBERG (1946)). Wir setzen voraus, daß $\mathcal{T}_0$ ein Gebiet des $\mathbb{R}^p$ ist. Zur Definition von Splines betrachten wir eine disjunkte Zerlegung $\mathcal{T}_1, \ldots, \mathcal{T}_r$ der Menge $\mathcal{T}_0$, wobei jedes $\mathcal{T}_i$ einfach zusammenhängend ist und gewisse Regularitätsbedingungen für den Rand erfüllt sind. Bezeichnen wir mit $\overline{\mathcal{T}}_i$ den topologischen Abschluß der Menge $\mathcal{T}_i$ in $\mathbb{R}^p$, so heißt $\bigcup_{i \neq j} \overline{T}_i \cap \overline{T}_j$ die Menge der *Knoten* der Zerlegung. Eine Funktion s heißt *Spline l-ter Ordnung* über $\mathcal{T}_0$, falls

$$s(\boldsymbol{t}) \in \mathbf{C}^{l-1}(\mathcal{T}_0), \tag{7}$$

$$s_i(\boldsymbol{t}) \in \mathbf{C}^l(\mathcal{T}_i), \qquad i = 1, \ldots, r, \tag{8}$$

hierbei ist $s_i(\boldsymbol{t})$ die Einschränkung von $s(\boldsymbol{t})$ auf $\mathcal{T}_i$. Offenbar ist die Menge der Splines l-ter Ordnung über $\mathcal{T}_0$ nichtleer, da die über $\mathcal{T}_0$ konstanten Funktionen Elemente dieser Mengen sind. Für viele Mengen $\mathcal{T}_0$ kann man Funktionen angeben, die gemäß dieser Definition als Splines zu betrachten sind. Am besten untersucht und am meisten betrachtet sind eindimensionale Intervalle $\mathcal{T}_0$. Dann nutzt man als $\mathcal{T}_1, \ldots, \mathcal{T}_r$ Intervalle, wobei diese abgeschlossen, offen oder halboffen gewählt werden. Wir setzen voraus, daß $\overline{\mathcal{T}}_i = [a_i, a_{i+1}]$ für $a_i \leqq a_{i+1}$, $i = 1, \ldots, r$ gilt. Dann ist die Menge der Knoten durch

$$\{a_2, \ldots, a_r\}$$

gegeben, so daß bei einer derartigen Zerlegung die Menge der Knoten $r - 1$ Punkte besitzt.

Polynomiale Splines für $p = 1$

Sehr umfangreich wurden Splines untersucht, die lokal mit Polynomen übereinstimmen. Ein Spline $s(t)$ heißt polynomial von der Ordnung l, falls

$$s(t) = \sum_{j=0}^{l} \theta_{ij} t^j, \qquad t \in \mathcal{T}_i, \qquad i = 1, \ldots, r, \tag{9}$$

gilt. Nehmen wir an, daß $\mathcal{T}_0$ ein Intervall ist und bezeichne $s^{(j)}(t)$ die j-te Ableitung von $s(t)$. Dann folgt aus der Definition von Splines, daß die Bedingungen

$$s_{i+1}^{(j)}(a_{i+1}) = s_i^{(j)}(a_{i+1}), \qquad j = 0, \ldots, l - 1, \qquad i = 1, \ldots, r - 1 \tag{10}$$

erfüllt sein müssen. Durch (10) sind an die $(l + 1)\, r$ Koeffizienten θ_{ij} in (9) $l(r - 1)$ Bedingungen gegeben, d. h., es sind $r + l$ dieser Koeffizienten frei wählbar, aus denen dann die Werte der übrigen $l(r - 1)$ Koeffizienten folgen. Es gibt zahlreiche Vorschläge für die Konstruktion von Glättungssplines, von denen einige im folgenden diskutiert werden sollen. Dabei sind diese abhängig von der Glattheit des Splines und der Anpassung der geglätteten Werte an die Beobachtungen.

Es sei $\mathfrak{S}$ eine Menge von Splines. Für einen quadratischen Abstand ist

$$h(s) = \sum_{i=1}^{n} \big(y_i - s(t_i)\big)^2, \qquad s \in \mathfrak{S}, \tag{11}$$

ein Maß für die Anpassung des Splines an die Beobachtungen. Setzen wir voraus, daß $\mathfrak{S}$ eine Menge von Splines der Ordnung $l \geqq 3$ ist, so ist

$$g(s) = \int [s''(\xi)]^2 \, d\xi \tag{12}$$

ein Maß für die Glattheit des Splines. Offenbar wird es i. allg. nicht erreichbar sein, daß g und h beide minimal für ein und denselben Spline sind. Daher werden eingeschränkte Optimalitätskriterien betrachtet. Dazu zählen z. B. die Suche eines $s^* \in \mathfrak{S}$ mit

$$h(s^*) = \min \{h(s) : s \in \mathfrak{S},\, g(s) \leqq \alpha\} \tag{13}$$

zu vorgegebenem α. Manchmal erscheint es auch sinnvoll, ein Funktional ψ von g und h zu minimieren, d. h., wir wollen ein $\bar{s}$ bestimmen mit

$$\psi\big(g(\bar{s}), h(\bar{s})\big) = \min \big\{\psi\big(g(s), h(s)\big) : s \in \mathfrak{S}\big\}. \tag{14}$$

Die einfachste Gestalt für ein solches Funktional ist eine Linearkombination von g und h, so daß (14) für

$$\psi_1\big(g(s), h(s)\big) = \varrho g(s) + (1 - \varrho)\, h(s) \tag{15}$$

gelöst wird (vgl. Reinsch (1967)). Will man einen dieser optimalen Splines bestimmen, so benötigt man explizite Ausdrücke für g und h, die wir für Spezialfälle im folgenden herleiten wollen. Wir betrachten polynomiale Splines der Gestalt (9). Dann gilt in $\mathcal{T}_i$

$$s''(t) = \sum_{j=2}^{l} j(j - 1)\, \theta_{ij} t^{j-2}$$

und daher

$$\int_{a_i}^{a_{i+1}} [s''(\xi)]^2 \,\mathrm{d}\xi = \sum_{j=2}^{l} \sum_{k=2}^{l} \theta_{ij}\theta_{ik} \int_{a_i}^{a_{i+1}} \xi^{j+k-4} \,\mathrm{d}\xi j(j-1)\, k(k-1)$$

$$= \sum_{j=2}^{l} \sum_{k=2}^{l} jk(j-1)\,(k-1)\,\theta_{ij}\theta_{ik} \frac{1}{j+k-3} (a_{i+1}^{j+k-3} - a_i^{j+k-3})$$

$$= \boldsymbol{\theta}_i'^{(2)} \boldsymbol{\Gamma}_i \boldsymbol{\theta}_i^{(2)} \tag{16}$$

mit $\boldsymbol{\Gamma}_i = (\gamma_{j-1,k-1})_{j,k=2,\ldots,l}$, $\boldsymbol{\theta}_i^{(j)} = (\theta_{ij}, \ldots, \theta_{il})'$,

$$\gamma_{j-1,k-1} = jk(j-1)\,(k-1) \frac{1}{j+k-3} (a_{i+1}^{j+k-3} - a_i^{j+k-3}), \qquad j \neq k,$$

$$\gamma_{j-1,j-1} = j^2(j-1)^2 \frac{1}{2j-3} (a_{i+1}^{2j-3} - a_i^{2j-3}).$$

Dabei ist $\boldsymbol{\Gamma}_i$ eine $(l-1) \times (l-1)$-Matrix, die wegen (16) positiv semidefinit ist. Mit $\boldsymbol{G}_i = \boldsymbol{\Gamma}_i^{1/2}$ gilt

$$\int_{a_i}^{a_{i+1}} [s''(\xi)]^2 \,\mathrm{d}\xi = |\boldsymbol{G}_i \boldsymbol{\theta}_i^{(2)}|^2$$

und

$$g(s) = \sum_{i=1}^{r} |\boldsymbol{G}_i \boldsymbol{\theta}_i^{(2)}|^2. \tag{17}$$

Bezeichnen wir

$$s_i(t_j) = \boldsymbol{\varphi}_j' \boldsymbol{\theta}_i^{(0)}$$

mit $\boldsymbol{\varphi}_j' = (1, t_j, t_j^2, \ldots, t_j^l)$, so erhalten wir

$$h(s) = \sum_{i=1}^{r} \sum_{j:\, t_j \in \mathcal{T}_i} (y_j - \boldsymbol{\varphi}_j' \boldsymbol{\theta}_i^{(0)})^2.$$

Falls $t_1 \leqq t_2 \leqq \ldots \leqq t_n$ gilt, haben wir

$$h(s) = |\boldsymbol{y} - \boldsymbol{H}\boldsymbol{\theta}|^2 \tag{18}$$

$$\text{für } \boldsymbol{\theta} = \begin{pmatrix} \boldsymbol{\theta}_1^{(0)} \\ \vdots \\ \boldsymbol{\theta}_r^{(0)} \end{pmatrix} \in \mathbb{R}^{r(l+1)}, \qquad \boldsymbol{H} = \begin{pmatrix} \boldsymbol{H}_1 & & \cdots & 0 \\ \vdots & \boldsymbol{H}_l & & \vdots \\ \vdots & & \ddots & \vdots \\ 0 & & & \boldsymbol{H}_r \end{pmatrix}.$$

Hier ist $\boldsymbol{H}_i = (\boldsymbol{\varphi}_{j_i+1}, \ldots, \boldsymbol{\varphi}_{j_i+k_i})'$, wenn genau die Werte $t_{j_i+1}, \ldots, t_{j_i+k_i}$ in $\mathcal{T}_i$ liegen. Die $n \times r(l+1)$-Matrix $\boldsymbol{H}$ hat dabei diagonale Blockstruktur, wobei die Diagonalelemente die Matrizen $\boldsymbol{H}_i$ sind. Die der Größe nach geordneten t_i haben wir nur wegen der einfacheren Darstellbarkeit benutzt. Andernfalls hätten wir eine geeignete Numerierung der Beobachtungen vorzunehmen. Wegen der Gleichung (17) erhalten wir

$$g(s) = |\boldsymbol{G}\boldsymbol{\theta}|^2, \tag{19}$$

wenn $\mathbf{0}$ eine $(l-1)\times 2$-Matrix, $\boldsymbol{G}_i^* = (\mathbf{0} \mid \boldsymbol{G}_i)$ ist, und

$$\boldsymbol{G} = \begin{pmatrix} \boldsymbol{G}_1^* & \cdots & 0 \\ \vdots & \boldsymbol{G}_2^* & \vdots \\ \vdots & & \ddots \\ 0 & \cdots & \boldsymbol{G}_r^* \end{pmatrix} \tag{20}$$

gilt. Damit sind die Eigenschaften von Splines, die die *Glattheit* und *Anpassung* betreffen, beschreibbar durch

$$g(s) = |\boldsymbol{G}\boldsymbol{\theta}|^2$$

und

$$h(s) = |\boldsymbol{y} - \boldsymbol{H}\boldsymbol{\theta}|^2.$$

In Abschnitt 5.1.2 hatten wir gezeigt, daß bei linear parametrisierten Modellen derartige Nebenbedingungen, wie sie bei Splines durch (10) gestellt werden, zu linearen Bedingungen der Form $\boldsymbol{C}\boldsymbol{\theta} = \mathbf{0}$ führen. Dabei folgt für festes $i (i = 1, \ldots, n)$:

$$\begin{aligned} &\sum_{j=0}^{l} \theta_{i+1,j} a_{i+1}^{j} = \sum_{j=0}^{l} \theta_{ij} a_{i+1}^{j}, \\ &\sum_{j=1}^{l} \theta_{i+1,j}\, j\, a_{i+1}^{j-1} = \sum_{j=1}^{l} \theta_{ij}\, j\, a_{i+1}^{j-1} \\ &\qquad\vdots \\ &\sum_{j=l-1}^{l} \theta_{i+1,j} j(j-1)\ldots(j-l+2)\, a_{i+1}^{j-l+1} = \sum_{j=l-1}^{l} \theta_{ij} j(j-1)\ldots(j-l+2)\, a_{i+1}^{j-l+1}. \end{aligned} \tag{21}$$

Hieraus läßt sich direkt $\boldsymbol{C}$ ablesen, jedoch hat $\boldsymbol{C}$ eine hohe Dimension, es ist eine $l(r-1)\times(l+1)\, r$-Matrix. Da alle a_i voneinander verschieden sind, hat diese Matrix den Rang $l(r-1)$. Speziell folgt aus (21), daß durch die Festlegung der Werte $\theta_{10}, \ldots, \theta_{1l}$ die Werte $\theta_{20}, \ldots, \theta_{2,l-1}$ eindeutig bestimmt sind, falls $\theta_{2,l}$ gewählt wird. Wiederum folgt dann, daß zu festen Werten $\boldsymbol{\theta}_1^{(0)}, \theta_{2,l}, \theta_{3,l}$ auch die Werte $\theta_{3,0}, \ldots, \theta_{3,l-1}$ eindeutig bestimmt sind. Allgemein ist bei der Festlegung von $\boldsymbol{\theta}_1^{(0)}$ und allen höchsten Koeffizienten der r betrachteten Polynome der gesamte Vektor $\boldsymbol{\theta}$ festgelegt, so daß wir aus (21) eine $r(l+1)\times(r+l)$-Matrix $\tilde{\boldsymbol{C}}$ konstruieren können, die den Rang $r+l$ hat und für die $\boldsymbol{C}\tilde{\boldsymbol{C}} = \mathbf{0}$ gilt und folglich jedes $\boldsymbol{\theta}$ mit

$$\boldsymbol{\theta} = \tilde{\boldsymbol{C}}\boldsymbol{\eta} \tag{22}$$

bei $\boldsymbol{\eta} = (\boldsymbol{\theta}_1^{(0)\prime}, \theta_{2,l}, \ldots, \theta_{rl})'$ das Gleichungssystem (21) erfüllt. Bei beliebiger Wahl von $\boldsymbol{\eta}$ sind durch (22) auch alle Lösungen von (21) gegeben. Wollen wir dann Splines mit kontrollierten Eigenschaften in der Glattheit und Anpassung konstruieren, so haben diese auf jeden Fall die Gleichung (21) zu erfüllen und außerdem beispielsweise g bzw. h zu minimieren. Denken wir an Kleinste-Quadrate-Anpassungen, so könnten wir ein $\bar{\boldsymbol{\theta}}$ bestimmen, das Lösung von

$$\psi(|\boldsymbol{G}\bar{\boldsymbol{\theta}}|^2, |\boldsymbol{y} - \boldsymbol{H}\bar{\boldsymbol{\theta}}|^2) = \min\{\psi(|\boldsymbol{G}\boldsymbol{\theta}|^2, |\boldsymbol{y} - \boldsymbol{H}\boldsymbol{\theta}|^2) : \boldsymbol{\theta} \in \mathbb{R}^{r(l+1)}, \boldsymbol{C}\boldsymbol{\theta} = \mathbf{0}\}$$

ist. Legen wir speziell das Kriterium (15) zugrunde, so haben wir für gegebenes ϱ mit $0 \leqq \varrho \leqq 1$

$$\varrho g(s) + (1-\varrho)\, h(s) = \varrho |\boldsymbol{G}\boldsymbol{\theta}|^2 + (1-\varrho)\, |\boldsymbol{y} - \boldsymbol{H}\boldsymbol{\theta}|^2 \tag{23}$$

unter der Bedingung $\boldsymbol{C\theta} = 0$ zu minimieren. Da aber die Menge der $\boldsymbol{\theta}$ mit $\boldsymbol{C\theta} = 0$ durch alle $\boldsymbol{\theta}$ der Gestalt (22) bei beliebigem $\boldsymbol{\eta}$ beschrieben wird, würden wir

$$\varrho g(s) + (1-\varrho)\, h(s) = \varrho|\boldsymbol{G\tilde{C}\eta}|^2 + (1-\varrho)\, |\boldsymbol{y} - \boldsymbol{H\tilde{C}\eta}|^2$$

über $\boldsymbol{\eta}$ minimieren. Wir erhalten als Lösung

$$\bar{\boldsymbol{\eta}}_\varrho = (1-\varrho)\,(\varrho\boldsymbol{\tilde{C}'G'G\tilde{C}} + (1-\varrho)\,\boldsymbol{\tilde{C}'H'H\tilde{C}})^+\,\boldsymbol{\tilde{C}'H'y}.$$

Wegen (22) ist

$$\bar{\boldsymbol{\theta}}_\varrho = \boldsymbol{\tilde{C}}\bar{\boldsymbol{\eta}}_\varrho = (1-\varrho)\,\boldsymbol{\tilde{C}}(\varrho\boldsymbol{\tilde{C}'G'G\tilde{C}} + (1-\varrho)\,\boldsymbol{\tilde{C}'H'H\tilde{C}})^+\,\boldsymbol{\tilde{C}'H'y} \tag{24}$$

ein solches $\boldsymbol{\theta}$, das unter $\boldsymbol{C\theta} = 0$ das Funktional (23) minimiert. Aus dieser Darstellung erkennt man, daß $\boldsymbol{G}\bar{\boldsymbol{\theta}}_\varrho$ eine stetige Funktion von ϱ ist und $\boldsymbol{G}\bar{\boldsymbol{\theta}}_1 = 0$ gilt. Als Spezialfall dieses betrachteten Problems erhält man bei $\varrho = 0$ die Lösung des Minimumproblems

$$|\boldsymbol{y} - \boldsymbol{H\theta}|^2 = \min\{|\boldsymbol{y} - \boldsymbol{H\theta}|^2 : \boldsymbol{\theta} \in \mathbb{R}^{r(l+1)},\ \boldsymbol{C\theta} = 0\}. \tag{25}$$

Aus (24) ergibt sich dafür

$$\tilde{\boldsymbol{\theta}} = \bar{\boldsymbol{\theta}}_0 = \boldsymbol{\tilde{C}}(\boldsymbol{\tilde{C}'H'H\tilde{C}})^+\,\boldsymbol{\tilde{C}'H'y}.$$

Interessieren wir uns für die Lösung des Optimalitätsproblems (13), so haben wir ein $\boldsymbol{\theta}^*$ zu bestimmen, für das

$$|\boldsymbol{y} - \boldsymbol{H\theta}^*|^2 = \min\{|\boldsymbol{y} - \boldsymbol{H\theta}|^2 : \boldsymbol{\theta} \in \mathbb{R}^{r(l+1)},\ \boldsymbol{C\theta} = 0,\ |\boldsymbol{G\theta}|^2 \leqq \alpha\} \tag{26}$$

gilt. Dieses $\boldsymbol{\theta}^*$ könnten wir in folgender Weise berechnen. Wir bestimmen zunächst eine Lösung vom Minimumproblem (25) und haben dann zwei Fälle zu unterscheiden. Gilt $|\boldsymbol{G}\tilde{\boldsymbol{\theta}}|^2 \leqq \alpha$, so ist $\tilde{\boldsymbol{\theta}} = \boldsymbol{\theta}^*$ die gesuchte Lösung. Andernfalls haben wir dasjenige $\boldsymbol{\theta}^*$ zu bestimmen, das in der Menge

$$\Theta_1 = \{\boldsymbol{\theta} : \boldsymbol{\theta} \in \mathbb{R}^{r(l+1)},\ \boldsymbol{C\theta} = 0,\ |\boldsymbol{G\theta}|^2 \leqq \alpha\}$$

den kleinsten Abstand zu $\tilde{\boldsymbol{\theta}}$ hat. Dieses so gefundene $\boldsymbol{\theta}^*$ ist dann die gesuchte Lösung von (26). Da Θ_1 ein Zylinder mit einer elliptischen Hypermenge als Querschnitt ist, ist die Suche des Punktes $\boldsymbol{\theta}^*$ mit Standardprogrammen der konvexen Optimierung möglich. Es zeigt sich aber, daß wir dieses $\boldsymbol{\theta}^*$ auch in anderer Weise berechnen können. Es sei $0 \leqq \alpha \leqq \max_{0 \leqq \varrho \leqq 1} |\boldsymbol{G}\bar{\boldsymbol{\theta}}_\varrho|^2$. Wir wählen ein $\bar{\varrho}$ mit $|\boldsymbol{G}\bar{\boldsymbol{\theta}}_{\bar{\varrho}}|^2 = \alpha$, das wegen der stetigen Abhängigkeit des $\boldsymbol{G}\bar{\boldsymbol{\theta}}_\varrho$ von ϱ existiert. Das bedeutet, daß

$$\begin{aligned} &\min\{\bar{\varrho}|\boldsymbol{G\theta}|^2 + (1-\bar{\varrho})\,|\boldsymbol{y} - \boldsymbol{H\theta}|^2 : \boldsymbol{\theta} \in \mathbb{R}^{r(l+1)},\ \boldsymbol{C\theta} = 0\} \\ &= \bar{\varrho}|\boldsymbol{G}\bar{\boldsymbol{\theta}}_{\bar{\varrho}}|^2 + (1-\bar{\varrho})\,|\boldsymbol{y} - \boldsymbol{H}\bar{\boldsymbol{\theta}}_{\bar{\varrho}}|^2 = \bar{\varrho}\alpha + (1-\bar{\varrho})\,|\boldsymbol{y} - \boldsymbol{H}\bar{\boldsymbol{\theta}}_{\bar{\varrho}}|^2. \end{aligned} \tag{27}$$

Damit ist $\bar{\boldsymbol{\theta}}_{\bar{\varrho}}$ auch die Lösung von

$$\min\{|\boldsymbol{y} - \boldsymbol{H\theta}|^2 : \boldsymbol{\theta} \in \mathbb{R}^{r(l+1)},\ \boldsymbol{C\theta} = 0,\ |\boldsymbol{G\theta}|^2 = \alpha\} = |\boldsymbol{y} - \boldsymbol{H}\bar{\boldsymbol{\theta}}_{\bar{\varrho}}|^2,$$

denn sonst wäre es nicht die Lösung von (27). Ebenso ist dann aber $\boldsymbol{\theta}^* = \bar{\boldsymbol{\theta}}_{\bar{\varrho}}$ Lösung von (26), und somit gewinnen wir aus der zu minimierenden linear kombinierten Größe (23) für $\varrho = \bar{\varrho}$ die gesuchte Lösung der Aufgabe (26).

Beispiel 6.1.2. Wir betrachten polynomiale Splines der Ordnung 3, die auch *kubische Splines* genannt werden. Weiter sollen äquidistante Beobachtungen vorliegen, d. h. $t_i = ih_0$ für ein

$h_0 > 0$, $i = 1, \ldots, n$. Wir wählen als Zerlegung des Intervalls $\mathcal{T}_0 = [0, (n-1)\,h_0]$ die Mengen

$$\mathcal{T}_i = [(i-1)\,h_0, ih_0), \qquad i = 1, \ldots, n-2, \qquad \mathcal{T}_{n-1} = [(n-2)\,h_0, (n-1)\,h_0]$$

so daß $r = n - 1$ und $a_i = (i-1)\,h_0$ gilt. Dann gilt für die Matrizen $\boldsymbol{\Gamma}_i$ aus (16)

$$\boldsymbol{\Gamma}_i = \begin{pmatrix} 4h_0 & 3(2i-1)\,h_0^2 \\ 3(2i-1)\,h_0^2 & 12(3i^2-3i+1)\,h_0^3 \end{pmatrix}. \tag{28}$$

So erhält man

$$g(s) = \sum_{i=1}^{n-1} [4\theta_{i2}^2 h_0 + 6(2i-1)\,\theta_{i2}\theta_{i3}h_0^2 + 12(3i^2-3i+1)\,\theta_{i3}^2 h_0^3], \tag{29}$$

$$\begin{aligned} h(s) = &\sum_{i=1}^{n-1} (y_i - \theta_{i0} - \theta_{i1} i h_0 - \theta_{i2} i^2 h^2_0 - \theta_{i3} i^3 h_0^3)^2 \\ &+ (y_n - \theta_{n-1,0} - \theta_{n-1,1} n h_0 - \theta_{n-1,2} n^2 h_0^2 - \theta_{n-1,3} n^3 h_0^3)^2 \end{aligned} \tag{30}$$

Insgesamt haben wir $4(n+1)$ Koeffizienten θ_{it} zu schätzen. Aus den Anschlußbedingungen (10) ergeben sich die $3n$ Bedingungen

$$\begin{aligned} &\theta_{i+1,0} + \theta_{i+1,1} i h_0 + \theta_{i+1,2} i^2 h_0^2 + \theta_{i+1,3} i^3 h_0^3 \\ &= \theta_{i,0} + \theta_{i,1} i h_0 + \theta_{i,2} i^2 h_0^2 + \theta_{i3} i^3 h_0^3, \\ &\theta_{i+1,1} + 2\theta_{i+1,2} i h_0 + 3\theta_{i+1,3} i^2 h_0^2 = \theta_{i,1} + 2\theta_{i,2} i h_0 + 3\theta_{i,3} i^2 h_0^2, \\ &\theta_{i+1,2} + 3\theta_{i+1,3} i h_0 = \theta_{i,2} + 3\theta_{i,3} i h_0 \end{aligned} \tag{31}$$

für $i = 1, \ldots, n-2$. Damit hat die $3(n-2) \times 4(n-1)$-Matrix $\boldsymbol{C}$ die Gestalt

$$\boldsymbol{C} = \begin{pmatrix} \boldsymbol{C}_1 & -\boldsymbol{C}_1 & 0 & \cdots & 0 \\ 0 & \boldsymbol{C}_2 & -\boldsymbol{C}_2 & \ddots & \vdots \\ \vdots & & \ddots & \ddots & \\ \vdots & & & -\boldsymbol{C}_{n-3} & 0 \\ 0 & & & \boldsymbol{C}_{n-2} & -\boldsymbol{C}_{n-2} \end{pmatrix} \tag{32}$$

mit

$$\boldsymbol{C}_i = \begin{pmatrix} 1 & ih_0 & i^2h_0^2 & i^3h_0^3 \\ 0 & 1 & 2ih_0 & 3i^2h_0^2 \\ 0 & 0 & 1 & 3ih_0 \end{pmatrix}, \qquad i = 1, \ldots, (n-2).$$

Aufgrund der speziellen Gestalt der $\boldsymbol{C}_i$ hat die Matrix $\boldsymbol{C}$ den vollen Rang $3(n-2)$, und daher sind durch $n+2$ Koeffizienten der θ_{ij} alle anderen durch (31) festgelegt. Die Matrix $\tilde{\boldsymbol{C}}$ bestimmt man in folgender Weise. Die Bedingungen (31) bedeuten

$$\boldsymbol{C}_i\boldsymbol{\theta}_i^{(0)} = \boldsymbol{C}_i\boldsymbol{\theta}_{i+1}^{(0)}, \qquad i = 1, \ldots, n-2. \tag{33}$$

Schreiben wir

$$\boldsymbol{C}_i = (\bar{\boldsymbol{C}}_i, \boldsymbol{\gamma}_i)$$

für die 3×3 Teilmatrix $\bar{\boldsymbol{C}}_i$ von $\boldsymbol{C}_i$, $\boldsymbol{\gamma}_i$ ist die letzte Spalte von $\boldsymbol{C}_i$. Dann erhalten wir für $\bar{\boldsymbol{\theta}}_i^{(0)} = (\theta_{i0}, \ldots, \theta_{i2})'$

$$\begin{aligned} \boldsymbol{C}_i\boldsymbol{\theta}_i^{(0)} &= \bar{\boldsymbol{C}}_i\bar{\boldsymbol{\theta}}_i^{(0)} + \boldsymbol{\gamma}_i\theta_{i3}, \\ \boldsymbol{C}_i\boldsymbol{\theta}_{i+1}^{(0)} &= \bar{\boldsymbol{C}}_i\bar{\boldsymbol{\theta}}_{i+1}^{(0)} + \boldsymbol{\gamma}_i\theta_{i+1,3}. \end{aligned}$$

Folglich ergibt sich aus (33)

$$\bar{\boldsymbol{\theta}}_{i+1}^{(0)} = \bar{\boldsymbol{\theta}}_i^{(0)} + \bar{\boldsymbol{C}}_i^{-1}\boldsymbol{\gamma}_i(\theta_{i3} - \theta_{i+1,3})$$

mit

$$\bar{C}_i^{-1} = \begin{pmatrix} 1 & -ih_0 & i^2h_0^2 \\ 0 & 1 & -2ih_0 \\ 0 & 0 & 1 \end{pmatrix}.$$

Damit erhalten wir für $i = 2, \ldots, n-2$

$$\bar{\boldsymbol{\theta}}_{i+1}^{(0)} = \bar{\boldsymbol{\theta}}_1^{(0)} + \bar{C}_1^{-1}\gamma_1\theta_{13} + \sum_{j=1}^{i-1} (\bar{C}_{j+1}^{-1}\gamma_{j+1} - \bar{C}_j^{-1}\gamma_j)\,\theta_{j+1,3} - \bar{C}_i^{-1}\gamma_i\theta_{i+1,3}.$$

Bezeichnen wir mit e_i den i-ten Einheitsvektor im $\mathbb{R}^{n+2}$, bei dem an der i-ten Stelle eine 1 steht, weiter

$$\boldsymbol{a}_i = \bar{C}_i^{-1}\gamma_i, \qquad \boldsymbol{b}_i = \boldsymbol{a}_{i+1} - \boldsymbol{a}_i,$$

so erhalten wir für $\tilde{C}$ folgende Struktur:

$$\tilde{C} = \left(\begin{array}{l} \boldsymbol{e}_1' \\ \boldsymbol{e}_2' \\ \boldsymbol{e}_3' \\ \boldsymbol{e}_4' \\ \hline \boldsymbol{I}_3 \quad \boldsymbol{a}_1 \quad -\boldsymbol{a}_1 \quad 0 \\ \hline \boldsymbol{e}_5' \\ \hline \boldsymbol{I}_3 \quad \boldsymbol{a}_1 \quad \boldsymbol{b}_1 \quad -\boldsymbol{a}_2 \quad 0 \\ \hline \boldsymbol{e}_6' \\ \hline \boldsymbol{I}_3 \quad \boldsymbol{a}_1 \quad \boldsymbol{b}_1 \quad \boldsymbol{b}_2 \quad -\boldsymbol{a}_3 \quad 0 \\ \hline \boldsymbol{e}_7' \\ \hline \qquad\vdots \\ \hline \boldsymbol{I}_3 \quad \boldsymbol{a}_1 \quad \boldsymbol{b}_1 \quad \boldsymbol{b}_2 \ldots \boldsymbol{b}_{n-3} \quad -\boldsymbol{a}_{n-2} \\ \hline \boldsymbol{e}_{n+2}' \end{array}\right).$$

Daher gilt beispielsweise für $h_0 = 1$, $n = 5$

$$\tilde{C} = \left(\begin{array}{rrrrrrr} 1 & 0 & 0 & 0 & 0 & 0 & 0 \\ 0 & 1 & 0 & 0 & 0 & 0 & 0 \\ 0 & 0 & 1 & 0 & 0 & 0 & 0 \\ 0 & 0 & 0 & 1 & 0 & 0 & 0 \\ \hline 1 & 0 & 0 & 1 & -1 & 0 & 0 \\ 0 & 1 & 0 & -3 & 3 & 0 & 0 \\ 0 & 0 & 1 & 3 & -3 & 0 & 0 \\ \hline 0 & 0 & 0 & 0 & 1 & 0 & 0 \\ \hline 1 & 0 & 0 & 1 & 7 & -8 & 0 \\ 0 & 1 & 0 & -3 & -9 & 12 & 0 \\ 0 & 0 & 1 & 3 & 3 & -6 & 0 \\ \hline 0 & 0 & 0 & 0 & 0 & 1 & 0 \\ \hline 1 & 0 & 0 & 1 & 7 & 19 & -27 \\ 0 & 1 & 0 & -3 & -9 & -15 & 27 \\ 0 & 0 & 1 & 3 & 3 & 3 & -9 \\ \hline 0 & 0 & 0 & 0 & 0 & 0 & 1 \\ \hline \end{array}\right).$$

Für die Berechnung von $\bar{\theta}_\varrho$ benötigen wir die Matrix $\tilde{C}'G'G\tilde{C}$, die in diesem Beispiel etwas einfacher berechnet werden kann. Die Matrix $\tilde{C}$ teilen wir in Blockmatrizen $\bar{E}_j, E_j$ der Ordnung $2 \times (n+2)$ derart auf, daß

$$\tilde{C} = \begin{pmatrix} \bar{E}_1 \\ E_1 \\ \bar{E}_2 \\ E_2 \\ \vdots \\ \bar{E}_{n-1} \\ E_{n-1} \end{pmatrix}.$$

Damit ergibt sich

$$\tilde{C}'G'G\tilde{C} = \sum_{j=1}^{n+1} E_j'\Gamma_j E_j .$$

Für die Matrix H haben wir die Darstellung

$$H = \begin{pmatrix} 1 & h_0 & h_0^2 & h_0^3 \\ & & & & 1 & 2h_0 & 4h_0^2 & 8h_0^3 \\ & & & & & & & & \ddots \\ & & & & & & & & & 1 & (n-1)\,h_0 & (n-1)^2\,h_0^2 & (n-3)^3\,h_0^3 \\ & & & & & & & & & & & & & 1 & nh_0 & n^2h_0^2 & n^3h_0^3 \end{pmatrix}$$

und damit haben wir alle notwendigen Bestimmungsstücke, um die optimalen Kleinste-Quadrate-Anpassungssplines zu berechnen.

Wir bemerken hier, daß im Unterschied zu den üblichen linearen Modellen die Matrix H mehr Spalten als Zeilen hat. Dementsprechend ist $H'H$ keine invertierbare Matrix. Diese hat eine Blockstruktur. In unserem eben betrachteten Beispiel gilt

$$H'H = \begin{pmatrix} B_1 & 0 & & 0 \\ 0 & B_2 & & \vdots \\ \vdots & & \ddots & \\ \vdots & & B_{n-2} & 0 \\ 0 & & 0 & B_{n-1} \end{pmatrix}$$

mit 4×4 Matrizen B_i, von denen B_{n-1} den Rang 2 hat, die anderen den Rang 1. Daher ist der Rang von $H'H$ höchstens gleich $n-1$ und folglich der von $\tilde{C}'H'H\tilde{C}$ ebenfalls. Im allgemeinen gilt

$$H'H = \begin{pmatrix} H_1'H_1 & 0 & \dots & 0 \\ 0 & H_2'H_2 & & \vdots \\ \vdots & & \ddots & \\ 0 & & \dots & H_r'H_r \end{pmatrix},$$

$H_i'H_i$ hat einen Rang $\leqq k_i$ und die Ordnung $(l+1) \times (l+1)$. In Abhängigkeit von der Wahl der Knoten (Anzahl und Lage) kann also der Rang von $H_i'H_i$ gleich $l+1$ sein, jedoch ist dies bei Splines i. allg. nicht der Fall. Wenn die Versuchspunkte nicht eine spezielle ungünstige Lage aufweisen, so erreicht man in den meisten Fällen, daß die Matrix

$$\varrho\tilde{C}'G'G\tilde{C} + (1-\varrho)\,\tilde{C}'H'H\tilde{C}$$

nichtsingulär ist und somit in Gleichung (24) die übliche Inverse anstelle der verallgemeinerten Inversen zu setzen ist.

Neben dieser hier beschriebenen Methodik zur Konstruktion von *Glättungssplines*, bei der es um die Minimierung des von Reinsch und Schoenberg vorgeschlagenen Kriteriums (15) geht, sind weitere Konstruktionsprinzipien bekannt. Dabei wird in vielen Fällen $h(s)$ unter geeigneten Nebenbedingungen minimiert. Dies demonstrieren wir am Beispiel der kubischen Splines.

Wir betrachten *polynomiale Splines der Ordnung 3*, wobei $t \in \mathcal{T} \subseteq \mathbb{R}^1$ vorausgesetzt wird. Entsprechend der Formel (9) gilt dann der Splineansatz

$$s(t) = s_i(t) = \sum_{j=0}^{3} \theta_{ij} t^j, \qquad t \in \mathcal{T}_i, \qquad i = 1, \ldots, r, \tag{34}$$

mit den Knoten $a_2, \ldots, a_r$. Die in den Knoten zu erfüllenden Anschlußbedingungen (21) führen zu

$$\begin{aligned}
&\sum_{j=0}^{3} \theta_{i+1,j} a_{i+1}^j = \sum_{j=0}^{3} \theta_{ij} a_{i+1}^j, \\
&\sum_{j=1}^{3} \theta_{i+1,j} j a_{i+1}^{j-1} = \sum_{j=1}^{3} \theta_{ij} j a_{i+1}^{j-1}, \\
&\sum_{j=2}^{3} \theta_{i+1,j} j(j-1)\, a_{i+1}^{j-2} = \sum_{j=2}^{3} \theta_{ij} j(j-1)\, a_{i+1}^{j-2}, \qquad i = 1, \ldots, r-1.
\end{aligned} \tag{35}$$

Insgesamt haben wir $4r$ unbekannte Parameter, die den durch (35) gegebenen $3(r-1)$ Nebenbedingungen genügen müssen. Manchmal schränkt man sich auf *natürliche Splines* ein, die durch die zusätzlichen Restriktionen

$$s''(a_1) = s''(a_{r+1}) = 0,$$

d. h.

$$\sum_{j=2}^{3} \theta_{1j} j(j-1)\, a_1^{j-2} = 0, \qquad \sum_{j=2}^{3} \theta_{rj} j(j-1)\, a_{r+1}^{j-2} = 0 \tag{36}$$

definiert sind. Da diese beiden Bedingungen bei der Datenanpassung nicht inhaltlich begründet werden können, schlug Thiele (1975) die *lokalangepaßten Splines* vor. Er nennt $s^*(t)$ lokalangepaßt, falls neben (35)

$$\sum_{q:t_q \in \mathcal{T}_i \cup \ldots \cup \mathcal{T}_{i+v}} \left(y_q - \sum_{m=0}^{3} \theta_{im}^* t_q^m\right)^2 = \min_{\substack{\theta \text{ mit} \\ (35)}} \sum_{q:t_q \in \mathcal{T}_i \cup \ldots \cup \mathcal{T}_{i+v}} \left(y_q - \sum_{m=0}^{3} \theta_{im} t_q^m\right)^2 \tag{37}$$

und

$$s^*(t) = \sum_{m=0}^{3} \theta_{im}^* t^m \quad \text{für} \quad t \in \mathcal{T}_i, \qquad i = 1, \ldots, r-v,$$

gilt. Die ganze Zahl $v \geqq 2$ wird Vorgriff genannt. Diesem Kriterium liegt die Idee zugrunde, daß der Spline aus solchen Polynomen $s_i(t)$ zusammengesetzt ist, für die $s_i(t)$ eine gute Approximation für die Beobachtungen zu den t-Werten aus den Mengen $\mathcal{T}_i, \ldots, \mathcal{T}_{i+v}$ darstellt. Durch die Wahl von v wird auch der Kompromiß zwischen der Glattheit des Splines und der Anpassung an die Beobachtungen gesteuert. Diese lokalangepaßten Splines sind besonders dann geeignet, wenn man annehmen kann, daß die Erwartungswerte der Beobachtungen lokal über benachbarten $\mathcal{T}_i, \ldots, \mathcal{T}_{i+v}$ einer kubischen Parabel folgen. Durch diese $r - v$ Bedingungen (37) sind zusätzlich zu den $3(r-1)$ Bedingungen (35) insgesamt $4r - v - 3$ lineare Relationen für die $4r$ unbekannten Parameter gegeben. Die $v + 3$ freien Parameter sollten so gewählt werden, daß der entstehende Spline eine möglichst kleine Krümmung hat. Dazu startet man mit Anfangswerten für $\theta_{10}, \theta_{11}, \theta_{12}$, berechnet daraus rekursiv $\theta_{13}, \theta_{20}, \ldots, \theta_{r-v,3}$. Die restlichen unbestimmten Parameter hängen von v freien Werten ab. Dann zeichnet man zu verschiedenen Festlegungen dieser insgesamt $v+3$ freien Parameter den Spline und sucht die geeignete Approximation unter diesen. Manchmal erweist es sich als hilfreich, analytische Bedingungen über die Krümmung des zu errechnenden Splines zu benutzen. Wir betrachten diese Splines im Spezialfall äquidistanter Beobachtungen mit

$$t_i = i, \qquad i = 1, \ldots, n,$$

und wählen $\mathcal{T}_1 = [t_1, t_2]$, $\mathcal{T}_i = (t_i, t_{i+1}]$, $i = 2, \ldots, n-1$. Damit sind $t_2, \ldots, t_{n-1}$ die Knoten. Die Bedingungen (35) haben nun die Gestalt

$$\begin{aligned}
&\sum_{j=0}^{3} \theta_{i+1,j}(i+1)^j = \sum_{j=0}^{3} \theta_{ij}(i+1)^j,\\
&\sum_{j=1}^{3} \theta_{i+1,j}j(i+1)^{j-1} = \sum_{j=1}^{3} \theta_{ij}j(i+1)^{j-1},\\
&\sum_{j=2}^{3} \theta_{i+1,j}j(j-1)\,(i+1)^{j-2} = \sum_{j=2}^{3} \theta_{ij}j(j-1)\,(i+1)^{j-2},\\
&i = 1, \ldots, n' - 2.
\end{aligned} \tag{38}$$

Da $\mathcal{T}_i \cup \ldots \cup \mathcal{T}_{i+v}$ für $i > 1$ von den Versuchspunkten genau die Werte $t_{i+1}, \ldots, t_{i+v+1}$ enthält, bedeutet (37)

$$\sum_{j=0}^{v} \left(y_{i+1+j} - \sum_{m=0}^{3} \theta^*_{im} t^m_{i+1+j}\right)^2 = \min_{\theta \text{ mit } (38)} \sum_{j=0}^{v} \left(y_{i+j+1} - \sum_{m=0}^{3} \theta_{im} t^m_{i+j+1}\right)^2,$$

$$i = 2, \ldots, n - v.$$

Hier wird also das i-te Teilpolynom $\sum_{m=0}^{3} \theta_{im} t_m$ derart gewählt, daß die v auf y_{i+1} folgenden Beobachtungen $y_{i+1}, \ldots, y_{i+v+1}$ gut approximiert werden.

Die Splineglättungen sind in verschiedenem Zusammenhang untersucht worden. Wold (1974) formuliert Erfahrungen und Hinweise für die Anwendung von Splines, wozu auch de Boor (1978) wichtige Beiträge enthält. Fragen der Optimalität und Güte der Splines werden von Utreras (1981), Rosenblatt/Rice (1981), Nussbaum (1985) behandelt. Die hier untersuchten Varianten der Splineglättungen sind ebenso wie die im Abschnitt 6.1.1.1 betrachteten polynomialen Glätter lineare Glättungsfunktionen. Diese linearen Glätter eignen sich besonders zur Bestimmung glatter Konturen und zur Interpolation von unbekannten Werten. Sie mindern den Einfluß von Ausreißern, jedoch können extreme Werte wesentliche Auswirkungen auf die erhaltenen Kurven haben. Will man Glättungen nutzen, die unempfindlich gegenüber Ausreißern sind, so muß man abhängig von der Art der gewünschten Robustheit ausgewählte Klassen nichtlinearer Glättungsfunktionen betrachten.

6.1.1.3. Nichtlineare Glättungsfunktionen

Die erfolgreiche Analyse von Beobachtungen kann nur durch den Einsatz effektiver statistischer Verfahren durchgeführt werden. Das beinhaltet, daß die benutzten Verfahren die wesentlichen Zusammenhänge erkennen und sich nicht durch einige untypische Werte in den gegebenen Daten irreführen lassen. Für das Finden *glatter Konturen* oder von *Ausreißern* bereinigter Daten sind spezielle nichtlineare Glättungsfunktionen betrachtet worden. TUKEY (1960) führte den *Medianglätter* ein, in den Folgejahren wurden verschiedene Verallgemeinerungen dieses Glätters untersucht. In diesem Abschnitt sollen einige nichtlineare Glättungsfunktionen diskutiert werden. Es wird sich dabei zeigen, daß eine Kopplung verschiedener Glätter sinnvoll ist, z. B. ist eine Anwendung eines Medianglätters und eine anschließende Konstruktion eines Splines häufig eine empfehlenswerte Methode. Wir betrachten Beobachtungen $y_1, \ldots, y_n$, die dem Modell

$$y_i = x(t_i) + \varepsilon_i, \qquad i = 1, \ldots, n,$$

genügen mögen. Hier nehmen wir an, daß $t_i \in \mathbb{R}^1$, $i = 1, \ldots, n$, und $t_1 \leqq t_2 \leqq \ldots \leqq t_n$ gilt. Mit $\boldsymbol{y} = (y_1, \ldots, y_n)'$ bezeichne $G_{\boldsymbol{y}}$ die geglättete Funktion, $G_{\boldsymbol{y}}(t)$ den an der Stelle t geglätteten Wert. Für $\mathscr{T}_0 \subseteq \{t_1, \ldots, t_n\}$ soll die Klasse der Medianglätter definiert werden. Zu einer ungeraden positiven ganzen Zahl $k = 2l + 1$ heißt $G_{\boldsymbol{y}}$ ein *Median-k-Glätter*, falls $\mathscr{T}_0 \subseteq \{t_{l+1}, \ldots, t_{n-l}\}$ und

$$G_{\boldsymbol{y}}(t_i) = \operatorname{med}\,(y_{i-l}, y_{i-l+1}, \ldots, y_{i+l}) \tag{39}$$

gilt.

Benutzt man zur Konstruktion des an der Stelle t_i geglätteten Wertes die schon bis dahin errechneten Werte, so erhält man eine Abart dieses Medianglätters. $G_{\boldsymbol{y}}$ heißt *modifizierter Median-k-Glätter*, falls

$$G_{\boldsymbol{y}}(t_i) = \operatorname{med}\,\big(G_{\boldsymbol{y}}(t_{i-l}), \ldots, G_{\boldsymbol{y}}(t_{i-1}), y_i, \ldots, y_{i+l}\big) \tag{40}$$

gilt. Das setzt voraus, daß $i \geqq 2l + 1$ gilt, d. h. $\mathscr{T}_0 \subseteq \{t_{2l+1}, \ldots, t_{n-l}\}$. TUKEY (1977) untersuchte den Median-3-Glätter und dessen wiederholte Anwendung auf gegebene Daten.

Ein weiterer Typ nichtlinearer Glätter entsteht durch Winsorisierung. Es sei $\underline{m}_i = \min\,\{y_{i-l}, \ldots, y_{i-1}, y_{i+1}, \ldots, y_{i+l}\}$, $\overline{m}_i = \max\,\{y_{i-l}, \ldots, y_{i-1}, y_{i+1}, \ldots, y_{i+l}\}$. $G_{\boldsymbol{y}}$ heißt *winsorisierter k-Glätter*, falls

$$G_{\boldsymbol{y}}(t_i) = \begin{cases} \underline{m}_i & \text{für } y_i < \underline{m}_i, \\ \overline{m}_i & \text{für } y_i > \overline{m}_i, \\ y_i & \text{sonst} \end{cases} \tag{41}$$

gilt. In der gleichen wie oben beschriebenen Weise lassen sich hierzu die modifizierten winsorisierten k-Glätter definieren. Offenbar stimmen für $k = 3$ die Median- und winsorisierten Glätter überein.

6.2. Eigenschaften von Glättungen

Die im Abschnitt 6.1 aufgeführten Glätter können nur als Beispiel dienen, das Spektrum der linearen und nichtlinearen Glätter ist viel breiter. Zur Beurteilung und Auswahl von Glättern sind deren Transformationseigenschaften und Güteaussagen wesentlich.

Zu den Transformationseigenschaften zählen wir z. B. die *Stationarität*, *Translations- und Skaleninvarianz* (vgl. MALLOWS (1980)). Ein Glätter G_y heißt stationär, falls für einen Verschiebungsoperator $T(y_i) = y_{i+1}$, $i = 1, \ldots, n-1$, die Gleichung $G_{Ty}(t_i) = G_y(t_{i-1})$ für alle $t_i \in \mathcal{T}_0'$ gilt. Hierbei sei $\mathcal{T}_0'$ die maximale Menge in $\mathcal{T}_0$, für die beide Seiten der Gleichung erklärt sind. Man sieht unmittelbar, daß die Median- und winsorisierten Glätter stationär sind. Ein Glätter G_y ist translationsinvariant, falls $G_{y+a1} = G_y + a1$ für alle $a \in \mathbb{R}^1$ gilt. Ein Glätter G_y heißt skaleninvariant, falls $G_{ay} = aG_y$ für alle $a \in \mathbb{R}^+$ gilt. Man prüft unmittelbar, daß die Median- und winsorisierten Glätter translations- und skaleninvariant sind. Stationarität, Translations- und Skaleninvarianz sind Aussagen über die Wirkung des Glätters auf die einzelnen Realisierungen der Variablen. Die statistischen Eigenschaften von Glättern können nicht aus dem Verhalten bez. einzelner Realisierungen abgeleitet werden, sondern müssen im Zusammenhang mit Modellen untersucht werden. Es gelte für die Variablen $y_1, \ldots, y_n$ das Modell

$$y_i = x(t_i, \boldsymbol{\beta}) + \varepsilon_i, \qquad i = 1, \ldots, n, \tag{42}$$

mit den Standardvoraussetzungen über ε_i : $\mathsf{E}\varepsilon_i = 0$, $\mathsf{E}\varepsilon_i^2 = \sigma^2$. Die Versuchspunkte t_i seien Elemente aus $\mathcal{T}$. In diesem Modell sei $\hat{x}(t)$ eine Schätzung für $x(t, \boldsymbol{\beta})$. Diese Schätzung kann in irgendeinem Sinne optimal sein, was aber momentan nicht vorausgesetzt wird. Soll $x(t, \boldsymbol{\beta})$, $t \in \mathcal{T}_0 \subseteq \mathcal{T}$, geschätzt werden, ohne daß das Modell benutzt wird (sei es dem Nutzer unbekannt, oder sei es aus anderen Gründen unbrauchbar), so kann mit einer Glättung G_y dieser Werte $y_1, \ldots, y_n$ eine Schätzung $u_t = G_y(t)$ konstruiert werden. Dann ist

$$\mathsf{E}\big(\hat{x}(t) - x(t, \boldsymbol{\beta})\big)^2$$

die mittlere quadratische Abweichung der gegebenen Schätzung vom zu schätzenden Wert, ebenso ist

$$\mathsf{E}\big(u_t - x(t, \boldsymbol{\beta})\big)^2$$

die entsprechende Größe für die Glättung. Dann heißt

$$\operatorname{eff}_t(G; \hat{x}) = \frac{\mathsf{E}\big(\hat{x}(t) - x(t, \boldsymbol{\beta})\big)^2}{\mathsf{E}\big(u_t - x(t, \boldsymbol{\beta})\big)^2} \tag{43}$$

die *relative Effizienz der Glättung* u_t bez. der Schätzung $\hat{x}(t)$. Diese nichtnegative Größe gibt einen Hinweis zur Brauchbarkeit des Glätters G. Ist z. B. $\hat{x}(t)$ eine optimale Schätzung für $x(t, \boldsymbol{\beta})$, so kann man bei $\operatorname{eff}_t(G; \hat{x}) \approx 1$ ebenso gut u_t als Schätzung für $x(t, \boldsymbol{\beta})$ benutzen wie $\hat{x}(t)$. Wenn hingegen $\operatorname{eff}_t(G; x) \ll 1$ ist, so ist u_t im Mittel viel ungünstiger als $\hat{x}(t)$. Damit ist $\operatorname{eff}_t(G; \hat{x})$ eine statistische Maßzahl über die Güte von G im Modell (42). Wenn man in dieser Weise, wie es oben beschrieben wurde, vorgeht, so gibt es meist inhaltliche Gründe dafür, anstelle der Schätzung $\hat{x}$ mit den geglätteten Werten u_t zu arbeiten. Oft sind die Werte u_t unempfindlicher gegenüber Ausreißern als $\hat{x}(t)$. So verbindet sich mit den geglätteten Werten eine Robustheitseigenschaft, die die Werte $\hat{x}(t)$ nicht besitzen (HAMPEL (1971)). Dann würde man z. B. davon ausgehen können, daß $u_{t_1}, \ldots, u_{t_n}$ gute Approximationen für $x(t_1, \boldsymbol{\beta}), \ldots, x(t_n, \boldsymbol{\beta})$ sind, so daß also $u_{t_1}, \ldots, u_{t_n}$ die von Ausreißern bereinigten $y_1, \ldots, y_n$ annähern. Man könnte dann besser mit $\boldsymbol{u} = (u_{t_1}, \ldots, u_{t_n})'$ anstelle von $\boldsymbol{y} = (y_1, \ldots, y_n)'$ bei Schätzungen von Parametern und Tests arbeiten. Dieser Gedanke ist die Grundlage für eine andere statistische Charakterisierung von Glättungsverfahren. Es sei $\boldsymbol{\gamma} = \boldsymbol{\gamma}(\boldsymbol{\beta})$ ein s-dimensionaler zu schätzender Parameter im Modell (42). Dabei kann $\gamma(\boldsymbol{\beta}) = x(t, \boldsymbol{\beta})$ für ein festes $t \in \mathcal{T}$ sein, d. h. $s = 1$, oder $\boldsymbol{\gamma}(\boldsymbol{\beta}) = \big(x(t_1, \boldsymbol{\beta}), \ldots, x(t_n, \boldsymbol{\beta})\big)'$ für $s = n$. Es ist aber auch der Fall $\boldsymbol{\gamma}(\boldsymbol{\beta}) = \boldsymbol{\beta}$ mit erfaßt.

Es sei $\boldsymbol{\varphi}_n(\boldsymbol{y})$ eine asymptotisch erwartungstreue Schätzung für $\boldsymbol{\gamma}(\boldsymbol{\beta})$, d. h., es gilt

$$\lim_{n\to\infty} \mathsf{E}\boldsymbol{\varphi}_n(\boldsymbol{y}) = \boldsymbol{\gamma}(\boldsymbol{\beta}). \tag{44}$$

Wir betrachten Glätter G für $\mathcal{T}_0 = \{t_1, \ldots, t_n\}$ und wählen wegen der Abhängigkeit von n die Bezeichnung $G = G_{\boldsymbol{y}}^{(n)}$. Wir schreiben $\boldsymbol{G}^{(n)}(\boldsymbol{y}) = \big(G_{\boldsymbol{y}}^{(n)}(t_1), \ldots, G_{\boldsymbol{y}}^{(n)}(t_n)\big)'$. Dann heißt $G_{\boldsymbol{y}}^{(n)}$ konsistent bez. des Modells (42) und der Schätzung $\boldsymbol{\varphi}_n$, wenn für $n \to \infty$

$$\boldsymbol{\varphi}_n\big(\boldsymbol{G}^{(n)}(\boldsymbol{y})\big) \to \boldsymbol{\gamma}(\boldsymbol{\beta}) \tag{45}$$

in Wahrscheinlichkeit gilt. Ist Q ein Funktional, das über der Menge der positiv semidefiniten $s \times s$-Matrizen definiert ist und nur nichtnegative Werte annimmt, so heißt

$$\operatorname{eff}\,(\boldsymbol{G}^{(n)}; \boldsymbol{\varphi}_n) = \frac{Q\big[\mathsf{E}\big(\boldsymbol{\varphi}_n(\boldsymbol{y}) - \boldsymbol{\gamma}(\boldsymbol{\beta})\big)\big(\boldsymbol{\varphi}_n(\boldsymbol{y}) - \boldsymbol{\gamma}(\boldsymbol{\beta})\big)'\big]}{Q\big[\mathsf{E}\big(\boldsymbol{\varphi}_n(\boldsymbol{G}^{(n)}(\boldsymbol{y})) - \boldsymbol{\gamma}(\boldsymbol{\beta})\big)\big(\boldsymbol{\varphi}_n(\boldsymbol{G}^{(n)}(\boldsymbol{y})) - \boldsymbol{\gamma}(\boldsymbol{\beta})\big)'\big]} \tag{46}$$

die *relative Effizienz* von $\boldsymbol{G}^{(n)}$ bez. $\boldsymbol{\varphi}_n$ im Modell (42). Da die für die Güte eines Glätters eingeführten Maßzahlen vom unbekannten Parametervektor $(\boldsymbol{\beta}, \sigma)$ abhängen, ist es günstig, einen über diese Parameter gemittelten Wert zu betrachten. In Auert (1983) wurde vorgeschlagen, eine Mittelung über alle Parameter $\boldsymbol{\beta}$, σ mit

$$\frac{1}{\sigma^2}\,\boldsymbol{\beta}'\boldsymbol{B}\boldsymbol{\beta} = \varrho_*{}^2 \tag{47}$$

für vorgegebenen Wert ϱ_* und eine positiv definite Matrix $\boldsymbol{B}$ zu benutzen. Das schafft die Grundlage dafür, verschiedene Glätter leichter miteinander vergleichen zu können. Wählt man für eine von $\boldsymbol{\beta}$, σ abhängige Matrix $\boldsymbol{A}(\boldsymbol{\beta}, \sigma)$ das Funktional

$$Q\big(\boldsymbol{A}(\boldsymbol{\beta}, \sigma)\big) = q_1 \operatorname{sp} \int\limits_{\boldsymbol{\beta}'\boldsymbol{B}\boldsymbol{\beta} = \sigma^2\varrho_*{}^2} \boldsymbol{A}(\boldsymbol{\beta}, \sigma)\, \mathsf{P}(\mathrm{d}\boldsymbol{\beta}), \tag{48}$$

so hängt $Q\big(\boldsymbol{A}(\boldsymbol{\beta}, \sigma)\big)$ von $\boldsymbol{\beta}$ nur über ϱ_* ab, hier wird also über die verschiedenen Richtungen von $\boldsymbol{\beta}$ gemittelt. In diesem Falle hängt bei festem σ die Effizienz nicht mehr direkt von $\boldsymbol{\beta}$ ab, sondern nur noch von $\boldsymbol{\beta}'\boldsymbol{B}\boldsymbol{\beta}$. Mit diesen Maßzahlen ist man auch in der Lage, in ausgewählten Klassen von Glättern beste Glättungsfunktionen auszuwählen. Dabei heißt bei gegebenem ϱ_* der Glätter $\boldsymbol{G}^*$ *bester* Glätter in einer Menge $\mathcal{G}$, falls

$$\begin{aligned} &Q\big[\mathsf{E}\big(\boldsymbol{\varphi}_n(\boldsymbol{G}^*(\boldsymbol{y})) - \boldsymbol{\gamma}(\boldsymbol{\beta})\big)\big(\boldsymbol{\varphi}_n(\boldsymbol{G}^*(\boldsymbol{y})) - \boldsymbol{\gamma}(\boldsymbol{\beta})\big)'\big] \\ &\leqq Q\big[\mathsf{E}\big(\boldsymbol{\varphi}_n(\boldsymbol{G}(\boldsymbol{y})) - \boldsymbol{\gamma}(\boldsymbol{\beta})\big)\big(\boldsymbol{\varphi}_n(\boldsymbol{G}(\boldsymbol{y})) - \boldsymbol{\gamma}(\boldsymbol{\beta})\big)'\big] \end{aligned} \tag{49}$$

für alle $\boldsymbol{G} \in \mathcal{G}$ gilt. Die Berechnung der Effizienz sowie eines besten Glätters kann nur in Spezialfällen erfolgen. Die analytischen Schwierigkeiten rühren von den Nichtlinearitäten in den zu lösenden Gleichungen her. Für lineare Glättungen ist es möglich, beste Glätter zu berechnen und deren Gestalt anzugeben (Auert (1983)). Die Effizienz linearer Glätter wurde für speziell gewählte Modelle von Auert/Läuter (1982) untersucht.

6.2.1. Optimale lineare Glätter

Zur Untersuchung der Optimalität wird das lineare Modell

$$y_i = \boldsymbol{x}(t_i)' \boldsymbol{\beta} + \varepsilon_i, \qquad i = 1, \ldots, n, \tag{50}$$

oder in der kürzeren Form $\boldsymbol{y} = \boldsymbol{X\beta} + \boldsymbol{\epsilon}$ betrachtet. $\boldsymbol{X}$ habe vollen Rang, für $\boldsymbol{\epsilon}$ gelte $\mathsf{E}\boldsymbol{\epsilon\epsilon}' = \sigma^2\boldsymbol{I}$. Weiter sei $\boldsymbol{G}$ ein linearer Glätter für $\mathcal{T}_0 = \{t_1, \ldots, t_n\}$. Die Schätzung $\boldsymbol{\varphi}_n$ wird als Kleinste-Quadrate-Schätzung für $\boldsymbol{\gamma} = \boldsymbol{\beta}$ gewählt, d. h.

$$\boldsymbol{\varphi}_n(\boldsymbol{y}) = \hat{\boldsymbol{\beta}} = (\boldsymbol{X}'\boldsymbol{X})^{-1} \boldsymbol{X}'\boldsymbol{y}. \tag{51}$$

Man erhält damit

$$\mathsf{E}\big(\boldsymbol{\varphi}_n(\boldsymbol{Gy}) - \boldsymbol{\beta}\big)\big(\boldsymbol{\varphi}_n(\boldsymbol{Gy}) - \boldsymbol{\beta}\big)'$$
$$= (\boldsymbol{X}'\boldsymbol{X})^{-1} \boldsymbol{X}'\big(\sigma^2\boldsymbol{GG}' + (\boldsymbol{G} - \boldsymbol{I})\,\boldsymbol{X\beta\beta}'\boldsymbol{X}'(\boldsymbol{G} - \boldsymbol{I})'\big)\,\boldsymbol{X}(\boldsymbol{X}'\boldsymbol{X})^{-1}.$$

Gilt

$$\int\limits_{\boldsymbol{\beta}'\boldsymbol{B\beta} = \sigma^2\varrho_*^2} \boldsymbol{\beta\beta}'\mathsf{P}(\mathrm{d}\boldsymbol{\beta}) = \sigma^2\varrho^2\boldsymbol{C} \quad \text{mit} \quad \int\limits_{\boldsymbol{\beta}'\boldsymbol{B\beta} = \sigma^2\varrho_*^2} \mathsf{P}(\mathrm{d}\boldsymbol{\beta}) = \boldsymbol{I}, \tag{52}$$

so ergibt sich für Q aus (48) die Gleichung

$$Q\Big(\mathsf{E}\big(\boldsymbol{\varphi}_n(\boldsymbol{Gy}) - \boldsymbol{\beta}\big)\big(\boldsymbol{\varphi}_n(\boldsymbol{Gy}) - \boldsymbol{\beta}\big)'\Big) = q_1 \operatorname{sp} \int\limits_{\boldsymbol{\beta}'\boldsymbol{B\beta} = \sigma^2\varrho_*^2} \mathsf{E}\big(\boldsymbol{\varphi}_n(\boldsymbol{Gy}) - \boldsymbol{\beta}\big)\big(\boldsymbol{\varphi}_n(\boldsymbol{Gy}) - \boldsymbol{\beta}\big)'\,\mathsf{P}(\mathrm{d}\boldsymbol{\beta})$$
$$= q_1\sigma^2 \operatorname{sp}\,[(\boldsymbol{X}'\boldsymbol{X})^{-1}\,\boldsymbol{X}'\boldsymbol{GG}'\boldsymbol{X}(\boldsymbol{X}'\boldsymbol{X})^{-1}] + \varrho^2 q_1\sigma^2 \operatorname{sp}\,[(\boldsymbol{X}'\boldsymbol{X})^{-1}\,\boldsymbol{X}'(\boldsymbol{G} - \boldsymbol{I})\,\boldsymbol{XCX}'(\boldsymbol{G} - \boldsymbol{I})'$$
$$\times \boldsymbol{X}(\boldsymbol{X}'\boldsymbol{X})^{-1}]$$
$$= q_1\sigma^2 \operatorname{sp}\,\{(\boldsymbol{X}'\boldsymbol{X})^{-1}\,\boldsymbol{X}'[\boldsymbol{GG}' + \varrho^2(\boldsymbol{G} - \boldsymbol{I})\,\boldsymbol{XCX}'(\boldsymbol{G} - \boldsymbol{I})']\,\boldsymbol{X}(\boldsymbol{X}'\boldsymbol{X})^{-1}\}. \tag{53}$$

Zur Bestimmung eines besten Glätters ist dieses Funktional zu minimieren. Die Definition der zu betrachtenden Glätter beinhaltete die Festlegung derjenigen Beobachtungsfolgen, die durch den Glätter invariant bzw. eliminiert werden sollen. Setzen wir voraus, daß $\mathcal{S}_1(\mathcal{T})$ die lineare Hülle von $r + 1$ Funktionen $\varkappa_0(t), \ldots, \varkappa_r(t)$ und $\mathcal{S}_2(\mathcal{T})$ die lineare Hülle von v Funktionen $w_1(t), \ldots, w_v(t)$ ist, so verlangen wir entsprechend der Forderungen B bzw. C in der Definition der Glätter die Bedingungen:

$$\boldsymbol{G}\begin{pmatrix} s(t_1) \\ \vdots \\ s(t_n) \end{pmatrix} = \begin{pmatrix} s(t_1) \\ \vdots \\ s(t_n) \end{pmatrix}, \qquad s \in \mathcal{S}_1, \tag{54}$$

$$\boldsymbol{G}\begin{pmatrix} s(t_1) \\ \vdots \\ s(t_n) \end{pmatrix} = 0 \quad \text{für} \quad s \in \mathcal{S}_2. \tag{55}$$

Da $\mathcal{S}_1$ die lineare Hülle der Funktionen $\varkappa_j$, $j = 0, \ldots, r$, ist, wird die Bedingung (54) genau dann erfüllt, falls

$$\boldsymbol{GK} = \boldsymbol{K} \tag{56}$$

mit

$$K = (\varkappa_{ij}), \quad i = 1, \ldots, n, \quad j = 0, \ldots, r, \quad \varkappa_{ij} = \varkappa_j(t_i)$$

gilt. Bezeichnet man

$$W = \begin{pmatrix} w_1(t_1) \ldots w_v(t_1) \\ \vdots \quad \vdots \\ w_1(t_n) \ldots w_v(t_n) \end{pmatrix}$$

die Matrix der zu eliminierenden Funktionen an den Beobachtungspunkten, so führt (55) zu der Bedingung

$$GW = 0. \tag{57}$$

Damit sind die Restriktionen formuliert, die vom Glätter G erfüllt werden müssen. Man erkennt, daß die Reproduktions- bzw. Eliminationseigenschaft nicht nur für die Funktionen $s \in \mathscr{S}_1$ bzw. $s \in \mathscr{S}_2$, sondern für alle Funktionen f mit

$$\big(f(t_1), \ldots, f(t_n)\big)' \in \mathscr{R}(K) \quad \text{bzw.} \quad \in \mathscr{R}(W)$$

gilt.

Die bei vielen Glättungsverfahren geforderte Reproduzierbarkeit der Konstanten wird durch die Festlegung $\varkappa_0(t) = 1$ realisiert. Wir nehmen an, daß die Funktionen $\varkappa_0, \ldots, \varkappa_r$ linear unabhängig sind und daß $\operatorname{rg} K = r + 1$ gilt. Weiter wird $\mathscr{R}(K) \cap \mathscr{R}(W) = \{0\}$ gefordert, da andernfalls sich widersprechende Bedingungen formuliert sind. Auert (1983) gab die Gestalt eines besten linearen Glätters unter den Nebenbedingungen (54) und (55) an. Mit den Matrizen

$$D = I + \varrho^2 XCX', \qquad F_1 = (K \mid 0_{n \times v})\,(K \mid W)^+ \tag{58}$$

ist ein *optimaler* Glätter durch

$$G^* = F - P_{\mathscr{R}(X)}(FD - \varrho^2 XCX')\,D^{-1/2}\,P_{\mathscr{N}((K \mid W)'D^{-1/2})}\,D^{-1/2} \tag{59}$$

für $F = F_1$ gegeben. Dabei ist F_1 nicht die einzige Matrix F, für die G^* optimal ist. G^* ist für jede Matrix F bester linearer Glätter, für die

$$F(K \mid W) = F(K \mid 0_{n \times v}) \tag{60}$$

ist. Folglich ist bei $\mathscr{S}_2 = \emptyset$, d. h. $v = 0$ die spezielle Wahl $F = I$ möglich, und G^* hat dann die Gestalt

$$G_0^* = I - P_{\mathscr{R}(X)}D^{-1/2}\,P_{\mathscr{N}(K'D^{-1/2})}D^{-1/2}. \tag{61}$$

Beispiel 6.2.1. Betrachtet wird das lineare Modell (50) für $\sigma^2 = 1$,

$$x(t) = \beta_1 + \beta_2 t + \beta_3 t^2$$

mit dem Versuchsplan $t_i = i - 1$, $i = 1, \ldots, n$. Es sei $\mathscr{S}_1$ die lineare Hülle der Funktionen $1, t$, d. h. $\mathscr{S}_1 = \{\alpha_1 + \alpha_2 t : \alpha_i \in \mathbb{R}^1\}$, $\mathscr{S}_2 = \emptyset$. Dann gilt bei $n = 6$

$$K' = \begin{pmatrix} 1 & 1 & 1 & 1 & 1 & 1 \\ 0 & 1 & 2 & 3 & 4 & 5 \end{pmatrix}, \qquad X' = \begin{pmatrix} 1 & 1 & 1 & 1 & 1 & 1 \\ 0 & 1 & 2 & 3 & 4 & 5 \\ 0 & 1 & 4 & 9 & 16 & 25 \end{pmatrix}.$$

Der durch (61) definierte Glätter ergibt sich bei $\varrho = 1$ in der Form

$$G_0^* = \begin{pmatrix} 0.99223 & 0.00155 & 0.00622 & 0.00622 & 0.00155 & -0.00777 \\ 0.00155 & 0.99969 & -0.00124 & -0.00124 & -0.00031 & 0.00155 \\ 0.00622 & -0.00124 & 0.99503 & -0.00497 & -0.00124 & 0.00622 \\ 0.00622 & -0.00124 & -0.00497 & 0.99503 & -0.00124 & 0.00622 \\ 0.00155 & -0.00031 & -0.00124 & -0.00124 & 0.99969 & 0.00155 \\ -0.00777 & 0.00155 & 0.00622 & 0.00622 & 0.00155 & 0.99223 \end{pmatrix}.$$

Tabelle 6.2.1. Effizienz des polynomialen Glätters

	$r_1 = 1$		$r_1 = 3$		$r_1 = 5$	
$\varrho\downarrow$ $m \rightarrow$	3	5	3	5	3	5
0	7.234	8.339	2.632	5.839	1.559	2.552
0.2	1.335	1.299	1.237	1.504	1.145	1.314
0.6	0.177	0.168	0.236	0.217	0.367	0.269
1	0.065	0.061	0.09	0.08	0.155	0.104

Die optimalen linearen Glätter können für die Bestimmung der Güte gegebener Glätter benutzt werden. Ist ein Glätter G gegeben, der die Bedingungen (54) und (55) erfüllt, und ist G^* ein optimaler Glätter mit diesen Restriktionen, so gibt der Wert

$$\frac{Q\left(\mathsf{E}(\boldsymbol{\varphi}_n(G^*y) - \boldsymbol{\gamma})\,(\boldsymbol{\varphi}_n(G^*y) - \boldsymbol{\gamma})'\right)}{Q\left(\mathsf{E}(\boldsymbol{\varphi}_n(Gy) - \boldsymbol{\gamma})\,(\boldsymbol{\varphi}_n(Gy) - \boldsymbol{\gamma})'\right)}$$

eine Aussage über den Verlust an, der bei Benutzung von G anstelle G^* entsteht. Der Effizienzverlust bei Benutzung des Glätters G im Vergleich zur Schätzung ohne Glätter wird durch (46) gegeben. Für lineare Glätter kann der Nachweis der Konsistenz geführt werden. In Auert/Läuter (1982) wurden Bedingungen an den Versuchsplan in Abhängigkeit des Modells und des Schätzers formuliert, unter denen vorgegebene Glätter konsistent sind. Dabei kann die Konsistenz für eine große Klasse von Glättern nachgewiesen werden. Berücksichtigt man, daß die Matrizen X, K, W, F von n abhängen, so ist z. B. $G^* = G^{*(n)}$ konsistent, falls eine positive Nullfolge $\{\xi_n\}$ derart existiert, daß $\lim_{n\to\infty} \xi_n X'X$ eine positiv definite Matrix ist, sowie

$$\lim_{n\to\infty} \xi_n X'(F - I)\, P_{\mathfrak{R}(K\,\vdots\,W)}X = 0, \qquad \lim_{n\to\infty} \xi_n{}^2 X'FP_{\mathfrak{R}(K\,\vdots\,W)}F'X = 0$$

gilt. Von dieser Form sind ebenfalls die Konsistenzbedingungen für andere Glätter, wie z. B. für den optimalen Glätter von Reinsch/Schoenberg, den von Thiele (1975), die Summationsformeln von Spencer oder polynomiale Glätter. Die Effizienz linearer Glätter bei endlichem Stichprobenumfang kann analytisch nicht geschlossen dargestellt werden. Wir geben ein Beispiel zur Verdeutlichung an.

Beispiel 6.2.2. Wir betrachten das trigonometrische Modell, d. h.

$$x(t) = \beta_1 + \beta_2 \cos(\lambda_1 t) + \beta_3 \sin(\lambda_1 t) + \beta_4 \cos(\lambda_2 t) + \beta_5 \sin(\lambda_2 t) + \beta_6(-1)^t$$

für $t_i = i$, $i = 1, \ldots, n$, $\lambda_1 = \frac{2\pi}{6}$, $\lambda_2 = \frac{4\pi}{6}$. Es gelte $\sigma^2 = 1$ im linearen Modell (50). Benutzt wird eine polynomiale Glättung (Beispiel 6.1.1) vom Grad r_1 mit der Bandbreite m_1. Es sei $\mathcal{T}_0 = \{t_1, \ldots, t_n\}$, wobei für $\{1 + m_1, \ldots, n - m_1\}$ die übliche polynomiale Glättung benutzt wird. Die geglätteten Werte für $t = 1, \ldots, m_1$ sowie $t = n - m_1 + 1, \ldots, n$ berechnen wir aus den Polynomen, die die beste Anpassung an die Werte $y_1, \ldots, y_{2m_1+1}$ bzw. $y_{n-2m_1}, \ldots, y_n$ liefern. Folglich benutzt man

$$u_t = (1, t, \ldots, t^{r_1}) \, (\boldsymbol{H}_A'\boldsymbol{H}_A)^{-1} \boldsymbol{H}_A' \begin{pmatrix} y_1 \\ \vdots \\ y_{2m_1+1} \end{pmatrix}, \qquad t = 1, \ldots, m_1,$$

$$u_t = (1, t, \ldots, t^{r_1}) \, (\boldsymbol{H}_E'\boldsymbol{H}_E)^{-1} \boldsymbol{H}_E' \begin{pmatrix} y_{n-2m_1} \\ \vdots \\ y_n \end{pmatrix}, \qquad t = n - m_1 + 1, \ldots, n.$$

Hier ist $\boldsymbol{H}_A$ bzw. $\boldsymbol{H}_E$ die in Beispiel 6.1.1 eingeführte Matrix $\boldsymbol{H}$ für $s_1 = m_1 + 1$ bzw. $s_1 = n - m_1$. Wir setzen $\boldsymbol{\gamma} = \boldsymbol{\beta}$ und wählen die Kleinste-Quadrate-Schätzung

$$\boldsymbol{\varphi}_n(\boldsymbol{y}) = (\boldsymbol{X}'\boldsymbol{X})^{-1} \boldsymbol{X}'\boldsymbol{y}.$$

Die Effizienz des hier beschriebenen polynomialen Glätters $\boldsymbol{G}$ hat dann wegen (53) bei $\boldsymbol{C} = \boldsymbol{I}$ die Gestalt

$$\operatorname{eff}(\boldsymbol{G}; \boldsymbol{\varphi}_n) = \frac{\operatorname{sp}[(\boldsymbol{X}'\boldsymbol{X})^{-1}]}{\operatorname{sp}\{(\boldsymbol{X}'\boldsymbol{X})^{-1} \boldsymbol{X}'[\boldsymbol{G}\boldsymbol{G}' + \varrho^2(\boldsymbol{G} - \boldsymbol{I}) \boldsymbol{X}\boldsymbol{X}'(\boldsymbol{G}' - \boldsymbol{I})] \boldsymbol{X}(\boldsymbol{X}'\boldsymbol{X})^{-1}\}}.$$

In der Tabelle 6.2.1 sind einige Werte dieser Effizienz angegeben.

Für lineare Glätter lassen sich also weitgehend mathematische Eigenschaften bestimmen. Die hier angeführten Möglichkeiten können nur Beispielcharakter tragen. Man sollte bestrebt sein, ähnliche Überlegungen für benutzte Glätter bei konkreten Aufgaben anzustellen.

6.2.2. Güte nichtlinearer Glätter

Die Bestimmung mathematischer Eigenschaften nichtlinearer Glätter ist komplizierter als bei linearen Glättern. Es zeigt sich, daß die Güte nichtlinearer Glätter nicht nur von der Erwartungswertfunktion und der Kovarianz abhängt, sondern von der gesamten Form der Verteilung der Beobachtungsfehler. Außerdem ist für nichtlineare Glätter die Berechnung der statistischen Maßzahlen der geglätteten Werte u_t, $t \in \mathcal{T}_0$, viel komplizierter, so daß man nur in Spezialfällen mit der durchgängigen analytischen Beschreibung von deren Güte rechnen kann. Bei den im Abschnitt 6.1.1.3 angegebenen Medianglättern ist anschaulich klar, daß eine Unempfindlichkeit gegenüber Ausreißern vorliegt. Eine genauere Beschreibung der statistischen Güte der Medianglätter soll in einem speziellen linearen Modell gegeben werden. Wir betrachten den *Median-3-Glätter* im linearen Modell

$$y_i = h(t_i)\,\beta + \varepsilon_i, \qquad i = 1, \ldots, n, \tag{62}$$

für den eindimensionalen Parameter β. Es gelte $t_1 \leqq t_2 \leqq \ldots \leqq t_n$. Wir betrachten die geglätteten Werte

$$u_t = \operatorname{med}(y_{t-1}, y_t, y_{t+1}) \quad \text{für} \quad t \in \mathcal{T}_0 = \{2, \ldots, n-1\}. \tag{63}$$

Die $\varepsilon_1, \ldots, \varepsilon_n$ seien identisch verteilt, und es gelte $\mathsf{E}\varepsilon_i = 0$, $\mathsf{E}\varepsilon_i^2 = \sigma^2$, $i = 1, \ldots, n$. Die $\varepsilon_1, \ldots, \varepsilon_n$ seien stochastisch unabhängig. Die Kleinste-Quadrate-Schätzung im Modell (62) für β ist

$$\varphi_n = \frac{\sum_{i=1}^{n} h(t_i)\, y_i}{\sum_{i=1}^{n} h^2(t_i)}.$$

Benutzen wir anstelle der $y_1, \ldots, y_n$ die geglätteten Werte $u_2, \ldots, u_{n-1}$, so haben wir die Schätzung

$$\tilde{\varphi}_n = \frac{\sum_{i=2}^{n-1} h(t_i)\, u_i}{\sum_{i=2}^{n-1} h^2(t_i)}. \tag{64}$$

Unser Problem ist der Vergleich der beiden Schätzungen φ_n, $\tilde{\varphi}_n$. Offenbar gilt

$$\mathsf{E}\varphi_n = \beta, \tag{65}$$

$$\mathsf{E}(\varphi_n - \beta)^2 = \frac{\sigma^2}{\sum_{i=1}^{n} h^2(t_i)}. \tag{66}$$

Für den geglätteten Wert u_j, $j = 2, \ldots, n-1$, erhält man die Verteilung $G_j(x) = \mathsf{P}(u_j < x)$ in folgender Form, wenn F die Verteilung von ε_i ist:

$$\begin{aligned}\mathsf{P}(u_j < x) = {} & F\big(x - h(t_{j-1})\,\beta\big)\, F\big(x - h(t_j)\,\beta\big)\, F\big(x - h(t_{j+1})\,\beta\big) \\ & + F\big(x - h(t_{j-1})\,\beta\big)\, F\big(x - h(t_j)\,\beta\big)\, \big(1 - F\big(x - h(t_{j+1})\,\beta\big)\big) \\ & + F\big(x - h(t_{j-1})\,\beta\big)\, \big(1 - F\big(x - h(t_j)\,\beta\big)\big)\, F\big(x - h(t_{j+1})\,\beta\big) \\ & + \big(1 - F\big(x - h(t_{j-1})\,\beta\big)\big)\, F\big(x - h(t_j)\,\beta\big)\, F\big(x - h(t_{j+1})\,\beta\big).\end{aligned} \tag{67}$$

Wegen (64) gilt

$$\mathsf{E}\tilde{\varphi}_n = \frac{\sum_{i=2}^{n-1} h(t_i)\, \mathsf{E}u_i}{\sum_{i=2}^{n-1} h^2(t_i)}, \tag{68}$$

$$\begin{aligned}\mathsf{E}(\tilde{\varphi}_n - \beta)^2 & = \frac{1}{\left[\sum_{i=2}^{n-1} h^2(t_i)\right]^2} \sum_{i=2}^{n-1} \sum_{j=2}^{n-1} h(t_i)\, h(t_j)\, \mathsf{E}\big(u_i - \beta h(t_i)\big)\big(u_j - \beta h(t_j)\big) \\ & = \frac{1}{\left[\sum_{i=2}^{n-1} h^2(t_i)\right]^2} \sum_{i=2}^{n-1} \sum_{j=2}^{n-1} h(t_i)\, h(t_j)\, \big[\mathsf{Cov}\,(u_i, u_j) \\ & \qquad + \big(\mathsf{E}u_i - \beta h(t_i)\big)\big(\mathsf{E}u_j - \beta h(t_j)\big)\big].\end{aligned} \tag{69}$$

Die stochastische Unabhängigkeit der $\varepsilon_1, \ldots, \varepsilon_n$ bewirkt, daß u_i und u_{i+k} für $k \geqq 3$, $i = 1, \ldots, n - k$, unabhängig sind. Damit ist $\mathrm{Cov}\,(u_i, u_{i+k}) = 0$ für $k \geqq 3$. Mit der durch (67) gegebenen Darstellung für die Verteilung von u_j können die Werte $\mathrm{E}\tilde{\varphi}_n$ und

$$\frac{1}{\left[\sum_{i=2}^{n-1} h^2(t_i)\right]^2} \left\{\sum_{i=2}^{n-1} h(t_i)\,[\mathrm{E}u_i - \beta h(t_i)]\right\}^2 \tag{70}$$

berechnet werden. Die Werte $\mathrm{Cov}\,(u_i, u_{i+1})$, $\mathrm{Cov}\,(u_i, u_{i+2})$ sind aus der gemeinsamen Verteilung der u_i, u_{i+1}, u_{i+2} zu bestimmen. Jedoch führt diese analytische Darstellung der Verteilung nicht zu einer praktischen Lösung. Nur in Spezialfällen können die entsprechenden Werte errechnet werden.

Beispiel 6.2.3. Wir betrachten das lineare Modell (62) für $h(t) = 1$, so daß $y_1, \ldots, y_n$ unabhängig und identisch verteilt sind:

$$y_i = \beta + \varepsilon_i, \qquad i = 1, \ldots, n.$$

Die Verteilungsfunktion der $u_2, \ldots, u_{n-1}$ errechnet sich aus (67) zu

$$G(x) = 3F^2(x - \beta) - 2F^3(x - \beta).$$

Damit erhält man

$$\mathrm{E}u_i = \beta + 3 \int yF^2(y)\,\mathrm{d}y - 2 \int yF^3(y)\,\mathrm{d}y.$$

Da $u_2, \ldots, u_{n-1}$ identisch verteilt sind, hängen $\mathrm{E}u_i$, $\mathrm{Var}\,u_i$, $\mathrm{Cov}\,(u_i, u_{i+1})$, $\mathrm{Cov}\,(u_i, u_{i+2})$ nicht von i ab. Setzt man $\mathrm{E}u_i = \alpha$, $\mathrm{Var}\,u_i = \lambda_0$, $\mathrm{Cov}\,(u_i, u_{i+1}) = \lambda_1$, $\mathrm{Cov}\,(u_i, u_{i+2}) = \lambda_2$, so ergibt sich aus (68) und (69)

$$\mathrm{E}\tilde{\varphi}_n = \alpha,$$

$$\mathrm{E}(\tilde{\varphi}_n - \beta)^2 = \frac{1}{(n-2)^2}\,[(n-2)\,\lambda_0 + 2(n-3)\,\lambda_1 + 2(n-4)\,\lambda_2] + (\alpha - \beta)^2.$$

Nehmen wir an, es sei F die Verteilungsfunktion der $\mathrm{N}(0, \sigma^2)$-Verteilung. Dann folgt

$$\mathrm{E}u_i = \beta,$$

$$\mathrm{E}(u_i - \beta)^2 = \sigma^2 \left(1 - \frac{\sqrt{3}}{\pi}\right) = 0.449\sigma^2.$$

Außerdem zeigt man

$$\mathrm{Cov}\,(u_i, u_{i+1}) = \sigma^2 \cdot 0.248, \qquad \mathrm{Cov}\,(u_i, u_{i+2}) = \sigma^2 \cdot 0.118.$$

Daraus folgt

$$\mathrm{E}\tilde{\varphi}_n = \beta,$$

$$\mathrm{E}(\tilde{\varphi}_n - \beta)^2 = \frac{1.181n - 3.33}{(n-2)^2}\,\sigma^2.$$

Die Kleinste-Quadrate-Schätzung im Modell (62) ist bei $h(t) = 1$

$$\hat{\beta} = \varphi_n = \frac{1}{n} \sum_{i=1}^{n} y_i$$

mit $\mathrm{E}\hat{\beta} = \beta$, $\mathrm{E}(\varphi_n - \beta)^2 = \frac{1}{n}\,\sigma^2$. Die Effizienz des Medianglätters bez. der Kleinste-Quadrate-Schätzung ist dann

$$\mathrm{eff}\,(n) = \frac{\mathrm{E}(\varphi_n - \beta)^2}{\mathrm{E}(\tilde{\varphi}_n - \beta)^2} = \frac{(n-2)^2}{n(1.181n - 3.33)}.$$

Tab. 6.2.2. Effizienz der Medianglättung bei Normalverteilung

n	5	10	20	30	40	50	70	100	∞
eff (n)	.699	.755	.798	.814	.822	.827	.833	.837	.847

Für die doppelte Exponentialverteilung ergibt sich

$$\mathsf{E}u_i = \beta,$$

$$\mathsf{E}(u_i - \beta)^2 = 0.308\sigma^2,$$

$$\mathsf{Cov}\,(u_i, u_{i+1}) = 0.165\sigma^2, \quad \mathsf{Cov}\,(u_i, u_{i+2}) = 0.069\,\sigma^2,$$

und es folgt

$$\mathsf{E}\tilde{\varphi}_n = \beta,$$

$$\mathsf{E}(\tilde{\varphi}_n - \beta)^2 = \frac{0.775n - 2.16}{(n-2)^2}\,\sigma^2.$$

Die Effizienz des Medians bei der doppelten Exponentialverteilung ist somit

$$\text{eff}\,(n) = \frac{(n-2)^2}{n(0.775n - 2.16)}.$$

Tab. 6.2.3. Effizienz der Medianglättung bei der doppelten Exponentialverteilung

n	5	10	20	50	100	∞
eff (n)	1.05	1.14	1.21	1.26	1.27	1.29

In diesem Beispiel wird deutlich, daß die Nutzung eines Glätters die Effizienz eines Schätzverfahrens erhöhen kann. Insbesondere bei „langschwänzigen" Verteilungen ist dies zu erwarten, da dann die Wahrscheinlichkeit für das Auftreten von Ausreißern relativ groß ist.

In Beispiel 6.2.3. zeigte sich, daß die Effizienz unabhängig von β ist. Das wurde dadurch erreicht, daß $h(t) = 1$ gewählt wurde. Ist hingegen $h(t)$ nicht konstant, so wird die Effizienz von β abhängen. Es zeigt sich, daß für die Effizienz bei $h(t) = t^\alpha$, $\alpha > 0$, gewisse Monotonieaussagen in Abhängigkeit von β, n bewiesen werden können. Werden z. B. $t_i = i$, $i = 1, \ldots, n$, als Versuchspunkte gewählt, so wächst bei Normalverteilung bei festem n die Effizienz monoton in β, sobald $\alpha > 0$ gilt. Setzen wir eine doppelte Exponentialverteilung voraus, so fällt bei $\alpha > 1$ die Effizienz bei festem β und $n \to \infty$.

Diese Aussagen verdeutlichen, daß bei nichtlinearen Glättern der Typ der Fehlerverteilung und das betrachtete Modell einen wesentlichen Einfluß auf deren Güte ausüben.

6.3. Nichtparametrische Regression

Die nichtparametrische Schätzung von Regressionsfunktionen ist eine datenanalytische Methode zur Auswertung von Beobachtungsreihen, wenn keine oder nicht ausreichende Vorinformation über die funktionelle Gestalt des Trendanteils der Variablen gegeben ist. Dabei liefern von der Methodik her nichtparametrische Regressionsschätzungen Approximationen für den Trend. Diese Approximationen sind nicht erwartungstreu, jedoch können unter relativ schwachen Voraussetzungen Aussagen wie asymptotische Erwartungstreue und Konsistenz bewiesen werden. Wir führen in diesem Abschnitt einige Regressionsschätzungen ein und diskutieren deren Eigenschaften. Es wird für die Variablen $y_1, \ldots, y_n$ das nichtlineare Regressionsmodell

$$y_i = x(t_i) + \varepsilon_i, \qquad i = 1, \ldots, n, \tag{71}$$

für $t_1 \leqq t_2 \leqq \ldots \leqq t_n$ vorausgesetzt. x sei eine auf dem Intervall $\mathcal{T} \subseteq \mathbb{R}^1$ definierte Funktion, $\mathcal{T} = [\underline{t}, \bar{t}]$. $\varepsilon_1, \ldots, \varepsilon_n$ seien unabhängig und identisch verteilt mit $\mathsf{E}\varepsilon_i = 0$, $\mathsf{E}\varepsilon_i^2 = \sigma^2$. Die meisten *nichtparametrischen Regressionsschätzungen* schätzen die Regressionsfunktion an der Stelle t durch ein gewichtetes Mittel aller Beobachtungen y_i, für die t_i in der „Nähe" von t liegt.

6.3.1. Regressogramm

Das *Regressogramm* (Tukey (1961)) liefert als Schätzung von $x(t)$ den Mittelwert aller y_i, für die t_i in einem Intervall $\Delta(t)$ um t liegt. Bezeichnet man mit I_Δ die Indikatorfunktion des Intervalls Δ, so heißt

$$r(t) = \begin{cases} \dfrac{\sum\limits_{i=1}^{n} y_i I_{\Delta(t)}(t_i)}{\sum\limits_{i=1}^{n} I_{\Delta(t)}(t_i)} & \text{für } \sum\limits_{i=1}^{n} I_{\Delta(t)}(t_i) \neq 0, \\ 0 & \text{sonst} \end{cases} \tag{72}$$

das Regressogramm. $\Delta(t)$ ist ein Intervall, das den Punkt t enthält. Beispielsweise kann

$$\Delta(t) = [t - \delta, t + \delta], \qquad \delta > 0, \tag{73}$$

gewählt werden. Man erkennt, daß diese Schätzung stückweise konstant ist und sich somit bei endlichem Stichprobenumfang Glattheitseigenschaften von x nicht auf r übertragen.

6.3.2. Kernschätzungen

Für die Approximation von Regressionsfunktionen wurden von Watson (1964) und Nadaraja (1964) Kernschätzungen eingeführt, die später unter verschiedenen Voraussetzungen qualitativ untersucht wurden (Priestley/Chao (1972), Benedetti (1977), Clark (1977), Gasser/Müller (1979), Schuster/Yakowitz (1979), Cheng/Lin (1981), Liero (1984)).

Es sei w eine nichtnegative Funktion mit $\int w(z)\,dz = 1$ und $b(n)$ eine Folge von positiven Zahlen mit $b(n) \geqq 0$, $b(n) \to 0$, $nb(n) \to \infty$.
Die Funktion

$$k_1(t) = \begin{cases} \dfrac{\sum\limits_{i=1}^{n} y_i w\left(\dfrac{t - t_i}{b(n)}\right)}{\sum\limits_{i=1}^{n} w\left(\dfrac{t - t_i}{b(n)}\right)} & \text{für } \sum\limits_{i=1}^{n} w\left(\dfrac{t - t_i}{b(n)}\right) \neq 0, \\ 0 & \text{sonst} \end{cases} \tag{74}$$

wurde von WATSON und NADARAYA als *Kernschätzung* definiert. Von CHENG/LIN, GASSER/MÜLLER wurde die folgende Schätzung untersucht. Für eine Folge von Konstanten $s_0, \ldots, s_n$ mit

$$s_{j-1} \leqq t_j \leqq s_j \tag{75}$$

betrachteten sie

$$k_2(t) = \frac{1}{b(n)} \sum_{j=1}^{n} y_j \int_{s_{j-1}}^{s_j} w\left(\frac{t-s}{b(n)}\right) ds. \tag{76}$$

Eine mögliche Festlegung der s_j ist gegeben durch

$$s_j = \frac{1}{2}(t_j + t_{j+1}), \qquad j = 1, \ldots, n-1,$$

$$s_0 = \underline{t}, \qquad s_n = \bar{t}.$$

Von PRIESTLEY/CHAO (1972) wurde die Schätzung

$$k_3(t) = \frac{1}{b(n)} \sum_{j=1}^{n} y_j(t_j - t_{j-1})\, w\left(\frac{t-t_j}{b(n)}\right) \tag{77}$$

eingeführt, wobei $t_0 = \underline{t}$ gesetzt wird.

Jede dieser Schätzungen hat eine heuristische Begründung, die unmittelbar aus der jeweiligen gewählten Bewichtung für die einzelnen Beobachtungen ablesbar ist.

6.3.3. Eigenschaften der Kernschätzungen

Wir können den asymptotischen Erwartungswert sowie die asymptotische Varianz der eingeführten Kernschätzungen bestimmen. Dazu kennzeichnen wir die Abhängigkeit der $t_1, \ldots, t_n$ von n in der Form $t_1^{(n)}, \ldots, t_n^{(n)}$ und setzen

$$\max_j |t_j^{(n)} - t_{j-1}^{(n)}| = O\left(\frac{1}{n}\right) \tag{78}$$

voraus. w sei eine Kernfunktion mit kompaktem Träger, $w(z) = 0$ für $z \notin [-L, L]$. Es gelte

$$\int_{-L}^{L} z w(z)\, dz = 0, \qquad \int_{-L}^{L} z^2 w(z)\, dz \neq 0.$$

Wenn dann $x(t)$ zweimal stetig differenzierbar ist, so gilt (GASSER/MÜLLER (1979))

$$\mathsf{E}k_2(t) - x(t) = \frac{1}{2} b(n)^2 \int_{-L}^{L} z^2 w(z)\, dz\, x''(t) + O\left(\frac{1}{n}\right) + o\big(b(n)^2\big).$$

Wenn außerdem für die in (75) betrachteten Konstanten $s_j = s_j^{(n)}$ die Bedingung

$$\max_j \left| s_j^{(n)} - s_{j-1}^{(n)} - \frac{1}{n} \right| = O\left(\frac{1}{n^\delta}\right), \qquad \delta > 1$$

erfüllt ist, so gilt für den mittleren quadratischen Abstand die Darstellung

$$\mathsf{E}\big(k_2(t) - x(t)\big)^2 = \frac{\sigma^2}{nb(n)} \int\limits_{-L}^{L} w^2(z)\,\mathrm{d}z + \frac{b(n)^4}{4} \left(\int\limits_{-L}^{L} \big(w(z)\,z^2\,\mathrm{d}z \right)^2 [x''(t)]^2$$

$$+\, O\left(\frac{1}{n^6 b(n)} + \frac{1}{n^2 b(n)^2}\right) + o\left(\frac{b(n)^2}{n} + b(n)^4\right).$$

Dieser mittlere quadratische Abstand kann, vernachlässigt man alle Terme der Ordnung $O\left(\frac{1}{nb(n)} + b^4(n)\right)$, bei festem n bez. $b(n)$ minimiert werden, man erhält

$$b^*(n) = \left[\frac{\sigma^2 \int w^2(z)\,\mathrm{d}z}{\left(\int \big(w(z)\,z^2\,\mathrm{d}z\right)^2 [x''(t)]^2}\right]^{1/5} n^{-1/5}.$$

Damit ist bei großem n eine Rechtfertigung für die *vorgeschlagene Wahl* $b(n) = n^{-1/5}$ gegeben. Es zeigt sich, daß auch für die Kernschätzung $k_1(t)$ und $k_3(t)$ dieselbe Abhängigkeit des $b(n)$ von n bis auf unterschiedliche Konstanten erhalten wird. Es kann auch die fast sichere Konvergenz für die Schätzungen $k_1(t)$, $k_2(t)$, $k_3(t)$ nachgewiesen werden. Dazu benötigt man die Lipschitz-Stetigkeit von x und w, ein endliches viertes Moment von ε_i, d. h. $\mathsf{E}\varepsilon_i^4 < \infty$, und $\sum\limits_{n=1}^{\infty} \frac{1}{n^2 b(n)^2} < \infty$. Somit zeigt sich, daß die an eine Schätzung gestellten grundlegenden Forderungen wie asymptotische Erwartungstreue und die fast sichere Konvergenz von den eingeführten Kernschätzungen erfüllt werden.

7. Methoden der Versuchsplanung

In den vorangegangenen Kapiteln wurden bei gegebenem Modell

$$y_i = x(t_i) + \varepsilon_i, \qquad i = 1, \ldots, n, \tag{1}$$

für die Variablen $y_1, \ldots, y_n$ statistische Verfahren zur Schätzung der Funktion x oder anderer unbekannnter Parameter angegeben. Außerdem untersuchten wir Tests über die unbekannten Parameter in solchen Modellen und auch das Diskriminationsproblem. Meist gingen wir davon aus, daß die Versuchspunkte $t_1, \ldots, t_n$ gegeben waren. Die Effizienz aller dieser Verfahren hängt wesentlich von der Versuchsplanung ab, so daß es notwendig ist, auch Methoden zur möglichst optimalen Versuchsdurchführung zu diskutieren. Dabei spielt das zugrundegelegte Modell eine große Rolle, denn nur unter gegebenen Voraussetzungen über die Funktion x und die Fehlerstruktur lassen sich Güteaussagen für statistische Verfahren ableiten.

Setzt man ein lineares Modell für die Variablen $y_1, \ldots, y_n$ voraus,

$$y_i = \boldsymbol{x}'(t_i)\,\boldsymbol{\beta} + \varepsilon_i, \qquad i = 1, \ldots, n, \tag{2}$$

und nimmt man unkorrelierte Fehler ε_i mit $\mathsf{E}\varepsilon_i = 0$, $\mathsf{E}\varepsilon_i^2 = \sigma^2$ an, so ist die Kleinste-Quadrate-Schätzung $\hat{\boldsymbol{\beta}}$ für $\boldsymbol{\beta} \in \mathbb{R}^k$ nach Abschnitt 2.1.1 durch

$$\hat{\boldsymbol{\beta}} = (\boldsymbol{X}'\boldsymbol{X})^{-1}\,\boldsymbol{X}'\boldsymbol{y}$$

gegeben. Hier ist

$$\boldsymbol{X} = \begin{pmatrix} \boldsymbol{x}'(t_1) \\ \vdots \\ \boldsymbol{x}'(t_n) \end{pmatrix} \tag{3}$$

eine $n \times k$-Matrix vom Rang k und wird als *Versuchsplanmatrix* bezeichnet. Die Kovarianzmatrix von $\hat{\boldsymbol{\beta}}$ ist

$$\mathsf{Cov}\,\hat{\boldsymbol{\beta}} = \sigma^2(\boldsymbol{X}'\boldsymbol{X})^{-1}$$

und hängt über die Versuchsplanmatrix von den *Versuchspunkten* ab. Sind $\tau_1, \ldots, \tau_m$ die voneinander verschiedenen Versuchspunkte in $\{t_1, \ldots, t_n\}$, so ist der *Versuchsplan* durch n und

$$\xi = \begin{Bmatrix} \tau_1, \ldots, \tau_m \\ p_1, \ldots, p_m \end{Bmatrix} \tag{4}$$

beschrieben, wenn p_i die relative Häufigkeit von τ_i in der Folge $t_1, \ldots, t_n$ bezeichnet. Die Punkte $\tau_1, \ldots, \tau_m$ heißen *Spektrum* des Versuchsplanes. Die p_i sind ganzzahlige Vielfache von $1/n$, und p_i kann als Gewicht des Punktes τ_i im Versuchsplan gedeutet werden. Dabei gilt $\sum_{i=1}^{m} p_i = 1$. Für die Kovarianzmatrix von $\hat{\boldsymbol{\beta}}$ haben wir die Darstellung

$$\operatorname{Cov} \hat{\boldsymbol{\beta}} = \frac{\sigma^2}{n} \left[\sum_{i=1}^{m} p_i \boldsymbol{x}(\tau_i)\, \boldsymbol{x}'(\tau_i) \right]^{-1}. \tag{5}$$

Die Matrix

$$\boldsymbol{M} = \sum_{i=1}^{m} p_i \boldsymbol{x}(\tau_i)\, \boldsymbol{x}'(\tau_i) \tag{6}$$

ist unabhängig von n, hängt nur von dem durch Normierung entstandenen Versuchsplan ξ ab. Bei festem n kann wegen (5) durch eine geeignete Wahl des Versuchsplans die Kovarianzmatrix „verkleinert" werden.

Sind wir in (2) an Tests über $\boldsymbol{\beta}$ interessiert, so kann auch dafür ein Versuchsplan in optimaler Weise gewählt werden. Betrachten wir das Testproblem

$$\mathrm{H}: \boldsymbol{F\beta} = \boldsymbol{0} \quad \text{gegen} \quad \mathrm{K}: \boldsymbol{F\beta} \neq \boldsymbol{0}$$

für eine $r \times k$-Matrix $\boldsymbol{F}$ vom Rang r. In Abschnitt 2.1.1 wurde gezeigt, daß diese Hypothese testbar ist, falls $\mathcal{R}(\boldsymbol{F}') \subseteq \mathcal{R}(\boldsymbol{X}')$ gilt, und daß unter $\varepsilon \sim \mathrm{N}(0, \sigma^2 \boldsymbol{I})$ der F-Test ein geeigneter Test zum Prüfen von H ist. Wie in Abschnitt 2.1.1.6 gezeigt wurde, ist der F-Test bei

$$\hat{\lambda}(\boldsymbol{y}) = \frac{\hat{\boldsymbol{\beta}}'\boldsymbol{F}'[\boldsymbol{F}(\boldsymbol{X}'\boldsymbol{X})^- \boldsymbol{F}']^- \boldsymbol{F}\hat{\boldsymbol{\beta}}}{\boldsymbol{y}'[\boldsymbol{I} - \boldsymbol{X}(\boldsymbol{X}'\boldsymbol{X})^- \boldsymbol{X}']\, \boldsymbol{y}} \tag{7}$$

durch

$$\varphi(\boldsymbol{y}) = \begin{cases} 1 & \text{für} \quad \dfrac{n-k}{r}\, \hat{\lambda}(\boldsymbol{y}) > \mathrm{F}_{r,n-k;\alpha} \\ 0 & \text{sonst} \end{cases} \tag{8}$$

beschrieben. Die Güte dieses Tests ist eine monoton wachsende Funktion des Nichtzentralitätsparameters

$$\psi^2 = \frac{1}{\sigma^2}\, \boldsymbol{\beta}'\boldsymbol{F}'[\boldsymbol{F}(\boldsymbol{X}'\boldsymbol{X})^- \boldsymbol{F}']^- \boldsymbol{F\beta}. \tag{9}$$

Will man beispielsweise bei einem Problem prüfen, ob von den Funktionen $x_1, \ldots, x_k$, die in (2) benutzt werden, $x_{k-r+1}, \ldots, x_k$ nicht benötigt werden, so ist das gleichbedeutend mit dem Testen von

$$\mathrm{H}: \boldsymbol{\beta}_2 = \boldsymbol{0} \quad \text{gegen} \quad \mathrm{K}: \boldsymbol{\beta}_2 \neq \boldsymbol{0},$$

falls $\boldsymbol{\beta} = \begin{pmatrix} \boldsymbol{\beta}_1 \\ \boldsymbol{\beta}_2 \end{pmatrix}$, $\boldsymbol{\beta}_1 \in \mathbb{R}^{k-r}$, $\boldsymbol{\beta}_2 \in \mathbb{R}^r$. Hier ist $\boldsymbol{F} = (\boldsymbol{0} \mid \boldsymbol{I}_r)$, $\boldsymbol{0}$ die $r \times (k-r)$-Nullmatrix. Dann gilt

$$\psi^2 = \frac{n}{\sigma^2}\, \boldsymbol{\beta}_2'[\boldsymbol{F}\boldsymbol{M}^+\boldsymbol{F}']^{-1}\, \boldsymbol{\beta}_2. \tag{10}$$

Damit kann die Güte des F-Tests durch eine geeignete Wahl des Versuchsplans erhöht werden.

Auch bei der Diskrimination von Verteilungen kann die Korrekt- bzw. Fehlklassifikationswahrscheinlichkeit durch die Versuchsplanung beeinflußt werden. Betrachtet man die beiden Klassen der $N(\boldsymbol{\mu}_i, \boldsymbol{\Sigma})$-verteilten Variablen, $i = 1, 2$, so wurde im Abschnitt 3.2.2 gezeigt, daß die Korrektklassifikationswahrscheinlichkeiten der Maximum-Likelihood-Regel bzw. des Verfahrens, das mit den geschätzten linearen Diskriminanzfunktionen arbeitet, monoton in

$$\Delta^2 = (\boldsymbol{\mu}_1 - \boldsymbol{\mu}_2)' \boldsymbol{\Sigma}^{-1} (\boldsymbol{\mu}_1 - \boldsymbol{\mu}_2) \tag{11}$$

sind. Sind hierbei $\boldsymbol{\mu}_1, \boldsymbol{\mu}_2$ nicht beliebige Vektoren des $\mathbb{R}^n$, sondern gilt eine Darstellung

$$\boldsymbol{\mu}_1 = \boldsymbol{X\beta}, \qquad \boldsymbol{\mu}_2 = \boldsymbol{V\eta} \tag{12}$$

für eine $n \times k$-Matrix $\boldsymbol{X}$, eine $n \times s$-Matrix $\boldsymbol{V}$ mit

$$\boldsymbol{X} = \begin{pmatrix} \boldsymbol{x}'(t_1) \\ \vdots \\ \boldsymbol{x}'(t_n) \end{pmatrix}, \quad \boldsymbol{V} = \begin{pmatrix} \boldsymbol{v}'(t_1) \\ \vdots \\ \boldsymbol{v}'(t_n) \end{pmatrix},$$

so gilt unter $\boldsymbol{\Sigma} = \boldsymbol{I}$

$$\Delta^2 = (\boldsymbol{\beta}', -\boldsymbol{\eta}') \begin{pmatrix} \boldsymbol{X'X} & \boldsymbol{X'V} \\ \boldsymbol{V'X} & \boldsymbol{V'V} \end{pmatrix} \begin{pmatrix} \boldsymbol{\beta} \\ -\boldsymbol{\eta} \end{pmatrix}. \tag{13}$$

Die hier gemachten Voraussetzungen über $\boldsymbol{X}$ bzw. $\boldsymbol{V}$ bedeuten, daß zwischen zwei Regressionsmodellen diskriminiert wird. Dabei sind die Modelle durch

$$y_i = \boldsymbol{x}'(t_i)\, \boldsymbol{\beta} + \varepsilon_i, \qquad i = 1, \ldots, n, \tag{14}$$

$$\bar{y}_i = \boldsymbol{v}'(t_i)\, \boldsymbol{\eta} + \bar{\varepsilon}_i, \qquad i = 1, \ldots, n, \tag{15}$$

gegeben. Aus (13) ist zu sehen, daß Δ^2 und damit die Korrektklassifikationswahrscheinlichkeit durch eine gezielte Wahl des Versuchsplans erhöht werden kann.

7.1. Charakterisierung optimaler Versuchspläne

In den genannten Beispielen zur Schätzung, zum Testen und zur Klassifikation kann durch die geeignete Wahl eines Versuchsplans die Güte der Verfahren gesteuert werden.

Die bisher angeführten Versuchspläne zu gegebenem n waren durch die Punkte des Spektrums mit den zugehörigen Gewichten $p_1, \ldots, p_m$ beschrieben. Da diese Gewichte ganzzahlige Vielfache von $1/n$ waren, werden diese Pläne *realisierbar* genannt. Für die mathematische Behandlung der Auswahl eines optimalen Plans erweist sich die Bedingung an die Gewichte, ganzzahliges Vielfaches von $1/n$ zu sein, als zu kompliziert, weshalb Kiefer (1961) vorschlug, die Menge aller Pläne

$$\xi = \begin{Bmatrix} \tau_1, \ldots, \tau_m \\ p, \ldots, p_m \end{Bmatrix}$$

mit $p_i \geqq 0$, $\sum_{i=1}^{m} p_i = 1$ zu betrachten. Diese Pläne nannte er *approximativ* oder auch *diskret*. In dieser Menge Ξ der diskreten Versuchspläne kann häufig ein optimaler Plan gefunden werden. Für $\xi_1 \in \Xi$, $\xi_2 \in \Xi$ ist auch der Versuchsplan

$$\xi = \alpha\xi_1 + (1 - \alpha)\,\xi_2, \qquad 0 \leqq \alpha \leqq 1,$$

ein diskreter Versuchsplan, wobei

$$\xi = \begin{Bmatrix} \tau_1^{(1)}, \ldots, & \tau_m^{(1)}, & \tau_1^{(2)}, \ldots, & \tau_l^{(2)} \\ \alpha p_1^{(1)}, \ldots, & \alpha p_m^{(1)}, & (1-\alpha)\,p_1^{(2)}, \ldots, & (1-\alpha)\,p_l^{(2)} \end{Bmatrix}$$

mit

$$\xi_1 = \begin{Bmatrix} \tau_1^{(1)}, \ldots, \tau_m^{(1)} \\ p_1^{(1)}, \ldots, p_m^{(1)} \end{Bmatrix}, \qquad \xi_2 = \begin{Bmatrix} \tau_1^{(2)}, \ldots, \tau_l^{(2)} \\ p_1^{(2)}, \ldots, p_l^{(2)} \end{Bmatrix}$$

gilt. Damit entsteht das Spektrum von ξ durch Vereinigung der Spektren von ξ_1 und ξ_2. Die Menge aller *Informationsmatrizen* $\boldsymbol{M}(\xi)$, $\xi \in \Xi$, ist konvex und kompakt, wenn $x_1(t), \ldots, x_k(t)$ stetige Funktionen sind. Jedes Funktional, das über $\{\boldsymbol{M}(\xi) : \xi \in \Xi\}$ definiert ist, Werte in $\mathbb{R}^+$ annimmt und gewisse Monotonieeigenschaften besitzt, ist zur Auswahl eines optimalen Plans geeignet. Zwar sind auch allgemeinere Funktionale über Ξ als Optimalitätskriterien denkbar, aber die von uns betrachteten Beispiele zeigen, daß dort die zu optimierenden Parameter $\mathsf{Cov}\,\boldsymbol{F}\hat{\boldsymbol{\beta}}$ und ψ^2 von ξ über $\boldsymbol{M}(\xi)$ abhängen. Der Parameter Δ^2 hängt bei $\boldsymbol{\Sigma} = \boldsymbol{I}$ ebenfalls von ξ nur über die Informationsmatrix (des vereinigten Regressionsmodells) ab. Die meisten Optimalitätskriterien erweisen sich als konkav bzw. konvex in ξ. Deshalb ist ein von WHITTLE (1973) erzieltes Resultat zur Charakterisierung optimaler Pläne grundlegend. Er betrachtete konkave Funktionale H über Ξ. Ein Funktional H heißt konkav, wenn für beliebige Pläne $\xi_1, \xi_2 \in \Xi$ die Ungleichung

$$H\big((1-\alpha)\,\xi_1 + \alpha\xi_2\big) \geqq (1-\alpha)\,H(\xi_1) + \alpha H(\xi_2), \qquad 0 \leqq \alpha \leqq 1,$$

gilt. Die Ableitung von H in ξ_1 in Richtung ξ_2 ist durch

$$h(\xi_1, \xi_2) = \frac{\partial}{\partial\alpha} H\big((1-\alpha)\,\xi_1 + \alpha\xi_2\big)\Big|_{\alpha=0}$$

gegeben. Whittle zeigte die *Äquivalenz* folgender Bedingungen:

1. Für $\xi^* \in \Xi$ gilt $H(\xi^*) = \sup_{\xi \in \Xi} H(\xi)$, (16)

2. ξ^* minimiert $\sup_{\xi_2 \in \Xi} h(\xi, \xi_2)$, (17)

3. $\sup_{\xi_2 \in \Xi} h(\xi^*, \xi_2) = 0$. (18)

Diese zueinander äquivalenten Aussagen sind deshalb von besonderer Wichtigkeit, da dadurch eine Idee zur approximativen Berechnung optimaler Pläne motiviert wird und außerdem viele Optimalitätskriterien auf konkave Funktionale zurückgeführt werden können. Zusätzlich kann gezeigt werden, daß für Funktionale H, für die eine Funktion $d(x, \xi)$ mit

$$h(\xi, \xi_2) = \sum_{j=1}^{m} p_j d(\tau_j, \xi)$$

bei beliebigem Plan $\xi_2 \in \Xi$, $\xi_2 = \begin{Bmatrix} \tau_1, \ldots, \tau_m \\ p_1, \ldots, p_m \end{Bmatrix}$ existiert, die Bedingung 2 der Aussage

2'. $\quad \xi^*$ minimiert $\sup\limits_{t \in \mathcal{T}} d(t, \xi)$

äquivalent ist.

Es erweist sich, daß

$$-|\boldsymbol{F}'\boldsymbol{M}^{-1}(\xi)\,\boldsymbol{F}|$$

und

$$-\operatorname{sp} \boldsymbol{F}'\boldsymbol{M}^{-1}(\xi)\,\boldsymbol{F}$$

konkave Funktionale über Ξ sind, so daß die in (16), (17) und (18) formulierten Aussagen für diese speziellen Funktionale äquivalent sind.

7.2. Optimale Versuchsplanung

In der Menge der Versuchspläne ist ein solcher auszuwählen, mit dem eine möglichst gute Entscheidung bei dem jeweiligen Problem getroffen wird. Dabei hängt das benutzte Kriterium von dem Ziel der Analyse ab und somit auch der entsprechend optimale Plan.

7.2.1. Versuchspläne für die Schätzung

Soll im Modell (2) der Parameter $\boldsymbol{F\beta}$ durch $\boldsymbol{F}\hat{\boldsymbol{\beta}}$ geschätzt werden, so gilt

$$\operatorname{Cov} \boldsymbol{F}\hat{\boldsymbol{\beta}} = \frac{\sigma^2}{n}\,\boldsymbol{F}'\boldsymbol{M}^{-1}(\xi)\,\boldsymbol{F},$$

so daß ein Plan ξ^* bestimmt werden muß, für den $\boldsymbol{F}'\boldsymbol{M}^{-1}(\xi)\,\boldsymbol{F}$ „klein" ist. Hier wird meist die Determinante von $\boldsymbol{F}'\boldsymbol{M}^{-1}(\xi)\,\boldsymbol{F}$ oder die Spur von $\boldsymbol{A}\boldsymbol{F}'\boldsymbol{M}^{-1}(\xi)\,\boldsymbol{F}$ für eine positiv semidefinite Matrix $\boldsymbol{A}$ oder auch $\max\limits_{t \in \mathcal{T}} \boldsymbol{x}'(t)\,\boldsymbol{M}^{-1}(\xi)\,\boldsymbol{x}(t)$ als zu minimierendes Funktional betrachtet (Bandemer u. a. (1973), E. Läuter (1974a), Fedorow (1971)).

Die Berechnung optimaler Versuchspläne stößt oft auf Schwierigkeiten. In polynomialen und trigonometrischen Modellen können optimale Pläne direkt angegeben werden (Karlin/Studden (1966), Fedorow (1971)). Für die meisten anderen Modelle kann man optimale Pläne nur approximativ bestimmen. Ist $H(\xi)$ das betrachtete Optimalitätskriterium und soll ein $\xi^* \in \Xi$ mit

$$H(\xi^*) = \max_{\Xi} H(\xi)$$

gefunden werden, so ist es möglich, zu vorgegebenem $\delta > 0$ ein $\bar{\xi}$ mit

$$H(\xi^*) - H(\bar{\xi}) \leqq \delta$$

zu bestimmen. Es liegen also die Kriteriumswerte der beiden Pläne nahe beieinander. Von FEDOROW (1971), WYNN (1972), E. LÄUTER (1974) wurden Berechnungsverfahren derartiger Pläne angegeben.

7.2.1.1. D-optimale Pläne

Bei der Schätzung von $\boldsymbol{\beta}$ im Modell (2) wird zur Bestimmung eines optimalen Versuchsplans häufig die *D-Optimalität* zugrunde gelegt. Dabei heißt ξ^* *D-optimal*, falls

$$|\boldsymbol{M}^{-1}(\xi^*)| = \min_{\xi} |\boldsymbol{M}^{-1}(\xi)|$$

gilt. Da insbesondere die $k \times k$-Matrix $\boldsymbol{M}(\xi^*)$ nichtsingulär sein muß, ist es notwendig, daß das Spektrum von ξ^* mindestens k Punkte enthält. Andererseits kann gezeigt werden (HUMAK (1977)), daß für das Spektrum von ξ^* höchstens $\frac{k(k+1)}{2} + 1$ verschiedene Punkte notwendig sind, so daß ein D-optimaler Plan in der Menge der diskreten Pläne mit l Punkten im Spektrum bei

$$k \leqq l \leqq \frac{k(k+1)}{2} + 1$$

bestimmt werden muß. KARLIN/STUDDEN (1966) zeigten, daß für eine große Klasse von Modellen das Spektrum eines D-optimalen Plans aus genau k Punkten besteht. Dabei spielt der Begriff des Tschebyscheffschen Polynoms für $\mathscr{T} \subseteq \mathbb{R}^1$ eine Rolle. Ein System von stetigen Funktionen $x_1(t), \ldots, x_k(t)$, $t \in [a, b]$, heißt Tschebyscheffsches System in $[a, b]$, wenn jede Linearkombination $\sum_{i=1}^{k} a_i x_i(t)$ mit $\sum_{i=1}^{k} |a_i| > 0$ nicht mehr als $k - 1$ Nullstellen in $[a, b]$ hat. Diese Bedingung ist äquivalent zu

$$\left| \begin{pmatrix} x_1(t_1) & \ldots & x_k(t_1) \\ \vdots & & \vdots \\ x_1(t_k) & \ldots & x_k(t_k) \end{pmatrix} \right| \neq 0$$

für beliebige $a \leqq t_1 < t_2 < \ldots < t_k \leqq b$. Das klassische Beispiel für ein Tschebyscheffsches Funktionensystem sind die Potenzen von t: $x_i(t) = t^{i-1}$, $i = 1, \ldots, k$.

KARLIN/STUDDEN (1966) bewiesen, daß das Spektrum eines D-optimalen Plans im Modell (2) für $\boldsymbol{x}(t) = \sqrt{w(t)}\,(1, t, \ldots t^{k-1})'$, $a \leqq t \leqq b$, genau k Punkte enthält, falls $w(t) > 0$ ist und eine der drei Bedingungen erfüllt ist:

1. $\{1, w(t), w(t)\,t, \ldots, w(t)\,t^{2(k-1)}\}$ ist ein Tschebyscheffsches System in $[a, b]$.
2. $w(t) = P^{-1}(t)$, wobei $P(t)$ eine in $[a, b]$ positive stetig differenzierbare Funktion ist und ihre $(2k-1)$-te Ableitung existiert und keine Nullstelle in $[a, b]$ hat.
3. $w(t) = P^{-1}(t)$, wobei $P(t)$ ein in $[a, b]$ positives Polynom höchstens vom Grad $2(k-1)$ ist.

Damit sind allgemeine Funktionenklassen beschrieben, für die die minimale Anzahl k von Punkten im Spektrum erreicht wird. Es kann außerdem gezeigt werden, daß ein D-optimaler Plan, dessen Spektrum genau k Punkte besitzt, notwendig die zugehörigen Gewichte $p_i = \frac{1}{k}$, $i = 1, \ldots, k$, hat. Das bedeutet, daß bei $n = n_0 k$ Beobachtungen entsprechend einem D-optimalen Plan in jedem Punkt genau n_0 Messungen durchgeführt werden sollen. Also führt in diesen Modellen die D-Optimalität zu einem *balancierten* Versuchsplan.

Betrachtet man speziell die polynomiale Regression, d. h. $x_i(t) = \sqrt{w(t)}\, t^{i-1}$, so können die Punkte des Spektrums D-optimaler Pläne direkt als Wurzeln gewisser Polynome charakterisiert werden. In jedem der genannten Fälle treten genau k Punkte im Spektrum des optimalen Plans auf.

Die optimalen Punkte sind die Nullstellen

1. bei $w(t) = 1$, $-1 \leqq t \leqq 1$, vom Polynom $(1 - t^2) \frac{\mathrm{d}}{\mathrm{d}t} P_{k-1}(t)$, wobei P_{k-1} das $(k-1)$-te Legendre-Polynom ist,
2. bei $w(t) = (1 - t)^{\alpha+1} (1 + t)^{\beta+1}$, $-1 \leqq t \leqq 1$, $\alpha > -1$, $\beta > -1$, vom k-ten Jacobi-Polynom $P_k^{(\alpha,\beta)}(t)$,
3. bei $w(t) = \mathrm{e}^{-t} t^{\alpha+1}$, $0 \leqq t < \infty$, $\alpha > -1$, vom Polynom $L_k^{(\alpha)}(t)$, wobei $L_k^{(\alpha)}$ das k-te Laguerre-Polynom mit dem Parameter α ist,
4. bei $w(t) = \mathrm{e}^{-t^2}$, $-\infty < t < \infty$, vom Hermiteschen Polynom $H_k(t)$.

Für $w(t) = 1$, $-1 \leqq t \leqq 1$, sind in der Tabelle 7.2.1 die optimalen Versuchspunkte angegeben. Man ersieht hier insbesondere die nichtgleichmäßige Verteilung der Versuchspunkte in $[-1, 1]$.

Tabelle 7.2.1. Spektrum der D-optimalen Pläne bei Polynomialregression

k	Spektrum
2	−1, 1
3	−1, 0, 1
4	−1 −0.45, 0.45, 1
5	−1 −0.65, 0, 0.65, 1
6	−1, −0.76, −0.28, 0.28, 0.76, 1
7	−1, −0.83, −0.46, 0, 0.46, 0.83, 1
8	−1, −0.87, −0.59, −0.2, 0.2, 0.59, 0.87, 1
9	−1, −0.89, −0.67, −0.36, 0, 0.36, 0.67, 0.89, 1
10	−1, −0.92, −0.73, −0.47, −0.16, 0.16, 0.47, 0.73, 0.92, 1

7.2.2. Versuchspläne für Test- und Klassifikationsprobleme

Beim Testen von $\boldsymbol{F\beta} = 0$ gegen $\boldsymbol{F\beta} \neq 0$ bei normalverteilten Fehlern ist der Nichtzentralitätsparameter

$$\psi^2 = \frac{1}{\sigma^2} \boldsymbol{\beta}' \boldsymbol{F}' [\boldsymbol{F} \boldsymbol{M}^- \boldsymbol{F}']^- \boldsymbol{F\beta}$$

zu maximieren, bei der Klassifikation ist es der Parameter

$$\Delta^2 = (\boldsymbol{\beta}', -\boldsymbol{\eta}') \begin{pmatrix} \boldsymbol{X}'\boldsymbol{X} & \boldsymbol{X}'\boldsymbol{V} \\ \boldsymbol{V}'\boldsymbol{X} & \boldsymbol{V}'\boldsymbol{V} \end{pmatrix} \begin{pmatrix} \boldsymbol{\beta} \\ -\boldsymbol{\eta} \end{pmatrix}.$$

Auffallend ist hierbei, daß $\mathrm{Cov}\, \boldsymbol{F}\hat{\boldsymbol{\beta}}$ unabhängig vom zu schätzenden Parameter $\boldsymbol{\beta}$ ist (vgl. Abschnitt 7.2.1.), hingegen ψ^2 bzw. Δ^2 beide von den unbekannten Parametern, über die eine Aussage gemacht werden soll, abhängen.

In HUMAK (1977) findet man für die Wahl eines optimalen Plans den Vorschlag, die Determinante oder die Spur von

$$\boldsymbol{A}(\xi) = \boldsymbol{F}'[\boldsymbol{F}\boldsymbol{M}(\xi)^- \boldsymbol{F}']^- \boldsymbol{F}$$

bzw.

$$\begin{pmatrix} \boldsymbol{X}'\boldsymbol{X} & \boldsymbol{X}'\boldsymbol{V} \\ \boldsymbol{V}'\boldsymbol{X} & \boldsymbol{V}'\boldsymbol{V} \end{pmatrix}$$

zu maximieren. Nehmen wir an, es sei ξ^* ein Plan, der $|\boldsymbol{A}(\xi)|$ maximiert. Dann ist ξ^* in gewissem Sinne ein optimaler Plan für alle Parameter, so daß $\psi^2 = \frac{1}{\sigma^2} \boldsymbol{\beta}'\boldsymbol{A}(\xi^*)\, \boldsymbol{\beta}$ für alle $\boldsymbol{\beta}$ groß erwartet wird. Bezeichnet man mit $\xi^*_{\boldsymbol{\beta}}$ einen Plan, für den $\boldsymbol{\beta}'\boldsymbol{A}(\xi^*_{\boldsymbol{\beta}})\, \boldsymbol{\beta} = \max_{\xi} \boldsymbol{\beta}'\boldsymbol{A}(\xi)\, \boldsymbol{\beta}$ gilt, also $\xi^*_{\boldsymbol{\beta}}$ der zu $\boldsymbol{\beta}$ gehörende optimale Plan ist, kann

$$\boldsymbol{\beta}'\boldsymbol{A}(\xi^*_{\boldsymbol{\beta}})\, \boldsymbol{\beta} - \boldsymbol{\beta}'\boldsymbol{A}(\xi^*)\, \boldsymbol{\beta}$$

unvertretbar große Werte annehmen. Das bedeutet, daß die durch Versuchsplanung maximal zu erreichende Güte durch den Plan ξ^* bei weitem nicht realisiert wird. Deshalb bieten sich in dem Fall, daß die zu maximierenden Größen, wie hier ψ^2 oder Δ^2, von unbekannten Parametern abhängen, zwei Möglichkeiten an. Wir beschreiben diese für ψ^2, analog ist es dann für Δ^2 übertragbar.

Minimax-Prinzip

Wir setzen

$$B_{\boldsymbol{\beta}}(\xi) = \boldsymbol{\beta}'\boldsymbol{A}(\xi^*_{\boldsymbol{\beta}})\, \boldsymbol{\beta} - \boldsymbol{\beta}'\boldsymbol{A}(\xi)\, \boldsymbol{\beta}.$$

Der Plan $\hat{\xi}$ heißt *Minimax-Plan*, falls (vgl. Abschnitt 1.6.3)

$$\max_{\boldsymbol{\beta} \in \mathbb{R}^k} B_{\boldsymbol{\beta}}(\hat{\xi}) = \min_{\xi} \max_{\boldsymbol{\beta} \in \mathbb{R}^k} B_{\boldsymbol{\beta}}(\xi)$$

gilt. Hierbei wird ein Versuchsplan $\hat{\xi}$ derart gewählt, daß bei keinem $\boldsymbol{\beta}$ ein zu großer Abstand zwischen $\boldsymbol{\beta}'\boldsymbol{A}(\hat{\xi})\boldsymbol{\beta}$ und $\boldsymbol{\beta}'\boldsymbol{A}(\xi^*_{\boldsymbol{\beta}})\, \boldsymbol{\beta}$, $\boldsymbol{\beta} \in \mathbb{R}^k$, entsteht.

Zweistufige Versuchsplanung

Man berechnet einen D-optimalen Plan ξ^* mit

$$|\boldsymbol{A}(\xi^*)| = \max_{\xi \in \Xi} |\boldsymbol{A}(\xi)|.$$

Mit ξ^* wird $\boldsymbol{\beta}$ geschätzt, wir bezeichnen $\hat{\boldsymbol{\beta}} = \hat{\boldsymbol{\beta}}_{\xi^*}$. Da $\psi^2 = \frac{1}{\sigma^2} \boldsymbol{\beta}'\boldsymbol{A}(\xi)\, \boldsymbol{\beta}$ maximiert werden soll und $\hat{\boldsymbol{\beta}}$ als Approximation für $\boldsymbol{\beta}$ gegeben ist, wird nun $\xi^*_{\hat{\boldsymbol{\beta}}_{\xi^*}}$ bestimmt. Die

Versuchsplanung führt hier zu einer zweistufigen Vorschrift. Ein Teil der Versuche wird nach einem D-optimalen Plan durchgeführt. Mit den Ergebnissen wird $\boldsymbol{\beta}$ geschätzt. In einer zweiten Stufe wird davon ausgegangen, daß diese Schätzung $\hat{\boldsymbol{\beta}}$ das unbekannte $\boldsymbol{\beta}$ gut approximiert und deshalb die restlichen Versuche gemäß $\xi^*_{\hat{\boldsymbol{\beta}}}$ durchgeführt werden. Der entstehende Plan ist dann

$$\xi = (1 - \nu)\, \xi^* + \nu \xi^*_{\hat{\boldsymbol{\beta}}_{\xi^*}}, \qquad 0 \leqq \nu \leqq 1 .$$

Schreibt man vor, daß die Hälfte aller Versuche gemäß ξ^*, die anderen gemäß $\xi^*_{\hat{\boldsymbol{\beta}}_{\xi^*}}$ realisiert werden, so ist $\nu = 1/2$ zu wählen. Durch Variation von ν kann man die Relationen der Stichprobenumfänge beider Stufen verändern.

Die nach dem Minimax-Prinzip und mit der zweistufigen Planung erhaltenen Pläne sind wegen der höheren statistischen Güte der resultierenden Verfahren beide dem D-optimalen Plan vorzuziehen (Läuter (1986)).

7.2.3. Versuchspläne bei der nichtlinearen Regression

Setzt man für die Variablen $y_1, \ldots, y_n$ ein nichtlineares Modell

$$y_i = x(\boldsymbol{t}_i, \boldsymbol{\beta}) + \varepsilon_i, \qquad i = 1, \ldots, n, \tag{19}$$

voraus und nimmt unabhängige Fehler ε_i mit $\mathsf{E}\varepsilon_i = 0$, $\mathsf{E}\varepsilon_i{}^2 = \sigma^2$ an, so minimiert die Kleinste-Quadrate-Schätzung $\hat{\boldsymbol{\beta}} = \hat{\boldsymbol{\beta}}_n$ das Funktional

$$Q_n(\boldsymbol{\beta}) = \frac{1}{n} \sum_{i=1}^{n} \big(y_i - x(\boldsymbol{t}_i, \boldsymbol{\beta})\big)^2. \tag{20}$$

Hier wird vorausgesetzt, daß $\boldsymbol{\beta} \in \mathscr{B} \subseteq \mathbb{R}^k$ und $\boldsymbol{t}_i \in \mathscr{T} \subseteq \mathbb{R}^l$, $i = 1, \ldots, n$, gilt. Die Versuche sollen so geplant werden, daß $\mathsf{Cov}\, \hat{\boldsymbol{\beta}}_n$ minimiert wird. Da $\mathsf{Cov}\, \hat{\boldsymbol{\beta}}_n$ wegen der Nichtlinearität des Modells nicht berechnet werden kann, nutzt man an deren Stelle die *asymptotische Kovarianzmatrix* von $\hat{\boldsymbol{\beta}}_n$, die von Jennrich (1969) bestimmt wurde. Es zeigt sich, daß diese vom unbekannten zu schätzenden Parameter $\boldsymbol{\beta}$ abhängt, so daß schließlich eine ähnliche Vorgehensweise wie bei den Testproblemen im Abschnitt 7.2.2 erforderlich ist.

Nehmen wir an, es seien $\mathscr{B}$ und $\mathscr{T}$ kompakte Teilmengen der entsprechenden euklidischen Räume. Die Funktion $x(\boldsymbol{t}, \boldsymbol{\beta})$ sei auf $\mathscr{B} \times \mathscr{T}$ stetig. Die Versuchspunkte $\boldsymbol{t}_1, \boldsymbol{t}_2, \ldots$ seien unabhängige Realisierungen einer zufälligen Variablen mit der Verteilung ξ, $\xi(\mathscr{T}) = 1$. Die asymptotische Identifizierbarkeit des Parameters $\boldsymbol{\beta}$ wird gesichert, wenn mit

$$Q(\boldsymbol{\beta}, \boldsymbol{\beta}_0) = \int_{\mathscr{T}} \big(x(\boldsymbol{t}, \boldsymbol{\beta}) - x(\boldsymbol{t}, \boldsymbol{\beta}_0)\big)^2\, \xi(\mathrm{d}\boldsymbol{t}), \qquad \boldsymbol{\beta}, \boldsymbol{\beta}_0 \in \mathscr{B},$$

die Gleichung $Q(\boldsymbol{\beta}, \boldsymbol{\beta}_0) = 0$ nur dann erfüllt ist, wenn $\boldsymbol{\beta} = \boldsymbol{\beta}_0$ gilt. Da $\boldsymbol{t}_1, \boldsymbol{t}_2, \ldots$ Realisierungen zur Verteilung ξ sind, erhalten wir

$$Q(\boldsymbol{\beta}, \boldsymbol{\beta}_0) = \lim_{n \to \infty} \frac{1}{n} \sum_{i=1}^{n} \big(x(\boldsymbol{t}_i, \boldsymbol{\beta}) - x(\boldsymbol{t}_i, \boldsymbol{\beta}_0)\big)^2.$$

Setzt man außerdem voraus, daß $x(\boldsymbol{t}, \boldsymbol{\beta})$ bei festem $\boldsymbol{t}$ zweimal stetig differenzierbar nach $\boldsymbol{\beta}$ ist, und bezeichnet man

$$g(\boldsymbol{t}, \boldsymbol{\beta}) = \left(g_1(\boldsymbol{t}, \boldsymbol{\beta}), \ldots, g_k(\boldsymbol{t}, \boldsymbol{\beta})\right)' = \left(\frac{\partial}{\partial \beta_1} x(\boldsymbol{t}, \boldsymbol{\beta}), \ldots, \frac{\partial}{\partial \beta_k} x(\boldsymbol{t}, \boldsymbol{\beta})\right)',$$

$$m_{ij}^{(n)}(\boldsymbol{\beta}) = \frac{1}{n} \sum_{s=1}^{n} g_i(\boldsymbol{t}_s, \boldsymbol{\beta})\, g_j(\boldsymbol{t}_s, \boldsymbol{\beta}), \qquad i, j = 1, \ldots, k,$$

$$m_{ij}(\boldsymbol{\beta}) = \lim_{n \to \infty} m_{ij}^{(n)}(\boldsymbol{\beta}) = \int_{\mathcal{T}} g_i(\boldsymbol{t}, \boldsymbol{\beta})\, g_j(\boldsymbol{t}, \boldsymbol{\beta})\, \xi(\mathrm{d}\boldsymbol{t}),$$

$$\boldsymbol{M}_n(\boldsymbol{\beta}) = \left(m_{ij}^{(n)}(\boldsymbol{\beta})\right), \qquad \boldsymbol{M}(\xi, \boldsymbol{\beta}) = \left(m_{ij}(\boldsymbol{\beta})\right),$$

so wird angenommen, daß der Parameter $\boldsymbol{\beta}_0$, für den $\mathsf{E} y_i = x(\boldsymbol{t}_i, \boldsymbol{\beta}_0)$, $i = 1 \ldots, n$, gilt, ein innerer Punkt von $\mathcal{B}$ und $\boldsymbol{M}(\xi, \boldsymbol{\beta}_0)$ nichtsingulär ist. JENNRICH (1969) bewies, daß unter den hier beschriebenen Voraussetzungen die *Grenzverteilung* von $\sqrt{n}(\hat{\boldsymbol{\beta}}_n - \boldsymbol{\beta}_0)$ die Normalverteilung $\mathrm{N}\left(\boldsymbol{0}, \sigma^2 \boldsymbol{M}^{-1}(\xi, \boldsymbol{\beta}_0)\right)$ ist. Außerdem ist $\boldsymbol{M}_n(\boldsymbol{\beta}_0)$ eine streng konsistente Schätzung für $\boldsymbol{M}(\xi, \boldsymbol{\beta}_0)$. Damit ist motiviert, die Matrix $\boldsymbol{M}(\xi, \boldsymbol{\beta})$ zur Grundlage für die Versuchsplanung im nichtlinearen Modell zu nehmen (E. LÄUTER (1974b)). Das Bestreben ist, diese Matrix $\boldsymbol{M}(\xi, \boldsymbol{\beta})$ zu minimieren. Da $\boldsymbol{M}(\xi, \boldsymbol{\beta})$ vom zu schätzenden Parameter abhängt, sollte die Methodik des vorhergehenden Abschnitts hier übertragen werden. Bei einer zweistufigen Versuchsplanung müßte anstelle eines in Abschnitt 7.2.2 gewählten D-optimalen Plans ein Versuchsplan bestimmt werden, der „gleichmäßig" gut für die Schätzung von $\boldsymbol{\beta} \in \mathcal{B}$ ist. E. LÄUTER (1974) schlug vor, einen Plan ξ^* zu bestimmen, der

$$\int_{\mathcal{B}} \ln |\boldsymbol{M}(\xi, \boldsymbol{\beta})|\, U(\mathrm{d}\boldsymbol{\beta})$$

für ein geeignetes Maß U minimiert. Hierfür wurde ein Äquivalenzsatz analog zu dem in Abschnitt 7.1 erwähnten Resultat bewiesen und ein Berechnungsverfahren angegeben.

7.3. Bemerkungen zur Versuchsplanung

Die in diesem Kapitel beschriebenen Verfahren und Methoden zur Bestimmung eines optimalen Plans waren sehr eng an die Gültigkeit eines gegebenen Modells und die Kenntnis der funktionellen Gestalt des Trendanteils geknüpft. Dann ist auch die Nutzung eines optimalen Plans gerechtfertigt. Leider ist man bei der Planung von Versuchen nicht immer in der glücklichen Lage, ein derartiges gültiges Modell zu kennen, man nutzt einen Modellansatz als eine Approximation für den Verlauf des Trends. Dann kann aber der optimale Plan möglicherweise zu speziell auf das angesetzte Modell ausgerichtet sein und Abweichungen von diesem angenommenen Modell gerade verschleiern, d. h., aus den Beobachtungen können keine Hinweise auf eine Modellverbesserung erwartet werden. Das ist ein wesentlicher Nachteil der optimalen

Versuchsplanung. Es gibt einige Vorschläge, diese Schwierigkeiten zu umgehen. E. LÄUTER (1974a) führte optimale, gemittelte Pläne für eine Menge von Modellen ein und zeigte, daß bei großer Zahl zu berücksichtigender Modelle ein äquidistanter Plan der günstigste ist. Das stimmt auch mit Resultaten von NUSSBAUM (1985) überein, der für Splineglättungen und andere nichtparametrische Approximationen nachwies, daß die optimale Konvergenzrate bei äquidistanten Versuchsplänen angenommen wird.

8. Anpassungs- und Ausreißertests

Zahlreiche der in den vorangegangenen Kapiteln betrachteten statistischen Verfahren gehen davon aus, daß die zugrunde liegenden zufälligen Variablen einem bestimmten Verteilungstyp, meist der Normalverteilung, angehören.

Eine Abweichung von dieser Modellannahme kann zu schwerwiegenden Konsequenzen für die Eigenschaften der verwendeten statistischen Verfahren wie Erwartungstreue, Signifikanzniveau, Fehlklassifikationswahrscheinlichkeit u. a. führen. Daher ist es oft ratsam, die Gültigkeit der Verteilungsannahmen anhand der vorliegenden Daten zu überprüfen.

Einen verheerenden Einfluß auf die Qualität getroffener Aussagen über Modellparameter haben Ausreißer, d. h. Beobachtungen, die aus dem einen oder anderen Grund, z. B. Fehlmessungen oder pathologische Veränderungen eines Versuchsobjektes, nicht in das zugrunde gelegte und für die meisten Beobachtungen auch gültige Modell passen. Die Identifizierung solcher Ausreißer bildet deswegen einen unverzichtbaren Bestandteil jeder Datenanalyse.

8.1. Anpassungstests

Im wesentlichen können die Methoden, mit denen die Anpassung einer Verteilung(sfamilie) an gegebene Daten geprüft wird, grob in drei Gruppen eingeteilt werden. Zum einen sind dies die Tests vom χ^2-Typ, in denen mit gruppierten Daten gearbeitet wird und die beobachteten Häufigkeiten mit den theoretisch zu erwartenden verglichen werden.

Eine zweite Gruppe wird durch die Verfahren gebildet, die für stetige Verteilungen den in verschiedener Weise zu definierenden Abstand zwischen der empirischen und der theoretischen Verteilungsfunktion als Kriterium wählen. Schließlich sind auch grafische Verfahren gebräuchlich, die eine Abweichung von der Verteilungsannahme optisch sichtbar machen und ergänzend zu den obigen Methoden Informationen über den Charakter dieser Abweichungen liefern und somit zu Anhaltspunkten für Korrekturen des Modells führen.

8.1.1. Tests vom χ^2-Typ

Ein auf Pearson (1900) zurückgehender Typ von Teststatistiken gruppiert die vorliegenden Daten $y_1, \ldots, y_n$ in m Klassen. Dies geschieht i. allg. durch die Vorgabe von $m - 1$ Punkten auf der reellen Achse

$$-\infty < a_1 < \ldots < a_{m-1} < \infty,$$

die m Intervalle $(-\infty, a_1)$, $[a_1, a_2)$, ..., $[a_{m-1}, \infty)$, definieren. Es bezeichne n_i die Anzahl derjenigen Beobachtungen, die sich im i-ten Intervall befinden, und p_i die relative Häufigkeit n_i/n.

Die Intervallgrenzen a_i sind mitunter schon durch die Meßtechnik vorgegeben, oft hat man von vornherein nur gruppierte Daten vorliegen. Ansonsten kann unter Berücksichtigung der in den folgenden Abschnitten gemachten Bemerkungen nach eigenem Gutdünken gewählt werden oder sogar, wie im Abschnitt 8.1.1.2, die Einteilung in Abhängigkeit von den vorliegenden Daten vorgenommen werden.

8.1.1.1. Anpassung an eine gegebene Verteilung

Es soll geprüft werden, ob den Beobachtungen $y_1, \ldots, y_n$ eine gegebene Verteilung, sagen wir P_0, zugrunde liegt. Zur Prüfung dieser Hypothese berechnen wir die theoretischen Häufigkeiten der m Intervalle (wir setzen $a_0 = -\infty$, $a_m = \infty$)

$$\pi_i = \int_{a_{i-1}}^{a_i} \mathrm{d}\mathsf{P}_0 = \mathsf{P}_0([a_{i-1}, a_i)), \qquad i = 1, \ldots, m,$$

und vergleichen sie mit den beobachteten relativen Häufigkeiten.

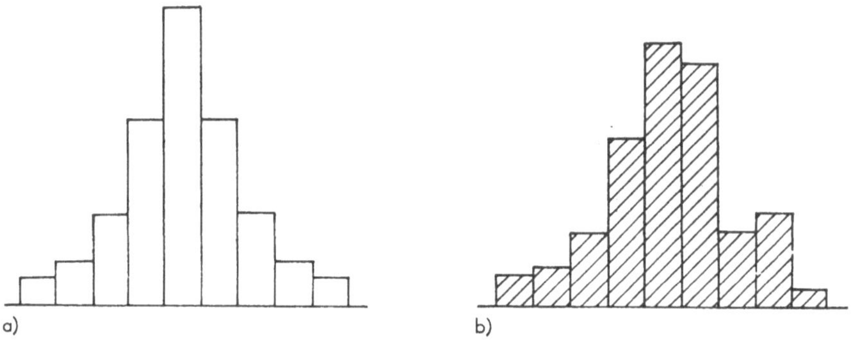

Abb. 8.1.1. Histogramme a) theoretischer bzw. b) beobachteter Häufigkeiten

Pearson (1900) wählte den gewichteten quadratischen Abstand

$$X^2 = n \sum_{i=1}^{m} \frac{(p_i - \pi_i)^2}{\pi_i} \tag{1}$$

als Teststatistik.

Unter Ausnutzung des zentralen Grenzwertsatzes für die Zufallsgrößen p_i kann gezeigt werden, daß bei Gültigkeit der Hypothese für große n die Grenzverteilung von (1) eine χ^2-Verteilung mit $m - 1$ Freiheitsgraden ist, d. h.

$$n \sum_{i=1}^{m} \frac{(p_i - \pi_i)^2}{\pi_i} \to \chi^2_{m-1}.$$

Wir akzeptieren die Verteilungsannahme P_0, falls

$$n \sum_{i=1}^{m} \frac{(p_i - \pi_i)^2}{\pi_i} \leqq \chi^2_{m-1;\alpha}$$

ist, und haben damit einen Anpassungstest mit dem asymptotischen Signifikanzniveau α konstruiert. Die Werte des Signifikanzpunktes $\chi^2_{m-1;\alpha}$ können Tafel II entnommen werden. Auch wenn die tatsächliche Verteilung von $y_1, \ldots, y_n$, sagen wir P^*, von P_0 verschieden ist, können die Wahrscheinlichkeiten der Intervalle π_i^* bzw. π_i zusammenfallen. In diesem Falle wird die Verteilungshypothese P_0 relativ selten, nämlich mit einer Wahrscheinlichkeit von α, abgelehnt. Je größer der Wert von $\sum \frac{(\pi_i^* - \pi_i)^2}{\pi_i}$ ist, desto größer wird die Ablehnungswahrscheinlichkeit, d. h. die Güte des Tests sein.

Man kann dies unter Umständen ausnutzen und die Intervallgrenzen so festlegen, daß für einige Typen von alternativen Verteilungen P^* der *Nichtzentralitätsparameter* $\sum \frac{(\pi_i^* - \pi_i)^2}{\pi_i}$ möglichst groß wird. Andererseits wird durch zu geringe Größen einiger π_i die Konvergenzgeschwindigkeit der Teststatistik gegen die χ^2-Verteilung verringert und das tatsächliche Signifikanzniveau beeinträchtigt. Als grobe Regel sollte beachtet werden, daß in jedem Intervall mindestens fünf Beobachtungen zu erwarten sind (vgl. KENDALL/STUART (1967)).

Hat man keine speziellen Intentionen, empfiehlt sich eine Wahl der Intervallgrenzen so, daß alle Intervalle gleich wahrscheinlich sind, d. h. $\pi_i = 1/m$, $i = 1, \ldots, m$.

8.1.1.2. Geschätzte Parameter

Die Situationen, in denen die Anpassung von Daten an eine gegebene Verteilung P_0 getestet wird, stellen eher die Ausnahme als die Regel dar. Im allgemeinen besteht nur die Notwendigkeit, die Anpassung an eine Verteilungsfamilie, beispielsweise die Normalverteilung bei unbekanntem Erwartungswert μ und Varianz σ^2, zu testen.

Es sei $y_1, \ldots, y_n$ eine Stichprobe aus einer unbekannten Verteilung P^*. Die Hypothese, daß P^* einer gegebenen Verteilungsfamilie $\{\mathsf{P}_{\boldsymbol{\theta}} : \boldsymbol{\theta} \in \mathbb{R}^k\}$ angehört, kann in Anlehnung an (1) durch die Teststatistik

$$\hat{X}^2 = n \sum_{i=1}^{m} \frac{\left(p_i - \pi_i(\hat{\boldsymbol{\theta}})\right)^2}{\pi_i(\hat{\boldsymbol{\theta}})} \tag{2}$$

geprüft werden.

Die $\pi_i(\hat{\boldsymbol{\theta}})$ werden mit Hilfe von Parameterschätzungen $\hat{\boldsymbol{\theta}}$ durch

$$\pi_i(\hat{\boldsymbol{\theta}}) = \int_{a_{i-1}}^{a_i} d\mathsf{P}_{\hat{\boldsymbol{\theta}}}, \qquad i = 1, \ldots, m.$$

bestimmt. Die Grenzverteilung von $\hat{X}^2$ hängt wesentlich von der verwendeten Schätzmethode für $\hat{\boldsymbol{\theta}}$ ab.

Minimum-X²-Schätzungen

Wird der Lösung $\hat{\boldsymbol{\theta}}$ des Minimierungsproblems

$$\sum_i \frac{(p_i - \pi_i(\hat{\boldsymbol{\theta}}))^2}{\pi_i(\boldsymbol{\theta})} \to \min_{\boldsymbol{\theta}} \tag{3}$$

in (2) eingesetzt, so hat $\hat{X}^2$ als Grenzverteilung für große n unter der Hypothese eine χ^2-Verteilung mit $m - k - 1$ Freiheitsgraden (siehe CRAMER (1946)), d. h.

$$n \sum_{i=1}^{m} \frac{(p_i - \pi_i(\hat{\boldsymbol{\theta}}))^2}{\pi_i(\hat{\boldsymbol{\theta}})} \to \chi^2_{m-k-1}.$$

Als Voraussetzung wird lediglich angenommen, daß die Wahrscheinlichkeiten $\pi_i(\boldsymbol{\theta})$ der Intervalle stetig nach $\boldsymbol{\theta}$ differenzierbar sind, und die Matrix (a_{ij}) der Ableitungen

$$a_{ij} = \frac{\partial}{\partial \theta_j} \pi_i(\boldsymbol{\theta}), \qquad i = 1, \ldots, m, \qquad j = 1, \ldots, k,$$

den Rang k besitzt. Genau die gleiche Grenzverteilung ergibt sich, wenn in der $\hat{X}^2$-Statistik (2) anstelle der Minimum-X²-Schätzung die Lösung des Maximierungsproblems

$$\frac{n!}{n_1! n_2! \ldots n_m!} \pi_1^{n_1}(\boldsymbol{\theta}) \ldots \pi_m^{n_m}(\boldsymbol{\theta}) \to \max_{\boldsymbol{\theta}}, \tag{4}$$

die sogenannte Multinomial-Maximum-Likelihood-Schätzung, steht.

Wir bemerken, daß bei Gültigkeit der Hypothese die Grenzverteilung nicht von $\boldsymbol{\theta}$ abhängig ist.

Maximum-Likelihood-Schätzungen

In den meisten Fällen ist das Auffinden der Lösungen von (3) oder (4) ein numerisch aufwendiges Problem, während die Maximum-Likelihood-Schätzungen der Parameter einfacher zu bestimmen sind. Somit liegt es nahe, diese in die $\hat{X}^2$-Statistik einzusetzen. Die Grenzverteilung ist dann allerdings i. allg. keine χ^2-Verteilung mehr, sondern liegt irgendwo „zwischen" der χ^2_{m-1}- und der χ^2_{m-k-1}-Verteilung, d. h.

$$\chi^2_{m-k-1} \leqq \hat{X}^2 \leqq \chi^2_{m-1}. \tag{5}$$

Genauer gesagt, ist die Grenzverteilung von $\hat{X}^2$ identisch mit der Verteilung von

$$\chi^2_{m-k-1} + \lambda_1 x_1^2 + \ldots + \lambda_k x_k^2 \tag{6}$$

CHERNOFF/LEHMANN (1954)). Hierbei stehen die $x_1, \ldots, x_k$ für k unabhängige $N(0, 1)$-verteilte Variable. Die λ_i, $0 \leqq \lambda_i \leqq 1$, $i = 1, \ldots, k$, sind die Lösungen der Determinantengleichung

$$|\boldsymbol{I}^*_{\boldsymbol{\theta}} - (1 - \lambda) \boldsymbol{I}_{\boldsymbol{\theta}}| = 0, \tag{7}$$

wobei $\boldsymbol{I}_{\boldsymbol{\theta}}$ die Fishersche Informationsmatrix mit den Elementen

$$\mathsf{E}_{\boldsymbol{\theta}} \left[\frac{\partial}{\partial \theta_i} \log p_{\boldsymbol{\theta}}(y) \frac{\partial}{\partial \theta_j} \log p_{\boldsymbol{\theta}}(y) \right], \qquad i, j = 1, \ldots, k, \tag{8}$$

darstellt. Die Matrix $\boldsymbol{I}^*_{\boldsymbol{\theta}}$ besteht aus den Elementen

$$\sum_{l=1}^{m} \pi_l(\boldsymbol{\theta}) \frac{\partial}{\partial \theta_i} \log \pi_l(\boldsymbol{\theta}) \frac{\partial}{\partial \theta_j} \log \pi_l(\boldsymbol{\theta}), \qquad i, j = 1, \ldots, k. \tag{9}$$

Somit hängen die $\lambda_1, \ldots, \lambda_k$ und die Verteilung von (6) vom unbekannten Parameter $\boldsymbol{\theta}$ ab.

Bildet man die Statistik

$$\hat{X}^2 - \frac{1}{n} z_{\hat{\boldsymbol{\theta}}}' (\boldsymbol{I}^*_{\hat{\boldsymbol{\theta}}})^{-1} z_{\hat{\boldsymbol{\theta}}}$$

mit

$$z_{\boldsymbol{\theta}} = \sum_{l=1}^{m} p_l \frac{\partial}{\partial \boldsymbol{\theta}} \log \pi_l(\boldsymbol{\theta})$$

so ist diese asymptotisch χ^2_{m-k-1}-verteilt (Dshaparidse/Nikulin (1974)).

Beispiel 8.1.1. Unabhängigkeitstest in Kontingenztafeln. Wir betrachten eine zweidimensionale Zufallsgröße (X, Y), deren Merkmal X in einer von I gegebenen Klassen liegen kann, während der Wertebereich von Y J Gruppen umfaßt. Liegt eine Stichprobe vom Umfang n vor, so bezeichne n_{ij} die Anzahl der Beobachtungen, deren erstes Merkmal der i-ten Klasse zugeordnet ist, während das zweite Merkmal in der j-ten Gruppe liegt.

Die Beobachtungsergebnisse lassen sich in der in Tabelle 8.1.1 dargestellten Kontingenztafel zusammenfassen.

Tabelle 8.1.1. Zweidimensionale $I \times J$-Kontingenztafel

		Gruppen			
		1	2 …	J	
Klassen	1	n_{11}	$n_{12} \ldots$	n_{1J}	$n_{1.}$
	2	n_{21}	$n_{22} \ldots$		$n_{2.}$
	⋮	⋮		⋮	⋮
	I	$n_I \ldots$		n_{IJ}	$n_{I.}$
		$n_{1.} \ldots$		$n_{.J}$	n

Die Zellhäufigkeiten unterliegen einer Multinomialverteilung mit der Dichte

$$\frac{n!}{n_{11}! \ldots n_{IJ}!} \pi_{11}^{n_{11}} \ldots \pi_{IJ}^{n_{IJ}}.$$

Eine häufig auftretende Fragestellung ist die nach der Unabhängigkeit der zwei Merkmale. In diesem Fall ist die Unabhängigkeit identisch mit der Existenz von Parametern $\pi_{1.}, \ldots, \pi_{I.}$, $\pi_{.1}, \ldots, \pi_{.J}$ derart, daß

$$\pi_{ij} = \pi_{i.}\pi_{.j}, \qquad i = 1, \ldots, I; \qquad j = 1, \ldots, J,$$

mit

$$\sum_{i=1}^{I} \pi_{i.} = \sum_{j=1}^{J} \pi_{.j} = 1, \qquad \pi_{i.} > 0, \qquad \pi_{.j} > 0,$$

gilt. Eine Prüfung der Hypothese der Unabhängigkeit der Merkmale ist demzufolge als Anpassung der beobachteten Zellhäufigkeiten an die Verteilungsfamilie mit den Dichten

$$\frac{n!}{n_{11}! \ldots n_{IJ}!} \pi_{1.}^{n_{1.}} \ldots \pi_{.J}^{n_{.J}} \tag{10}$$

beschreibbar. Wegen $\sum \pi_{i.} = 1$ und $\sum \pi_{.j} = 1$ lassen sich beispielsweise $\pi_{I.}$ und $\pi_{.J}$ als Funktionen der übrigen Parameter schreiben, so daß die Dimension des unbekannten Parametervektors $(I-1)+(J-1)$ beträgt. Die Maximum-Likelihood-Schätzungen, die hier natürlich mit den Multinomial-Maximum-Likelihood-Schätzungen zusammenfallen, haben, wie aus (10) leicht abzuleiten ist, die Gestalt

$$\hat{\pi}_{1.} = \frac{n_{1.}}{n}, \ldots, \hat{\pi}_{.J} = \frac{n_{.J}}{n}.$$

Die $\hat{\text{X}}^2$-Statistik (2) erhält somit die Form

$$\hat{\text{X}}^2 = n \sum_{i,j} \frac{\left(\frac{n_{ij}}{n} - \frac{n_{i.}n_{.j}}{n^2}\right)^2}{\frac{n_{i.}n_{.j}}{n^2}} = \sum_{i,j} \frac{\left(n_{ij} - \frac{n_{i.}n_{.j}}{n}\right)^2}{\frac{n_{i.}n_{.j}}{n}}.$$

Ihre Grenzverteilung ist eine χ^2-Verteilung mit $IJ - (I-1) - (J-1) - 1 = (I-1)(J-1)$ Freiheitsgraden.

Wenn $\varphi_1(y), \ldots, \varphi_m(y)$ die Indikatorfunktionen der m Intervalle oder Zellen bezeichnen, so können die relativen Häufigkeiten p_i auch in der Form

$$p_i = \frac{1}{n} \sum_{\nu=1}^{n} \varphi_i(y_\nu), \qquad i = 1, \ldots, m, \tag{11}$$

d. h. als Mittelwerte spezieller Funktionen dargestellt werden. Gleichzeitig gilt

$$\pi_i(\boldsymbol{\theta}) = \mathsf{E}_{\boldsymbol{\theta}}\varphi_i. \tag{12}$$

Auch für beliebige andere Funktionen $\varphi_1, \ldots, \varphi_m$ lassen sich verallgemeinerte Formen der $\hat{\text{X}}^2$-Statistik finden, die auf den Differenzen zwischen (11) und (12) beruhen, und analoge Eigenschaften wie die Statistiken (1) bzw. (2) besitzen (siehe GERLEIN/PINCUS (1978)).

Zufällige Intervalle

Legt man die Intervallgrenzen a_i von vornherein fest, so kann es wegen der Unkenntnis des tatsächlichen Parameters $\boldsymbol{\theta}$ passieren, daß einige der Intervallwahrscheinlichkeiten $\pi_i(\boldsymbol{\theta})$ kleine Werte annehmen. Das wiederum kann sich ungünstig auf die Konvergenzeigenschaften der $\hat{\text{X}}^2$-Statistik auswirken (siehe Abschnitt 8.1.1.1). Eine Möglichkeit, dies zu verhindern besteht darin, die Intervallgrenzen in Abhängigkeit von der beobachteten Stichprobe, speziell vom geschätzten Parameterwert $\hat{\boldsymbol{\theta}}$, zu wählen.

Für die Normalverteilungsfamilie beispielsweise könnten die Intervallgrenzen symmetrisch um den geschätzten Erwartungswert $\hat{\mu}$ derart liegen, daß

$$\pi_i(\hat{\mu}, \hat{\sigma}^2) = \int_{a_{i-1}}^{a_i} \mathrm{dN}(\hat{\mu}, \hat{\sigma}^2) = \int_{(a_i-\hat{\mu})/\hat{\sigma}}^{(a_{i-1}-\hat{\mu})/\hat{\sigma}} \mathrm{dN}(0,1) = \frac{1}{m}, \qquad i = 1, \ldots, m.$$

Allgemein seien für eine Verteilungsfamilie

$$\mathcal{P} = \{\mathsf{P}_{\boldsymbol{\theta}} : \boldsymbol{\theta} \in \Theta \subseteq \mathbb{R}^k\}$$

die a_i durch

$$\int_{a_{i-1}}^{a_i} d\mathsf{P}_{\hat{\boldsymbol{\theta}}} = \zeta_i, \qquad i = 1, \ldots, m,$$

festgelegt. Hierbei sind die ζ_i beliebig gewählte positive Größen mit $\sum_i \zeta_i = 1$. WATSON (1958) konnte zeigen, daß die Statistik

$$\check{X}^2 = n \sum_{i=1}^{m} \frac{(\zeta_i - p_i)^2}{\zeta_i}$$

asymptotisch wie $\chi^2_{m-k-1} + \lambda_1 x_1{}^2 + \ldots + \lambda_k x_k{}^2$ verteilt ist (siehe (6)), wenn der Parameter $\boldsymbol{\theta}$ durch die Maximum-Likelihood-Methode geschätzt wurde.

Speziell für Lokations- und Skalenparameter werden die $\lambda_1, \ldots, \lambda_k$ in (6) unabhängig von $\boldsymbol{\theta}$, ihre Größe hängt aber von der Verteilungsfamilie $\mathscr{P}$ und natürlich von $\zeta_1, \ldots, \zeta_m$ ab.

Bei Normalverteilung mit unbekanntem Mittelwert und Streuung, also $k = 2$, sind in Tabelle 8.1.2 einige Werte für λ_1 und λ_2 aufgeführt, die sich bei Einteilung in gleichwahrscheinliche Intervalle, d. h. $\zeta_1 = \ldots = \zeta_m = 1/m$, ergeben (siehe WATSON (1957)).

Tabelle 8.1.2. λ-Werte für Watsons $\hat{X}^2$-Test zur Prüfung der Normalverteilung

m	λ_1	λ_2
4	0.139	0.619
5	0.103	0.592
6	0.081	0.459
10	0.042	0.297
∞	0	0

Die gleiche Grenzverteilung wie für die $\check{X}^2$-Statistik ergibt sich auch für

$$\tilde{X}^2 = n \sum_{i=1}^{m} \frac{\left(\pi_i(\hat{\boldsymbol{\theta}}) - \tilde{p}_i\right)^2}{\tilde{p}_i},$$

wenn die Intervallgrenzen a_i so gewählt werden, daß die empirischen Wahrscheinlichkeiten p_i mit vorgegebenen Werten $\tilde{p}_i$ zusammenfallen (siehe z. B. TSCHIBISOW (1971)).

Ähnlich wie für die $\hat{X}^2$-Statistik existieren auch Modifikationen von $\check{X}^2$ bzw. $\tilde{X}^2$ durch Hinzufügen quadratischer Formen, die als Grenzverteilung die χ^2_{m-1}-Verteilung besitzen (NIKULIN (1973, 1974)).

Regressionsmodelle

Häufig ist es nötig, Verteilungsannahmen über die Fehler in linearen Regressionsmodellen

$$\boldsymbol{y} = \boldsymbol{X\beta} + \boldsymbol{\epsilon}$$

mit $\mathsf{E}\boldsymbol{\epsilon} = \boldsymbol{0}$, $\mathsf{Cov}\,\boldsymbol{\epsilon} = \sigma^2\boldsymbol{I}$ und $\boldsymbol{\beta} \in \mathbb{R}^K$, $\sigma^2 \in \mathbb{R}^+$ zu prüfen, beispielsweise die Annahme, daß die Fehler normalverteilt sind: $\varepsilon_t \sim \mathrm{N}(0, \sigma^2)$, $t = 1, \ldots, n$. Da die ε_t selbst nicht beobachtbar sind, kann man versuchen, mit Hilfe der Maximum-Likelihood-Schätzungen $\hat{\boldsymbol{\beta}}$ und $\hat{\sigma}$ auf die normierten Residuen

$$\check{\varepsilon}_t = (y_t - \boldsymbol{x}_t'\hat{\boldsymbol{\beta}})/\hat{\sigma}$$

formal den X^2-Test für die Hypothese

$$\mathrm{H}: \check{\varepsilon}_t \sim \mathrm{N}(0, 1)$$

anzuwenden.

Für den speziellen Fall, daß $K = 1$ ist und $\boldsymbol{X}$ nur einen aus Einsen bestehenden Vektor darstellt, d. h., daß die y_t identisch verteilt sind, entspricht dies genau dem oben beschriebenen $\check{X}^2$-Test von Watson.

Tatsächlich bewiesen Pierce/Kopecky (1979), daß auch bei K Regressionskoeffizienten, $K > 1$, die Grenzverteilung einer auf den $\check{\varepsilon}_t$, $t = 1, \ldots, n$, beruhenden Teststatistik stets die gleiche wie im identisch verteilten Fall ist, vorausgesetzt die Matrix $\frac{1}{n} \boldsymbol{X}'\boldsymbol{X}$ konvergiert für $n \to \infty$.

8.1.2. Tests vom Kolmogorow-Smirnow-Typ

Die bei der Gruppierung von Daten $y_1, \ldots, y_n$ entstehende Willkür, die bei der Festlegung der Intervalle auftritt, kann vermieden werden, wenn man einen Anpassungstest mit Hilfe der empirischen Verteilungsfunktion $F_n(y)$ konstruiert.

Bezeichnet $Z_n(y)$ die Anzahl der Beobachtungen in einer gegebenen Stichprobe, die kleiner als ein vorgegebener Wert y sind, d. h.

$$Z_n(y) = \#\{y_i : y_i < y,\ i = 1, \ldots, n\},$$

dann ist

$$F_n(y) = \frac{1}{n} Z_n(y), \qquad -\infty < y < \infty.$$

Da $F_n(y)$ eine Schätzung der wahren Verteilungsfunktion $F(y)$ darstellt, ist es naheliegend, zum Testen der Hypothese

$$\mathrm{H}: F = F_0 \tag{13}$$

als Kriterium einen sinnvoll definierten Abstand zwischen F_0 und F_n zu wählen.

8.1.2.1. Einfache Hypothesen

Kolmogorow (1933) wählte als Maß für den Abstand einer empirischen Verteilungsfunktion $F_n(y)$ zu einer gegebenen Verteilungsfunktion $F_0(y)$ die maximale Differenz ihrer Werte

$$D_n = \sup_{-\infty < y < \infty} |F_n(y) - F_0(y)|. \tag{14}$$

Da D_n invariant gegenüber beliebigen monotonen Transformationen der zufälligen Variablen bleibt, ist die Verteilung unter der Hypothese (13) auch für alle stetigen Verteilungsfunktionen F_0 die gleiche. Im Unterschied zum χ^2-Test ist demnach nicht nur die Grenzverteilung der Teststatistik D_n von der konkreten Hypothese F_0 unabhängig, sondern dies gilt auch bei kleinen Stichprobenumfängen.

In Tafel VII sind Signifikanzpunkte für D_n tabelliert. Für große Werte von n gilt

$$\lim_{n\to\infty} \mathsf{P}\left(\sqrt{n}\, D_n < x\right) = \sum_{j=-\infty}^{\infty} (-1)^j\, e^{-2j^2x^2}, \qquad x > 0$$

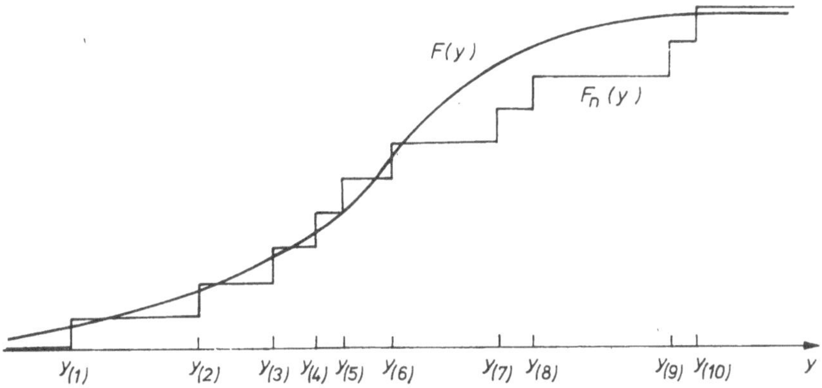

Abb. 8.1.2. Vergleich einer theoretischen und empirischen Verteilungsfunktion

(Kolmogorow (1933)). Eine weitere Klasse von Teststatistiken, deren Verteilung unter der Hypothese ebenfalls nicht von der Gestalt F_0 abhängt, Stetigkeit von F_0 allerdings voraussetzt, ist durch

$$\omega_n^2 = n \int_{-\infty}^{\infty} \psi\big(F_0(y)\big) \big(F_n(y) - F_0(y)\big)^2 \, dF_0(y) \tag{15}$$

gegeben. Hierbei stellt $\psi(\cdot)$ eine positive Gewichtsfunktion dar.

Multivariate Beobachtungen

Hat man eine Stichprobe $\boldsymbol{y}_1, \ldots, \boldsymbol{y}_n$ einer p-dimensionalen Zufallsgröße vorzuliegen, so bieten sich als natürliche Verallgemeinerungen der Teststatistiken (14) oder (15) die Statistiken

$$D_n^{(p)} = \sup_{\boldsymbol{y}\in\mathbb{R}^p} |F_n(\boldsymbol{y}) - F_0(\boldsymbol{y})|$$

bzw.

$$\omega_{n,p}^2 = n \int_{\mathbb{R}^p} \psi\big(F_0(\boldsymbol{y})\big) \big(F_n(\boldsymbol{y}) - F_0(\boldsymbol{y})\big)^2 \, dF_0(\boldsymbol{y})$$

an. Schreiben wir $\boldsymbol{y}_i < \boldsymbol{y}$, wenn die Ungleichung für sämtliche p Komponenten gilt, so ist die multivariate empirische Verteilung ganz analog wie im eindimensionalen definiert.

Im Gegensatz zum univariaten Fall sind die Verteilungen der oben stehenden Statistiken aber im mehrdimensionalen von der Hypothese F_0 abhängig.

Eine schwächere Verallgemeinerung der univariaten Anpassungstests auf den mehrdimensionalen Fall kann durch folgendes Vorgehen erzielt werden (siehe SAUNDERS/LAUD (1980)). Es seien für $0 < t < 1$

$$\mathcal{A}_t = \{\boldsymbol{y} : F_0(\boldsymbol{y}) < t\}, \qquad \tilde{F}_0(t) = \mathsf{P}_0(\mathcal{A}_t).$$

Entsprechend sei $F_n(t)$ die „empirische Wahrscheinlichkeit" von $\mathcal{A}_t$. Dann hat

$$\tilde{D}_n = \sup_{0<t<1} |\tilde{F}_n(t) - \tilde{F}_0(t)|$$

unter der Hypothese — allerdings auch für alle anderen Verteilungen, die auf den $\mathcal{A}_t$-Mengen mit F_0 zusammenfallen — die gleiche Verteilung wie D_n im univariaten Fall.

Analog läßt sich auch eine $\tilde{\omega}_n{}^2$-Statistik definieren.

8.1.2.2. Geschätzte Parameter

Lautet die Hypothese

$$\mathrm{H} : F = F_{\boldsymbol{\theta}}, \qquad \boldsymbol{\theta} \in \Theta \subseteq \mathbb{R}^k,$$

so wird die Teststatistik (14) zu

$$\hat{D}_n = \sup_{-\infty<y<\infty} |F_n(y) - F_{\hat{\boldsymbol{\theta}}}(y)|, \tag{16}$$

während die Statistiken vom ω^2-Typ die Gestalt

$$\hat{\omega}_n{}^2 = n \int_{-\infty}^{\infty} \psi\big(F_{\hat{\boldsymbol{\theta}}}(y)\big) \big(F_n(y) - F_{\hat{\boldsymbol{\theta}}}(y)\big)^2 \, \mathrm{d}F_{\hat{\boldsymbol{\theta}}}(y) \tag{17}$$

erhalten. Hierbei bezeichnet $\hat{\boldsymbol{\theta}}$ die Maximum-Likelihood-Schätzung des Parameters $\boldsymbol{\theta}$. Selbst die Grenzverteilungen (für $n \to \infty$) der Teststatistiken $\sqrt{n}\, \hat{D}_n$ bzw. $\hat{\omega}_n{}^2$ hängen von der Verteilungsfamilie und — mit Ausnahme von Lokations- und Skalenparametern — vom Parameter $\boldsymbol{\theta}$ ab (siehe DURBIN (1976)).

Auch für Lokations- und Skalenfamilien gelang es bisher nicht, die exakte Verteilung von (16) oder (17) bei endlichem Stichprobenumfang zu ermitteln. LILLIEFORS (1967) gab für Normalverteilungen Signifikanzpunkte an, die auf Ergebnissen von Monte-Carlo-Studien beruhen (siehe Tafel VIII). MARTINOW (1978) tabellierte ebenfalls für die Normalfamilie die Grenzverteilung von

$$n \int_{-\infty}^{\infty} \big(F_n(y) - F_{\hat{\boldsymbol{\theta}}}(y)\big)^2 \, \mathrm{d}F_{\hat{\boldsymbol{\theta}}}(y).$$

8.1.2.3. Zwei Stichproben

Anstatt eine Stichprobe $y_1, \ldots, y_n$ dahingehend zu überprüfen, ob sie aus einer bestimmten parametrischen Verteilungsfamilie entstammt, ist es in zahlreichen Problemen notwendig zu entscheiden, ob die Verteilung dieser Stichprobe $y_1, \ldots, y_n$, sagen wir F, sich von der Verteilungsfunktion G einer anderen Stichprobe $y_1', \ldots, y_m'$ unterscheidet oder ob sie identisch sind.

In Anlehnung an die Teststatistiken (14) bzw. (16) kann die maximale Differenz der beiden empirischen Verteilungsfunktionen $F_n(y)$ und $G_m(y)$,

$$D_{m,n} = \max_y |F_n(y) - G_m(y)| \tag{18}$$

als Kriterium benutzt werden.

Ordnet man die $m+n$ Beobachtungen gemeinsam nach ihrer Größe, so hängt bei gegebenen Stichprobenumfängen m und n der Wert von $D_{m,n}$ nur von der Reihenfolge der y_i und y_j' innerhalb dieser Ordnung ab. Falls die beiden Verteilungen stetig sind und $F = G$ gilt, so ist jede der $(m+n)!$ möglichen Reihenfolgen gleich wahrscheinlich. Auf dieser Grundlage ist es durch kombinatorische Überlegungen möglich, die exakte Verteilung von $D_{m,n}$ unter der Hypothese

$$\mathrm{H}: F = G$$

zu bestimmen (siehe Tafel IX). Für große Werte von n und m sind die Berechnungen sehr aufwendig. Smirnow (1939) fand die Grenzverteilung

$$\lim_{\substack{n\to\infty \\ m\to\infty}} \mathsf{P}\left(\sqrt{\frac{nm}{n+m}}\, D_{m,n} < x\right) = \sum_{j=-\infty}^{\infty} (-1)^j \, \mathrm{e}^{-2j^2x^2}, \qquad x > 0.$$

8.1.3. Grafische Verfahren

Sämtliche in den Abschnitten 8.1.1. und 8.1.2. betrachteten Verfahren sind mit dem Nachteil behaftet, daß sie nur einen numerischen Wert liefern, mit dessen Hilfe eine Entscheidung über Annahme oder Ablehnung der jeweiligen Hypothesen getroffen wird.

Dagegen liefern grafische Darstellungen meist detaillierte Aussagen über mögliche Abweichungen von den hypothetischen Verteilungen. Diese Aussagen sind meist subjektiver als die oben erwähnten Tests, Angaben über Irrtumswahrscheinlichkeiten können nur selten gemacht werden. In Kombination mit exakten Kriterien verwendet, stellen die grafischen Verfahren ein wesentliches und praktisches Hilfsmittel bei der statistischen Modellbildung dar.

8.1.3.1. Empirische Quantil-Plots

Eine Möglichkeit der Darstellung der empirischen Verteilungsfunktion F_n und F_0 bzw. $F_{\hat{\theta}}$ in einem Koordinatensystem war in Abbildung 8.1.1 gegeben. Eine in bestimmtem Maße dazu äquivalente Form stellen die Quantil-Plots dar. Hier werden den geordneten Werten $y_{(1)}, y_{(2)} \ldots, y_{(n)}$ einer Stichprobe die Koordinaten

$$y_{(i)} \to \left(F_0(y_{(i)}), i/n\right); \qquad i = 1, \ldots, n, \tag{19}$$

zugeordnet und diese in ein Koordinatensystem eingezeichnet. Die Abweichung dieser Punkteschar von der Geraden $y = x$ signalisiert Unterschiede der wahren Verteilung von der Hypothese F_0.

Beispiel 8.1.2. Von einer Stichprobe vom Umfang 20 soll ermittelt werden, ob sie einer Standard-Normalverteilung entstammt, d. h.

$$\mathrm{H}: F = \Phi .$$

In Tabelle 8.1.3 sind die Beobachtungen $y_{(i)}$ und die entsprechenden Transformationen $\Phi(y_{(i)})$ zusammengefaßt.

Tabelle 8.1.3. Geordnete Beobachtung mit der entsprechenden Transformation $\Phi(y_{(i)})$

i	$y_{(i)}$	$\Phi(y_{(i)})$	i/n
1	−0.99	0.161	0.05
2	−0.98	0.164	0.10
3	−0.56	0.288	0.15
4	−0.35	0.363	0.20
5	−0.31	0.378	0.25
6	−0.15	0.440	0.30
7	−0.09	0.464	0.35
8	0.01	0.504	0.40
9	0.04	0.516	0.45
10	0.14	0.556	0.55
11	0.30	0.618	0.55
12	0.36	0.641	0.60
13	0.37	0.644	0.65
14	0.38	0.648	0.70
15	0.63	0.736	0.75
16	0.82	0.794	0.80
17	0.85	0.802	0.85
18	0.94	0.826	0.90
19	1.06	0.855	0.95
20	1.13	0.871	1.00

Abbildung 8.1.3 gibt die grafische Darstellung dieser Tabelle. Außerdem sind dort noch die Grenzen aufgeführt, die dem 5%-Signifikanzniveau des Kolmogorow-Tests, $D_{20;0.05} = 0.294$, entsprechen.

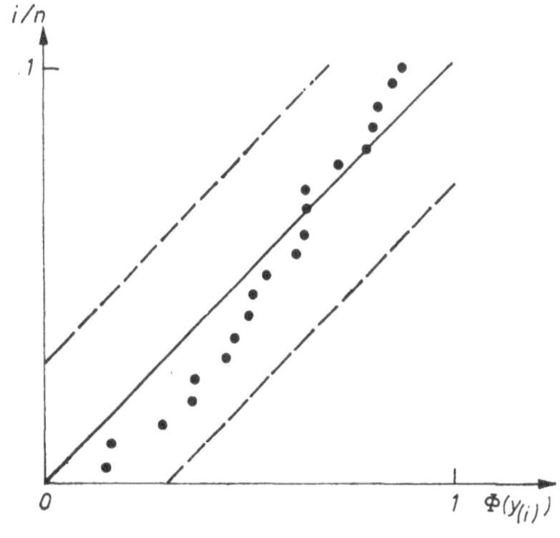

Abb. 8.1.3. Empirischer Quantil-Plot der Daten aus Tabelle 8.1.3

Empirische Quantil-Plots lassen sich auch bei unbekanntem Parameter $\boldsymbol{\theta}$ gewinnen, indem den geordneten Beobachtungen $y_{(1)}, \ldots, y_{(n)}$ anstelle (19) die Koordinaten

$$y_{(i)} \to \left(F_{\hat{\theta}}(y_{(i)}),\ i/n\right) \tag{20}$$

zugeordnet werden.

8.1.3.2. Wahrscheinlichkeitspapier

Ein Vorzug der Quantil-Plots gegenüber den direkten Darstellungen der empirischen bzw. theoretischen Verteilungsfunktionen in Abbildung 8.1.2 besteht darin, daß durch die Transformation

$$y \to F_0(y)$$

der Abszisse die theoretische Verteilungsfunktion $F_0(y)$ in eine Gerade übergeht. Abweichungen von Geraden sind für das menschliche Auge leichter und in bestimmtem Maße objektiver erkennbar als bei anderen Kurventypen.

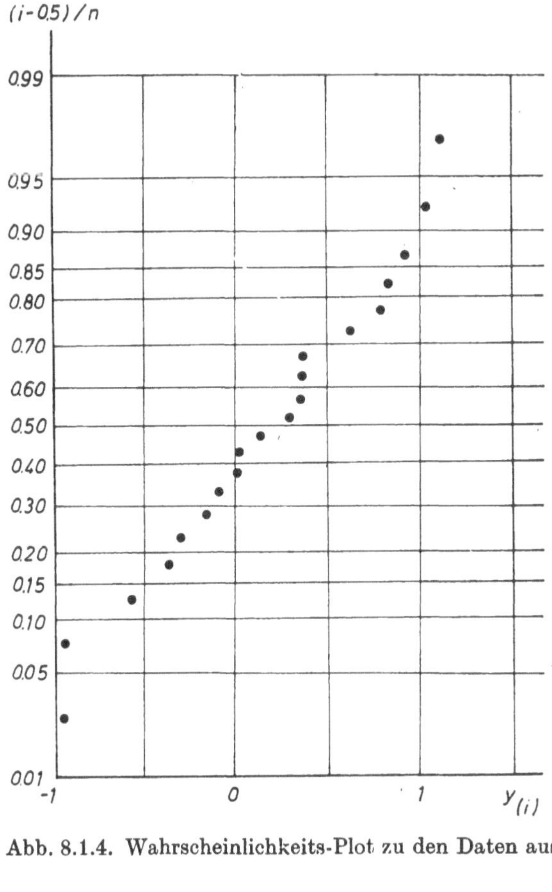

Abb. 8.1.4. Wahrscheinlichkeits-Plot zu den Daten aus Tabelle 8.1.3

Eine zweite Möglichkeit, die Verteilungsfunktion $F_0(y)$ in einem Koordinatensystem als Gerade darzustellen, ist durch eine Transformation der Ordinate in Abbildung 8.1.2 gegeben. Offensichtlich überführt die Transformation

$$z \to F_0^{-1}(z), \qquad 0 < z < 1, \tag{21}$$

der Ordinate den Graphen $(y, F_0(y))$, $-\infty < y < \infty$, der theoretischen Verteilungsfunktion $F_0(y)$ in eine Gerade

$$\left(y, F_0^{-1}(F_0(y))\right) \equiv (y, y), \qquad -\infty < y < \infty.$$

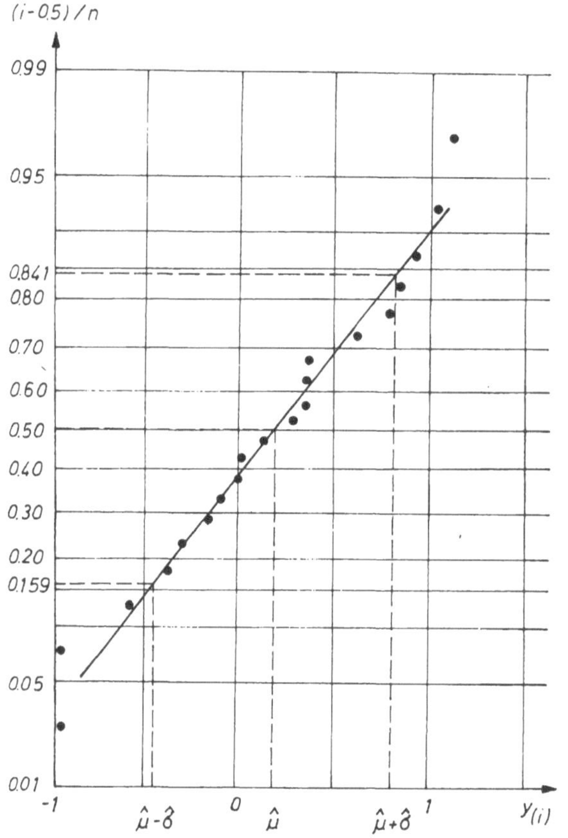

Abb. 8.1.5. Schätzung von Mittelwert und Varianz mit Hilfe von Normal-Wahrscheinlichkeitspapier

Ein spezieller Vorteil dieser Vorgehensweise liegt darin, daß auch der Graph

$$\left(y, F_0^{-1}(F_{\boldsymbol{\theta}}(y))\right), \qquad -\infty < y < \infty,$$

d. h. die Darstellung der Verteilungsfunktion $F_{\boldsymbol{\theta}}(y)$, $\boldsymbol{\theta} = (\theta_1, \theta_2)'$, im neuen Koordinatensystem eine Gerade darstellt, wenn

$$F_{\boldsymbol{\theta}}(y) \equiv F_0\left(\frac{y - \theta_1}{\theta_2}\right) \tag{22}$$

gilt. Mit anderen Worten, man „sieht es einer Verteilungsfunktion an“, ob sie zur Verteilungsfamilie (22) mit Lokations- und Skalenparametern gehört oder nicht.

Werden den geordneten Beobachtungen $y_{(i)}$ die Koordinaten

$$y_{(i)} \to \left(y_{(i)}, F_0^{-1}(i/n)\right), \qquad i = 1, \ldots, n-1,$$

oder, gebräuchlicher,

$$y_{(i)} \to \left(y_{(i)}, F_0^{-1}\left(\frac{i-0.5}{n}\right)\right), \qquad i = 1, \ldots, n, \tag{23}$$

zugeordnet, so gibt die Anpassung dieser Punkteschar an eine Gerade Aufschluß darüber, ob die wahre Verteilung zu der durch F_0 bestimmten Lokalisations- und Skalenfamilie gehört. Die Darstellung (23) wird als Wahrscheinlichkeits-Plot bezeichnet.

Koordinatensysteme, in denen die Ordinate entsprechend der Transformation (21) eingeteilt ist, während für die Abszisse die Wahl des Nullpunkts und des Maßstabs frei bleiben, heißen Wahrscheinlichkeitspapiere. Ist man gezwungen, die Daten manuell zu analysieren, stehen für eine Reihe von Verteilungen wie Normal-, Exponential-, logarithmische Normal-, Weibull-Verteilung u. a. Vordrucke (detaillierter als in Abb. 8.1.4) zur Verfügung, in die die Wahrscheinlichkeits-Plots leicht eingetragen werden können.

In Abbildung 8.1.5 ist dem Wahrscheinlichkeits-Plot eine Gerade angepaßt, die der Verteilungsfunktion der $N(\hat{\mu}, \hat{\sigma}^2)$-Verteilung mit $\hat{\mu} = 0.18$ und $\hat{\sigma} = 0.62$ entspricht.

8.2. Ausreißertests

Die meisten praktisch verwendeten Verfahren der Datenanalyse haben den Nachteil, daß sie sehr empfindlich gegenüber Ausreißern sind, d. h. gegenüber Beobachtungen, die weit entfernt von den übrigen liegen.

Zwar wurden zahlreiche robuste Methoden entwickelt, die diese Empfindlichkeit nicht mehr besitzen und auch beim Auftreten von Ausreißern noch gültige Aussagen liefern. Eine Identifizierung dieser Ausreißer besitzt dennoch eigenständige Bedeutung, da gerade die Untersuchung dieser Werte und der zugrunde liegenden Bedingungen wertvolle Hinweise auf interessierende Ursache-Wirkungs-Beziehungen geben kann.

8.2.1. Abweichungen vom Mittelwert

Eine naheliegende Vorgehensweise besteht darin, aus einer Stichprobe $y_1, \ldots, y_n$ eine Beobachtung y_i als Ausreißer zu betrachten, wenn der studentisierte Abstand von y_i zum Mittelwert der übrigen $n-1$ Beobachtungen, genauer wenn

$$|y_i - \bar{y}_i|/s_i \tag{24}$$

„zu groß“ ist. Hierbei sind $\bar{y}_i$ und s_i Mittelwert und Standardabweichung in der von y_i bereinigten Stichprobe vom Umfang $n-1$.

Sind alle $y_1, \ldots, y_n$ unabhängig $N(\mu, \sigma^2)$-verteilt, so gilt

$$\sqrt{\frac{n-1}{n}} \cdot \frac{y_i - \bar{y}_i}{s_i} \sim t_{n-2}, \qquad i = 1, \ldots, n.$$

Der Gebrauch eines multiplen t-Tests, d. h. die Benutzung aller derjenigen y_i als Ausreißer, für welche

$$\sqrt{\frac{n-1}{n}}\,\frac{|y_i - \bar{y}_i|}{s_i} > |t|_{n-2;\alpha}$$

ist, führt bei größerem Stichprobenumfang mit hoher Wahrscheinlichkeit zur Selektion einiger vermeintlicher „Ausreißer", auch wenn alle Beobachtungen der gleichen $N(\mu, \sigma^2)$-Verteilung entstammen (siehe Abschnitt 2.1.4.1.).

Will man diese Irrtumswahrscheinlichkeit kontrollieren, d. h. durch einen Wert α begrenzen, ist es erforderlich, die Verteilung beziehungsweise die Signifikanzpunkte der Variablen

$$\tilde{Z} = \max_i \frac{|y_i - \bar{y}_i|}{s_i} \tag{25}$$

zu ermitteln. Diese sind in Tafel X angegeben, wenn auch für eine von (25) verschiedene Größe, nämlich

$$Z = \max_i \frac{|y_i - \bar{y}|}{s}. \tag{26}$$

Wegen

$$y_i - \bar{y} \equiv \frac{n-1}{n}\,(y_i - \bar{y}_i)$$

und (27)

$$s^2 \equiv \frac{n-2}{n-1}\,s_i^2 + \frac{1}{n}\,(y_i - \bar{y}_i)^2$$

ist

$$Z^2 \equiv \frac{(n-1)^2}{n}\,\frac{\tilde{Z}^2}{n(n-2)\,(n-1) + \tilde{Z}^2}.$$

Somit ergibt sich Z als monotone Funktion von $\tilde{Z}$, beide sind einander äquivalent.

Aus der Form von (26) ist ersichtlich, daß eine Beobachtung um so eher in Betracht kommt, ein Ausreißer zu sein, je weiter „außen" sie in der Stichprobe plaziert ist.

Aus (27) ergibt sich noch eine weiter gebräuchliche Umformung der Größe $|y_i - \bar{y}|/s$ durch

$$\frac{(y_i - \bar{y})^2}{s^2} \equiv \frac{(n-1)^2}{n} - \frac{(n-1)\,(n-2)}{n}\cdot\frac{s_i^2}{s^2}.$$

Somit kann auch s_i^2/s^2 als Ausreißer-Kriterium dienen, jetzt signalisieren niedrige Werte von s_i^2/s^2 mögliche Ausreißer.

8.2.2. Mehrere Ausreißer

Aus der Darstellung (25) wird klar, daß die Bildung eines solchen Abstands — oder des dazu äquivalenten $|y_i - \bar{y}|/s$ — als Grundlage für einen effektiven Ausreißertest nur dann geeignet ist, wenn alle außer höchstens einer Beobachtung der gleichen $N(\mu, \sigma^2)$-

Verteilung entstammen. Liegen zwei oder mehrere möglicherweise dicht zusammenliegende Ausreißer vor, in einer geordneten Stichprobe seien es $y_{(n-r)}, \ldots, y_{(n)}$, so ist $|y_{(n)} - \bar{y}|/s$ im allgemeinen klein. Die übrigen Ausreißer haben dazu beigetragen, durch die Vergrößerung von s und das „Heranziehen" des Mittelwertes $\bar{y}$ an $y_{(n)}$ den Ausreißer $y_{(n)}$ zu „maskieren".

Effektive Teststatistiken, die auf standardisierten Abweichungen von einem geschätzten Erwartungswert beruhen, dürften daher für die Schätzungen der Varianz und des Erwartungswertes nur Beobachtungen heranziehen, die keine Ausreißer sind. Diese Ausreißer jedoch sollen erst mit den zu verwendenden Verfahren identifiziert werden.

8.2.2.1. Bekannte Ausreißeranzahl

Ist die Anzahl von „oberen" Ausreißern genau r, besitzen *Block-Verfahren* wie

$$\sum_{i=n-r+1}^{n} |y_{(i)} - \bar{y}_{(r)}|/s_{(r)} \quad \text{oder} \quad s_{(r)}^2/s^2$$

eine relativ hohe Güte. Hierbei stellt $s_{(r)}^2$ die ohne Berücksichtigung der r größten Beobachtungen gewonnene Stichprobenvarianz dar. Tabellierte Signifikanzpunkte sind in Grubbs (1950), Hawkins (1980) oder Barnett/Lewis (1984) zu finden.

Eine weitere Teststatistik wurde von Tietjen/Moore (1972) vorgeschlagen. Mit der Bezeichnung $y_j' = |y_j - \bar{y}|$ erhalten wir eine neue Stichprobe $y_1', \ldots, y_n'$, aus der formal wie oben eine Teststatistik $s_{(r)}'^2/s'^2$ gebildet wird. Ihre genaue Verteilung konnte nicht analytisch bestimmt werden. Tietjen/Moore (1972) geben jedoch aus Simulationsstudien gewonnene Signifikanzpunkte an.

Die genaue Kenntnis der Anzahl und Lage der Ausreißer ist natürlich eine ziemlich unrealistische Voraussetzung. Man kann versuchen, diese anhand der Daten zu schätzen (siehe Abschnitt 8.2.2.2). In manchen Situationen kann eine obere Schranke r für die Anzahl der möglichen Ausreißer angegeben werden.

Liegt dann aber die Zahl der tatsächlichen Ausreißer deutlich unter der Schranke r, so werden die Block-Verfahren unempfindlich gegenüber diesen Ausreißern.

Bessere Eigenschaften besitzen schrittweise Verfahren. Seien im folgenden die Beobachtungen so angeordnet, daß y_1 den größten Abstand zu $\bar{y}$ besitzt, y_2 den zweitgrößten usw. Weiter bezeichnen $\bar{y}_{(i)}$ und $s_{(i)}^2$ die ohne $y_1, \ldots, y_{i-1}$ berechneten Mittelwerte bzw. Varianzen, d. h.

$$\bar{y}_{(i)} = \frac{1}{n-i+1} \sum_{j=i}^{n} y_j, \qquad s_{(i)}^2 = \frac{1}{n-i} \sum_{j=i}^{n} (y_j - \bar{y}_{(i)})^2.$$

Ein einfaches *Aufwärtsverfahren* besteht darin, anhand der Statistiken

$$T_i = \frac{y_i - \bar{y}_{(i)}}{s_{(i)}}, \qquad i = r, r-1, \ldots, 1, \tag{28}$$

zu prüfen, ob y_i einen Ausreißer darstellt. Wird ein y_i als Ausreißer identifiziert, so werden auch alle $y_{i-1}, \ldots, y_1$ als solche betrachtet, und das Verfahren abgebrochen. Auf Simultationsstudien beruhende Signifikanzpunkte $T_{i,n,r;\alpha}$ sind in Hawkins (1980) zu finden.

Ein Nachteil von Aufwärtsverfahren besteht darin, daß die Gesamt-Irrtumswahrscheinlichkeit nicht durch das α der Einzelschritte beschränkt wird, so daß mit größerer Wahrscheinlichkeit einige der äußeren Beobachtungen zu Ausreißern gestempelt werden, auch wenn eine homogene Stichprobe vorliegt.

Mit Hilfe der Statistiken T_i in (28) und ihrer Signifikanzpunkte läßt sich auch ein *Abwärtsverfahren* aufbauen, indem zuerst y_1 geprüft wird, ob es einen Ausreißer darstellt, dann y_2 usw. bis y_r. Sobald ein y_i nach dieser Methode nicht als Ausreißer identifiziert wird, wird dies auch von den näher am Mittelwert liegenden angenommen, und das Verfahren abgebrochen.

Offensichtlich hält dieses Abwärtsverfahren das Signifikanzniveau α ein (vgl. den Newman-Keuls-Test in Abschnitt 2.1.4).

Andererseits ist es in dieser Form anfällig gegen Maskierungseffekte. Eine Modifizierung von (28) zu

$$T_i' = \frac{y_i - \bar{y}_{(r+1)}}{s_{(r+1)}}, \qquad i = 1, \ldots, r,$$

beseitigt diese Anfälligkeit. Signifikanzpunkte zu diesem Verfahren sind durch Simulationen zu gewinnen.

8.2.2.2. Unbekannte Anzahl von Ausreißern

Shapiro und Wilk (1965) führten die Statistik

$$\sum_{i=1}^{[n/2]} a_{n,n-i+1}(y_{(n-i+1)} - y_{(i)})/s \tag{29}$$

ein und tabellierten die entsprechenden Signifikanzpunkte. Die Koeffizienten $a_{n,n-i+1}$ sind in i fallende Folgen und werden ebenfalls in Shapiro/Wilk (1965) angegeben. Der Test gibt jedoch keine Auskunft, welche Beobachtungen als Ausreißer zu werten sind.

Es bietet sich an, die Anzahl und Lage der Ausreißer anhand der Daten zu schätzen, um eventuell mit dieser Information eines der im vorigen Abschnitt erwähnten schrittweisen Verfahren anzuwenden.

Abstand benachbarter Beobachtungen

Die natürlichste Grundlage einer solchen vorläufigen Ausreißeranalyse bilden die Lücken $y_{(i)} - y_{(i-1)}$, $i = 2, \ldots, n$, zwischen den benachbarten Elementen der geordneten Stichprobe. Um einschätzen zu können, ob ein solcher Abstand signifikant groß ist, benötigt man die Verteilung der zufälligen Größe $\max\,(y_{(i)} - y_{(i-1)})$ bzw. $\max\,(y_{(i)} - y_{(i-1)})/s$ oder anderer normierter Maximalabstände.

Für auf einem unbekannten Intervall (a, b) gleichverteilte Stichproben besitzt der durch die Variationsbreite normierte maximale Abstand

$$M_n = \max_{i=2,\ldots,n} \frac{y_{(i)} - y_{(i-1)}}{y_{(n)} - y_{(1)}}$$

die Verteilungsfunktion

$$\mathsf{P}(M_n < x) = \sum_{j=0}^{n-1} (-1)^j \binom{n-1}{j} (1 - jx)_+^{\,n-2}$$

Hierbei bezeichnet $(1 - jx)_+$ die Größe $\max\{0, 1 - jx\}$. Für wachsenden Stichprobenumfang n besitzt $nM_n - \log n$ die Gumbel-Verteilung als Grenzverteilung, d. h.

$$\mathsf{P}(nM_n - \log n < z) \to e^{-e^{-z}}.$$

Signifikanzpunkte von $nM_n - \log n$ findet man in Tafel XI. Benutzt man die für die Grenzverteilung gültigen Signifikanzpunkte auch für Stichproben aus anderen Verteilungen, so entsteht zumindest asymptotisch stets eine größere Irrtumswahrscheinlichkeit 1. Art, d. h., es werden bei homogenen Stichproben zu oft Ausreißer identifiziert (PINCUS (1984)).

Eine sinnvolle Modifikation des Abstandes benachbarter Beobachtungen scheint

$$\frac{y_{(i)} - y_{(i-1)}}{\mu_i - \mu_{i-1}}$$

zu sein. Hierbei sind die μ_i die (Schätzungen der) Erwartungswerte der geordneten $y_{(i)}$. Über die Verteilung der entsprechenden Maxima ist nichts näheres bekannt.

Wahrscheinlichkeits-Plots.

Obwohl Ausreißer- und Anpassungstests die gleiche Hypothese testen, nämlich daß die Stichprobe aus einer gegebenen parametrischen Verteilungsfamilie stammt, reagieren die Anpassungstests auf andere Alternativen sensitiver, als bei der Ausreißeranalyse erforderlich. Trotzdem sind bestimmte Methoden, speziell grafische Analysen, geeignet, den Anforderungen beider Situationen gerecht zu werden.

Eine einfache Sichtbarmachung potentieller Ausreißer ist in Lokations- und Skalenfamilien durch Wahrscheinlichkeits-Plots (siehe Abschnitt 8.1.3) möglich. Punkte, die rechts vom Median deutlich unter der den „mittleren" Werten angepaßten Geraden liegen, bzw. die sich links vom Median weit darüber befinden, sind verdächtig, Ausreißer darzustellen (siehe Abb. 8.2.1 und Beispiel 8.2.1).

8.2.3. Multivariate Ausreißer

Stärker noch als in univariaten Stichproben können Ausreißer die Ergebnisse der Analyse multivariater Daten verfälschen. Zusätzlich zu den verzerrenden Effekten im univariaten Fall kommt in mehrdimensionalen Stichproben das Vortäuschen oder Verdecken von Abhängigkeiten zwischen den einzelnen Merkmalen hinzu.

Dabei ist das Auffinden von Ausreißern im multivariaten Fall bedeutend schwieriger und aufwendiger als bei eindimensionalen Daten. Die Ausreißer ragen nicht mehr „an den Enden" heraus, es gibt keine „kleinste" und „größte" Beobachtung, keinen „benachbarten" Wert usw.

Multivariate studentisierte Abweichungen

Sei $y_1, \ldots, y_n$ eine multivariate $N_p(\boldsymbol{\mu}, \boldsymbol{\Sigma})$-verteilte Stichprobe. Der empirische Mahalanobis-Abstand

$$(\boldsymbol{y}_i - \bar{\boldsymbol{y}})' \, \boldsymbol{S}^{-1}(\boldsymbol{y}_i - \bar{\boldsymbol{y}}) \tag{30}$$

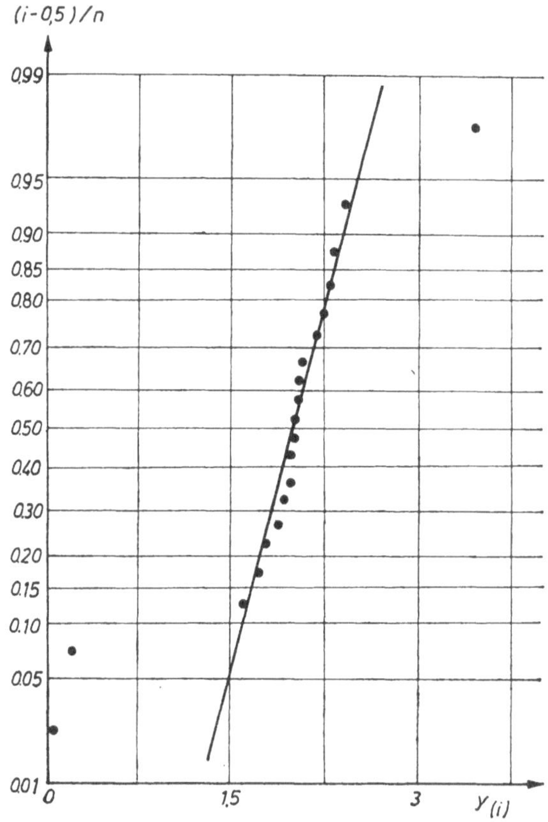

Abb. 8.2.1. Erkennung von Ausreißern durch ein Wahrscheinlichkeits-Plot

stellt eine p-dimensionale Verallgemeinerung des in Abschnitt 8.2.1 betrachteten Abstands $(y_i - \bar{y})^2/s^2$ dar. Hier sind

$$\bar{\boldsymbol{y}} = \frac{1}{n} \sum_{i=1}^{n} \boldsymbol{y}_i$$

und

$$\boldsymbol{S} = \frac{1}{n-1} \sum_{i=1}^{n} (\boldsymbol{y}_i - \bar{\boldsymbol{y}})\,(\boldsymbol{y}_i - \bar{\boldsymbol{y}})'.$$

Die Statistik $\max_i\, (\boldsymbol{y}_i - \bar{\boldsymbol{y}})'\, \boldsymbol{S}^{-1}(\boldsymbol{y}_i - \bar{\boldsymbol{y}})$ oder äquivalent

$$\min_i\, |\boldsymbol{S}_i|/|\boldsymbol{S}| \tag{31}$$

(vgl. (27)) kann als Testkriterium für das Vorliegen eines Ausreißers in der Stichprobe dienen. Bezeichnet $\boldsymbol{S}_{i,j}$ die ohne die i-te und j-te Beobachtung gewonnene Stichproben-Kovarianzmatrix, bildet

$$\min_{i,j}\, |\boldsymbol{S}_{i,j}|/|\boldsymbol{S}| \tag{32}$$

eine Teststatistik für die Identifikation zweier Ausreißer. Analoge Ausdrücke lassen sich allgemein für r Ausreißer bilden.

Wilks (1963) tabellierte für ein bzw. zwei Ausreißer Signifikanzpunkte, genaugenommen untere Schranken derselben, für die Variablen (31) bzw. (32) (zu finden auch in Kres (1975), Barnett/Lewis (1984), Hawkins (1980)).

Grafische Verfahren

Die Empfindlichkeit der Statistiken (31) und (32) gegenüber Maskierungseffekten durch weitere Ausreißer setzt ihrer Anwendbarkeit gewisse Grenzen.

Die komponentenweise Verwendung grafischer Darstellungen, speziell Wahrscheinlichkeits-Plot, beläßt diejenigen Ausreißer unerkannt, deren einzelne Merkmale sich „normal" verhalten, deren gemeinsame Konstellation aber — wie in Abb. 8.2.2 — untypisch in der Stichprobe ist.

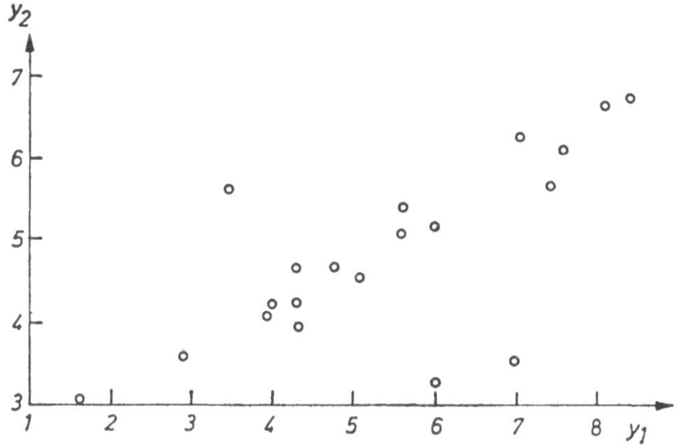

Abb. 8.2.2. Streudiagramm der zweidimensionalen Daten aus Tabelle 8.2.1

In vielen Fällen macht eine Koordinatentransformation es möglich, die Ausreißer in diesen neuen Koordinaten mittels einzelner Komponenten sichtbar zu machen. Eine häufig verwendete Transformation ist durch die Hauptkomponentenanalyse gegeben.

Die Stichprobenkovarianz $\boldsymbol{S}$ besitzt eine eindeutige Spektralzerlegung

$$\boldsymbol{S} = \boldsymbol{CLC}', \tag{33}$$

wobei $\boldsymbol{C}$ eine orthogonale Matrix und $\boldsymbol{L}$ eine Diagonalmatrix

$$\boldsymbol{L} = \begin{pmatrix} l_1 & & 0 \\ & \ddots & \\ 0 & & l_p \end{pmatrix}, \qquad l_1 \geqq l_2 \geqq \dots \geqq l_p,$$

darstellt. Transformieren wir die Beobachtung $\boldsymbol{y}_i$ zu

$$\boldsymbol{z}_i = \boldsymbol{C}'\boldsymbol{y}_i, \tag{34}$$

erhalten wir die „Stichprobe" $\boldsymbol{z}_1, \dots, \boldsymbol{z}_n$, deren p Komponenten, die sogenannten Hauptkomponenten, mit Hilfe von Wahrscheinlichkeits-Plots auf Ausreißer untersucht werden können, auch wenn $\boldsymbol{z}_1, \dots, \boldsymbol{z}_n$ nicht mehr unabhängig sind.

Beispiel 8.2.1. Abbildung 8.2.2 zeigt das Streudiagramm einer zweidimensionalen Stichprobe vom Umfang 20, deren Werte in Tabelle 8.2.1 zu finden sind.

Tabelle 8.2.1. Werte einer zweidimensionalen Stichprobe zum Beispiel 8.2.1.

(7.43, 5.68),	(4.32, 3.95),	(8.10, 6.64),	(7.62, 6.08)
(4.27, 4.25),	(6.02, 3.25),	(3.96, 4.20),	(7.05, 6.08)
(4.28, 4.63),	(3.88, 4.14),	(5.60, 5.09),	(3.48, 5.58)
(2.84, 3.58),	(5.60, 5.41),	(5.98, 5.19),	(5.08, 4.55)
(4.77, 4.65),	(1.60, 3.01),	(6.97, 3.51),	(8.40, 6.73)

Die Stichprobenkovarianz $\boldsymbol{S}$ hat die Gestalt

$$\boldsymbol{S} = \begin{pmatrix} 3.398 & 1.443 \\ 1.443 & 1.238 \end{pmatrix}$$

und besitzt die Spektraldarstellung $\boldsymbol{S} = \boldsymbol{CLC}'$ mit

$$\boldsymbol{L} = \begin{pmatrix} 4.120 & 0 \\ 0 & 0.156 \end{pmatrix}, \qquad \boldsymbol{C} = \begin{pmatrix} 0.894 & -0.448 \\ 0.448 & 0.894 \end{pmatrix}.$$

Abbildung 8.2.1 stellt die Werte für die zweite Hauptkomponente

$$-0.448 y_{t1} + 0.894 y_{t2}, \qquad t = 1, \ldots, 20,$$

in einem Wahrscheinlichkeits-Plot dar. Deutlich sind drei Ausreißer, die in diesem zweidimensionalen Beispiel auch dem Streudiagramm zu entnehmen wären, zu erkennen. Offensichtlich ist die Aussagekraft des Streudiagramms aus Abbildung 8.2.2 nicht geringer als die des Wahrscheinlichkeit-Plots in Abbildung 8.2.1.

Man kann daher die Transformation (34) auch dazu benutzen, zu einem ausgewählten Paar von Hauptkomponenten, oder auch zu sämtlichen $p(p-1)/2$ Paaren, Streudiagramme zu erstellen.

Alle linearen Transformationen versagen jedoch, wenn wie in Abbildung 8.2.3 für den zweidimensionalen Fall skizziert, die Beobachtungen einer nichtlinearen Gleichung

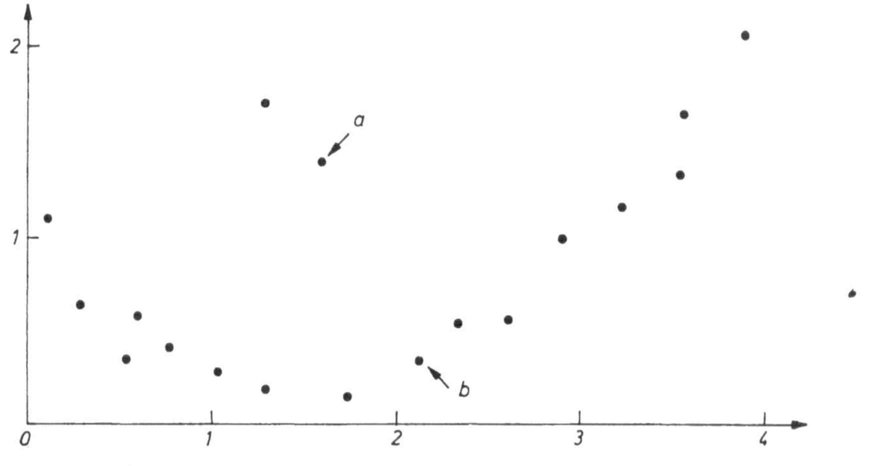

Abb. 8.2.3. Streudiagramm einer zweidimensionalen Stichprobe

der Art

$$f(y_{t1}, \ldots, y_{tp}) = \varepsilon_t, \qquad t = 1, \ldots, n,$$

genügen.

Liegen keine Modellvorstellungen über die Funktion f vor, so sind Abstands-Plots ein nützliches Hilfsmittel zur Identifizierung von Ausreißern. Dazu wird eine Abstandsfunktion

$$d_{i,j} = d(\boldsymbol{y}_i, \boldsymbol{y}_j), \qquad i, j = 1, \ldots, n; \qquad i \neq j,$$

festgelegt. Bezeichnet $d_{i,(1)} \leqq \ldots \leqq d_{i,(n-1)}$ die geordnete Folge der Abstände der Beobachtung y_i zu den Stichprobenwerten y_j, $j \neq i$, so werden in einem Koordinatensystem die Punkte $(j, d_{i,(j)})$, $j = 1, \ldots, n - 1$, eingetragen.

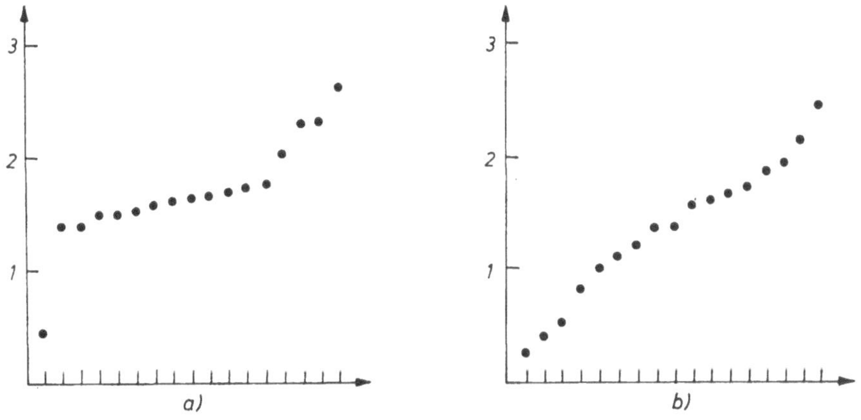

Abb. 8.2.4. Abstands-Plot zu zwei ausgewählten Punkten aus Abb. 8.2.3

Es existieren nun n solche Abstands-Plots, deren Untersuchung, speziell auf steiles Wachstum oder Sprünge, Hinweise über mögliche Ausreißer geben kann.

In Abbildung 8.2.4 sind zwei Abstands-Plots für die in Abbildung 8.2.3 abgebildeten Werte bei Wahl des euklidischen Abstands angegeben, deren Verlauf typisch für Ausreißer bzw. „gewöhnliche“ Werte ist.

Anhänge

A.1. Matrizen, verallgemeinerte Inverse

Es sei $\boldsymbol{A}$ eine $p \times q$-Matrix. Dann ist

$$\mathcal{R}(\boldsymbol{A}) = \{\boldsymbol{a}: \boldsymbol{a} = \boldsymbol{A}\boldsymbol{b},\ \boldsymbol{b} \in \mathbb{R}^q\} \quad \text{der Bildraum von } \boldsymbol{A},$$

$$\mathcal{N}(\boldsymbol{A}) = \{\boldsymbol{b}: \boldsymbol{A}\boldsymbol{b} = \boldsymbol{0},\ \boldsymbol{b} \in \mathbb{R}^q\} \quad \text{der Nullraum von } \boldsymbol{A}.$$

Mit $\boldsymbol{A}'$ wird die transponierte Matrix von $\boldsymbol{A}$ bezeichnet, mit $\operatorname{rg} \boldsymbol{A}$ ihr Rang. Für eine symmetrische Matrix $\boldsymbol{A}$ sei $\operatorname{sp} \boldsymbol{A}$ die Spur von $\boldsymbol{A}$, $|\boldsymbol{A}|$ die Determinante.

Der maximale bzw. minimale Eigenwert von $\boldsymbol{A}$ ist $\lambda_{\max}(\boldsymbol{A})$ bzw. $\lambda_{\min}(\boldsymbol{A})$.

A.1.1. Sei $\boldsymbol{A}$ eine beliebige $p \times q$-Matrix. Eine $q \times p$-Matrix heißt g-Inverse von $\boldsymbol{A}$, kurz $\boldsymbol{A}^-$, wenn

$$\boldsymbol{A}\boldsymbol{A}^-\boldsymbol{A} = \boldsymbol{A}.$$

Eine g-Inverse von $\boldsymbol{A}$ existiert stets. Ist $\boldsymbol{A}$ nichtsingulär, dann ist $\boldsymbol{A}^{-1}$ die einzige g-Inverse, ansonsten ist $\boldsymbol{A}^-$ nicht eindeutig bestimmt.

Es existiert unter den g-Inversen genau eine, üblicherweise mit $\boldsymbol{A}^+$ als *Moore-Penrose-Inverse* bezeichnete Matrix, die neben $\boldsymbol{A}\boldsymbol{A}^+\boldsymbol{A} = \boldsymbol{A}$ zusätzlich noch

$$\boldsymbol{A}^+\boldsymbol{A}\boldsymbol{A}^+ = \boldsymbol{A}^+, \qquad \boldsymbol{A}^+\boldsymbol{A} = (\boldsymbol{A}^+\boldsymbol{A})' \quad \text{und} \quad \boldsymbol{A}\boldsymbol{A}^+ = (\boldsymbol{A}\boldsymbol{A}^+)'$$

erfüllt.

A.1.2. Ist das Gleichungssystem $\boldsymbol{A}\boldsymbol{x} = \boldsymbol{p}$ lösbar, dann ist für jedes $\boldsymbol{A}^-$

$$\boldsymbol{x} = \boldsymbol{A}^-\boldsymbol{p}$$

eine Lösung desselben.

A.1.3. $\boldsymbol{C}_1$ und $\boldsymbol{C}_2$ seien nichtsinguläre $p \times p$- bzw. $q \times q$-Matrizen. Dann ist $\boldsymbol{C}_2^{-1}\boldsymbol{A}^-\boldsymbol{C}_1^{-1}$ eine g-Inverse von $\boldsymbol{C}_1\boldsymbol{A}\boldsymbol{C}_2$.

A.1.4. Sei $\boldsymbol{X}$ eine beliebige $n \times k$-Matrix. Dann ist $\boldsymbol{X}(\boldsymbol{X}'\boldsymbol{X})^-\,\boldsymbol{X}'$ unabhängig von der Wahl von $(\boldsymbol{X}'\boldsymbol{X})^-$. Hat $\boldsymbol{Z}$ den gleichen Bildraum wie $\boldsymbol{X}$, so ist $\boldsymbol{Z}(\boldsymbol{Z}'\boldsymbol{Z})^-\,\boldsymbol{Z}' = \boldsymbol{X}(\boldsymbol{X}'\boldsymbol{X})^-\,\boldsymbol{X}'$. Ferner gilt $\boldsymbol{X}(\boldsymbol{X}'\boldsymbol{X})^-\,\boldsymbol{X}'\boldsymbol{X} = \boldsymbol{X}$ und $\boldsymbol{X}'\boldsymbol{X}(\boldsymbol{X}'\boldsymbol{X})^-\,\boldsymbol{X}' = \boldsymbol{X}'$.

A.1.5. $\boldsymbol{P} = \boldsymbol{X}(\boldsymbol{X}'\boldsymbol{X})^-\,\boldsymbol{X}'$ ist idempotent, d. h. $\boldsymbol{P}^2 = \boldsymbol{P}$, und symmetrisch. Es gilt $\operatorname{sp} \boldsymbol{P} = \operatorname{rg} \boldsymbol{P} = \operatorname{rg} \boldsymbol{X}$. $\boldsymbol{P}$ ist die orthogonale Projektion im $\mathbb{R}^n$ auf $\mathcal{R}(\boldsymbol{X})$, kurz als $\boldsymbol{P}_{\mathcal{R}(\boldsymbol{X})}$ bezeichnet.

A.1.6. Sei $\boldsymbol{R}$ eine $r \times k$-Matrix derart, daß $\boldsymbol{X}'\boldsymbol{X} + \boldsymbol{R}'\boldsymbol{R}$ nichtsingulär ist und $\operatorname{rg} \boldsymbol{X} + \operatorname{rg} \boldsymbol{R} = k$. Dann ist $(\boldsymbol{X}'\boldsymbol{X} + \boldsymbol{R}'\boldsymbol{R})^{-1}$ eine g-Inverse von $\boldsymbol{X}'\boldsymbol{X}$. Ferner ist $\boldsymbol{R}(\boldsymbol{X}'\boldsymbol{X} + \boldsymbol{R}'\boldsymbol{R})^{-1}\,\boldsymbol{X}' = \boldsymbol{0}$.

A.1.7. Eine Matrix $\boldsymbol{A}$ besitze die Zerlegung

$$\boldsymbol{A} = \begin{pmatrix} \boldsymbol{A}_{11} & \boldsymbol{A}_{12} \\ \boldsymbol{A}_{21} & \boldsymbol{A}_{22} \end{pmatrix},$$

und es sei rg $\boldsymbol{A}$ = rg $\boldsymbol{A}_{22}$. Dann ist

$$\boldsymbol{A}^- = \begin{pmatrix} 0 & 0 \\ 0 & \boldsymbol{A}_{22}^- \end{pmatrix}$$

eine g-Inverse von $\boldsymbol{A}$.

A.1.8. Seien $\boldsymbol{X}$ eine $n \times k$-Matrix, sowie $\boldsymbol{\Lambda}$ und $\boldsymbol{S}$ positiv definite $n \times n$- bzw. $k \times k$-Matrizen. Ferner sei

$$\boldsymbol{L} = \boldsymbol{X}(\boldsymbol{X}'\boldsymbol{\Lambda}^{-1}\boldsymbol{X})^- \boldsymbol{X}'\boldsymbol{\Lambda}^{-1}.$$

Dann gilt

$$\boldsymbol{L} - \boldsymbol{L}\boldsymbol{\Lambda}(\boldsymbol{\Lambda} + \boldsymbol{X}\boldsymbol{S}\boldsymbol{X}')^{-1} = \boldsymbol{X}(\boldsymbol{S}^{-1} + \boldsymbol{X}'\boldsymbol{\Lambda}^{-1}\boldsymbol{X})^{-1} \boldsymbol{X}'\boldsymbol{\Lambda}^{-1}.$$

A.2. Funktionen normalverteilter Variabler

A.2.1. Wenn $y_1, \ldots, y_n$ unabhängig N(0,1)-verteilt sind, d. h. die gemeinsame Verteilungsdichte

$$p(y_1, \ldots, y_n) = (2\pi)^{-n/2} \, e^{-\Sigma y_i^2/2}$$

besitzen, heißt $\boldsymbol{y} = (y_1, \ldots, y_n)'$ n-dimensional standardnormalverteilt, kurz

$$\boldsymbol{y} \sim \mathrm{N}_n(0, \boldsymbol{I}).$$

A.2.2. Eine m-dimensionale Variable $\boldsymbol{z}$ ist normalverteilt, wenn $\boldsymbol{z}$ die Darstellung

$$\boldsymbol{z} = \boldsymbol{A}\boldsymbol{y} + \boldsymbol{a}$$

besitzt, wobei $\boldsymbol{y} \sim \mathrm{N}_n(0, \boldsymbol{I})$, $\boldsymbol{A}$ eine feste $m \times n$-Matrix und $\boldsymbol{a}$ ein fester $m \times 1$-Vektor sind. Es ist

$$\mathsf{E}\boldsymbol{z} = \boldsymbol{a}, \qquad \mathsf{Cov}\,\boldsymbol{z} = \boldsymbol{A}\boldsymbol{A}' = \boldsymbol{\Sigma},$$

in kurzer Schreibweise $\boldsymbol{z} \sim \mathrm{N}_m(\boldsymbol{a}, \boldsymbol{\Sigma})$.

A.2.3. Sei $\boldsymbol{y} \sim \mathrm{N}_n(0, \boldsymbol{I})$, dann sind $\boldsymbol{z}_1 = \boldsymbol{A}_1\boldsymbol{y} + \boldsymbol{a}_1$ und $\boldsymbol{z}_2 = \boldsymbol{A}_2\boldsymbol{y} + \boldsymbol{a}_2$ genau dann voneinander unabhängig verteilt, wenn $\boldsymbol{A}_1\boldsymbol{A}_2' = 0$.

A.2.4. Sei $\boldsymbol{y} \sim \mathrm{N}_n(\boldsymbol{\mu}, \boldsymbol{I})$ und $\boldsymbol{P}$ eine idempotente, symmetrische $n \times n$-Matrix vom Rang p. Dann hat $\boldsymbol{y}'\boldsymbol{P}\boldsymbol{y}$ eine χ^2-Verteilung mit p Freiheitsgraden und dem Nichtzentralitätsparameter $\boldsymbol{\mu}'\boldsymbol{P}\boldsymbol{\mu}$.

A.2.5. Sei $\boldsymbol{y} \sim \mathrm{N}_n(\boldsymbol{\mu}, \boldsymbol{I})$ und $\boldsymbol{z} = \boldsymbol{A}\boldsymbol{y}$, $\boldsymbol{A}\boldsymbol{A}' = \boldsymbol{\Sigma}$. Dann hat $\boldsymbol{z}'\boldsymbol{\Sigma}^-\boldsymbol{z}$ eine χ^2-Verteilung mit q Freiheitsgraden, $q = \mathrm{rg}\,\boldsymbol{\Sigma}$, und der Nichtzentralität $\boldsymbol{\mu}'\boldsymbol{A}'(\boldsymbol{A}\boldsymbol{A}')^- \boldsymbol{A}\boldsymbol{\mu}$.

A.2.6. Sei $\boldsymbol{y} \sim \mathrm{N}_p(\boldsymbol{\mu}, \boldsymbol{\Sigma})$. Bezeichnet $\boldsymbol{y} = (\boldsymbol{y}_1', \boldsymbol{y}_2')'$ die Zerlegung des Vektors $\boldsymbol{y}$ in zwei Teilvektoren der Dimension p_1 bzw. p_2, und entsprechend

$$\boldsymbol{\mu} = (\boldsymbol{\mu}_1', \boldsymbol{\mu}_2')', \qquad \boldsymbol{\Sigma} = \begin{pmatrix} \boldsymbol{\Sigma}_{11} & \boldsymbol{\Sigma}_{12} \\ \boldsymbol{\Sigma}_{21} & \boldsymbol{\Sigma}_{22} \end{pmatrix},$$

dann hat $\boldsymbol{y}_2$ bei gegebenem $\boldsymbol{y}_1$ die bedingte Verteilung

$$\boldsymbol{y}_2 \sim \mathrm{N}_{p_2}(\boldsymbol{\mu}_2 + \boldsymbol{\Sigma}_{21}\boldsymbol{\Sigma}_{11}^-(\boldsymbol{y}_1 - \boldsymbol{\mu}_1), \boldsymbol{\Sigma}_{22.1}).$$

Dabei ist $\boldsymbol{\Sigma}_{22.1} = \boldsymbol{\Sigma}_{22} - \boldsymbol{\Sigma}_{21}\boldsymbol{\Sigma}_{11}^-\boldsymbol{\Sigma}_{12}$.

A.2.7. Seien $\boldsymbol{y}_i \sim \mathrm{N}_p(\boldsymbol{\mu}_i, \boldsymbol{\Sigma})$, $i = 1, \ldots, m$, unabhängig verteilt. Die Verteilung der zufälligen Matrix $\boldsymbol{S} = \sum_{i=1}^{m} \boldsymbol{y}_i\boldsymbol{y}_i'$ heißt p-dimensionale Wishart-Verteilung mit m Freiheitsgraden, der Kovarianz $\boldsymbol{\Sigma}$ und der Nichtzentralität $\boldsymbol{\Xi} = \sum_{i=1}^{m} \boldsymbol{\mu}_i\boldsymbol{\mu}_i'$, kurz

$$\boldsymbol{S} \sim \mathrm{W}_p(m, \boldsymbol{\Sigma}, \boldsymbol{\Xi}),$$

oder auch wenn $\boldsymbol{\Xi} = \boldsymbol{0}$ ist, $\boldsymbol{S} \sim \mathrm{W}_p(m, \boldsymbol{\Sigma})$.

A.2.8. Zwei zufällige $p \times p$-Matrizen der Gestalt $\boldsymbol{S}_1 = \sum_{i=1}^{m_1} \boldsymbol{x}_i\boldsymbol{x}_i'$ bzw. $\boldsymbol{S}_2 = \sum_{j=1}^{m_2} \boldsymbol{z}_j\boldsymbol{z}_j'$ sind unabhängig $\mathrm{W}_p(m_i, \boldsymbol{\Sigma}_i, \boldsymbol{\Xi}_i)$-verteilt, genau dann wenn für jedes $\boldsymbol{c} \in \mathbb{R}^p$ die $\boldsymbol{c}'\boldsymbol{S}_i\boldsymbol{c}$ unabhängig $(\boldsymbol{c}'\boldsymbol{\Sigma}_i\boldsymbol{c})\, \chi^2_{m_i, \psi_i^2}$-verteilt sind. Dabei ist $\psi_i^2 = \boldsymbol{c}'\boldsymbol{\Xi}_i\boldsymbol{c}/\boldsymbol{c}'\boldsymbol{\Sigma}_i\boldsymbol{c}$.

A.2.9. Sei $\boldsymbol{S} \sim \mathrm{W}_p(m, \boldsymbol{\Sigma})$. Mit

$$\boldsymbol{S} = \begin{pmatrix} \boldsymbol{S}_{11} & \boldsymbol{S}_{12} \\ \boldsymbol{S}_{21} & \boldsymbol{S}_{22} \end{pmatrix}, \qquad \boldsymbol{\Sigma} = \begin{pmatrix} \boldsymbol{\Sigma}_{11} & \boldsymbol{\Sigma}_{12} \\ \boldsymbol{\Sigma}_{21} & \boldsymbol{\Sigma}_{22} \end{pmatrix}$$

und $\boldsymbol{S}_{22.1} = \boldsymbol{S}_{22} - \boldsymbol{S}_{21}\boldsymbol{S}_{11}^-\boldsymbol{S}_{12}$ gilt

$$\boldsymbol{S}_{22.1} \sim \mathrm{W}_{p_2}(m - r_1, \boldsymbol{\Sigma}_{22.1}), \quad \text{wobei} \quad r_1 = \operatorname{rg} \boldsymbol{\Sigma}_{11}.$$

Weiter ist die Verteilung von $\boldsymbol{S}_{21}\boldsymbol{S}_{11}^-\boldsymbol{a}$ für jedes feste $\boldsymbol{a} \in \mathcal{R}(\boldsymbol{\Sigma}_{11})$ unabhängig von $\boldsymbol{S}_{11}$ normalverteilt

$$\boldsymbol{S}_{21}\boldsymbol{S}_{11}^-\boldsymbol{a} \sim \mathrm{N}_{p_2}\left(\boldsymbol{\Sigma}_{21}\boldsymbol{\Sigma}_{11}^-\boldsymbol{a}, (\boldsymbol{a}'\boldsymbol{\Sigma}_{11}^-\boldsymbol{a})\, \boldsymbol{\Sigma}_{22.1}\right).$$

A.2.10. Seien $\boldsymbol{S} \sim \mathrm{W}_p(n, \boldsymbol{\Sigma})$ und $\boldsymbol{x} \sim \mathrm{N}_p(\boldsymbol{0}, \boldsymbol{\Sigma})$ unabhängig verteilt. Dann besitzt $\frac{n - r + 1}{r}\, \boldsymbol{x}'\boldsymbol{S}^-\boldsymbol{x}$ eine $\mathrm{F}_{r, n-r+1}$-Verteilung, $r = \operatorname{rg} \boldsymbol{\Sigma}$.

A.2.11. Es sei $y \sim \mathrm{N}(0, \sigma^2)$, $\varkappa$ eine beliebige positive Konstante und

$$T = \begin{cases} 0 & \text{für } \; y^2 \leqq \varkappa, \\ y^2 - \varkappa & \text{sonst.} \end{cases}$$

Dann gilt für alle $\sigma^2 > 0$

$$\mathsf{E}(T - \sigma^2) < \mathsf{E}(y^2 - \sigma^2).$$

A.2.12. Es seien $\boldsymbol{z}_1$, $\boldsymbol{z}_2$ und $\boldsymbol{W}$ unabhängig verteilte Variable,

$$\boldsymbol{z}_1 \sim \mathrm{N}_p(\boldsymbol{0}, \varkappa_1\boldsymbol{I}), \qquad \boldsymbol{z}_2 \sim \mathrm{N}_p(\boldsymbol{\mu}, \varkappa_2\boldsymbol{I}), \qquad \boldsymbol{W} \sim \mathrm{W}_p(n, \boldsymbol{I}).$$

Dann ist

$$\mathsf{P}(m\boldsymbol{z}_1'\boldsymbol{W}^{-1}\boldsymbol{z}_1 - 2\boldsymbol{z}_1'\boldsymbol{W}^{-1}\boldsymbol{z}_2 - \boldsymbol{z}_2'\boldsymbol{W}^{-1}\boldsymbol{z}_2 < c)$$

für $m \geqq 0$, $c \leqq 0$, monoton wachsend in $\delta^2 = \boldsymbol{\mu}'\boldsymbol{\mu}$.

A.2.13. Es seien $\boldsymbol{z}_1$, $\boldsymbol{z}_2$, $\boldsymbol{W}$ wie in A. 2.12. Dann ist

$$\mathsf{P}(m\boldsymbol{z}_1'\boldsymbol{W}^{-1}\boldsymbol{z}_1 - 2\boldsymbol{z}_1'\boldsymbol{W}^{-1}\boldsymbol{z}_2 - \boldsymbol{z}_2'\boldsymbol{W}^{-1}\boldsymbol{z}_2 > c)$$

für $m \geqq 0$, $c \geqq 0$, monoton fallend in $\delta^2 = \boldsymbol{\mu}'\boldsymbol{\mu}$.

Tafeln

Tafel I. Verteilungsfunktion $\Phi(u)$ der Normalverteilung

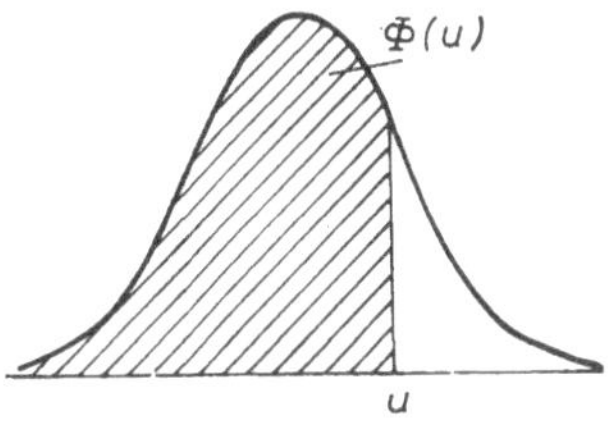

$$\Phi(u) = (2\pi)^{-1/2} \int\limits_{-\infty}^{u} e^{-x^2/2}\, dx,$$

$$\Phi(-u) = 1 - \Phi(u).$$

Beispiel: $\Phi(1.23) = 0.891$,

$\Phi(-1.71) = 1 - 0.956 = 0.044$.

u	.00	.01	.02	.03	.04	.05	.06	.07	.08	.09
0.0	.500	.504	.508	.512	.516	.520	.524	.528	.532	.536
0.1	.540	.544	.548	.552	.556	.560	.564	.567	.571	.575
0.2	.579	.583	.587	.591	.595	.599	.603	.606	.610	.614
0.3	.618	.622	.626	.629	.633	.637	.641	.644	.648	.652
0.4	.655	.659	.663	.666	.670	.674	.677	.681	.684	.688
0.5	.691	.695	.698	.702	.705	.709	.712	.716	.719	.722
0.6	.726	.729	.732	.736	.739	.742	.745	.749	.752	.755
0.7	.758	.761	.764	.767	.770	.773	.776	.779	.782	.785
0.8	.788	.791	.794	.797	.800	.802	.805	.808	.811	.813
0.9	.816	.819	.821	.824	.826	.829	.831	.834	.836	.839
1.0	.841	.844	.846	.848	.851	.853	.855	.858	.860	.862
1.1	.864	.867	.869	.871	.873	.875	.877	.879	.881	.883
1.2	.885	.887	.889	.891	.893	.894	.896	.898	.900	.901
1.3	.903	.905	.907	.908	.910	.911	.913	.915	.916	.918
1.4	.919	.921	.922	.924	.925	.926	.928	.929	.931	.932
1.5	.933	.934	.936	.937	.938	.939	.941	.942	.943	.944
1.6	.945	.946	.947	.948	.949	.951	.952	.953	.954	.954
1.7	.955	.956	.957	.958	.959	.960	.961	.962	.962	.963
1.8	.964	.965	.966	.966	.967	.968	.969	.969	.970	.971
1.9	.971	.972	.973	.973	.974	.974	.975	.976	.976	.977
2.0	.977	.978	.978	.979	.979	.980	.980	.981	.981	.982
2.1	.982	.983	.983	.983	.984	.984	.985	.985	.985	.986
2.2	.986	.986	.987	.987	.987	.988	.988	.988	.989	.989
2.3	.989	.990	.990	.990	.990	.991	.991	.991	.991	.992
2.4	.992	.992	.992	.992	.993	.993	.993	.993	.993	.994
2.5	.994	.994	.994	.994	.994	.995	.995	.995	.995	.995
2.6	.995	.995	.996	.996	.996	.996	.996	.996	.996	.996
2.7	.997	.997	.997	.997	.997	.997	.997	.997	.997	.997
2.8	.997	.998	.998	.998	.998	.998	.998	.998	.998	.998
2.9	.998	.998	.998	.998	.998	.998	.998	.999	.999	.999

Tafel II. Signifikanzpunkte $\chi^2_{n;\alpha}$ der χ^2-Verteilung

Beispiel: $P(\chi^2_{14} > 23.69) = 0.05$,

$P(5.63 < \chi^2_{14} < 26.12) = 0.95$.

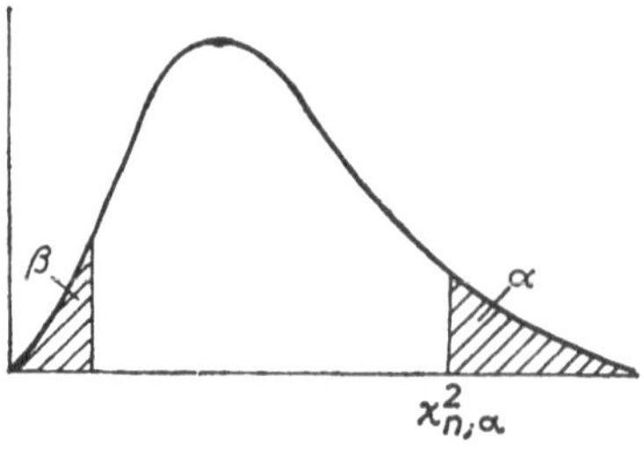

n	β 0.005	β 0.01	β 0.025	β 0.05	α 0.05	α 0.025	α 0.01	α 0.005
1	—	—	—	—	3.84	5.02	6.64	7.88
2	0.01	0.02	0.05	0.10	5.99	7.38	9.21	10.60
3	0.07	0.12	0.22	0.35	7.82	9.35	11.35	12.84
4	0.21	0.30	0.48	0.71	9.49	11.14	13.28	14.86
5	0.41	0.55	0.83	1.15	11.07	12.83	15.09	16.75
6	0.68	0.87	1.24	1.64	12.59	14.45	16.81	18.55
7	0.99	1.24	1.69	2.17	14.07	16.01	18.48	20.28
8	1.34	1.65	2.18	2.73	15.51	17.54	20.09	21.96
9	1.74	2.09	2.70	3.32	16.92	19.02	21.67	23.59
10	2.16	2.56	3.25	3.94	18.31	20.48	23.21	25.19
11	2.60	3.05	3.82	4.58	19.68	21.92	24.73	26.76
12	3.07	3.57	4.40	5.23	21.03	23.34	26.22	28.30
13	3.57	4.11	5.01	5.89	22.36	24.74	27.69	29.82
14	4.08	4.66	5.63	6.57	23.69	26.12	29.14	31.32
15	4.61	5.23	6.26	7.26	25.00	27.49	30.58	32.80
16	5.14	5.81	6.91	7.96	26.30	28.85	32.00	34.27
17	5.70	6.41	7.56	8.67	27.59	30.19	33.41	35.72
18	6.27	7.02	8.23	9.39	28.87	31.53	34.81	37.16
19	6.84	7.63	8.91	10.12	30.14	32.85	36.19	38.58
20	7.43	8.26	9.59	10.85	31.41	34.17	37.57	40.00
22	8.64	9.54	10.98	12.34	33.92	36.78	40.29	42.80
24	9.89	10.86	12.40	13.85	36.42	39.36	42.99	45.56
26	11.16	12.20	13.84	15.38	38.89	41.92	45.64	48.29
28	12.46	13.57	15.31	16.93	41.34	44.46	48.28	50.99
30	13.79	14.95	16.79	18.49	43.77	46.98	50.89	53.67
32	15.13	16.36	18.29	20.07	46.19	49.48	53.49	56.33
34	16.50	17.79	19.81	21.66	48.60	51.97	56.06	58.96
36	17.89	19.23	21.34	23.27	51.00	54.44	58.62	61.58
38	19.29	20.69	22.88	24.88	53.38	56.90	61.16	64.18
40	20.71	22.16	24.43	26.51	55.76	59.34	63.69	66.77
50	27.99	29.71	32.36	34.76	67.51	71.42	76.15	79.49
60	35.53	37.49	40.48	43.19	79.08	83.30	88.38	91.95
70	43.28	45.44	48.76	51.74	90.53	95.02	100.43	104.22
80	51.17	53.54	57.15	60.39	101.88	106.63	112.33	116.32
90	59.20	61.75	65.65	69.13	113.15	118.14	124.12	128.30
100	67.33	70.07	77.93	82.36	124.34	129.56	135.81	140.17

Tafel III. Signifikanzpunkte $t_{n;\alpha}$ des zweiseitigen t-Tests

Beispiel: $P(|t|_{17} > 2.11) = 0.05$,

$P(t_{25} > 2.79) = 0.01/2 = 0.005$.

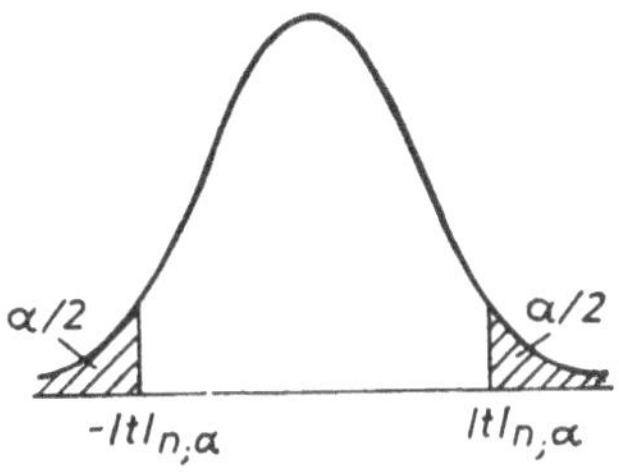

n ↓ / α →	0.10	0.05	0.01	0.005
1	6.31	12.69	63.66	127.32
2	2.92	4.30	9.92	14.09
3	2.35	3.18	5.84	7.45
4	2.13	2.78	4.60	5.60
5	2.02	2.57	4.03	4.77
6	1.94	2.47	3.71	4.32
7	1.89	2.36	3.50	4.03
8	1.86	2.31	3.36	3.83
9	1.83	2.26	3.25	3.69
10	1.81	2.23	3.17	3.58
11	1.80	2.20	3.11	3.50
12	1.78	2.18	3.05	3.43
13	1.77	2.16	3.01	3.37
14	1.76	2.14	2.98	3.33
15	1.75	2.13	2.95	3.29
16	1.75	2.12	2.92	3.25
17	1.74	2.11	2.90	3.22
18	1.73	2.10	2.88	3.20
19	1.73	2.09	2.86	3.17
20	1.72	2.09	2.85	3.15
25	1.71	2.06	2.79	3.08
30	1.70	2.04	2.75	3.02
35	1.69	2.03	2.72	3.00
40	1.68	2.02	2.70	2.97
45	1.68	2.01	2.69	2.96
50	1.68	2.01	2.68	2.94
60	1.67	2.00	2.66	2.91
70	1.67	1.99	2.65	2.91
80	1.66	1.99	2.64	2.90
90	1.66	1.99	2.63	2.89
100	1.66	1.98	2.63	2.88
∞	1.64	1.96	2.58	2.81

Tafel IV. Signifikanzpunkte $F_{n_1,n_2;\alpha}$ des F-Tests

Für $\alpha = 0.05$ und $\alpha = 0.01$ (fett gedruckt).

Beispiel: $P(F_{99,30} > 2.21) = 0.05$,

$P(F_{9,30} > 3.07) = 0.01$,

$P(F_{9,30} > 2.21) = P(F_{30,9} < 1/2.21) = 0.05$.

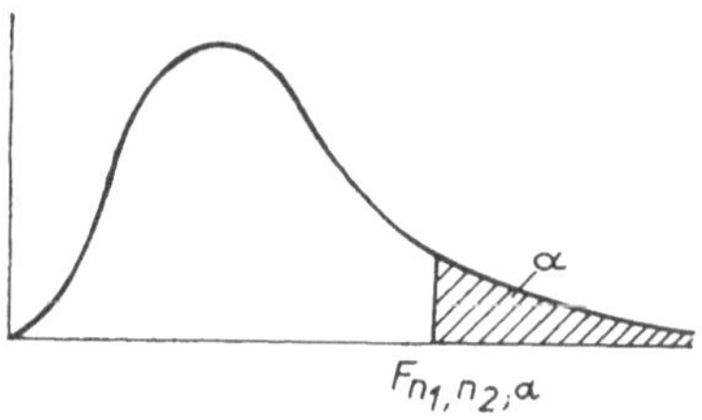

n_1 ↓ n_2 →	1	2	3	4	5	6	7	8	9	10
1	161	18.51	10.13	7.71	6.61	5.59	5.32	5.12	5.12	4,96
	4052	**98.50**	**34.12**	**21.20**	**16.26**	**13.74**	**12.25**	**11.26**	**10.56**	**10.04**
2	200	19.00	9.55	6.94	5.79	5.14	4.74	4.46	4.26	4.10
	4999	**99.00**	**30.82**	**18.00**	**13.27**	**10.92**	**9.55**	**8.65**	**8.02**	**7.56**
3	216	19.16	9.28	6.59	5.41	4.76	4.35	4.07	3.86	3.71
	5403	**99.17**	**29.46**	**16.69**	**12.06**	**9.78**	**8.45**	**7.59**	**6.99**	**6.55**
4	225	19.25	9.12	6.39	5.19	4.53	4.12	3.84	3.63	3.48
	5625	**99.25**	**28.71**	**15.98**	**11.39**	**9.15**	**7.85**	**7.01**	**6.42**	**5.99**
5	230	19.30	9.01	6.26	5.05	4.39	3.97	3.69	3.48	3.33
	5764	**99.30**	**28.24**	**15.52**	**10.97**	**8.75**	**7.46**	**6.63**	**6.06**	**5.64**
6	234	19.33	8.94	6.16	4.95	4.28	3.87	3.58	3.37	3.22
	5859	**99.33**	**27.91**	**15.21**	**10.67**	**8.74**	**7.19**	**6.37**	**5.80**	**5.39**
7	237	19.35	8.89	6.09	4.88	4.21	3.79	3.50	3.29	3.14
	5928	**99.36**	**27.67**	**14.98**	**10.46**	**8.26**	**7.00**	**6.18**	**5.61**	**5.20**
8	239	19.37	8.85	6.04	4.82	4.15	3.73	3.44	3.23	3.07
	5981	**99.37**	**27.49**	**14.80**	**10.29**	**8.10**	**6.84**	**6.03**	**5.47**	**5.06**
9	241	19.38	8.81	6.00	4.77	4.10	3.68	3.39	3.18	3.02
	6022	**99.39**	**27.34**	**14.66**	**10.16**	**7.98**	**6.72**	**5.91**	**5.35**	**4.94**
10	242	19.39	8.79	5.96	4.74	4.06	3.64	3.35	3.14	2.98
	6056	**99.40**	**27.23**	**14.55**	**10.05**	**7.87**	**6.62**	**5.81**	**5.26**	**4.85**
12	244	19.41	8.74	5.91	4.68	4.00	3.57	3.28	3.07	2.91
	6106	**99.42**	**27.05**	**14.37**	**9.89**	**7.72**	**6.47**	**5.67**	**5.11**	**4.71**
14	245	19.42	8.71	5.87	4.64	3.96	3.53	3.24	3.03	2.86
	6143	**99.43**	**26.92**	**14.25**	**9.77**	**7.60**	**6.36**	**5.56**	**5.00**	**4.60**
16	246	19.43	8.69	5.84	4.60	3.92	3.49	3.20	2.99	2.83
	6169	**99.44**	**26.83**	**14.15**	**9.68**	**7.52**	**6.27**	**5.48**	**4.92**	**4.52**
18	247	19.44	8.67	5.82	4.58	3.90	3.47	3.17	2.96	2.80
	6192	**99.44**	**26.75**	**14.08**	**9.61**	**7.45**	**6.21**	**5.41**	**4.86**	**4.46**
20	248	19.44	8.66	5.80	4.56	3.87	3.44	3.15	2.93	2.77
	6209	**99.45**	**26.69**	**14.02**	**9.55**	**7.39**	**6.16**	**5.36**	**4.81**	**4.41**
30	250	19.46	8.62	5.75	4.50	3.81	3.38	3.08	2.86	2.70
	6261	**99.47**	**26.50**	**13.84**	**9.38**	**7.23**	**5.99**	**5.20**	**4.65**	**4.25**
40	251	19,47	8.59	5.72	4.46	3.77	3.34	3.05	2.83	2.66
	6287	**99.47**	**26.41**	**13.74**	**9.29**	**7.14**	**5.91**	**5.12**	**4.57**	**4.17**
50	252	19.48	8.58	5.70	4.44	3.75	3.32	3.02	2.80	2.64
	6302	**99.48**	**26.35**	**13.69**	**9.24**	**7.09**	**5.86**	**5.07**	**4.52**	**4.12**
100	253	19.48	8.55	5.66	4.40	3.71	3.27	2.97	2.76	2.59
	6334	**99.49**	**26.23**	**13.57**	**9.13**	**6.99**	**5.75**	**4.96**	**4.42**	**4.01**
∞	254	19.50	8.53	5.63	4.36	3.67	3.23	2.93	2.71	2.54
	6366	**99.50**	**26.12**	**13.46**	**9.02**	**6.88**	**5.65**	**4.86**	**4.31**	**3.91**

Tafel IV (Fortsetzung)

n_1 ↓ n_2 →	12	14	16	18	20	30	40	50	100	∞
1	4.75	4.60	4.49	4.41	4.35	4.17	4.08	4.03	3.94	3.84
	9.33	**8.86**	**8.53**	**8.29**	**8.10**	**7.56**	**7.31**	**7.17**	**6.90**	**6.64**
2	3.89	3.74	6.63	3.55	3.49	3.32	3.23	3.18	3.09	2.99
	6.93	**6.51**	**6.23**	**6.01**	**5.85**	**5.39**	**5.18**	**5.06**	**4.82**	**4.60**
3	3.49	3.34	3.24	3.16	3.10	2.92	2.84	2.79	2.70	2.60
	5.95	**5.56**	**5.29**	**5.09**	**4.94**	**4.51**	**4.31**	**4.20**	**3.98**	**3.78**
4	3.26	3.11	3.01	2.93	2.87	2.69	2.61	2.56	2.46	2.37
	5.41	**5.04**	**4.77**	**4.58**	**4.43**	**4.02**	**3.83**	**3.72**	**3.51**	**3.32**
5	3.11	2.96	2.85	2.77	2.71	2.53	2.45	2.40	2.31	2.21
	5.06	**4.70**	**4.44**	**4.25**	**4.10**	**3.70**	**3.51**	**3.41**	**3.21**	**3.02**
6	3.00	2.85	2.74	2.66	2.60	2.42	2.34	2.29	2.19	2.09
	4.82	**4.46**	**4.20**	**4.01**	**3.87**	**3.47**	**3.29**	**3.19**	**2.99**	**2.80**
7	2.91	2.76	2.66	2.58	2.51	2.33	2.25	2.20	2.10	2.01
	4.64	**4.28**	**4.03**	**3.84**	**3.70**	**3.30**	**3.12**	**3.02**	**2.82**	**2.64**
8	2.85	2.70	2.59	2.51	2.45	2.27	2.18	2.13	2.03	1.94
	4.50	**4.14**	**3.89**	**3.71**	**3.56**	**3.17**	**2.99**	**2.89**	**2.69**	**2.51**
9	2.80	2.65	2.54	2.46	2.39	2.21	2.12	2.07	1.97	1.88
	4.39	**4.03**	**3.78**	**3.60**	**3.46**	**3.07**	**2.89**	**2.79**	**2.59**	**2.41**
10	2.75	2.60	2.49	2.41	2.35	2.16	2.08	2.03	1.93	1.83
	4.30	**3.94**	**3.69**	**3.51**	**3.37**	**2.98**	**2.80**	**2.70**	**2.50**	**2.32**
12	2.69	2.53	2.42	2.34	2.28	2.09	2.00	1.95	1.85	1.75
	4.16	**3.80**	**3.55**	**3.37**	**3.23**	**2.84**	**2.66**	**2.56**	**2.37**	**2.18**
14	2.64	2.48	2.37	2.29	2.22	2.04	1.95	1.89	1.79	1.69
	4.05	**3.70**	**3.45**	**3.27**	**3.13**	**2.74**	**2.56**	**2.46**	**2.26**	**2.07**
16	2.60	2.44	2.33	2.25	2.18	1.99	1.90	1.85	1.75	1.64
	3.97	**3.62**	**3.37**	**3.19**	**3.05**	**2.66**	**2.48**	**2.38**	**2.19**	**1.99**
18	2.57	2.41	2.30	2.22	2.15	1.96	1.87	1.81	1.71	1.60
	3.91	**3.56**	**3.30**	**3.13**	**2.99**	**2.60**	**2.42**	**2.32**	**2.13**	**1.93**
20	2.54	2.39	2.28	2.19	2.12	1.93	1.84	1.78	1.68	1.57
	3.86	**3.51**	**3.26**	**3.08**	**2.94**	**2.55**	**2.37**	**2.26**	**2.06**	**1.87**
30	2.47	2.31	2.19	2.11	2.04	1.84	1.74	1.69	1.57	1.46
	3.70	**3.35**	**3.10**	**2.92**	**2.78**	**2.38**	**2.20**	**2.10**	**1.89**	**1.69**
40	2.43	2.27	2.15	2.06	1.99	1.79	1.69	1.63	1.51	1.40
	3.62	**3.27**	**3.02**	**2.84**	**2.69**	**2.30**	**2.11**	**2.00**	**1.79**	**1.59**
50	2.40	2.24	2.12	2.04	1.97	1.76	1.66	1.60	1.48	1.35
	3.57	**3.22**	**2.97**	**2.78**	**2.64**	**2.25**	**2.06**	**1.95**	**1.73**	**1.52**
100	2.35	2.19	2.07	1.98	1.91	1.70	1.59	1.52	1.39	1.24
	3.41	**3.11**	**2.86**	**2.68**	**2.54**	**2.13**	**1.94**	**1.82**	**1.60**	**1.36**
∞	2.30	2.13	2.01	1.92	1.84	1.62	1.51	1.44	1.28	1.00
	3.36	**3.00**	**2.75**	**2.57**	**2.42**	**2.01**	**1.81**	**1.68**	**1.43**	**1.00**

Tafel V. Signifikanzpunkte der studentisierten Variationsbreite

Seien $\bar{x}_1, .. , \bar{x}_k$ unabhängig $N(\mu, \sigma^2/n)$-verteilt und $s^2 \sim \frac{\sigma^2}{\nu} \chi_\nu^2$ eine von den $\bar{x}_i$ unabhängige Schätzung für σ^2. Die Tabellen enthalten die Signifikanzpunkte $q_{k,\nu;\alpha}$ der Variablen $Q_{k,\nu} = \max_{i,j} \sqrt{n}\, |\bar{x}_i - \bar{x}_j|/s$ (nach Pearson/Hartley (1972)).

Beispiel: $P(Q_{8,24} > 4.68) = 0.05$.

$\alpha = 0.05$

ν ↓ k →	2	3	4	5	6	7	8	9	10	11	12	13	14	15	16	17	18	19	20
1	17.97	26.98	32.82	37.08	40.41	43.12	45.40	47.36	49.07	50.59	51.96	53.20	54.33	55.36	56.32	57.22	58.04	58.83	59.56
2	6.08	8.33	9.80	10.88	11.74	12.44	13.03	13.54	13.99	14.39	14.75	15.08	15.38	15.65	15.91	16.14	16.37	16.57	16.77
3	4.50	5.91	6.82	7.50	8.04	8.48	8.85	9.18	9.46	9.72	9.95	10.15	10.35	10.52	10.69	10.84	10.98	11.11	11.24
4	3.93	5.04	5.76	6.29	6.71	7.05	7.35	7.60	7.83	8.03	8.21	8.37	8.52	8.66	8.79	8.91	9.03	9.13	9.23
5	3.64	4.60	5.22	5.67	6.03	6.33	6.58	6.80	6.99	7.17	7.32	7.47	7.60	7.72	7.83	7.93	8.03	8.12	8.21
6	3.46	4.34	4.90	5.30	5.63	5.90	6.12	6.32	6.49	6.65	6.79	6.92	7.03	7.14	7.24	7.34	7.43	7.51	7.59
7	3.34	4.16	4.68	5.06	5.36	5.61	5.82	6.00	6.16	6.30	6.43	6.55	6.66	6.76	6.85	6.94	7.02	7.10	7.17
8	3.26	4.04	4.53	4.89	5.17	5.40	5.60	5.77	5.92	6.05	6.18	6.29	6.39	6.48	6.57	6.65	6.73	6.80	6.87
9	3.20	3.95	4.41	4.76	5.02	5.24	5.43	5.59	5.74	5.87	5.98	6.09	6.19	6.28	6.36	6.44	6.51	6.58	6.64
10	3.15	3.88	4.33	4.65	4.91	5.12	5.30	5.46	5.60	5.72	5.83	5.93	6.03	6.11	6.19	6.27	6.34	6.40	6.47
11	3.11	3.82	4.26	4.57	4.82	5.03	5.20	5.35	5.49	5.61	5.71	5.81	5.90	5.98	6.06	6.13	6.20	6.27	6.33
12	3.08	3.77	4.20	4.51	4.75	4.95	5.12	5.27	5.39	5.51	5.61	5.71	5.80	5.88	5.95	6.02	6.09	6.15	6.21
13	3.06	3.73	4.15	4.45	4.69	4.88	5.05	5.19	5.32	5.43	5.53	5.63	5.71	5.79	5.86	5.93	5.99	6.05	6.11
14	3.03	3.70	4.11	4.41	4.64	4.83	4.99	5.13	5.25	5.36	5.46	5.55	5.64	5.71	5.79	5.85	5.91	5.97	6.03
15	3.01	3.67	4.08	4.37	4.59	4.78	4.94	5.08	5.20	5.31	5.40	5.49	5.57	5.65	5.72	5.78	5.85	5.90	5.96
16	3.00	3.65	4.05	4.33	4.56	4.74	4.90	5.03	5.15	5.26	5.35	5.44	5.52	5.59	5.66	5.73	5.79	5.84	5.90
17	2.98	3.63	4.02	4.30	4.52	4.70	4.86	4.99	5.11	5.21	5.31	5.39	5.47	5.54	5.61	5.67	5.73	5.79	5.84
18	2.97	3.61	4.00	4.28	4.49	4.67	4.82	4.96	5.07	5.17	5.27	5.35	5.43	5.50	5.57	5.63	5.69	5.74	5.79
19	2.96	3.59	3.98	4.25	4.47	4.65	4.79	4.92	5.04	5.14	5.23	5.31	5.39	5.46	5.53	5.59	5.65	5.70	5.75
20	2.95	3.58	3.96	4.23	4.45	4.62	4.77	4.90	5.01	5.11	5.20	5.28	5.36	5.43	5.49	5.55	5.61	5.66	5.71
24	2.92	3.53	3.90	4.17	4.37	4.54	4.68	4.81	4.92	5.01	5.10	5.18	5.25	5.32	5.38	5.44	5.49	5.55	5.59
30	2.89	3.49	3.85	4.10	4.30	4.46	4.60	4.72	4.82	4.92	5.00	5.08	5.15	5.21	5.27	5.33	5.38	5.43	5.47
40	2.86	3.44	3.79	4.04	4.23	4.39	4.52	4.63	4.73	4.82	4.90	4.98	5.04	5.11	5.16	5.22	5.27	5.31	5.36
60	2.83	3.40	3.74	3.98	4.16	4.31	4.44	4.55	4.65	4.73	4.81	4.88	4.94	5.00	5.06	5.11	5.15	5.20	5.24
120	2.80	3.36	3.68	3.92	4.10	4.24	4.36	4.47	4.56	4.64	4.71	4.78	4.84	4.90	4.95	5.00	5.04	5.09	5.13
∞	2.77	3.31	3.63	3.86	4.03	4.17	4.29	4.39	4.47	4.55	4.62	4.68	4.74	4.80	4.85	4.89	4.93	4.97	5.01

Tafel V (Fortsetzung)

$\alpha = 0.01$

ν ↓ $k \to$	2	3	4	5	6	7	8	9	10	11	12	13	14	15	16	17	18	19	20
1	90.03	135.0	164.3	185.6	202.2	215.8	227.2	237.0	245.6	253.2	260.0	266.2	271.8	277.0	281.8	286.3	290.4	294.3	298.0
2	14.04	19.02	22.29	24.72	26.63	28.20	29.53	30.68	31.69	32.59	33.40	34.13	34.81	35.43	36.00	36.53	37.03	37.50	37.95
3	8.26	10.62	12.17	13.33	14.24	15.00	15.64	16.20	16.69	17.13	17.53	17.89	18.22	18.52	18.81	19.07	19.32	19.55	19.77
4	6.51	8.12	9.17	9.96	10.58	11.10	11.55	11.93	12.27	12.57	12.84	13.09	13.32	13.53	13.73	13.91	14.08	14.24	14.40
5	5.70	6.98	7.80	8.42	8.91	9.32	9.67	9.97	10.24	10.48	10.70	10.89	11.08	11.24	11.40	11.55	11.68	11.81	11.93
6	5.24	6.33	7.03	7.56	7.97	8.32	8.61	8.87	9.10	9.30	9.48	9.65	9.81	9.95	10.08	10,21	10.32	10.43	10.54
7	4.95	5.92	6.54	7.01	7.37	7.68	7.94	8.17	8.37	8.55	8.71	8.86	9.00	9.12	9.24	9.35	9.46	9.55	9.65
8	4.75	5.64	6.20	6.62	6.96	7.24	7.47	7.68	7.86	8.03	8.18	8.31	8.44	8.55	8.66	8.76	8.85	8.94	9.03
9	4.60	5.43	5.96	6.35	6.66	6.91	7.13	7.33	7.49	7.65	7.78	7.91	8.03	8.13	8.23	8.33	8.41	8.49	8.57
10	4.48	5.27	5.77	6.14	6.43	6.67	6.87	7.05	7.21	7.36	4.49	7.60	7.71	7.81	7.91	7.99	8.08	8.15	8.23
11	4.39	5.15	5.62	5.97	6.25	6.48	6.67	6.84	6.99	7.13	7.25	7.36	7.46	7.56	7.65	7.73	7.81	7.88	7.95
12	4.32	5.05	5.50	5.84	6.10	6.32	6.51	6.67	6.81	6.94	7.06	7.17	7.26	7.36	7.44	7.52	7.59	7.66	7.73
13	4.26	4.96	5.40	5.73	5.98	6.19	6.37	6.53	6.67	6.79	6.90	7.01	7.10	7.19	7.27	7.35	7.42	7.48	7.55
14	4.21	4.89	5.32	5.63	5.88	6.08	6.26	6.41	6.54	6.66	6.77	6.87	6.96	7.05	7.13	7.20	7.27	7.33	7.39
15	4.17	4.84	5.25	5.56	5.80	5.99	6.16	6.31	6.44	6.55	6.66	6.76	6.84	6.93	7.00	7.07	7.14	7.20	7.26
16	4.13	4.79	5.19	5.49	5.72	5.92	6.08	6.22	6.35	6.46	6.56	6.66	6.74	6.82	6.90	6.97	7.03	7.09	7.15
17	4.10	4.74	5.14	5.43	5.66	5.85	6.01	6.15	6.27	6.38	6.48	6.57	6.66	6.73	6.81	6.87	6.94	7.00	7.05
18	4.07	4.70	5.09	5.38	5.60	5.79	5.95	6.08	6.20	6.31	6.41	6.50	6.58	6.65	6.73	6.79	6.85	6.91	6.97
19	4.05	4.67	5.05	5.33	5.55	5.73	5.89	6.02	6.14	6.25	6.34	6.43	6.51	6.58	6.65	6.72	6.78	6.84	6.89
20	4.02	4.64	5.02	5.29	5.51	5.69	5.84	5.97	6.09	6.19	6.28	6.37	6.45	6.52	6.59	6.65	6.71	6.77	6.82
24	3.96	4.55	4.91	5.17	5.37	5.54	5.69	5.81	5.92	6.02	6.11	6.19	6.26	6.33	6.39	6.45	6.51	6.56	6.61
30	3.89	4.45	4.80	5.05	5.24	5.40	5.54	5.65	5.76	5.85	5.93	6.01	6.08	6.14	6.20	6.26	6.31	6.36	6.41
40	3.82	4.37	4.70	4.93	5.11	5.26	5.39	5.50	5.60	5.69	5.76	5.83	5.90	5.96	6.02	6.07	6.12	6.16	6.21
60	3.76	4.28	4.59	4.82	4.99	5.13	5.25	5.36	5.45	5.53	5.60	5.67	5.73	5.78	5.84	5.89	5.93	5.97	6.01
120	3.70	4.20	4.50	4.71	4.87	5.01	5.12	5.21	5.30	5.37	5.44	5.50	5.56	5.61	5.66	5.71	5.75	5.79	5.83
∞	3.64	4.12	4.40	4.60	4.76	4.88	4.99	5.08	5.16	5.23	5.29	5.35	5.40	5.45	5.49	5.54	5.57	5.61	5.65

Tafel VI. Signifikanzpunkte des Dunnett-Tests

Seien $\bar{x}_0, \bar{x}_1, \ldots, \bar{x}_k$ unabhängig $N(\mu, \sigma^2/n)$-verteilt, und $s^2 \sim \frac{\sigma^2}{\nu} \chi_\nu^2$ eine von den $\bar{x}_i$ unabhängige Schätzung für σ^2. Die Tabellen enthalten die Signifikanzpunkte $d_{k,\nu;\alpha}$ der Variablen $D_{k,\nu} = \max_i \sqrt{\frac{n}{2}}\,|\bar{x}_j - \bar{x}_i|/s$ (entnommen aus DUNETT (1964)).

Beispiel: $P(D_{7.14} > 3.83) = 0.01$.

$\alpha = 0.05$

$\nu \downarrow$ $k \rightarrow$	1	2	3	4	5	6	7	8	9	10	15	20
5	2.57	$3.03^{2.3}$	$3.29^{3.6}$	$3.48^{4.6}$	$3.62^{5.4}$	$3.73^{5.9}$	$3.82^{6.4}$	$3.90^{6.8}$	$3.97^{7.2}$	$4.03^{7.5}$	$4.26^{8.7}$	$4.42^{9.4}$
6	2.45	$2.86^{2.1}$	$3.10^{3.4}$	$3.26^{4.3}$	$3.39^{5.0}$	$3.49^{5.6}$	$3.57^{6.0}$	$3.64^{6.4}$	$3.71^{6.8}$	$3.76^{7.1}$	$3.97^{8.2}$	$4.11^{9.0}$
7	2.36	$2.75^{2.0}$	$2.97^{3.2}$	$3.12^{4.1}$	$3.24^{4.8}$	$3.33^{5.3}$	$3.41^{5.7}$	$3.47^{6.1}$	$3.53^{6.5}$	$3.58^{6.7}$	$3.78^{7.8}$	$3.91^{8.6}$
8	2.31	$2.67^{2.0}$	$2.88^{3.1}$	$3.02^{3.9}$	$3.13^{4.5}$	$3.22^{5.1}$	$3.29^{5.5}$	$3.35^{5.9}$	$3.41^{6.2}$	$3.46^{6.5}$	$3.64^{7.5}$	$3.76^{8.2}$
9	2.26	$2.61^{1.9}$	$2.81^{3.0}$	$2.95^{3.8}$	$3.05^{4.4}$	$3.14^{4.9}$	$3.20^{5.3}$	$3.26^{5.6}$	$3.32^{5.9}$	$3.36^{6.2}$	$3.53^{7.2}$	$3.65^{7.9}$
10	2.23	$2.57^{1.8}$	$2.76^{2.9}$	$2.89^{3.6}$	$2.99^{4.2}$	$3.07^{4.7}$	$3.14^{5.1}$	$3.19^{5.4}$	$3.24^{5.7}$	$3.29^{6.0}$	$3.45^{7.0}$	$3.57^{7.7}$
12	2.18	$2.50^{1.7}$	$2.68^{2.7}$	$2.81^{3.4}$	$2.90^{4.0}$	$2.98^{4.4}$	$3.04^{4.8}$	$3.09^{5.1}$	$3.14^{5.4}$	$3.18^{5.7}$	$3.34^{6.6}$	$3.45^{7.3}$
14	2.14	$2.46^{1.7}$	$2.63^{2.6}$	$2.75^{3.3}$	$2.84^{3.8}$	$2.91^{4.2}$	$2.97^{4.6}$	$3.02^{4.9}$	$3.07^{5.2}$	$3.11^{5.4}$	$3.26^{6.3}$	$3.36^{7.0}$
16	2.12	$2.42^{1.6}$	$2.59^{2.5}$	$2.71^{3.2}$	$2.80^{3.7}$	$2.87^{4.1}$	$2.92^{4.4}$	$2.97^{4.7}$	$3.02^{5.0}$	$3.06^{5.2}$	$3.20^{6.1}$	$3.30^{6.7}$
18	2.10	$2.40^{1.6}$	$2.56^{2.5}$	$2.68^{3.1}$	$2.76^{3.6}$	$2.83^{4.0}$	$2.89^{4.3}$	$2.94^{4.6}$	$2.98^{4.8}$	$3.01^{5.1}$	$3.16^{5.9}$	$3.25^{6.5}$
20	2.09	$2.38^{1.6}$	$2.54^{2.4}$	$2.65^{3.0}$	$2.73^{3.5}$	$2.80^{3.9}$	$2.86^{4.2}$	$2.90^{4.5}$	$2.95^{4.7}$	$2.98^{4.9}$	$3.12^{5.7}$	$3.22^{6.3}$
30	2.04	$2.32^{1.5}$	$2.47^{2.3}$	$2.58^{2.8}$	$2.66^{3.2}$	$2.72^{3.6}$	$2.77^{3.9}$	$2.82^{4.1}$	$2.86^{4.3}$	$2.89^{4.5}$	$3.02^{5.2}$	$3.11^{5.8}$
40	2.02	$2.29^{1.4}$	$2.44^{2.2}$	$2.54^{2.7}$	$2.62^{3.1}$	$2.68^{3.4}$	$2.73^{3.7}$	$2.77^{3.9}$	$2.81^{4.1}$	$2.85^{4.3}$	$2.97^{5.0}$	$3.06^{5.5}$
60	2.00	$2.27^{1.4}$	$2.41^{2.1}$	$2.51^{2.6}$	$2.58^{3.0}$	$2.64^{3.3}$	$2.69^{3.5}$	$2.73^{3.7}$	$2.77^{3.9}$	$2.80^{4.1}$	$2.92^{4.7}$	$3.00^{5.1}$
120	1.98	$2.24^{1.3}$	$2.38^{2.0}$	$2.47^{2.5}$	$2.55^{2.8}$	$2.60^{3.1}$	$2.65^{3.3}$	$2.69^{3.5}$	$2.73^{3.7}$	$2.76^{3.8}$	$2.87^{4.4}$	$2.95^{4.8}$
∞	1.96	$2.21^{1.3}$	$2.35^{1.9}$	$2.44^{2.3}$	$2.51^{2.7}$	$2.57^{2.9}$	$2.61^{3.1}$	$2.65^{3.3}$	$2.69^{3.5}$	$2.72^{3.6}$	$2.83^{4.1}$	$2.91^{4.5}$

Tafel VI (Fortsetzzng)

$\alpha = 0.01$

$\nu \downarrow$ $k \rightarrow$	1	2	3	4	5	6	7	8	9	10	15	20
5	4.03	$4.63^{1.8}$	$4.98^{3.0}$	$5.22^{3.9}$	$5.41^{4.6}$	$5.56^{5.2}$	$5.69^{5.7}$	$5.80^{6.1}$	$5.89^{6.5}$	$5.98^{6.9}$	$6.30^{8.1}$	$6.52^{9.0}$
6	3.71	$4.21^{1.6}$	$4.51^{2.7}$	$4.71^{3.5}$	$4.87^{4.1}$	$5.00^{4.6}$	$5.10^{5.1}$	$5.20^{5.5}$	$5.28^{5.8}$	$5.35^{6.1}$	$5.62^{7.3}$	$5.81^{8.1}$
7	3.50	$3.95^{1.5}$	$4.21^{2.4}$	$4.39^{3.1}$	$4.53^{3.7}$	$4.64^{4.2}$	$4.74^{4.6}$	$4.82^{5.0}$	$4.89^{5.3}$	$4.95^{5.6}$	$5.19^{6.7}$	$5.36^{7.4}$
8	3.36	$3.77^{1.3}$	$4.00^{2.2}$	$4.17^{2.9}$	$4.29^{3.4}$	$4.40^{3.9}$	$4.48^{4.2}$	$4.56^{4.6}$	$4.62^{4.9}$	$4.68^{5.1}$	$4.90^{6.1}$	$5.05^{6.9}$
9	3.25	$3.63^{1.2}$	$3.85^{2.1}$	$4.01^{2.7}$	$4.12^{3.2}$	$4.22^{3.6}$	$4.30^{3.9}$	$4.37^{4.2}$	$4.43^{4.5}$	$4.48^{4.8}$	$4.68^{5.7}$	$4.82^{6.4}$
10	3.17	$3.53^{1.2}$	$3.74^{1.9}$	$3.88^{2.5}$	$3.99^{3.0}$	$4.08^{3.4}$	$4.16^{3.7}$	$4.22^{4.0}$	$4.28^{4.2}$	$4.33^{4.5}$	$4.52^{5.4}$	$4.65^{6.0}$
12	3.05	$3.39^{1.1}$	$3.58^{1.7}$	$3.71^{2.3}$	$3.81^{2.7}$	$3.89^{3.0}$	$3.96^{3.3}$	$4.02^{3.6}$	$4.07^{3.8}$	$4.12^{4.0}$	$4.29^{4.8}$	$4.41^{5.1}$
14	2.98	$3.29^{1.0}$	$3.47^{1.6}$	$3.59^{2.1}$	$3.69^{2.5}$	$3.76^{2.8}$	$3.83^{3.0}$	$3.88^{3.3}$	$3.93^{3.5}$	$3.97^{3.7}$	$4.13^{4.4}$	$4.24^{5.0}$
16	2.92	$3.22^{0.9}$	$3.39^{1.5}$	$3.51^{1.9}$	$3.60^{2.3}$	$3.67^{2.6}$	$3.73^{2.8}$	$3.78^{3.1}$	$3.83^{3.3}$	$3.87^{3.4}$	$4.02^{4.1}$	$4.13^{4.6}$
18	2.88	$3.17^{0.9}$	$3.33^{1.4}$	$3.44^{1.8}$	$3.53^{2.2}$	$3.60^{2.4}$	$3.66^{2.7}$	$3.71^{2.9}$	$3.75^{3.1}$	$3.79^{3.2}$	$3.94^{3.9}$	$4.04^{4.4}$
20	2.85	$3.13^{0.8}$	$3.29^{1.4}$	$3.40^{1.7}$	$3.48^{2.1}$	$3.55^{2.3}$	$3.60^{2.5}$	$3.65^{2.7}$	$3.69^{2.9}$	$3.73^{3.1}$	$3.87^{3.7}$	$3.97^{4.2}$
30	2.75	$3.01^{0.7}$	$3.15^{1.2}$	$3.25^{1.5}$	$3.33^{1.8}$	$3.39^{2.0}$	$3.44^{2.2}$	$3.49^{2.3}$	$3.52^{2.5}$	$3.56^{2.6}$	$3.69^{3.1}$	$3.78^{3.5}$
40	2.70	$2.95^{0.7}$	$3.09^{1.1}$	$3.19^{1.4}$	$3.26^{1.6}$	$3.32^{1.8}$	$3.37^{2.0}$	$3.41^{2.1}$	$3.44^{2.3}$	$3.48^{2.4}$	$3.60^{2.8}$	$3.68^{3.2}$
60	2.66	$2.90^{0.6}$	$3.03^{1.0}$	$3.12^{1.3}$	$3.19^{1.5}$	$3.25^{1.6}$	$3.29^{1.8}$	$3.33^{1.9}$	$3.37^{2.0}$	$3.40^{2.1}$	$3.51^{2.5}$	$3.59^{2.8}$
120	2.62	$2.85^{0.6}$	$2.97^{0.9}$	$3.06^{1.2}$	$3.12^{1.3}$	$3.18^{1.5}$	$3.22^{1.6}$	$3.26^{1.7}$	$3.29^{1.8}$	$3.32^{1.9}$	$3.43^{2.2}$	$3.51^{2.5}$
∞	2.58	$2.79^{0.5}$	$2.92^{0.8}$	$3.00^{1.0}$	$3.06^{1.2}$	$3.11^{1.3}$	$3.15^{1.4}$	$3.19^{1.5}$	$3.22^{1.6}$	$3.25^{1.7}$	$3.35^{1.9}$	$3.42^{2.2}$

Die hochgestellten Größen geben die Korrekturfaktoren $w_{k,\nu;\alpha}$ an. Falls $\bar{x}_0 \sim N(\mu, \sigma^2/n')$, $n' > n$, ergibt sich der Signifikanzpunkt $d'_{k,\nu;\alpha}$ der Variablen $D' = \max_i \sqrt{\frac{nn'}{n+n'}}\,|x_0 - x_i|/s$ aus

$$d'_{k,\nu;\alpha} = \left[1 + \frac{w_{k,\nu;\alpha}}{100}\left(1 - \frac{n}{n'}\right)\right] d_{k,\nu;\alpha}.$$

Tafel VII. Signifikanzpunkte des Kolmogorow-Smirnow-Anpassungstests

Die Tabelle enthält die Signifikanzpunkte der Variablen

$$D_n = \sup_y |F_n(y) - F_0(y)|.$$

Beispiel: $\mathsf{P}(D_{20} > 0.294) = 0.05$.

n ↓ α →	0.10	0.05	0.02	0.01
1	.95000	.97500	.99000	.99500
2	.77639	.84189	.90000	.92929
3	.63604	.70760	.78456	.82900
4	.56522	.62394	.68887	.73424
5	.50945	.56328	.62718	.66853
6	.46799	.51926	.57741	.61661
7	.43607	.48342	.53844	.57581
8	.40962	.45427	.50654	.54179
9	.38746	.43001	.47960	.51332
10	.36866	.40925	.45662	.48893
11	.35242	.39122	.43670	.46770
12	.33815	.37543	.41918	.44905
13	.32549	.36143	.40362	.43247
14	.31417	.34890	.38970	.41762
15	.30397	.33760	.37713	.40420
16	.29472	.32733	.36571	.39201
17	.28627	.31796	.35528	.38086
18	.27851	.30936	.34569	.37062
19	.27136	.30143	.33685	.36117
20	.26473	.29408	.32866	.35241
21	.25858	.28724	.32104	.34427
22	.25283	.28087	.31394	.33666
23	.24746	.27490	.30728	.32954
24	.24242	.26931	.30104	.32286
25	.23768	.26404	.29516	.31657
26	.23320	.25907	.28962	.31064
27	.22898	.25438	.28438	.30502
28	.22497	.24993	.27942	.29971
29	.22117	.24571	.27471	.29466
30	.21756	.24170	.27023	.28987
31	.21412	.23788	.26596	.28530
32	.21085	.23424	.26189	.28094
33	.20771	.23076	.25801	.27677
34	.20472	.22743	.25429	.27279
35	.20185	.22425	.25073	.26897
36	.19910	.22119	.24732	.26532
37	.19646	.21826	.24404	.26180
38	.19392	.21544	.24089	.25843
39	.19148	.21273	.23786	.25518
40	.18913	.21012	.23494	.25205
∞	$\frac{1.224}{\sqrt{n}}$	$\frac{1.358}{\sqrt{n}}$	$\frac{1.518}{\sqrt{n}}$	$\frac{1.629}{\sqrt{n}}$

Tafel VIII. Signifikanzpunkte des Kolmogorow-Smirnow-Anpassungstests für die Normalverteilung mit unbekannten Mittelwert- und Varianzparametern

Die Tabelle enthält die Signifikanzpunkte der Variablen

$$\hat{D}_n = \sup_y \left| F_n(y) - \Phi\left(\frac{y - \bar{y}}{s}\right)\right|,$$

entnommen aus LILLIEFORS (1967).

$n \downarrow$ $\alpha \to$	0.20	0.10	0.05	0.01
4	0.300	0.352	0.381	0.417
5	0.285	0.315	0,337	0.405
6	0.265	0.294	0.319	0.364
7	0.247	0.276	0.300	0.348
8	0.233	0.261	0.285	0.331
9	0.223	0.249	0.271	0.311
10	0.215	0.239	0.258	0.294
11	0.206	0.230	0.249	0.284
12	0.199	0.223	0.242	0.275
13	0.190	0.214	0.234	0.268
14	0.183	0.207	0.227	0.261
15	0.177	0.201	0.220	0.257
16	0.173	0.195	0.213	0.250
17	0.169	0.189	0.206	0.245
18	0.166	0.184	0.200	0.239
19	0.163	0.179	0.195	0.235
20	0.160	0.174	0.190	0.231
25	0.149	0.165	0.180	0.203
30	0.131	0.144	0.161	0.187
∞	$\frac{0.736}{\sqrt{n}}$	$\frac{0.805}{\sqrt{n}}$	$\frac{0.886}{\sqrt{n}}$	$\frac{1.031}{\sqrt{n}}$

Tafel IX. Signifikanzpunkte des Kolmogorow-Smirnow-Tests für die Homogenität zweier Stichproben gleichen Umfangs

Die Tabelle enthält die Signifikanzpunkte der Variablen

$$nD_{n,n} = \max_{y} n|F_n(y) - G_n(y)|.$$

Beispiel: $\mathsf{P}(8D_{8,8} > 5) \leqq 0.05$ (exakt 0.019).

$n \downarrow$ $\alpha \rightarrow$	0.10	0.05	0.01
5	3	4	4
6	4	4	5
7	4	5	5
8	4	5	6
9	5	5	6
10	5	6	7
11	5	6	7
12	5	6	7
13	6	6	8
14	6	7	8
15	6	7	8
16	6	7	9
17	7	7	9
18	7	8	9
19	7	8	9
20	7	8	10
21	7	8	10
22	8	8	10
23	8	8	10
24	8	9	11
25	8	9	11
26	8	9	11
27	8	9	11
28	9	10	12
29	9	10	12
30	9	10	12
31	9	10	12
32	9	10	12
34	10	11	13
36	10	11	13
38	10	11	13
40	10	12	14
∞	$1.224\sqrt{2n}$	$1.358\sqrt{2n}$	$1.629\sqrt{2n}$

Tafel X. Signifikanzpunkte für die maximale standardisierte Abweichung vom Mittelwert

Es seien $x_1, \ldots, x_k$ unabhängig $N(\mu, \sigma^2)$-verteilt und U von diesen unabhängig wie $\sigma^2\chi_\nu^2$ verteilt. Die Tabelle enthält die Signifikanzpunkte der Variablen

$$Z = \max_i |x_i - \bar{x}|/s,$$

wobei $\bar{x} = \frac{1}{n} \sum x_i$, $s^2 = (\sum (x_i - \bar{x})^2 + U)/(k - 1 + \nu)$,

abgeleitet aus Hawkins und Perold (1977).

Beispiel: $k = 12, \nu = 0$, $\mathsf{P}(Z > 2.41) = 0.05$.

k \ ν	0			5			15			30		
α	0.10	0.05	0.01	0.10	0.05	0.01	0.10	0.05	0.01	0.10	0.05	0.01
5	1.67	1.71	1.76	1.92	2.05	2.27	2.00	2.18	2.53	2.02	2.23	2.63
6	1.82	1.89	1.97	2.02	2.15	2.39	2.10	2.28	2.62	2.13	2.33	2.73
7	1.94	2.02	2.14	2.10	2.24	2.49	2.18	2.36	2.70	2.21	2.41	2.81
8	2.03	2.13	2.27	2.17	2.31	2.57	2.24	2.42	2.77	2.27	2.48	2.87
9	2.11	2.21	2.39	2.22	2.37	2.64	2.30	2.48	2.82	2.33	2.53	2.92
10	2.18	2.29	2.48	2.28	2.42	2.70	2.34	2.52	2.87	2.38	2.58	2.97
12	2.28	2.41	2.64	2.36	2.51	2.80	2.42	2.60	2.95	2.46	2.65	3.04
14	2.37	2.51	2.75	2.43	2.59	2.89	2.49	2.67	3.02	2.52	2.71	3.10
16	2.44	2.59	2.85	2.49	2.65	2.96	2.54	2.72	3.08	2.57	2.77	3.15
18	2.50	2.65	2.93	2.55	2.71	3.02	2.59	2.77	3.13	2.62	2.81	3.20
20	2.56	2.71	3.00	2.59	2.76	3.08	2.63	2.81	3.17	2.66	2.85	3.24
25	2.66	2.82	3.14	2.69	2.86	3.19	2.72	2.89	3.26	2.74	2.93	3.32
30	2.74	2.91	3.24	2.76	2.93	3.28	2.79	2.97	3.33	2.81	3.00	3.38

Tafel XI. Signifikanzpunkte der größten Lücke in einer gleichverteilten Stichprobe

Seien $x_{(1)}, \ldots, x_{(n)}$ die geordneten Beobachtungen einer Stichprobe aus einer gleichverteilten Grundgesamtheit. Die Tabelle enthält die Signifikanzpunkte der Zufallsgröße $nM_n - \log n$, wobei

$$M_n = \max_{i=2,\ldots,n} \frac{x_{(i)} - x_{(i-1)}}{x_{(n)} - x_{(1)}}$$

ist.

n ↓ $\alpha \rightarrow$	0.05	0.01
3	1.83	1.89
4	2.10	2.38
5	2.23	2.71
6	2.32	2.94
7	2.37	3.11
8	2.41	3.24
9	2.44	3.34
10	2.47	3.42
12	2.52	3.55
15	2.56	3.70
16	2.58	3.74
20	2.63	3.85
25	2.67	3.96
30	2.71	4.03
40	2.75	4.13
60	2.79	4.25
120	2.85	4.39
∞	2.97	4.60

Literaturverzeichnis

AGHA, M. (1971): A direct method for fitting linear combinations of exponentials. Biometrics **27**, 399–413.

AHLBERG, J. H., E. N. NILSON und J. L. WALSH (1967): The Theory of Splines and Their Application. Academic Press, New York–London.

AHRENS, H. (1968): Varianzanalyse. Akademie-Verlag, Berlin.

AHRENS, H., und J. LÄUTER (1981): Mehrdimensionale Varianzanalyse, 2. Auflage, Akademie-Verlag, Berlin.

AKAIKE, H. (1973): Maximum identification of Gaussian autoregressive moving average models. Biometrika **60**, 255–265.

ALBERT, A. (1972): Regression and the Moore-Penrose Pseudoinverse. Academic Press, New York.

ANDĚL, J. (1970): The efficiency of estimates in stationary autoregressive series. Aplikace Matematiky **15**, 18–29.

ANDĚL, J. (1984): Statistische Analyse von Zeitreihen. Akademie-Verlag, Berlin.

ANDERSON, J. A. (1969): Constrained discrimination between k populations. J. Roy. Statist. Soc. **B 31**, 123–139.

ANDERSON, T. W. (1958): An Introduction to Multivariate Statistical Analysis. Wiley, New York.

ANDERSON, T. W. (1971): The Statistical Analysis of Time Series Wiley. New York.

ANDERSON, T. W. (1973): Asymptotic evaluation of the probabilities of misclassification by linear discriminant functions. In: Discriminant Analysis and Applications (Ed. T. CACOULLOS). Academic Press, New York, 17–35.

ANDERSON, T. W. (1975): Maximum likelihood estimation of parameters of autoregressive process with moving average residual and other covariance matrices with linear structure. Ann. Statist. **3**, 1283–1305.

ANDREWS, D. F. (1972): Plots of high-dimensional data. Biometrics **28**, 125–136.

ANDREWS, D. F., P. J. BICKEL, F. R. HAMPEL, P. J. HUBER, W. M. ROGERS und J. W. TUKEY (1972): Robust estimates of location: Survey and Advances. Princeton Univ. Press, Princeton.

ANDREWS, D. F., R. GNANADESIKAN und J. L. WARNER (1973): Methods for assessing multivariate normality. In: Multivarate Analysis III (Ed. P. R. KRISHNAIAH). Academic Press, New York, 95–116.

ATKINSON, A. C. (1973): Planning experiments to detect inadequate regression models. Biometrika **59**, 275–293.

ATKINSON, A. C., und D. R. COX (1974): Planning experiments for discrimination between models. J. Roy. Statist. Soc. **B 36**, 321–348.

AUERT, F. (1983): Datenvorbehandlung und Schätzungen im linearen Regressionsmodell. Dissertation, AdW der DDR.

AUERT, F., und H. LÄUTER (1982): Some theoretical results on approximation methods. Statistics **13**, 265–293.

BAHADUR, R. R. (1960): On the asymptotic efficiency of tests and estimates. Sankhya **22**, 229–252.

BALL, G. H., und B. J. HALL (1970): Some implications of interactive graphic computer systems for data analysis and statistics. Technometrics **12**, 17–31.

BANDEMER, H., A. BELLMANN, W. JUNG und K. RICHTER (1973): Optimale Versuchsplanung. Akademie-Verlag, Berlin.

BARHAM, R. H., and W. DRANE (1972): An algorithm for least squares estimation of nonlinear parameters when some of the parameters are linear. Technometrics **14**, 757–766.

BARNETT, V., und T. LEWIS (1984): Outliers in Statistical Data, 2. Auflage, Wiley, New York.

BARTALANFFY, L. V. (1941): Stoffwechseltypen und Wachstumstypen. Biol. Zbl. Leipzig **61**, 510–532.

BEALE, E. M. L. (1960): Confidence regions in non-linear estimation. J. Roy. Statist. Soc. **B 22**, 41–76.

BEATON, A. E., und J. W. TUKEY (1974): The fitting of power series, meaning polynomials, illustrated on band-spectroscopic data. Technometrics **16**, 147–185.

BENEDETTI, J. K. (1977): On the nonparametric estimation of regression functions. J. Roy. Statist. Soc. **B 39**, 248–253.

BERAN, R. (1982): Estimated sampling distributions: the bootstrap and competitors. Ann. Statist. **10**, 212–225.

BERAN, R. (1984): Bootstrap methods in Statistics. Jahresber. d. Dt. Math.-Verein. **86**, 14–30.

BERGER, J. O. (1978): Minimax estimation of a multivariate normal mean under polynomial loss. J. Mult. Analysis **8**, 173–180.

BERGER, J. O. (1980): A robust generalized Bayes estimator and confidence region for a multivariate normal mean. Ann. Statist. **8**, 716–761.

BERGER, J. O. (1980): Statistical Decision Theory: Concepts and Methods. Springer, New York.

BICKEL, P. J., und K. A. DOKSUM (1981): An analysis of transformations revisited. J. Amer. Statist. Assoc. **76**, 296–311.

BLACKWELDER, R. A. (1966): Taxonomy: A Text and Reference Book. Wiley, New York.

BOCK, M. E., T. A. YANCEY und G. G. JUDGE (1973): The statistical consequences of preliminary-test estimators in regression. J. Amer. Statist. Assoc. **68**, 109–116.

BÖHMER, K., G. MEINARDUS und W. SCHLEMPP (1974): Spline-Funktionen (Vorträge und Aufsätze). Mannheim, Universität, BI.

BOLSHEV, L. N. (1969): Cluster analysis. Bull. ISI **43**, 411–425.

BOULLION, T. L., und P. L. ODELL (1971): Generalized Inverse Matrices. Wiley, New York.

BOX, G. E. P., und D. R. COX (1964): An analysis of transformations. J. Roy. Statist. Soc. **B 26**, 211–243.

BOX, G. E. P., und P. W. TIDWELL (1962): Transformation of the independent variables. Technometrics **4**, 531–550.

BOX, M. J. (1971): Bias in nonlinear estimation. J. Roy. Statist. Soc. **B 33**, 171–201.

BRADLEY, J. V. (1968): Distribution free statistical tests. Prentice-Hall, New Jersey.

BROFFIT, J. D., und J. S. WILLIAMS (1973): Minimum variance estimators for misclassification probabilities in discriminant analysis. J. Mult. Analysis **3**, 311–327.

BUNKE, H. (1973): Approximation of regression functions. Math. Operationsforsch. Statist. **4**, 314–325.

BUNKE, H. (1976): Simple consistent estimation in nonlinear regression by data transformation and design of experiment. Math. Operationsforsch. Statist., Ser. Statist. **7**, 715–719.

BUNKE, H. (1980): Parameter estimation in nonlinear regression models. In: Handbook of Statistics (Ed. P. R. KRISHNAIAH). North-Holland, Amsterdam.

BUNKE, H., und W. H. SCHMIDT (1980): Asymptotic results on nonlinear approximation of regression functions and weighted least squares. Math. Operationsforsch. Statist., Ser. Statist. **11**, 3–22.

BUNKE, O. (1967): Stabilität statistischer Entscheidungsprobleme und Anwendungen in der Diskriminanzanalyse. Z. Wahrscheinlichkeitsth. verw. Geb., **7**, 131–146.

BUNKE, O. (1972): Statistische Methoden zur Modellbildung. Preprint, Humboldt-Universität Berlin.

BUNKE, O. (1975): Minimax linear, ridge, and shrunken estimators for linear parameters. Math. Operationsforsch. Statist. **6**, 697–701.

BUNKE, O. (1982): The roles of transformations. Math. Operationsforsch. Statist., Ser. Statist. **13**, 395–404.

BUNKE, O., und B. DROGE (1984): Bootstrap and cross-validation estimates of the prediction error for linear regression models. Ann. Statist. **12**, 1400–1424.

BUYS-BALLOT, C. H. D. (1847): Les changements periodique de Temperature. Utrecht.

CHAMBERS, J. M. (1973): Fitting nonlinear models: numerical techniques. Biometrika **60**, 1—13.
CHAMBERS, J. M., und B. KLEINER (1982): Graphical techniques for multivariate data and for clustering. Handbook of Statist. **2**, 209—244.
CHENG, K., und P. LIN (1981): Nonparametric estimation of a regression function: Limiting distribution. Austral. J. Stat. **23**, 186—195.
CHERNOFF, H. (1973): The use of faces to represent points in k-dimensional space graphically. J. Amer. Statist. Assoc. **68**, 361—368.
CHERNOFF, H., und E. L. LEHMANN (1954): The use of maximum likelihood estimates in χ^2 tests for goodness of fit. Ann. Math. Statist. **25**, 579—586.
CHERNOFF, H., und L. E. MOSES (1959): Elementary Decision Theory. Wiley, New York.
CHERNOFF, H., und H. RIZVI (1975): Effect on classification error of random permutation of features in representing multivariate data by faces. J. Amer. Statist. Assoc. **70**, 548—554.
CHOW, Y. S. (1966): Some convergence theorems for independent random variables. Ann. Math. Statist. **37**, 1482—1492.
CLARK, R. M. (1977): Nonparametric estimation of a smooth regression function. J. Roy. Statist. Soc. **B 39**, 107—113.
CLEVELAND, W. S., und I. J. TERPENNING (1982): Graphical methods for seasonal adjustment. J. Amer. Statist. Assoc. **77**, 52—62.
CORMACK, R. M. (1971): A review of classification. J. Roy. Statist. Soc. **A 134**, 324—367.
COX, D. D. (1984): Multivariate smoothing spline functions. Amer. J. Numer. Anal. **21**, 789—813.
COX, D. R. (1978): Some remarks on the role in statistics of graphical methods. Appl. Statist. **27**, 4—9.
COX, D. R., und D. V. HINKLEY (1968): A note on the efficiency of least-squares estimates. J. Roy. Statist. Soc. **B 30**, 284—289.
COX, D. R., und D. V. HINKLEY (1974): Theoretical Statistics. Chapman and Hall, London.
COX, D. R., und E. J. SNELL (1971): On test statistics calculated from residuals. Biometrika **58**, 589—594.
CRAMER, H. (1946): Mathematical Methods of Statistics. Princeton Univ. Press, Princeton.
DAS GUPTA, S. (1965): Optimum classification into two multivariate normal populations. Ann. Math. Statist. **36**, 1174—1184.
DAS GUPTA, S., und M. D. PERLMAN (1974): Power of the non-central F-test: Effects of additional variates on Hotelling's T^2-test. J. Amer. Statist. Assoc. **69**, 174—180.
DAY, N. E. (1969): Estimating the components of a mixture of normal distributions. Biometrika **56**, 463—474.
DE BOOR, C. (1978): A Practical Guide to Splines. Springer, New York.
DE FOREST, E. L. (1873): On some methods of interpolation applicable to the graduation of irregular series. Smithonian report, Washington, D. C., 275—339.
DEJEW, A. D. (1972) (Деев, А. Д.): Асимптотические выражения распределении статистик W, M, W^* дискриминантного анализа. In: Статистические методы классификации, препр. Моск. унив. **3**, 6—51.
DEMPSTER, A. P., N. M. LAIRD und D. B. RUBIN (1977): Maximum Likelihood from incomplete data via the EM-algorithm. J. Roy. Statist. Soc. **B 39**, 1—22.
DRAPER, N. R., und H. SMITH (1966): Applied Regression Analysis. Wiley, New York.
DRYGAS, H. (1971): Consistency of the least-squares and Gauss-Markov estimators in regression models. Z. Wahrscheinlichkeitsth. verw. Geb. **17**, 309—326.
DSHAPARIDSE, K. O., und M. S. NIKULIN (1974) (К. О. Джапаридзе и М. С. Никулин): Об одном видоизменении стандартной статистики Пирсона. Теори вероят. и её примен. **19**, 886—888.
DUGUÉ, D. (1973): Discriminant problems about Gaussian processes. In: Discriminant Analysis and Application (Ed. T. CACOULLOS). Academic Press, New York, 173—177.
DUNNETT, C. W. (1955): A multiple comparison procedure for comparing several treatments with a control. J. Amer. Statist. Assoc. **50**, 1096—1121.
DUNNETT, C. W. (1964): New tables for multiple comparisons with a control. Biometrics **20**, 482—491.
DURBIN, J. (1976): Kolomogorov-Smirnov tests when parameters are estimated. In: Empirical Distributions and Processes (Ed. P. GAENSSLER und P. REVESZ) (Lecture Notes in Mathematics **566**) Springer, Berlin, 33—44.

EFROIMOWITSCH, S. JU., und M. S. PINSKER (1982) (Ефроймович, С. Ю., и М. С. Пинскер): Оценивание квадратично-интегрируемой плотности вероятности случайной величины. Пробл. передачи информ. **18** (3), 19–38.

EFRON, B. (1979): Bootstrap methods: Another look at the jackknife. Ann. Statist. **7**, 1–26.

EFRON, B. (1983): Estimating the error rate of a prediction rule: improvement on cross-validation. J. Amer. Statist. Assoc. **78**, 316–331.

EFRON, B. (1984): Bootstrap confidence intervals for parametric problems. Techn. Rep. 215, Stanford Univ.

EICKER, F. (1963): Central limit theorems for families of sequences of random variables. Ann. Math. Statist. **34**, 439–446.

EICKER, F. (1963): Asymptotic normality and consistency of the least-squares-estimators for families of linear regressions. Ann. Math. Statist. **34**, 447–456.

EISENHART, C. (1947): The assumptions underlying the analysis of variance. Biometrics **3**, 1–21.

EPANETSCHNIKOW, W. A. (1969) (Епанечников, В. А.): Непараметрическая оценка многомерной илотности вероячтности.Теория вероят. и её примен. **14**, 156–162.

FEDOROW, W. W. (1971) (Федоров, В. В.): Теория оптимального эксперимента. Наука, Москва (engl. Übers.: Theory of Optimal Experiments. Academic Press. New York (1972)).

FIENBERG, S. E. (1979): Graphical methods in statistics. The Americ. Statistician **33**, 165–178.

FISHER, N. I. (1983): Graphical methods in nonparametric statistics: A review and annotated bibliography. Intern. Statist. Review **51**, 25–58.

FISHER, R. A. (1925): Statistical Methods for Research Workers, Oliver and Boyd, Edinburgh.

FISHER, R. A. (1935): The Design of Experiments. Oliver and Boyd, Edinburgh.

FLETCHER, R., (1971): A general quadratic programming algorithm, J. Inst. Math. Appl. **7**, 76–91.

FORGY, E. W. (1965): Cluster analysis of multivariate data. Efficiency versus interpretability of classifications (Abstract). Biometrics **21**, 768.

FOX, T., D. HINKLEY und K. LARNTZ (1980): Jackknifing in nonlinear regression. Technometrics **22**, 29–34.

GABRIEL, K. R., und L. C. A. CORSTEN (1976): Graphical exploration in comparing variance matrices. Biometrics **32**, 851–863.

GALLANT, A. R. (1975): Testing a subset of the parameters of a nonlinear regression model. J. Amer. Statist. Assoc. **70**, 927–932.

GASSER, TH., und H.-G. MÜLLER (1979): Kernel estimation of regression functions. In: Smoothing techniques for curve estimation. Springer-Verlag, Berlin, 23–68.

GASSER, TH., und M. ROSENBLATT (Eds.) (1979): Smoothing Techniques for Curve Estimation. Springer, New York.

GAUSS, C. F. (1809): Theoria motus corporum coelestium in sectionibus conicis solem ambeutium, Perthes und Besser, Hamburg.

GEISSER, S. (1966): Predictive discrimination. Proc. Int. Sympos. Mult. Analysis (Ed. P. R. KRISNAIAH). Academic Press, New York, 149–163.

GERLEIN, O. V., und R. PINCUS (1978) (Герлейн О. В. и Р. Пинкус): Критерии согласия, основанные на одной мере дивергенции между двумя скалярными произведениями. Теория вероят. и её примен. **23**, 263–273.

GLICK, N. (1978): Additive estimators for probabilities of correct classification. Pattern recogn. **10**, 211–222.

GNANADESIKAN, R. (1973): Graphical methods for informal inference in multivariate data analysis. Bull. ISI **4**, 195–206.

GNANADESIKAN, R., und E. T. LEE (1970): Graphical techniques for internal comparisons amongst equal degree of freedom groupings in multiresponse experiments. Biometrika **57**, 229–237.

GOLDBERGER, A. S. (1968): The interpretation and estimation of Cobb-Douglas functions. Econometrica **36**, 464–472.

GOLDFELD, S. M., und R. E. QUANDT (1972): Nonlinear Methods in Econometrics. North Holland, Amsterdam.

GOMPERTZ, B. (1825): On the nature of the function expressive of the law of human mortality and on a new mode of determining the value of life contingencies. Philos. Transact. Roy. Soc. London **115**, 513–585.

GOODMAN, L. A., und W. H. KRUSKAL (1959): Measures of association for cross classification II: Further discussions and references. J. Amer. Statist. Assoc. **54**, 123–163.

GOWER, J. G. (1967): Multivariate analysis and multidimensional geometry. The Statistician **17**, 13–28.

GREVILLE, T. N. E. (1966): On the stability of the linear smoothing formulas, SIAM J. Numer. Anal. **3**, 157–170.

GREVILLE, T. N. E. (1974): On a problem of E. L. De Forest in iterated smoothing. SIAM J. Math. Anal. **5**, 376–398.

GREVILLE, T. N. E. (1981): Moving weighted-average smoothing extended to the extremities of the data. I. Theory. Scand. Actuar. J., 38–55. II. Methods. Scand. Actuar. J., 65–81.

GROSSMANN, W. (1976): Robust nonlinear regression. Proc. 2nd COMPSTAT Symp. (Eds. J. GORDESCH und P. NAEVE). Physica, Würzburg, 146–152.

GROSSMANN, W. (1978): Efficiency of estimates for nonlinear time series models. In: Proc. 2nd Prague Symp. Asympt. Statist. (Ed. J.HAJEK), Academia Prag, 199–210.

GROSSMANN, W. (1982): Statistical estimation of nonlinear regression functions. Math. Operationsforsch. Statist, Ser. Statistics **13**, 455–471.

GRUBBS, F. E. (1950): Sample criteria for testing outlying observations, Ann. Math. Statist. **21**, 27–58.

GUEST, P. G. (1961): Numerical Methods of Curve Fitting. University Press, Cambridge.

HAMPEL, F. (1971): A general qualitative definition of robustness. Ann. Math. Statist. **42**, 1887–1896.

HAMPEL, F. (1973): Robust estimation: a condensed partial survey. Z. Wahrscheinlichkeitsth. verw. Geb. **27**, 87–104.

HANNAN, E. J. (1971): Nonlinear time series regression. J. Appl. Prob., **8** 767–780.

HANNAN, E. J. (1973): The asymptotic theory of linear time series models. J. Appl. Prob. **10**, 130–145.

HANNAN, E. J. (1979): Multiple Time Series. Wiley, New York.

HARTIGAN, J. A. (1975): Clustering Algorithms. Wiley, New York.

HARTLEY, H. O. (1961): The modified Gauss-Newton method for the fitting of non-linear regression functions by least squares. Technometrics **3**, 269–280.

HARTLEY, H. O., und A. BOOKER (1965): Nonlinear least squares estimation. Ann. Math. Statist. **36**, 386–650.

HAWKINS, D. M. (1980): Identification of Outliers. Chapman and Hall, London.

HAWKINS, D. M., und A. F. PEROLD (1977): On the joint distribution of left- and right-sided outlier statistics. Utilitas Mathematica **12**, 129–143.

HECK, D. L. (1960): Charts of some upper percentage points of the distribution of the largest characteristic root. Ann. Math. Statist. **31**, 625 642.

HENDERSON, C. R. (1953): Estimation of variance and covariance components. Biometrics **9**, 226–252.

HENDERSON, R. (1938): Mathematical Theory of Graduation. Actuarial Soc. of America, New York.

HERMANN, K., J. KLEFFE und B. SEIFERT (1986): AMP 86, Programm für hierarchische und kreuzklassifizierte Varianzanalyse. Inst. Math., AdW d. DDR.

HILLS, M. (1966): Allocation rules and their error rates. J. Roy. Statist. Soc. **B 28**, 1–31.

HILLS, M. (1969): On Looking at large correlation matrices. Biometrika **56**, 249–253.

HIMMELBLAU, D. M. (1970): Process Analysis by Statistical Methods. McGraw Hill, New York.

HINKLEY, D. V. (1978): Improving the jackknife with special reference to correlation estimation. Biometrika **65**, 13–21.

HOCKING, R. P., O. P. HACKNEY und F. M. SPEED (1978): The Analysis of linear models with unbalanced data. In: Contributions to Survey Sampling and Applied Statistics — Papers in Honour of H. O. Hartley (Ed. H. A. DAVID). Academic Press, New York, 133–151.

HOERL, A. E., und R. W. KENNARD (1970): Ridge regression, biased estimation for nonorthogonal problems. Technometrics **12**, 55–67.

HOFFMANN, K. (1977): Robust alternatives of the least squares estimator. Math. Operationsforsch. Statist., Serie Statist., **8**, 305–311.

HOFFMANN, K. (1977): Admissibility of linear estimators with respect to restricted parameter sets. Math. Operationsforsch. Statist., Serie Statist., **8**, 425–438.

HOLM, S. (1979): A simple sequentially rejective multiple test procedure. Scand. J. Statist. 6, 65–70.

HUBER, P. J. (1972): Robust Statistics: a review. Ann. Math. Statist. **43**, 1041–1067.

HUBER, P. (1973): Robust regression: Asymptotics, conjectures and Monte Carlo. Ann. Statist. **1**, 799–821.

HUMAK, K. M. S. (1977): Statistische Methoden der Modellbildung I. Akademie-Verlag, Berlin.

IBRAGIMOW, I. A. und R. S. CHASMINSKI (1979) (Ибрагимов, И. А., и Р. З. Хазьминскии): Асимптотическая оценивания. Наука, Москва (engl. Übers.: Statistical Estimation: Asymptotic Theory. Springer, New York 1981).

IVANOV, A. V., und S. ZWANZIG (1983): An asymptotic expansion for the distribution of the least squares estimator in nonlinear regression model. Math. Operationsforsch. Statist., Ser. Statist. **14**, 7–27.

JACOB, R. J. K. (1980): Graphical methods in statistics. The American Statistician **34**, 1–2.

JARDINE, N., und R. SIBSON (1971): Mathematical Taxonomy. Wiley, New York.

JENNRICH, R. I. (1969): Asymptotic properties of nonlinear least squares estimators. Ann. Math. Statist. **40**, 633–643.

KARLIN, S., und W. J. STUDDEN (1966): Optimal experimental design. Ann. Math. Statist. **37**, 783–815.

KEMPTHORNE, O. (1952): The Design and Analysis of Experiments, Wiley, New York.

KENDALL, D. G. (1981): The statistics of shape. In: Interpreting multivariate data. (Ed. v. Barnett) Wiley, New York, 75–80.

KENDALL, M. G., und A. STUART (1967): The Advanced Theory of Statistics, Vol. 2, Griffin, London.

KENDALL, M. G., und A. STUART (1973): The Advanced Theory of Statistics, Vol. 3, Griffin, London.

KEULS, M. (1952): The use of "studentized range" in connection with an analysis of variance, Euphytica **1**, 112–122.

KIEFER, J. (1961): Optimum designs in regression problems II. Ann. Math. Statist. **32**, 298–325.

KIEFER, J., und WOLFOWITZ (1960): The equivalence of two extremum problems. Canad. J. Math. **12**, 363–366.

KOLMOGOROW, A. N. (1933): Sulla determinazione empirica di una legge di distribuzione, Giornale dell'Instituto Italiano degli Attuari **4**, 83–91.

KORF, V. (1939): Prispevek k matematické definici vrzustoveko zakona hmot lesnich porostn. Lesnická prace **18**, 339–379.

KRAMER, C. Y. (1956): Extension of multiple range tests to group means with unequal numbers of replications. Biometrics **12**, 307–310.

KRES, H. (1975): Statistische Tafeln zur ultivariaten Analysis. Springer, Berlin.

KUDO, A. (1959): The classificatory problem viewed as twodecision problem. I. Mem. Fac. Sc. Kyushu **A 13**, 96–125.

KUDO, A. (1960): The classificatory problem viewed as a twodecision problem. II. Mem. Fac. of Sc. Kyushu Ser. **A 14**, 63–83.

KÚKS, J., und W. OLMAN (1972) (Кукс, И., и В. Ольман): Минимаксная линейная оценка коэффициентов пегрессии. Изв. Акад. Наук ЭССР **21**, 66–72.

LACHENBRUCH, P. A. (1975): Discriminant Analysis. Hafner Press, New York.

LACHENBRUCH, P. A., und L. L. KUPPER (1973): Discriminant analysis when one population is a mixture of normals. Biom. Z. **15**, 191–197.

LACHENBRUCH, P. A., und M. R. MICKEY (1968): Estimation of error rates in discriminant analysis. Technometrics **10**, 1–11.

LÄUTER, E. (1974a): Experimental planning in a class of models. Math. Operationsforsch. Statist. **5**, 379–398.

LÄUTER, E. (1974b): Experimental design method in the case of nonlinear parametrization. Math. Operationsforsch. Statist. **5**, 625–636.

LÄUTER, E., H. LÄUTER und D. SCHMIDTKE (1978): Properties and comparison of procedures of discriminant analysis. Biom. J. **20**, 407–424.

LÄUTER, H. (1974): On the admissibility and nonadmissibility of the usual estimator for the mean of mulltivariate normal population and conclusions to optimal design. Math. Operationsforsch. Statist. **5**, 591–598.

LÄUTER, H. (1975): Linear minimax estimation of inadequate models for the I. Petersen approach. Math. Operationsforsch. Statist. **6**, 769–774.
LÄUTER, H. (1982): Estimation of parameters in mixtures of distributions arising in cultivation problems. Biom. J. **24**, 133–144.
LÄUTER, H. (1985a): Strong consistency of the least squares estimator in nonlinear regression. Preprint 24, Karl-Weierstraß-Institut für Mathematik der AdW der DDR, Berlin.
LÄUTER, H. (1985b): An efficient estimator for the error rate in discriminant analysis. Statistics **16**, 107–119.
LÄUTER, H., und N. MIETHE (1979): Some tests in dynamic models with a finite number of parameters. Math. Operationsforsch. Statist., Ser. Statist. **10**, 395–414.
LÄUTER, H., und H. THIELE (1985): Optimal combinations of classification procedures. Statistics **16**, 389–406.
LÄUTER, J. (1974): Approximation des Hotellingschen T^2 durch die F-Verteilung. Biom. Z. **16**, 191–202.
LAWTON, W. H., und E. A. SYLVESTRE (1971): Elimination of linear parameters in nonlinear regression. Technometrics **13**, 461–467.
LAWTON, W. H., E. A. SYLVESTRE und M. S. MAGGIO (1972): Self modelling nonlinear regression. Technometrics **14**, 513–532.
LEBART, L., A. MORINEAU und J.-P. FENELON (1982): Statistische Datenanalyse. Akademie-Verlag, Berlin.
LEHMANN, E. L. (1987): Testing Statistical Hypotheses. (2. Aufl.). Wiley, New York.
LEVIT, B. Y. (1974): On optimality of some statistical estimates. Proc. Prague Sympos. Asymp. Statist. **2**, 215–238.
LEVIT, B. Y. (1975) (Левит, Б. Я.): Об эффективности одного класса непараметрических оценок. Теория вероят. и её примен. **20**, 738–754.
LEWIS, T. O., und R. L. ODELL (1971): Best linear recursive estimation. J. Amer. Statist. Assoc. **66**, 893–896.
LIERO, H. (1984): Nichtparametrische Schätzungen der Regressionsfunktion. Dissertation, AdW der DDR.
LILLIEFORS, H. W. (1967): On the Kolmogorov-Smirnov test for normality with mean and variance unknown. J. Amer. Statist. Assoc. **62**, 399–402.
MACQUEEN, J. (1967): Some methods for classification and analysis of multivariate observations. Proc. 5th Berkeley Symp. Math. Stat. Prob. **1**, 281–297.
MALINVAUD, E. (1970): Statistical Methods of Econometrics, 2. überarb. Aufl., North-Holland, Amsterdam.
MALLOWS, C. L. (1973): Some comments on C_p. Technometrics **15**, 661–675.
MALLOWS, C. L. (1980): Some theory of nonlinear smoothers. Ann. Statist. **8**, 695–715.
MANN, H. B., und A. WALS (1943): On the statistical treatment of linear stochastic difference equations. Econometrica **11**, 173–220.
MARQUARDT, D. W. (1963): An algorithm for least squares estimation of nonlinear parameters. SIAM J. Appl. Math. **11**, 431–441.
MARQUARDT, D. W. (1970): Generalized inverses, ridge regression, biased linear estimation and nonlinear estimation. Technometrics **12**, 591–612.
MARTINOW, G. W. (1978) (Мартынов, Г. В.): Критерии Омега-Квадрат. Наука, Москва.
MCLACHLAN, G. J. (1974): An asymptotic unbiased technique for estimating the error rates in discriminant analysis. Biometrics **30**, 239–249.
MCLACHLAN, G. J. (1977): A note on the choice of a weighting function to give an efficient method for estimating the probability of misclassification. In: Pattern Recognition (Ed. P. A. LACHENBRUCH). Pergamon Press, London, 147–149.
MCLACHLAN, G. J. (1980): The efficiency of Efron's "Bootstrap" approach applied to error rate estimation in discriminant analysis. J. Statist. Comput. Simul. **11**, 273–279.
MILLER, R. G. (1966): Simultaneous Statistical Inference. McGraw Hill, New York.
MITSCHERLICH, A. (1909): Das Gesetz des Pflanzenwachstums. Landwirtsch. Jahresber. **53**, 537–552.
MORRISON, D. F. (1967): Multivariate Statistical Methods, McGraw Hill, New York.
MÜLLER, H. G. (1978): Kernschätzer für Wahrscheinlichkeitsdichten und Regressionsfunktionen. Diplomarbeit, Univ. Heidelberg, Math. Fakultät.

Müller, H. G., und Th. Gasser (1979): Optimal convergence properties of kernel estimates of derivatives of a density function. In: Smoothing Techniques for Curve Estimation (Ed. Th. Gasser, M. Rosenblatt). Springer, Berlin.

Murray, G. D., und D. M. Titterington (1978): Estimation problems with data from a mixture. J. Roy. Statist. Soc. **C 27**, 325–334.

Nadaraja, E. A. (1964) (Надарая, Э. А.): Об оценке регрессии. Теория вероят. и её примен. **9**, 157–159.

Nagel, G., und W. Wolff (1974): Ein Verfahren zur Minimierung einer Quadratsumme nichtlinearer Funktionen. Biom. Z. **16**, 431–439.

Nagel, M., H. Hoerning und M. Schreckenbach (1985): The use of graphical methods in working up multivariate data in toxicology. Acta Physiol. Hungarica **66**, 127–142.

Nelder, J. A. (1961): The fitting of a generalization of the logistic curve. Biometrics **17**, 89–110.

Newman, D. (1939): The distribution of the range in samples from normal population. Biometrika **31**, 20–30.

Newton, C. M. (1976): Graphic data analysis: Optimizing tradeoffs between richness and simplicity. J. Amer. Statist. Assoc. **71**, 238–242.

Nikulin, M. S. (1973) (Никулин, М. С.): О критерии хи-квадрат для непрерывных распределений. Теория вероят. и её примен. **18**, 675–676.

Nikulin, M. S. (1974) (Никулин, М. С.): О квантильном критерии. Теория вероят. и её примен. **19**, 431–434.

Nollau, V. (1975): Statistische Analysen. VEB Fachbuchverlag, Leipzig.

Nussbaum, M. (1977): Asymptotic efficiency of estimators in the multivariate linear model. Math. Operationsforsch. Statist. **8**, 439–445.

Nussbaum, M. (1985): Spline smoothing in regression models and asymptotic efficiency in L^2. Ann. Statist. **13**, 984–997.

Okamoto, M. (1963): An asymptotic expansion for the distribution of the linear discriminant function. Ann. Math. Statist. **34**, 1358–1359.

Okamoto, M. (1973): Distinctness of the eigenvalues of a quadratic form in a multivariate sample. Ann. Statist. **1**, 763–765.

Parzen, E. (1962): On the estimation of a probability density and mode. Ann. Math. Statist. **33**, 1065–1076.

Patnaik, P. B. (1949): The non-central χ^2- and F-distributions and their applications. Biometrika **36**, 202–232.

Patterson, H. D., und R. Thompson (1974): Maximum-Likelihood estimation of components of variance. Proc. 8th International Biometric Conference, Aug. 25–30, (Ed. L. C. A. Corsten) 197–208.

Pearson, E. S., und H. O. Hartley (1958): Biometrika Tables for Statistician, Vol. 1, Univ. Press, Cambridge.

Pearson, E. S., und H. O. Hartley (1972): Biometrika Tables for Statisticians, Vol. 2, Cambridge Univ. Press, Cambridge.

Pearson, K. (1900): On a criterion that a given system of deviations from the probable in the case of a correlated system of variables is such that it can be reasonably supposed to have arisen in random sampling. Phil. mag. (5), **50**, 157–175.

Petersen, I. (1973): Linear minimax estimation of inadequate models in L^2-metric. Math. Operationsforsch. Statist. **4**, 463–471.

Petterson, H. (1930): Bonität und Produktion. Verh. Int. Kongr. forstl. Vers.-Anst. Stockholm 1929, 287–298.

Pfanzagl, J. (1959): Ein kombiniertes Test-Klassifikations-Problem. Metrika **2**, 11–45.

Pfanzagl, J. (1973): Asymptotic expansions related to minimum contrast estimators. Ann. Statist. **1**, 993–1026.

Phillips, P. C. B. (1976): The iterated minimum distance estimator and the quasi-maximum likelihood estimator. Econometrica **44**, 449–459.

Pierce, D. A., und K. J. Kopecky (1979): Testing goodness of fit for the distribution of errors in regression models. Biometrika **66**, 1–5.

Pillai, K. C. S. (1960): Statistical Tables for Tests of Multivariate Hypotheses. Statistical Center, University of Philippines, Manila.

PILLAI, K. C. S., und D. L. YOUNG (1971): On the exact distribution of Hotelling's generalized T_0^2. J. Mult. Analysis 1, 90–107.

PINCUS, R. (1984): Distribution of the maximal gap in a sample and its application for outlier detection. In: Robustness of Statistical Methods and Nonparametric Statistics (Ed. D. RASCH und M. L. TIKU). VEB Deutscher Verlag der Wissenschaften, Berlin, 90–91.

PINCUS, R., und SCHMIDT, W. H. (1984): A note on the BAN property of the residual sum of squares in regression models. Statistics 15, 37–42.

PINSKER, M. S. (1980) (Пинскер, М. С.): Оптимальная фильтрация квадратично-интегрируемых сигналов на фоне гауссовского шума. Проблемы передачи информ. 16 (2), 52–68.

POPPE, W., H. LÄUTER und A. TENNSTEDT (1981): Der asynchrone Ablauf von Alterungsprozessen in der Ammonshornformation. Z. Alternsforsch. 36, 347–354.

POPPE, W., und A. TENNSTEDT (1976): Morphologische Trennung präseniler und seniler hirnatrophischer Erkrankungen nach mathematisch-statistischer Bearbeitung numerischer Zellrelationen mit Hilfe der multivariaten Varianz- und Diskriminanzanalyse. Dissertation B, Humboldt-Univ. Berlin.

POWELL, M. J. D. (1970): A survey of numerical methods for unconstrained optimization, SIAM Rev. 12, 79–97.

PRIESTLEY, M. B., und M. T. CHAO (1972): Nonparametric function fitting. J. Roy. Statist. Soc. B 34, 385–392.

PRINGLE, R. M., und A. A. RAYNER (1971): Generalized Inverse Matrices with Applications to Statistics. Griffin, London.

QUENOUILLE, M. H. (1947). A large sample test for the goodness of fit of autoregressive schemes. J. Roy. Statist. Soc. 110, 123–129.

RAO, C. R. (1951): An asymptotic expansion of the distribution of Wilk's criterion. Bull. Int. Statist. Inst. 32, 177–180.

RAO, C. R. (1954): A general theory of discrimination when the information about alternative distributions is based on samples. Ann. Statist. 25, 651–670.

RAO, C. R. (1965): Linear Statistical Inference and Its Application. Wiley, New York.

RAO, C. R. (1970): Estimation of heteroscedastic variances in linear models. J. Amer. Statist. Assoc. 65, 161–172.

RAO, C. R. (1971): Minimum variance quadratic unbiased estimation of variance components. J. Mult. Analysis 1, 445–456.

RAO, C. R. (1976): Estimation of parameters in a linear model. Wald Lecture. Ann. Statist. 4, 1–40.

RAO, C. R., und KLEFFE, J. (1988): Estimation of Variance Components: Theory and Application. North-Holland, Amsterdam.

RASCH, D. (1967): Schätzprobleme bei eigentlich nichtlinearen Regressionsfunktionen. Abh. Dt. Akad. Wiss., N 4, 121–128.

RASCH, D. (1971): Gemischte Klassifikationen der dreifachen Varianzanalyse. Biometrische Z. 13, 1–20.

RASCH, D. (1976): Einführung in die Mathematische Statistik, II. Anwendungen. VEB Deutscher Verlag der Wissenschaften, Berlin.

RASCH, D., G. ENDERLEIN und G. HERRENDÖRFER (1973): Biometrie-Verfahren. Tabellen, Angewandte Statistik. VEB Deutscher Verlag der Wissenschaften, Berlin.

RASCH, D., G. HERRENDÖRFER, J. BOCK und K. BUSCH (1978): Verfahrensbibliothek Versuchsplanung und -auswertung, Bd. 1 und 2. VEB Deutscher Landwirtschaftsverlag, Berlin.

REINSCH, C. H. (1967): Smoothing by spline functions I. Numer. Math. 10, 177–183.

REINSCH, C. H. (1971): Smoothing by spline functions II. Numer. Math. 16, 451–454.

RICHARDS, F. J. (1959): A flexible growth function for empirical use. J. Exper. Botanic 10, 290–300.

RIEDWYL, H., und M. SCHAFROTH (1976): Grafische Darstellung mehrdimensionaler Beobachtungen. EDV in Medizin und Biologie 1, 21–24.

ROBINSON, P. M. (1972): Nonlinear regression for mutiple time series. J. Appl. Prob. 9, 758–768.

RODBARD, D., P. L. RAYFORD, J. A. COOPER und G. T. ROSS (1968): Statistical quality control of radio immuno assays. J. Clin. Endocrinol. 28, 1412.

ROEHL, F. W., und W. NAHRENDORF (1980): Einige graphische Verfahren zur Darstellung multivariater Daten. Zeitschrift f. ges. innere Med. und ihre Grenzgeb. 35, 370–374.

ROEBL, F. W., und W. NAHRENDORF (1982). Darstellung mehrdimensionaler Beobachtungsvektoren in Form trigonometrischer Funktionen. Zeitschrift f. ges. innere Med. und ihre Grenzgeb. **35**, 201–206.

RÖMISCH, K. (1979): Die Eignung verschiedener Wachstumsfunktionen zur Beschreibung des Baumhöhenwachstums. Gegenbaurs morph. Jahresb. Leipzig **125**, 635–643.

ROSENBLATT, M. (1956): Remarks on some nonparametric estimates of a density function. Ann. Math. Statist. **27**, 832–837.

ROSENBLATT, M. (1971): Curve estimates. Ann. Math. Statist. **42**, 1815–1842.

ROSENBLATT, M. (1976): On the maximal deviations of k-dimensional density estimates. Ann. Statist. **4**, 1009–1015.

ROSENBLATT, M., und J. A. RICE (1981): Integrated mean square error of a smoothing spline. J. Approximation Theory **33**, 353–369.

ROSS, G. J. S. (1971): The efficient use of function minimization in non-linear maximum likelihood estimation. Appl. Statist. **20**, 205–221.

RUBIN, J. (1967): Optimal classification into groups: An approach for solving the taxonomy problem. Theoretical Biology **15**, 103–144.

SACHS, L. (1977): Graphische Methoden in der Datenanalyse. EDV in Medizin und Biologie **2**, 64–70.

SASULY, M. (1934): Trend Analysis of Statistics. Brookings Inst., Washington D.C.

SAUNDERS, R., und P. LAUD (1980): The multidimensional Kolmogorov goodness-of-fit test. Biometrika **67**, 237.

SAWA, T., und T. HIROMATSU (1973): Minimax regret significance points for a preliminary test in regression analysis. Econometrica **41**, 1093–1101.

SCHAAFSMA, W. (1973): Classifying when populations are estimated. In: Discriminant Analysis and Applications (Ed. T. CACOULLOS). Acad. Press. New York, 339–364.

SCHAAFSMA, W., und G. N. VAN VARK (1977): Classification and discrimination problems with applications, Part I. Statist. Neerlandica **31**, 25–45.

SCHÄFFER, K. A. (Ed.) (1978): Splinefunktionen in der Statistik. Vandenhoeck, Göttingen.

SCHEFFÉ, H. (1959): The Analysis of Variance. Wiley, New York.

SCHIAPIRELLI, G. V. (1930): Sul modo di ricavare la vera espressione delle leggi della natura delle curve empirichi. Le Opere de G. V. SCHIAPIRELLI, Vol. 8, 185–225. Ulrico Hoepli, Milan.

SCHMIDT, W. H. (1975): Asymptotic normality of least squares estimators in multivariate singular linear models. Math. Operationsforsch. Statist. **6**, 285–300.

SCHMIDTKE, D. (1981): Klassifikationsverfahren mit beschränkten Fehlklassifikationswahrscheinlichkeiten. Dissertation, AdW der DDR.

SCHOENBERG, I. J. (1946): Contributions to the problem of approximation of equidistant data by analytic functions. Quart. Appl. Math. Vol. **4**, Part A: 45–99, Part B: 112–141.

SCHOENBERG, I. J. (Ed.) (1969): Approximations with Special Emphasis on Spline Functions. Academic Press, New York.

SCHÖNFELD, P. (1969): Methoden der Ökonometrie, Bd. 1. Franz Vahlen, Berlin.

SCHÖNFELD, P. (1971): Best linear minimum bias estimation in linear regression. Econometrica **39**, 531–544.

SCHUSTER, A. (1893): On the investigation of hidden periodicities with application to a supposed 26-day period of meteorological phenomena. Terr. Mag. **3**, 13–27.

SCHUSTER, E., und S. YAKOWITZ (1979): Contributions to the theory of nonparametric regression, with application to system identification. Ann. Statist. **7**, 139–149.

SCHWETLICK, H. (1979): Numerische Lösung nichtlinearer Gleichungen. VEB Deutscher Verlag der Wissenschaften, Berlin.

SEARLE, S. R. (1971): Linear Models. Wiley, New York.

SEDRANSK, N., und M. OKAMOTO (1971): Estimation of the probabilities of misclassification for a linear discriminant function in the univariate normal case. Ann. Inst. Statist. Math. **23**, 419–435.

SEELY, J. (1970): Linear spaces and unbiased estimation — application to the mixed linear model. Ann. Math. Statist. **41**, 1735–1745.

SHAMAN, P. (1975): An approximate inverse for the covariance matrix of moving average and autoregressive processes. Ann. Statist. **3**, 532–538.

SHAMAN, P. (1976): Approximations for stationary covariance matrices and their inverses with applications to ARMA-models. Ann. Statist. **4**, 292—301.

SHAPIRO, S. S., und M. B. WILK (1965): An analysis of variance test for normality. Biometrika **52**, 591—611.

SILVERMAN, B. W. (1981): Density estimation for univariate and bivariate data. In: Interpreting multivariate data (Ed. V. BARNETT). Wiley, New York, 37—53.

SMIRNOW, N. W. (1939) (Смирнов, Н. В.): Оценка расхождения между эмпирическими кривыми распределения в двух независимых выборках. Булл. Моск. Унив-та(А) 2, 3.

SMITH, C. A. B. (1947): Some examples of discrimination. Ann. Eugen. **13**, 272—282.

SOKAL, R. R., und P. H. A. SNEATH (1963): Principles of Numerical Taxonomy. Freeman, London.

SORUM, M. (1971): Estimating the conditional probability of misclassification. Technometrics **14**, 309—316.

SPÄTH, H. (1975): Cluster-Analyse-Algorithmen zur Objektklassifizierung und Datenreduktion. Oldenbourg, München.

STEIN, C. M. (1956): Inadmissibility of the usual estimator for the mean of a multivariate normal distribution. Proc. Third Berkeley Symp. Math. Statist. Prob. **1**, 197—206.

STEIN, C. M. (1973): Estimation of the man of a multivariate distribution. Proc. Prague Symp. Asymptotic Statist., 345—381.

STEINHAUSEN, D., und K. LANGER (1977): Clusteranalyse. de Gruyter, Berlin.

STONE, C. J. (1982): Optimal global rates of convergence for nonparametric regression. Ann. Statist. **10**, 1040—1053.

STONE, M. (1974): Cross-validatory choice and assessment of statistical predictions. J. Roy. Statist. Soc. **B 36**, 11—147.

THIELE, H. (1975): Zur Glättung von Beobachtungsreihen mit Spline-Funktionen. Biom. Z. **17**, 415—430.

THRUM, R. (1982): Asymptotische Eigenschaften von linearen und quadratischen Schätzungen. Thesis B, Humboldt-Universität Berlin.

TIBSHIRANI, R. J. (1984): Bootstrap confidence intervalls. Techn. Rep. 216, Stanford Univ.

TIETJEN, G. L., und R. M. MOORE (1972): Some Grubbs-type statistics for the detection of several outliers. Technometrics **14**, 583—597.

TIETZE, B. (1987): Statistische Analyse periodischer Zeitreihen. Preprint. Akad. der Wiss. der DDR.

TOUSSAINT, G. T. (1969): Machine recognition of independent and contextually constrained colour-traced handprint characters. M. A. Sc. thesis, Dept. Electrical Engin., Univ. of British Columbia.

TOUSSAINT, G. T. (1974): Bibliography on estimation of misclassification. IEEE Trans. Inform. Theory **20**, 472—479.

TOUTENBURG, H. (1975): Minimax linear estimation (MMLE) and 2-stage MMLE in restricted linear regression model. Math. Operationsforsch. Statist. **6**, 703—708.

TOUTENBURG, H. (1982): Prior Information in Linear Models. Wiley, New York.

TRENCH, W. F. (1973): Strong discrete minimum variance estimation of a polynomial plus random noise. J. Math. Anal. Appl. **41**, 20—33.

TSCHIBISOW, D. M. (1971) (Чибисов, Д. М.): Некоторые критерии типа хи-квадрат для непрерывных распределений, Теория вероят. и её примен. **16**, 3—20.

TSCHIBISOW, D. M. (1972) (Чибисов, Д. М.): Асимптотическое разложение для распределения статистики, допускающей асимптотическое разложение. Теория вероят. и её примен. **17**, 658—668.

TSCHIBISOW, D. M. (1973) (Чибисов, Д. М.): Асимптотическое разложение для распределения сумм специального вида с применением к оценкам минимального контраста. Теория вероят. и её примен. **18**, 689—702.

TUKEY, J. W. (1953): Multiple comparisons. J. Amer. Statist. Assoc. **48**, 624—625.

TUKEY, J. W. (1960): A survey of sampling from contaminated distributions. In: Contributions to Probability and Statistics (Ed. I. OLKIN et al.). Stanford University Press, 448—485.

TUKEY, J. W. (1961): Curves as parameters, and touch estimation. Proc. 4th Berkeley Sympos. Math. Statist. and Prob. Vol. I, Univ. California Press, Berkeley, 681—694.

TUKEY, J. W. (1977): Exploratory Data Analysis. Addison-Wesley, London.

TUKEY, J. W. (1981): Summarization; Smoothing, Supplemented views. In: Interpreting multivariate data (Ed. V. BARNETT). Wiley, New York, 245—275.

UTRERAS, F. (1981): Optimal smoothing of noisy data using spline functions SIAM J. Sci. Stat. Comput. **2**, 349–362.

UTRERAS, F. (1983): Natural splinesfunctions, their associated eigenvalue problem. Numer. Math. **42**, 107–117.

VÄLIAHO, H., und T. PEKKONEN (1976). A Procedure for Stepwise Regression Analysis. Akademie-Verlag, Berlin.

VELLEMAN, P. F. (1980): Definition and comparison of robust nonlinear data smoothing algorithms. J. Amer. Statist. Assoc. **75**, 609–615.

VICTOR, N. (1978): Alternativen zum klassischen Histogramm. Meth. Inform. Med. **17**, 120–126.

WAHBA, G. (1975): Optimal convergence properties of variable knot, kernel and orthogonal series methods for density estimation. Ann. Statist. **3**, 15–29.

WAHBA, G. (1978): Improper priors, spline smoothing and the problem of guarding against model errors in regression. J. Roy. Statist. Soc. **B 40**, 364–372.

WAHBA, G., und S. WOLD (1975): A completely automatic french curve. Fitting spline functions by cross validation. Comm. Statist. **4**, 1–17.

WAINER, H. (1981): Graphical data analysis. Ann. Rev. Psychol. **32**, 191–241.

WALKER, A. M. (1962): Large and sample estimation of parameters for autoregressive processes with moving average residuals. Biometrika **49**, 117–132.

WALKER, A. M. (1964): Asymptotic properties of least squares estimates of parameters of the spectrum of a stationary non-deterministic time series. J. Austral. Math. Soc. **4**, 363–384.

WATSON, G. S. (1957): The χ^2 goodness-of-fit test for normal distributions. Biometrika **44**, 336–348.

WATSON, G. S. (1958): On chi square goodness-of-fit tests for continuous distributions. J. Roy. Statist. Soc. **B 20**, 44–61.

WATSON, G. S. (1964): Smooth regression analysis. Sankhya **A 26**, 359–372.

WEBER, E. (1972): Grundriß der Biologischen Statistik. VEB Gustav Fischer Verlag, Jena.

WEISBERG, S. (1980): Applied Linear Regression. Wiley, New York.

WERNECKE, K.-D. (1983): Fehlerschätzung und Merkmalsselektion bei Bayesschen Klassifikatoren. Thesis B, Univ. Halle/S.

WHITTACKER, E. T., und G. ROBINSON (1944): The Calculus of Observations. Blackie and Sons, Glasgow.

WHITTLE, P. (1951): Hypothesis Testing in Time Series Analysis. Almquist and Wicksell, Uppsala.

WHITTLE, P. (1973): Some general points in the theory of optimal experimental design. J. Roy. Statist. Soc. **B 35**, 123–130.

WILCOXON, F. (1945). Individual comparisons by ranking methods. Biometrics Bull. **1**, 80–82.

WILK, M. B., und R. GNANADESIKAN (1964): Graphical methods for internal comparisons in multiresponse experiments. Ann. Math. Statist. **35**, 613–631.

WILKS, S. S. (1963): Multivariate statistical outliers. Sankhya **25**, 407–426.

WITTING, H., und G. NÖLLE (1970): Angewandte mathematische Statistik. Teubner, Leipzig.

WOLD, S. (1974): Spline functions in data analysis. Technometrics **16**, 1–11.

WOLFENDEN, H. H. (1925): On the development of formulae for graduation by linear compounding, with special reference to the work of Erastus L. De Forest. Trans. Actuar. Soc. Amer. **26**, 81–121.

WU, CHIEN-FU (1981): Asymptotic theory of nonlinear least squares estimation. Ann. Statist. **9**, 501–513.

WYNN, H. P. (1970): The sequential generation of *D*-optimum experimental designs. Ann. Math. Statist. **41**, 1655–1664.

WYNN, H. P. (1972): Results in the theory and construction of *D*-optimum experimental designs. J. Roy. Statist. Soc. **B 34**, 133–147.

ZWANZIG, S. (1980): The choice of approximative models in nonlinear regression. Math. Operationsforsch. Statist., Ser. Statist. **11**, 23–47.

Symbolverzeichnis

Räume, Vektoren, Matrizen

$\boldsymbol{A}, \boldsymbol{X}, \ldots$	Matrizen
$\boldsymbol{A}'$	Transponierte der Matrix $\boldsymbol{A}$
$\boldsymbol{a}, \boldsymbol{x}, \ldots$	Vektoren
$\boldsymbol{I}$ oder $\boldsymbol{I}_n$	Einheitsmatrix
$\mathbf{1}$ oder $\mathbf{1}_n$	aus Einsen bestehender Vektor
$\mathbf{0}$	Matrix bzw. Vektor aus Nullen
$\boldsymbol{A}^-, \boldsymbol{A}^+$	verallgemeinerte Inverse, Moore-Penrose-Inverse
$\boldsymbol{A} \leqq \boldsymbol{B}$	$\boldsymbol{B} - \boldsymbol{A}$ ist positiv semidefinit
$\mathcal{R}(\boldsymbol{A})$	Bildraum von $\boldsymbol{A}$
$\mathcal{N}(\boldsymbol{A})$	Nullraum von $\boldsymbol{A}$
rg $\boldsymbol{A}$	Rang von $\boldsymbol{A}$
$\lvert\boldsymbol{A}\rvert$	Determinante von $\boldsymbol{A}$
sp $\boldsymbol{A}$	Spur einer symmetrischen Matrix $\boldsymbol{A}$
$\lambda_i(\boldsymbol{A}), \lambda_{\min}(\boldsymbol{A}), \lambda_{\max}(\boldsymbol{A})$	i-ter Eigenwert bzw. kleinster und größter Eigenwert einer positiv semidefiniten symmetrischen Matrix $\boldsymbol{A}$
$\boldsymbol{P}_{\mathcal{R}}$	orthogonale Projektion auf den linearen Unterraum $\mathcal{R}$
$\mathbb{R}$	reeller Zahlenbereich
$\mathbb{R}^n$	n-dimensionaler Euklidischer Raum

Verteilungen

$\mathsf{P}, \mathsf{Q}, \mathsf{P}_\theta$	Wahrscheinlichkeitsmaße
$y \sim \mathsf{P}$	Die Variable y hat die Verteilung P
$\mathsf{E}\boldsymbol{y}$, $\mathsf{Cov}\,\boldsymbol{y}$	Erwartungswert und Kovarianzmatrix der zufälligen Variablen $\boldsymbol{y}$
$\mathsf{Var}\,y$	Varianz einer eindimensionalen Variablen y
$\mathrm{N}(\mu, \sigma^2)$	Normalverteilung mit Mittelwert μ und Varianz σ^2
$\mathrm{N}_p(\boldsymbol{\mu}, \boldsymbol{\Sigma}), \mathrm{N}(\boldsymbol{\mu}, \boldsymbol{\Sigma})$	p-dimensionale Normalverteilung mit Mittelwert $\boldsymbol{\mu}$ und Kovarianzmatrix $\boldsymbol{\Sigma}$
χ_n^2	Chi-Quadrat-Verteilung mit n Freiheitsgraden
$\chi^2_{n;\alpha}$	α-Signifikanzpunkt der χ_n^2-Verteilung
$\mathrm{W}_p(n, \boldsymbol{\Sigma})$	p-dimensionale Wishart-Verteilung mit n Freiheitsgraden und der Kovarianzmatrix $\boldsymbol{\Sigma}$

F_{n_1,n_2}	F-Verteilung mit n_1 Freiheitsgraden des Zählers und n_2 Freiheitsgraden des Nenners
$F_{n_1,n_2;\alpha}$	α-Signifikanzpunkt der F_{n_1,n_2}-Verteilung
$f_{j\|i}(\boldsymbol{g})$	Fehlklassifikationswahrscheinlichkeit des Verfahrens $\boldsymbol{g}$ (s. S. 137)

Sachverzeichnis

FSC
www.fsc.org
MIX
Papier | Fördert
gute Waldnutzung
FSC® C083411

Kolibri 360 GmbH
Ferdinand-Jühlke-Straße 7
99095 Erfurt, Deutschland
produktsicherheit@kolibri360.de